U0187918

区块链 + 新家政服务

21 世纪中国新家政服务标准化理论与创新实践模式

下 册

黄　鹤◎著

新 华 出 版 社

第 27 章　家政服务企业运营管理标准

【家政政策】

序号	发文时间	发文机关	政策文件名称
	2014 年 12 月 24 日	人力资源社会保障部办公厅。人社部发【2014】98 号	《人力资源社会保障部、国家发展改革委等八单位关于开展家庭服务业规范化职业化建设的通知》
相关摘要	规范化建设:（1）依法经营，诚信为本。从事家庭服务的企业（单位）依法登记或注册，遵循合法、平等自愿、诚实信用的原则开展经营活动，公平参与实诚竞争，为家庭提供安全、便利、优质的家庭服务，依法保障家庭服务从业人员合法权益。家庭服务企业（单位）建有健全的企业管理制度，有条件的推进现代企业制度建设，创新管理和服务模式，实行连锁化、规模化、网络化、品牌化经营。 （2）标准服务，顺畅对接。家庭服务标准体系完备，家庭服务企业（单位）依据家庭服务标准提供家庭服务，推行服务承诺、服务公约、服务规范，努力创建服务品牌，不断提高服务质量。家庭服务业公益性信息服务平台普遍建立，健全供需对接、信息咨询、服务监督等功能，实现家庭与家庭服务企业（单位）顺畅对接。		

【家政寄语】

家政企业只有实现规范化、职业化，才是真正的现代服务业，才能赢得雇主的认可；否则，还是粗放式管理，只能被雇主和社会视为低端行业；高素质人才望而却步，不会进入。

家政服务业“提质扩容”实现高质量发展的前提就是标准化、规范化、职业化，除此之外，别无他法。

【术语定义】

顾客导向：即“服务导向”，一直强调以客户为中心，企业及其员工把顾客的利益放在首位，通过优质服务来满足顾客的需求，重视顾客体验，发展企业与顾客之间的合作关系。“顾客导向”“服务导向”的家政服务文化，使员工特别是一线家政服务员能够按照顾客服务预期，提供顾客满意的服务质量；对顾客更加关心、更感兴趣，愿意为顾客做更多，并努力去寻找满意顾客服务预期的方式方法。

服务流程：从雇主角度看，是指雇主购买、享受家政服务时所要经历的一系列程序或过程，服务就是雇主体验的过程；从家政公司角度看，是指家政公司提供核心产品和各项附加性服务的一系列程序或过程，即家政公司如何有效向雇主提供家政服务，服务就是创造雇主体验的过程。

家政服务蓝图：是指详细说明了家政服务流程是如何构成的，定位雇主、员工（包括一线家政服务员）、家政公司服务提供系统等三者之间的交互过程，是详细描画家政服务流程与交互过程的图表或地图，直观展示了雇主从家政服务之初到服务结束的整个过程。

非货币成本：顾客在购买家政服务时，货币价格不是他们付出的唯一成本。顾客购买需求不仅仅看货币价格，还受到非货币成本的影响。非货币成本主要包括：时间成本、搜寻成本、体力成本、便利成本、心理成本、感官性成本等。非货币成本显示顾客在购买及使用家政服务时还感知到付出的其他代价。这些非货币成本常常成为顾客是否购买或再次购买家政服务的评估因素，而且有时会比货币价格成为更重要的考量因素。有的顾客宁可花钱支付这些非货币成本。

家政服务利润链：家政企业只有以自己的员工特别是一线家政服务员为“内部顾客”，通过内部营销，即家政企业的内部服务品质（内部营销）→员工满意度→员工忠诚度→员工服务质量→为顾客创造价值→顾客满意度→顾客忠诚度→为企业创造价值→企业盈利与成长发展。

【标准条款】

<table>
<tr><td>序号</td><td>标准编号</td><td>标准名称</td><td>主管部门</td></tr>
<tr><td>5</td><td>Q/QKL JZGL105-2020</td><td>家政服务企业运营管理标准</td><td></td></tr>
<tr><td>标准内容</td><td colspan="3">27.1 家政服务企业运营管理标准
27.2 家政企业组织管理
27.3 家政企业服务文化管理
27.4 家政服务产品管理
27.5 家政服务有形展示
27.6 家政服务定价与收益管理
27.7 家政服务合同管理
27.8 家政服务权益保障</td></tr>
</table>

【学习目标】

通过本章的学习，您将能够：

1）了解家政服务中介制运营模式及其利弊与变革；

2）了解家政服务员工制运营模式及其利弊与变革；

3）了解家政服务准员工制运营模式及其利弊与变革；

4）了解“互联网 + 家政”平台企业模式及其利弊与变革；

5）知晓家政企业管理制度体系；

6）理解家政服务文化及其培育方法；

7）理解家政服务产品的具体内涵；

8）掌握家政服务蓝图的设计步骤与方法；

9）明确家政服务有形展示及其设计方法；

10）知晓家政服务定价方法与收益管理；

11）了解家政服务利润链；

12）熟悉家政服务合同；

13）明确家政服务权益保障。

27.1 家政服务企业运营管理标准概述

家政服务企业运营管理标准，主要包括：家政企业组织管理、家政企业服务文化管理、家政服务产品管理、家政服务有形展示、家政服务定价与收益管理、家政服务合同管理、家政服务权益保障等。

家政服务企业作为现代服务企业，不同于生产实物产品的制造企业。

制造业主要依靠生产者利用生产工具、生产厂房、生产原料等生产资料，生产出有形的、可控制的、可测量的实物产品，其中，生产工具、生产厂房、生产原料是不可或缺的根本保证。

而家政企业“生产”或提供的“产品”是家政服务，在“生产”或提供家政服务“产品”时，

“生产者”即家政服务员起着决定性作用，家政服务员的素质技能水平决定“家政服务产品”质量。而且，家政服务生产者是千差万别的活动的人，是随时可变的。同时，家政服务产品还具有无形性、不可分性、异质性、不可储存性。家政服务企业不同于制造业的这种特殊性，就要求家政服务企业只有通过管控家政服务产品运营管理过程，才能间接管控家政服务产品质量。也就是说，通过家政服务企业运营管理标准化，来确保家政服务生产者即家政服务员提供相对稳定的、可控的家政服务质量。这就是家政服务企业运营管理标准化的必要性及其重要价值。

27.2 家政企业组织管理

27.2.1 企业资质管理

27.2.1.1 营业要求

1）依法在行政主管部门登记注册。

2）建立合理的家政公司治理结构，依法规范经营，应做到：

（1）按照核定的经营范围，开展业务活动。

（2）有明确的业务管理工作流程和规章制度，并建立完整的工作台账。

（3）按时参加并通过各种机构年检，及时报送各类业务报表。

（4）在办公场所明示公司证照、服务项目、收费标准、服务标准、服务规范、操作流程、投诉和监督电话或微信二维码、安全标识。

（5）互联网家政平台，应对入驻家政服务机构实行审核认证制度，验证其合法性，并在平台上公示实名制登记的家政服务机构相关信息，确保其诚信经营。

（6）依法签订相关合同：例如，服务合同、培训合同、租赁合同、服务交易合同、安全协议等。

（7）依法执行财务会计制度，依法纳税。

27.2.1.2 设施要求

1）具备可保障经营需要的固定、合法经营场地。其中：

（1）家政服务机构建筑面积不宜小于 100 ㎡或单个家政网点建筑面积不宜小于 30 ㎡。

（2）提供家政服务的互联网家政平台经营面积不宜小于 100 ㎡。

2）办公场所布局合理，应具备业务接待场地、培训场地、休息场地。

3）配备经营必备的计算机、身份证阅读器、打印机及其辅助办公、通信设备等。

4）配备必备的家政培训器材设备。

5）办公（工作）环境清洁、整齐，卫生状况良好，消费安全措施到位。

27.2.1.3 人员要求

1）家政服务机构应配备与其服务范围相适应的管理人员和工作人员。其中：

（1）中介制管理模式的家政服务机构，应配备 3 名以上管理层人员及工作人员。

（2）员工制管理模式的家政服务机构，应配备 3 名以上管理层人员及 5 名以上工作人员。

（3）准员工制管理模式的家政服务机构，应配备 1 名以上管理层人员及 3 名以上工作人员。

（4）互联网家政平台，应配备 2 名以上专业管理（技术）人员及 5 名以上运营维护人员。

2）家政服务机构对管理层人员的岗位要求及工作内容：

☑ 岗位要求

（1）依法依规开展家政服务机构内部管理和经营活动。

（2）大专及本科以上学历或同等文化程度。

（3）拥有良好职业道德、责任感、敬业精神。

（4）理解、认可、热爱家政服务事业和家政服务员。

（5）掌握家政服务业基本知识、家政服务市场需求。

（6）熟练掌握计算机及办公自动化等设备操作能力。

（7）具备独立运营企业的管理经验、管理能力、管理知识。

（8）具备沟通协调能力，能够协调处理雇主、家政服务员和家政服务机构之间的矛盾纠纷。

☑ 工作内容

（1）确立家政服务机构经营管理理念、目标、机构文化。

（2）建立家政服务机构内部管理规章制度。

（3）根据家政服务机构理念，开发家政服务标准或设计家政服务流程规范。

（4）保障家政服务机构人力资源正常运营，应做到：

a）建立人力资源开发与管理系统及制定“内部营销”制度。

b）建立工作人员和家政服务员的招聘、培训制度体系。

c）建立工作人员和家政服务员的信息档案库。

d）建立工作人员和家政服务员绩效薪酬考核制度，并与职业能力（技能）、服务年限、工作（服务）质量挂钩。

e）建立工作人员和家政服务员职业生涯发展规划。

（5）保障家政服务机构正常运营所需的财务和物质资源。

（6）保障家政服务机构正常运营所需的信息资源。

（7）聘请专职、兼职人员为家政服务机构提供法律咨询和维权服务。

（8）保障家政服务机构服务安全并制定相应的应急预案。

3）家政服务机构对工作人员的岗位要求及工作内容：

☑ 岗位要求

（1）依法依规和机构规章制度开展业务活动。

（2）大专及以上学历及同等文化程度。

（3）拥有良好职业道德、责任感、敬业精神。

（4）理解、认可、热爱家政服务事业和家政服务员。

（5）掌握家政服务业基本知识，了解家政服务基本职业技能，两年以上家政服务机构工作经验。

（6）熟悉家政服务机构业务工作流程，具备一定的工作协调能力。

（7）掌握计算机及办公自动化等设备的操作和使用。

（8）掌握接待客户和家政服务员的基本礼仪和接待能力，有一定沟通技巧。

（9）尊重和保护客户和家政服务员的隐私信息。

（10）严格履行家政服务机构各种服务合同，做好服务合同履行的回访工作。

（11）应持续学习业务知识，提升业务能力，积极参与家政服务业相关活动。

（12）遵守家政服务机构安全管理制度，具备机构安全应急预案处理能力。

☑ 工作内容

（1）能协助招聘、面试家政服务员。

（2）核实家政服务员的身份、健康、职业技能证书等信息，并登记管理。

（3）能对家政服务员进行岗前培训，落实家政服务员上岗程序并形成记录。

（4）能接待客户、选派家政服务员并安排雇主面试家政服务员。

（5）组织签订家政服务合同，为家政服务员办理上岗服务证件。

（6）定期开展雇主回复活动，并记录存档。

（7）定期组织开展家政服务员培训、职业技能鉴定活动，并记录存档。

（8）应在 24 小时内反馈雇主的投诉，在 48 小时内提出投诉处理意见进行服务补救，并记录存档。

（9）能对家政服务员实行绩效奖惩考核，并对家政服务员的服务行为、服务诚信进行记录存档。

（10）定期组织家政服务员服务安全与应急预案培训，杜绝家政服务事故。

27.2.2 企业战略与定位 （扫一扫　二维码）

27.2.2.1 家政企业战略

27.2.2.2 家政企业定位

27.2.3 企业运营管理模式

我国现行家政企业的运营模式主要有两种：“中介制”运营模式、“员工制”运营模式。在“互联网 + 家政”平台企业模式基础上的“零工经济”模式、“新员工制”模式将是发展的必然趋势。

27.2.3.1 中介制运营模式

1）什么是中介制运营模式

（1）具有相应资质的家政服务机构作为中间人，向家政服务员与雇主分别提供职业介绍服务，并收取双方或单方一定的职业介绍费用，可以是一次性收取介绍费或一定阶段内收取服务费，一般按月工资的一定百分比收取；

（2）家政服务员不是家政服务机构的员工，家政服务员与家政服务机构不签订“劳动合同”、不存在劳动关系；

（3）家政服务员以自由就业者身份与雇主建立雇佣关系，直接提供家政服务；家政服务员与雇主之间签订雇佣合同或服务合同，家政服务机构只起见证人的作用；

（4）家政服务机构应签订雇主、家政服务机构和家政服务员三方服务合同，或与雇主和家政服务员分别签订服务合同，并落实家政服务员意外伤害商业保险、雇主家政保险，但对雇主与家政服务员没有管理职能；

（5）雇主可直接将服务酬金支付给家政服务员，与家政服务机构无关。

2）中介制运营模式的利弊及其变革

我们知道，我国家政服务企业的 90% 是“中介制”模式。所谓中介制，指家政服务机构作为中间人向需要服务的家庭介绍相对合适的服务人员，向服务人员介绍合适的雇主，并促使双方尽可能达成服务协议，并从中收取一次性佣金的经营模式。

中介制模式的核心，就是中介制家政服务机构向供求双方提供有价值的、符合双方需要的匹配信息，实行有效服务对接。

目前，中介制模式之所以仍然是我国家政服务机构采用的主流模式，除了准入门槛低、投资回报快、管理简单且成本低外，还有一个重要的原因是：中介制模式的确契合家政服务劳动方式“个体化”特征。

所谓家政劳动“个体化”特征，是指家政服务员是以“单个”人到雇主家庭提供家政服务，而不是几个人或一群人为雇主家庭提供服务。这是家政服务这门职业最独特的地方，即家政服务业最独特的职业特征。

家政服务这种劳动方式，不同于工厂或商场中工业化、社会化大生产，不需要不同部门和生产环节的协调配合；在生产力与生产资料的关系上，家政服务中物质性生产资料的投入非常少，只需要简单的服务工具例如清洁工具、厨具等，而这些生产资料性质的服务工具也大都是雇主家庭自有的，一般不需要家政服务员提供。但是，家政服务中人力资源要素即人的劳动力要素的作用却是决定性的。家政服务成功与否高度依赖家政服务员“个体”的意愿、服务技能，或者说，家政服务员的职业态度、职业技能决定家政服务质量水平。

因此，家政服务员对家政服务机构的依赖程度相对较低。如果家政服务机构自身能力很弱，家政服务员更是把对家政服务机构的依赖程度降低为“零”，也就是家政服务公司经常挂在嘴边抱怨家政服务员“跳单”现象。

究其原因，就是家政服务中家政服务员不一定必须依靠家政服务组织机构，只要通过适当的“中介”渠道（例如，熟人介绍、人才招聘市场、雇主所在社区等），与雇主联系上了，只要与雇主相互之间沟通好，就可以完成服务交易，家政服务员就可直接到雇主家庭工作。这就是我国家政服务机构中90%是“中介制”运营模式的根本原因所在，也是中介制家政服务机构的强大生命力的根本所在。

但是，“成也萧何败也萧何”。正是这种家政“中介制”运营模式导致了“找一个好家政服务员很难”的家政困境，阻碍了中国家政服务业规范化职业化建设，不利于我国家政产业整体素质提升，当然最终结果也不利于几千万的家政服务从业人员和几千万家庭服务消费者。究其原因，主要有几下几点：

◇一、“中介制”模式解决不了家政服务员职业技能水平提升、职业生涯发展问题。

中介制家政服务机构，做的是“一锤子买卖”。只要提供给家政服务从业人员和雇主的信息符合双方的需要，双方签订了雇佣合同之后，或者三方协议之后，中介制服务机构就退出了家政服务员与雇主双方的关系。这种退出，直接导致了几个严重的不良后果：

（1）家政服务员在岗前、岗中、岗后的职业技能培训没有人负责。

因为，中介制模式的家政服务机构知道自己成交后退出，自然岗前、岗后就不会关心家政从业人员的技能培训，更不会关心家政服务员的人生职业生涯规划。这对一个行业健康可持续发展和吸引高素质人才进入是致命的打击。

中介机构所做的工作就是选择与匹配信息，而不是建设自己的家政服务人力资源。中介制模式导致家政整个行业的人力资源水平很难有大的提升，也是高素质人才不愿意进入家政服务业的主要原因之一。

（2）家政服务员职业生涯发展没有人负责。

◇二、“中介制”模式解决不了家政服务质量监控问题。

家政服务的质量监控没有人负责。

家政服务交易成功了，对家政服务过程而言，才只是做到了第一步，接下来的服务过程及其质量才是家政服务产品的核心，只有到服务完成，雇主验收评估后，产品生产交付才算完成。而这个服务过程的质量如果没有第三方监控，主要依靠家政服务员当事人自我管控和责任心是永远不够的。这也是家政服务纠纷不断的主要原因。公说公有理婆说婆有理，缺乏制约机制。

◇三、“中介制”模式解决不了家政服务员社会保险保障问题。

◇四、“中介制”模式解决不了家政服务诚信问题。

（1）雇主的投诉没有人负责，也不利于雇佣双方权益保障。只好频繁更换家政服务员，就是“找一个好家政服务员很难”，遇上称心如意的家政服务员对雇主而言好像“赌博”。这一定是这个行业系统出了问题，是结构性问题。

（2）家政服务员的诚信问题缺乏监管。

当一个家政服务员因为自己不讲诚信而被上一家雇主辞退，或者，家政服务员自己不辞而别，私自毁约，却可以轻易在下一家中介机构得到推荐机会而找到工作。这样的诚信失控，发生的原因有两个：

一、中介机构对家政从业人员的具体家政服务行为、以往经历、职业道德素养缺乏深入了解。仅凭求职者的简历或口述，是很难真正了解一个家政从业人员的。这就使一些有“问题”的家政从业人员轻易进入家政服务业，给整个家政服务行业带来负面影响。

二、中介机构为了自身经济利益，尽量节约交易成本，多成交。况且，现在是家政服务机构“招工难”，好不容易来了一个家政服务求职者，自然不会严格审查，把来的求职者吓跑，而是赶紧把求职者中介给雇主，获取中介费。

总之，中介机构这样做，可能把关不严，让一些不诚信的、道德水平低下的、身心不健康的、患有传染病的、有犯罪记录的甚至干脆是“逃犯”的人，都有机会轻易进入家政服务业，就是把用工安全风险转嫁给了雇主。因为，他们是“中介制”。

27.2.3.2 员工制运营模式

1）什么是员工制运营模式

（1）家政服务员是家政服务机构的正式员工，家政服务机构与家政服务员建立劳动关系，签订劳动合同；

（2)家政服务机构根据家政服务员工作绩效，发放劳动报酬，依法缴纳社会保险保障等；

（3）家政服务机构要对家政服务员进行培训，并确认家政服务员职业技能等级水平；尤其是对家政服务员进行职业道德教育、心理健康疏导；

（4）家政服务机构与雇主建立服务关系，签订家政服务合同；雇主依据服务合同向家政服务机构支付服务酎金；服务酎金与家政服务员无关。

（5）家政服务机构依据服务合同，向雇主派遣经过雇主面试同意的家政服务员，去雇主住所提供家政服务，并对家政服务过程实施全面管理；同时，家政服务机构对派出的家政服务员的身份信息、服务技能、服务行为、服务质量负责；

（6）家政服务机构应负责家政服务过程中服务纠纷处理，并承担相应的法律责任；同时，维护家政服务员与雇主的合法权益。

2）员工制运营模式的利弊及其变革

“员工制”运营模式的采用，是市场“倒逼”的结果。

所谓“员工制”运营模式：是指基于现行法律体系规定，特别是依据《劳动法》《劳动合同法》，建立家政服务机构、家政服务从业人员与雇主三者之间的关系，而形成的经营管理模式。其具体含义是：

所谓“员工制”运营模式，是指家政服务员是家政服务机构的正式员工；家政服务机构与家政服务员之间为劳动关系，并签订劳动合同。服务机构对家政服务员进行管理和培训，并派遣给雇主，通过家政服务员为雇主提供家政服务。同时，对家政服务员在雇主家庭里从事服务的过程进行全程监督管理，包括处理雇主的投诉。

家政服务员与雇主之间只存在服务与被服务的关系，并不像中介制运营模式那样是雇佣关系且需要签订雇佣合同而有经济往来；员工制模式下家政服务员与雇主之间不需要签订服务合同，也无直接的经济往来。服务期间出现的任何问题，都由家政服务机构来协调解决。

家政服务机构与雇主之间的关系为劳动派遣关系。服务机构每月收取雇主一定的费用，用于按月支付家政服务员工资，其中的差额部分才是家政服务机构的运营收入和利润来源。

作为现代服务业的员工制运营模式，为家政服务业的健康可持续发展，提供了现代企业制度保障，相对于家政中介制模式，具有明显的优势：

（1）准入门槛提高了。

因为员工制家政服务机构开始对自己的员工进行相对严格的身份信息查验、档案管理、人事关系管理。例如，身份证、健康证、户籍证明、职业技能或获奖荣誉证明、还有的包括户籍所在地公安机关开具的无犯罪记录等。

（2）规范化管理水平提高了。

除了对家政从业人员的身份信息管理外，还建立了机构人力资源管理制度，特别是员工绩效与薪酬管理制度、家政服务质量管控制度、客户关系管理制度、雇主投诉处理制度等。这些都是现代企业，特别是现代服务企业的基本管理制度。如果执行力强的话，的确能够提升企业运行质量与效率。因为如果不实施精细化管理，服务质量得不到雇主的认可，就会减少运营收入，将直接影响企业盈亏与可持续发展。因为管理成本增加，实行员工制的家政服务企业压力增大。当然，动力也增大。

（3）能够重视员工企业文化、职业道德、职业技能培训了，职业化水平提高了。

因为，派遣到雇主家庭进行服务的家政服务员代表的是服务机构，而不是员工个人。这种员工角色的转变，迫使家政企业加强对家政服务员的岗前、岗中、岗后培训；开始有计划对员工进行职业生涯规划。如果有条件能够长期坚持培训，企业职业化水平一定可以逐步提升，提升了自己的核心竞争力。因为，家政服务员是家政企业的核心竞争力资源。

（4）有一定的信誉保障，能够自觉维护家政服务员和雇主的权益；规避风险的意识与能力开始增强。

因为实行员工制模式家政服务企业，如果不讲诚信、没有口碑的，不维护雇主的权益，雇主是不买账的；同样，不维护员工的权益，员工队伍是不稳定的，自然企业是很难生存的。

（5）更能够吸引和留住高素质的服务人才，员工的职业归属感增强了。

因为实行员工制，有利于保障员工的各种权益，进而提高从业人员的稳定性，减少员工的流动性。有效解决了中介制运营模式家政服务员流失问题。同时，也能更好地吸引社会上高素质人才进入企业。这是家政服务业发展的一大进步。

总之，员工制运营模式的确能提升家政服务的“两化”即规范化职业化水平，能够促进家政服务业“提质扩容”。按理说，应该是我国66万家家政服务机构乐此不疲而努力想要的。为什么66万家家政企业中的90%以上还是选择了“中介制”运营模式？而对“叫好不叫座”的“员工制”运营模式望而却步？

这才是问题的关键。

其实，这不是“员工制”运营模式本身有什么不好。员工制运营模式在除了家政服务业外，在现代服务业的各个领域或业态大都得到了广泛应用，而且都取得了良好的效果，几乎是现代服务业发展的基本规律。

为什么“员工制”运营模式在家政服务实行却步履维艰？主要有三个原因：

（1）实行员工制模式带来运营成本的增加，对行业平均利润率只有7.1%的“微利”家政服务业来说，是不堪重负的。

不仅精细化管理成本增加，更大的成本增加是培训成本的增加。我们来举例推算一下：

如果按照一个中等家政服务公司每年培训 300 人计算，如果平均培训 10 天，人均每天培训成本 50 元计算，那么年培训支出是 15 万元。仅培训一项支出，对小家政公司来说，几乎是一年的利润；这里还不包括培训后的家政服务员的流失。而家政服务员流失率高、稳定性差又是家政服务业的普遍现象。这无疑进一步加大了培训投入风险。

这里或许有人会说，可以向家政服务从业人员收取培训费。除了母婴护理和高级管家（两者都不是家政服务从业人员主流）培训可以收取一定培训费外，其他家政服务业态培训几乎不可能收到培训费。因为家政服务从业人员的培训支付意愿与支付能力较弱。超过 200 元的培训费都是很难接受的。再者，家政服务从业人员也不愿意花上一周或 10 天时间来接受培训，她们急于上岗挣钱。当然，月嫂培训除外，还是因为月嫂的服务技能技术含量相对高、工资高，不经过培训的月嫂，花费高价的雇主是不接受的。

因此，员工制模式同中介制模式相比，这两项成本支出，是我国现行的绝大多数中小家政服务公司难以承受的。这里，还不涉及中小家政服务公司有没有培训能力。其实，我国中小家政公司大多数没有这个培训能力。这是后话。

（2）谁来承担社会保险费缴纳？

按照我国《中华人民共和国社会保险法》规定："国家建立基本养老保险、基本医疗保险、工伤保险、失业保险、生育保险等社会保险制度""职工基本养老保险由国家、企业和个人共同负担筹集资金，采取社会统筹和个人账号相结合的基本模式"，"职工基本医疗保险，由用人单位和职工按照国家规定共同缴纳基本医疗保险费。城镇所有用人单位及其职工都要参加基本医疗保险。""用人单位应当按照本单位职工工资总额，根据社会保险经办机构规定的费率缴纳工伤保险费。"

至此，如果实行"员工制"运营模式，那么与家政服务员密切相关的"基本养老保险""基本医疗保险""工伤保险"，按照我国《社会保险法》应该由国家、家政服务企业、家政服务员共同负担。

但是，我国的社会保险费用成本高，按照目前的社会保险费缴纳办法，企业的社会保险支出是工资收入的 30% 以上，假设一个家政服务员的工资是 4000 元，家政服务企业应该支出至少 1200 元的社会保险费，而家政服务行业的平均利润率才 7.1%，这笔费用对"微利"的家政服务公司来说是难以承受的。

如果借鉴我国香港的做法，由雇主来承担家政服务员这笔社会保险费，中国大陆的家庭消费者也是很难接受的。一、中国大陆家庭收入还没有达到香港家庭的收入水平；二、中国大陆家政服务员的整体素质及其服务技能也远远达不到香港"菲佣"的学历与技能水平。

如果这笔社会保险费由家政服务员自身承担，那又不符合我国《社会保险法》。事实上家政服务员也是承担不起的。

至于国家如何承担这部分社会保险费？在政策上也没有明确规定，难度之一是家政服务员都是非本地户籍，到底是输出地政府还是输入地政府承担？况且家政服务员的流动性大，具体如何执行？

总之，实行"员工制"运营模式家政服务机构在实际运行中，成本的压力处处存在：精细化管理成本、培训成本、办公设施水电费成本、包括社会保险成本，都将随着"员工制"运营而明显增大。谁来承担增加的成本支出？企业经营是现实的，不能总是负债，必须可持续盈利才能生存。

（3）实现"员工制"运营模式后，如何界定家政服务员的劳动标准、劳动量标准？

看来好像这不是一个问题，对工业化、社会化大生产而言，的确不是一个问题。社会化大生产是容易评估的，事实上也已经形成了公认的劳动标准和平均劳动量。但这个常识性问题一到了劳动形式“个体化”特殊性的家政服务业上，问题就凸显了：

员工制运营模式的家政服务机构和家政服务员之间的关系调整，适用的是《劳动法》《劳动合同法》，但家政服务员的工作时间（除了钟点工外，家政服务员的工作时间都超过 8 个小时）、休息休假时间、待岗期间的工作量如何计算等，都没有一个固定的标准。每一个雇主家庭对家政服务员的要求都不一样，反而在节假日、休息日，是雇主最需要服务的时候，也是家政服务员最忙的时候，工资如何计算？发双倍工资显然对雇主是不公平的、也是不可接受的。

还有，实行“员工制”运营模式后，由于服务的“不可储存性”，暂时没有雇主需求服务，“员工制”的家政服务员只好“等候”上岗（服务“等候”现象是服务业一个典型的供给与需求不一致的正常矛盾现象，也是服务业一个“痛点”）。这种家政服务员的“等候”期间的时间成本，是由家政公司承担还是“等候”的家政服务员承担？如果让“等候”的家政服务员承担，显然背离了“员工制”本意；如果是家政服务公司承担，无疑又是一大成本支出。这种员工上岗服务的不确定性，无疑是员工制模式家政服务机构必须要解决的困境之一。

正是基于“员工制”运营模式存在的以上优势与不足，国家出台了相关扶持政策。

例如，2016 年 1 月 18 日，财政部、国家税务总局以财税〔2016〕9 号印发《关于员工制家政服务营业税政策的通知》，决定《财政部 国家税务总局关于员工制家政服务免征营业税的通知》（财税〔2011〕51 号）规定的员工制家政服务营业税免税政策，自 2014 年 10 月 1 日至 2018 年 12 月 31 日继续执行。

该《通知》规定：“员工制家政服务员，是指同时符合下列三个条件的家政服务员：（1）依法与家政服务企业签订半年及半年以上的劳动合同或服务协议，且在该企业实际上岗工作。（2）家政服务企业为其按月足额缴纳了企业所在地人民政府根据国家政策规定的基本养老保险、基本医疗保险、工伤保险、失业保险等社会保险。对已享受新型农村养老保险和新型农村合作医疗等社会保险或者下岗职工原单位继续为其缴纳社会保险的家政服务员，如果本人书面提出不再缴纳企业所在地人民政府根据国家政策规定的相应的社会保险，并出具其所在地乡镇或原单位开具的已经缴纳相关保险的证明，可视同家政服务企业已为其按时足额缴纳了相应的社会保险。（3）家政服务企业通过金融机构向其实际支付不低于企业所在地适用的经省级人民政府批准的最低工资标准的工资。”

简单来说，从国家出台的《通知》来看，员工制运营模式家政服务企业要获得政府免征营业税需要具体三个条件: 1）与家政服务员签订劳动合同; 2）为家政服务员缴纳社会保险; 3）支付不低于当地最低工资标准的工资。

通过以上政策分析，我们知道：一方面，政策门槛高，大量的家政服务企业难以达到享受政策待遇的最低门槛。只有家政服务公司“为家政服务员缴纳社会保险”后才能享受国家“免征营业税”政策。另一方面，即使达到要求，实施这些政策也没有解决家政服务公司实行“员工制”运营模式带来的成本上升压力。这项政策并没有给家政服务公司带来明显的“获得感”。现在，超过 90% 的家政服务机构依然按照传统的“中介制”模式运营。

总之，家政“中介制”运营模式的法律地位、经营模式、运营管理等，都存在很多不利于家政服务业健康与可持续发展的一系列自身难以克服的问题。家政市场和政府开始“倒逼”家政服务机构要采用“员工制”运营模式，来推进家政服务“两化”规范化职业化建设。但员工制运营模式带来的成本增加又让家政服务企业难以承受、望而却步，家政服务企业运营模式究竟何去何从？

27.2.3.3　准员工制管理模式

1）家政服务机构与家政服务员建立委托管理关系，家政服务员作为独立的自由职业者或“家政零工”，接受家政服务机构的派遣，并持家政服务上门服务证件，为雇主从事家政服务；

2）家政服务机构承担家政服务员的岗前培训、代缴社会保险的义务，家政服务员应参加相关社会保险；

3）家政服务机构根据雇主的需求，通过招聘、培训、认证后，选派合适的家政服务员为雇主提供服务，并签订家政服务合同（准员工制）三方协议（雇主、家政服务员、家政服务机构），明确各方的权利和义务；

4）家政服务机构应建立家政服务员招聘、培训、家政服务员档案，负责办理流动手续、身份验证、健康体检证明、委托管理协议、服务合同、签约、购买家政商业保险、服务回访等诸多事务性工作进行管理，宜代收代付家政服务员的服务酬金或雇主将家政服务酎金直接支付给家政服务员；

5）家政服务机构负责处理、协调服务过程中雇主与家政服务员双方因服务质量、服务态度、稳定性、财产安全、人身安全等引发的纠纷，承担相应法律责任；

6）家政服务机构收取家政服务员一定的委托管理与培训费用；家政服务员服务酎金与家政服务机构无关。

27.2.3.4　“互联网 + 家政”平台企业模式

伴随着互联网技术特别是移动互联网技术、大数据、云计算的发展，特别是政府推动的“互联网+”对传统行业的升级改造，我国家政服务业最近几年开始出现了“互联网+家政”平台企业模式。

平台制的家政公司主要模式是“互联网 + 家政”，本质是“中介”模式。只是这种互联网平台的“中介”模式是去除传统的实体家政公司的人工中介，就是把中介服务机构及其中介人员去除，让用户（家政服务从业人员、雇主、家政服务机构）通过互联网平台“线上”直接进行“对接”，进行供需匹配，大大提升了用户匹配效率。在具体运行中，也还是需要跟“线下”的实体家政服务机构进行合作。

此外，也有的模式是，家政服务员由平台掌控，后台在接到订单后会根据用户位置推送附近的多位家政服务员，用户可在服务前到家政实体店里面试挑选家政服务员。

还有的模式是，家政服务员由家政公司掌控，而平台的身份是公立的中间方，只负责家政服务员的身份认证和分派任务给家政公司。加入平台的家政公司就像商铺进驻淘宝网一样。

总之，不管什么模式的“互联网 + 家政”，都是对传统家政服务公司运营模式（无论是传统的“中介制”还是“员工制”）的一种颠覆。改变了传统家政服务公司中家政服务员和雇主都被动接受的运营模式，而是通过互联网特别是移动互联网（如微信公众号、小程序、APP 等）为信息平台，打破了传统家政公司对家政服务员和雇主信息封锁，实现了家政服务员和雇主的信息直接交互。

家政服务从业人员可以自行选择工作和雇主。同样，雇主也可以从更大范围寻找适合自己需要的家政服务员。这样初步解决了家政服务从业人员与雇主之间的信息交互对接的效率问题。特别是家政服务从业人员可以利用“空余闲暇”时间寻找合适的工作机会，这样可以盘活存量性劳动力资源，吸纳社会中富余的有素质的劳动力去从事家政服务工作，填补我国家政服务业中家政服务员的空缺，在一定程度上缓解“保姆荒”。

遗憾的是，家政服务业有自己独特的行业发展规律与特点，如果照搬照抄现在的电子商务模式，显然是行不通的，事实也是如此。因为，互联网电子商务对以“物”为主体的标准化程度较高、产品质量稳定可控的行业，即对物质商品的交易的确会带来颠覆性的变革；而对家政服务业这种以“人”为主体的个性化很强的服务行业，进行服务交易就变得异常困难。其主要体现在以下几个方面：

1）平台信息的真实性如何保障

“互联网 + 家政”平台，用户（家政服务从业人员、雇主等）只要在平台注册，就可以自由交流或交易。平台为了赚取流量，注册门槛很低。平台和雇主都无法把控求职者的家政服务技能水平与个人素质；而求职者也担心雇主是否克扣工资、担心劳动强度、担心与雇主家庭成员的相处等。总之，平台上信息的真实性与安全性难以取证，雇佣双方信息的不对称和当前信用体系的不健全，都是“互联网 + 家政”平台发展中遇到的障碍。即“互联网 + 家政”平台的诚信问题，是其难以克服的“痛点”和发展的“瓶颈”。

2）平台运营成本较高

“互联网 + 家政”平台最基本的要开发建设网站、微信公众号、小程序、APP 等，需要不断“迭代”更新，还需要服务器和很多硬件设施以及维护，还有数据库建设与维护、网络安全维护等。这些投入对中小家政服务企业是难以承受的；对大型的“互联网 + 家政”平台企业而言，短期靠社会资本补贴支撑是可以的。但如果平台企业没有找到好的盈利模式，也是不可持续的。尤其是目前我国家政互联网平台企业尚没有行之有效的成功的盈利模式可以借鉴，平台企业成本压力是可想而知的。

3）互联网信息的无边界性与家政服务的地域性之间的矛盾

“互联网 +”天然就是无边界存在着，互联网平台上的信息可以在任何地方任何时间被任何用户搜索到。而现实中的家政服务从业人员或雇主，都是处在各自特定的地域，在各自特定的时间需要家政服务。这种在现实中雇主与家政服务员之间的匹配存在很大的难度，需要平台有足够的用户量，才能匹配成功。而一般互联网家政平台很难到达这个可以正常运转的临界用户量，这样平台就很难有效运转，进入“先有鸡还是先有蛋”的不良循环。

特别值得注意的是，对于家政服务业而言，还要看到，家政服务从业人员素质与服务技能严重参差不齐，而雇主的需求又是多种多样，由于服务缺乏标准化，如何保障在平台上进行公平交易？即使服务卖出去了、交易成功了，对家政服务过程而言，才只是做到了第一步，接下来的服务过程质量监控，平台是无能为力的。而这恰恰是家政服务产品的核心，只有到服务完成，客户验收评估后，服务产品生产交付才算完成。

因此，“互联网 + 家政”平台企业不仅要重视用户体验，还要不断打造优质的家政服务供应链：从家政服务从业人员的身份、性格、健康、履历等身份信息认证，还有技能培训、技能认证、诚信认证等。而这些都是家政服务业发展的深层次问题，传统“互联网 + 家政”平台是无能为力，只有采用区块链技术才有可能得到根本解决。即“互联网 + 家政”必须变革为“区块链 + 家政服务”模式。

综上所述，无论是“中介制”“员工制”“准员工制”还是“平台制”，我国现行的家政服务企业在运营模式上仍然落后于家政服务实践，仍然不能适应家政服务业快速发展需要，仍然要求我们必须不断创新改革。根据我们对家政服务业 12 年的深入研究，建议大家可以从以下几个方面进行探索：

1）传统家政服务的供给模式必须变革

我国传统的家政服务供给模式主要是"一对一"服务方式。这种供给模式，或者这种服务工作方式，已经严重阻碍我国现代家政服务业健康发展，成为现代家政服务业发展举步维艰的"症结"◇一、是家政服务健康发展的"桎梏"，是人为给我国家政服务发展带上"脚镣手铐"。我国家政服务业要想快速健康发展，要想实现真正的职业化，就必须打破束缚家政的这副"脚镣手铐"，将从"一对一"服务方式转变为"一对多""多对多"服务方式。理由如下：

一、住家式"一对一"服务方式违背了人的社会化发展与心理需求，不利于人的心理健康与全面自由发展。

我们知道，人是社会化产物，人需要在社会化场景中工作生活。如果一个人一直在一个封闭的家庭环境中工作生活很久，这个人的社会化能力一定会减退，心理压力一定会累积增大（值得注意的是：家政服务员与一直不上班而留在家里照顾家庭的全职太太性质完全不同：一个是工作与生活的区别；一个是别人的家与自己的家的区别。他们的目的与自由度完全不同）。这就是为什么家政服务员流失率高、工作稳定性差的主要内在原因之一。必须引起中国家政人的高度重视。我们不能因为工作而忽视人的全面自由发展，不能忽视人的心理需求，否则得不偿失，不可持续。

二、破解家政服务人力资源成本压力。

一方面，我国人口红利已经消失，人力资源成本越来越高，家政服务员的工资只会提高；另一方面，我国家政服务需求越来越大众化、社会化，尽管家庭消费能力在增强，但家庭服务消费能力上升的速度与空间赶不上家政服务员工资上升的速度与空间，这种矛盾只会不断加剧。

传统家政的"一对一"的服务方式已经抑制了家政服务市场需求，对雇主对家政服务从业人员都是不利的。只有采用"一对多""多对多"的服务方式，才能释放我国巨大的家政服务市场需求；才能在家政服务消费者支付能力可接受的前提下，增加单位时间营业收入和利润率，切实提升家政服务从业人员的工资待遇。只有当家政服务从业人员的工资水平超过社会上平均工资水平，才能吸引更多的人才、更高素质的人才进入家政服务业，来满足我国日益增长的家政服务需求。

三、更好满足雇主家庭多样化、个性化服务需求。

"一对多""多对多"的服务方式，在具体实施上，要发挥社区优势、团队化服务优势，发挥每一个家政服务员的技能特长，满足不同家庭、不同需求，真正实现家政服务的多样化、个性化、定制化，提升雇主的服务体验。

四、"一对多""多对多"的服务方式，实现不住家服务，可以有效解决了年轻一代家政服务从业人员不愿提供住家服务问题，也在一定程度上减轻雇主家庭负担（住宿、工资），一举两得。

五、"一对多""多对多"的服务方式，实现不住家服务，更有利于实施"员工制"，有利于保障家政服务员的合法权益（特别是休息权），有利于家政服务企业实行规范化职业家建设，有利于企业品牌建设。

2）传统家政服务企业的管理模式必须变革

传统家政服务企业的粗放式发展、注重数量发展的模式已经满足不了雇主对家政服务高品质需求。即"供不适求"问题日益凸显，现代家政服务企业必须走职业化、品质化发展道路。

一、必须在服务标准化上下功夫。家政服务必须要走规范化职业化道路，而规范化职业化的前提条件是家政服务标准化。因此，所有服务要实行标准化，管理要规范化，提升企业精细化管理水平，才能建设企业品牌。

二、强化培训。提升家政服务从业人员的整体素质与技能水平，打造属于自己的高素质、高技能的家政服务员队伍。这是家政服务企业可持续发展，并在激烈竞争中赢得优势的根本保障。除此之外，别无他途。

三、要依法保障家政服务从业人员和雇主的合法权益。传统家政服务企业的“中介制”模式，轻视或者无能为力保障家政服务从业人员和雇主的权益，是注定不会发展壮大的，也谈不上品牌建设，是没有前途的。遗憾的是，我国 90% 的家政服务机构都是这样的没有前景的“中介制”模式。只有当家政服务从业人员和雇主的合法权益得到切实保障，家政服务行业发展才是健康的、可持续的，才是社会认可的、向往的职业。

3）传统家政服务的发展模式必须变革

传统家政服务机构无论是“中介制”“员工制”还是“平台制”发展模式，都存在利弊得失，顾此失彼。我国家政服务业的复杂性、特殊性，必然要求家政服务企业进行发展模式的系统创新，而不是“头痛医头脚痛医脚”，必须走线下与线上融合发展。即 O2O 模式。

一、线上“互联网 + 家政”平台企业要与线下家政服务实体企业融合发展。

二、线上“互联网 + 家政”平台企业要与线下家政服务培训机构融合发展。

三、线上“互联网 + 家政”平台企业要与政府相关公共信用机构融合发展。即要将互联网家政平台上的家政服务机构、家政服务从业人员、雇主的相关信用信息，纳入国家企业信用信息公示系统、全国信用信息共享平台和“信用中国”网站，还要与民政系统、公安系统等身份信息互联互通共享，打造家政服务诚信体系。

四、线上 “互联网 + 家政”平台企业要与家庭生活相关产业跨界融合发展。

27.2.4 企业管理制度体系

27.2.4.1 行政管理制度

1）建立接待、登记管理制度；

2）建立电话、网络接待服务管理制度；

3）日常的业务协调的会议制度，并形成会议记录；

4）日常工作制度，定期整理、修订并归档管理；

5）建立文书管理制度，包括：办公用品申购、领用及材料打印制度；

6）建立出差、外出培训管理制度；

7）建立印章、公章、介绍信、凭证管理制度；

8）建立员工守则、着装管理制度。

27.2.4.2 人力资源管理制度

1）建立人员招聘制度，按照岗位、服务业态描述实施招聘；

2）建立求职者登记制度；

3）建立规范的招聘、使用流程；

4）签订聘用合同或服务合同；

5）建立岗位设置及岗位责任制度，并按照规定的岗位责任制度实施考核；

6）建立考勤、休假、辞退、辞职、学习进修、服务绩效考核及薪酬管理制度，实施薪酬与绩效挂钩；

7）建立家政服务员职业技能标准等级评定制度，并与工资与晋升挂钩；

8）建立管理人员与家政服务员职业生涯发展规划。

27.2.4.3 教育培训管理制度

1）建立管理人员与家政服务员培训制度，签订培训合同；

2）建立管理人员及家政服务员年度培训计划；

3）建立家政服务员职业技能标准升级培训计划，并制定奖励考核制度；

4）建立家政服务员“师徒制”管理制度，并制定奖励考核制度；

5）建立家政服务员自我学习提升的奖励考核制度；

6）建立管理人员与家政服务员参加政府、行业协会、社会机构等组织的职业培训奖励制度。

27.2.4.4 市场营销管理制度

1）建立年度服务营销计划；

2）建立管理人员与家政服务员全员营销管理制度，并制定奖励考核制度；

3）建立透明、合理的服务价格管理制度，并实行动态差异定价；

4）建立服务广告管理流程；

5）建立服务营销渠道管理制度；

6）建立雇主“转介绍”奖励制度；

7）建立网络多媒体营销管理制度。

27.2.4.5 运营管理制度

1）建立岗位责任制度，做到岗位职责明确，责任到人；

2）建立家政服务蓝图，编制家政服务管理手册；

3）建立规范的工作流程，特别是服务流程、服务规范手册，严格按服务规范进行绩效考核；

4）建立“顾客导向”“服务导向”的家政服务文化；

5）建立雇主需求调查制度、“服务等候”管理制度；

6）建立客户关系管理制度，服务跟踪回访、服务补救制度，及时处理雇主投诉、纠纷与进行服务补救；

7）建立家政服务质量管理制度，制定服务质量评估手册，严格按服务质量手册管控服务质量，并制定奖励惩罚制度；

8）建立家政服务有形展示管理制度。

27.2.4.6 信息数据管理制度

1）及时录入家政服务员身份、身体健康、心理健康、服务经历、职业技能信息等；

2）及时录入雇主基本信息、服务需求信息、雇主服务反馈信息等；

3）及时录入劳动合同或服务合同、培训合同信息；

4）建立雇主与家政服务员隐私信息保密制度；

5）建立家政服务员诚信信息、雇主诚信信息管理制度。

27.2.4.7 财务管理制度

1）建立服务成本管控制度；

2）建立家政服务培训成本及预算管控制度；

3）建立服务营销成本及预算管控制度；

4）建立财务成本及预算管控制度；

5）建立企业内部稽查审核制度，定期进行财务清查；

6）建立固定资产采购申请、登记和领用管理制度；

7）建立资金、发票使用、税务管理实行专人专管制度；

8）统一管理合同的签订、执行、变更、解除和延续；

9）建立合同纠纷及赔偿管理制度，并记录与归档管理；

10）建立家政服务风险、员工保险管理制度；

11）建立员工离职审计管理制度。

27.2.4.8 档案管理制度

1）建立家政服务员档案管理制度；

2）建立雇主档案管理制度；

3）建立公司档案管理制度；

4）建立档案及时建立、录入、登记、装订、查阅制度；

5）建立档案分类归档与保管制度；

6）建立电子档案管理制度。

27.2.4.9 设施设备管理制度

1）建立设施设备购置及时登记固定资产账目管理制度；

2）实施设备购置、领用、保管与使用管理制度，并形成记录；

3）建立设施设备损坏赔偿制度。

27.2.4.10 监督考评管理制度

1）建立内部服务监督考评制度，并与薪酬、晋升挂钩；

2）建立雇主服务监督考评制度，并制定奖励制度；

3）建立第三方服务监督考评制度；

4）建立持续改进服务过程与服务质量中发现问题的管理制度，并制定奖励惩罚制度。

27.2.4.11 安全应急管理制度

1）建立服务安全管理制度，并制定服务安全管理手册，制定奖惩制度；

2）建立服务安全应急管理预案。

27.3 家政企业服务文化管理

27.3.1 什么是家政服务文化

所谓家政服务文化，是指家政企业全体员工共同遵循和共享的一系列共同的宗旨、规范与价值观。其内容主要包括：宗旨与使命、服务理念、服务标准、服务规范、服务质量等。

27.3.2 培育家政服务文化

我们知道，家政服务企业的竞争，是服务产品的竞争、品牌的竞争，其背后其实是家政企业服务文化的竞争。因为，家政服务文化是家政服务员服务观念的基因，将深刻影响家政服务员的服务行为，进而影响雇主的服务体验、服务质量。

家政服务文化的具体内容主要体现在：

1）对在家政企业中“什么是最重要的”达成共识；

2）对在家政服务中“什么是正确的、什么是错误的”有共同的价值观；

3）对在家政服务中“什么起作用、什么不起作用”有共同的理解；

4）对这些理念“为什么很重要”有共同的信念；

5）有共同的服务风格和与人相处的风格。

总之，努力追求提供优质服务的家政公司需要强势的服务文化。在家政企业内部，全体员工都知道：哪些行为是提倡的，哪些行为是禁止的；强势的服务文化将引导全体员工的态度和行为朝着一个方向努力。

当“顾客导向”“服务导向”成为家政公司组织中最重要的行为规范时，组织中就有服务文化存在。

许多企业都缺乏服务文化。如果将内部营销和其他活动一起应用，就是一个培育服务文化的有力手段。此种情况下的内部营销目标有：

1）帮助各类员工理解和接受企业目标、战略、战术以及产品、服务、外部营销活动和企业流程；

2）形成员工之间良好的关系；

3）帮助经理、主管、领导建立服务导向型的领导和管理风格；

4）向所有员工传授“顾客导向”“服务导向”的沟通和互动技巧。

因为，在家政服务中，服务质量因服务人员、服务对象、服务时间、服务地点、服务工具的不同而不同，服务质量是多种资源协调配合的结果，再加上服务业比制造业更难进行质量控制。因此，强势的“顾客导向”“服务导向”的服务文化，就是保证优良稳定的服务质量的关键。通过建立优秀的服务文化，也有利于家政企业管理人员实现对家政服务质量的间接控制。

27.3.2.1 家政服务文化的作用

家政服务文化一旦形成，又常常变得牢固和不易改变，成为强势的家政服务文化。对家政公司的全体员工包括一线家政服务员，具有导向作用、规范作用、激励作用、凝聚作用、自我调控作用、扩散辐射作用等。其中：

1）导向作用

所谓导向作用，是指“顾客导向”“服务导向”的家政服务文化，使员工特别是一线家政服务员能够按照顾客服务预期，提供顾客满意的服务质量。拥有“服务导向”家政服务文化的员工包括一线家政服务员，对顾客更加关心、更感兴趣，愿意为顾客做更多，并努力去寻找满意顾客服务预期的方式方法。这就是家政服务文化的“导向作用”，影响或引领了员工包括一线家政服务员的态度和行为，同时，提升了顾客感知的服务质量。

2）规范作用

家政服务文化中的服务理念，例如，宗旨、使命、精神等基本价值观，对家政企业的员工包括一线家政服务员产生了潜移默化的无形的软性约束；家政服务文化中的行为规范、职业道德，对员工包括一线家政服务员，构成了家政企业的有形刚性约束。

总之，经过长期的家政服务文化的影响，员工心灵深处都会或多或少产生变化，并反映在服务行为上。其中，无形的软性约束，还可以缓冲有形刚性约束对员工的心理冲击，减弱员工逆反心理，使员工的行为慢慢符合家政公司期待的目标。即“顾客导向”“服务导向”的行为。

3）激励作用

在家政服务中，传统家政企业的激励方式，主要是外在的强制力量。而拥有家政服务文化的家政企业的激励方式，不是消极地满足员工的心理需求，而是通过文化的“熏陶”“感染”，使每个员工包括一线家政服务员，从内心产生一种积极向上的思想观念和行为准则，形成一定的使命感、责任感、内在动力。将家政服务文化变成自我激励的“指南”。这就是家政服务文化的激励作用。

4）凝聚作用

家政企业一旦形成自己的服务文化，就能在企业里产生一种巨大的向心力、凝聚力，把企业员工和一线家政服务员团结起来。这种力量一旦形成，就成了家政企业的核心竞争力。

因为，家政企业服务文化，作为一种群体共识，是企业员工包括一线家政服务员的理想、情感、希望、诉求的寄托，能使全体员工对企业产生认同感、归属感，能自觉自愿为企业发展做事、贡献自己的一份力量。还有，企业凝聚力一旦形成，企业服务文化，能使员工对外部竞争很敏感甚至排斥，使员工对群体内部更加依赖，就形成了命运共同体。这就是家政服务文化的最大价值。

27.3.2.2 家政服务文化的培育

创建家政服务文化是一项长期的、艰巨的工作，即使对于最有天赋的领导者，发展和培育一个组织的新服务文化，或变革一个组织的原有服务文化，都不是一件简单、轻而易举的事情。

家政服务文化是家政企业为解决生存与发展的问题过程中逐渐形成的，被公司全体成员公认有效的、并共同遵循的基本信念与价值观。也就是说，在企业发展过程中，每一位员工都清晰知道怎样做是对的，而且都自觉自愿地这样做，久而久之，慢慢形成了一种习惯、一种风气、一种氛围；再经过一段时间的沉淀，习惯成自然，变成了全体员工头脑中一种牢固的、清晰的“观念”。这种“观念”一旦形成，又会反过来影响、约束员工的行为，进而以标准与规范的形式成为全体员工的共同信念与行为规范，即企业服务文化。

家政企业服务文化一旦形成，常常变得牢固、不易改变。如果创建新的家政企业服务文化，对企业原有的服务文化而言，就意味着一场新的文化变革。同样，也是一个长期的过程，不可能一蹴而就。因此，培育家政服务文化，需要家政企业高级管理与决策层，做好以下几件事：

1）服务领导层带头示范

优秀的家政服务文化根植于家政企业的管理者。我们知道，家政企业领导者无疑是家政服务文化的塑造者、倡导者、支持者。但企业服务文化的创建，并不是从厚厚的管理制度、规则手册中发出的一套命令，而是定期地、一致地展示领导者自己的价值观、服务愿景、宗旨、使命、管理理念（例如“顾客导向”“服务导向”），更重要的是，如果领导者只是口头上承认、宣讲这些服务文化，而在自己的实际行动上、日常行为这并没有执行，那么领导推动的服务文化实际上也起不了什么作用，只是形式主义而已。

这就要求，领导者必须是企业服务文化带头践行的示范者，而且这种示范行为，是全体员工很容易感知的、能够观察到的。员工正是通过领导者的日常行为来理解、认知企业倡导的服务文化，将会更容易地接受这些服务文化，进而影响自己的服务观念与服务行为。这就是“行胜于言”。

2）建立可操作行为模式

家政服务文化一定是可感知的、易操作的，而不能是不易察觉的、抽象的价值观念。家政服务文化更多的是一套行为模式，是家政服务员能够看得见、摸得着的。例如：微笑服务、讲究雇主家庭人际交往礼仪、注重个人卫生、注重个人形象、家政服务员职业道德、家政服务职业技能标准、家政服务规范流程、家政服务补救措施、家政服务安全规程等。

3）变革企业组织与决策机制

建立强有力的“顾客导向”“服务导向”的家政服务文化，需要建立扁平化的组织结构、分散化的决策机制。其基本原则是：高层管理者做企业战略决策，中层管理者做企业业务决策，一线员工做解决具体问题的大部分决策。

这样的扁平化的组织结构与分权的决策机制，可以给组织带来大的收益：在提供家政服务过程中，更快速地对雇主需求作出反应，并能在服务补救流程中更快速地回应不满意雇主，员工（包括一线家政服务员）对自己的工作和自我表现会更加满意，员工会更热情友善地对待雇主。同时，对一线员工（包括家政服务员）授权可以赢得优质服务，进而提升雇主对企业的满意度、忠诚度。

4）重新设计企业管理制度

建立强有力的“顾客导向”“服务导向”的家政服务文化，需要变革原有的企业管理制度，加以重新设计。因为，企业管理制度是企业服务文化的载体，即制度文化。新的企业服务文化，重点是人力资源管理制度。其具体内容是：

一、员工招聘与培训制度。要建立一套新的招聘机制与程序，招聘哪些符合“顾客导向”“服务导向”、具有亲和力并愿意为雇主提供优质服务的家政服务员。同时，对员工（不仅是新员工）进行服务文化培训，特别是服务职业道德、服务意识、服务标准、服务规范、服务质量等的培训。

二、绩效薪酬与奖励制度。首先要对一线家政服务员的服务工作业绩予以足够的重视，在薪酬方面得到充分体现。对于绩效高、雇主反映好的员工，应该给予相应的奖励。除了物质奖励外，要多提供精神奖励，特别多提供培训提升机会、外派考察学习等；反之，则应给予处罚。同时，要建立雇主反馈与投诉制度。

三、员工晋升与职业生涯发展规划。员工晋升制度应该充分考虑践行服务文化的先进者、雇主认同与欣赏者，特别是在服务职业道德、服务标准与规范、服务质量上长期的、稳定的优秀者，并确保这样优秀的“顾客导向”“服务导向”的员工受到重视与提拔，并作为公司员工的示范与榜样。同时，要规划员工的职业生涯发展，使员工特别是一线家政服务员看到职业未来发展的希望和服务工作努力奋斗的方向，进而留住优秀的员工，吸引高素质的人员加入公司服务人才队伍。

27.3.2.3 保持家政服务文化

家政服务文化一旦建立，企业就必须以积极的方式去维护，否则员工特别是一线家政服务员的态度很容易受外部不良影响而发生转变。在保持服务文化时，内部营销的目标包括：

1）确保管理手段能够鼓励和强化员工的“顾客导向”和“服务导向”；

2）确保公司良好的内部关系能够得到保持；

3）确保公司内部对话能够得到保持，并使员工收到持续的信息和反馈；

4）在推出新服务、新产品及营销活动和过程之前，先推销给员工。

当经理、主管、领导把目光集中在为顾客解决问题，而不是强调企业的规章制度时，员工特别是一线家政服务员就会觉得十分满意。

在家政服务中，由于管理层无法直接控制服务过程和服务接触中的关键时刻，因此企业必须开发和保持间接控制。可以通过创造让员工感到能够指导自己的思想和行为的企业服务文化，来实行间接控制。这是内部营销的价值所在。

在这个持续不断的过程中，每一个经理、主管、领导都要参与进来。如果他们可以鼓励自己的员工，可以公开沟通渠道（正式的和非正式的）并确保能反馈到员工特别是一线家政服务员那里，企业家政服务文化就有可能持续下去。经理、主管、领导有责任维系良好的内部关系，进而实现员工满意，满意的员工又带来雇主满意的良性可持续发展。

27.4 家政服务产品管理

27.4.1 什么是家政服务产品

家政公司的产品是什么？或者说，家政公司提供给雇主的究竟是什么？这个看似习以为常的问题，很多家政创业人或家政职业经理人的回答，都是“似是而非”。其实，这个问题是家政企业必须面对的核心问题，必须要给予明确的回答，绝不可模棱两可。家政企业之所以经过 30 多年的发展，仍举步维艰，主要原因之一就是对家政公司产品的认识不清晰、不准确所致。现在，就让我们来进行分析：

我们知道，在家政企业运营中，企业中的每个人都能够树立或破坏“品牌”在雇主心中的形象。这里的“品牌”，简单地讲就是指雇主对家政服务产品及产品系列的认识程度。那么：

家政服务产品到底是什么？

为什么家政企业要为它们不同的家政服务产品建立各自的品牌？

设计新家政服务产品时有哪几种主要方法？或家政服务究竟如何产品化？

要回答以上问题，家政公司首先要明白：都要面临向雇主提供何种服务？如何向雇主提供这些服务？也就是说，家政公司要明确自己的“价值主张”，即向目标市场提供什么样的家政服务，如何提供这些家政服务。这些价值主张，就是通常所说的服务理念。

至此，我们认为，家政服务产品，就是家政公司的价值主张，也即家政公司的服务理念，主要包括三大要素：核心产品、附加性服务、传递流程。这三大要素构成了一个完整的家政服务产品。其中，核心产品是雇主要寻找的、能解决雇主问题或痛点的服务，附加性服务是增强核心产品功能，传递流程是指提供核心产品与各项附加性服务的流程，也就是如何有效向雇主提供服务。

27.4.2 核心服务

所谓核心产品，是指家政公司提供雇主所寻找的、能解决雇主主要问题或痛点、满足雇主需求的服务。举例说明：

☑ 家居保洁收纳服务：

根据雇主家居环境及要求，使用科学清洁方法与清洁工具及其用品，对雇主家庭客厅、卧室、书房、厨房、餐厅、卫生间、阳台等家居地面、墙面、门窗、家具、家用电器等物品，进行清洁收纳保养的过程，让雇主家庭成员享受干净、整洁、美观、舒适的家居生活。

☑ 衣物洗涤收纳服务：

使用洗涤设备与科学洗涤收纳方法，在雇主家庭，为雇主家庭成员的衣服、床上用品、窗帘、鞋等进行清洁、晾干、熨烫、收纳、保养的过程，让雇主家庭成员享受干净、整洁、美观、舒适的衣物。

☑ 家庭餐制作服务：

使用烹饪设备与科学烹饪方法，在雇主家庭，为雇主家庭成员采买食材、加工食材、制作主食菜肴、餐后清洁的过程，让雇主家庭成员享受营养、健康饮食。

☑ 母婴护理（月嫂）服务：

根据孕产妇和新生儿的特点及要求，对孕产妇的生活照护、身体健康护理、心理疏导、辅助孕产妇科学孕育胎儿与哺育新生儿，以及促进新生儿生长发育与生活照护的过程，以实现优生优育和母婴健康。

☑ 育婴服务：

依据 0—3 岁婴幼儿身心发育发展规律及雇主要求，对 0—3 岁婴幼儿的生活照护、保健护理、教育及辅助家长科学养育婴幼儿的过程，让婴幼儿身心健康和谐发展。

☑ 居家养老护理服务：

根据居家老年人的特点及要求，对居家老年人的生活照护、基础护理、康复护理、精神慰藉的过程，让居家老年人积极健康养老与安享晚年。

☑ 病患陪护服务：

依据病人病情与要求，对病人的生活照护、基础护理、康复护理、精神慰藉的过程，让病人早日康复。

管家服务、涉外家政服务等。

总之，当雇主购买了家居保洁收纳服务核心产品时，雇主家庭成员就能享受干净、整洁、美观、舒适的家居生活；当雇主购买了家庭餐制作服务时，雇主家庭成员就能享受营养、健康饮食；当雇主购买了衣物洗涤收纳服务时，雇主家庭成员就能享受干净、整洁、美观、舒适的衣物；当雇主购买了母婴护理服务时，就能促进雇主家庭孕产妇优生优育和母婴健康；当雇主购买了育婴服务时，就能促进雇主家庭的婴幼儿身心健康和谐发展；当雇主购买了居家养老护理服务时，就能促进居家老年人积极健康养老与安享晚年；当雇主购买了病患陪护服务时，就能促进病人早日康复。

这里，需要特别提醒的是，核心产品往往随着行业的成熟与竞争的加剧而成为标准商品。然而，今天我国家政服务行业的发展正处在初级发展阶段，家政服务标准化刚刚起步，家政服务行业远没有形成“标准产品”而得到成熟阶段。

因此，现阶段，我国家政服务行业的竞争，主要是服务标准的竞争，即建立在家政服务标准化基础上的家政服务“职业化规范化”程度的竞争，体现为服务品质的竞争。在我国现阶段家政服务中，主要是“九大家政服务标准”的竞争：

☑ 家居保洁收纳服务标准

☑ 家庭餐制作服务标准

☑ 衣物洗涤收纳服务标准

☑ 母婴护理（月嫂）服务标准

☑ 育婴服务标准

☑ 居家养老护理服务标准

☑ 病患陪护服务标准

☑ 管家服务标准

☑ 涉外家政服务标准

所以，在当下家政服务激烈的竞争性市场环境中，家政公司要打造自己的核心产品，就必须要树立家政服务“标准”意识，学习借鉴家政服务的国际标准、国家标准、行业标准、地方标准，制定自己的家政企业标准，并向社会公示，以赢得竞争性优势。因为，家政企业的竞争，其核心就是家政服务标准的竞争。

27.4.3 附加性服务

我们知道，核心产品的传递通常都伴随着其他一系列与服务相关联的活动，即附加性服务。它们能拓展核心产品的功能与效率，并且为雇主的服务体验带来更多的价值，使其与众不同。

随着行业的成熟与竞争的加剧，核心产品到一定时候往往而成为标准商品，即标准化服务。因此，到这个阶段，追求竞争优势通常强调附加性服务表现，即附加性服务品质。

所谓附加性服务，是指能增强核心产品的相关服务，在促进核心产品功能与效率的同时，强化核心产品的价值与吸引力。

附加性服务的范围和层次，通常在核心产品与相似产品竞争中扮演重要角色，它能有效地区分与定位家政服务产品。

附加性服务总是扮演以下两种角色：

☑ 支持性附加服务：通常在传递或者使用核心服务的流程中起重要作用。支持性服务有：

* 信息服务
* 订单服务
* 账单服务
* 付账服务

☑ 增强性附加服务：则能为雇主带来额外的价值。增强性服务有：

* 咨询服务
* 接待服务
* 保管服务
* 特殊服务

这 8 个分类以围绕花心（即“核心产品”）的 8 片花瓣的形式，即“服务之花”。

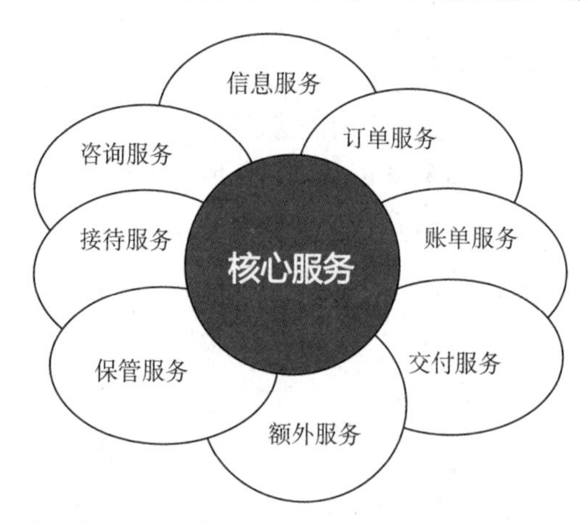

图：家政服务之花：附加性服务环绕的核心服务产品

在一个设计良好和管理优良的家政服务公司，服务之花的花瓣（附加性服务）和花心（核心产品）呈现鲜活健康的状态，处处体现家政公司独有的家政服务品牌。相反，设计糟糕并且管理混乱的服务，就好比缺失了花瓣而枯萎失色的花朵。这时，即使核心服务是完美的，但服务之花的整体印象还是令人失望的。并不是每个核心服务产品都被这 8 种附加性服务环绕。

A、家政服务需要更多的附加性内容。

B、高接触性服务也比低接触性服务需要更多的附加性服务。例如，母婴护理服务、育婴服务、居家养老护理服务、病患陪护服务，比家居保洁收纳服务、家庭餐制作服务、衣物洗涤收纳服务，需要更多的附加性服务。

C、家政服务公司的市场定位战略，有助于决定哪些附加性服务是必需的。

D、为雇主带来额外价值以提升雇主对服务质量感知的战略，比低价格竞争的战略，可能需要包括更多的附加性服务。

E、提供不同等级服务的家政公司，如母婴护理公司中的初级护理、中级护理、高级护理，常常通过附加性服务的多少来区分服务等级。

下面，我们将详细分析伴随家政服务核心产品的附加性服务的具体内涵：

27.4.3.1 信息服务

为了充分享有家政服务核心产品的价值，雇主需要知道相关的信息。新雇主和潜在雇主对信息的需求尤其迫切。

1）雇主的需求可能包括：家政服务核心产品销售地点（是线下实体店、网络平台、微信公众号、公司网站、微信小程序、还是公司 APP 等，或者如何订购家政服务的细节）、服务时间、服务流程、家政服务员来源、服务价格、家政服务合同等；

2）更进一步的信息（有时是法律规定要求提供的信息）：包括家政服务销售与使用家政服务的各种条件、注意事项、使用提示、变更通知等。例如，家政服务员信息：家政服务员身份信息、健康信息、培训记录、职业技能等级水平、从业时间与服务经历信息、诚信信息（包括当地公安部门出具的无犯罪记录证明）、前任雇主评价信息、上门服务证件等；家政服务机构的信息：家政公司的法人信息、营业资质信息、诚信信息等。

3）雇主同时还希望得到：关于如何充分享用某项服务以及如何避免出现问题方面的建议。例如：家政公司关于家政服务员标准与规范守则、服务承诺、服务投诉与服务补救信息、雇主须知、家政服务保险保障信息、家政服务纠纷争端解决机制信息、家政服务安全信息等。

4）最后，雇主还希望得到完成事项的记录证明。例如，确认购买家政服务所签订的服务合同、付款记录、开具发票和收据、每月账目明细、家政服务员服务签到记录等。

家政服务企业应当确保提供的信息及时、准确。因为不准确的信息只会激怒雇主或给雇主带来不便。

为雇主提供信息的方式：包括一线家政服务员告知、管理人员上门、打印通知单、家政服务产品宣传册、雇主须知等；还有其他传递信息的媒介：包括语音电话菜单查询、免费热线电话、触摸屏展示、家政企业官方网站等；还有移动互联网：微信、微博、QQ、电子邮件、百科词条、网络平台的微视频等。

27.4.3.2 订单处理

一旦雇主准备购买家政服务，一个重要的附加性服务要素——接受服务申请、下订单、预订。

处理订单的过程：应提供礼貌、快捷而准确的服务。只有这样，雇主才不会浪费时间和遭受不必要的精神或身体上的损失。这是雇主的非财务成本。

对雇主和家政服务公司来说，运用技术手段（例如：公司微信公众号、家政互联网平台、家政 App 等）可以使订单处理的流程变得更为简便高效。关键在于最大化地减少双方需要投入的时间和精力，并同时实现服务的完整性和准确性。

家政服务公司通常要求其潜在雇主完成申请流程。该流程的设计目的，在于收集有关潜在雇主信息并剔除那些没有满足基本注册要求的申请者（例如雇主的信用记录太差等）。这为以后的客户关系管理提供素材。

还有，无纸订购系统，例如电话订购或网上订购或手机订购，可以节约雇主和家政服务公司的财务和非财务成本（例如，时间成本、到家政公司店端的交通成本、耗费雇主精力等）。

当然，订单的设计，要尽量简单、规范，不能有歧义。

27.4.3.3 账单服务

家政服务毫无疑问，都会涉及账单服务（除了免费服务）。不准确、字迹不清或不完整的账单都会让原本满意的雇主深感失望。这样的失误在雇主对家政服务不满的情况下，会加深雇主的失望程度。提供账单也要及时，这样才能敦促雇主及时支付。

账单服务的过程：包括从口头账单、打印账单到电子账单，从手写账单到打印精美的每月账户明细及费用单，或者清晰明了的电子账单。

最简单的方式是自助账单，即雇主自己计算服务费用，然后用微信支付或支付宝支付，或信用卡或网银支付。在这种情况下，提供账单服务与付款合二为一，但家政公司仍需要核实账单以确保其准确性。

雇主通常期待收到清晰明了的账单，清楚地罗列出消费记录和费用总额。而那些不加解释的晦涩符号或繁琐的计算，肯定无法在雇主的心中建立起良好的服务提供商形象。

同样，劣质的印刷、无法辨认的手写字体、标识不清的电子账簿，也令人生厌。激光打印机由于具备改变和突出字体和字形的功能，或表格式的电子账单，不仅能提供更方便雇主阅读的账单，而且能够以更有用的方式组织账单信息，以供家政服务公司和服务管理与营销人员了解雇主信息之用。

当然，繁忙的雇主不喜欢等候服务人员开列账单与很难打开的电子账单，以节约雇主自己的时间和精力成本。

总之，一个小小的账单，涉及雇主的服务体验。

27.4.3.4 付账服务

在大多数情况下，账单都是需要雇主直接付款的（而雇主付款可能要花很长时间）。雇主总是日益期望简单方便的付款方式，包括使用微信支付或支付宝支付、信用卡和网银。雇主可以选择多种付款方式：例如，微信支付、支付宝支付、自助付款系统需要雇主往付款机中投入银行卡等。

许多家政服务的付款方式仍然停留在面对面的现金交易。微信支付、支付宝支付、网银、信用卡付款也被越来越多的家政服务公司接受而变得日益重要。

其他的付款方式：还包括优惠购物券、预付券。

至于选择何种付款方式，要看雇主的喜好与方便，由雇主决定，而不是由家政公司硬性规定。家政公司事前要准备各种可能的付款方式，让雇主选择，提升雇主的付款体验。

雇主即时付款能够减少家政服务企业的应收账款而使企业受益。为了正确引导雇主的付款习惯，定期向那些准时付款的雇主发送感谢信。同时，对微信支付、支付宝支付要及时进行设计好的自动回复答谢。

为了确保雇主按时付款，一些家政服务企业设有控制系统，例如微信语音自动提示。但要注意语音留言的格式与语气，要注意雇主的感受。

27.4.3.5 咨询服务

咨询服务是增强性附加服务，同纯粹回答雇主提问（或是将雇主所需要的信息印在纸上）的信息服务不同，咨询服务要求通过与雇主的深入交谈为其提供量身定制的家政服务解决方案。

咨询服务所包含的几种附加服务：例如，定制化的建议、一对一的专业咨询、雇主须知、雇主教育与培训等。

最简单的形式是家政企业服务人员根据雇主的问题“你有什么建议吗？”当场给出建议。例如，家政服务员给雇主家庭制作家庭餐时，询问关于烹饪的建议。

有效的咨询服务要求家政服务员在提供合适的解决方案之前，很好地了解雇主的当前状况。此时，良好的雇主记录很有帮助。

专业咨询服务比一般的咨询服务要求更细致体贴的服务。因为它要求服务人员能更好地帮助雇主了解他们自己的状况，让雇主决定“自己的”解决方案。这种专业咨询方式对某些服务来讲，是很有价值的附加性服务。例如，在月嫂服务中，月嫂要帮助产妇确定是“母乳喂养新生儿”还是“人工喂养新生儿”等。

另外，咨询建议也可以通过家政公司宣传册、团体培训项目、公共展示、微信、微博、QQ、电子邮件等手段实现。

27.4.3.6 接待服务

所谓接待服务，主要包括：问候雇主、食物与饮料、厕所与洗手间、等候设施与待客设施（休闲室、等候区、座位；预防天气不好的措施，如下雨、天气太热、天气太冷等；杂志、娱乐、报纸、书籍服务；雇主的交通问题等）。

家政公司接待服务理想的状态是，无论接待新雇主还是迎接老雇主，都能为他们营造一种愉快的氛围。

管理有素的家政服务企业总是努力（至少在某些细微的方面）确保员工以迎接宾客的方式对待雇主。对雇主殷勤有礼，关注雇主的需要，这不仅在面对面的雇主接触中非常重要，同雇主通话时、微信互动时、网络平台互动时，亦是如此。

这里特别需要提醒的是，微信接待、QQ 接待、网络平台接待时，接待员的服务一定及时回复；要尽量简单明了、准确；要语言优美、温暖；要针对雇主的问题进行具体回答，而不是“套路”“套话”；要有耐心，不厌其烦，直到雇主满意为止。

当然，接待服务在面对面的雇主接触中体现得最充分。在某些情况下，接待服务是以接送雇主到某一服务场所作为起始和终结的。例如，月子会所、社区养老照料中心等。如果雇主在享用服务前必须等候，那么体贴的服务供应商就会提供给雇主特别的措施，如应该提供雇主休息区，包括座位及娱乐设施（电视、报纸、杂志、网络设备等），以便让雇主消磨时光。

招聘性格热情、友好和细致体贴的服务人员能有效地帮助家政服务企业营造出一个好客的氛围。

家政服务公司接待服务的质量对雇主满意度（不满意）有重要影响。在社区养老照料中心服务方面尤其如此，因为雇主在核心服务完成之前无法轻易地离开服务场所。那些旨在改善雇主满意度的策略，通常都集中于寻找方式方法添加或改善附加服务。

对雇主等候服务场所的拙劣设计，也能导致接待服务的失败。

27.4.3.7 保管服务

当雇主光临家政服务公司或某服务场所（例如社区养老服务照料中心、月子会所）时，他们常常希望能够妥善地保管好自己的财物。

在家政公司或服务现场的保管服务包括：衣物保管、行李看管、贵重物品保管，甚至儿童或宠物的看管。特别是提供停车场所、代雇主泊车。停车难往往影响雇主光临。

负责的家政服务企业还很重视为前来服务场所的雇主提供财产保管与人身安全服务。例如，月子会所、社区养老照料中心等。

特别是有的家政服务公司，还派发小册子介绍安全使用家政服务卡的小窍门，向雇主宣传家政服务员入户提供家政服务时，如何保护好他们自己的家庭财产和人身安全。

27.4.3.8 特殊服务

特殊服务，即额外服务，指的是常规服务传递以外的那些附加性服务。

精明的家政服务企业能预料意外情况的发生，并事先建立应急预案。这样的话，当雇主提出需要特别帮助的时候，管理人员与家政服务员就不会因没有准备而显得无助和荒乱。

设计良好的服务流程能让员工更及时、高效地作出反应。额外服务大致有：

1）特殊要求

雇主可能会需要常规服务流程以外的服务。这些进一步的要求通常以家庭或个人需求有关。例如，在家政接待服务中，接待残疾人（例如盲人或聋哑人）或接待外宾雇主。

2）解决问题

在一些情况下，常规的服务传递（或产品表现）会因为事故、延迟、设备故障或使用困难等原因而无法正常和顺畅地进行，就产生了解决问题的需求。例如，在家政接待服务中，家政服务员因为突发疾病不能按时与雇主见面会谈，而雇主已经按约定赶到了家政公司店端，这就家政公司及时提出解决问题的方案，尽量解决雇主的问题，让雇主满意而归。即家政公司平时要准备各种接待雇主的应急预案。

3）处理雇主投诉、建议、表扬

这一行为需要设计良好的流程。家政服务企业应该提供便捷的渠道让雇主表达不满、提出改进建议或给予表扬，同时还应迅速地对雇主意见作出反应。为此，家政公司要开通自己的微信号或热线电话，要安排专人负责，制定相应的处理预案与规章制度，要在第一时间处理雇主的投诉、建议、表扬。

4）赔偿

在遭遇严重的服务问题后，很多雇主都希望得到赔偿。赔偿包括保质期内的免费维修、司法调解、退款、免费服务或其他形式的退款。

例如，在家政服务中，建立“家政服务员互助基金”。通过互动基金，建立家政服务员与家政企业之间、家政服务员与家政服务员之间的互信互助，化解家政服务员因工作失误导致雇主家庭财产损失与人身受到的意外伤害所面临的职业风险，需要家政服务员承担相应赔偿时提供资金赔付。这就是一种通过建立特殊服务的机制，来共同抵御家政职业风险，维护雇主权益，提升雇主服务体验的特殊附加性服务。

家政服务管理者需要关注额外服务需求。如果这种额外需求过多，就说明原先的标准化流程需要改进。一般来说，灵活处理雇主的额外服务需求不失为一种好的做法，因为它反映了对雇主需求的快速回应。

另一方面，过多的额外服务会降低服务的安全保障，可能会对其他雇主带来不良影响，或导致员工负担过重。

综上所述，组成家政服务“服务之花”的 8 类附加性服务，为增强家政服务“核心产品”提供了多种选择。大部分附加性的服务都是或应该是针对雇主需求的反应。有些是帮助雇主更有效地使用“核心服务”的便利性服务，例如信息服务与订单服务；有些是增强“核心服务”或降低非财务成本的额外服务（例如提供杂志、娱乐活动等接待性服务来帮助雇主打发时间，如提供方便的停车场服务而减少雇主的麻烦与停车费等）。

另一些要素，尤其是账单服务与付款服务，实际上是由家政服务公司主动提供的。即使雇主并没有积极要求希望得到这些服务，这些要素仍然是整体家政服务体验的一个部分。任何处理不当的服务要素都能给雇主感知服务质量带来负面影响。

家政服务“服务之花”的“信息服务”与“咨询服务”两片花瓣显示了强调雇主沟通中教育与促销的重要性。

并非所有“核心产品”的附加性服务都包含 8 个方面。家政服务在附加性服务方面要求最高的，尤其是接待服务（包括面对面的直接接触、通过微信与互联网网络平台的接触等）。因为这涉及与雇主的近距离（而且通常是延伸的）接触。

然而，当下，大多数家政服务公司只是将“附加性服务”简单地层层叠加在“核心服务”产品周围，并不真正了解雇主的需求；也不知道哪些服务应当和“核心服务”一起作为标准的服务提供给雇主，哪些服务可以作为可选项向雇主收取额外费用。缺乏这些了解，要想建立有效的定价策略就非常棘手。

当然，以上列举的服务要素并不能囊括所有附加性服务的要素，因为有些家政服务可能需要特殊的附加性服务。

但无论家政服务企业决定提供怎样的附加性服务，都应对“服务之花”中的各种服务要素给予重视和关注，从而达到既定的服务标准与服务规范。只有这样，家政“服务之花”才会保持新鲜诱人的外表，而不是由于疏于照顾而枯萎衰败。这就是我们经常提及的家政服务“职业化规范化”的具体体现。

27.4.4 服务流程

通过以上讨论，我们知道，核心产品、附加性服务、传递流程，这三大要素构成了一个完整的家政服务产品。其中，核心产品是雇主要寻找的、能解决雇主问题或痛点的服务，附加性服务是增强核心产品功能的相关服务，传递流程是指提供核心产品与各项附加性服务的程序或过程，也就是如何有效向雇主提供服务。

本章节将重点讨论“传递流程”，又称“服务传递”“服务流程”。

27.4.4.1 什么是家政服务流程

所谓家政服务流程，从雇主角度看，是指雇主购买、享受家政服务时所要经历的一系列程序或过程，服务是雇主体验的过程；从家政公司角度看，是指家政公司提供核心产品和各项附加性服务的一系列程序或过程，即家政公司如何有效向雇主提供家政服务。服务就是创造雇主体验的过程。说到底，服务接触中最关键的是顾客对事件的看法。

家政服务流程就是家政服务的基本框架。家政服务流程描述了家政服务提供系统工作的方法和顺序，详细指明它们是怎样贯彻在一起，来创造顾客价值。即为顾客提供核心产品和附加性服务。在家政服务中，顾客本身就是家政服务不可分割的一部分，家政服务流程就是他们（顾客）的经历。

家政服务最显著的特征◇一、是顾客参与家政服务的生产和传递过程。但是更多的时候，设计和操作家政服务时会忽略顾客的看法，间断地处理每一个步骤而不是一个完整、连贯的流程。

家政服务流程，无论是从雇主角度，还是从家政公司角度，都是一回事，是一个事情的两个方面，不是两件事。

在家政服务实践中，一个优质的服务流程设计，可以提升雇主服务体验与满意度、提升家政服务员的满意度、提升家政公司运营效率。反之，一个拙劣的服务流程设计，是缓慢的、令人沮丧、质量低劣的服务，使得一线家政服务员难以很好地完成服务，导致服务效率降低、服务失误的风险增加，进而会惹怒雇主。

由此可见，设计和编制一个优质的服务流程是必需的。

27.4.4.2 如何设计家政服务流程

设计家政服务流程的第一步是描述或编制家政服务流程。其中，流程图和蓝图是设计和编制家政服务流程的工具。这里，需要区分“服务流程图”与“服务蓝图”是两个不同的概念。

家政服务流程图，是指一种展示服务传递中各个步骤内涵和顺序的一些简单的表格。通过这些表格能直观理解雇主服务体验。通过绘制雇主与家政公司接触的顺序，能够理解家政服务的整个过程。例如：

预订→ 先派家政服务员→ 面试→ 签单→ 入户前→ 入户→ 试用→ 提供服务→ 雇主投诉→ 服务补救→ 服务终止→ 账单→ 付账→ 交接离开。

家政服务蓝图，是指详细说明了家政服务流程是如何构成的，定位雇主、员工（包括一线家政服务员）、家政公司服务提供系统等三者之间的交互过程，是详细描画家政服务流程与交互过程的图表或地图，直观展示了雇主从家政服务之初到服务结束的整个过程。

无法想象没有建筑图纸如何盖一栋楼，而家政服务就缺少“图纸”。家政服务蓝图对提升雇主服务体验最为有用。因为，家政服务蓝图，直观上同时从几个方面展示家政服务整个过程，将包括很多步骤以及不同部门的员工：

* 展示雇主的活动；

* 展示不同部门的员工的角色以及操作流程、员工和雇主之间的互动（称为“互动线”）；

* 展示服务的员工前台活动、后台行动、支援与信息技术系统的支持等。

总之，家政服务蓝图描述了雇主与员工（包括一线家政服务员）之间的相互关系，以及后台的活动和系统是如何支持上述关系的。

通过阐明员工角色、运营流程、信息技术、雇主交流之间的关系，蓝图可以使公司内部的运营、营销、人力资源活动形成一个整体，可以帮助家政公司运营管理、人力资源管理、市场营销管理理清自己部门的职责，以及与其他部门之间的合作。

同时，有助于设计优质的家政服务流程。它给出了一种家政服务提供过程的合理分块的方法，再逐一描述这一过程的各个步骤或任务、执行任务的方法、顾客能够感受到的有形展示；了解到这些信息，运营、营销、人力资源管理人员就可以设计出每项活动的执行标准、管理规范，包括完成一个项目的时间、项目之间的最长等待时间以及引导雇主和员工（包括一线家政服务员）互动的“脚本”。

27.4.5 家政服务蓝图

27.4.5.1 如何绘制家政服务蓝图

设计一套“家政服务产品”不是件容易的事情，尤其是在家政服务中雇主身处服务场所直接接受并参与服务的情况下。为了设计出既能满足雇主又能高效运作的家政服务产品，运营人员、营销人员、人力资源人员、一线家政服务员等都应参与合作，共同讨论绘制服务蓝图，如果能够邀请到雇主参与，那就更好。

由于服务的无形性，创新和开发新的家政服务产品的最大障碍，是不能在服务标准、服务规范、服务产品开发、市场测试阶段描绘“家政服务”的样子。使用家政服务“说明书”与雇主服务期望相匹配的关键◇一、是能够客观描述关键服务过程的特点并使之形象化。这样员工（包括一线家政服务员）、雇主、管理者都会知道正在做的家政服务是什么，以及他们每个成员在服务实施过程中扮演的角色。这就是绘制家政服务蓝图的价值。

1）家政服务蓝图的构成

家政服务蓝图的主要构成：有形展示、顾客行为、员工行为（前台员工、可见的行为；后台员工、不可见的行为）、支持系统。

（1）有形展示：家政服务蓝图的最上面是家政服务的有形展示。最典型的方法是，在每一个“接触点”上方，都列出服务的有形展示。

例如，在顾客“预订”家政服务时，顾客与家政公司的“接触点”，可以是“线下”的家政服务公司实体店面，也可以是“线上”的家政公司的微信号（公司微信公众号、私人微信号）、公司 App、公司网站、公共网络平台上“店铺”等。在这些接触点上，要展示家政公司的办公场所布置、营业执照、荣誉证书、优秀家政服务员的照片、家政服务员的工装、家政服务员的职业资格证书、家政服务工具等。通过这些有形展示，让顾客更深入了解家政公司以及家政服务员，提升顾客“预订”的成功率。

家政服务蓝图

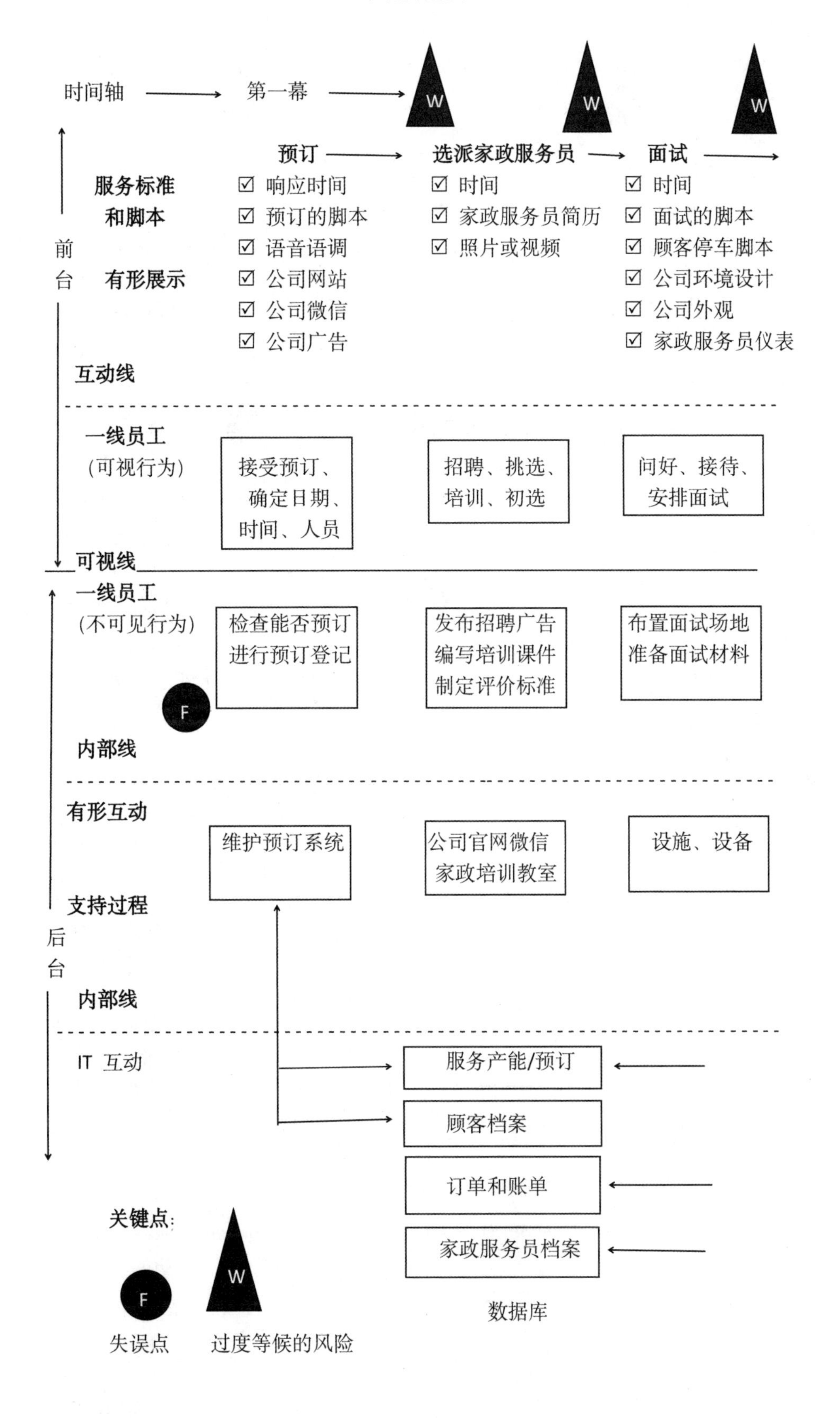
时间轴
第一幕
W
W
W
预订
选派家政服务员
面试
服务标准
和脚本
前
台
有形展示
☑ 响应时间
☑ 预订的脚本
☑ 语音语调
☑ 公司网站
☑ 公司微信
☑ 公司广告
☑ 时间
☑ 家政服务员简历
☑ 照片或视频
☑ 时间
☑ 面试的脚本
☑ 顾客停车脚本
☑ 公司环境设计
☑ 公司外观
☑ 家政服务员仪表
互动线
一线员工
(可视行为)
接受预订、确定日期、时间、人员
招聘、挑选、培训、初选
问好、接待、安排面试
可视线
一线员工
(不可见行为)
检查能否预订
进行预订登记
发布招聘广告
编写培训课件
制定评价标准
布置面试场地
准备面试材料
F
内部线
有形互动
维护预订系统
公司官网微信
家政培训教室
设施、设备
支持过程
后
台
内部线
IT 互动
服务产能/预订
顾客档案
订单和账单
家政服务员档案
数据库
关键点:
F
失误点
W
过度等候的风险

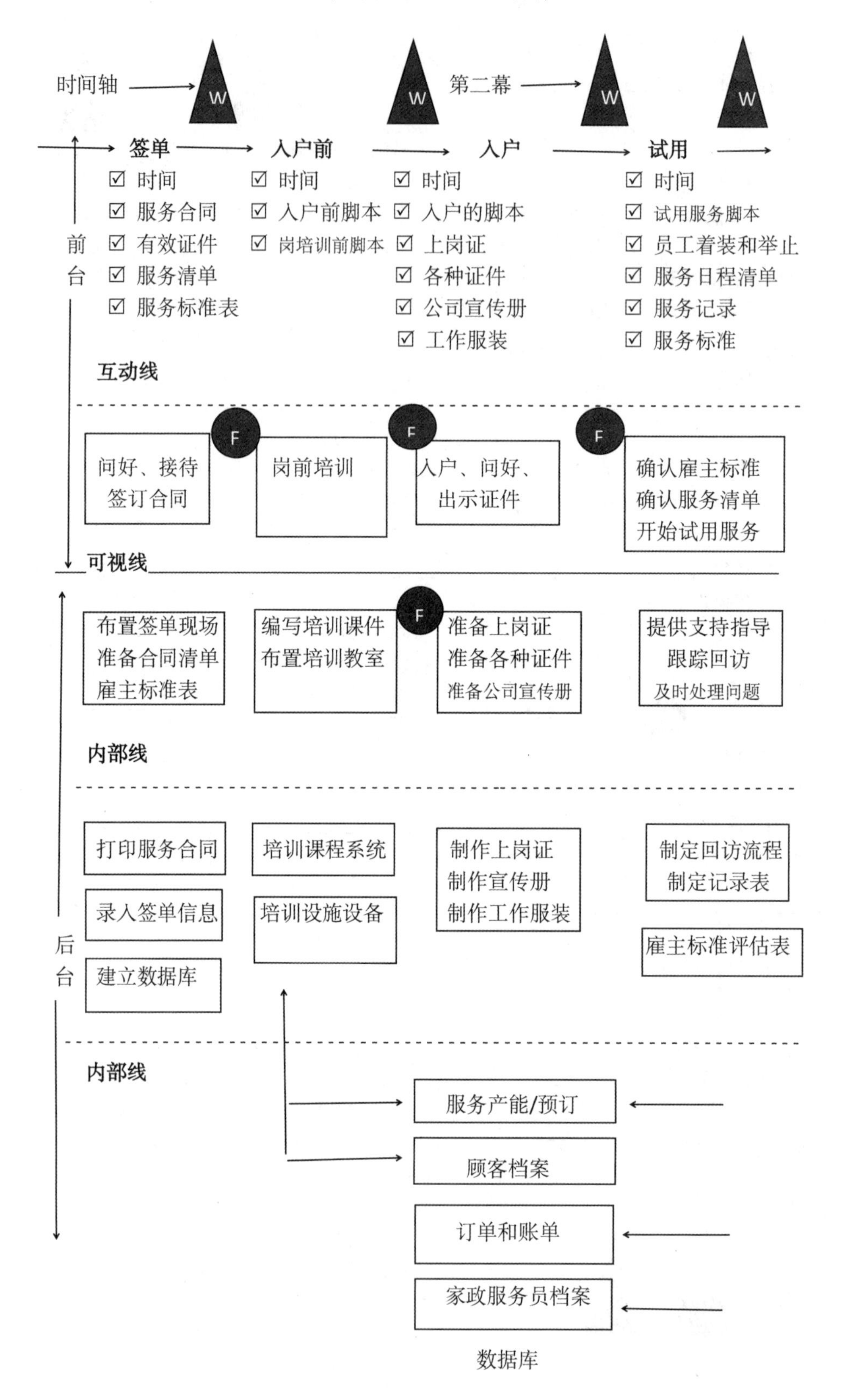
(应该严格限制标准时间)
时间轴
第二幕
W
W
W
W
签单
入户前
入户
试用
时间
服务合同
有效证件
服务清单
服务标准表
时间
入户前脚本
岗培训前脚本
时间
入户的脚本
上岗证
各种证件
公司宣传册
工作服装
时间
试用服务脚本
员工着装和举止
服务日程清单
服务记录
服务标准
前台
互动线
F
F
F
问好、接待签订合同
岗前培训
入户、问好、出示证件
确认雇主标准
确认服务清单
开始试用服务
可视线
F
布置签单现场
准备合同清单
雇主标准表
编写培训课件
布置培训教室
准备上岗证
准备各种证件
准备公司宣传册
提供支持指导
跟踪回访
及时处理问题
内部线
打印服务合同
录入签单信息
建立数据库
培训课程系统
培训设施设备
制作上岗证
制作宣传册
制作工作服装
制定回访流程
制定记录表
雇主标准评估表
后台
内部线
服务产能/预订
顾客档案
订单和账单
家政服务员档案
数据库

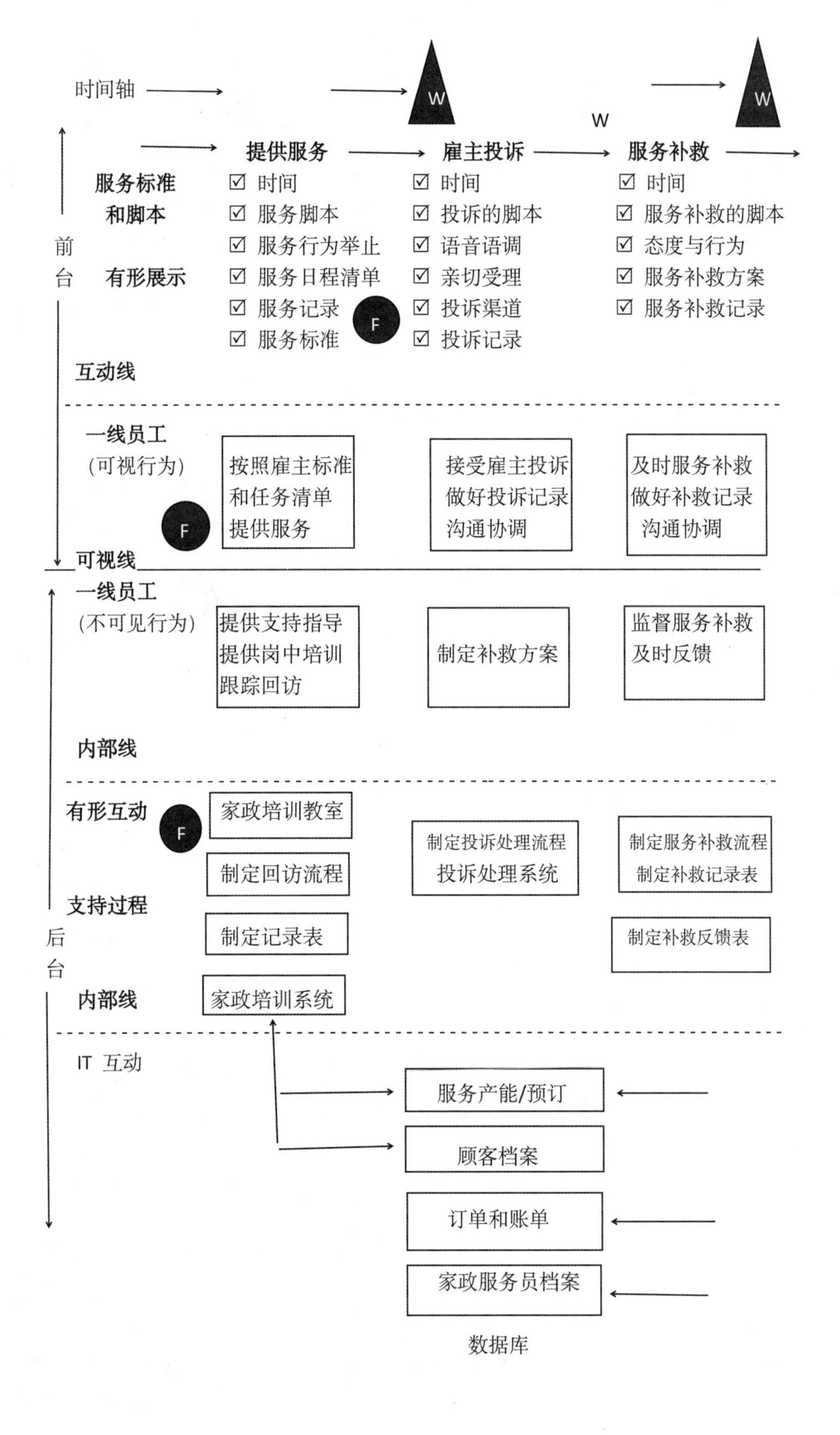

时间轴
W
W
W
提供服务
雇主投诉
服务补救
服务标准
和脚本
前
台
有形展示
☑ 时间
☑ 服务脚本
☑ 服务行为举止
☑ 服务日程清单
☑ 服务记录
☑ 服务标准
F
☑ 时间
☑ 投诉的脚本
☑ 语音语调
☑ 亲切受理
☑ 投诉渠道
☑ 投诉记录
☑ 时间
☑ 服务补救的脚本
☑ 态度与行为
☑ 服务补救方案
☑ 服务补救记录
互动线
一线员工
(可视行为)
F
按照雇主标准
和任务清单
提供服务
接受雇主投诉
做好投诉记录
沟通协调
及时服务补救
做好补救记录
沟通协调
可视线
一线员工
(不可见行为)
提供支持指导
提供岗中培训
跟踪回访
制定补救方案
监督服务补救
及时反馈
内部线
有形互动
F
家政培训教室
制定回访流程
制定记录表
家政培训系统
制定投诉处理流程
投诉处理系统
制定服务补救流程
制定补救记录表
制定补救反馈表
支持过程
后
台
内部线
IT 互动
服务产能/预订
顾客档案
订单和账单
家政服务员档案
数据库

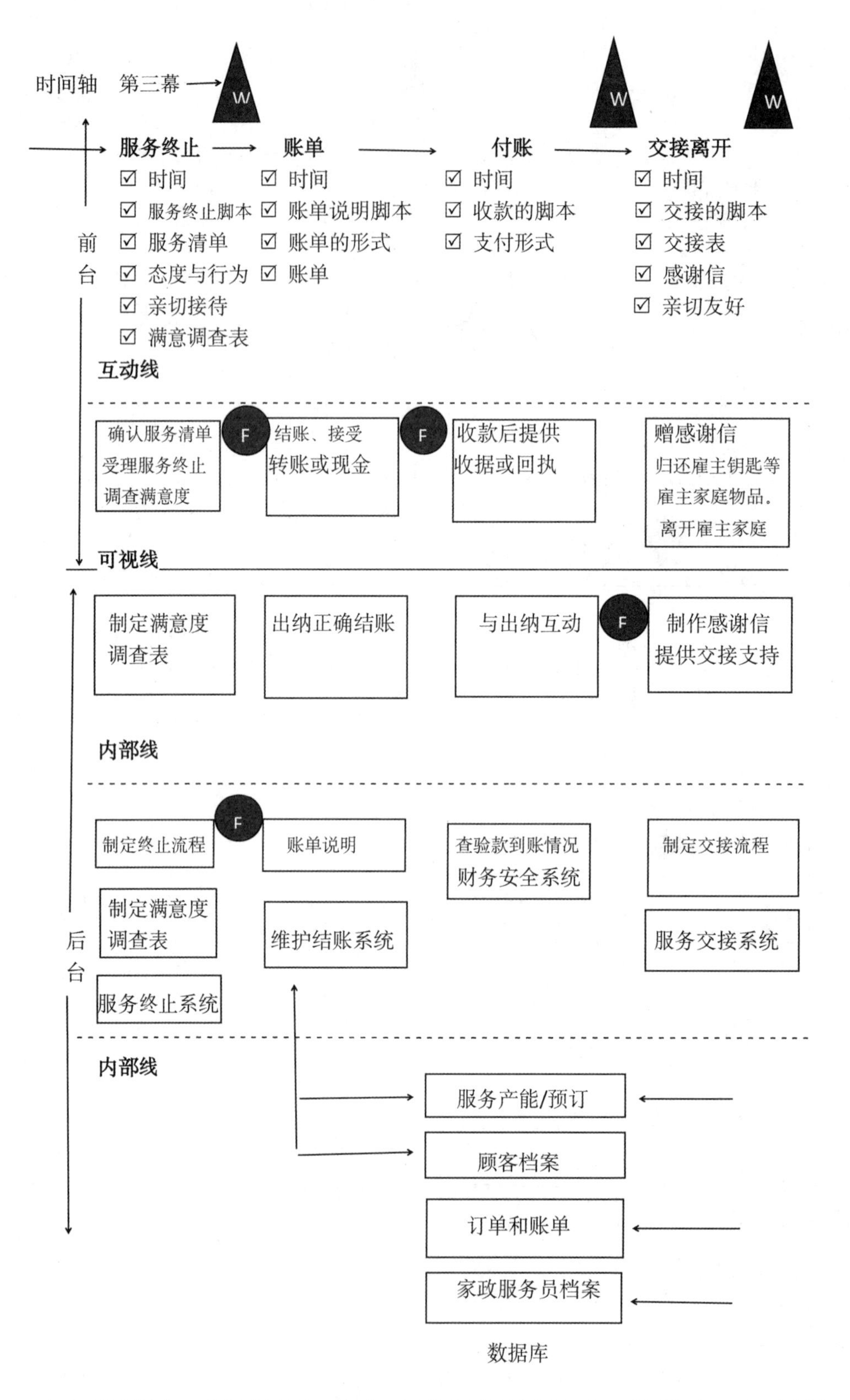

（2）顾客行为：顾客在购买、消费、评价家政服务过程中，所采取的一系列步骤、所做的一系列选择、所表现的一系列行为以及他们之间的互动。在家政服务蓝图中，顾客整个的体验过程是清晰的。

例如，在家政服务中，顾客行为包括：顾客搜索家政服务信息、顾客考察有意向的家政企业、顾客面试家政服务员、顾客签署家政服务合同、顾客接待家政服务员入户服务、顾客试用家政服务、顾客正式接受家政服务员服务、顾客投诉家政服务员、顾客支付服务费用、顾客终止或续用家政服务员服务等。

（3）前台员工行为。与顾客行为平行的是员工（包括一线家政服务员）行为。那些顾客能看到的服务人员表现出的行为和步骤是前台员工（包括一线家政服务员）行为。例如，在家政服务中，家政公司中的接待人员、客户主管、市场营销人员、客服人员、特别是一线家政服务员的行为。

（4）后台员工行为。那些发生在幕后，支持前台的员工行为称为后台员工行为。例如，家政服务中，公司网络维护人员、家政培训人员、财务人员、公司后勤人员的行为等。

（5）支持系统。包括内部服务、支持员工包括一线家政服务员履行服务的步骤和互动行为。例如，在家政服务中，家政服务员职业技能标准体系、雇主标准（服务预期）体系、公司的网络多媒体系统、家政服务员管理系统、家政服务员培训系统、雇主管理系统、财务管理系统等。

在家政服务蓝图中，四个关键的行动领域：有形展示与顾客行为、员工行为（前台、可视）、员工行为（后台、不可见）、支持系统，由三条水平的分界线（互动线、可视线、内部线）分开。

第一条线：互动线

即“互动分界线”，表示顾客与家政服务公司开始间接或直接互动。一旦有垂直线穿过互动分界线，即表明顾客与家政服务公司直接发生了接触或一个服务接触产生。例如，在家政服务中，顾客开始通过网络搜集，或者通过朋友介绍，或看到广告，来搜集、浏览、实地考察家政公司及家政服务员的信息。如果顾客通过分析后确认有购买家政服务意向后，就穿过“互动分界线”，进入“可视线”。

第二条线：可视线

即中间的分界线，是极关键的“可视分界线”。这条线把顾客能看到的服务活动与看不见的服务活动分隔开来。我们知道，家政公司的员工行为，有的是顾客能看到的，有的顾客看不到的。

看家政服务蓝图时，要分析有多少员工的服务活动在可视分界线以上发生（即可视行为），多少员工服务活动在可视分界线以下发生入手（即不可见行为），就可以很轻松地一目了然得出是否向顾客提供了较多服务以及提供什么样服务。

这条线还把员工在前台与后台所做的工作分开。

例如，在家政公司里，接待人员、市场人员的服务活动，在“可视线”以上，是顾客可视的行为；而家政培训人员、网络技术人员的服务活动，在“可视线”以下，是顾客不可见的行为。

还有，一线家政服务员在上岗前接受家政服务培训、到医院进行健康体检是不可见的“后台工作”；家政服务员接受雇主的面试、参与服务合同签订、上岗后在雇主家庭为雇主直接提供家政服务，是可视的“前台工作”。

第三条线：“内部线”

即“内部互动分界线”，把前台员工的行为与服务支持活动分隔开来。垂直线穿过内部互动线，意味着发生内部服务接触。

家政服务蓝图与其他流程图最为显著的区别，是从顾客的角度看待家政服务过程，即将顾客对服务过程的体验作为根本关注点。实际上，在设计家政服务蓝图时，从顾客对服务过程的体验出发，反向设计，最后，描绘家政服务提供系统。其中，每个行为中的“方框”，则表示相应的服务参与者（雇主、公司管理人员与支持人员、一线家政服务员）执行或体验服务的步骤。见图：家政服务蓝图示例。

2）如何绘制家政服务蓝图？

家政服务蓝图，使无形的家政服务过程“可视化”。通过绘制和分析家政服务蓝图，可以更好地对家政服务进行管理，提升雇主的服务体验。

那么，如何设计家政服务蓝图？

首先，需要确认所有与传递家政服务有关的关键活动，并详细说明这些活动之间是如何衔接的。

一开始，最好相应地简化这些活动以便描绘“简图”。然后，可以“深入挖掘”每个活动，使它们更详细。例如，家政服务蓝图的“简图”：

在家政服务中，家政服务员“入户”就包含一系列活动，可以分解为以下步骤：“制定家政服务员入户流程、确定家政服务员入户具体时间、家政服务员入户前培训、家政服务员入户前审查、准备家政服务员入户相关材料、家政服务员乘坐交通工具入户、到达雇主家庭、请雇主核实家政服务员身份证件、雇主确认家政服务员身份证件信息、请雇主安置好家政服务员住宿、家政服务员正式入户提供服务”。

再例如，在航空公司的案例中，乘客“登机”事实上包含一系列活动，可以分解为以下步骤：“等待宣布座位号、把登机牌交给服务员、走下登机桥、进入机舱、机组人员确认登机牌、找到座位、把随身携带的行李放好、坐下”。

为了更好确认传递家政服务的所有关键活动，需要明确更多细节：

* 前台活动

即要确认顾客是如何搜索、预订、购买、使用、享受、评价家政服务所经历的一系列过程以及顾客的行为；同时，还要确认家政服务公司如何提供核心服务产品和各项附加性服务的一系列程序或过程，以及公司员工的行为。也就是说，要确认提供家政服务的活动内容和流程，即包括哪些步骤。

这里，需要指出的是，确认提供家政服务的活动内容和流程，并不是要画出所有的步骤和活动，而是要体现主要的关键的步骤和可以进行控制的步骤。还有，要理清各个步骤之间的关系。

* 前台活动的有形展示

即顾客可以看见的及体验到的有形展示，并用于评估服务活动的实物。

* 绘出互动线、可视线、内部线

☑ 互动线：是蓝图区别哪些是顾客行为，哪些是家政公司行为，顾客与家政服务公司在哪些方面或地方开始间接或直接互动。

☑ 可视线：是蓝图区别顾客体验的“前台”与员工活动、支持过程的“后台”（“后台”是顾客看不见的）的关键特征，两者之间是“可视线”。

对家政服务的描绘，可以向一线家政服务员询问，哪些行为是顾客可见的，哪些行为发生在幕后。

家政服务公司明确地理解“可视线”，将可以更好地管理“前台”提供给顾客的有形证据、无形服务、其他证据以及服务质量信号，也能够管理“后台”。例如，有的家政公司太注重“前台”活动，以至于忽略了顾客对“后台”的感知。

☑ 内部线：是蓝图区别哪些是前台员工的行为，哪些是服务支持活动，并在哪些方面或地方将两者分隔开来。

* 后台活动

相对“前台”活动而言，承接前台步调的活动或行为。

* 支持系统

在家政服务蓝图中，每一个环节的必需信息都是由支持系统提供的。

例如，家政服务员的身份信息认证、家政服务员的岗前岗中岗后培训、雇主的信息库建设、家政服务交易平台、家政公司微信公众号、家政公司 APP 等家政公司网络自媒体平台等。

* 识别与标出潜在失误点 F

一张好的家政服务蓝图，应当注明在家政服务传递过程中，最容易出错的地方。

从顾客的角度看，最严重的失误点在家政服务蓝图中被标记为“F”。它们是最易导致“核心产品”传递失败的环节。

由于服务的传递是随时间而推移的，这就会导致传递过程中的不同行为之间可能会出现延迟，需要顾客等待。可能出现等待的环节在蓝图中用“W”表示。过长时间的等待会令顾客烦操。

在实践中，无论是前台还是后台，整个家政服务流程的每一个步骤都有可能出现失误和延迟。事实上，失误常常会直接导致延迟。

在家政服务传递时考虑所有潜在失误点即“把事情搞砸的机会”，是极其重要的。只有预见到任何一项任务中所有可能出现的“把事情搞砸的机会”，家政公司管理者，才能整合起一个可以有效避免问题出现的家政服务传递系统。

家政服务蓝图，能够帮助家政企业管理者，更容易找到或识别在服务流程中或在服务传递中潜在的“失误点 F”，也就是这些“失误点”存在极大的服务失误风险，从而可能会降低服务质量、影响顾客的服务体验。

如果家政企业管理者事先能留意到这些“失误点 F”，他们就能够更好地采取防范措施（例如，使用“防呆措施”）或准备好的应急预案（例如，“服务再造”），以避免给企业带来不可弥补的损失。

检验错误可增强家政服务过程的可靠性。

如果认真分析家政服务过程失误的原因，我们就能在某些行为中进行“失误查验”，以便减少甚至是消除失误。

自动预防失误的措施不仅是为员工包括一线家政服务员设计，也应当为顾客而设计，尤其是在顾客积极参与家政服务创造和传递中。其中，“防呆程序”是家政服务流程中防止失误的有效方法。

“防呆程序”，是在制造业中最有效的全面质量管理（TQM）方法，它可以自动避免制造过程中的失误。

在家政服务中使用“防呆程序”的挑战，在于不仅需要重视员工包括一线家政服务员的失误，也要重视顾客的失误。

家政服务企业的“防呆程序”可以保证员工快速、准确、有序地进行每一个步骤。以保证顾客与员工接触的每一个步骤或标准都已到达要求。

顾客“防呆程序”侧重使顾客为服务接触做好准备，理解并期待他们将在家政服务过程中扮演的角色，并选择正确的服务或交易。使顾客做好服务接触的准备，可以写在包括顾客手册或顾客须知里。

设计“防呆程序”是艺术和科学的结合。很多步骤看起来很琐碎，但却是这个方法的主要优点。它可以将一些常见的服务失误事先排除，确保遵守每一个标准和步骤。

* 确定顾客等候时间

在家政服务传递过程中，管理者能够从家政服务蓝图中，查明服务流程中或服务传递中顾客需要等待的阶段，以及顾客需要额外等待的节点。企业可以通过适当的措施，来降低顾客不愉快的等待。

* 建立服务标准和目标

在家政服务流程或家政服务传递中，家政公司应当在每一个环节中处处体现顾客需求，特别是包括完成任务的特定时间和顾客的等待间隔时间。自从有了家政服务蓝图，家政企业运营管理者、家政培训者、家政营销人员等，都能够设计每一个活动的实施标准、管理规范。

最终的家政服务蓝图，应当包括“前台”服务的关键管理标准，包括完成任务的时间、顾客在不同任务之间需要的最长等待的时间。管理标准规范可以用于传递服务的团队设置目标，以确保整个家政服务传递流程，都是以顾客预期为依据的。

在家政服务中，家政服务管理者都会从家政服务过程的每一步了解到顾客期望的实质。即顾客的期望：从顾客期望的服务（最佳状态）到刚好能勉强接受的服务，排列在一个“容忍区”里。

家政服务公司应当为每一个步骤设计足够高的服务管理标准，以使顾客满意或者高兴。如果做不到这点，就必须改变顾客的期望。

这些标准可能包括：时间参数、合乎服务规范的脚本，以及对得体的仪态举止的规定，他们必须有客观的衡量尺度。

家政服务戏剧的开场非常重要，因为顾客的第一印象将影响到他们对后面的服务传递质量的评判。

对服务的印象是逐渐积累起来的。如果一开始就出现错误，顾客就很有可能不再继续接受服务。即使他们留下，他们也会想象将有其他不好的事情发生。

相反，如果开始的步骤做得很好，顾客的“容忍区”也会随之扩大，他们就会忽略随后可能出现的小失误。例如，在服务传递开始后的“关键 10 分钟”，培养顾客忠诚。

当然，服务的标准也不能因服务传递临近结束而被降低。有的开始时不佳但逐渐改善的服务，会比那些开始时很好但越来越差的服务效果更好。

27.4.5.2 建立家政服务蓝图的基本步骤

步骤 1：识别家政服务过程

首先，识别需要绘制蓝图的家政服务过程，并确立绘制家政服务蓝图的目的。使无形的家政服务过程“可视化”，通过绘制和分析家政服务蓝图，可以更好地对家政服务标准、服务规范、服务流程进行管理，提升雇主的服务体验。

步骤 2：识别细分顾客对家政服务的体验

家政服务市场细分的一个基本前提是，每个细分市场的顾客需求是不同的，因而对家政服务产品的需求也相应不同。假设服务过程因细分市场不同而变化，这时为某位特定的顾客或某类细分顾客开发服务蓝图将非常有用。

例如，在家政服务中，有家居保洁收纳服务、衣物洗涤收纳服务、家庭餐制作服务、母婴护理（月嫂）服务、育婴服务、居家养老护理服务、病患陪护服务、管家服务、涉外家政服务等细分市场。在制定家政服务蓝图时，要识别这些细分顾客对服务的体验。不同的细分顾客对服务的体验是不同的。

步骤3：从顾客角度描绘家政服务过程

该步骤包括描绘顾客在购买、消费、评价家政服务中执行或经历的选择和行为。如果描绘的过程是家政公司的内部服务，那么“顾客”就是参与服务的内部员工。从顾客的角度识别家政服务提供，可以避免把注意力集中在对顾客没有影响的过程和步骤上。

该步骤要求必须对顾客是谁（有时并不容易）达成共识。

有时，从顾客角度看到的服务起始点并不容易被意识到。例如，是顾客第一次咨询家政公司寻找家政服务是“服务起始点”，还是家政服务员入户提供服务是“服务起始点”？

在为家政服务开发蓝图时，在这一步骤，可以从顾客的视角，把服务录制或拍摄下来，将会大有益处。通常情况是，家政管理者和不在一线工作的人，并不确切了解顾客在经历什么以及顾客看到的是什么。当他们亲身经历后，他们可能会非常吃惊。

步骤4：描绘家政服务“前台”“后台”员工行为

首先画上“互动线”和“可视线”，然后从“前台”员工（包括一线家政服务员）的视角出发绘制家政服务提供过程，辨别出前台服务和后台服务。对于现有服务的描绘，可以向前台员工询问，他（她）们哪些行为顾客可以看到，哪些行为在幕后发生。

在进行技术支持服务或者要结合技术支持与人力提供的情况下，技术层面所需要的行动也要绘制在“可视线”的上方。例如，在家政服务中，这种技术支持有：家政服务公司的官方网站、微信公众号、APP、家政服务员的身份信息管理系统、家政服务员的信息查询系统、家政服务交易系统、家政服务员职业技能认证系统、家政公司的顾客管理系统等。

如果家政服务过程中完全没有员工参与，那么这个部分要标注上“前台技术活动”。

如果是同时需要人员和技术的交互活动，这些活动之间也要用水平线将“可见的员工接待活动”和“可见的技术活动”分开。使用这种辅助线可以帮助阅读和理解服务蓝图。

步骤5：把顾客行为、家政服务员行为与支持功能相联

下面可以画出“内部线”，随后即可识别出家政服务员行为与内部支持部门的联系。在这一过程中，内部行为对顾客的直接或间接影响方才显现出来。

从内部服务过程与顾客关联的角度出发，它会呈现出更大的重要性。如果顾客经历与主要内部支持服务的关联并不明显，则该过程中有些步骤看起来就并不重要了。

步骤6：在每个顾客行为的上方加上有形展示

最后在家政服务蓝图上添加有形展示，说明在每一个步骤中，顾客看到的东西以及顾客经历、体验到的有形展示。包括家政服务过程的照片、视频在内的形象蓝图在该阶段也非常有用，它能够帮助分析有形展示的影响，及其与家政服务整体战略及服务定位的一致性。

27.4.5.3 如何阅读和使用家政服务蓝图

根据不同的意图，家政服务蓝图可以用不同的方法阅读。

一、如果意图在于了解顾客对过程的观点，可以从左到右阅读蓝图，跟踪顾客行为部分的事件进行。随之而来会提出这样的问题：

* 顾客是怎样预订或购买家政服务的？

* 顾客有什么选择？

* 顾客是高度参与到家政服务之中，还是只需要其做出少数行为？

* 从顾客角度看，什么是家政服务的有形展示？

* 这与家政公司的战略和定位始终一致吗？

二、如果意图在于了解员工包括一线家政服务员的角色，也可以水平阅读蓝图，但这次要集中在“可视线”上下的行为上。有关问题是：

* 家政服务提供过程合理、有效率而且有效果吗？

* 谁与顾客打交道，何时进行，频率如何？

* 一位员工（包括一线家政服务员）对顾客负责到底，还是顾客会从一位员工转到下一位员工？

三、如果意图在于了解家政服务过程不同因素的结合，或者识别某一个员工（包括一线家政服务员）在大背景下的位置，家政服务蓝图可以纵向分析。这时就会清楚什么任务、哪些员工（包括一线家政服务员）在家政服务提供中起关键作用，还会看到家政企业深处的内部行为与一线服务效果之间的关联，有关问题是：

* 为支持顾客互动的重要环节，在幕后要做什么事？

* 什么是相关的支持行为？

* 整个家政服务提供过程，从一位员工（包括一线家政服务员）到另一位员工是如何发生的？

四、如果意图在于对家政服务进行再设计，可以全面阅读家政服务蓝图，了解家政服务提供过程的复杂程度，以及如何改变它。并从顾客角度观察什么变化，会影响员工包括一线家政服务员和其他内部过程，或者反过来考虑。也可以分析家政服务有形展示，看它们是否和家政服务目标一致。

家政服务蓝图，也可用来评估家政服务提供系统的整体有效性和服务生产力，并估计潜在的改变如何影响家政服务提供系统。

家政服务蓝图还可以用来解决家政服务过程中的失误点和瓶颈点。

以上这些环节一经发现，就要深入探究家政服务蓝图，并对家政服务提供系统中那些特定的部分进一步进行细致入微的剖析。

应用家政服务蓝图，已经被证明了有很多好处和利益，包括：

* 提供家政服务创新平台（即蓝图是一个平台）；

* 了解人员角色以及职能、人员和组织之间的依赖程度；

* 提供有利于家政服务创新的战略和具体策略；

* 从顾客的角度，设计互动的真实瞬间；

* 对家政服务流程中设定、反馈的关键点提出建议；

* 明确家政服务竞争态势；

* 了解理想的顾客体验；

* 使用“服务蓝图”设计家政服务，并创造满意的顾客体验；

* 在家政服务提供过程中，减少服务失误的可能性；

* 如何重新设计家政服务，提高家政服务质量和服务生产能力；

* 在什么情况下应当将顾客视为家政服务的共同生产者，并明确它的意义；

* 家政企业管理者应当如何应对不合作的、难缠的顾客。

显而易见，家政服务蓝图的最大好处◇一、是具有指导意义。当人们开始绘制一幅家政服务蓝图时，很快就能显示其究竟对家政服务了解多少？人们努力设想新家政服务提供系统时，不得不用全新的更深入的方式来琢磨家政服务整个过程。

通过家政服务蓝图的开发过程，许许多多的“间接目标”也能到达：澄清家政服务的各种概念，开发共享的家政服务规划，意识到家政服务最初并没有显现的错综复杂性、角色、责任等。

27.4.5.4 关于家政服务蓝图经常提出的问题

1）应绘制什么样的家政服务流程？

在家政服务中，绘制什么样的家政服务流程？需要我们在绘制家政服务蓝图前，思考以下几个问题：

* 为何要绘制家政服务蓝图？我们的目标是什么？

* 家政服务过程的起点、终点在哪里？

* 我们专注的是整个服务，或是服务的某个组成部分，还是服务的一段时间？

2）能把多个家政服务细分市场绘制在一张家政服务蓝图上吗？

一般来说，该问题的答案是“不能”。如果各个细分市场具有不同的服务过程或服务特征，则两个不同细分市场的蓝图会大不一样。

3）谁来绘制家政服务蓝图？

蓝图是团队工作的结果，不能在开发阶段指定某个人来做这一工作。所有有关的方面，包括家政公司内各职能部门的员工（运营、营销、人力资源、技术支持等部门），特别是一线家政服务员，还需要有顾客，都应亲自参与或者派出代表参与开发工作。

4）描绘现实的家政服务蓝图，还是期望的家政服务蓝图？

如果是设计一项新服务，从绘制期望的服务流程开始极为重要；如果是正在服务改进或服务再设计时，从绘制现实服务流程入手非常重要。一旦绘制小组了解到家政服务实际如何进行，修改和使用家政服务蓝图即可成为改变家政服务的基础。

5）家政服务蓝图包括例外或服务补救过程吗？

如果例外事件不多，可以在蓝图上绘制比较简单、经常发生的例外补救过程。但是，这样会使蓝图变得复杂、易于混淆或不易阅读。一个经常采用的、更好的策略是在蓝图上显示“基本失误点 F”，必要时为服务补救过程开发新的子蓝图。

6）细节的程度应该如何把握？

这个问题与蓝图绘制目的有关。如果目的在于表达家政服务总体的过程或性质，那么，没有多少细节的蓝图（即概念蓝图）是最佳选择；如果蓝图要用于诊断和改进家政服务流程，那就要更加详细细节。

7）家政服务蓝图需要包括时间、费用吗？

家政服务蓝图的用途很广泛。如果蓝图的使用目的是减少家政服务流程中不同部分的时间，就一定要纳入对时间的考虑；如果关注费用开销或其他有关目的也是一样。但是，除非这些是家政服务的核心问题，否则尽量不要纳入蓝图。

27.4.6 家政服务产品创新（扫一扫　二维码）

27.5 家政服务有形展示

家政服务有形展示，在塑造顾客的服务体验和提升（或破坏）顾客满意度方面起着重要的作用。因此，为了把家政服务信息有效传递给顾客，以便让顾客认识、了解并购买服务，并提升顾客满意度，家政企业有必要掌握如何进行家政服务有形展示。

27.5.1 什么家政服务有形展示

我们知道，由于家政服务本身的无形性，顾客常常通过有形线索或有形展示，在消费前、消费过程中、消费完成后，对服务进行评价。而有效设计服务有形展示，对缩小服务质量差距至关重要。

家政服务有形展示的要素举例：

1）家政公司的内部设施

☑ 内部设计

☑ 办公设施

☑ 家政培训实施、模拟实操训练室

☑ 指示标志

☑ 空间布局

☑ 室内办公场所清洁整齐程度，特别是洗手间清洁程度

☑ 室内空气质量、温度

☑ 室内声音、音乐、气味、光照

2）公司外部设施

☑ 外部设计

☑ 指示标志

☑ 有无为顾客准备的停车场

☑ 公司附近交通是否方便

☑ 周边环境、景观

3）其他有形展示

☑ 公司名片

☑ 工作证、上岗证、职业技能证书

☑ 员工着装

☑ 工作制服

☑ 宣传册、广告

☑ 纸质版服务合同

☑ 账单

☑ 服务工具

☑ 服务交通工具

☑ 公司网站页面

☑ 公司微信公众号、小程序、APP、抖音、微博、QQ、Vlog等

☑ 家政培训照片、视频

☑ 家政培训设备教具、学具

☑ 公司各种获奖证书、锦旗

☑ 家政服务员形象、服务形象照片、视频

☑ 管理人员形象

☑ 顾客身份

……

需要特别注意的是，随着移动互联网技术发展，公司的官网和各种网络媒体上的“服务场景”也是“有形展示”的最新形式，家政企业可以利用这些形式传播服务体验，使顾客在购买前后对家政服务都更加切实可感。

27.5.2 家政服务有形展示如何影响顾客体验及服务质量

家政服务有形展示，能够对顾客体验产生重要影响。同时，顾客也将会对这样的体验过程中产生依恋、满意，与其他人一起分享。服务有形展示的目的主要体现在以下几个方面：

1）塑造顾客的服务体验及行为

对于家政公司来说，服务的有形展示和与顾客接触的员工特别是一线家政服务员，在创建企业形象和塑造顾客体验方面，共同发挥着重要的作用。有形展示有助于提请或暗示顾客和员工作出恰当反应，或者会使消费者感到放松或兴奋，会严重影响消费者的对服务质量的感知以及购买行为。反过来又会有助于提高对企业的满意度、忠诚度。

2）服务质量信号、服务定位、差异化和强化服务品牌

家政服务是无形的，顾客很难或不能很好地评估其服务质量。因此，顾客通常将服务的“有形展示”作为评价其服务质量的替代符号。例如，家政公司办公场所的整洁程度，特别是公司洗手间清洁程度以及无异味且充满清香，都从一个侧面体现了家政公司管理与服务质量水平；还有公司的家政培训教室设施设备，特别是家政实操模拟培训室及其各种现代化高端家具和家政服务工具，还有家政服务员的工作制服等，都反映了家政服务定位，从一个视角可以看出培训出的家政服务员的职业技能水平；同样，家政服务员的上岗证、职业技能证书，还有公司和员工获得的各种奖励证书、锦旗等，更是公司的服务品牌。甚至连公司的官网和微信公众号等各种网络媒体的页面和内容，都展示了家政公司的形象与品质。

3）企业价值主张的核心部分

家政服务有形展示甚至能够成为企业价值主张的核心部分，那就是家政服务员形象与技能展示，包括家政服务工具使用。这些都是家政企业的核心竞争力资源，代表企业的价值主张，即展示企业能够解决顾客什么服务问题，满足顾客什么服务需求，能为顾客创造什么价值。因此，家政企业的有形展示，可以通过家政服务员和家政服务工具来展示企业提供的高质量服务。

4）为服务接触提供便利，并提高服务质量与服务生产率

家政服务有形展示，还能够为服务接触提供便利，并且提高服务质量与服务生产率。例如，家政公司的官网和微信、APP 等网络媒体、家政公司关于家政服务和家政服务员的照片或视频等的有形展示，有助于顾客更好地了解、反馈服务，更好地与家政服务员互动，这样可以提升家政服务质量与服务生产率。当然，家政服务员的良好形象，也可使顾客感觉良好，能够提高顾客满意度。

总之，精心设计的家政服务有形展示，能够影响顾客的消费行为。由于服务质量难以评估，顾客通常也会用服务的有形展示作为测评服务质量的重要标志。因此，设计良好的家政服务有形展示，可以提升顾客的满意度，也会提高企业的服务产能。

27.5.3 如何设计家政服务有形展示及策略

在家政服务实践中，家政企业要根据企业愿景、目标和服务定位，来设计服务有形展示。下面将介绍有效的服务有形展示设计策略的一些原则要求或注意事项。

1）认识家政服务有形展示的重要作用

家政服务有形展示在决定顾客服务期望和感知服务质量方面，能够起到重要作用。对于家政企业来说，认识到有形展示的重要性仅仅是第一步。之后，家政企业要对服务有形展示进行精心设计。

有效的有形展示策略一定要和企业的总体目标或愿景进行明确的结合。也就是说，进行有形展示设计时，家政企业首先要知道企业总体目标是什么，然后决定展示策略如何提供支持。还有，至少要对企业所提供的服务业态有准确的定义，目标市场定位要清晰，对未来发展要明确。毕竟，服务有形展示不是一时之举，会持续一段时间，会耗费企业一定

的资源，尤其会影响消费者对服务产品的认知。因此，有形展示必须要深思熟虑的精心设计后在执行。

2）从顾客的角度进行设计

在进行服务有形展示设计时，家政企业经常忽视了最重要的因素，即这些服务有形展示是面向顾客的。例如，家政企业的广告宣传册、官方网站和微信公众号包括 APP 等界面，有的设计尽管很华丽，内容包罗万象、面面俱到，但不实用，因为顾客看不懂。其实，顾客只希望通过企业的“有形展示”，对企业提供的服务一目了然，即可。过于繁琐和过度包装，只会让顾客反感。那么，在有形展示设计时，如何做到面向顾客的设计，而不是以企业为中心的设计，最有效的办法就是邀请一线家政服务员参与设计，如果能够邀请顾客参与，那就更好。总之，在设计服务有形展示时，要多听听顾客的声音，以顾客的服务体验和愉悦为导向。

3）依据“家政服务蓝图”进行设计

在进行服务有形展示设计时，首先要画出“家政服务蓝图”（详细内容见本书第 27 章第 4 节）。通过服务蓝图，每个人都能看到服务的过程和有形展示的因素，给予我们从视觉上抓住有形展示的机会，这对服务有形展示的设计很重要。因为，人（即顾客、公司管理者与支持员工、家政服务员）、服务过程、有形展示在“服务蓝图”上都被清晰地标识出来。服务传递或提供中的行动点或接触点，都是可视的。鉴于家政服务提供过程的复杂性，个体（即顾客、公司管理者与支持员工、家政服务员）交互的每个过程都会清晰地表达出来。为了使服务蓝图的使用更有效，可以用整个家政服务提供过程的照片或录像来创建服务形象蓝图。这一形象蓝图提供了一种顾客视角的有形展示的逼真画面。

4）有形展示机会的评估与识别

在家政服务有形展示中，还需要进一步识别出在家政服务提供过程中，还有没有一些行动点或接触点需要进行服务有形展示的改进和提升。毕竟，家政服务提供过程是动态变化的。因此，要时常对服务有形展示进行评估：这些服务有形展示是否符合目标市场的需求和选择？这些有形展示是不是增强企业形象和目标？是不是满足顾客期望？是不是与家政服务员的需求相冲突？还有没有错过有形展示的机会等？总之，服务有形展示不是一劳永逸的，要随着顾客需求的变化而实时作出调整更新。

5）有形展示的更新和时尚设计

家政服务的有形展示，要随着顾客需求的变化而经常进行周期性更新和时尚设计。即使家政公司的愿景、目标、定位不变，经过长时间的顾客“审美疲劳”，也应对服务有形展示进行重新设计。时尚因素应被考虑进来，随着时间的推移，不同的颜色、设计、款式可能代表着不同的信息含义。因此，在重新设计有形展示时，在做广告策划时，企业要能够清楚地理解这点，而不是经常忽略了这一点。

6）跨职能部门进行设计

家政企业通过服务有形展示，用直观形象、审美、吸引眼球的方式，把企业所期望的形象、服务产品、服务品牌展示或提供给目标顾客。这是提供无形的服务产品的家政企业不可或缺的企业发展策略。一般情况下，家政企业通常是采用各种形式进行有形展示，为了确保展示的企业及服务信息相互协调、具有一致性，而不是相互矛盾，就必然要求企业内部各个职能部门要协调合作来设计有形展示。例如，关于家政服务员形象展示，需要由人力资源部门负责；关于服务价格、服务广告等有形展示，需要市场营销部门负责；关于服务工具、家政服务员工作制服等有形展示，需要由运营部门负责；关于官网、公司微信公众号等网络界面的有形展示，则需要公司的网络技术部门负责。总之，为了避免服务有形展示的不一致甚至矛盾，实现服务有形展示功能的最大化，给顾客一个统一的稳定的企业形象与品牌定位，就需要公司成立一个跨职能部门的小组来协调，这是十分必要的。

27.6 家政服务定价与收益管理

在家政服务业，所有家政企业都渴望服务投资的收益回报，即提高服务利润，实现盈利，维持家政企业的可持续健康发展。但绝大多数家政企业却采用一种“天真的、过于简单的服务定价方法”，不考虑潜在的雇主需求变化，不考虑现有服务的替代服务的价格，不考虑未来出现替代服务的可能性，不知道家政服务产品如何定价，是什么使得家政服务的定价比产品的定价困难得多，在家政服务领域什么是好的服务定价方法与定价策略？如何实现服务能力和收益最大化问题？等等。下面将围绕家政服务定价方法与策略、家政服务收益管理、家政服务如何实现盈利等进行分析，试图通过有效的家政服务定价与收益管理，使家政企业获得财务成功。

27.6.1 家政服务定价的特殊性

我们知道，家政服务产品相对于实物产品，具有四个特性：无形性、不可分性、异质性、不可储存性。正是这些服务特性，使家政服务定价在服务成本、雇主对服务价格的认知、服务竞争等各个方面，都比实物产品定价要复杂，具有特殊性。家政企业管理者只有清晰这些特殊性，才能掌握有效的家政服务定价方法与策略。

27.6.1.1 雇主对家政服务定价的认知

雇主在决定选择家政服务时，服务价格起到什么作用？服务价格对吸引潜在雇主有多重要？或者说，雇主在何种程度上用价格作为标准选择家政服务？雇主对于家政服务的成本又了解多少？家政企业必须理解这些问题，必须理解雇主是如何感受价格及价格变化。这都是有效的服务定价的关键。

1）家政服务特性限制了雇主对服务价格的了解

家政服务的无形性、异质性，使家政企业所提供的家政服务产品，缺乏像实物产品那样的“标准化”“可精确测量”，在服务内容与形式上具有很大的灵活性。也就是，家政企业提供的家政服务，会因不同的雇主家庭的不同服务需求、不同的家政服务员的不同服务水平而不同，甚至同一个家政服务员给同一个雇主在不同的服务时间所提供的家政服务也不同。家政企业会根据不同的雇主需求、不同家政服务员的服务技能，想方设法提供无限的不同组合的个性化家政服务，这就导致家政服务成本很难准确估算。

当然，传统的家政企业是通过“服务时间”来决定服务价格。这就遇到另一个问题，即不同家政服务员的服务技能等级水平不同，高级技能的家政服务员与初级技能的家政服务员的“服务时间”价值是完全不同的。很显然简单用“服务时间”来决定服务价格，是不公平的，也不利于家政服务员职业生涯发展。

总之，家政服务的异质性、无形性导致家政服务定价机制的复杂性，也限制了雇主对服务价格的了解。

2）雇主的服务需求不同

导致雇主对家政服务缺乏准确参考价格的一个原因是雇主的服务需求不同。在家政服务中，每个雇主家庭对家政服务的需求千差万别。家政企业会根据不同的服务内容确定不同的服务价格。有保洁收纳服务价格；有衣物洗涤收纳服务价格；有家庭餐制作服务价格；有的根据需要照护的老年人的自理能力与健康状况，制定不同的服务价格；有的根据需要照护的孕产妇与新生儿的不同要求，制定不同的服务价格；有的根据照护婴幼儿的月龄，来制定不同的服务价格；有的根据需要照护的病人或残疾人的健康程度与生活能力，制定不同的服务价格。总之，雇主对家政服务需求上的差别，将大大影响家政服务定价。

3）家政企业不能或不愿评估服务价格

导致雇主参考价格不准确的另一个原因，是许多家政企业不能或不愿意对服务价格进行评估。例如，在没有明确"雇主标准"的传统家政企业，一开始并不知道雇主究竟需要什么内容与水平的家政服务，只有通过"雇主标准"测量雇主的具体需求及水平，才能评估服务价格。事实上，传统的家政企业是没有能力或方法来评估家政服务价格。这些家政企业只是参考家政服务市场价格来进行服务交易。这样会带来很多服务价格与服务质量不相符的情况，导致服务交易之后的服务摩擦不断。

4）服务价格信息在家政服务中难以收集

雇主对服务缺乏准确的参考价格，还有一个原因是，雇主对需要大量搜集的家政服务价格不知所措。对实物产品，可以通过不同品牌、不同包装及尺寸等质量参数进行价格比较。但在家政服务业，没有明确的可测量的服务标准或服务质量标准，自然仅仅靠提供市场搜集一些服务价格，是意义不大的。由于家政服务品质的难以评估，就导致服务定价也更加困难。或者说，雇主通过收集家政服务价格来评估家政服务质量，是困难的。

雇主对家政服务常有不准确的参考价格。这样一个事实，在家政企业管理上有意义：促销定价（如代金券或特殊定价）对家政服务的意义要比对实物产品的意义小。这就是为什么价格在家政服务广告中没有像在实物产品广告中那样占据主要位置。因此，在家政服务营销中，要慎重促销定价。

27.6.1.2 非货币成本的影响

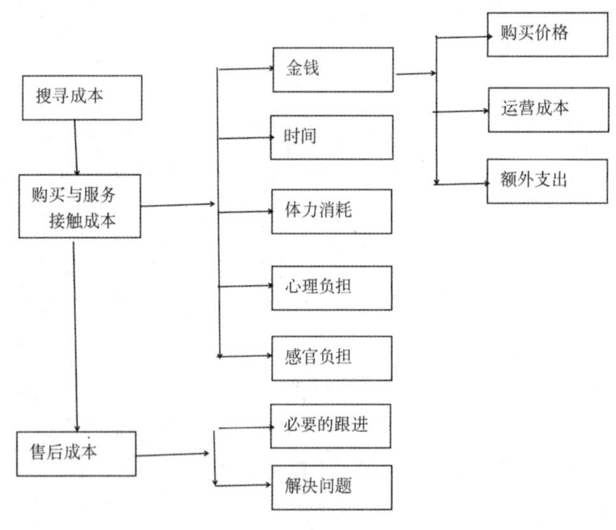

图：家政服务总成本

在家政服务业，常见这种情形：同一区域的两家家政企业，向市场提供内容相同、品质相当的家政服务产品，在服务价格也一样的情况下，其中，一家企业业务旺盛，另一家企业举步维艰甚至亏损。为什么？其实，一个重要原因是后者的非货币成本高，影响了顾客的购买。顾客在购买家政服务时，货币价格不是他们付出的唯一成本。顾客购买需求不仅仅看货币价格，还受到非货币成本的影响。

非货币成本主要包括：时间成本、搜寻成本、体力成本、便利成本、心理成本、感官性成本等。非货币成本显示顾客在购买及使用家政服务时还感知到付出的其他代价。这些非货币成本常常成为顾客是否购买或再次购买家政服务的评估因素，而且有时会比货币价格成为更重要的考量因素。有的顾客宁可花钱支付这些非货币成本。遗憾的是，很多经营困难的家政企业没有意识到非货币成本的重要性。

1）时间成本

在家政服务中，雇主在等候接受服务、参与服务过程中，都需要花费时间。有的时候，等候时间过长。例如，雇主急需家政服务员，被要求到家政公司去面试家政服务员，而家政服务员因为种种原因迟到，让雇主等候时间过长，或者面试几个家政服务员之后，发现来面试的家政服务员都不合需求。这都在浪费雇主的宝贵时间；再例如，家政服务员上岗提供服务后，经常遇到很多“不熟悉”“不会”的家务事，向雇主请教，也占用雇主很多时间来指导如何做。以上这些时间，对雇主来说，由于雇主时间有限，他们不愿意在无法令他们愉悦、无价值的事上浪费自己宝贵的时间。雇主会像用金钱衡量成本一样，来衡量自己花费的时间成本。他们会对时间进行预算，怎样花费时间，是不是存在浪费，以及如何节约时间。因为，花费在一项活动或一件事上的时间有机会成本，这些时间可以通过其他方式花在更有价值的活动或事上。

因此，家政企业管理者和家政服务员要珍惜雇主的时间，要记住雇主的时间也是成本，不要轻易浪费，要优化服务流程、提升服务能力与效率。这就是节约雇主的时间，即节约雇主的非货币成本，提升雇主的服务体验。雇主服务体验好了，自然会购买或再次购买服务。

2）搜寻成本

搜寻成本是指雇主在确定与选择所需的家政服务上付出的努力。由于家政服务质量标准、服务价格都难以衡量或评估。所以，雇主必须要到几个不同的家政企业去了解家政企业提供的服务信息并进行比较。

随着移动互联网多媒体技术发展，雇主也可以通过网络来了解所需的家政服务信息，的确降低了家政服务的搜寻成本。但网络信息的真实性与虚假风险也随着增加。还有，家政企业网络本身是否容易被搜寻到，也是一个问题。如果大量的垃圾广告信息掩盖了真实的家政企业服务信息，或者各种家政企业服务信息太多，或者家政企业的网络页面排名靠后，很难搜寻到，也让网络搜寻成本大大增加。如何优化家政企业网络搜索引擎，降低搜寻成本，又是家政企业面临的问题。

3）体力成本

雇主在获得家政服务时可能会耗费体力、产生疲倦和不适，这就是雇主付出的体力成本。例如，雇主开车或乘公共交通工具到家政公司去考察服务水平或面试家政服务员，如果路途较远，或者路上堵车，都会耗费雇主的体力，增加雇主的体力成本；或者，家政服务员过多要求雇主参与家政服务过程做一些服务劳动，也会耗费雇主的体力，让雇主感到疲劳或不舒服。

总之，雇主体力成本消耗过大，自然会导致情绪上的沮丧和不满。因此，家政企业要尽量使用移动互联网多媒体技术来与雇主沟通交流，要优化服务流程，尽量减少雇主的体力成本。

4）便利成本

在家政服务中，还有服务的便利成本。例如，家政公司办公地点要处在交通便利的地方，以便顾客很容易到达。如果办公地点在交通不便的地方，顾客就要花费时间、花费交通费用开车或乘交通工具抵达；如果顾客是开车抵达，那办公地点的停车是否方便，停车费如何，这些是否给顾客带来不便利，增加便利成本；还有，如果是网络交易，那么，家政公司的网站或微信公众号或小程序或 APP，是否网络界面友好，便于顾客点击打开，直接搜寻到所需要的服务交易信息，下单方便、支付方便等；还是网络界面繁琐，注册登录复杂，链接过长，让顾客失去耐心。这也增加便利成本。

5）心理成本

雇主在购买或使用家政服务时的心理付出，例如，填写身份信息与服务需求表格，特别是阅读繁琐的《服务合同》等；感知服务风险和焦虑，例如，担心家政服务员的诚信、担心家庭人身安全与财产安全、担心家庭隐私泄露等；感觉不合适、害怕或紧张，例如，感觉家政服务员的服务技能是否专业、感觉家政服务员是否哪天突然提出离职或不辞而别；认知失调，例如，这个家政服务员的工资或生活待遇是否太高了等。总之，这些都构成了雇主的心理成本，是雇主在购买和使用家政服务时所经历的牺牲或心理付出，而且这些情况在家政服务中时常会发生。这无疑时常会增加雇主的心理成本。

6）感官性成本

在家政服务中，还有一个特殊成本，就是感官性成本，也就是家政服务的“有形展示”部分，例如，家政公司的办公环境、家政服务员的形象，家政公司的广告彩页、家政服务合同纸质等，也会给顾客带来感官性成本。如果家政公司办公环境脏乱差，或家政服务员外表不整洁，无疑会增加顾客的感官性成本。还有，如果女性家政服务员外表形象过于靓丽，也会引起女性雇主的反感，增加感官性成本。

综上所述，家政企业要充分认识到这些雇主的非货币成本，要想方设法减少非货币成本，尽量使非货币成本最小化，来建立竞争优势，进而提升雇主的消费体验与价值。

一、要与运营专家合作，善于利用“家政服务蓝图”，减少顾客完成服务购买、交付和消费所需要的时间，简化交易过程，让雇主方便快捷购买与消费。

二、利用“家政服务蓝图”，在服务的各个阶段，通过消除或者重新设计不愉快或不方便的步骤，进行顾客教育使其了解服务流程与服务标准、服务规范，培训员工特别是一线家政服务员使其更友善、更标准、更规范、更诚信、更能帮助雇主，尽可能降低不必要的服务心理成本。

三、在顾客搜寻和服务消费过程中，消除或使雇主不必要的体力付出最小化。例如，尽量使用移动互联网多媒体技术帮助顾客更快地找到他们需要的家政服务，避免他们无所适从而产生的挫败感；尽量设计好雇主参与服务过程的流程与规范，让雇主愉快地享受服务过程。

四、通过创造更有吸引力的可视的“有形展示”，来减少不愉快的服务感官性成本。

五、还要知道：顾客或许愿意花钱避免非货币成本。许多顾客愿意家政企业与家政服务员先提供“体验服务”，或者家政服务员上门进行“面试”，而不愿意自己前往家政公司；有的顾客愿意花高更的服务价格购买公开“服务承诺”的家政服务，而不愿意购买让其担心与焦虑的低价服务。事实上，顾客愿意花钱“买”时间、“买”安心。这也意味着使顾客获得可支配时间、获得愉悦，对于忙碌的顾客很可能更具有货币价值，家政企业可以以此作为“卖点”有效地进行服务营销。

27.6.1.3 服务价格作为服务质量的指标

在家政服务中，还有一个现象，就是顾客很可能把服务价格作为衡量家政服务成本及其服务质量的双重指标，或者成为吸引顾客的因素，或者令顾客退却。服务价格是一把“双刃剑”。

那么，家政企业如何把握服务价格这把“双刃剑”，或者说，顾客在什么情况下把服务价格作为衡量服务成本与服务质量的指标？

当服务质量很难查明、服务质量或服务价格变化很大时，顾客往往会相信服务价格是服务质量最好的指标；还有，当顾客购买服务时面临相关风险，在风险大的情境下，顾客也会将服务价格看作服务质量的替代物。

当有关家政服务质量的线索容易得到，例如家政企业明确提出的“服务标准”“服务规范”“服务承诺”，当家政企业品牌名称表明了该家企业的服务声誉，或家政企业广告传达了企业的品牌服务理念，顾客一般情愿相信这些线索而不是服务价格。

当顾客依靠服务价格作为服务质量的线索，并且通过服务价格对服务质量有相应预期，所以，家政企业在制定服务价格时要谨慎。服务价格的制定，除了要考虑支付服务成本、与竞争对手开展竞争外，还必须要通过服务价格传达相应的服务质量信号。如果服务定价过低，会导致对服务质量不准确的推断；定价过高，会使顾客形成在服务过程中家政企业难以达到的过高期望，也会产生负面效果。

27.6.2 服务定价的目标

有效的服务定价是家政企业获得财务成功的关键。家政企业在服务定价之前，首先要明确企业的定价目标是什么，这样才能制定有效的定价策略，实现企业的整体目标。一般来说，家政企业的服务定价目标不仅与收益和利润有关，还与建立需求和用户群有关。家政服务定价的主要目标有：

27.6.2.1 收益和利润目标

1）追求利润

（1）实现利润最大化或长期收益。获取利润是企业经营的基本目标。

（2）实现特定目标水平，但不是追求利润最大化。例如：适当利润目标。

（3）通过改变服务价格和细分目标，从固定的家政服务中获得最大收益。

2）收回成本

（1）收回全部分摊成本，包括企业的日常支出。

（2）收回特定服务的成本，不包括日常支出。

（3）收回边际销售成本。即增加一个雇主或家政服务员所增加的成本。

27.6.2.2 与顾客光顾和用户群相关的目标

1）创造需求

（1）最大化需求，但前提是最小收益水平已实现，必须能够弥补服务成本。

（2）充分发挥现有的家政服务员的服务能力与挖掘服务潜力，能为现有的顾客提供增值服务时。

2）建立用户群

（1）鼓励顾客试用与使用家政服务。这对于高服务技能含量的新家政服务尤其重要，而且对试用后就会持续使用的会员制服务业很重要。例如，家庭健康管理服务、母婴护理服务后的育婴服务。

（2）提高服务市场份额和扩大用户群，尤其是存在竞争优势的家政企业连锁经营时更加有必要；或者以形成网络效应的家政互联网平台。

27.6.2.3 与企业战略相关的目标

1）支撑定位策略

（1）帮助和支撑家政企业总的发展定位及差异化策略（例如，作为家政服务市场价格领导者，或者是高端家政服务品牌定位，会采取溢价定价策略）。

（2）利用“物有所值”进行定位，家政企业承诺最好的可能服务价格和最好的可能服务。也就是说，在其他地方，你不可能用更低的服务价格买到同等质量的家政服务产品。

2）支撑竞争战略

（1）阻止竞争对手扩大家政服务产能。

（2）阻止潜在竞争对手进入家政服务市场。

27.6.3 家政服务定价方法

在家政服务中，服务价格与定价从雇主的角度和从家政企业的角度是不同的。在家政服务定价中，过去常常从财务和会计的角度来考虑如何定价，即“成本加成定价法”。现在，很多家政企业已经采用“竞争导向定价”“需求导向定价”。家政企业通常设定一个收回成本的价格作为最低价格或价格底线，而顾客感知的价值为最高价格或价格上限。家政服务竞争，在很大程度上决定了这个价格设置的区间。下面我们将具体分析家政服务定价方法，主要有三种：成本导向定价、竞争导向定价、需求导向定价。

27.6.3.1 基于成本定价

通常情况，家政服务定价比实物产品的定价要复杂得多。因为，家政服务的成本很难追溯或计算。为了掌握服务成本定价方法，首先要确定提供家政服务的成本。

1）服务成本、顾客贡献和盈亏平衡分析

现在就介绍成本核算具体方法的几个基本概念：

固定成本：是指即使不提供服务，家政企业也会持续发生的经济成本（至少在短期内是这样）。这些成本主要包括：办公场地租金、管理人员甚至包括签订劳动合同的长期家政服务员的薪酬、办公设备与服务工具折旧、税收、保险、资本的成本、日常的维护费用等。

变动成本：是指为一个新增加顾客提供家政服务产生的经济成本、为一个新增加家政服务员提供家政培训与派遣服务产生的经济成本。在家政服务实际运营中，家政企业营销服务的价格仅仅超过变动成本，并不意味着这个企业现在是盈利的，因为仍然还有固定成本和半固定成本需要回收。

半变动成本：是指固定成本和变动成本之间的那部分。它表示随着服务业务量的增减而一步步地增加或减少的费用。例如，因节假日等家政服务旺季需要临时增加管理人员或家政服务员。

顾客贡献：是指销售额外一个单位的服务所得的收入与变动成本之间的差额。

确定和分配经济成本：是指确定和分配各种服务设施的固定成本。

盈亏平衡分析：可以使家政企业知道盈利时的销量是多少。该点就是盈亏平衡点。必要的分析涉及将总的固定成本和半变动成本按照每个单位上得到的顾客贡献进行分摊。

2）服务成本定价基本方法

采用服务成本定价方法，一是要准确核算服务成本，二是要确定恰当的利润百分比（即加成率）。服务成本定价法主要包括三者方法：成本加成定价法、目标利润定价法、盈亏平衡定价法。

◇一、服务成本加成定价法

服务成本定价法，是指在单位服务的成本中加入一定比例的利润，作为服务的销售价格的定价方法，是一种最简单的定价方法。基本公式：

服务价格 = 单位服务成本 + 单位服务成本 × 成本利润率

在一般情况下，采用该方法可以使家政企业获得预期的利润，但是如果家政企业所处的市场环境竞争非常激烈，该定价方法缺乏应对市场变化的动态适应性，一般不宜采用。在家政服务业，由于家政服务员的劳动力成本难以量化和确定，服务费作为一种成本加成定价法得以应用。

☑ 服务成本加成定价法的优点：

（1）计算方法简便易行，定价所需要的数据资料容易获得；

（2）根据服务成本定价，能够保证家政企业所耗费的全部成本得到补偿，并在正常情况下，能够获得一定的利润；

（3）有利于保持服务价格的稳定；

（4）在家政服务业的各个家政企业如果都采用服务成本加成定价，只要加成比例接近，所制定的服务价格也将接近，可以减少或避免服务价格竞争。当消费者需求量增大时，按此方法定价，服务价格不会提高，而固定的加成也使家政企业获得较稳定的利润。

☑ 服务成本加成定价法的不足：

（1）忽略了顾客服务需求弹性的变化。我们知道，家政服务产品有很多细分业态，在同一时期或同一服务在不同的市场，其服务需求弹性都不相同。例如，节假日的家庭保洁收纳服务需求就比平时多很多，春节的“保姆荒”更是“一工难求”，如果在服务价格上没有弹性，显然是不妥的，也无法满足市场主体（家政服务员、雇主）双方需求。因此，服务成本加成定价法缺乏灵活性，不能适应迅速变化的市场需求，缺乏应有的竞争力；

（2）服务成本加成定价法是典型的“企业导向”定价法，没有及时回应消费者的需求。只有那些以消费者为中心、不断满足消费者需求的服务产品，才能在市场竞争中发展生存。

◇ 二、目标利润定价法

目标利润定价法，又称目标收益定价法、目标回报定价法，是指在服务成本定价的基础上，按照家政企业要求的目标利润率的高低计算服务价格。其计算步骤：

（1）确定目标利润率。家政企业要求的目标利润率有多种表现方式，主要包括：投资利润率、成本利润率、销售利润率、资金利润率等，其基本计算公式：

目标利润 = 总投资额 × 目标投资利润率

目标利润 = 总成本 × 目标成本利润率

目标利润 = 销售收入 × 目标销售利润率

目标利润 = 资金平均占有额 × 目标资金利润率

（2）计算单位服务产品价格：

单位服务产品价格 =（总成本 + 目标利润）÷ 预计销售量

目标利润定价法的优点，是可以保证家政企业既定目标利润的实现。目标利润定价法的不足在于服务价格是根据估计的服务销售量计算的，而在家政服务业实际中，服务价格的高低反过来对服务销售量有较大影响。服务销售量的预计是否准确，对最终市场状况也有较大影响。因此，家政企业必须在服务价格与销售量之间寻求平衡，从而确保用所定的服务价格来实现预期销售量的目标。

因此，服务目标利润定价法，一般适用于服务价格弹性较小，而且在市场上有一定影响力的家政企业，或是市场占有率较高，具有垄断性质的大的家政企业。

◇ 三、盈亏平衡定价法

盈亏平衡定价法，又称损益平衡定价法、收支平衡定价法，是指根据固定成本与变动成本的不同运动形态，采用盈亏平衡分析方法，来确定服务价格的。其计算公式：

保本服务价格 =（单位固定成本 + 单位变动成本）÷（1 —营业税率）

盈亏平衡定价法，只能确保家政服务企业的服务生产消耗得以补偿，而不能得到收益。因此，在家政服务实践中，通常将盈亏平衡点服务价格作为服务价格的最低限度，再加上单位服务产品目标利润后，才作为最终的市场服务价格。

总之，服务成本导向的几种定价方法的共同点，是均以服务成本为定价的出发点，然后在服务成本的基础上加上一定的利润，不同之处在于对利润的确定方法有所差异。服务成本定价法的共同缺点是都没有考虑市场的服务需求和竞争状况。

3）服务成本定价法的特殊性

一、要认识到家政服务成本很难追溯或确认或计算，特别是在家政企业提供多样化细分服务的情况下。

试想，派遣一个保洁收纳服务员到雇主家庭提供保洁收纳服务的成本，与派遣一个 24 小时提供住家服务的家政服务员、派遣一个照护孕产妇和新生儿的母婴护理员、一个照护婴幼儿的育婴员、一个居家养老护理员或一个病患陪护员，她们都是家政服务员，既接受相同的家政服务员职业道德培训、家政企业文化培训、上岗前服务规范等培训，也分别接受不同的细分业态服务内容培训，且培训的时间长短、内容难易程度、培训时使用的实操训练教室与教具也不相同。那么，这些不同的家政服务员的服务成本包括培训成本，究竟如何确认或核算？

还有，家政服务员能够入户上岗，有的经过雇主面试一次就成功签约入职，有的经过多次不同雇主的面试才成功签约，家政企业花在每个家政服务员上的成本是非常不同的；家政服务员上岗后，有的受到雇主的好评，有的不断受到雇主的服务投诉，甚至被雇主辞退或家政服务员自己离职，家政企业不仅要对投诉的雇主进行服务补救，有的还要给雇主安排新的家政服务员，即使是上岗后的每个家政服务员的服务管理成本也是不相同的，如何确认或核算？

二、在家政服务中，影响家政企业服务成本的主要因素是人，即家政服务员，影响服务成本的主要因素是家政服务员的时间成本，而主要不是材料等家政企业的设施设备和服务工具。而每个家政服务员所花的时间的价值，是非常不同的，也是难以确认或计算或估计的。例如，一个家政服务员新手或初级家政服务员，与一个拥有高级服务技能的家政服务员的时间价值是不同的。因为在同一时间，她们的服务质量与服务产出是非常不同的。

服务成本导向定价法的主要困难◇一、就在于定义购买一项服务的单位。每单位的价格，在制造业实物产品定价中很好理解的，因为实物产品的质量是稳定的、标准的、可测量的、同一的。例如用“件”“只”“千克”等单位来衡量，而在家政服务产品中却成为一个模糊的概念，即在家政服务中，家政服务员的服务产出即服务质量是很难计量的。因此，在家政服务中，是以输入单位而不是以可以计量的输出单位出售，即以家政服务员服务时间计量出售的，即表示提供家政服务所用时间的成本，以小时增量计算。可家政服务员的时间价值又是很不相同。还有，这种以家政服务员服务时间的为计费单位，又存在不能提高服务效率问题（家政服务员“磨洋工”式服务即拖延时间、懒散拖沓，一直是为雇主所诟病）。这些都是家政服务定价的困难所在。这就要求家政企业在服务成本定价时，不仅要考虑家政服务员的服务时间，还要考虑家政服务员专业技能等级水平与雇主标准，来共同确认或评估家政服务成本。从这个意义上说，家政服务员职业技能标准鉴定、雇主标准评估都势在必行，不可或缺。

三、还有一个难点是服务的真实成本或许低于提供给顾客的服务的价值。例如，家政服务员洗涤熨烫一件价值 1 万元的高级西装和 2 套价值 300 元的普通工作服装同样收取 100

元。因为，家政服务员的标准是两项工作需要同样的时间。该家政服务员所忽略的是顾客愿意为这昂贵的西装出更高的服务价格，而且对于这样的差别会更高兴。与之相反的是，100 元对于洗涤熨烫价值 300 元的这样普通工装来说太贵了。

27.6.3.2 基于竞争定价

竞争导向定价法，是指家政服务企业通过研究竞争对手的服务生产条件包括家政招聘与培训状况、服务状况、价格水平等因素，依据自身的实力，参考服务成本和市场供求状况，来确定家政服务产品的价格，以求在竞争环境中生存与发展。

竞争导向定价法并不总是意味着与其他家政企业收取相同的服务费用，而只是将其他家政企业的服务价格作为本企业服务定价的依据。竞争导向定价法的主要特点是，服务价格与服务成本、需求状况不发生直接关系，而只是与竞争对手的服务价格直接发生关系。特别是那些提供相对无差异家政服务或“同质性”服务的家政企业，需要密切监控竞争者的服务价格。当顾客发现相互竞争的家政企业之间差别很小或没有大的差别时，他们就会选择服务价格最便宜的。

1）服务价格领导者

因此，单位服务成本最低的家政企业有着相对的市场优势，并且通常被称为“服务价格领导者”。一个家政企业扮演服务价格领导者角色，其他家政企业则跟随这家家政企业。

2）服务价格竞争

在家政服务业中，有时也会出现同一区域距离较近的家政企业之间的服务价格竞争。一般情况下，服务价格竞争激化往往发生在以下几种情况：

（1）竞争者越来越多；

（2）替代服务产品越来越多；

（3）竞争者和替代品供应商分布越来越广泛；

（4）家政服务行业服务产能过剩越来越大。

尽管在有的城市区域家政服务竞争非常激烈，但还是出现了一种或者多种抑制服务价格竞争的情形：

◇一、使用竞争替代品的非货币成本很高。我们前文已经提到，在顾客选择家政企业时，如果节省时间和精力，减少了焦虑和服务质量担心，具有和服务价格一样或更大的重要性时，服务价格竞争的激烈程度就会降低。竞争对手家政企业拥有它们自己的一整套货币和非货币成本体系。在此情况下，真正的服务价格因素，可能会退居到第二重要的位置。从这个意义上，我们可以看到，家政服务的非货币成本，在家政服务“同质化”严重的情况下，是何等的重要。

◇二、人际关系的影响。在家政服务中，家政服务员是“零距离”长时间为雇主及家庭成员提供服务，与雇主建立了一定的感情，像雇主的家人一样一起生活。这种与家政服务员的情感关系，对于雇主来说也是很重要的。雇主也就不会轻易地转向其他竞争性服务的家政企业。除非这个家政服务员实在没有履行自己的职责。因此，很多家政企业选择将业务聚焦于高净值雇主，并与他们建立起长期的客户关系或个人关系，就是明智之举。

◇三、转换成本很高。当改变家政服务提供者要花费很多时间、精力、金钱时，顾客就会在接受竞争性家政服务产品时显得更为谨慎和犹豫。例如，家政企业要求顾客签订一年或两年的服务合同，如果提前终止的话要交一定的违约金。还有，如果家政企业给顾客提供一些免费的增值延伸服务，也提升了顾客的转换成本。因为顾客终止服务转向竞争对手，也会失去这些有价值的服务。

◇ 四、对特定的服务时间和地点的要求也限制了选择范围。当顾客想在特定的时间或地点（有时是两者同时满足）享有家政服务时，他们会发现可选择的家政服务少了很多。

此外，总是跟随竞争者的服务价格来定价的家政企业，容易面临服务定价过低的风险。一个更好的策略：是考虑对顾客来说每一个竞争性家政企业的总成本，包括所有的货币和非货币成本，加上潜在转换成本，并与其提供的家政服务相比较。家政企业管理者还要评估时间、地点等因素的影响，还要评估竞争对手实际可用的服务产能，即家政服务员的人数和服务能力。

3）竞争导向定价基本方法

◇ 一、随行就市定价法

随行就市定价法，也称参考行业定价法，是指家政企业在激烈竞争中，为避免竞争风险，根据市场竞争格局，跟随主要竞争者的服务价格，或各家政企业的平均服务价格，或综合评估分析后确定自己的服务价格。

随行就市定价法是一种防御性的定价方法，可以避免家政企业之间的相互残杀和陷入残酷的服务价格战，因而普遍应用。正常情况下，行业价格水平被认为是集体智慧的结晶，可以获得行业内平均报酬。

随行就市定价法的优点：

（1）市场平均服务价格比较容易被消费者接受；

（2）避免竞争者之间发生激烈的服务价格竞争；

（3）为家政企业赢得合理的利润，有利于行业的良性发展和维护行业的整体利益；

（4）家政企业不必全面了解消费者对不同服务价格差异的反应，节省了服务营销人员的很多时间和开支；

（5）家政企业可以集中精力和资源致力于企业管理和市场经营方面。

当然，随行就市定价法或者说竞争导向定价法，也存在一些问题和不足：

（1）基于竞争的服务定价多考虑竞争对手，忽略自己的成本或需求。在竞争导向的情况下，家政企业制定服务价格时关注的基本都是竞争对手的服务价格制定问题，而较少考虑自己的服务成本或市场需求情况。

（2）根据竞争对手尤其是市场领导者定价的家政企业，常常假设对方的服务定价程序和方法是合理的，自己只需要效仿就行。而实际情况很可能不是如此，导致一些家政企业制定的服务价格不能与其自身情况相匹配。

（3）小家政企业会发现她们很难像大的家政企业那样，收取同样的费用，通常只能收取较低的费用，难以获取足够的利润，甚至无法在家政行业中生成下去。像许多夫妻店或居民区的家庭店。

（4）家政服务的异质性、无形性，使家政企业之间比较服务质量、确定服务单位，然后据此进行服务定价变得更加复杂。

但是，采用随行就市定价法，前提条件是：要求家政企业的服务成本必须低于或等于当地家政行业平均成本。否则，在服务成本高于当地家政服务行业成本的情况下，家政企业无法获取利润。

◇ 二、服务产品差别定价法

服务产品差别定价法，是指家政企业通过不同的服务营销，使同一服务业态服务质量大体相当的家政服务产品，在消费者心中树立不同的品牌形象，进而根据自身的特点，选取低于或高于竞争者的服务价格，作为本企业家政服务产品的价格。

与随行就市定价法相比，服务产品差别定价法是一种进攻性的定价法。这就要求家政企业必须具备一定的竞争实力，必须通过提高家政服务质量，才能赢得顾客的信赖，才能在激烈的市场竞争中立于不败之地。服务产品差别定价法在实际运用中，主要包括三种情况：

（1）如果家政企业的服务产品与主要竞争者的服务具有“同质性”，那么企业制定的服务价格也必须与竞争者差不多。否则，服务价格上微小差别就会失去整个市场，使企业的预期目标不能得以实现。

（2）如果家政企业的服务产品次于竞争者，就不能与竞争者一样去制定相同的服务价格，应根据企业的市场定位，制定与市场定位一致的服务产品价格。

（3）如果家政企业的服务产品优于竞争者，服务价格不妨高于竞争者的服务价格。

此外，企业还必须清楚竞争者对自己的服务价格会做出什么样的反应，只有这样，才能在竞争激烈的家政市场中赢得竞争优势。

27.6.3.3 基于需求定价

以上介绍的基于服务成本、基于竞争的服务定价法，都是以家政企业及其竞争者而不是以顾客为导向的，没有一种考虑到顾客可能参考服务价格，可能对非货币价格较敏感，而且可能以服务价格为基准来判断服务质量。在家政企业定价决策中，应当对所有这些因素做出考虑。第三种家政服务定价法：基于顾客需求导向定价法，即服务定价要与顾客的价值感受相一致，以顾客接受的服务支付多少为导向。因为，没有顾客愿意支付高于他们感知服务价值的价格。

1）家政服务需求导向定价法的特殊性

在家政服务需求导向定价法中，一个重要的关键是，如何计算顾客的感知价值？

（1）在计算顾客的感知价值时，必须考虑非货币成本及其价值。在家政服务实际定价中，家政企业需要清晰明确顾客在购买、消费家政服务中涉及的每个非货币因素，以及对顾客的影响。例如，顾客购买与消费家政服务所花费的时间、顾客的搜寻成本、顾客的担心与焦虑等心理成本、顾客的不便与感官性成本等。如果这些非货币因素对顾客造成的负面影响较大，家政企业应当在货币价格上作出一定的调整予以补偿；如果家政企业提供的服务能够为顾客节省时间、减少顾客的体力与精力、减少担心与焦虑、减少不便、增加感官性愉悦等，顾客一般会愿意支付较高的费用即货币价格。问题的关键是家政企业要确定所涉及的每个非货币因素对顾客的价值。

（2）顾客对服务成本信息了解较少。由于顾客很难确定家政服务质量标准及其相关的服务价格，导致服务的货币价格在其初次购买时的作用，不像在实物产品购买时那么显著。这也给家政服务营销者提个醒。

（3）家政企业对非货币成本的关注非常重要。提高顾客感知价值，最简便的做法就是降低顾客的感知成本。顾客的感知到的成本，不仅仅包括货币成本，还包括他们在购买和消费家政服务时付出的除了货币成本之外的非货币成本，即顾客购买与消费家政服务所花费的时间、顾客的搜寻成本、顾客的担心与焦虑等心理成本、顾客的不便与感官性成本等。这些因素不仅是顾客对服务的评价因素，有时其重要性程度甚至超过货币价格。而且，如果家政企业能够减少顾客这些非货币成本，很多的时候，顾客愿意用货币支付这些非货币成本，即愿意为其自愿接受的服务支付更高的价格。

2）如何理解“顾客感知价值”

家政企业在服务需求导向定价时，最恰当的方法之一就是基于顾客对家政服务的感知价值，来确定服务价格。那么，什么是顾客的感知价值？或者说，顾客如何看待价值的含义？

只有理解这个问题，弄明白价值对顾客到底意味着什么？才能基于服务需求进行服务定价。一般来说，顾客的感知价值主要有四种含义：

（1）价值就是低廉的价格

有的顾客将感知的价值等同于低廉的价格。对这样的顾客，感知的价值在于：所要付出的实际货币是最为敏感的、最为重要的，对服务价格非常关注。这些顾客常说："价值就是服务价格，那个促销价"。

（2）价值就是我在服务中所需要的东西

与关注付出的金钱不同，这些顾客将从家政服务中所得到的利益，看作最重要的价值因素。感知的价值在于：服务价格的重要性远远低于能满足顾客需要的服务质量或服务特色。这些顾客常说："服务价值就是高质量、优质服务"。

（3）价值就是我付出后所能获得的质量

这些顾客将价值看作其付出的金钱和所获得的家政服务质量之间的交易。此类顾客关注服务的性价比。"物有所值"。这些顾客常说："价值就是用优惠价格获得优质服务"。

（4）价值就是我的全部付出所能得到的全部东西

这些顾客描述价值时，考虑的既有其所有付出的因素（金钱、时间、精力、努力等），又有其得到的所有利益。即"净价值"，是指用服务的所有感知价值的总和（总价值）减去所有感知成本的总和。可用基本公式表示顾客感知价值：

顾客感知价值 = 感知利益—感知成本

从这个公式可以看出，顾客为了获得家政服务的预期收益（或效用）而支付的价格与顾客实际愿意支付的价格之间存在一定的差额。如果一项家政服务的感知成本比感知价值要高，那么，这项服务就有负的净价值，顾客也就不会购买这项家政服务；要使顾客感知价值最大，就必须使感知利益和感知成本的差值最大，这时顾客就乐于购买服务。因此，在家政服务产品定价中，应用服务需求导向定价法时，家政企业就要努力学会提高顾客感知利益、降低顾客感知成本的方法，这些都可以为服务定价提供参考。

还有，这里需要知道的是，所获得的利益或收益因顾客而异。例如，有的顾客可能需要数量，有的顾客需要服务质量，还有的顾客需要良好的服务体验，有的顾客需要便利快捷等；同样，所付出的成本也是因顾客而异，有的顾客只关心所付出的金钱，有的顾客关心所付出的时间，有的顾客在意心理安心舒心，有的顾客不愿意耗费体力和精力，有的顾客介意感官愉悦等。总之，顾客会根据感知价值做出购买决定，并不是只想降低服务价格。这些是确认家政服务定价必需因素的第一步。

3）将顾客感知价值与服务定价相结合

在家政服务中，正是购买者对家政服务的总体价值的感知，使其愿意以一定的价格购买某项家政服务。针对提供的家政服务，为了使顾客能够将感知价值转化为合适的服务价格，家政企业管理者和家政服务市场营销人员，甚至包括一线的家政服务员，都要必须回答这样几个问题：

☑ 这项家政服务提供给顾客什么利益？

☑ 每项利益的重要性是什么？

☑ 在服务过程中获得某种利益对顾客有何价值？

☑ 服务在什么价位会被潜在购买者从经济上接受？

☑ 顾客在什么情况下会购买服务？

总之，家政企业必须做的最重要的一件事情，就是要评估企业对服务顾客的价值，即要学会管理感知价值。价值是主观的，不是所有的顾客都有评估自己所接受服务的质量和价值的专业技能，即使是顾客消费服务之后也无法评估服务的质量。况且，由于顾客个人喜好不同，对服务所具有的知识不同，购买力及支付能力不同，顾客对服务价值的感知可能会不同。在基于服务需求导向的定价法中，顾客认为值多少，而不是其支付的多少，构成了服务定价的基础。

因此，家政企业特别是家政服务营销人员和家政服务员，要努力通过各种途径和方法，告诉顾客关于他们（指家政企业和家政服务员）所花费的时间、做了哪些家政服务招聘、培训、考核鉴定与匹配、派遣、服务督导回访、服务补救等工作，以及家政服务专业技能和服务细节等问题，才能完成一项家政服务。还有，为了保质保量完成此次家政服务，家政企业还有很多后台设施设备包括网络系统，以及那些后台员工的辛苦付出，这些是顾客看不到的，顾客们并清楚自己花这么多钱到底“值”还是“不值”。所以，家政企业和家政服务员必须要对顾客感知价值进行管理。

为了做好感知价值管理，有效的沟通甚至个人解释是必需的，这样能帮助顾客理解他们所得到的服务价值。例如，顾客通常无法感知到的是家政企业要收回的固定成本。这些成本主要包括：办公场地租金、管理人员甚至包括签订劳动合同的长期家政服务员的薪酬、办公设备与服务工具折旧、税收、保险、资本的成本、日常的维护费用等；还有变动成本：是指为一个新增加顾客提供家政服务而产生的经济成本、为一个新增加家政服务员提供家政培训与派遣服务而产生的经济成本等，特别是家政服务员的招聘与培训成本，是家政企业很大的成本。同样，家政服务员上门提供服务的“路上”时间成本，有的甚至占服务时间成本的三分◇一、这些都是顾客没有看到的。当然，家政企业还在这些必要的成本之上的“加成”来获得可持续发展的利润。

27.6.4 服务定价策略

制定正确的服务价格是家政企业获取最大化利润的最快、最有效的方法。服务价格每合理地增长 1 个百分点，企业利润的平均增长就高达 11.1 个百分点。可见家政企业服务定价的重大意义。

为了有效进行服务定价，除了掌握基本的服务定价法之外，还需要选择合适的服务定价策略。唯有如此，才能实现企业的经营目标，赢得竞争优势。下面将结合顾客感知价值类型，具体分析家政企业服务定价策略：

1）基于顾客感知“价值就是低廉的价格”的情形下的服务定价策略

在家政服务中，当货币价格对顾客而言是最重要的价格决定因素时，家政企业要重点关注服务价格。但这并不意味着服务质量水平和服务体验是不重要的，而只是此时货币价格最重要。在这种顾客感知价值的情形下，制定家政服务价格时，家政企业和市场营销人员必须要清楚：在此情形下顾客对目标服务价格了解的程度如何，顾客如何理解服务价格差异，以及当服务价格为多少时顾客会明显感到“划不来”或有损失。当然，家政企业自身也要知道所提供的家政服务价格是否在顾客可接受的服务价格范围内、过去价格变化的频率等。以上这些问题，家政企业在服务定价时最好要弄清楚，做到“胸中有数”“有的放矢”，而不能盲目定价。

在顾客将价值定义为低价时，有一些特定的定价策略：折扣、同步定价、尾数定价、渗透定价等。下面具体介绍：

（1）打折

家政企业以打折或减价的方式，提醒对价格敏感的顾客，并促使其购买并让他们获得价值。这里，家政企业要做好这些顾客的资料收集，以便今后有针对性进行服务价格打折营销。

（2）同步定价

同步定价是利用顾客对服务价格的敏感度，来用价格管理对每项家政服务的需求。例如，在家政服务的需求高峰期（节假日特别是春节期间）或需求淡季，服务定价可以在稳定需求以及使需求与供给同步发展上起作用。其中，时间、地点、数量、诱因等差异因素，都经常被家政企业有效地运用于服务定价。

◇一、时间差异意味着家政服务消费时间的价格变化。例如，在节假日特别是春节，都是家政服务需求的高峰期，就要通过为高峰时间段制定较高的服务价格；反之，在家政服务需求淡季，就要通过为低峰时间段制定较低的服务价格。家政企业通过在淡季为顾客提供服务价格折扣或奖励来刺激购买，可以将未来的买卖紧紧锁定。这样，家政企业可以稳定服务需求并增加服务收入。

◇二、数量差异通常是服务购买量大时给予的减价。这种服务定价方法使得家政企业可以预测将来对其服务的需求。例如，家政保洁收纳服务的“包月”“包半年”“包一年”的定制服务，家政企业就要制定不同的服务价格，购买服务数量越大服务价格优惠越多。而且，这样也便于家政企业招聘与管理家政服务员。由于服务需求可预测且稳定，家政企业就可以实现“员工制”管理家政服务员。

◇三、差别诱因是给予新顾客或现有顾客较低的服务价格，以鼓励其成为固定顾客或高频顾客。还有，为了消除顾客对服务价格高昂的恐惧或半信半疑的心理，家政企业也可以提供免费的服务体验，以消除新顾客的担心与焦虑。

（3）尾数定价

尾数定价是正好在整数价格之下制定一个带有零头的服务价格，以使顾客感到他们获得了较低的服务价格。例如，家政保洁收纳服务员一小时的服务价格是39元而不是40元，月嫂的一个月的护理费用是7999元而不是8000元。尾数定价暗示了服务折扣和廉价，而且会吸引那些认为价值就意味着低价的顾客。这点细节很重要。

（4）渗透定价

渗透定价是指新的家政服务以低价导入市场，以刺激试用或广泛使用的一种策略。这种服务定价方式，在家政企业服务产品引入期结束后选择“正常”提高服务价格时，容易导致新的问题出现。因此，必须小心使用，不要选择会使顾客感到正常服务价格是不可接受的低价进行渗透。

2）基于顾客感知“价值就是我付出后所能获得的质量”的情形下的服务定价策略

在家政服务中，当顾客首先考虑的是从家政服务中得到的东西，货币价格不是主要的考虑因素时，采用的服务定价策略是：越期望拥有被提供的服务，服务的价值越高，家政企业和市场营销者就能设定的服务价格也就越高。在此情形下，特定的服务定价策略有：声望定价、撇脂定价。下面具体介绍：

（1）声望定价

声望定价是提供高质量或高档次家政服务的家政企业采用的一种特殊的需求导向定价方式。例如，在高级管家服务中，提供高端定制服务，索要高价。这些顾客可能确实看中高价，因为其代表着声望、身份或高品质。实际上，声望定价中需求或许会随着服务价格提高而增长，因为较昂贵的服务在表现质量和声望方面更具价值。

（2）撇脂定价

撇脂定价是指以高价推出新服务。这是当家政服务相对以往的服务，有很大改进时的有效方法。在这种情形下，顾客更关心的是获得服务而非服务的成本，使得家政企业能够在最愿意支付高服务价格的顾客身上得到更多的利润。

3）基于顾客感知“价值就是我在服务中所需要的东西”的情形下的服务定价策略

还有一些顾客首要考虑的是服务质量和货币价格。面对这些顾客，家政企业就是要将服务质量水平与服务价格水平相匹配。有效的服务定价策略有：超值定价、市场细分定价。下面具体介绍：

（1）超值定价

超值定价是指将广受欢迎的几种服务组合在一起，而后使其定价低于分别购买每种服务的总价格。在家政服务中，就可以将家居保洁收纳服务、家庭餐制作服务、衣物洗涤收纳服务组合在一起提供给顾客，收取低于每单项服务加起来总价格的服务价格，顾客就感知到“付出少，获得多”，“物有所值”。

（2）市场细分定价

在家政服务业，进行市场细分非常必要。这不仅体现在服务内容细分上，还体现在市场细分定价中。即使对于不同的顾客群体，提高家政服务的成本可能并没有差异，但服务营销人员可以根据不同顾客群体所感知到的不同服务水平，向其收取不同的服务价格。因为，不同的细分市场有不同的需求价格弹性，并且对服务质量水平的要求也不同。例如，高档社区顾客与普通社区顾客，对家居保洁收纳服务的要求与服务质量的感知是不同的。家政企业和营销人员要认识到：不是所有的细分市场都希望以最低的服务价格取得基本的服务水平。

因此，家政企业和服务营销人员要按照顾客类别定价，要通过变换家政服务形式来应用不同的细分市场，要识别出特定顾客群体所热衷的家政服务组合，并对这一服务组合收取较高的服务价格。当然，也可以按照服务价格和服务对不同顾客群体的吸引程度，来配置家政服务组合，进而收取不同的服务价格。

4）基于顾客感知“价值就是我的全部付出所能得到的全部东西”的情形下的服务定价策略还有一些顾客感知的价值，不仅包括他们获得的利益，还包括为了这项服务，他们投入的时间、精力、成本等。在此情形下，特定的服务定价策略有：捆绑定价、互补定价、结果导向定价等。下面具体介绍：

（1）捆绑定价

捆绑定价是指一些服务与其他服务结合或捆绑在一起时，会被更有效地购买，而这个“其他服务”则与支持的服务一起出售（例如，延伸服务、增值服务等。在母婴护理服务中，把母婴护理服务与产后修复服务捆绑在一起出售、居家养老护理服务与老年大学教育服务捆绑在一起出售、育婴服务与婴幼儿游泳服务捆绑在一起出售、家居保洁收纳服务与家庭餐制作服务捆绑在一起出售等）。当顾客发现一组相互关联的服务中的价值时，服务价格捆绑就是恰当的策略。

服务捆绑而非单独地进行定价和销售，对顾客和家政企业或服务提供商双方均有好处。顾客发现服务价格捆绑简化了购买和支付流程，使顾客比其单独购买每项服务时付出总额少，给顾客带来更多便利和实惠。而家政企业发现此方法更吸引顾客、刺激了对企业服务的需求、增加了企业收入。

服务价格捆绑定价方法的有效性，取决于家政企业对顾客或细分市场所感知价值捆绑的理解，以及顾客对这些被捆绑的服务需求的互补性，还取决于从企业角度对被捆绑服务的正确的选择。

（2）互补定价

高度相关联的多种服务，可用互补定价法进行平衡。这种定价法主要包括：

俘获定价策略：即家政企业提供一种基本服务，而后提供继续使用该服务所需的外围服务。在这种情况下，家政企业可以将基本服务的一部分价格转移到外围服务中去，而基本服务价格要降低。例如，居家保洁收纳服务、家庭餐制作服务就是基本服务，后续的外围服务还有母婴护理服务、育婴服务、居家养老护理服务等。

招揽顾客策略：是指将顾客熟悉的服务以较大幅度的特价推出，来吸引顾客光顾，然后展示必须支付更高的服务价格才能享有的其他服务。例如，以特低价给孕妇家庭提供居家保洁收纳服务或家庭餐制作服务，以吸引孕妇家庭后续的母婴护理服务、育婴服务等。

（3）结果导向定价

在家政服务中，由于服务的无形性、异质性，导致服务不确定性很高。因此，服务结果非常重要，如果家政企业能够保证家政服务达到某种结果或服务承诺兑现后再付款。这就是结果导向定价。

当然，结果导向定价一般都是会受到顾客欢迎的，但服务承诺是需要一定条件的，或者说，服务承诺兑现是需要一定成本的。在具体的服务结果导向定价中，家政企业需要注意以下几点：一、双方协议中的各种特定的服务承诺，可以肯定和确保能够实现；二、家政企业有高质量的服务却无法在价格竞争激烈的环境中获取其应有的竞争力；三、顾客寻求的是明确的保证结果。这里，家政服务中的“服务承诺”与“雇主标准”就十分必要。

5）如何执行服务定价策略

家政服务定价是一项系统工程。服务定价问题并不是简单地应该收多少钱。家政企业还应该清楚认识到：服务定价不仅仅要掌握具体的定价方法与定价策略，还要在家政服务定价实际中，就具体的定价问题要深入思考，并就涉及的问题找到具体的解决办法，才能实施有效的服务定价。下面就来具体分析定价实际中遇到的问题：

◇一、此项家政服务的服务价格应当是多少

在对某项家政服务进行定价时，家政企业首先必须深入思考以下几个问题：

（1）家政企业需要收回的各项成本有哪些？企业希望的利润率是多少？企业销售此项服务是否要实现某一特定的利润目标或投资者的投资回报目标？

（2）顾客对于各种服务价格的敏感程度如何？不同的服务价格水平下顾客反应如何？

（3）竞争者的服务价格是多少？与竞争者的服务差别在哪里？

（4）在基本的服务价格上，应该提供何种折扣？为哪些细分市场提供服务价格折扣？提供多少折扣？

（5）是否存在广为顾客接受的心理定价基点？

（6）是否需要采用动态定价？是否需要使用定价技巧？应该使用什么样的定价技巧？

在讨论服务定价时，需要明确的是，所有相关的经济成本必须通过相应的销售收入和最低服务价格来加以弥补。其中，企业的成本及盈利，是企业制定服务价格的下限的基础。消费者的支付能力及对服务价格的敏感程度，为企业制定服务价格的上限提供了参考。

◇二、服务定价的依据是什么

在回答了上述几个问题后，家政企业还应该明确自己应当依据什么来进行服务定价。在实际中，不同企业往往有不同的服务定价依据或标准。

（1）一项特定的具体任务。例如：一个小时的居家保洁收纳服务。

（2）进入特定服务设施。例如，进入雇主家庭。

（3）时间单位（小时、月、年）。例如，月嫂服务。

（4）根据服务交易的价值按比例收取佣金。例如，家政服务员月薪的5%

（5）消耗的有形资源。例如，地板打蜡用的地板蜡。

（6）覆盖的地理范围。例如，服务半径或服务区域。

（7）顾客得到的服务结果或成本节约。

（8）是否应当对服务的每个组成要素进行单独收费？

（9）是否应当对捆绑的服务制定单一的服务价格？还是把所有服务项目全部包含在一个价格中？

（10）不同细分市场定价是否应当不同？

（11）免费增值定价战略有意义吗？

在讨论服务定价的依据时，要将单位服务作为特定的定价单元并不总是容易的事。在家政服务定价中，可能有多种方案可供选择。举例说明：

☑ 服务价格是否应当建立在完成一项承诺的基础上，例如，清洗一台油烟机，或制作一顿家庭餐。

☑ 服务价格是否应当建立在以时间为基础，例如，三小时的居家保洁服务；

☑ 服务价格是否应当与服务提供相关联的货币价值相联系，例如，家政服务员月薪的5%作为服务佣金。

☑ 服务价格是否应当与家政服务员职业技能标准等级相联系，例如，初级月嫂与高级月嫂应该是不同级别的工资。

☑ 还有一些家政服务的价格是与实体资源的消耗相联系的。例如，地板打蜡用的地板蜡。

也有一些家政服务，进入和使用是分别收费的。其中，会员费是吸引和保留顾客的重要手段，而使用费用则更多地与顾客实际使用情况相关联。例如，居家保洁收纳服务，采用会员费或包年服务费用，以免顾客时时刻刻被提醒自己在付费。其实，有的顾客不愿意耳边时刻响起“付款”的声音，这会减少他们消费服务的愉快体验。

有的家政服务创新性业务模式的服务收费，通常建立在服务结果而不单纯是服务之上。例如，先收取基本服务价格，再根据服务成本情况收取额外的费用。这样做可以节约成本，对雇主和家政公司都是有利的。

这里，有必要补偿介绍一下什么是“免费增值”定价。这主要是针对家政服务员的服务收费。所谓免费增值，是指免费和溢价的合成。即对家政服务员的基本培训实行免费，如果家政服务员需要进一步服务则需要付费。例如，家政服务员希望培训后拿到培训证书，或者希望培训后被推荐上岗，就需要付费。其商业模式是：基本服务免费 + 高级服务收费。免费增值定价模式越来越受到家政企业的欢迎。

◇ 三、应当由谁来收费

（1）有提供服务的家政公司（现场或网络支付）。

（2）家政服务员代为收费。

在家政服务中，如果附加性服务（即信息、订单、记账、支付等）良好时，家政企业的服务价格信息能很容易地得到，并且提供预定时，顾客会比较满意。同时，也期待良好的记账、便利的支付流程。尤其是在今天移动支付时代，顾客更容易接受。

◇ 四、应当在何时收费

（1）家政服务前或服务后。

（2）一次性付款还是分期付款。

（3）一个月的某一天或几天。例如，住家家政服务员的收费时间。

在家政服务中，何时收费？看似简单的问题，其实有很多学问。关于收费，有两种基本的选择方案：要求顾客预先支付或者在服务结束后向顾客记账收费。其中，要求顾客预先支付意味着，雇主必须在受益前就支付服务费用。但是，预先支付可能对家政企业和雇主同样有好处，因为有些时候要对经常使用的家政服务重复支付的话实属不便。例如，居家保洁收纳服务。

还有，支付的时间也可能决定使用服务的模式。例如，居家保洁收纳包月服务、包年服务。家政企业可以更加有策略地运用付款的时间来管理企业服务能力的利用。例如，家政企业希望在最繁忙的春节期间降低顾客需求，那么就可以在离春节还有很长时间的时候就要求顾客支付会员费用。这样就实现了避免在春节期间雇主集中要求服务消费，在春节服务旺季降低顾客服务需求，也意味着家政企业能够吸引更多的新顾客。

◇ 五、应当如何收费

（1）现金（精确收费）

（2）银行转账

（3）支付宝支付

（4）微信支付

（5）代金券

（6）购物券

（7）信用卡支付

（8）第三方支付

（9）电子转账

付款方式有很多种。现金付款可能是最简单的方法，但是随之产生了安全问题。例如假币或现金安全。至于代金券、购物券也要检查是否有效。

家政企业管理者特别是营销人员也必须记住，支付形式的便利性和速度，可能会影响顾客对整体服务质量的印象。

◇ 六、应该如何向目标市场传达服务价格

（1）通过何种沟通媒介？（广告、标牌、电子显示、网络、二维码、销售人员、顾客、一线家政服务员）

（2）什么信息内容？应该以什么样的方式来传达服务价格信息？（应当在服务价格上给予多少重视？）

（3）信息的形式是什么？如何以清晰、易懂的方式告诉顾客付款的方法和注意事项？

（4）能在服务价格陈述和沟通中运用心理方法吗？

在家政服务中，如何才能最有效地向目标市场群体传递企业的服务价格政策，是家政企业管理需要认真对待的。成功的企业在每一个细节，都吸引或打动顾客。

对于家政服务产品，顾客还是需要在购买前就预先了解服务价格，以及需要知道在何时、以何种方式可以支付费用。这些信息必须以容易理解和准确的形式传递给顾客，以免顾客被误导进而怀疑公司的诚信。

还有，家政企业管理者需要决定是否需要在广告中向顾客传递服务价格信息。在广告中，有可以将自己服务产品、服务价格与竞争性服务产品进行比较。当然，企业管理者和销售人员还应当对顾客在服务定价、支付方式、信誉等方面的问题给予即时和准确的回复或解答。如果是销售现场，有效的服务价格标识会极大减少销售人员回答顾客问题的时间。还有，怎样与顾客就服务价格问题进行沟通也是非常重要的，也决定了顾客购买行为模式。在不违背商业道德的前提下，在服务价格陈述和沟通中运用心理方法也是可以接受的。

27.6.5 家政服务收益管理

所谓收益管理，又称产出管理，是指根据不同细分市场的预期需求水平来对服务定价。家政企业要利用现有的服务资源与服务能力，实现收益（或顾客贡献）最大化，是非常重要的。那么，家政企业究竟如何进行收益管理？下面具体介绍：

27.6.5.1 为高收益顾客储备产能

收益管理是根据不同细分市场的预期需求水平来定价。因此，家政企业在实际执行中，首先要根据服务价格对顾客进行细分（例如，临时顾客、忠诚顾客、周末顾客、高价值顾客等），对那些价格敏感度最低（或能够接受较高服务价格）的细分市场的顾客，最先分配服务产能，就是提供服务资源与服务能力，通俗地说，就是提供家政服务员为其服务；而其他细分市场的服务定价逐步降低，家政企业就把剩余的服务资源调配到这些细分市场，减少低价值顾客服务资源配置。这样做的目的，就是实现企业收益最大化。因为，这些高支付能力的顾客经常在接近实际服务消费时才订购服务。因此，家政企业需要掌握一定的方法来为他们储备服务产能，而不是仅仅按照“先到先得”的方式提供家政服务。

我们知道，在家政服务中，家政服务员是稀缺资源，特别是有一定服务专业技能的家政服务员。因此，家政企业可以招聘一些“员工制”家政服务员，这些家政服务员的“工作时间”，就是储备的“服务产能”，以应对高收益顾客，实现收益最大化。为了不让出现家政服务员或高收益顾客的“服务等候”现象，家政企业要想办法设计良好的收益管理系统或服务模式，用来相对准确地预测不同价格水平上不同时间点顾客的数量，然后根据这一预测，来配置服务资源或配置家政服务员。这里，有效的办法◇一、就是家政企业和家政服务员，在平时日常服务过程中，要注意随时记录顾客的服务需求情况，日积月累，就能从这些看似无序的“流水账”记录中，发现顾客服务需求规律。这是建立收益管理系统或服务模式的途径之一。

27.6.5.2 设计价格栅栏

服务价格定制化是收益管理的一个基本方法，就是同一家政服务产品对不同顾客的要价并不相同。其基本含义就是：让顾客按照他们赋予家政服务产品的价值来支付服务价格。当然，家政企业不能公开挂出标牌说：“请顾客按照你认为物有所值服务价格支付”，或者，“如果你认为母婴护理服务员工资值 8000 元，就付 8000 元；如果你认为这个母婴护理员工资只值 6000 元，那就只付 6000 元”。家政企业必须找到一种方法，能够按照顾客的价值来细分市场。换句话说，家政企业必须在高价值顾客和低价值顾客之间设置一个“栅栏”，即价格栅栏，这样“高价值顾客”就不能从低服务价格中获利。

那么，家政企业怎样避免出现顾客既想要低服务价格又想得到高价值服务的情况？设置合理的服务价格栅栏就能做到。它允许顾客根据家政服务员职业技能等级、服务的相关特征和支付意愿来进行自我划分，并且能帮助家政企业将较低的服务价格，仅仅提供给那些愿意接受购买和消费体验受到一定限制的顾客。

价格栅栏可以是有形的，也可以是无形的。例如，剧院的座位安排、酒店房间大小和装修程度、家政服务员职业技能等级，就是有形的价格栅栏。无形的价格栅栏是指消费、交易、顾客特征。

家政服务价格栅栏：

价格栅栏	举　例
家政服务水平	☑ 不同家政服务员职业技能等级不同价格：五级、四级、三级、技师、高级技师
交易特征	
服务预订或订购的时间	☑ 提前购买的折扣
预订或订购地点	☑ 顾客网上预订比现场预订便宜
使用的灵活性	☑ 取消或变更预订的罚金 ☑ 不退还预订费
消费特征	
服务时间	☑ 周一到周四的服务价格优惠 ☑ 周五、周六、周日价格
消费期限	☑ 包月、包半年、包年服务等不同价格
消费地点	☑ 方圆 10 公里内的居家保洁收纳服务价格； ☑ 10 公里之外；
购买者特征	
消费频率	☑ 企业的忠诚顾客享受优先服务、折扣等 ☑ 临时顾客的价格 ☑ 周末顾客的价格
团体成员资格	☑ 教师、医生的服务折扣 ☑ 家政企业会员价格 ☑ 团体购买价格
雇主标准水平（服务需求预期）	☑ 不同雇主标准等级不同服务价格

总之，家政企业在充分了解顾客需求、偏好、支付意愿的情况下，收益管理可以有效地对家政服务产品进行服务定价，实现收益最大化，实现企业目标，赢得竞争优势。

27.6.6 家政服务如何盈利

家政企业如何盈利，一直是家政企业管理者关注的核心问题之一。在传统的家政企业，管理者们还是把服务和服务质量看作一种成本，而没有看到它们可以带来利润。今天，人们已经发现，成功的家政服务企业已经意识到：顾客满意度、服务质量、企业绩效之间存在直接关系，顾客满意度和服务质量对企业营业收入有显著的积极作用；而员工满意度又将直接影响顾客满意度和服务质量，且存在正相关。

27.6.6.1 家政服务利润链

所谓“家政服务利润链”，具体含义是：家政企业只有以自己的员工特别是一线家政服务员为“内部顾客”，以招聘合适的家政服务员、经过严格培训，建立员工职业生涯规划，提高员工的满意度，形成员工对家政企业的忠诚，才能通过忠诚的满意的员工提供高质量的家政服务，进而才能实现通过高质量服务赢得顾客的满意度，建立顾客对家政企业的忠诚，企业获得最大利润，由此就形成了家政企业获取利润的服务链。即家政企业的内部服务品质（内部营销）→员工满意度→员工忠诚度→员工服务质量→为顾客创造价值→顾客满意度→顾客忠诚度→为企业创造价值→企业盈利与成长发展。见图。

这种家政服务利润链显示：家政企业的内部服务质量直接决定企业外部服务质量的好坏，而外部服务质量的好坏则会进一步影响顾客的满意度和忠诚度，反映了家政企业的服务环境、企业服务文化、人力资源、运营管理对企业盈利与成长发展的支持关系。这为家政企业有效整合服务利润链、通过提高家政服务质量创造更多顾客价值、提升企业核心竞争力、促进企业盈利和成长指明了方向与路径。

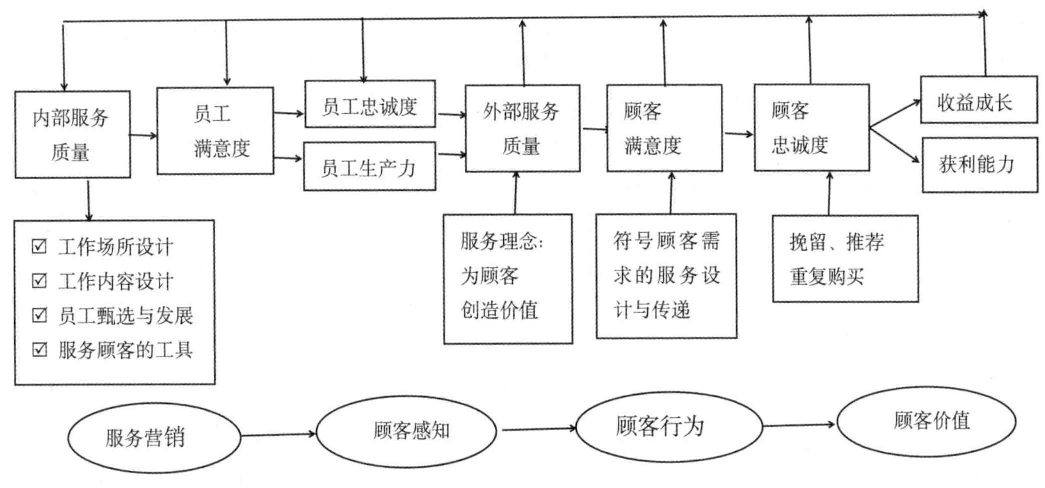

图：家政服务利润链

27.6.6.2 家政服务利润链各节点之间的关系及其相互作用

家政服务利润链揭示出：家政服务员是家政企业创造利润的起点，能否招聘培训管理好与顾客“零距离”接触的一线家政服务员，并为其提供优质的内部服务，进而提高家政服务员的满意度和忠诚度，决定了家政企业的盈利水平和发展潜力。

1）家政企业内部服务质量导致家政服务员满意

在家政企业，内部服务质量的好坏，一般是以家政服务员对工作、同事和公司的感受来衡量的。影响家政服务员满意的因素一般有两个方面：外在服务质量和内部服务质量。其中，外在服务质量：有薪水、福利、保险保障、好的雇主、舒适的雇主家庭环境等能实际看得到的外在条件；内部服务质量，也称“内部营销”，主要包括家政服务员的全程培训、职业生涯发展、服务授权、奖励和认可、信息交流与沟通、职业技能升级与服务创新等。

根据马斯洛的人的需求理论，可见，人们在满足了基本生理、安全需求之后，会更加重视感情上（一、友爱的需要，即人人都需要伙伴之间、同事之间的关系融洽或保持友谊和忠诚；人人都希望得到爱情，希望爱别人，也渴望接受别人的爱；二、归属的需要，即人都有一种归属于一个群体的感情，希望成为群体中的一员，并相互关心和照顾）、尊重（人人都希望自己有稳定的社会地位，要求个人的能力和成就得到社会的承认）、自我实现（是指实现个人理想、抱负，发挥个人的能力到最大程度，完成与自己的能力相称的一切事情的需要）的需求。因此，家政服务员最看重的内部因素主要有两个方面：

（1）服务工作本身

家政服务员对服务工作本身满意与否，取决于其完成预定目标所需的知识与技能和能力及在这一过程中被赋予的授权，还有服务创新的自由空间。因此，家政企业要设计一整套能够让家政服务员满意的服务工作目标、服务标准、服务规范、服务流程、培训体系、服务授权制度、职业技能提升与服务创新及奖励制度、职业生涯规划等制度体系。这些对于提高内部服务质量具有重要意义。

（2）员工之间的关系

这也在很大程度上决定家政企业内部服务质量的高低，即使是在“中介制”家政企业运营模式中，也具有重要意义。这种关系主要表现在两个方面：一、员工之间（包括家政服务员与管理人员之间、家政服务员之间）的人际关系。如果员工之间能够维持一种和谐、平等、友爱、相互尊重的人际关系，这样的企业人文环境，有利于促进家政服务员与雇主及家庭成员之间也建立良好的人际关系；二、员工之间（同样包括家政服务员与管理人员之间、家政服务员之间）的相互沟通、信息交流、相互学习，这样的团队精神，有利于家政服务员不断提升服务知识与技能。

因此，家政企业要不断提高家政服务员的满意度，就必须从这两个方面入手，加强内部营销，不断提升其内部服务质量，尤其是建立学习型组织，使家政服务员不断提升自己，实现自我超越，自然对服务工作、对企业满意。

2）家政服务员满意导致家政服务员忠诚

家政企业把家政服务员视为“内部顾客”，使其能感受到如同外部顾客一样受到重视与尊重，家政服务员就会感到满意。家政服务员满意就意味着能在愉悦和正面的情绪状态下为外部顾客提供服务，愿意为工作付出，对公司未来发展充满信心，更愿意留在公司工作，进而发展成为公司的忠诚员工，为公司创造价值而自豪；反之，如果家政服务员对公司不满意，就将导致其对公司“不忠”，进而流失。

众所周知，在家政服务业，优质的家政服务员是家政企业的核心战略资源与竞争优势。因此，在整个家政服务利润链中，家政服务员满意度是最为关键的一环，除此之外，别无他法。否则，家政企业发展就将成为“无源之水”“无本之木”，自然难以避免走向举步维艰与失败的命运。

3）家政服务员忠诚导致服务质量提升

我们知道，一个忠诚的家政服务员，会把自己的命运与公司的命运紧紧连在一起，并将尽心竭力按照公司制定的服务标准、服务规范、服务流程等职业化规范化要求，为顾客提供服务。即使在服务过程中遇到问题或出现了服务失误，也会积极主动去解决与服务补救。只有这样忠诚的家政服务员，才能为顾客提供优质的服务质量与服务效率；反之，缺乏忠诚的家政服务员遇到困难与问题时，缺乏解决问题的动力，将对服务质量与服务效率产生负面影响，进而导致公司业绩下降。

在家政服务业，家政企业的竞争是服务质量的竞争，而人是服务质量的创造者与承担着。因此，家政企业的竞争其实是家政服务员之间的竞争。因为，在家政服务业，家政企业的有形展示、服务标准、服务规范、服务流程、企业组织结构与运营模式、投资、盈利模式等，都可以或多或少被竞争对手模仿与复制。然而，唯有忠诚的家政服务员资源，优质的服务质量，才是竞争对手难以复制的，这是家政企业赢得竞争优势的法宝。

4）服务质量提升导致顾客所获得价值提高

由于家政服务质量提升，家政服务员提供的服务更加职业化规范化，就意味着家政服务员提供的服务不仅满足了顾客的需求，解决了顾客的问题。同时，还减少了顾客的非货币成本（时间成本、搜寻成本、体力成本、便利成本、心理成本、感官性成本等），让顾客感受到便利快捷、消费服务时安心舒心，感受到愉悦，有良好的服务体验。这些都直接导致顾客所获得的价值得到提高。

因此，家政企业要严格家政服务质量标准，强化服务质量监控，确保家政服务质量稳定性与持续性，进而持续创造顾客价值。

5）顾客所获得价值提高导致顾客满意

顾客所获得的价值，也称顾客让渡价值，是指顾客总价值与顾客总成本的差额。其中，顾客总价值就是顾客期望从某一特定的家政服务中获得的利益，主要服务产品价值（满足顾客需求，解决顾客问题）、人员价值（即家政服务员的可靠性、响应性、安全性和移情性以及服务知识与技能等）、感官形象价值（即顾客赏心悦目）等。顾客总成本是在购买与消费家政服务时顾客的所有付出，包括货币成本、非货币成本（时间成本、搜寻成本、体力成本、便利成本、心理成本、感官性成本等）。

顾客在购买与消费家政服务时，总是希望把付出的成本（货币成本与非货币成本）降至最低，而同时又希望从中获得最大的利益。这样，当顾客所获得的价值提高时，也就是这个差额扩大时，甚至实现了最大化，顾客就会感到满意；反之，顾客就会感到不满意。可见，家政企业要想让顾客满意，就必须想方设法提高与创造顾客所获得的价值，降低顾客所付出的总成本，特别是降低顾客的非货币成本，提升顾客的服务体验。

6）顾客满意导致顾客忠诚

顾客满意是顾客在购买与消费家政服务时形成的情感状态。如果家政服务不符合或低于顾客期望，顾客就会感到不满意；如果家政服务与顾客期望匹配，顾客就会感到满意；如果家政服务超过顾客期望，顾客就会感到非常满意。高度满意和愉悦的顾客，如果是长期的持续而且比较稳定，就会对该家政企业和家政服务员产生一份情感，而不仅仅是功利性的偏好，还会建立更高的顾客忠诚，并将其服务品牌视为最佳的唯一的选择，并与该家政企业和家政服务员建立持久的良好关系，显示出更低的价格敏感性。即使该家政企业或家政服务员偶尔有服务失误，也能够宽容并协助其服务补救。

当然，顾客满意不一定都导致顾客忠诚，只有顾客感到非常满意，才能强化其忠诚感。由此可见，影响顾客忠诚的最主要、最根本的因素是顾客满意，且非常满意。只有在顾客非常满意的前提下，才能保持顾客长久的忠诚。这就要家政企业和家政服务员要持续不断地提升顾客满意度，而不是简单的满足顾客期望。

7）顾客忠诚促进企业盈利能力与成长发展

忠诚的顾客是家政企业的无形资产。企业拥有了忠诚的顾客，便有了持续的竞争优势和利润增长空间。具体来说，忠诚的顾客促进企业盈利能力与成长发展，主要体现在以下四个方面：

（1）更低的成本

成功的服务企业实践显示，吸引一位新顾客的成本是保留一位现有顾客成本的 5 倍。忠诚顾客每增加 5%，所产生的利润增幅可达到 25%~85%，而且，顾客忠诚还可以大大降低服务交易费用、沟通成本等。当为顾客服务的成本减少了，企业利润自然会增加。

（2）更多的购买量

忠诚的顾客会不断重复购买服务，也会增加购买量和其他相关服务产品，从而增加企业营业收入。而且这种增加购买，更多地来自对原有服务的满意而非广告或降价。因此，忠诚顾客的多少在一定程度上决定了市场份额的大小。

（3）获得溢价利益

在家政服务业，服务质量领先的企业都拥有高于其竞争对手的服务价格。如果顾客是忠诚顾客，看重该企业的服务，会为该服务支付额外费用。事实上，老顾客就是比新顾客更愿意以较高的服务价格来接受企业的优质服务。因此，提供更高质量的服务会为企业带来更高的要价。

（4）口碑传播

在今天的移动互联网时代，人们认为口碑传播比其他信息来源更可靠，所以最佳的服务推广方式还是来自那些提倡使用这家企业服务的顾客。而那些经常接受企业服务且感到非常满意的忠诚顾客，也愿意成为企业的“义务”市场推广员。如果企业再制定相关的激励或福利措施，再借助移动互联网多媒体，忠诚顾客的口碑传播效果会更显著。通过良好的口碑传播，不仅为企业带来新顾客，而且也节约了企业营销成本，增加了收益，还会为企业带来了潜在的品牌价值。

8）企业盈利能力与成长发展又推动企业内部服务质量

企业盈利能力和成长发展为企业带来持续的利润增长。这些利润又可以拿来不断地改善企业内部服务质量，导致员工满意度、忠诚度，进而沿着家政服务利润链的路径，最终形成一个良性循环。这就是家政服务如何盈利的奥秘所在。

对家政企业的可持续发展而言，这是一项系统工程。

27.6.6.3 家政服务利润链关键因素的确认和分析

通过家政服务利润链，企业可以清晰知道自己为何盈利？为何不盈利？一目了然，避免在企业管理中“头痛医头脚痛医脚”，要有系统思维。为了有效利用家政服务利润链管理企业，就必须首先要确认家政服务利润链中的关键节点，并对此进行分析，找出企业发展中存在的问题，然后才能有的放矢地“对症下药”，持续加以改进。下面就具体介绍家政服务利润链上的这些关键节点或关键因素：

1）内部服务质量

在家政服务利润链中，首先要确认“内部服务质量”是什么状况？一般来说，在家政企业内部，员工（管理人员和一线家政服务员）需要确认“谁是内部顾客”，以及自己的工作会给其他部门带来什么样的影响。认定内部顾客及其需求，需要确认企业工作流程并加强沟通。具体的改进方法是：企业在“服务者”与“被服务者”之间要组织跨部门会议，跨职能地审视家政服务生产与交付流程。

此外，家政企业还要特别关心一线家政服务员对家政服务职业技能培训、服务技能支持、服务工作支持、个人生活与家庭支持是否满意。

在今天移动互联网多媒体时代，家政企业要善用最新的信息技术手段，学会使用多种交流沟通工具，融合多种多样的方法，加强对员工“互联网思维”培训，提升内部服务质量的沟通效率。

当然，内部服务质量的好坏，关键在员工。因此，家政企业要精心挑选合适的员工，特别是一线的家政服务员，这样就会事半功倍。

最后，良好的内部服务质量，最关键还是“一把手”领导，要有服务员工的意识，要把所有员工都当作自己的“内部顾客”。否则，一个官僚主义的领导者，是很难营造出优质内部服务质量的有战斗力的组织。

2）家政服务员满意度

员工满意度就是员工特别是一线家政服务员对其工作评估结果的消极态度或积极态度的综合反映。

通过持续的员工满意度调查，主要是要了解目前员工的需求是什么，找出影响员工工作满意度和工作不满意的影响因素有哪些，以及它们影响的程度如何。特别是一线家政服务员，要了解她们在雇主家庭的生活状况是否满意，她们与雇主及其家庭成员的相处是否满意。

通过员工满意度调查，企业还可以对自身管理中存在的问题进行诊断，以节约管理精力和成本，精准施策，靶向发力，减少工作低效、员工高流失率等问题。

一般而言，员工满意度调查的时机，主要有定期调查和不定期调查两种情况。具体调查方法有问卷调查、访谈、诊断报告等。

家政企业一定要充分认识到“家政服务员满意度”调查的重大价值，而不是可有可无的“花拳绣腿”。因为，家政服务员满意度每提高3%，可以使企业家政服务员流动率降低5%、运营成本降低10%，服务生产率提高25%~65%。因为，通过对家政服务员需求的了解，把握家政服务员的需求变化，然后，通过企业“内部营销”，尽量满足家政服务员的需求，以便调动家政服务员的工作积极性和主动性，这对于家政服务员服务外部顾客具有重要意义。家政服务成功实践无数次证明：只有让家政服务员满意，提供的服务才能让雇主满意。

所以，家政企业要努力提升家政服务员满意度，进而才能提升雇主满意度。

3）家政服务员忠诚度

在家政企业里，在提升家政服务员满意度的同时，要善于培育家政服务员的忠诚度。首先，要按照忠诚程度的不同，可以把家政服务员分为低忠诚度员工和高忠诚度员工。其中，低忠诚度员工：表现为不违反企业规范，服从工作安排，但缺乏主动热情，对企业仅仅是尽应尽的责任和义务，主要为报酬而工作，一旦有其他更满意的服务工作机会，就会立即离开企业。可见，这实际上是一种被动的忠诚，是有待进一步提升的员工忠诚；相反，真正忠诚的员工，不仅仅是对企业信守承诺，更是一种具有强烈的忠诚于企业的动机和意识。这种动机和意识通常将自己的命运与企业的命运连在一起，个人目标与企业目标一致，自我发展与企业发展相统一。

因此，家政企业在鼓励员工忠诚的同时，也要认清企业要求百分之百的员工挽留率也不是明智之举。对于一些不忠诚的员工，企业要保持一定水平的员工流动率，可以激发企业的活力。

当然，一定要重视留住忠诚的员工。因为，忠诚员工的流失，对企业的损失是巨大的，不仅是服务生产上的损失、重新招聘和培训成本上的损失，更是企业品牌的损失、员工团队信心的损失、服务技能的损失、顾客信任的损失。

4）顾客满意度

顾客满意度的确认，可以运用顾客对企业的总体印象指标，也可以运用顾客对企业的有形产品的满意度评价指标。例如，顾客对家政服务员的满意度评价。

5）顾客忠诚度

顾客忠诚度可以通过问卷调查来完成，也可以在一定时间段内顾客从本企业所购买的家政服务所占其总购买量的百分比来确定，或者以顾客在一定时间内购买本企业的家政服务的频率来确定。

27.6.6.4 家政服务利润链给家政企业管理者的启示

通过以上分析，我们发现，家政服务利润链是一种有效的家政企业管理理念与模式，使家政企业管理者清晰地看到家政服务利润的来源，知道家政企业如何盈利。家政服务利润链给家政企业管理者带来了以下启示：

1）家政服务员第一

家政服务员是家政企业的核心竞争力资源。家政企业首先要想方设法让家政服务员满意，提升家政服务的忠诚度，以此为基点，设计家政企业管理理念、规章制度与运营模式。唯有如此，才能提升顾客的满意度与忠诚度。

2）建立与保持顾客长久关系

满意与忠诚的顾客是家政企业立于不败的宝贵资源。家政企业要通过满意与忠诚的家政服务员，与现有的顾客保持良好、持久的关系；对于新顾客要尽量提升顾客价值，减少顾客货币成本与非货币成本，让新顾客满意，进而发展成为忠诚顾客。

3）持续进行家政服务利润链审计

家政企业要持续不断对家政服务利润链上的各个关键节点或要素，进行定期与不定期确认，及时掌握其状态与变化，实时加以改进，确保家政企业盈利能力，促进企业可持续高质量发展。

27.6.7 家政服务定价的道德问题 （详细内容 扫一扫 二维码）

27.7 家政服务合同管理

序号	发文时间	发文机关	政策文件名称
	2019年6月16日	国务院办公厅。国办发〔2019〕30号	《国务院办公厅关于促进家政服务业提质扩容的意见》
相关摘要	（三十）推广使用家政服务合同示范文本。规范家政服务三方权利义务关系，推广使用合同示范文本。家政企业应与消费者签订家政服务协议，公开服务项目和收费标准，明确服务内容清单和服务要求。		

在家政服务中，合同是确保雇主、家政服务员、家政服务机构的合法权益及解决劳动纠纷的主要法律依据。合同规定的各方的权利和义务，不仅建立在社会道德的基础上，而且必须要通过法律契约的形式加以明确。

合同文本的表述要通俗易懂、简练、没有歧义，并确保所有条款的清晰、透明、客观、公正。

家政服务机构应公开透明提供各种合同样本，并对重要的条款做出相应的解释。在家政服务中，主要有三种合同：服务合同、劳动合同、培训合同。

27.7.1 服务合同管理

27.7.1.1 合同形式

家政服务合同一般采用书面形式，提供一次性或计时家政服务的，也可以是采用电子签名的电子服务合同。

家政服务合同主要有四种类型：中介制管理模式的服务合同、员工制管理模式的服务合同、家政“零工”管理模式的服务合同、平台管理模式的服务合同。

27.7.1.2 中介制管理模式的服务合同

采用中介制管理模式的家政服务机构，应指导家政服务员与雇主签订服务合同，并调节双方在履行合同期间产生的纠纷。合同的主要内容包括：

一、服务合同的必备条款

1）家政服务员的姓名、现住所地址、户籍地址、身份证号码、联系方式、紧急联系人及联系方式；

2）雇主的姓名、住所地址、身份证号码、联系方式；

3）家政服务的地点、服务面积、服务方式、服务期限；

4）家政服务员的劳动报酬、支付时间、支付方式；

5）家政服务员的工作内容、服务要求；

6）家政服务员的工作纪律、注意事项；

7）雇主家庭成员人身安全、财产安全保障的约定；

8）雇主为家政服务员提供的工作、住宿、饮食等条件；

9）家政服务员每天休息时间、节假日休息的约定；

10）家政服务员服务期间的医疗和安全保障等社会保险的约定；

11）违约责任及赔偿；

12）合同的终止、变更、续订、解约的条件；

13）双方约定的其他事项。

二、服务合同的商定条款

除了必备条款外，雇主和家政服务员还可以约定试用期、培训服务期、保守秘密、补充保险和福利待遇等商定条款。商定条款不是服务合同的必备条款，是否约定由当事人双方自行决定。约定了商定条款的，只要内容合法，就同必备条款一样，对当事人具有法律效力。

1）试用期条款：

（1）试用期的约定规则；（2）试用期的工资待遇；（3）试用期解除合同；

2）培训服务期条款

雇主为家政服务员提供培训，双方可以约定培训服务期条款，或者签订专项的培训服务期协议。服务期是指雇主委托第三方对家政服务员进行专业技术培训，而要求家政服务员必须为之服务的年限。服务期条款往往和培训协议联系在一起，其内容主要是对家政服务员和雇主在家政服务员培训期间的权力和义务，以及培训后为雇主服务的义务作出规定。

（1）培训的性质；

（2）培训的期限和方式；

（3）培训地点；

（4）培训内容；

（5）双方在培训期间的权利义务；

（6）培训费用的负担；

（7）培训考核；

（8）服务期限；

（9）违约责任等。

3）保密条款：

（1）保密信息范围；

（2）保密责任主体；

（3）保密期限；

（4）双方的权力和义务；

（5）违约责任；

（6）其他条款。

4）补充保险和福利待遇条款。

27.7.1.3 员工制管理模式的服务合同

采用员工制管理模式的家政服务组织应与雇主签订服务合同，主要内容包括：

一、服务合同的必备条款

1）家政服务组织的单位全称、法人代表姓名、法人身份证号码、单位地址、营业执照代码、法人及单位联系方式；

2）雇主的姓名、住所地址、身份证号码、联系方式；

3）家政服务的地点、服务面积、服务方式、服务期限；

4）家政服务员的工作内容、服务要求；

5）家政服务员的劳动报酬、支付时间、支付方式；

6）家政服务组织对家政服务员日常的管理和培训要求；

7）雇主为家政服务员提供的工作、住宿、饮食等条件；

8）雇主家庭成员人身安全、财产安全保障的约定；

9）家政服务员服务期间的医疗和安全保障等社会保险的约定；

10）违约责任及赔偿；

11）合同的终止、变更、续订、解约的条件；

12）双方约定的其他事项。

二、服务合同的商定条款

除了必备条款外，家政服务组织和雇主还可以约定试用期。商定条款不是服务合同的必备条款，是否约定由当事人双方自行决定。约定了商定条款的，只要内容合法，就同必备条款一样，对当事人具有法律效力。

试用期条款：

（1）试用期的约定规则；

（2）试用期的工资待遇；

（3）试用期解除合同。

27.7.2 劳动合同管理

家政服务组织应与家政服务员签订劳动合同，体现平等自愿、协商一致的原则。劳动合同采用书面形式，合同文本的主要内容包括：

一、服务合同的必备条款

1）家政服务组织的单位全称、法人代表姓名、法人身份证号码、单位地址、营业执照代码、法人及单位联系方式；

2）家政服务员的姓名、现住所地址、户籍地址、身份证号码、联系方式、紧急联系人及联系方式；

3）劳动合同期限；

4）家政服务员的工作内容、工作地点、服务要求；

5）家政服务员的劳动报酬、支付时间、支付方式；

6）家政服务组织制定的、符合国家法律规定的劳动纪律；

7）家政服务组织为家政服务员提供的工作条件；

8）为家政服务员服务期间的医疗和安全保障等社会保险的约定；

9）合同的终止、变更、续订、解约的条件；

10）违约责任及赔偿；

11）双方约定的其他事项。

二、服务合同的商定条款

除了必备条款外，家政服务组织和家政服务员还可以约定试用期、培训服务期、保守秘密、补充保险和福利待遇等商定条款。商定条款不是服务合同的必备条款，是否约定由当事人双方自行决定。约定了商定条款的，只要内容合法，就同必备条款一样，对当事人具有法律效力。

1）试用期条款：

（1）试用期的约定规则；（2）试用期的工资待遇；（3）试用期解除合同；

2）培训服务期条款

家政服务组织为家政服务员提供培训，双方可以约定培训服务期条款，或者签订专项的培训服务期协议。服务期是指家政服务组织委托第三方对家政服务员进行专业技术培训，而要求家政服务员必须为之服务的年限。服务期条款往往和培训协议联系在一起，其内容主要是对家政服务员和家政服务组织在家政服务员培训期间的权力和义务，以及培训后为家政服务组织服务的义务作出规定。

（1）培训的性质；

（2）培训的期限和方式；

（3）培训地点；

（4）培训内容；

（5）双方在培训期间的权利义务；

（6）培训费用的负担；

（7）培训考核；

（8）服务期限；

（9）违约责任等。

3）保密条款：

（1）保密信息范围；

（2）保密责任主体；

（3）保密期限；

（4）双方的权力和义务；

（5）违约责任；

（6）其他条款。

4）竞业限制条款：

（1）竞业限制适用的对象；

（2）竞业限制的内容；

（3）竞业限制的期限；

（4）竞业限制的补偿；

（5）竞业限制义务的违约责任。

5）补充保险和福利待遇条款。

27.7.3 培训合同管理

家政服务员应与家政培训组织订立培训合同，以保证培训的顺利进行。培训合同文本的主要内容包括：

1）培训的内容、培训时间；

2）培训的方式；

3）双方的义务；

4）培训费用及支付方式；

5）实习或实操的时间和内容；

6）考核的内容和方式；

7）培训等级证书的评定与发放；

8）违约责任；

9）双方约定的其他事项。

27.8 家政服务权益保障

序号	发文时间	发文机关	政策文件名称
	2019 年 6 月 16 日	国务院办公厅。国办发〔2019〕30 号	《国务院办公厅关于促进家政服务业提质扩容的意见》
相关摘要	（十六）保障家政从业人员合法权益。最大限度把家政从业人员组织到工会中，探索适合家政从业人员特点的入会形式、建会方式和工作平台。完善家政从业人员维权服务机制，保障其合法权益，促进实现体面劳动。		

作为现代服务业的家政服务业，要想健康可持续发展，特别是实行高质量发展，前提条件是必须依法保障家政服务员、雇主、家政服务组织的合法权益。否则，家政服务业就称不上现代服务业，也谈不上未来发展。因为，当家政服务员的合法权益得不到保障的时候，欲从事家政服务业的人员特别是高素质、高技能的人员是不会进入家政服务业的，家政服务员短缺的危机就不可能化解；同样，雇主的合法权益得不到保障，就会大大抑制家政服务市场需求；家政服务组织的合法权益受到损害，家政服务业发展缺乏组织保障，也是不可能发展壮大的。因此，依法保障家政服务业利益主体的合法权益，必须要引起整个家政服务业的高度重视。下面具体列出家政服务员、雇主、家政服务组织的各项权利和义务，并加以具体分析。

27.8.1 家政服务员权益保障（详细内容 见 2.3 章节）

27.8.2 雇主权益保障（详细内容 见 3.5 章节）

27.8.3 家政公司权益保障 （详细内容 扫一扫 二维码）

27.9 区块链 + 家政服务企业运营管理标准

基于区块链的 P2P 网络、分布式账本、共识机制、智能合约等技术，“区块链 + 新家政服务平台”，实现家政服务交易自动化，建立家政服务诚信。这将对传统家政企业运营管理产生重大影响，主要体现在以下几个方面：

27.9.1 建立区块链家政服务社区

区块链家政服务平台，是分布式的去中心化机构，实现家政服务点对点（雇主和家政服务员）自动化交易。这对传统家政公司来说，就不再需要人工来负责家政服务交易，而是依靠区块链的智能合约来实现家政服务自动交易。这就要求传统家政公司的职能要进行变革，从主要负责雇主与家政服务员的服务交易，转变为“区块链家政服务平台”提供服务，即通过建立“区块链家政服务社区”，来为雇主和家政服务员入驻“区块链家政服务平台”提供各种服务。例如，协助注册服务、辅导如何参与区块链平台服务交易、平台服务交易之后协调处理服务交易纠纷等。

27.9.2 建立开放式家政服务文化

基于区块链的家政服务平台，实现家政服务雇主与家政服务员之间的自动化交易，这就要求传统家政公司在对待家政服务员的管理上，不能再依靠传统的“刚性”的规章制度来奖惩家政服务员，而是要建立激励性的、对家政服务员进行授权、赋能（对家政服务员实施培训）等开放式的家政服务文化，来管理家政服务员。因为，家政服务员是独立的家政服务交易主体，直接与雇主进行服务交易，对自己的行为负责，而不是对家政公司负责。同时，雇主是与家政服务员进行直接交易，而不是与家政公司进行交易。

27.9.3 家政服务产品实现标准化

基于区块链的智能合约的家政服务平台，雇主与家政服务员的点对点直接自动交易，这就要求家政服务产品必须标准化。家政服务员依据服务标准提供服务，雇主依据服务标准接受服务。双方交易的基础和依据就是服务标准。需要特别注意的是，这里的服务标准是按照雇主需求确定的，而不是由家政服务员或家政公司确定的。没有标准，就没有家政服务智能合约的服务自动交易。当然，家政服务产品标准化后，还需要数据化，才能编制智能合约。

27.9.4 家政服务合同标准化、数据化

基于区块链的智能合约的服务点对点自动交易，除了要求家政服务产品标准化、数据化外，家政服务合同也要标准化、数据化，要将家政服务合同转化为基于区块链的智能合约。传统的家政服务合同是靠人工来执行，具有不确定性、容易产生分歧、执行成本高；而基于区块链的家政服务智能合约是自动执行，交易规则是事先就确定了，执行效率高，执行成本近乎为零。

27.9.5 家政服务价格标准化、公开透明

伴随着智能合约的自动执行，家政服务价格也要与家政服务产品、服务合同一样，实行标准化，并且与服务标准相对应，不同的服务标准，对应不同的服务价格。服务标准是公开透明的，服务价格也是公开透明的。

27.9.6 区块链 + 新家政服务平台，需要“链上”与“链下”整合

基于区块链的家政服务平台，“链上”服务自动交易，同样需要与“链下”的家政服务实体进行整合。例如，家政服务有形展示、家政服务权益“链下”的第三方调节机制等。

第28章 家政服务质量管理标准

【家政政策】

序号	发文时间	发文机关	政策文件名称
	2019年6月16日	国务院办公厅。国办发〔2019〕30号	《国务院办公厅关于促进家政服务业提质扩容的意见》
相关摘要	（三十二）开展家政服务质量第三方认证。家政企业要开展优质服务承诺，公开服务质量信息。开展家政服务质量监测。建立家政服务质量第三方认证制度。对家政企业开展考核评价并进行动态监管。		

【家政寄语】

时刻记住，顾客永远追求“物美价廉”的服务。

家政企业只有持续改进服务质量、提升服务产能与效率，通过合理价格和高质量服务占领家政市场，才能立足家政商圈。

【术语定义】

服务质量：是雇主将其所感知到的、体验到的服务（即服务过程和服务结果）与他所接受服务之前的服务期望进行比较的结果。又称“感知服务质量”。

服务产能：即家政服务生产能力，是指一个家政公司能够拥有的用来创造和提供家政服务的资源或资产。家政服务生产能力主要体现在：用来提供家政服务产品的设施；用于处理人、财物、信息的设备及技术系统；家政企业的管理者和一线家政服务员。其中，家政服务员是家政服务产能的关键因素。

【标准条款】

序号	标准编号	标准名称	主管部门
6	Q/QKL JZGL106-2020	家政服务质量管理标准	
标准内容	28.1 基于顾客感知结果的家政服务质量管理标准 28.2 家政服务质量的回报 28.3 家政服务生产能力 28.4 管理家政服务生产能力 28.5 平衡家政企业服务产能与顾客需求 28.6 提高家政服务生产率 28.7 基于过程方法的家政服务质量管理标准		

【学习目标】

通过本章的学习，您将能够：

1）理解家政服务质量是由顾客感知决定的；

2）明确雇主期望的不同水平；

3）解释影响雇主期望的关键因素；

4）明确雇主想要得到基本的家政服务；

5）了解雇主期望管理的好处；

6）熟悉雇主期望管理的策略；

7）了解雇主需求模式及其特征；

8）掌握雇主需求的预测方法；

9）知晓雇主定义的服务质量标准；

10）了解如何应用服务质量差距来诊断和解决家政服务质量问题；

11）熟悉雇主期望的家政服务质量标准维度；

12）知晓雇主如何评价家政服务质量；

13）了解家政服务质量的回报；

14）了解如何定义家政服务生产能力（服务产能）；

15）熟悉管理家政服务产能的方法；

16）熟悉平衡家政企业服务产能与顾客需求的方法；

17）熟悉提高服务生产率的方法；

18）了解基于过程方法的家政服务质量管理标准。

在《国务院办公厅关于促进家政服务业提质扩容的意见》（国办发〔2019〕30号）文件中，提到“为促进家政服务业提质扩容，实现高质量发展”。那么，到底什么是服务质量？这是所有家政服务企业从业人员都必须清晰明确的。

在理解“服务质量”之前，我们先看看实体产品：有形的、可测量的、精确的参数，可以量化，是客观的。看得见，摸得着。但是，未能解释每个客户（甚至整个细分市场）不同的品位、需求、偏好。

与有形产品不同，服务产品或服务本身具有“无形性”“不可分性”“异质性”“不可储存性”的服务特征，是很难测量的、是雇主主观感知的。看不见，摸不着。但是雇主是可以体验的、感知的；是以需求为导向的；不同的雇主有不同的需求。家政服务就是这样的服务。

理解了实体产品与服务产品的区别之后，我们再来理解什么是服务质量？

所谓服务质量：是雇主将其所感知到的、体验到的服务（即服务过程和服务结果）与他所接受服务之前的服务期望进行比较的结果。又称“感知服务质量”。

这里，“服务过程”或“服务传递”就是“基于过程方法的家政服务质量”，“服务结果”就是“基于顾客感知结果的家政服务质量”。由此可见，家政服务质量管理标准，主要有两种不同的标准：基于过程方法的家政服务质量管理标准；基于顾客感知结果的家政服务质量管理标准。

28.1 基于顾客感知结果的家政服务质量管理标准

28.1.1 什么是顾客感知的家政服务质量

上文已经提到，服务质量：是雇主将其所感知到的、体验到的服务（即服务过程和服务结果）与他所接受服务之前的服务期望进行比较的结果。又称“感知服务质量”。其中“服务结果”就是“基于顾客感知结果的家政服务质量”。

如果家政服务员提供的服务与雇主期望的服务相吻合，让雇主满意，那么雇主感知的服务质量就是合格的；如果家政服务员提供的服务超过雇主期望的服务，让雇主惊喜，那么雇主感知的服务质量就是优质服务；如果家政服务员提供的服务未能到达雇主期望的服务，即使家政服务员提供的实际服务质量是以服务标准衡量是不错的，雇主感知的服务质量仍然是不好的，雇主对服务质量还是不满意。那么，什么是雇主期望或顾客期望？如何管理顾客期望？顾客期望是如何影响雇主感知的服务质量？下面具体分析：

28.1.2 什么是顾客期望

28.1.2.1 什么是顾客期望

顾客期望，是指顾客在搜寻和决策是否接受家政服务之前，对于家政服务的一种预期，或服务预期。这种预期不仅包括对服务结果或服务质量（即家政企业提供什么品质的家政服务）的预期，也包括对服务过程或服务流程（家政企业如何提供家政服务）的预期。即顾客对家政服务的过程与结果的预期。

对于家政企业来说，顾客期望是评估顾客满意度、服务绩效的一个参照点。家政企业都希望自己提供的家政服务能够达到顾客的期望水平，能让顾客满意，进而使满意的顾客发展成为企业的忠诚顾客。这样，顾客就可以持续购买与使用服务，企业就会持续收益。然而，顾客对家政企业提供的服务水平是否满意，取决于顾客期望水平的高低。当顾客感知或体验的服务质量或服务水平超过其期望的服务水平或服务质量时，顾客才会满意；反之，当顾客感知或体验的服务质量低于其期望的服务质量时，顾客就会产生不满意。可见，顾客期望是顾客评估家政企业服务质量或服务水平的前提。

当然，顾客期望也是一把“双刃剑”。一方面，顾客有了对家政服务的期望，就有动力购买服务，来满足自己的期望；另一方面，顾客有了对家政服务的期望，又给家政企业确立了最低的服务标准或服务水平。如果家政企业达不到顾客期望的这个标准，顾客就会不满意，甚至会选择其他家政服务。

在家政服务营销中，家政企业为了达到吸引顾客、促使顾客购买服务的目的，常常通过一系列的广告、促销等营销活动，自觉或不自觉地在家政服务员服务技能、家政服务水平、服务价格、时间上等方面，给顾客作出很多吸引人的服务承诺，使顾客对企业的家政服务质量或水平形成了一定期望，即顾客期望。但是，家政企业很可能没有意识到：顾客期望的另一个方面，即企业在建立“顾客期望”的同时，也就意味着给自己的服务质量或服务绩效确立了最低标准，而这很有可能把顾客自己本来不很清晰的顾客期望水平提升了，使顾客满意的难度也提高了。

因此，如果企业确定的顾客期望值不切合实际，不能提供所承诺的服务时，即使企业的广告与服务营销或宣传活动做得再精彩，也是不会有好效果，顾客甚至会因为企业提供不了所宣传承诺的服务而更加失望。所以，家政企业在了解顾客期望的同时，还要加强顾客期望的管理，使企业建立顾客期望的同时，既能对顾客有较强的吸引力，又能保证企业能够实现，从而让顾客满意，进而成为忠诚顾客，企业获得长期的利益。

28.1.2.2 顾客购买家政服务时感知风险

在家政服务中，由于服务的无形性、不可分性、异质性、不可储存性等特性，顾客对家政服务质量的评价比较困难，因而在作出购买决策的感知风险就比较大。家政企业管理者对顾客感知风险的了解，将有利于理解顾客期望。

我们知道，如果买了不满意的有形实物产品，通常可以退换，而这种做法对于家政服务来说比较困难。顾客在购买家政服务时，很可能担心没有作出最佳或者甚至没有作出正确的选择。那么，顾客在购买家政服务时到底有哪些感知风险：

顾客购买家政服务的感知风险

感知风险类型	顾客感知举例
结果风险 （不满意的服务结果）	☑ 家政服务员有真正的职业服务技能吗？ ☑ 家政服务员能胜任这份服务工作吗？ ☑ 居家保洁员能去除皮质沙发上的污渍吗？
财务风险 （金钱损失）	☑ 花如此高的工资聘请月嫂，是否值得？ ☑ 在家政网站注册，个人信息是否会被泄露？ ☑ 家政公司的管理费是否太高了？
时间风险 （浪费时间、时间延迟）	☑ 居家保洁员能否在三个小时完成居室保洁？ ☑ 这家母婴公司有没有月嫂，是否排队等候？ ☑ 住家家政服务员做家务是否在“磨洋工”？
物理风险 （人身伤害、财产损失）	☑ 家政服务员是否会虐待居家老人或婴幼儿？ ☑ 家政服务员是否会偷盗雇主家庭财物？ ☑ 家政服务员在家庭餐制作时是否不讲卫生？
心理风险 （担心、焦虑、害怕）	☑ 我怎么知道家政服务员个人信息真伪？ ☑ 我担心家政服务员会随时不辞而别而毁约？ ☑ 我害怕家政服务员是否泄露雇主家庭隐私？
社会风险 （其他人的想法和反应）	☑ 我选择一家小家政公司，同事是否看不起？ ☑ 家人或亲戚是否满意我雇佣的家政服务员？ ☑ 我雇佣刚退休年龄的人服务，邻居怎么看？
感官风险 （对五官感觉的负面影响）	☑ 家政服务员相貌会不会让我和家人失望？ ☑ 家政服务员衣着是否过于暴露？ ☑ 家政服务员平时化妆是否不妥？

在家政服务业，顾客应该如何对待这些感知风险？顾客在感知风险的情况下会感觉不舒服和不安，因此会想尽各种办法来降低自己的感知风险。其主要包括：

☑ 向可信、可靠的人际资源寻求信息。例如，家人、朋友、同事、邻居等。

☑ 利用网络对比服务，搜寻独立评论和评价，浏览社交媒体上的相关讨论。

☑ 信赖声誉良好的家政企业。

☑ 寻求明确宣示“服务承诺”的家政企业。

☑ 亲自到家政公司考察，或者在购买前检查家政服务的“有形展示”线索，或者试用或体验家政服务。

☑ 向家政专业人士或员工询问在做购买服务决策时需要注意的相关情况。

☑ 向已经使用家政服务的顾客询问服务风险情况。

☑ 向家政行业协会咨询打听服务诚信的家政企业。

总之，顾客都是规避风险的，并且会选择感知风险相对较小的家政公司提供的服务。因此，家政企业要主动采取措施减少顾客的感知风险，并且让顾客有感。家政企业可以根据服务的不同，采取相应的策略降低顾客的感知风险：

☑ 鼓励潜在顾客在实际服务消费之前，通过浏览家政企业的官网或微信公众号或 APP 或小程序等，通过文字、图片、视频等资料，提前了解、熟悉家政企业及其提供的服务。

☑ 鼓励潜在顾客在购买服务前参观考察家政企业及其有形展示。

☑ 向顾客提供免费试用服务，特别是体验式的家政服务。

☑ 家政企业的广告和服务营销有助于潜在顾客与企业之间的沟通，向潜在顾客介绍高品质的家政服务可以给顾客带来的利益，以及如何与家政服务员相处而使服务效果最大化。

☑ 家政企业和家政服务员的各种资格证书、奖励证书、各种锦旗、各种顾客的感谢信、各种奖品的陈列展示。特别是家政服务员的职业资格证书，让顾客直观地“看到”家政服务员的职业技能水平。当然，还有已经服务的顾客的成功案例。

☑ 实施“证据管理”，也即服务“有形展示”管理。即向顾客呈现一系列符合家政企业形象定位和价值主张的有形证据。例如，包括家政服务员的工作制服、服务工具、服务标准与服务规范管理手册、家政培训模拟实操教室、系列化多媒体培训教材、家政服务管理技术系统软件等。

☑ 制定可以建立顾客信心，产生对家政企业信任感的可视化安全保障程序。

☑ 随时让顾客获知家政服务过程及服务结果，及时听顾客反馈。

☑ 向顾客提供诸如“服务承诺”、退款保障、履约保证等服务保障。

综上所述，如果家政企业能够有效地对潜在顾客的感知风险进行管理，降低顾客的不确定性，就会增加企业被顾客选中的机会，确保企业可持续收益。

28.1.3 顾客期望的不同水平

通过上文，我们知道，顾客期望是顾客对家政服务的过程与结果的一种预期。顾客期望是评估顾客满意度、服务绩效的一个参照点。家政企业都希望自己提供的家政服务能够达到顾客的期望水平，能让顾客满意。那么，在家政服务实际中，顾客的期望水平是什么？有什么不同？顾客期望水平主要可分为：见图

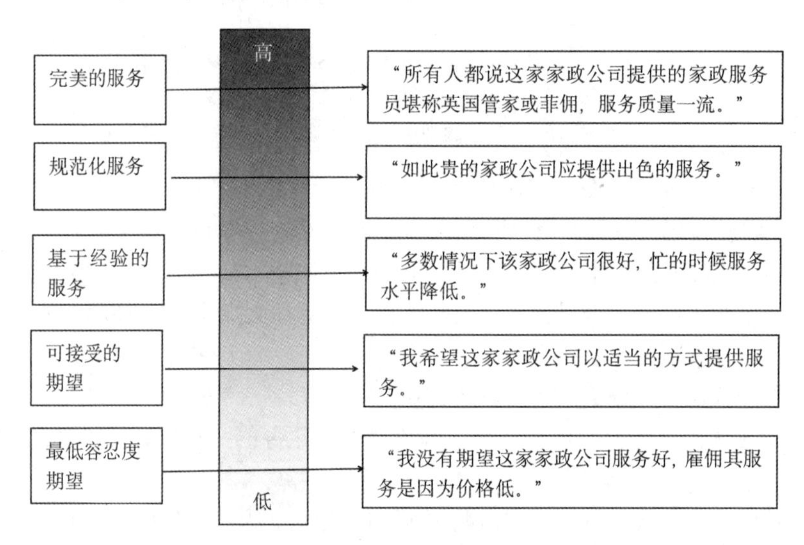

图：家政顾客的不同期望水平

1）完美的服务：“所有人都说这家家政公司提供的家政服务员堪称英国管家或菲佣，服务质量一流。”即“理想的服务”，是顾客盼望获得的服务水平。

2）规范化服务：“如此贵的家政公司应提供出色的服务。”即家政公司提供的服务是标准化、职业化的，家政服务员都是经过严格的培训且具有职业技能标准资格。

3）基于经验的服务：“多数情况下该家政公司很好，忙的时候服务水平降低。”

4）可接受的期望：“我希望这家家政公司以适当的方式提供服务。”即对于顾客来说是可接受的最低服务水平。

5）最低容忍度期望：“我没有期望这家家政公司服务好，雇佣其服务是因为价格低。”

6）容忍区域：对于家政企业来说，由于服务的异质性，很难保证在各个家政服务过程中数以百计千计甚至万计的家政服务员给顾客提供的服务是一致、稳定的服务。即使是同一个家政服务员，在不同时期、同一天的不同时段的服务绩效或服务质量也是变化的、都

会产生差异。顾客可以接受的这种变化差异的范围就是顾客的“容忍区域”。

如果家政公司和家政服务员提供的服务降到“可接受的最低服务水平”之下，顾客将感受到挫折并降低对公司的满意度，导致顾客失望、不满；如果服务绩效或服务质量超过理想服务水平，顾客会非常满意并可能感到异常惊喜。

顾客期望就是介于“理想的服务”与“可接受的服务”之间的一个范围内的服务水平。此外，我们还需要知道：

（1）不同的顾客具有不同的“容忍区域”。一些顾客的容忍区域较窄（通常是因为他们认为“最低的可接受标准”比较高），他们要求家政企业提供服务标准较高的服务；而有的顾客对服务的期望可能在较大的“容忍区域”范围内。这就需要家政公司要针对不同的顾客期望，提供不同的服务。至于单个顾客的“容忍区域”扩大或缩小，也要引起重视。例如，当服务价格提高时，顾客对劣质服务的容忍度下降。

（2）顾客对不同的服务产品特质有不同的“容忍区域”。例如，顾客对低信誉度的服务（不信守服务承诺、服务经常出错），比其他服务缺陷持有更低的容忍度。这意味着顾客对家政服务品牌的“信誉度”有更高的期望。

（3）初次服务和补救服务的“容忍区域”不同。顾客在接受“初次服务”的时候，无论是对于服务过程还是服务结果，顾客期望都要比“补救服务”低，而且“容忍区域”也大于补救服务的容忍区域。第一次就提供“可接受服务”是非常重要的。因为相对于其他方面来说，顾客更看重服务的可靠性。如果当家政服务员第一次提供的服务出现“服务失误”，不是很好，还在顾客容忍区域范围内。那么，第二次解决问题的服务（即提供可信赖的补救服务）比第一次更加关键。但如果家政服务员对这项服务进行补救时，仍然做得很糟糕。这时，顾客就会产生不满的情绪，甚至直接离开家政公司而流失。

（4）顾客对服务过程与服务结果的“容忍区域”不同。家政服务实际显示，顾客对服务过程或服务流程的容忍区域更大一些，比顾客对服务结果的期望水平要低。可见，家政企业如果想超出顾客期望，就可以在家政服务过程或服务流程上多下功夫。英国管家在服务过程中的那种“仪式感”“庄重感”就是对服务过程的强调，给顾客留下良好的服务体验。

28.1.4 影响顾客期望的关键因素

既然顾客期望在顾客评估家政服务绩效或感知服务质量时起着关键作用，那么，顾客期望是如何形成的？或者说，影响顾客期望的关键因素是什么？家政企业管理者和家政服务员只有了解顾客期望的来源，才能更好地在服务实践中满足顾客期望，提升顾客满意度。

28.1.4.1 “理想服务”期望的来源

1）顾客个人需要

顾客个人需要，是指那些对顾客的生理或心理健康十分必要的条件，是形成“理想服务”水平的关键因素。根据马斯洛关于人的需要理论，人的需要主要包括：生理的、安全的、心理的、社会的、自我实现的需要。就家政服务而言，理想服务水平就应该满足人的这些需要。这些个人需要就是考察理想服务期望的重要源泉。

2）顾客个人服务理念

影响理想服务水平的第二个因素是顾客个人服务理念。它是指顾客对家政服务或相关服务工作的经验、背景或态度。当顾客了解家政服务工作或熟悉家政服务员服务技能与服务知识时，就对家政服务拥有相对较高的期望，进而影响理想服务的期望水平。

3）叠加服务期望

当顾客期望受到其家庭成员或其他亲朋好友驱动时，就出现了叠加服务期望。理想服务水平会随着叠加服务期望而增大。

28.1.4.2 “可接受服务”期望的来源

1）可感知的服务替代

可感知的服务替代，是指其他提供服务的家政公司。当顾客感觉到可以从其他家政公司那里获得同样的服务，且有许多家政公司可供选择，或者顾客自己可以为自己家庭亲自操持家务时，其“可接受服务”水平，就比那些认为在别的地方得不到更好服务的顾客更高。顾客可感知的服务替代的存在，提高了“可接受服务”水平，缩小了“容忍区域”。

充分理解顾客认为的可供选择的可感知的替代服务，对于家政企业管理者或服务营销人员来说，具有非常重要的意义。

2）环境因素

可接受服务水平也受到环境因素的影响，这种环境因素一般是短期的、暂时的。其中一种是不可控制的环境因素。例如，春节或法定节假日就是不由家政公司控制的环境因素。顾客认为在春节或法定节假日期间家政服务交付时遇到困难，顾客能够理解此时服务的低水平，是因为他们了解问题产生的根源。顾客认识到此时的环境因素并不是家政公司的错，就有可能在既定环境下降低“可接受服务”期望的水平。环境因素经常能暂时降低“可接受服务”的水平，扩大容忍区域。

还有，当雇主家庭突然要来客人，急需居家保洁服务时，相对于平常时段，急需时段对居家保洁服务的需求更加敏感，“可接受服务”水平会升高。

3）服务预测

“可接受服务”还受到服务预测的影响。服务预测就是对即将接受的家政服务绩效水平或服务质量的估计。当顾客预测会得到好的服务，他们的“可接受服务”水平就可能升高，比其预测服务会很差时要高。当然，服务预测是顾客对一次单独交易中将要接受的家政服务的估计，而不是对整个家政公司总体的估计。

28.1.4.3 理想服务和预测服务的期望的共同来源

当顾客有意购买家政服务时，他们的决策过程，主要有两个方面：一、向外。通过不同的渠道或途径，来搜寻或获取关于家政服务及其提供商的信息。例如，上网查询、向同事或亲友打听、给家政公司打电话咨询、查阅各种广告等；二、向内。通过搜寻自己经历过的、记忆中存储的相关家政服务信息。顾客根据以上信息分析比较，然后确定自己的服务期望。下面就具体介绍影响“理想服务”和服务预测的期望的共同因素：

1）明确的服务承诺

明确的服务承诺，是家政企业传递给顾客的关于服务的官方的和个人的说明。当服务承诺来自家政公司官网、广告、宣传册、公司微信公众号、App 等官方提供的营销宣传物时，它将代表官方；当承诺是由公司营销人员或一线家政服务员传递的，它就具有个人性质的。在家政服务实际中，常常有家政公司及其员工会有意无意地以过度的服务承诺来获得更多的业务，或者是并非有意地只陈述了他们对未来服务的最好估计以至于过度承诺。毫无疑问，过度承诺会使企业陷入非常危险的境地，因为这样的服务承诺往往很难实现，或实现成本很高，就会使企业逐渐失去信誉，后果不堪设想。

明确的服务承诺将直接影响“理想服务”期望水平，也影响预测服务水平。顾客希望得到什么服务，以及在服务中他们预期会得到什么，都由这些明确的服务承诺塑造成型的。当然，可实现的高含金量的服务承诺，对顾客而言，可以提升购买信心而增加购买量；对企业而言，可以提升竞争优势；对家政服务员而言，可以起到激励与评估绩效的作用。

2）含蓄的服务承诺

含蓄的服务承诺是与服务有关的暗示。在家政服务中，这种含蓄的暗示，可能是服务价格、家政服务员的统一着装、统一服务工具、精致高雅且界面友好的官网与微信公众号等“有形展示”，它会引导顾客对家政服务品质应该是什么、将要是什么进行推断。这就影响了顾客期望水平。一般来说，服务价格越高、服务的“有形展示”越使人印象深刻，顾客的服务期望也就越高，越期待更高水准的服务。

3）口碑传播

口碑传播在决定服务期望方面的重要性不言而喻，尤其在今天移动互联网社交媒体时代，更是家政服务市场营销的利器。口碑传播不同于家政企业官方或家政服务员的宣传，向顾客有意传递家政服务将是什么样的信息，进而有目的地影响到顾客的理想服务水平和服务预测。而口碑传播被认为没有偏见、没有功利目的，相对比较客观、比较中肯。

尤其对于家政服务来说，看不见、摸不着，很多顾客在购买和直接体验服务之前，很难评估家政服务质量或品质。这时，亲朋好友的口碑、包括社交媒体上家政行业专家或家政服务消费者的口碑，就是极其重要的信息来源，将直接影响理想服务和预测服务水平。

4）消费经验

顾客之前接触或消费过的家政服务及其相关服务的消费经验，是形成顾客对家政服务预测与期望的又一个重要因素。这些消费经验，可以是之前的家政服务的消费经验，也可以是同类家政服务的绩效标准，或者是上一次相关服务消费的经历。

综上所述，我们知道了影响顾客期望的关键因素，那么，在家政服务实践中，家政企业管理者究竟如何利用这些讨论的知识，来影响顾客的期望，进而创造、推广家政服务？下面将列出一些可能影响顾客服务期望的具体策略，供参考：

影响顾客服务期望的具体策略举例

	影响因素	可能的影响策略
1	个人需要	☑ 向顾客传输有关家政服务是如何满足其需求的信息
2	个人服务理念	☑ 通过家政服务市场调研，来建立关于顾客消费理念的档案，并将该档案信息运用于家政服务产品的设计与服务提供中
3	衍生服务期望	☑ 通过市场调研，来确认衍生服务期望的来源及其需要。使用更聚焦的宣传和营销策略，来满足目标顾客及代表的顾客的需求
4	可感知的服务替代	☑ 充分了解竞争性家政服务产品，并尽可能地使自己的服务可与之相匹敌
5	环境因素	☑ 增强高峰期及紧急状况时的服务能力 ☑ 采用服务承诺的方式，来确保任何情况下顾客都能获得可靠的补救性服务
6	预测服务	☑ 告诉顾客在何时服务水平会比通常的期望高，从而避免顾客对未来服务产生过高的期望
7	明确的服务承诺	☑ 为顾客做现实而准确的服务承诺，它应能真实地反映家政服务现状，而不应是服务的理想化版本 ☑ 请第三方去征询对于广告和个人销售中做出的承诺准确性的反馈 ☑ 避免陷入与竞争对手家政公司的服务价格战或广告战，因为这样的商业战争将重心从顾客身上转移开来，并不断提高服务承诺，使其超过了所能达到的服务质量水平 ☑ 使公司的员工特别是家政服务员，重视做出的承诺，并就承诺未被履行的次数提供反馈，以此作为服务保障来实现承诺的规范化
8	含蓄的服务承诺	☑ 确保与家政服务相关的有形展示，能与提供的服务类型及水平相匹配 ☑ 在家政服务的重要属性上，高价格必须与家政公司所提供的高水平的服务绩效或服务质量相匹配

9	口碑传播	☑ 通过用户及舆论领袖的推荐，来促进口碑传播 ☑ 锚定对服务有影响力的顾客和意见领袖，集中市场营销资源来影响他们 ☑ 采用激励手段来鼓励现有顾客通过口头或社交媒体，传播对公司提供的家政服务积极有利的言论
10	消费经验	☑ 对于相似的服务，采用市场调研的方法，建立顾客相关消费经验的档案

28.1.4.4 关于顾客期望的几个凸出问题

以上介绍了影响顾客期望的关键因素，在家政服务实践中，还有一些比较凸出的经常遇到的实际问题，涉及顾客期望。下面有必要再补充介绍：

1）假如顾客期望"不现实"，家政公司应如何应对

在家政服务中，顾客主要的服务期望其实是相当简单和基本的。顾客期望家政公司能做到他们应该做的，也是能够做到的。顾客的期望是基础的服务、实际行动的服务，而不是虚幻的、空泛的承诺。顾客期望家政服务员能履行服务合同，而不是中途随意辞职，期望家政服务员能善待家里需要照护的老人和婴幼儿，期望家里整洁干净，期望饭菜可口，这些真的是顾客想要得到的基本的服务。遗憾的是，当家政公司和家政服务员不能满足这些基本的服务期望时，很多顾客都感到非常失望。那么，在家政服务中，顾客想要得到基本的服务是哪些？下面举例列出：

顾客想要得到基本的家政服务

顾客期望	对顾客意味着什么	家政公司和家政服务员的行为举例
能力	☑ "我期望家政服务员在第一次就能提供正确的服务" ☑ "我希望家政公司知道如何选拔、培训、派遣合格的家政服务员提供服务"	☑ 家政公司：为雇主家庭提供三个小时的保洁收纳服务，让雇主家庭干净、整洁，焕然一新。 ☑ 月嫂：为产妇制作美味可口、营养丰富且能催乳的月子餐。
解释	☑ "我想知道发生了什么事" ☑ "我想知道为什么这样"	☑ 家政公司：为雇主提供详细的服务清单及服务时间。 ☑ 家政服务员：向雇主解释服务技能标准要求，并回答这样做的益处。
尊重	☑ "我希望感觉到自己是一个有价值的顾客" ☑ "我希望家里需要照护的痴呆症老人得到应有的尊重"	☑ 家政客服经理：聆听顾客对于家政服务的需求，并相应地提供服务。 ☑ 家政服务员：关注雇主家庭每一位成员，特别是关爱老人和婴幼儿。
卫生	☑ "我希望家政服务员都是爱干净的且有良好的卫生习惯" ☑ "我希望家政服务员在提供服务时能够讲究卫生"	☑ 家政公司：进入顾客家庭时要穿好鞋套。 ☑ 家政服务员：每餐要都保持厨房清洁卫生，并根据需要清洁地面。
灵活性	☑ "我希望家政公司能根据我的家庭情况调整家政服务员" ☑ "我期望家政服务员能在执行公司服务规定上有灵活性"	☑ 家政公司：根据顾客家庭整洁程度，调整保洁服务员。 ☑ 家政服务员：发现雇主家庭有成员生病了，及时调整食谱。
紧急情况	☑ "因为家里将来客人，我希望我的紧急保洁服务需求得到认真对待并迅速得到解决"	☑ 家政公司：能在家政服务员突然生病时，紧急派遣其他家政服务员为雇主继续提供服务。
连贯性	☑ "我希望每一次都得到相同标准的服务"	☑ 家政公司：每一次的保洁收纳服务，都能为雇主提供稳定的整洁度，并以同样的方法提供收纳服务。 ☑ 家政服务员：每天每餐的饭菜质量都美味可口、营养均衡。

零烦恼	☑ “我期望家政服务员有家政保险” ☑ “我期望家政服务提供过程简单透明”	☑ 家政公司：为家政服务员和雇主提供家政保险，确保服务零风险。 ☑ 家政服务员：每次服务之后，收纳好家具，带走垃圾。
迅速	☑ “我不想长时间等候服务” ☑ “我期望保洁员能提高服务速度”	☑ 家政公司：在 2 个小时内答复并处理雇主投诉。 ☑ 家政服务员：在三个小时内完成 120 平方米的室内保洁收纳。
专业技能	☑ “我需要得到一些能证明家政服务员拥有高级技能标准水平的证据”	☑ 家政公司：向雇主解释居家保洁收纳服务的任务清单、服务工具及污渍的处理方法。 ☑ 家政服务员：为产妇说明新生儿抚触的准备工作、操作流程及其作用。
公正	☑ “我期望与其他的顾客得到相等的对待”	☑ 家政经理：尊重顾客的预订，为顾客保留所预订的家政服务员，即使这个顾客是第一次光顾。 ☑ 家政服务员：尊敬每一个顾客家庭的老人和婴幼儿，即使这个雇主家庭是普通的工薪家庭。
同情心	☑ “我希望家政公司设身处地为我考虑” ☑ “我希望家政服务员能从我的角度看问题”	☑ 家政公司：根据雇主家庭服务需求，设计实用的家政服务方案，派遣合适的家政服务员。 ☑ 家政服务员：照护雇主家庭的老人或婴幼儿的饮食就像照护自己家庭的长辈和自己的孩子饮食那样。

要想知道顾客的这些期望是否现实，最简便的方法就是直接向顾客询问。询问顾客的期望并不会过多提高其期望水平，反而会使顾客相信家政公司会为他们着想，会利用这些信息来改进服务。

家政公司应该理解顾客的期望，接受他们的需求，并试图努力来解决这些问题。即使暂时并不总是必须按照顾客所表述的期望提供服务，也要让顾客知道暂时不能提供他们期望的服务的原因，并且向他们说明公司正在努力争取早日能提供这样的服务。如此也能获得顾客的理解与支持；另外公司还要培训顾客，让顾客知道如何与家政服务员相处，如何引导家政服务员，如何监督服务。公司向顾客传递这些改进家政服务质量与服务绩效的做法，是非常明智的。因为这样能给公司带来声誉，让顾客相信家政公司正在不断努力改进服务，以实现顾客的期望。

2）家政公司是否应取悦顾客

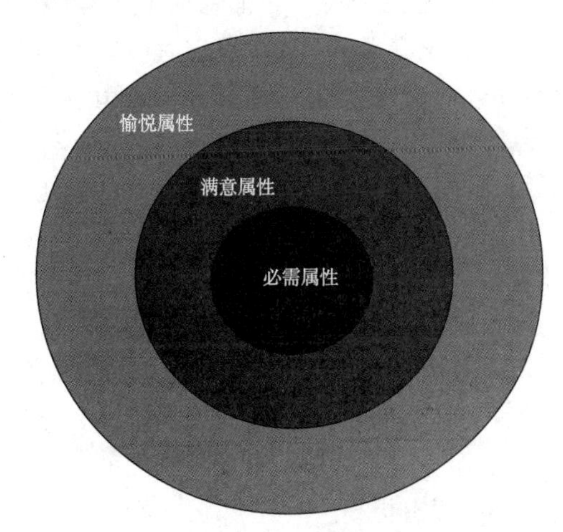

图：家政服务产品属性同心环

家政服务产品的属性，一般有：必需属性（由“核心产品”提供）、满意属性（由“附加性服务”、优化的“服务流程”提供）、愉悦属性（由“增值服务”提供）。见图。其中，构成家政服务产品基本功能的属性，为必需属性。这种属性的存在并不特别引人注目的，但却是不可或缺的核心，你能够解决顾客的基本服务需求，满足顾客期望；而满意属性是在满足家政服务产品基本功能的基础上，发挥使顾客更加满意的潜力和好的服务体验；愉悦属性是指顾客未曾料到的令人惊喜的家政服务产品属性，一般是增值服务。这种服务产品属性顾客未曾期望得到，当得到时会非常激动和惊喜。

通过以上分析，可见，取悦顾客好像是个好主意，似乎能促进顾客购买和增加顾客黏性。但是，要达到愉悦顾客的服务标准，则要求家政公司多付出额外的成本和努力。而且，这样的愉悦能否具有持久的影响力与竞争力。

因此，问题不是要不要愉悦顾客，而是应该如何愉悦顾客？其实，愉悦顾客不仅抬高了顾客服务期望，提升了顾客满意的门槛，也拉抬了竞争对手的门槛。如果竞争对手很容易地复制了取悦顾客的策略，那么大家都不会受益（但消费者受益了），大家都因此增加了成本，损害了利润。

所以，家政公司要选择取悦顾客的策略时，就应该选择哪些不容易被竞争对手复制的策略或领域实施。因为，竞争对手无法复制相同的取悦顾客的策略或领域，面对被抬高了的顾客期望，竞争对手就会显得被动，在竞争中处于劣势。

3）家政公司如何超越顾客的服务期望

家政公司如何超越顾客期望，给予顾客超过期望的家政服务，让顾客惊喜。自然是家政公司管理者很想知道的。这里，首先需要明确的是，家政公司仅仅提供可靠的基本服务、满足顾客对基本需求的期望，是很难持续为顾客带来惊喜的。那么，家政公司该究竟如何满足顾客期望还是超越顾客期望？

方法◇一、发展与顾客之间长期的伙伴合作关系。

对家政公司和家政服务员来说，就是为顾客提供个性化的定制服务。不仅为顾客解决基本的家政服务需求，而且还能针对顾客家庭的实际，提供“一揽子”个性化的解决方案，超越一般家政服务需求，就超越了顾客期望。例如，家政公司和家政服务员要详细记录顾客每一次消费家政服务的时间、具体需求、顾客家庭每一个成员的生活习惯、宗教信仰、健康状况、兴趣爱好、生活禁忌，以及顾客喜欢什么样的家政服务员、经常用什么方式与家政公司和家政服务员沟通交流、在哪些服务方面特别在意、顾客关于家政服务的理念等。也就是说，家政公司要围绕顾客家庭事务，建立顾客家政服务档案，为顾客量身定制家政服务，并确保顾客每一个家庭成员的偏好和需求都能得到满足。家政公司和家政服务员的这种细致入微的关心自然会打动顾客，超越顾客期望，带来惊喜。

方法◇二、故意降低服务承诺，来增加超出顾客期望的可能性。这种策略就是降低服务承诺并提高服务水平。但这种策略会存在两个风险：一、顾客在与企业不断的互动中，会注意到承诺过低并依此来调整期望，这样企业渴望的取悦顾客就不复存在；二、在服务营销中降低服务承诺，会潜在减少家政服务产品的市场竞争吸引力，逐渐会被竞争对手的服务所取代。因此，在竞争激烈的家政市场，无论是通过明确的服务承诺，还是含蓄的服务承诺，对家政服务做出全面且诚实的、实事求是的宣传介绍，都是明智的选择。

方法◇三、将与众不同的服务定位为非标准的特殊服务。在这样的情形下，顾客会很好奇，他们对标准服务的期望并没有提高。

4）顾客的服务期望是否会持续增长

顾客的服务期望是动态的。在日益激烈的市场竞争环境下，顾客的服务期望，特别是“可接受服务”期望水平，会随着服务交付或服务承诺水平的提高，也迅速提升。越是竞争性强、变化快，顾客期望提高也越快。因此，家政公司需要不断监控“可接受服务”期望水平，而且变化越激烈，所需监控也就越频繁。

相比之下，理想服务期望要相当稳定得多。因为，理想服务期望一开始就是期望高水平服务，且一直保持这个高水平。除非家政服务工具或家政服务职业技能有了大的突破进展。

5）家政公司如何在满足顾客期望方面领先于竞争对手

我们知道，“可接受服务”期望水平，对于顾客来说是可接受的最低服务水平。如果家政公司的服务水平低于“可接受服务”期望水平，很显然处于竞争劣势。这些公司的顾客将成为“不情愿的顾客”，一旦发现了可替代服务，就会把业务转移到别的家政公司。

如果家政公司想靠服务质量赢得竞争优势，其服务质量和服务绩效就必须保持在“可接受服务”水平之上。同时，家政企业管理者还必须意识到，“可接受服务”水平不如“理想服务”水平稳定，将随着竞争者服务承诺和提供更高水平的服务而迅速提升。如果家政公司服务水平开始时只是略高于“可接受服务”水平，竞争对手很快就会超过这一优势。因此，家政公司不仅要不断持续超越“可接受服务”水平，还要努力达到“理想服务”水平。只有卓越的、理想服务才能持续发展顾客忠诚，让竞争对手无可乘之机。

28.1.5 顾客期望管理的好处

在家政服务中，顾客在每次服务消费之前，尤其是初次购买服务之前，都会对家政服务质量或服务绩效水平有一种服务预期，进而决策是否购买。因此，家政企业要对顾客期望进行有效管理，以促进顾客购买决策。因为，对顾客期望进行有效管理有如下好处：

28.1.5.1 有利于提高顾客感知服务质量

顾客对家政服务质量的感知需要企业管理者认真对待。因为，顾客感知的家政服务质量水平，并不是取决于家政服务员的职业技能水平、家政服务员实际的服务绩效或服务质量，而是取决于顾客所期望的服务质量与所体验的服务质量之间的差距。也就是说，顾客实际接受的体验的服务质量并不能单独决定顾客感知服务质量的好坏，还要与“顾客期望”水平相比较。可见，管理“顾客期望”是多么的重要。这就要求家政企业管理者，要静下心来，好好“琢磨”顾客的消费心理，而不是只管“埋头拉车、不看路”。

28.1.5.2 有利于提高顾客满意度

顾客满意与顾客期望之间密切相关。顾客满意与否取决于实际体验的服务质量与期望的服务质量之间的比较或差距。实际上，顾客在购买或接触家政服务之前，对家政服务就已经形成了一种期望。这也是人之常情。如果顾客所感知的实际服务符合自己所期望的服务，顾客就会感到满意；如果顾客感知到的服务超越所期望的服务，顾客就会感到惊喜；如果顾客感知到的服务低于所期望的服务，顾客就会产生不满。因此，家政企业想要向顾客提供满意的服务，就必须要了解“顾客期望”服务水平是什么，并想方设法通过各种服务措施或服务策略，来满足或超越“顾客期望”，进而提升顾客对服务质量的感知水平，即使顾客所感知的服务质量或服务绩效高于“顾客期望”，自然会提升顾客满意度。

28.1.5.3 有利于提升家政企业品牌形象

顾客期望是顾客对家政企业及其服务的一种心理预期，也代表顾客对企业及其服务的一种认同。如果顾客期望太高，家政企业难以达到顾客的“预期水平”，这样，最终该企业在顾客心目中的地位或品牌形象就不佳；如果顾客期望太低，也说明顾客对企业提供的家政服务水平和能力缺乏信心，该企业在顾客心目中的品牌形象也会大打折扣。因此，家政企业一定要了解顾客期望，要引导顾客期望到一个合理的水平，即对顾客期望进行有效管理，将会提升企业品牌形象。

28.1.5.4 有利于促使顾客正向的口碑传播

在今天的移动互联网自媒体时代，口碑传播已经成为潜在顾客作出购买家政服务决策的主要信息来源。因为，向亲朋好友或曾经的服务用户打听服务产品的质量，会减少感知风险，而且口碑传播比家政公司和服务营销人员的广告宣传具有高的信任度。因此，在家政服务中，如果顾客所感知或体验到的服务与期望的服务一致甚至超越期望时，顾客就会满意甚至惊喜。

此时，如果家政公司和家政服务员平时一直与顾客建立良好的合作关系，顾客进行正向口碑传播的倾向性也就越大。当然，口碑传播是一把"双刃剑"，如果家政公司和家政服务员提供的服务大大低于顾客的期望，且家政公司和家政服务员的服务态度还不太友好，对家政公司的"负面"口碑也会借助移动互联网自媒体很快传播。因此，家政公司要主动对顾客的"口碑传播"进行引导。当家政服务员出现服务失误时，家政公司和家政服务员一定要用诚恳的态度，及时进行服务补救，以挽回顾客的好口碑。

28.1.5.5 有利于家政企业提高收益

我们已经知道，家政企业和家政服务员提供的服务达到甚至超过顾客期望，顾客就会满意，甚至愉悦惊喜进而成为忠诚顾客。这样，顾客就会积极回报公司：即在获得满意或愉悦的服务后能够及时支付服务费用；能够增加重复购买频率；即使家政服务员偶尔有服务失误，也能够给予宽容与服务补救机会；还能够为家政公司和家政服务员改进服务提供建设性意见。当然，更直接的回报还有"转介绍"新顾客给公司。这些都有利于企业提供收益，增加利润。反之，家政公司和家政服务员提供的服务，低于顾客期望，企业面临的风险和损失，也是显著的。可见，有效管控顾客期望，意义重大。

28.1.6 顾客期望管理的策略

既然有效的管控顾客期望能够给企业带来很多好处，那么，在家政服务实践中，究竟有哪些顾客期望的管理策略。下面具体介绍：

28.1.6.1 作出能够兑现的有效的服务承诺

在今天的移动互联网自媒体时代，家政企业必须通过积极的服务营销和服务承诺，来树立良好的企业品牌形象，以提升顾客的期望，刺激顾客的服务消费欲望。但家政企业要把握好"与自己的服务能力相符"的、能够兑现的服务承诺，不能夸大，当然也不需要刻意的缩小。即作出有效的服务承诺。

28.1.6.2 提供公平的服务

家政企业要赢得顾客的信任和忠诚，前提条件是企业要为每一个顾客提供公平的家政服务。即要做到"结果公平""程序公平""交往公平"。也就是说，在家政服务中，家政公司提供给顾客的服务在服务质量标准上、购买与使用服务的流程上、与家政公司和家政服务员的接触与沟通交往上，都是公正的、公开的、平等的。这样，顾客产生的服务期望就是尽量建立在公平服务的基础上，有利于赢得顾客的信任。

28.1.6.3 帮助顾客清晰表达"服务期望"

在家政服务中，也存在这样的情况，有的顾客无法清晰地表达自己的"服务期望"。这些顾客只是凭"感觉"来感知家政公司和家政服务员提供的服务质量或服务绩效。面对这样有模糊期望或隐形期望的顾客，家政公司要用服务质量标准、质量绩效标准、质量规范、服务质量评估工具等，来培训顾客或"教育顾客"，引导顾客正确感知服务质量，清晰表达自己的服务期望。这样，家政公司的"先入为主"，有利于管理顾客期望。

28.1.6.4 对顾客期望进行差异化管理

不同的顾客有不同的服务期望，这就要求家政公司对顾客期望进行细分，实行差异化管理。首先，公司应该确保所有顾客都能享受“可接受服务”水平，满足顾客最基本的服务期望，留着基本客户。在此基础上，找出拥有“理想的服务”“规范化服务”“基于经验的服务”期望的顾客，根据他们的期望水平，创造条件，力所能及从低到高，逐步加以满足。对于“过高期望”的顾客，尽管公司暂时还满足不了其需求，也要真诚向他们解释并引导其建立现实的顾客期望。同时，公司要尽力创造条件来满足这些“理想服务”期望的顾客。只有这样，公司才能不断创新发展，尽可能让各种期望的顾客满意、愉悦、惊喜，培养忠诚顾客，赢得竞争优势。

28.1.6.5 对不现实的顾客期望要及时加以引导

在家政服务过程中，家政服务员的服务失误在所难免，雇主与家政公司和家政服务员的交流沟通存在信息不对称也难免会产生摩擦，还有雇主自身的不良消费行为和理念等，这些都有可能导致顾客无法得到所期望的服务。为此，家政公司除了要及时进行服务补救外，还要针对顾客不切合实际的服务期望，要加以正确引导，尽量让顾客能理解家政公司和家政服务员所付出的努力，更要让顾客感受到家政公司和家政服务员有能力逐步达到和超越顾客期望。只有这样，才能与顾客建立长久的合作关系。

28.1.6.6 努力超越顾客期望

超越顾客期望，给家政企业带来的好处不言而喻。但是，顾客期望是一把“双刃剑”，经常超越顾客期望的结果，除了给企业带来成本上升，还带来顾客期望的不断上升，最终会导致企业因成本增加而无法达到顾客期望时陷入被动。因此，家政企业要把握好满足或超越顾客期望的度，既要顾客感到满意，又不至于使顾客期望过高，的确是企业需要好好拿捏的、注意分寸。

28.1.7 了解顾客需求模式及其特征

所谓顾客需求，是指顾客的目标、需要、期望。在家政服务中，顾客需求的波动性对于服务能力或家政服务员人数受限的家政企业来说，都是一个棘手问题。对于企业来说，如何利用现有的家政服务员或服务产生能力是家政企业成功的秘诀之一。为此，作为企业管理者首先要了解顾客需求模式及其特征，才能制定有效对策，使家政服务生产能力与服务需求达到平衡。这样，既能为顾客带来便利，也能为企业创造更多的收益。

28.1.7.1 了解顾客服务需求模式

顾客需求的随机波动通常是一些管理者无法控制的因素造成的。但进一步分析发现，不同细分的家政服务市场的需求模式，还是有其潜在的原因，有一些规律可循。因此，我们还是可以通过适当的方法了解顾客需求模式。下面就是：

家政服务顾客需求模式及其潜在原因调查表

1	顾客需求水平遵循一个可预测的周期吗？如果是，需求周期的持续时间是： ☑ 一天（按小时变化） ☑ 一周（按星期变化） ☑ 一个月（按天或周变化） ☑ 一年（按月或季节或每年的公共假期变化）
2	这种周期性变化的潜在原因是什么？ ☑ 周六日、法定节假日、春节 ☑ 情人节等重大节日的结婚季节 ☑ 生育高峰期 ☑ 学生开学和放假

2	☑ 学生上学与放学时间 ☑ 季节更替 ☑ 家政服务员回家农忙时间 ☑ 顾客工作时间
3	顾客需求水平看起来是随机变化的吗？如果是，潜在原因可能是： ☑ 随时可能出现的顾客家庭成员健康问题 ☑ 随时顾客家庭客人来访 ☑ 顾客家庭老年人、婴幼儿发生意外 ☑ 天气变化
4	顾客需求随着时间的推移是否能按细分市场分解？这部分需求可表现为： ☑ 特定顾客的使用模式或特定用途的使用模式。例如：家庭收纳服务。 ☑ 特定的服务时间。例如：节假日居家保洁收纳服务。 ☑ 特定的服务对象。例如：高龄产妇护理。

综上所述，为了更准确了解顾客需求模式，家政企业和家政服务员要根据过去的家政服务经验，做好每一笔服务交易记录。然后凭借相关的大数据分析软件（可以外包，请专业人士）支撑的“排队系统”，就能自动地追踪顾客每天、每时的服务消费情况，在必要的时候，还可以记录天气状况和其他一些特殊情况（例如，家庭意外事件、节假日、情人节结婚季节、服务价格变化、家政服务员回家农忙时间、服务营销活动等）。这些都可能对家政服务需求产生影响。

28.1.7.2 顾客服务需求特征

为了有效管理顾客需求，除了了解顾客服务需求模式外，还需要了解顾客服务需求特征。顾客服务需求的基本特征：不可储存性、周期性。

1）顾客服务需求的不可储存性。

与有形实物产品不同，家政服务具有不可储存性。即家政服务的生产或提供与雇主的消费服务是不可分的、家政服务产品是不可储存的。服务的生产或提供过程就是雇主消费过程。如果在一个时间段没有雇主的消费，那么这段时间，家政企业的服务生产能力就白白浪费了，或家政服务员的时间就浪费了。因为，时间对于家政服务员来说，就是服务能力，可以创造财富，不使用就是浪费。因此，对于家政服务而言，对顾客服务需求管理，不能像有形实物产品那样通过“存储和运输”的方法，来调节供需的不平衡问题。

2）顾客服务需求的周期性。

顾客服务需求的周期性，是指顾客需求的有规律变化。这种变化是由服务内容的性质和顾客的行为特征所引起的。例如，周六日、节假日顾客对居家保洁收纳服务的需求数量，就比平时其他时间多很多等。

28.1.8 如何预测顾客需求

有效的顾客需求管理，除了要求了解顾客需求模式与特征外，家政企业管理者还要能够准确预测顾客需求，才能在家政服务实践工作中实施有效的平衡企业服务能力与顾客服务需求的策略。

然而，实际上，仍然有许多家政公司管理者在顾客需求上“想当然”：他们自认为知道顾客想要什么，并且自以为是地提供家政服务产品，结果没有发现顾客真正想要什么。这种情况发生时，家政公司提供的服务便无法满足顾客的期望，提供的服务水平便是低下的。因为家政公司所提供的服务很少有清楚的界定和明确的提示，或者说没有顾客决定的“雇主标准”。现在，一个最好的办法就是采用由外而内的思维方式，深入细致地考察，明确顾客的期望，确定“雇主标准”，然后提供服务给他们。下面就介绍如何预测顾客需求的具体方法：

28.1.8.1 通过“顾客调查”了解顾客需求

明确顾客需求是提供优质家政服务的必须前提，而市场调查是了解顾客服务需求和顾客感知的重要工具。在家政服务业，不管提供何种细分业态的服务产品，家政公司不进行前期的服务市场调查，就不可能真正了解其顾客。尤其是关于顾客需求的调查。例如，家政服务员的什么品质对于顾客来说非常重要；家政服务质量或品质的何种水平是顾客期望的；在提供服务的过程中出现了服务失误，顾客希望家政公司和家政服务员如何解决这些问题等。对于一些中小家政公司，没有一定的资金用于市场调查时，就是沿街或到社区询问也是了解顾客需求的手段之一。

1）确定服务调查目标

设计家政服务市场调查的首要步骤：确定调查目标，然后把调查目标转化为一个个需要调查的实际具体问题。下面是家政服务市场调查最常见的调查目标：

（1）找出顾客对家政服务的要求和期望。

（2）检测与跟踪家政服务质量或服务绩效。

（3）与竞争对手的服务质量或绩效进行比较。

（4）评估顾客期望与顾客感知的差距。

（5）确认不满意的顾客，找出原因，改进服务策略与服务补救。

（6）评估家政服务员职业技能水平。

（7）评估家政服务员的服务质量或服务绩效。

（8）确认雇主标准。

（9）评估家政公司提供服务的流程及顾客体验。

（10）寻找家政服务新的增值业务。

（11）预测未来的顾客期望等。

总之，进行家政服务的顾客需求调查，需要对顾客需求、满意度等做出评估。此外，还要几点值得特别提醒：

一、家政服务调查要持续不断地进行监测和追踪服务质量或服务绩效。因为家政服务绩效取决于家政服务员的多样性、异质性。不同的家政服务员，服务绩效不同；即使是同一个家政服务员，在不同的服务时间或地点或不同的顾客，服务绩效也不同。因此，即时地仅在一点进行服务绩效的调查，对家政服务业来说是不够充分的。家政服务调查还应包括记录家政服务员服务过程。即使家政服务员服务工作得很好时，也要不断追踪其服务表现。因为在提供服务的过程中，家政服务员在与雇主及其家庭成员的互动中，彼此都处在潜在的变化之中。毕竟人是活的，况且是两个不同角色的主体相互接触、碰撞，必然会影响服务绩效。

二、家政服务调查必须考虑和监测顾客期望和顾客感知之间的差距。这种差距是动态的，因为感知和期望总是不断波动。例如，家政服务员的工作水平降低、绪情波动、服务表现随供需水平、雇主的情绪的变化而变化，或者随着市场竞争加剧，顾客期望也在不断提升等。

为了家政企业管理者更好地进行家政服务市场调查，下面列举一些家政服务具体调查目标及对应的具体内容，仅供参考：

有效的顾客调查目标明细举例

调查类型	主要调查目标
投诉征求	☑ 确认并帮助不满意的顾客 ☑ 确认普通服务失误的因素
关键事件调查	☑ 确认家政服务质量水平“最优实践” ☑ 确认作为定量调查的顾客请求 ☑ 确认普通服务失误的因素 ☑ 确认在接触顾客服务中的系统优势与薄弱点
需求调查	☑ 确认作为定量调查的顾客请求 ☑ 确认顾客需求的“用工形式” ☑ 确认顾客需求的服务内容 ☑ 确认顾客需求的“频率”
关系调查	☑ 监测和追踪家政服务员服务工作 ☑ 与竞争对手家政公司进行全面比较 ☑ 确认顾客满意度与员工行为目标之间的关联 ☑ 评估顾客期望与顾客感知之间的差距
跟踪电话或交易后调查	☑ 在家政服务过程中获取及时反馈 ☑ 在服务交易方面获得及时反馈 ☑ 评估家政服务提供或传递中服务接触点的服务质量 ☑ 评估家政服务员个人和服务小组的服务工作 ☑ 确认普遍服务失误的因素 ☑ 评估服务补救后的顾客满意度
社交媒体	☑ 确认并帮助不满意的顾客 ☑ 鼓励口碑 ☑ 评估微信等移动自媒体对服务品牌影响 ☑ 评估顾客与家政服务员通过社交媒体互动对顾客感知服务质量的影响
服务期望会谈和审查	☑ 与重要顾客建立对话 ☑ 确认最大顾客群的个体需要、然后确保提供服务 ☑ 紧密沟通最重要的顾客
过程检查点的评估	☑ 确定服务期内顾客对长期专业化家政服务的感知 ☑ 确认服务问题并在服务关系中尽早解决
结构化问卷调查	☑ 在自然环境中调查顾客 ☑ 调查区域家政服务顾客特征 ☑ 调查不同背景顾客使用家政服务情况 ☑ 调查不同背景顾客与家政服务员的交往模式 ☑ 调查雇主标准（调查雇主服务预期）
秘密购买	☑ 对个体管理人员的工作绩效进行评估 ☑ 对一线家政服务员的服务绩效或服务质量进行评估 ☑ 确认接触顾客服务中系统的优势和薄弱点
顾客座谈会 （顾客焦点小组）	☑ 监测不断变化的顾客期望 ☑ 为顾客建议和评价新服务思想提供论坛 ☑ 评估家政服务新的增值业务可行性 ☑ 评估家政企业服务流程
顾客流失调查	☑ 确认失去顾客的原因 ☑ 评估顾客期望与感知之间的差距
顾客未来期望调查	☑ 预测未来顾客的期望 ☑ 开发和测试新服务创意

顾客数据研究	☑ 使用信息技术和信息数据库确认顾客的个体需求 ☑ 利用“大数据”分析技术确认顾客类型及特征 ☑ 利用“大数据”分析技术确认家政服务员服务诚信

2）家政服务市场调查的注意事项

为了确保家政服务市场调查卓有成效，除了明确调查目标外，还要在调查设计或计划中注意以下事项：

（1）定性调查和定量调查

定性调查与定量调查要结合使用。所谓定性调查，是指对所调查研究的对象进行科学抽象、理论分析、概念认识等，即用于澄清界定问题。对于调查设计的问题多为开放式的问题。定性调查常采用的方法：顾客焦点小组（顾客座谈会）、与个别顾客的非正式会谈（深度访谈）、关键事件调查等。定性调查的结果是设计家政服务的定量调查的重要依据。定性调查也可以在家政服务的定量调查之后，有助于企业管理者解释调查数据，找出调查数据背后存在的问题，获得对调查问题的理解，形成服务顾客与服务改进的建议或决策方案。

所谓定量调查，是指对一定数量的有代表性的顾客（调查对象）样本，进行封闭式（结构性的）问卷访问，然后对调查的数据进行计算机的录入、整理和分析，并撰写报告的方法。定量调查的目的是实证地或数量化地描述顾客的属性或行为，并对家政管理者和家政服务员的服务行为进行定量评价或检测。这些调查结果可作为企业改进服务顾客与服务品质提升的依据，也可以作为企业管理者对竞争对手进行评价的标准。定量调查常采用的方法：电话访问、面对面访问、神秘购买、市场普查等。

总之，家政服务的定性调查是与定量调查是相辅相成的。不仅表现在调查内容侧重的方面有所不同，二者在功能上也是互补关系。两种结合，可以确保和提升家政服务顾客需求调查的有效性。

（2）顾客的感知和顾客期望

在家政服务中，顾客常常把“服务期望”作为标准和参考依据。评价服务质量或服务绩效时，顾客总是把他们期望的（认为应该得到的）的服务与他们实际得到的服务，进行比较。因此，在家政服务顾客需求调查中，仅仅获得顾客对实际服务感知的评估是不够的，不能忽视顾客对服务期望的调查。家政公司需要结合对顾客期望的调查来评估服务质量或服务绩效。

对顾客期望评估的方式可有多种形式。其中，确认顾客重视的家政服务产品特质和属性，就是对顾客期望的调查；可用顾客焦点小组访谈等定性调查的方法，来获取顾客期望的内容；还可用定量调查的方式，来调查顾客期望水平。即通过计算顾客期望与感知之间的差距，来评估顾客的期望水平和与之相比的感知水平。

总之，有效的家政公司的顾客需求调查，要调查顾客的感知和顾客期望，并进行比较。

（3）权衡调查成本和信息价值

进行家政公司的顾客需求调查需要调查成本。这些成本包括：货币支出成本（如果外包给市场调查公司的直接成本或自己公司的调查员的工资、付给被调查者的报酬或礼品、由员工收集信息形成的家政公司内部成本等）、时间成本（包括员工在公司内部管理调查所耗费的时间、数据收集与能被公司利用的时间间距）等。这些成本必须与因调查信息成果而获取的提高决策能力、保留顾客、成功开发新的家政服务、为公司带来的利润等获取的价值，进行权衡。总之，家政服务顾客需求调查也要权衡投入与产出效益。

（4）调查的有效性

家政公司的顾客需求调查，很多时候并不需要进行复杂的定量分析，不需要让顾客署名以及不需要精确控制样本抽取，也不需要强大的统计控制。家政公司的顾客需求调查，首先要讲究调查的有效性、目的性。例如，家政企业进行顾客需求调查，与其说是为评估顾客需求，不如说是为了与顾客建立关系。通过调查接触顾客，以了解其需求、判断企业的优势和劣势、评估企业为实现顾客需求所做的努力的程度、为满足顾客需求而制订计划、对企业已经执行的计划在一段时期后（例如半年或一年）进行确认等。家政企业的这种顾客需求调查的潜在目标：是使得一线家政服务员能够确认哪些具体服务使个别顾客的满意度最大化。总之，家政企业进行顾客需求调查。不要为了获得顾客信息而调查，而是要通过顾客需求调查，切实通过改进家政服务质量或服务绩效来满足顾客需求，具有实际价值。

（5）优先性和重要性

顾客需求多种多样，但这些需求并非同等重要。家政企业管理者要通过顾客需求调查，来评估与确认哪些需求或家政服务特征或属性对顾客而言是相对重要的。为此，家政企业要集中企业资源特别是家政服务员资源，来优先选择提供对顾客而言最重要的服务特征或属性的服务。而不是错误地把资源投入到错误的或对顾客而言不重要的服务活动中。

（6）用适当频率开展调查

顾客的期望和感知都是动态的，这要求家政企业的顾客需求调查也应该是动态的，而不是孤立的调查研究。因为，单一的调查只能获得某一段时期的某个时刻形成简单的、孤立的、片段印象。要完全理解家政服务市场所接受的公司提供的服务，就需要进行持续不断地进行顾客需求调查。如果没有一个以适当频率反复调查追踪，企业管理者就不能有效判断公司的业务量是在上升还是在下降，也不能判断哪一种改善后的服务是否有效。而且，家政服务员提供的服务也存在异质性，只有适当频率的反复调查，才能真正确认家政服务员的服务质量或服务绩效。再者，通过适当频率的调查，还可以发现顾客需求的一些周期性规律。

（7）对忠诚度、行为动机及行为的评估

在家政服务调查中，一个重要的趋势是依据顾客整体满意度来评估服务质量的积极或消极效果。如果顾客主动将该家政公司及其服务产品向他人推荐或重复购买，这就是忠诚顾客的积极行为，其行为动机可以看作是优质服务质量的积极回报或效果。

忠诚顾客的积极行为动机及行为主要包括：宣传该公司及其服务产品的积极方面、将公司及服务向其他人推荐或转介绍、保持忠诚度、购买更多的服务、愿意支付额外酬金、乐于参与服务并提服务改进建议、能宽容服务失误并给服务补救机会、也愿意通过移动互联网自媒体分享满意的服务信息等。

不满的顾客的消极行为动机及行为主要包括：宣传该公司及服务的消极方面、减少与公司的业务往来、转向其他家政公司、通过各种渠道向政府或行业部门投诉、通过移动互联网自媒体发布不满信息等。

因此，通过家政服务的顾客需求调查，确认并留住忠诚顾客，同时，也要确认那些有流失风险的顾客，要及时加以服务补救。

28.1.8.2 有效的家政服务市场调查方法

商场如战场，只有“知己知彼”，才能“百战不殆”。家政企业要想在激烈竞争的家政市场赢得竞争优势，就必须对自己的顾客、竞争对手、自己的员工特别是家政服务员要了如指掌，才能有的放矢，运筹帷幄，制定有效的家政企业创新发展策略。因此，经常开展有效的家政服务市场调查，就显得非常必要。家政公司要根据自己的调查目标与企业资源情况，选择不同的调查方法。下面就家政公司经常使用的有效的家政服务市场调查方法作一些具体介绍：

1）投诉征求 （详细内容 扫一扫二维码）

2）关键事件调查

3）需求调查

4）关系调查

5）跟踪电话或交易后调查

6）服务期望会谈和评估

7）过程检查点的评估

8）结构化问卷调查

9）秘密购买

10）顾客小组

11）流失顾客调查

12）未来期望调查

28.1.8.3 分析市场调查结果

对家政公司来说，家政服务市场调查面临的最大挑战是：将纷繁的调查数据转换成能够被企业最高领导者、企业管理者、员工特别是一线家政服务员能够迅速阅读和理解的形式，让他们依据这些调查结果做出企业决策与服务行为改变。

尽管流行的"大数据"被大家熟悉，也被有的企业采用来进行最初的决策，但是仅仅有这些复杂的数据，并不能保证对他们有用。因为，绝大部分家政公司的管理者并没有受过统计学训练，也没有时间，而且不能专业性分析计算机打印输出的调查信息。因此，顾客需求调查过程要明确调查的目标是什么？要及时与相关使用调查结果的人进行沟通。应该考虑这些问题：谁得到这些信息？为什么他们需要这些信息？他们怎样使用这些信息等？总之，要让使用调查信息的相关人员能够一目了然看懂和理解这些信息，他们才会非常愿意恰当地使用。否则，如果企业管理者不知怎样理解和解释这些数据信息，就白白浪费了调查所花费的时间、精力、资源、资金。所以，要学会分析家政服务市场调查结果。

方法◇一，用图形描述调查信息，是一个有效方法。

方法◇二，采用重要性与服务绩效矩阵的方法。（详细内容 扫一扫二维码）

28.1.8.4 使用市场调查信息

实施顾客期望调查，仅是了解顾客的第一步。家政公司必须要善于使用调查结果，来促进企业管理变革和服务产品提供过程的改善。如果家政公司错误地使用，甚至没有使用调查数据，将会在理解顾客期望时出现较大的偏差。

况且，当顾客和家政服务员参与配合家政服务市场调查，而后来并未发现家政公司在实际业务中有所改进时，他们将对公司的表现感到沮丧甚至愤怒。

明白如何最好地使用调查信息，是弥合顾客期望和企业管理者理解的顾客期望之间差距的重要途径。企业管理者必须学会将有价值的调查信息和建议转变为企业决策与行动，必须认识到家政服务市场调查的目的在于促进和改进家政服务质量，提升顾客满意度，实现企业高质量发展。

为此，家政公司需要建立明确地使用调查信息和顾客数据的机制，而且必须是可行的或可操作的，即及时的、具体的、可信的，以便使公司对不满意的顾客能够迅速做出反应，这就是家政服务市场调查的价值。

28.1.8.5 向上沟通

1）什么是向上沟通

所谓向上沟通，是指公司高级管理者获取或掌握公司第一手资料的过程。

我国的家政企业绝大多数是中小微家政公司，公司经营者或管理者直接与顾客打交道，能够获得关于顾客期望和感知的第一手资料。但是在相对大中型家政企业中，企业创办者或高级管理者不是总有机会亲自掌握顾客的第一手体验资料。而且，公司规模越大，高级管理者直接与顾客建立互动关系的难度越大，他们亲自获取关于顾客期望的第一手资料的可能性越小。甚至当他们阅读和了解调查报告，如果从来没有机会亲自经历家政服务提供或交付过程，他们也可能不了解顾客的真实情况。为了真正了解顾客需求，高级管理者可以从家政公司实体门店的实际情况、顾客服务热线电话、服务等候、面对面的服务接触等信息中受益。

2）向上沟通的目标

在大中型家政企业中，向上沟通的主要调查目标：获取关于顾客的第一手资料、改进内部服务质量、获取员工特别是家政服务员的第一手资料、获取改进服务的思想等。

向上沟通的类型与调查目标

互动或调查的类型	调查目标
高级管理者访问顾客	获取关于顾客的第一手资料
高级管理者倾听顾客	获取关于顾客的第一手资料
调查中间顾客	获取最终顾客的详细资料
调查内部员工	提高内部服务质量
员工访问即倾听	获取员工的第一手资料
员工建议	获取改进服务的思想

为了实现向上沟通的目标，公司需要改进顾客和高级管理者之间的沟通、改进员工特别是一线家政服务员和高级管理者之间的沟通的有效性。

3）向上沟通调查方法

◇ 一、高级管理者访问顾客

公司高级管理者与顾客直接沟通人员（例如，服务营销人员、客服人员等）一起进行服务销售或电话客服；当然，高级管理者与服务营销人员的沟通座谈也是必要的。

◇ 二、高级管理者倾听顾客

与顾客的直接互动能够使高级管理者更加清楚和深入地理解顾客的期望和需求。有效的方法就是公司的高级管理者做与顾客直接打交道的初级工作，花时间和顾客互动，体验服务的提供过程，以加深对顾客的理解。

◇ 三、调查中间顾客

所谓中间顾客，是指公司为之服务，同时他们又对顾客服务的中间人。例如，大的家政公司的加盟店、家政服务经纪人等。调查这些为最终顾客服务的中间顾客的需求和期望是非常有用和有效的方式，可用于改进服务，获取有关最终顾客的信息。与中间顾客的互动，不仅为了解最终顾客的期望和问题提供了机会，也有助于公司了解和更好地满足中间顾客的服务期望。这也是为最终顾客提供优质家政服务的重要过程。

◇ 四、调查内部顾客

在大中型家政公司里，为外部顾客提供服务的内部员工特别是一线家政服务员，本身是内部服务的顾客，他们依靠内部服务来做好本职工作。员工接受的内部服务的质量与其提供给外部顾客的服务质量之间有着非常直接的关系。只有内部顾客满意，才能让最终的外部顾客满意。因此，实施聚焦于对内部员工所给予和接受的服务的调研是很重要的。

在有的家政公司，这样做要求现有的对家政服务员意见的调研，应聚焦于家政服务员满意度的调查。通过对员工特别是家政服务员的调查，就能补充对顾客的调查。通过对顾客的调查可以了解公司当下的情况，而通过对员工包括家政服务员的调查能理解公司发展存在问题的根本原因。这两种类型的调查在改进家政服务质量方面，具有独特的同等重要作用。如果公司仅仅限于对外部顾客进行服务质量调查，将遗漏一个丰富和重要的信息来源。

◇ 五、高级管理者倾听员工特别是一线家政服务员

真正提供服务的家政服务员最有可能了解家政服务中的优势和优质服务的障碍所在。家政服务员与雇主是零距离接触，了解和掌握关于顾客期望和感知的大量第一手信息。如果她们熟知和掌握的信息可以传递给最高管理层，最高管理层对顾客的理解就会更深入全面。

事实上，在许多公司，最高管理层对顾客的理解在很大程度上依赖于与顾客联系的人员那儿接受信息。一旦这些信息渠道被封闭，高层管理者便无法得到在提供服务的过程中出现问题的反馈信息，也无法掌握顾客期望和需求的变化。

难怪沃尔玛的创始人沃尔顿（Sam Walton）曾经说过："我们最好的思想来源于负责递送和存货的服务生。"

◇ 六、员工包括家政服务员建议

在创新型的家政公司，授予员工特别是一线家政服务员权力，参与公司的一些重大决策。员工能不断参与改进她们的服务工作。最高管理者对员工的新想法会做出反应。有的公司建立员工建议系统，从机制上保证员工的建议能够传递到最高管理层。

◇ 七、向上沟通的好处

综上所述，各种类型的向上沟通，可为高级管理者提供关于整个组织的行动和服务绩效的信息。相关的沟通类型，有的是正式的，例如，关于服务质量问题的报告；有的是非正式的，例如，高级管理者与员工之间的讨论座谈。高级管理者与顾客有直接联系的人员接近的好处，不仅能保持员工高兴和激励员工，而且能更多地了解他们的顾客。因此，家政公司要鼓励、称赞和奖励来自与顾客有直接联系的人员的沟通行为。

通过这些重要渠道，高级管理者不仅可以从正式与顾客接触的员工那里了解顾客期望，还可以减少"供应商差距"，即倾听差距（是指顾客对家政服务的期望与家政公司对这些期望的理解之间的差别）、服务设计和标准差距（是指企业对顾客期望的理解与制定顾客驱动的服务设计和服务质量标准之间的差别）、服务绩效差距（是指所设定顾客驱动的服务质量标准与公司员工特别是家政服务员的实际服务绩效之间的差距）、沟通差距（是指家政企业实际传递或提供的服务与其外部宣传的服务之间的差别）。可见，向上沟通对提升家政企业的服务质量和服务绩效的意义重大，是高级管理者不可或缺的有效管理策略。

28.1.9 顾客定义的服务质量标准

如前文所述，理解顾客需求是提供高质量服务的第一步。一旦家政企业管理者准确理解了顾客的真实需求，就会面临新的挑战：如何使用顾客需求信息为企业设置服务质量标准和目标。

因此，建立一套服务标准体系来处理顾客期望和需求，就需要家政企业管理者确立基于顾客视角的服务质量观点，改变传统家政公司的组织结构与运营模式，建立服务营销部门、运营管理部门、人力资源部门之间的整合，共同开发顾客定义的或者最能满足顾客需求的

服务标准。

28.1.9.1 建立服务质量标准的前提条件

1）服务行为的标准化

把顾客的期望和需求转化为具体的服务质量标准，依赖于所要实施的服务任务、服务行为的标准化和规范化程度。

标准化通常意味着服务程序式过程不变，服务内容一致性，与实物产品的大批量生产类似，每一步按照顺序安排，所有的服务都是统一的。

定制化通常是指根据个性化的顾客需求，对服务流程（过程）、服务内容进行某种程度的调整和修改。

家政企业的服务质量标准化，是从一个服务到下一个服务，都提供一致、稳定的服务。

个性化的目的是提供能够满足每个顾客个性化需求的服务。

就家政服务而言，很多服务任务是常规性工作。例如，一日三餐制作、衣物清洗、家居保洁、居家老年人或孕产妇和新生儿或婴幼儿或病人照护等，对于这些服务工作，详细的规范和标准能够设立，且能够有效实施。家政服务员也会乐于掌握关于高效率工作的规范标准，这样便于使其抽出时间和精力做更有个人特色的、独立的事情。

家政服务质量标准促进了那些需要向顾客提供一致性服务的工作标准化。

2）正式的服务目标

家政企业成功地持续提供高质量的服务，其显著特点是指导家政服务员在提供服务方面建立正式的标准。公司关于自己在提供服务过程中的表现有一个准确的认知，这对于顾客来说十分重要。例如，提供服务的家政服务员职业技能标准等级是什么？提供服务的具体内容是哪些？每次处理具体业务要花多长时间？服务失误出现的频率是多少？解决顾客投诉的时间有多长？并且通过对目标的具体定义，努力提升服务质量，从而满足或超出顾客的预期标准。

一种正式目标的设定，包括针对个人表现和行动的具体目标。例如，“及时回复顾客电话”的行为是联系员工响应能力的信号。但如果为员工行为设立的服务质量目标仅泛泛地表达为“及时回复顾客电话”，这样的服务质量标准就几乎不能为员工提供指导。因为，不同的员工会把这个模糊的服务质量标准，以不同的方式解读，继而导致迥异不同的服务：有的员工会在 10 分钟后给顾客打电话，也有的员工会等到 1 天再行动。而公司自己也无法确定员工何时以及是否达到了这个目标。因为员工对“及时”有很多不同的理解，而把自己认为的时间内的回复视为“及时”。但如果公司规定员工的服务质量目标是“2 个小时内回复顾客电话”，那么，员工就会对采取行动快慢有一个详尽而明确的行动准则，对目标是否达到也不会产生分歧：在“2 小时以内回复顾客电话”则达到服务质量目标；反之，则没有达到目标。

公司的正式目标设定还要涉及公司所有部门和公司总体目标，大多数情况下用总体行为执行结果的百分比表示。例如，公司设定的总体目标：“2 小时内回复顾客电话，实现比例不低于 97%”，每月或每季度搜集数据一次，来评估达到目标的程度如何。

总之，在确定正式的服务目标时，要非常具体、可量化、可测量、可感知的服务质量目标。通过这些员工在执行服务质量目标中的表现行为，来提高针对顾客感知的服务质量。

3）服务质量标准的制定者是顾客而不是企业

实际上，所有的家政企业拥有的服务质量标准和评估尺度都是企业定义的，建立的目的是达到企业内部的服务生产率、服务成本、服务质量目标。但是，企业定义的服务质量标准不能满足顾客期望。与之相反，家政企业必须建立顾客定义的标准，即企业运营标准的设定是由顾客自我定义的重要需求来决定的。这些标准要经过精挑细选才能符合顾客期望，并且还要通过顾客能够理解的、看到的表达方式对其进行标准化。这些顾客定义的服务质量标准对企业形成优质服务起着重要的导向作用。那么，为什么企业服务质量标准的制定者是顾客而不是企业？因为，家政企业的服务质量是由顾客感知决定的，而不是企业或家政服务员能够决定的。

我们知道，顾客期望的服务质量和顾客感知的服务质量存在差距，即顾客差距。顾客期望是顾客带进服务体验中他们所期待的服务绩效标准（服务质量标准）或参考点，而顾客感知是顾客对真实的服务体验的主观评价。顾客期望通常由顾客认为应该发生或将要发生的事情组成。例如，顾客对一个资深的高级母婴护理员（高级月嫂）的护理水平的期待肯定要比对一个初级母婴护理员（初级月嫂）要高得多。也就是说，顾客对高级月嫂与初级月嫂的服务质量水平有不同的期望或不同的需求（当然顾客为此支付的服务价格也是不同的。一般来说，高级月嫂的月薪在 1 万元人民币以上，而初级月嫂在 5000 元到 6000 元之间）。因此，缩小顾客期望与顾客感知的差距是提供高质量服务的关键。

同时，我们还应该知道，家政企业在为顾客提供家政服务过程中，也存在“供应商差距”：

☑ 倾听差距：是指顾客对家政服务的期望与家政公司对这些期望的理解之间的差别。

☑ 服务设计和标准差距：是指企业对顾客期望的理解与制定顾客驱动的服务设计和服务质量标准之间的差别。顾客驱动的服务质量标准与大多数企业建立的传统服务绩效标准的不同之处在于，它们是基于顾客需求而建立的并能被顾客看到和测评，是与顾客期望和顾客标准相对应的运作标准，而不是与诸如服务生产力或服务效率这类企业所关心的问题相对应。

☑ 服务绩效差距：是指所设定顾客驱动的服务质量标准与公司员工特别是家政服务员的实际服务绩效之间的差距。

☑ 沟通差距：是指家政企业实际传递或提供的服务与其外部宣传的服务之间的差别。

为了缩小“顾客差距”“供应商差距”，家政企业设立的服务质量标准，就必须以顾客的期望和需求为基础，而不是仅仅建立在企业内部目标上。这就是为什么家政服务质量标准的制定者是顾客而不是企业的原因所在。

了解顾客需求、目标取向及其期望的程度，既能产生提升服务质量的显著效果，又能提高服务效率。把服务质量标准定位于顾客，其实能节省企业开销。因为，识别出顾客期望之后，企业就可以完全排除顾客既不留意又不愿意支付的服务行为和服务特色。

顾客定义的服务质量标准，不需要与企业的生产率和效率发生冲突，也不因企业关注而产生，它其实是由顾客对家政服务质量和满意度的感知衡量而确定的。由顾客感知演化来的服务质量标准与家政公司定义的服务质量标准自然不同。

28.1.9.2 *顾客定义的服务质量标准的类型*

服务质量标准为达到顾客期望和利益而建立，而并非为了诸如企业服务生产力或服务效率这样一些企业关注的事情而建立。对于企业而言，应该首先提出这样一个问题：“顾客看到什么？”家政企业应该设计出一个以顾客为焦点的家政服务质量评估系统。进而把顾客需求转化为员工特别是家政服务员的服务绩效的目标和行为准则。

1）顾客定义的硬性服务质量标准

顾客定义的硬性服务质量标准和评估尺度，是指那些能够通过计数、计时或通过审计观测得到的服务质量标准。即将顾客大多数的服务需求转化为可测量的硬性标准。例如，在家政服务中，“第一次做对服务”即第一次就提供正确服务；在3个小时内完成120平方米的居家保洁服务；顾客投诉时，公司将在2个小时内反馈处理意见并进行服务补救；接到服务预订后，将在1个小时内提供上门服务等。

为了解决顾客对可信度需求的问题，企业可以建立可测量的硬性服务质量标准，即可信度标准，具体含义就是建立一套“第一次就把事情做对”“实现承诺”（“准时完成”）的可测量的评估体系。

2）顾客定义的软性服务质量标准

在家政服务中，并非顾客所有的需求和目标都能够计数、计时或通过核算得以观察。例如,“理解和了解雇主”就不是一个可以为之设立标准而进行计数、计时或观察的顾客标准，家政服务员也难以准确把握这样的标准。

与硬性服务质量标准相比较，软性服务质量标准一定是对可感知的情境、行为、过程的描述并以语言文字或文件的形式表达出来，即软性标准或软性尺度。其原因是软性标准建立在观点或理念的基础上，无法测量到，必须通过顾客、员工（包括家政服务员）或其他人的交谈，才能搜集到确切信息。软性服务质量标准为员工特别是一线家政服务员满足顾客需求的服务过程提供了指导、约束、准则、反馈，并且通过评估顾客的理解与信任程度得以度量或衡量。

软性服务质量标准在人与人之间的交流过程中显得尤其重要。例如，在家政服务员提供家政服务过程中或服务营销人员在服务营销过程中，都需要运用到这些软性服务质量标准。下面就列举一些家政服务领域的顾客定义的软性服务质量标准：

☑ 微笑：家政服务员主动向顾客问候，用友好的方式微笑和讲话。

☑ 眼神：家政服务员和顾客会有眼神接触，走路相遇时要与顾客打招呼。

☑ 识别：家政服务员通过雇主姓名，能够说出家庭成员的姓名与生活习惯。

☑ 声音：家政服务员通过关注的、自然的、有礼貌的方式和雇主及家庭成员说话，用清楚的声音，避免自负或轻浮。

☑ 尊重：家政服务员要尊重雇主家庭每个成员及雇主家庭的客人和邻居。

☑ 干净：家政服务员永远干净、清新、整洁、得体。

☑ 沟通：遇到问题或困难时，要多向雇主请教；自己的服务多向雇主汇报。

☑ 准确：每做一件事，都要“第一次把事情做对”。

☑ 准时：雇主交代的事，或自己承诺的事，要按时完成，不拖延。

☑ 保密：要尊重雇主家庭的隐私，不向任何第三方泄密，包括自己的亲人。

☑ 主动：凡事要积极主动去做，不懈怠、不偷懒，为雇主着想，眼中有活。

☑ 节约：勤俭节约，不浪费雇主家庭的水、电、燃气、粮食等物品。

☑ 专业：要用家政服务职业技能为雇主提供职业化服务，讲究服务品质。

☑ 得体：不要介入雇主家庭成员之间的私人隐私，对所有成员一视同仁。

☑ 善良：要善待雇主家庭的老年人、孕产妇与新生儿、婴幼儿、病人等。

☑ 学习：要不断虚心学习家政服务新知识、新服务技能，提升综合素质。

总之，家政企业既要有硬性的顾客定义的服务质量标准，又要有软性的顾客定义的服务质量标准。

28.1.9.3 建立顾客定义的服务质量标准

如何将顾客需求转化为员工特别表现和服务行为？如何能开发出令人称赞的顾客定义的服务质量标准？这是家政企业管理者的重要工作职能之一。下面将介绍开发顾客定义的

服务质量标准的具体步骤：见图

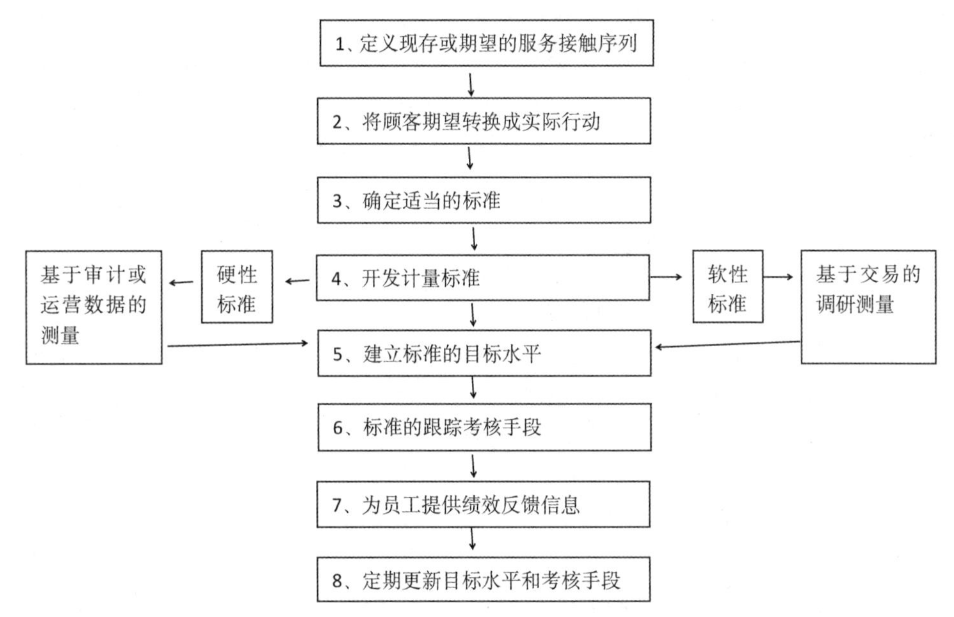

图：设置家政顾客定义服务质量标准的流程

步骤 1. 定义现存或期望的服务接触节点

建立顾客定义的服务质量标准的第一步是描绘服务接触或提供过程。最有效的方法就是使用“家政服务蓝图”（详见本书第 27 章第 4 节）。在家政服务蓝图上端标注出顾客所有行为，进而识别顾客在购买和接受服务过程中连续的步骤与行为。家政服务蓝图上从顾客行为延伸至更低层面的垂直线，与蓝图上的“互动线”“可视线”“内部线”的相交处，代表服务接触发生点，并据此可以建立满足顾客期望的服务质量标准。

因为，顾客对整体家政服务质量的评价，是在多次服务经历与体验的基础上不断进行服务质量评估的积累。服务接触是形成服务质量的必经途径和建立服务质量标准的必要组成。家政企业要尽量理解或弄清楚顾客在每次的服务接触中具体的服务需求与目标倾向，在建立服务质量标准时，家政企业尤其要关注服务接触质量。因此，企业要考虑哪种服务接触对顾客有积极的影响。例如，“关键时刻”。

步骤 2. 将顾客期望转换成员工和一线家政服务员实际行动

在建立顾客定义的服务质量标准时，以一种概括性的词语确定服务质量标准，例如，“提高家政服务的技能”，是没有什么效果的，因为这样的标准是很难解释、评价、达到的。因此，要用具体的、可操作的、可观察的、可测量的规范化的词语来确定服务质量标准。参见上文相关标准制定内容。

步骤 3. 确定适当的服务质量标准

确定适当的服务质量标准，涉及采集特定家政服务员行为和行动的数据，进而确定采用硬性标准还是软性标准。硬性标准由员工和家政服务员行为和行动的定量评价构成；软性标准通常关注更为抽象的要求或问题，不太容易做定量评价，经常更偏主观判断。

值得注意的是，家政企业容易犯的最大错误◇一、就是仓促地选择硬性标准。企业一般习惯于运用考核手段（通常容易量化），而且常常对这些量化手段存在便见。除非硬性标准采集了足够多的员工和家政服务员的预期行为和行动数据，否则这类标准是无法实现顾客定义的。

决定一项硬性标准是否适当的最佳方式，是首先通过电话跟踪调查的方式，建立起一项软性标准，然后经过一段时间后，确定哪个运营层面与这个软性考核手段的相关程度更高。即要看看硬性考核手段与软性考核手段之间的关联情况，来确定硬性标准。

优先考虑那些可以作为建立顾客定义标准的员工和家政服务员的行为和行动，对于将服务质量标准确定下来，是至关重要的。下面是建立适当的服务质量标准时必须考虑到的、最为重要的若干条件：

（1）服务质量标准应当建立在对顾客最为重要的员工和家政服务员的行为和行动的基础之上。

（2）服务质量标准应当涵盖有待改善或维持的服务绩效。

（3）服务质量标准应当涵盖员工特别是家政服务员可以控制和可以改善的行为和行动。

（4）服务质量标准可以被理解和接受。

（5）服务质量标准应当采用预测模式而非反应模式——基于当前和未来顾客预期而非过往投诉。

（6）服务质量标准应当具有挑战性而不仅仅满足现实要求。

步骤 4. 开发计量或评估标准

针对硬性标准或软性标准，一旦企业确定下来哪种标准更合适，以及哪种特定标准可以捕捉顾客要求，就必须开发充分满足标准要求的反馈考核手段。考核手段分硬性考核手段和软性考核手段。

硬性考核手段或计量手段，是通过技术实现的对时间或错误的考核，可以实现连续考核，而且在使用硬性考核时不用考虑顾客的意见。硬性考核或评估过程，涉及经过计数统计的正确的或不正确的行动或行为的数量和类型。在家政服务运营过程中的某些环节，这些家政服务员行动和行为的信息，被转换为表格数据。

硬性标准的其他计量手段：还包括服务保证失效期、时间量以及与相关标准有联系的频率数据。

软性考核手段，通常针对无法直接观察到的顾客感知的调查，主要包括：顾客关系调查、服务交易后调查。这两种调查方法，采用文档整理的形式，汇集顾客有关服务绩效（服务质量）是否满足标准的意见。

顾客关系调查和服务质量评价，涵盖顾客与企业关系的所有方面，通常以属性（属性是对象的性质与对象之间关系的统称）的形式表示出来，每年编制一次。

服务交易后调查，与具体的服务接触有关，内容精炼（一般有 6 至 7 个问题），而且在时间上尽可能与具体的服务接触接近。服务交易后调查，可以定期归档顾客感知数据，可以采取连续管理方式，每当顾客经历各种类型的服务接触被处理时，都会将数据连续上传。

步骤 5. 建立标准的目标水平

这一步要求家政企业为标准建立目标水平。如果没有这一步骤，企业就会缺少一种标准是否得到满足的定量考核手段。例如，从每次顾客投诉到问题解决，员工都会记录下相应的时间。同时，他们还会征求每位顾客对解决投诉过程的满意度。接下来，企业便可以在图表上（图的纵轴为“顾客满意程度”，横轴为“处理投诉耗费时长”）标注每次处理投诉的信息，以便确定顾客服务环节的运行情况，以及未来还有哪些改善空间。该技术是为服务质量标准确定目标水平的手段之一。

另外一项技术是一项简单的“感知——行动”相关性调查。即当家政服务由重复性过程构成时，家政企业可以把顾客满意度水平与某个员工和家政服务员行为或任务的实际绩效关联起来。

步骤 6. 标准的跟踪测量与评估

“只信数据不信人”。成功的家政企业要有严谨的、全面的、以数据为基础的运营信息系统，来帮助企业按照服务质量标准考察企业运营情况。

即借助数据管控企业运营，企业拥有一套对服务信息适时进行采集、分析、记录的系统，拥有完整的统计服务过程控制和其他类型的图表，跟踪广泛的服务过程数据。顾客投诉情况也通过公司的“服务——异常报告”和根源分析来跟踪，并将更新数据分发至企业各个相关部门。该报告显示处理投诉耗时情况，并按季度提供详细趋势分析。如果家政企业能够一直跟踪这些服务数据，其服务产品质量和顾客服务环节，自然会让顾客的服务体验和满意度不断提升。

步骤 7. 提供关于员工和家政服务员绩效的反馈信息

企业确定了合适的服务质量标准，制定了最能满足顾客需要的具体的考核手段，然后为标准设置了合适的目标水平。此时，就必须建立起为员工和家政服务员的服务行为提供反馈信息的机制。

此类反馈机制的一个实际例证是员工和家政服务员监督。此类监控的目的，通常是根据公司制定的服务质量标准，提供员工和家政服务员服务绩效或服务质量的反馈。建立反馈机制的一个关键方面，就是确保员工和家政服务员服务绩效考核，是从顾客的角度而不是从家政企业的角度掌控家政服务过程。例如，监督员工和家政服务员遇到服务失误时的服务补救，不应该把关注的重点放在员工和家政服务员如何快速地完成服务补救上，而应该放在如何恰当处理那位顾客的请求上，监督顾客的请求是否得到满足。

成功的家政公司每周都会通过自己的家政服务质量指数交流服务绩效，以便使公司的每位员工特别是家政服务员都清楚公司的服务水平。一旦出现问题，他们立即识别并纠正。

家政服务质量指数管理，要求公司内部的每位员工包括家政服务员，立刻提供与顾客感知密切相关的活动或服务反馈。总体上看，需要对数据和事实进行分析和分发，以支持在公司内部多个层面开展评估和做出决策。

还要将数据充分而迅速地展开，以便在此类数据的基础上，帮助涉及服务或过程决策的人员开展工作。必须在整个公司内部强调满足顾客需求的责任感，即确立真正的“顾客导向”的家政企业文化。公司内部的所有部门必须考核其为内部顾客提供的服务，并最终考核该绩效如何与外部顾客需求建立起联系。即将“内部营销”落到实处。

步骤 8. 定期更新目标水平和考核手段

最后一个步骤涉及定期修订目标水平、考核手段乃至顾客需求，以便时刻保持与顾客期望一致。家政服务质量指数，也要随着时间的推移，根据顾客的反馈，灵活调整服务质量标准也是非常有必要的。毕竟，顾客需求是动态变化的，家政服务工具与服务技术也在不断变化，家政服务质量的目标水平和考核手段也需要及时修订。

28.1.10 如何解决家政服务质量差距问题

我们已经知道，家政服务质量是由雇主的感知决定的。雇主感知的服务质量与员工和家政服务员实际提供的服务质量水平之间，存在一定的差距。那么，这种差距主要体现在哪里？我们如何消除这种差距？这是提升家政服务质量的关键。

1）认识上的差距

即指家政企业管理者对雇主期望的了解与雇主实际期望之间，存在差距。即家政企业管理者对雇主期望的服务质量的感觉不明确。

☑ 其产生的原因有：

（1）家政市场需求分析所使用的信息不准确；

（2）对雇主期望的解释不准确，或者，没有真正了解雇主的服务需求；

（3）没有需求分析，家政企业管理者更多的是凭经验或直觉来判断；

（4）从企业与雇主关系的层次，向管理者传递的信息失真或缺失；

（5）家政企业的管理组织层次阻碍或改变了在雇主关系中所产生的信息。

☑ 这就要求：

（1）家政企业管理者要了解什么是雇主所真正期望的，而不是自己主观、武断、盲目猜测、想当然；

（2）要加强与一线家政服务员的沟通交流；

（3）要加强与雇主之间的互动；

（4）要加强家政市场调查，特别是雇主满意度的调查、雇主抱怨内容分析。

总之，要通过有效的雇主反馈系统，真正认识与理解雇主期望与需求水平，这是解决家政服务质量差距的第一步。

2）标准上的差距

即指家政企业管理者对雇主期望的理解与管理者所制定的服务质量标准之间，存在差距。即管理者制定的服务质量标准，没有能够准确反映出他们对雇主期望的理解。

☑ 其产生的原因有：

（1）家政企业计划、服务流程失误或计划过程不够充分；

（2）家政企业计划、服务标准、服务流程管理混乱；

（3）企业无明确目标，尤其没有服务质量管理目标；

（4）家政服务质量的计划得不到最高管理层的支持。

☑ 这就要求：

基于雇主需求和期望，建立合适的服务标准、服务流程、服务产品。

（1）是要建立、传播并强化可衡量的、"以雇主为中心"的服务标准、服务流程、服务产品；

（2）要使重复的工作任务标准化，以确保服务一致性、稳定性、可靠性；

（3）为服务传递的每个步骤建立一套明确的服务质量目标。该目标应针对满足雇主期望与需求而设计，要有可操作性；

（4）要优先确保员工包括一线家政服务员理解并接受该标准、目标；要能够根据雇主的不同需求，开发定制化、个性化服务产品；

（5）并提供不同价格的多种水平的服务，供不同消费水平的雇主进行自主选择。

3）传递上的差距

即指特定的传递标准与员工和家政服务员的实际表现之间，存在差距。即在家政服务交易与提供过程中员工尤其是一线家政服务员的行为不符合服务质量标准。

☑ 其产生的原因有：

（1）服务标准太复杂或太苛刻；

（2）员工包括一线家政服务员对服务标准有不同意见；

（3）服务标准与现有的企业文化发生冲突；

（4）服务提供过程管理混乱；

（5）内部营销不充分或根本不开展内部营销；

（6）服务提供系统和技术支持没有按照服务标准为服务工作提供便利。

☑ 这就要求：

确保家政服务表现要符合家政服务标准。

一、要确保员工和家政服务员团队良好状态，能够达到家政服务标准：

（1）要招聘合适的家政服务员。要依据雇主标准，招聘或选择或派遣相应家政服务职业技能标准等级的家政服务员；

（2）要依据雇主标准对家政服务员进行相应的培训，并加以认证，考核合格后上岗提供服务；

（3）明确家政服务员角色，并确保家政服务员能理解他们的服务是如何提升雇主满意度；教给他们关于雇主期望、感知与问题的知识；

（4）建立能够“以雇主为中心”提供家政服务、解决问题的跨职能部门的服务团队。

（5）通过下放家政公司的决策权，给一线管理者和家政服务员授权；

（6）要测量或计算绩效，提供定期反馈，奖励那些服务质量达标的雇主服务团队、家政服务员及管理者。

二、配备合适的技术、设备、支持流程与服务提供能力：

（1）挑选最合适的技术和设备，以提高绩效；

（2）确保内部支持岗位上的员工，为他们自己的内部顾客和一线家政服务员，提供优质的服务；

（3）平衡家政服务需求与家政服务提供能力。

三、为家政服务质量进行雇主管理：

教育雇主，从而使其在有效传递服务的过程中，扮演好自己的角色，并承担责任。

4）沟通上的差距

即指家政公司广告宣传的、销售人员所认为的家政服务的特征、业绩及服务质量水平，与家政公司及家政服务员实际上能够提供的服务之间，存在差距。

☑ 其产生的原因有：

（1）营销沟通承诺与家政服务员服务提供不统一；

（2）传统的市场营销和服务提供包括服务培训之间缺乏协作；

（3）营销沟通活动提出一些服务标准，但企业或家政服务员却不能按照这些服务标准提供服务；

（4）有故意夸大其词、承诺太多的倾向。

☑ 这就要求：

消除内外部沟通差距的方法是，保证沟通承诺是现实的，并且雇主能够准确理解。

一、确保沟通内容体现雇主期望，给负责营销沟通的管理者培训有关运营能力方面的知识。

（1）当进行新的服务项目沟通时，要从一线员工特别是家政服务员、运营人员那里获取信息；

（2）在雇主看到广告和其他沟通信息之前，让家政服务员先预览；

（3）使销售人员参与到运营人员与雇主面对面的会谈中；

（4）发展内部培训和激励活动，以加强对营销、运营、人力资源职能的理解与整合，从而在不同区域的家庭提供标准化的家政服务。

二、激励销售团队和服务传递团队结盟。避免销售团队过分关注销售额（例如，过分承诺），而忽视雇主服务体验、满意度。

三、保证沟通内容能够使雇主设定比较现实的期望。

（1）在进行外部公开大规模发布之前，预先测试所用的网站内容、话术脚本、手册、须知、公告等需要发布的广告内容，以确定目标观众的理解是否符合公司的设想，如果不是，进行修改和再测试。确保广告内容正确反映对雇主而言最为关注的家政服务特质；

（2）确认并及时解释家政服务过程中的不足，指明那些是家政企业不能控制的因素；

（3）在家政服务合同的最前面，写明家政服务任务内容、服务承诺；

（4）在完成家政服务工作之后，解释哪些是与具体的广告声明相关的工作。

5）感知上的差距

即指实际上家政公司所传递的家政服务，与雇主感知他们所获得的服务之间，存在差距。

☑ 其产生的严重后果有：

（1）雇主消极的质量评价和质量问题；

（2）口碑不佳；

（3）对家政企业形象的消极影响；

（4）损失业务。

☑ 这就要求：

家政服务质量传递有形化、可沟通。即使家政服务质量有形化，并且对所传递服务的质量进行有效沟通。

（1）建立与所提供的家政服务水平相一致的有形线索。例如，家政服务培训场景、家政服务工具、服务标准手册、家政服务员上岗证、家政服务员统一工装、家政服务网络支持系统等。

（2）对于母婴护理服务、居家老年护理服务、育婴服务、病患陪护服务等，在服务提供过程中使雇主知道正在进行的事情，即让雇主有知情权，并在服务提供后，做任务报告，以便雇主能够感知到他们所获得的服务。

6）服务质量上的差距

即指雇主期望获得的家政服务，与雇主对实际上所提供的家政服务的感知之间，存在差距。

这就要求：消除差距1）至差距5），始终如一地满足雇主的服务期望。

差距6）是前面所有的差距积累起来的结果。在消除差距1）至差距5）之后，差距6）也将不复存在。

总之，在家政服务质量上，雇主感知的家政服务质量与员工和家政服务员实际提供的服务质量水平之间，的确存在一定的差距。其中，差距1）、5）、6）代表了雇主与家政公司及家政服务员之间的外部差距；差距2）、3）、4）则是发生在家政公司内部各种职能部门之间包括与家政服务员之间的内部差距。

家政服务产品设计与传递提供过程中的任何差距，都会破坏与雇主之间的关系。

家政服务差距6）是最重要的。提高家政服务质量的最终目标是尽可能消除或缩小这一差距。

为了达到这一目标，家政服务公司管理者需要确认引起所有差距的具体原因，然后制定缩小这些差距的具体策略。

只有始终如一地消除以上差距，才能满足雇主期望。这就是优质的家政服务质量努力追求的目标。

28.1.11 雇主期望的家政服务质量标准

我们知道，家政服务质量是由雇主感知决定的，即感知服务质量。那么，雇主感知的家政服务质量的基本内容是什么？或者说，雇主期望的家政服务质量到底是什么？有没有一定的维度或标准？回答是肯定的。关于家政服务质量的研究已经指出：雇主感知的服务质量的基本内容，主要有10个方面的指标，归纳为5个维度：有形性、可靠性、响应性、安全性、移情性。下面具体分析：

雇主用于评估服务质量的10项指标：

1）信誉度：是指家政企业值得信任、诚实。家政企业的根本目标：就是为雇主创造最大价值。与信誉度有关的包括：

（1）公司品牌：名称、LOGO；

（2）公司获得的各种荣誉；

（3）与雇主接触的家政服务员的诚实度；

（4）公司的服务承诺；

（5）在与顾客互动中，看看推销家政服务的困难程度。

2）安全感：在家政服务中，没有危险，没有风险与怀疑。包括：

（1）雇主家庭成员的人身安全；

（2）雇主家庭财产安全；

（3）雇主家庭隐私保护；

（4）没有服务工伤事故；

（5）家政公司为雇主和家政服务员购买家政保险等。

3）可接近性：是指家政公司和家政服务员易于联系、方便联系。包括：

（1）家政公司的地点交通便利，方便顾客来访，特别是方便顾客停车；

（2）家政公司的网站、微信、APP等便于顾客搜索，容易浏览网络页面；

（3）顾客通过热线电话，很方便地了解家政服务的相关信息；

（4）顾客通过微信与家政公司联系，会第一时间得到及时反馈；

（5）家政公司的营业时间方便雇主联系；

（6）顾客很容易联系到家政公司的主要负责人或创始人等。

4）有效沟通：能够倾听顾客，用顾客能够理解易懂的语言进行交流。包括：

（1）介绍家政服务项目及其服务内容；

（2）介绍家政服务项目服务价格；

（3）介绍家政服务与费用的性价比；

（4）向顾客确认存在的问题，并能够有效解决。

5）理解顾客：努力去理解顾客的需求与服务预期。包括：

（1）了解《雇主标准（即雇主服务预期）》；

（2）了解顾客的特殊需求与服务禁忌；

（3）提供个性化、定制化的关心；

（4）能够识别忠诚顾客。

6）可靠性：能够准确可靠地履行所承诺的服务。包括：

（1）公司首次为顾客提供的家政服务就及时、正确；

（2）公司要遵守承诺，按《服务合同》提供服务；

（3）公司派遣的不同的家政服务员均提供相同的家政服务质量。

7）响应性：员工愿意积极主动、及时为顾客提供服务。包括：
（1）员工特别是一线家政服务员能迅速回复雇主打来的电话；
（2）员工特别是一线家政服务员能及时提供服务；
（3）当顾客通过微信或网络媒体联系公司时，能够及时互动反馈；
（4）当顾客服务抱怨投诉时，能第一时间迅速给予解决。
8)能力: 员工特别是一线家政服务员拥有完成家政服务所要求的服务技能与知识。包括:
（1）与顾客接触的家政服务员应具备家政服务技能与知识；
（2）运营支撑人员应具备的能力与知识；
（3）家政服务公司应具备提供家政服务的能力。
9）礼仪：在接待顾客或提供服务时的仪容仪表。包括：
（1）员工特别是一线家政服务员能够做到礼貌、尊重、周到、友善；
（2）能为顾客的利益着想；
（3）员工特别是一线家政服务员注重个人言行举止、仪容仪表；
（4）在接待顾客热线电话或微信互动时，也注重语言美与礼貌用语。
10）可接触性：也是有形性，是服务的有形实物特征。包括：
（1）员工特别是一线家政服务员的形象；
（2）家政公司的办公场所；
（3）提供家政服务时所使用的服务工具和设备；
（4）家政服务的广告宣传册、家政服务合同、家政服务员上岗证等；
（5）家政服务培训模拟教室；
（6）家政服务中的其他有形物品等。

这10个方面的具体指标，就是雇主对服务质量的期望，归纳起来主要有五个方面的维度：有形性、可靠性、响应性、安全性、移情性。其中：

1）有形性

家政服务的有形性，是指家政服务产品的“有形部分”，例如：家政服务的家政服务员的形象、各种服务工具、各种服务标牌、服务办公场所、服务培训场所、培训教材教具、家政公司的各种奖牌奖杯奖状、家政公司管理人员形象、家政公司创始人形象等。由于家政服务具有无形性，顾客对家政服务质量是看不见、摸不着，并不能直接感知家政服务员的服务结果，在提供家政服务之前，可以通过与家政服务质量有关的有形设施设备物品，向顾客间接展示所通过的家政服务质量。这是体现顾客感知的家政服务质量的一个重要方面。因此，家政服务公司要强化家政服务的有形展示，尽量让顾客感知公司所提供的优质家政服务。

2）可靠性

家政服务的可靠性，是指家政企业准确、可靠地提供所承诺的家政服务的能力。具体地说，就是家政公司承诺能够按照《雇主标准（雇主服务预期）》提供家政服务，并确实这样做到了，并且能够在承诺的时间、第一次就提供正确的服务，保持无错误记录。换句话说，家政公司派遣不同的家政服务员，在不同的服务时间，不同的服务家庭，都能提供标准化的家政服务，保证家政服务质量的稳定性。

毫无疑问，服务的可靠性，是家政服务质量特性中的核心内容。稳定的可靠的家政服务是顾客所希望的。提供不稳定的、不可靠的家政服务，不仅会给家政企业带来经济上的损失，很可能也会失去潜在顾客。许多品牌家政服务企业都是以优质的稳定的、可靠的家政服务质量来建立自己的声誉。

3）响应性

家政服务的响应性是指家政企业愿意积极主动帮助顾客，能及时为顾客提供必要的服务。从不会因太忙而不对顾客的要求做出反应。当顾客有要求、询问、抱怨投诉、问题时，总是能够站在顾客的角度，而不是企业的角度，提供快捷反应和事情处理，让顾客感受到重视与诚恳。有的时候，即使家政服务员发生服务失误时，如果家政公司能够第一时间积极响应并妥善处理与服务补救，顾客也是满意的，并重新建立忠诚。

4）安全性

家政服务的安全性，是指顾客对家政公司特别是一线家政服务员的产生信任感，并感受到服务安全。也就是说，家政公司特别是一线家政服务员的家政服务行为让顾客满怀信心，不会给顾客家庭带来人身安全与财产安全、家庭隐私泄露的风险；顾客从与家政公司的服务交易中也感受到安全；还有家政公司的员工特别是一线家政服务员的技能与知识、礼貌与态度，都获得顾客的信任。总之，顾客认为自己找对了家政公司与家政服务员，获得了信心与安全感。这对家政公司建立顾客忠诚意义重大。

（5）移情性

家政服务的移情性，是指家政公司给予顾客特别的关心和个性化的服务。具体来说，就是家政公司以顾客为中心，了解《雇主标准》，时刻牢记顾客的利益，能够给顾客提供个性化关照；员工包括一线家政服务员也能够了解顾客的特殊需求，并给予顾客特别关照；不仅如此，家政公司在运营时间上为所有顾客都提供了方便。总之，家政服务的移情性，让顾客感受到自己是唯一的、特殊的，感受到家政公司对自己的理解与关注。这样，有利于顾客与家政公司建立特殊的偏好关系。

28.1.12 雇主如何评价家政服务质量

通过以上分析，我们知道，可以从家政服务质量不同方面，来测量雇主对家政服务质量的看法或满意度。

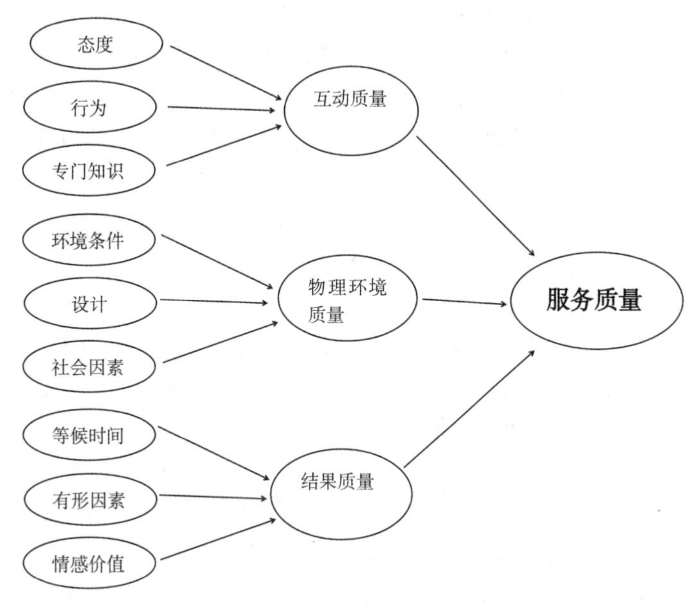

图：家政服务质量模型及其结果

1）通过 10 项指标或 5 个维度，来获取雇主对家政服务质量的看法通过比较雇主对家政服务的感知与他们自己的期望值，雇主能够评估一个家政公司的服务质量。10 项指标：信誉度、安全感、可接近性、有效沟通、理解顾客、可靠性、响应性、能力、礼仪、可接触性。集中归纳为 5 个维度：有形性、可靠性、响应性、安全性、移情性。

对于一个家政服务公司，当雇主感知到的服务表现评级低于服务预期，这就是低质量的表现或低质量的家政服务。反之，则是高质量的表现或高质量的家政服务。

2）"互联网 + 家政"环境下雇主如何评估家政服务质量

上述 10 项指标或 5 个维度是在面对面接触（"线下"）的情况下开发出来的。在现代网络环境下，特别是移动互联网信息技术时代，"互联网 + 家政"的时代，需要用新的方法来评估不同的家政服务质量。

为了评估网上的"互联网 + 家政"服务质量，例如，家政公司官网、APP、微信公众号、微信小程序等，可以从反映"效率"的四个方面考虑：

* 关键维度：例如，登录网站迅速、易于导航、交易完成迅速；
* 系统可用性：例如，网站总是可用，即时登录，稳定而不崩溃；
* 履行交易：例如，网上预约、传递订单，真实地描述所提供的服务；
* 隐私保护：例如，保护用户隐私信息，不在其他网站上共享个人信息。

对于"互联网 + 家政"公司管理者，了解顾客如何感知服务质量也是必需的。

"互联网+家政"服务质量不仅与通过网站交易有关，还包括"过程质量""结果质量""补救质量"。必须评估它们当中的每一个。

（1）流程质量：顾客首先通过以下 5 个维度质量评估他们在"互联网 + 家政"网站上的经历：隐私保护、网络设计、信息、易用性、功能性。而功能性：指迅速登录网页、不会无法链接、可选择的支付方式、准确执行客户命令、能够吸引广大的访客。

（2）结果质量：顾客对流程质量的评估影响对结果质量的评估。结果质量由订单的及时性、订单的准确性、订单条件构成。

（3）补救质量：出现问题时，顾客评估补救过程的标准有：互动公平（找到并联系网络管理者，提供技术支持，包括电话支持、微信客服）、程序公平（公司管理制度、抱怨投诉程序、在投诉过程中的回应度）、结果公平。家政公司如何反应，对顾客的满意度及未来是否再次使用将有深刻影响。

（4）多渠道问题：许多家政服务公司让顾客自主选择"线上"（虚拟的）或"线下"（有形的）多种传递渠道。顾客对"互联网 + 家政"服务质量的评估，是在他们与家政公司接触的每一个点上形成的。在多渠道背景下，必须评估有形质量、虚拟质量、整合质量，即通过多渠道为顾客提供完美的家政服务体验的能力。

28.1.13 从雇主反馈中学习

在竞争日益激烈的家政服务市场上，对家政企业而言，最终的竞争优势是学习和改变的速度比竞争对手更快。一是比竞争对手更快地了解我们的雇主；二是比竞争对手更快地将知识转变为行动。因此，家政企业要想赢得竞争优势，必须要建立雇主反馈系统，从雇主反馈中学习。

有效的雇主反馈系统，其目标通常是与"对标"的竞争对手，比较企业的服务质量和服务绩效，即"我们的雇主满意度有多高？"；创建"顾客导向"的服务文化，即使公司聚焦雇主需求和雇主满意而建立自己的服务文化。要回答"什么使雇主高兴或者不高兴？""什么优势是我们需要巩固的，什么劣势是我们需要改进的？"持续推动顾客驱动的家政公司的学习与提升。

为了建立有效的雇主反馈系统，需要使用一些雇主反馈工具：

1）家政服务质量调研

家政服务公司，有必要掌握家政服务质量调研方法，才能了解雇主服务期望及其对家政服务质量的感知。

没有某种服务质量表现上的指标，一个清晰、持续的家政服务质量改进是不可能的。要了解一段时间内的家政服务质量改进效果，管理者手头需要有一些衡量指标，只有对照这些指标，才能比较家政服务的质量表现。

作为家政服务公司，必须关注的三种不同类型的衡量指标：

（1）服务表现衡量指标：主要关注内部问题和评价当前服务表现，以保证家政服务继续可靠地满足服务设计要求，即能够按照设计的家政服务标准、服务流程提供正确服务；

（2）客户衡量指标：既关注内部问题，也关注外部问题，其目的在于评价服务表现对雇主的影响；

（3）公司财务衡量指标：是公司财务健康的指示器。

财务衡量指标和客户衡量指标之间的相关性，将决定服务收益的潜力；而服务表现衡量指标和客户衡量指标之间的关系，则表明客户眼中的服务表现是怎样的。这又会直接影响公司的财务表现和总体市场份额。

作为家政市场服务质量调研计划需要有：

* 多样性：应该将定性和定量研究结合使用；

* 前瞻性：必须持续地对家政服务研究过程加以管理，以保证任何家政细分市场与客户的变化都能被及时发现与跟进；

* 员工参与：向员工特别是一线家政服务员询问有关的问题和可能的改进办法，以及她们的个人激励和需求是很重要的；

* 员工分享：让员工特别是一线家政服务员知道雇主服务期望和投诉分析的结果。这样，她们在提供服务时质量方面的表现，也许会得到改进。

2）常规问卷调查

在家政公司运营中，调查问卷，经常作为一种成本相对较低的信息收集方法，供家政公司收集大量代表性家政雇主样本的意见。

它们可以有不同的深度，形式可以是包含三或四道由接受调查者回答的问题的小卡片，也可以是有多页文字、由专业研究人员管理的深度调查问卷。

除了这些传统上由接受调查者自己填写的调查问卷外，客户调查也越来越多地通过电话问答、微信与网站等网络在线形式来进行。网络在线调查能够快速地分析和传播结果。

局限性是，典型的问卷调查不能使人们深入地探究接受调查者对家政服务质量的态度。大多数问卷调查将重点指向家政服务质量的总体情况、技术方面而不是功能方面。

问卷调查的时间把握特别重要。家政服务质量问卷调查一般在服务消费之后立即进行。

下面是家政公司通常进行的重要调研：全面市场调研、年度调研、交易调研。

（1）全面市场调研、年度调研。用来测量主要雇主对家政服务员、家政服务标准、服务流程、服务质量的满意度。其目的是获得整个公司的全面服务满意度的总体指标。家政企业要定期进行全面市场调研、年度调研，要精确地评估整个公司、服务产品、服务质量、服务品牌、员工特别是一线家政服务员，在雇主心目中的位置，与竞争对手之间的差距。而不能盲目发展，只顾埋头拉车，不看前方的路。

（2）交易调研，也称“拦截调查”，是指在雇主完成具体的某次交易后，及时对雇主进行调查。如果时间允许，或者给雇主一点小礼物，雇主可能接受深入地询问有关本次家政服务标准、规范、流程、质量、家政服务员、管理人员等问题。交易调研，可以设计诸如本次家政服务“你最喜欢的是什么”“你最不喜欢的是什么”“你有什么改进建议”等开放式问题。通过这种及时反馈调研，能够告诉家政公司：为什么雇主对什么满意或不满意？这有助于企业知道如何提升雇主满意度的具体真知灼见。

总之，无论是“线上”还是“线下”调查，关键是要精心设计调研问卷。

3）焦点小组讨论和非结构化访谈

前文已经介绍过问卷调查方法，但缺乏更深入地了解家政服务消费者的服务需求、缺乏对家政公司及家政服务提出改进的意见。这就需要采用定性研究技术。定性研究技术是对问卷调查方法的补充。定性研究技术通常是在做问卷调查之前，做的前期研究，为问卷调查做准备。

定性研究技术的一项常用技术：焦点小组讨论（又称小组座谈法）。

所谓焦点小组讨论，是指采用小型座谈会的形式，挑选一组具有同质性的消费者或雇主，由一个经过训练的主持人以一种无结构、自然的形式与一个小组的具有代表性的消费者或雇主交谈。从而获得对家政服务有关问题的深入了解，对家政服务改进的提出具体的建议。

在家政公司的日常运营中，焦点小组是根据关键家政顾客细分市场或使用家政服务的雇主群体进行组织的，以识别这些家政服务消费者的服务需求。

另一种常用技术，是非结构化访谈，又称服务评论，是深度的、与雇主样本或所选择的“关键雇主”一对一的访谈。通常是对家政公司最有价值的家政雇主一年采访一次。主持采访的通常是家政公司的高级管理者，与雇主讨论诸如这一年度的公司家政服务表现如何、哪些服务需要保留、哪些服务需要改进等问题。这些高层管理者访谈结束回答公司后，与公司各级管理者与一线家政服务员讨论 VIP 雇主的反馈意见，并提出下一年度公司具体的服务改进方案，同时，写信给所有顾客，特别是 VIP 雇主，详细说明公司将对顾客的服务需求作出什么样的反应以及公司下一年新的服务方案。

4）雇主专门小组

家政公司还可以建立“雇主专门小组”，来收集雇主的反馈意见。当然，雇主专门小组需要精心选择，以确保专门小组具有与所分析的家政雇主的总体相同的社会、经济、人口、行为、生活方式特征，能真正代表雇主群体。防止“职业型”专门小组人员产生。

家政雇主专门小组，可以提供持续的与雇主服务期望相关的信息来源。

家政服务公司要定期咨询那些长期雇主群体（即家政服务经常使用者的客户群体），以便研究他们对所提供的家政服务质量的看法。在其他场合，他们可能会监督新家政服务或经过改造的家政服务的引入。

连续型专门小组的使用，还可以为家政公司提供潜在的、可能的、预备性问题，还可以作为一种防范重要问题出现的早期预警系统。

总之，家政公司要想方设法掌握雇主的真正服务需求，雇主专门小组只是方法之一。

5）雇主主动反馈

除了建立雇主专门小组外，雇主主动反馈也是需要足够重视的。家政雇主的抱怨投诉、赞美和建议是获得雇主详细反馈的丰富信息资源，能够使家政公司了解什么使雇主生气，什么让雇主高兴，进而改进家政服务产品设计、服务标准、服务流程、服务管理。

详细的雇主抱怨投诉信或表扬信、电话谈话录音、微信聊天记录以及员工的直接反馈等，都可以作为优质的反馈工具，用于公司的内部交流，让公司所有级别的员工包括一线家政服务员和各级管理者，都要亲自聆听雇主的心声。这些第一手的来自雇主的反馈在培训与指导家政服务员的服务行为方面，比单纯的空洞的说教或报告要强有力得多。

当然，随着时间的延长，雇主的抱怨投诉、建议、询问、赞美等越来越多。这个时候，家政公司就应该将这些材料加以归纳整理汇集到公司中心收集点，编成日志，分类归纳。如果家政公司有局域网，也可以通过局域网收集各个部门的雇主的反馈投诉、建议、询问、赞美的意见。同样，也可以将这些归纳后的材料公布在内部局域网供全公司的人内部调阅，从整体上引导全公司的人员坚持“顾客导向”“服务导向”的家政服务文化，切实关注、提升、利用雇主对家政服务质量的反馈，来提升公司的家政服务品质。

6）家政服务反馈卡、微信、手机短信、网络

在家政服务中，提供雇主反馈的手段和工具很多：家政服务反馈卡、公司微信公众号、手机短信、APP、免费热线电话、网络在线反馈表格、电子邮件等，这些都是以顾客为中心的支持工具。

例如，家政服务反馈卡可以与微信公众号或 APP 捆绑，可以在家政服务员每次提供服务后，提供给雇主，请雇主现场填写进行反馈。这就是“交易分析”。

（1）交易分析，是一种越来越流行的评价型研究，涉及跟踪个人对其新近参与特定交易的满意度。这类研究，使管理者判断当前的服务表现，尤其是判断雇主对他们要与之互动的那些联系人（一线员工特别是家政服务员）的满意度，以及他们对服务的总体满意度。这类研究工作，通常要求在交易完成之后，立即向每位雇主发起邮件型问卷调查、电话访谈、电子邮件、微信等，后面方式目前应用得越来越多。

这种研究的一项额外好处在于，将家政服务质量表现与联系人个人（如家政服务员）相联系，并将研究与奖励系统相联系。

（2）抱怨投诉分析

家政雇主的不满意，会通过他们抱怨投诉明确地表达出来。对于许多家政公司来说，这也许是与雇主保持联系的唯一方法。

抱怨投诉可以直接提交家政服务公司，也可以间接通过一个中间转达。

家政雇主投诉，如果得到及时的服务补救、建设性的处理，可以成为一个丰富的数据来源，以这类数据为基础，可以制定改进家政服务质量的各项政策，修订原来的家政服务标准、服务规范、服务流程。

然而，雇主抱怨投诉至多还是一项不完善的信息来源。因为：

大多数家政雇主不屑投诉，他们会将不满意揣在心里，然后告诉其他人。其他一些雇主会径直投向另一家家政服务公司的怀抱，不愿向原家政公司提供潜在的有价值信息，告诉它什么事情出了问题，导致他们一去不回头。

在真正以市场为导向的家政服务公司中，抱怨投诉分析可以成为一个有用的指示器，它可以指明家政服务过程在哪个环节出了问题。

作为总体雇主联系计划的一部分，投诉分析可以扮演重要角色。不断跟踪投诉是相对廉价的信息来源，可以使家政公司不断地审视雇主的主要担心，并矫正任何显而易见的服务问题。

除了表明雇主对这些问题的具体看法之外，抱怨投诉还会就总体雇主服务提出自己的看法。

许多家政服务公司不惜花大力气（例如，通过建立免费电话专线、微信、APP、QQ、官网、使用容易获得的评价卡等）使雇主抱怨投诉成为一件容易的事情。这样的家政服务公司是

智慧型家政公司，自然会在激励竞争的家政市场上赢得优势。

总之，这些通过微信或APP的服务反馈电子卡片，是衡量家政服务过程质量的有效指示器，可以得到哪些表现出色、哪些表现不佳的具体反馈。但要注意：那些满意的雇主与不满意的雇主一般给予积极反馈回应，而感知一般的雇主往往没有反馈，这都影响了家政服务反馈卡这种工具的可靠性与代表性。

7）神秘雇主

所谓神秘雇主，是指家政公司通常使用接受过相关培训或指导的个人，以潜在家政雇主或真实家政雇主的身份，对任意一个家政服务员服务雇主的过程进行体验与评价，然后通过某种方式详细客观地反馈其家政服务消费体验。

确保家政服务质量的主要困难，在于如何解决一线家政服务员不遵守家政服务标准、服务规范、服务流程这一问题。

神秘雇主调查的重要作用，在于检查家政服务员实际满足规定服务质量标准的程度。由于被检查或需要被评定的一线家政服务员，事先无法识别或确认“神秘雇主”的身份，故该调查方式能真实、准确地反映家政服务过程中客观存在的实际问题。

当然，由于神秘电话或来访或微信或亲自雇请家政服务员的数量通常不大，单独的调研并不具有可靠性或代表性。但是，如果某个员工或者一线家政服务员月月表现良好或不好，那么家政公司管理者有理由相信从神秘购物中得出的结论，即这个家政服务员表现出色或欠佳。

有时，神秘雇主也很容易被员工特别是一线家政服务员误认为代表管理层，来刺探他们工作表现的秘密特工。

不过，要谨慎应用这一技术。应用得当则可以让家政公司管理者了解企业的日程业务活动中真正在发生什么事情。

为了保证调查的有效性，神秘购买服务的调查必须独立进行，调查应该是客观的，而且必须具有一致性。评估人员必须严格被培训。例如，观察技术培训、家政服务专业技能与专业知识的培训等。

8）在线评论和讨论

随着信息技术的迅速发展，特别是移动互联网与人工智能的结合与发展，给家政服务雇主的在线评论和讨论提供了便利。因此，家政服务公司要密切关注在线评论和讨论，要对这些有价值的在线评论内容和数据进行收集，分类归纳整理后反馈给家政公司的各个部门和相关人员。必要的时候，也可以召集或邀请这些网上积极分子参与家政公司线下讨论，以确保家政公司时刻关注线上线下的家政服务消费者的反馈意见，能够及时到达关注，并把有价值的潜在或显在的消费者的建议，及时用来改进家政公司所提供的服务。

9）走动管理

上述的所有技术基本上都涉及向家政公司高级管理者，提供雇主在服务提供过程中所感知家政服务质量的看法。

其实，中小型家政服务公司在了解雇主对家政服务质量的感知方面，处在极好位置，可了解直接来自他们自己从雇主那里得到的评价，或来自雇主的业务。

在大型的、拥有多个家政服务网点的家政服务公司，需要使用各种正式或非正式方法将其高级管理人员派到家政服务第一线，以便他（她）们能够获得雇主服务期望及家政公司服务提供表现的第一手信息材料。

“走动管理”已经成为高级管理者努力获得与公司运作相关知识的一种流行方法。有些大型家政公司采用了正式的轮换机制，要求高级管理者在企业的基层度过一段时间，获得第一手体验。

总之，通过以上途径或方法，目的是获得雇主对于家政服务质量的反馈，进而传递给一线家政服务员、前台与后台员工、部门经理、分支机构负责人、高级管理者、创始人，用于他（她）们学习，并提供给他（她）们改进家政服务质量的新视角与新想法。

这里，需要注意的是，家政雇主的抱怨投诉和表扬，应该立即流向一线家政服务员。例如，有的每天在晨会上与员工讨论雇主的抱怨投诉、赞美和建议，有的则是通过手机微信群把雇主的抱怨投诉、赞美和建议，发送给每个住家的家政服务员。目的是及时用雇主的反馈来改进自己的家政服务。这也对家政公司的管理层也提出了更高的要求，要提升管理效能，更好地服务一线家政服务员，并通过家政服务员服务好雇主。

以上都是从雇主反馈中学到的。除此之外，对家政服务员开展研究，也有利于改进家政服务质量，而且是一个十分有效的必要的途径和方法。

10）家政服务员研究

在一线家政服务员当中进行的研究，可以让她们就家政服务提供的方式、和她们觉得雇主如何看待她们的各种观点进行反思。

从家政服务员招聘、培训、家政服务员入户服务中收集到的数据，以及由家政服务质量控制小组、家政服务员职业技能标准等级评估、家政服务绩效评估报告等而来的反馈，都能为制订家政服务质量改进计划提供有价值的信息。为了让家政服务员如何更有效率或更有效地提供服务所做的建议，可以建立正式的"实施家政服务员建议计划"。

对家政服务员需求的研究，也有助于制定强化家政服务员服务动机，进而促进家政服务员提供高质量家政服务的有效策略。家政服务员是家政企业的"内部客户"，如同雇主是公司外部客户一样。各种访谈、焦点小组也可以用来收集家政服务员需求、动机、对工作条件与工资福利的态度等方面的定性数据。

将家政服务员纳入研究过程，并让她们了解研究中的各种发现（例如，收集的各种数据、客户访谈录像等），将有助于增进她们对家政公司上下面临的家政服务质量问题的理解。

不过，也存在许多障碍，阻止信息从家政服务员流向管理者。例如：

如果家政服务员意识到雇主向她们提到的问题，她们应该因为担心丢掉一份奖金或一个升职前景而保持沉默吗？

如果家政服务员对于改进家政服务质量有想法的话，她们也许会因为担心被要求做更多服务工作而感到勉为其难吗？

当然，家政服务企业是否有鼓励家政服务员提建议的企业氛围和文化，也是不能忽视的。

28.2 家政服务质量的回报

综上所述，尽管把注意力放在提高家政服务质量上，也取得了明显的成效。但是一些家政服务公司对其结果仍然感到失望。甚至那些因高品质的家政服务质量而得到认可的家政服务公司，有时候提高家政服务质量的努力却造成财务困难，部分原因在于它们提高家政服务质量上过于浪费。这是一个不可回避的现实问题。毕竟，家政服务企业要生存下去才能发展。这里就涉及如何评估提高家政服务质量举措的成本和收益问题。

1）评估提高质量举措的成本和收益

"质量的回报"，即

（1）质量是一种投资；

（2）提高质量的努力在财务上必须是可以计算的；

（3）用于质量上的花费可能会过多；

（4）并非所有用于质量的开支都是同样有效的。

因此，用在提高家政服务质量上的支出，必须在可盈利性上与可预期的收益增长联系起来。“质量的回报”的重要含义，是与提高家政服务生产率项目相协调，并有利于提高家政服务质量。

为了确定新的家政服务质量提高举措的可行性，必须提前仔细进行成本预算，然后与预期的家政雇主反应联系起来。该项目能够使家政公司吸引更多的雇主（例如，通过现有雇主的口碑）、增加营业额以及减少支出吗？如果是这样，可以额外产生多少净收入？总之，要核算投入产出比。

2）确定最佳水准的服务质量可靠性

家政服务质量差的家政服务公司，通常能通过在提高家政服务质量上进行相对较少的投资，获得服务质量可靠性上的巨大飞跃。

在减少家政服务失误方面的初始投资，总是能够带来显著的成效。但是在达到某个阶段后，回报开始递减。因为进一步的家政服务改进要求提高投资水平，这种投入之高甚至会达到抑制性的地步。

通常，家政服务补救的成本，低于不满意的雇主的成本。这就意味着，增加服务质量可靠性的策略，要求家政服务质量改进的递增投资，等于服务补救或服务失误的成本。

尽管这一策略会产生不足 100% 的无服务失误的结果，但是家政公司通过保障目标雇主获得计划中的服务，或者在服务失误发生时，他们能够获得令人满意的服务补救，仍然能够做到令他们感到 100% 的满意。

28.3 什么是家政服务生产能力

家政服务生产能力是什么？这是很多家政企业经营者平时不太重视的问题，甚至是不理解的问题。这就可以说明为什么传统的家政公司是粗放式管理、且生存发展非常艰难的原因之一。

所谓家政服务产生能力，简称“家政服务产能”，是指一个家政公司能够拥有的用来创造和提供家政服务的资源或资产。这些都是家政公司的关键成本的组成部分。家政服务生产能力主要体现在以下几种形式：

28.3.1 用来提供家政服务产品的设施

例如，公司办公场所、家政培训场所、家政服务员住宿场所、各种公司网络媒体（例如，公司官网、公司微信公众号、公司小程序、公司 APP、公司微博、公司抖音、公司 QQ 等）。其中，家政服务生产能力受限可能是家政培训场所、各种公司网络媒体。家政服务培训场所或培训教室（特别是实操教室）是提供合格家政服务的必要物质条件，不可或缺。家政服务员上岗前不经过严格考核培训，很难提供顾客满意的优质服务；同样，在今天移动互联网时代，家政公司要想有效率地提供家政服务，也必须借助互联网媒体。仅靠传统的人工方式来运营家政公司并向顾客提供家政服务，是低效率的，也适应不了顾客主要通过互联网媒体寻找家政服务的消费模式。

28.3.2 用于处理人、财物、信息的设备及技术系统

在家政服务中，主要设备包括：办公设备、家政培训设备、家政服务工具等，还有家政服务管理软件系统：客户关系管理、家政服务员信息管理、服务营销管理系统、家政培

训管理系统等。特别是家政培训设备器材将直接制约培训质量，专业的家政服务工具也是优质家政服务品质的必要条件之一。至于各种技术支持系统也是保证家政企业高效运营的不可或缺的条件。总之，如果这些设备不足就会导致家政服务提供过程缓慢甚至停滞。

28.3.3 劳动力

劳动力是指家政企业的管理者和一线家政服务员，是家政服务生产能力的关键因素。其中，家政服务员是家政服务生产能力的决定性因素。如果家政服务员数量不足，顾客就会处于“服务等候”状态甚至直接流失。高品质职业化的家政服务尤其依赖于职业技能娴熟且具有良好职业道德的家政服务员。总之，家政服务员是家政企业的战略资源、核心竞争力资源。

综上所述，对于服务产能（生产能力）受限的家政公司来说，其盈利在很大程度上取决于管理者尽可能有效地利用劳动力、设备及技术支持、设施的能力。 然而，在家政服务实际中，很难一直达到这一理想目标。因为，顾客需求及其水平常常随机发生变化，而且处理每个顾客服务交易或提供每项服务所需的时间或精力，在家政服务提供过程中的任何时候都会发生变化。更何况，每个顾客需求的家政服务内容并不必然相同。因此，科学管理家政服务生产能力就显得非常必要。

28.4 如何管理家政服务生产能力

在家政服务中，顾客需求的波动是常态。在此情况下，即使家政企业服务生产能力有限，家政企业也可以通过调整服务生产能力，即服务生产能力被放大或缩小，来满足顾客需求。如何管理家政服务生产能力，这是企业管理者必须要掌握的能力。下面具体介绍：

28.4.1 变动家政服务产能（生产能力）水平

1）家政服务生产能力是有弹性的，能够吸收多余的需求。例如，家政服务员的服务能力也能被放大，短期内能高效率地工作。具体的方法有：延长家政服务员服务时间、增大工作强度。如节假日的突击的居家保洁服务。此时，家政服务员的产能水平并没有下降，很多顾客能接受相同产能水平的保洁服务。然而，如果必须整天持续快速工作，他们将很快感到疲惫，服务质量也开始下降。

2）扩大服务产能的另一个途径是长时间使用设施、设备。例如，家政培训可安排在晚上、周六日，也可通过公司的“互联网+家政培训”平台进行培训；服务工具也可以轮换使用不停。

3）尽量减少家政服务过程中每个顾客接受服务的平均时间。有时，可以通过降低服务级别来达到这一目的。例如，在繁忙的节假日居家保洁服务，可提供简化或简易保洁服务而不是深度保洁服务，把深度保洁服务留到业务不忙的时间段再提供。

4）强化家政培训，提升家政服务员职业技能标准等级水平，提升家政服务产能水平，缩短“单项”服务时间，提升家政服务生产效率，尽量满足更多顾客的服务需求。例如，同样一个 120 平方米的顾客家庭需要保洁服务，一个初级保洁员可能需要 3 个小时完成顾客认可的正常保洁任务，而一个高级保洁员可能只需要 2 个小时就可以达到同样的服务结果。这多余的 1 个小时，就是增加的服务产能。

28.4.2 调整家政服务生产能力以满足需求

除了以上变动家政服务产能水平外，还可以调整总体服务产能水平，来满足顾客需求的变动，即“追赶需求”策略。下面具体介绍：

1）需求淡季时设置停工时间或开展增值业务。为确保服务高峰期能够利用 100% 的服务产能，在服务需求预期比较低迷的淡季时候，可开拓新的增值业务。例如，利用家政女工的特长，开展刺绣（中国知名刺绣：苏绣、湘绣、蜀绣、粤绣）等手工制作业务，充分利用家政服务员服务淡季时间创造价值。在此期间，还可以给予员工休假时间。例如，母婴护理员（月嫂）就需要在连续服务工作三个月或半年后进行休假，后再投入服务工作。

2）交叉培训家政服务员。家政服务员通过交叉培训，即跨家政服务细分业态进行职业技能培训，可以在需要的时候接受别的服务工作岗位，从而提高家政公司整个系统的效率。避免一部分员工没事做，而另一部分员工超负荷工作，以此提高公司服务产能的灵活性。例如，家政服务细分业态有：居家保洁服务、家庭餐制作服务、衣物洗涤收纳服务、母婴护理服务（月嫂）、育婴服务、居家养老护理服务、病患陪护服务等，家政公司可以根据家政服务员的兴趣和技能特长，在2至3项服务细分业态进行跨业态交叉培训。这样可以整体上提升企业服务产能。

3）使用临时工。家政企业在业务繁忙的时候增加临时家政服务员，特别是雇佣很多“家政零工”（家政服务自由职业者、拥有家政服务“一技之长”）、“共享员工”（有的企业或家庭有“闲暇时间”的人员，但需要经过家政服务的职业培训，方能上岗）。这些临时家政服务员在服务需求高峰期来工作。例如，节假日特别是春节期间增加临时家政服务员，满足顾客对家政服务的需求。

4）鼓励顾客半自助服务。如果家政服务员的数量非常有限，顾客参与合作完成特定服务工作，将会增加服务产能。达到这一目标的方法是增加顾客半自助服务。例如，在家庭餐制作时，雇主自己采购食材，家政服务员进行清洁、初加工处理，准备好烹饪炊具，留给雇主自助烹饪；在家居保洁服务时，居家保洁员先对厨房、洗手间进行深度保洁服务，把保洁工具留给雇主自助清洁客厅、卧室；在育婴服务时，育婴员制作好婴幼儿饮食，把照料婴幼儿进食留给雇主自助服务等。这些顾客参与的半自助服务，都可以在家政服务员紧缺时缩短单个顾客的服务时间，增加服务产能，服务其他顾客。

5）创造柔性产能。有时，家政企业为不同细分服务业态市场的需求提供服务时，混合统筹提供服务，来提升整体服务产能。例如，通过交叉培训后家政服务员“一专多能”，可以适应市场变化，随时提供优化服务组合。即在居家保洁服务、家庭餐制作服务、衣物洗涤收纳服务、母婴护理服务（月嫂）、育婴服务、居家养老护理服务、病患陪护服务等服务市场，根据顾客需求，优化配置服务资源，最大化企业服务产能。

6）租用或共享额外设施和设备。为减少企业固定资产的投资，家政企业还可以在高峰期间租用额外的家政培训场所或服务工具，或者，一开始就与别人共享家政培训实施和设备。

7）与其他组织联盟以便实现资源共享。对于有的家政企业，在需求高峰期可以租用其他组织（主要是家政组织）的人员、设备和设施，或者将过剩的顾客需求转移给联盟者。这就是家政服务员和客户资源共享。

28.5 如何平衡家政企业服务产能与顾客需求

服务产能固定的家政企业都经常面临“供过于求”“供不应求”“供不适求”的问题。在服务高峰期，为打发盼望中的顾客失望地离开感到沮丧；在低谷时期，家政服务员闲散而无所事事、设施设备闲置，企业持续损失。也就是说，家政企业的需求与供给是不平衡的。顾客服务需波动对服务收益产生重大影响。一般情况下，家政企业从需求过剩到服务产能过剩，主要面临以下几种情况：

☑ 需求过剩：顾客需求水平超过企业最大服务产能，导致一些顾客无法享受家政服务而业务丢失。

☑ 需求超过最优服务产能：没有顾客离开，但是顾客多，家政服务员人数紧张，勉强够用。顾客可能感知的服务质量下降，顾客不满意增加。

☑ 需求与供给在最优服务产能达到平衡：员工特别是一线家政服务员和设备设施繁忙，但没有出现过度使用的情况，家政服务员服务状态良好，顾客也及时得到了良好服务。

☑ 供给过剩：顾客需求小于最优服务产能，公司的设施设备没有得到充分利用，家政服务员空闲或工作量不饱和，导致服务生产率降低。公司资源低利用率成为一个风险，特别是家政服务员资源浪费甚至面临流失的风险加大。顾客可能会发现服务体验令人沮丧或顾客怀疑企业的服务能力。

☑ 供不适求：企业提供的家政服务品质达不到顾客需求水平。这抑制顾客需求，造成企业服务产能过剩（严格地说，是企业的优质服务产能严重不足、低品质的服务产能过剩），同时，顾客需求又没有得到满足。

因此，家政企业除了调整服务产能水平来迎合顾客需求的变动外，还要管理顾客需求水平。即平衡企业服务产能与顾客需求，两种结合，才能解决家政企业的服务“供求矛盾”。下面将介绍如何管理顾客需求及平衡服务产能与顾客需求的具体策略：

不同服务产能下顾客需求管理策略的不同选择

顾客需求管理方法	服务产能状况	
	产能不足（需求过剩）	产能过剩（需求不足）
不作为	☑ 对顾客等候不予管理（顾客可能会被激怒，然后不再光顾）	☑ 公司资源浪费（顾客对服务过程感到沮丧。）
通过市场营销组合要素管理顾客需求	在高峰期减少需求 ☑ 提高服务价格增加利润 ☑ 改变服务产品要素（如在高峰期不提供耗时的精致服务，只提供快捷服务） ☑ 调整服务时间（如延长服务时间） ☑ 通过沟通鼓励顾客在其他时间使用服务（该方法能否集中在收入较低、不令企业满意的细分市场） ☑ 注意：仍应刺激高利润的细分市场，这部分市场应享有优先服务产能权。对于低收益的细分市场，应减少和转移需求	在低谷期增加需求 ☑ 有选择地降低服务价格（避免已有业务自相竞争，确保考虑到所有相关成本） ☑ 改变服务产品要素（在淡季时，寻找可替代的增值业务或新的有价值的服务） ☑ 沟通、服务产品多样性、赠送（识别任何可能的额外成本，并确保利润率和使用水平相平衡）
顾客等候管理	☑ 为服务过程提供合适的顾客排队或等候方案 ☑ 为优质顾客提供优先服务体系，将其余顾客转移至非高峰期 ☑ 在紧急情况和高价格情况下，开辟独立服务通道 ☑ 缩短顾客等待感知时间	☑ 不适用，但排队或等候系统也收集了数量、服务交易类型、顾客服务的数据。同样适用于下面的预约系统
顾客预约管理	☑ 对服务价格稍不敏感的顾客，重点放在收益和预约能力上 ☑ 为重要顾客提供优先服务 ☑ 将其余顾客转移至非高峰期	☑ 声明服务产能不足，顾客可预约任意时刻

28.5.1 顾客需求管理

在家政服务产能过剩或产能低效率期间，顾客需求降低或转移时，家政服务市场营销组合要素，在刺激顾客需求方面起着积极作用。其中，经常使用的首要因素就是服务价格。服务价格能促使服务供给和需求达到平衡。当然，改变服务产品及其提供方式、强化促销和顾客教育等，也起着重要作用。在家政服务实际中，顾客需求管理，通常是两个或多个因素的联合作用，其效果将更加显著。下面具体介绍：

1）使用服务价格和非货币成本来管理需求

平衡服务供给和需求最直接的方法 ◇ 一、就是利用服务价格，较低的服务价格自然会激励顾客购买欲望，提高服务价格会阻碍部分低端顾客进入。在需求低谷时间里，企业使用的常规方法就是“服务价格优惠”。该策略依赖于供给与需求的基本经济规律。例如，在家政服务的高峰期没有价格优惠，而在其他时段则分别不同程度的服务价格优惠，以此来调节不同时段的顾客需求。

同样，非货币成本也具有同样的效果。因为在家政服务的高峰期，顾客可能会面临服务等候，要耗费时间与精力成本，而那些不愿意耗费更多时间和精力成本的顾客，自然会用货币成本来“购买”非货币成本，即愿意支付相对高的服务价格。

2）改变家政服务产品要素

有时，只通过服务价格一个要素管理顾客需求是无效的。在家政服务淡季，任何价格折扣都不可能提升业务，需要一种新的针对不同细分市场的服务产品来刺激需求。目的就是满足同一顾客群体内的不同需求，或者将顾客进行细分，或者两者兼而有之。例如，在家政服务淡季，可向顾客销售家庭生活用品或代购或者制作与销售顾客家庭总是需要的某个或某类生活日常用品。

3）改变服务时间

家政公司还可以改变服务时间来应对顾客需求。例如，在节假日，居家保洁服务可以在夜间时间提供服务。对于需要住家服务的顾客需求，公司也可以采用白班、晚班轮换制提供 24 小时服务。

4）促销和顾客教育

即使营销组合的其他要素保持不变，仅良好的促销沟通也能使顾客需求变得平稳。家政企业的服务标识、广告、宣传、微信等移动互联网自媒体、销售信息等，都能用于告知顾客服务高峰期时间点及可能出现的“服务等候”，鼓励顾客在等候时间更短的非高峰期接受服务。例如，将节假日和春节期间的服务信息提前告知顾客。还有，企业管理者可要求家政服务员鼓励顾客在非高峰期的任意时刻消费，会获得服务价格优惠或其他福利。

总之，服务价格、服务产品特征、服务提供方式等服务要素的改变，必须清楚地传达给顾客，必须充分地告知顾客他们可能的选择及其不同结果。这些服务营销组合策略，将会对顾客产生具有吸引力的激励，进而改变顾客消费时间。

此外，不是所有的顾客需求都受欢迎。一些服务请求不当，家政公司难以应对其目标客户和合理需求。面对这样的不良顾客需求，公司要通过适当的营销活动来减少或抑制这些不受欢迎的顾客需求，进而释放公司的服务产能，将顾客需求高峰水平保持在公司服务产能以内。

28.5.2 顾客等候管理

在家政服务中，家政服务产能小于顾客需求，顾客等候现象也时常存在，即“供不应求”。面对这种供需不平衡矛盾，公司管理者又该做什么？不采取任何措施或是等有了家政服务员能出工时再通知顾客。这样都会引起顾客的不满。以“顾客导向”的家政公司与其任由问题恶化，不如开发确保有序、可预测、公平的顾客等候管理策略，对顾客等候进行有效管理，尽量减少顾客不满甚至流失。

策略 ◇ 一、就是根据家政服务细分市场调整“顾客排队”，即进行顾客等候管理。虽然大多数家政公司的做法是按“先到先提供服务”的原则要求顾客排队等候。但创新的公司会利用市场细分来设计顾客排队策略，即为不同的顾客群体设置不同的服务优先权。具体设计取决于以下因素：

1）服务需求的紧迫性。向最急需服务的顾客提供服务。

2）服务持续时间。为顾客设计并提供时间更短、快捷的快速服务。

3）支付溢价。设计不同服务价格，为支付高服务价格的顾客快速提供服务。

4）顾客的重要性。按顾客价值进行等级划分，给白金顾客优先服务权，并一直保留家政服务员随时提供服务。

28.5.3 顾客感知等待时间管理

在家政服务中，顾客等候现象是常有的事，家政公司如果能够对顾客等候时间进行管理，也可以降低顾客不满程度、减少顾客流失。为此，家政公司管理者有必要掌握顾客感知等待时间的心理学，据此对顾客等候进行有策略地管理，可以提升顾客的服务体验，进而提升满意度和忠诚度。而不是任由顾客等候，不管不问，如此只会损害公司形象。

顾客等待时间的心理学：

☑ 不公平的等待比公平的等待感觉时间要长。对此，除了顾客支付溢价享受优先服务权外，家政公司要确保公平对待每一个顾客，让顾客感知被公平对待。

☑ 不熟悉的等待比熟悉的等待时间要长。公司老顾客知道他们等候一段时间后，会享受到公司提供的优质服务；相比之下，新顾客或偶尔的顾客一般都会紧张不安，不仅想知道可能要等多长时间，而且对接下来会发生什么感到不知所措。对于家政公司究竟有没有能够派遣家政服务员上门提供服务，心中没底。如果不对这些新顾客加以引导管理，这样的顾客流失率会很高。

☑ 不确定的等待比已知的有限的等待时间要长。虽然所有的等待都令人沮丧，但人们通常能在心理上把等待时间调整到一个已知的长度，而"未知"让人们紧张不安。对此，家政公司要在力所能及的范围内，尽量给等候的顾客一个等待时间范围，以减少顾客的不安与期待，也可以尽量挽留这些顾客。

☑ 没有解释的等待比有解释的等待时间要长。对此，家政公司要尽力、及时地向等待的顾客解释或展示公司正在进行的招聘、培训、派遣家政服务员上门提供服务的全过程，让等待的顾客了解家政公司正努力为顾客着想。这样可以让顾客做到"胸中有数"，提升了等待的服务体验。

☑ 服务越重要或服务品质越高，人们愿意等待的时间越长。这就要求家政公司要不断提升自己的服务品质，并将高品质服务信息及时向等待的顾客传播，用高质量的服务来挽留等待的顾客。

总之，当出现顾客等候服务时，家政公司不能放任不管，而是要积极主动地引导等待的顾客，对顾客感知等待时间进行管理，这是公司的明智之举。

28.5.4 顾客预约管理

作为家政服务等候的替代或补充，也可利用预约来管理顾客需求。在家政服务中，预约服务有以下优点：

1）避免过度等待给顾客带来的不满。服务预约的一个目的，就是保证顾客在需要的时候能够获得家政服务。预约顾客应该能够不用排队等待，因为他们在特定时间被保证过服务。

2）预约能使需求控制和调节更易控制。组织良好的家政服务预约系统能使公司将家政服务需求，从顾客首选时间转移到比首选时间更早或比首选时间更迟的时间，从家政服务的某一等级转移到另一等级（即服务升级或服务降级）。从而能够最优化家政企业服务产能，最大限度地发挥家政服务员的服务能力。

3）预约系统使收益管理成为可能。因为预约系统能为不同的顾客群体预售家政服务。例如，普通的居家保洁服务预约，确保了居家保洁员有空余时间提供需要紧急居家保洁服务。因为，紧急保洁服务是不可预测的，要价比较高，能为公司带来高利润。

4）预约系统的数据能帮助家政企业为后期运营和财务保障做准备。

总之，设计良好的预约系统，并使系统有利于顾客和家政服务员都能快速、友好使用，对家政公司而言是需要的。家政公司还需要下一番功夫。因为，顾客希望通过预约系统，能够得到快速答复。例如，能否在顾客喜欢的时间提供服务，服务价格是多少。如果预约系统能够提供更多关于所预订服务的信息，顾客也会很感激。

当然，如果家政公司过量预订或服务时间到了顾客却取消预约，问题就出现了。处理此类运营问题的市场营销策略包括预交保证金、过指定时间没付款即取消预约、补偿因过量预订给顾客造成的损失等。

28.5.5 为闲置服务产能创造其他用途

在家政服务中，即便对服务产能和顾客需求进行专业化管理，有的家政公司还是会经历服务产能过剩，即出现家政服务员等待现象。然而，并不是所有的家政服务员服务等候都不得不被浪费。因为有的创新型家政公司创造出了“替代需求”。即对预期的家政服务员“过剩”或服务等候进行过剩服务产能配置，提前分配预期过剩服务产能。这些过剩的服务产能或处在服务等候的闲置家政服务员可能的新用途包括：

1）利用服务产能使服务差异化。当服务产能利用水平较低时，家政服务员可利用一切可能使顾客惊叹。即想建立顾客忠诚和开创市场份额的家政公司，应当把公司运营中的空闲时间集中于重要顾客，包括给予顾客额外关注、分配顾客喜欢的增值服务等。

2）回馈公司的最好顾客，建立顾客忠诚。将特殊促销作为顾客忠诚计划的一部分，即回馈公司的最好顾客，提供免费服务，以确保已有利润不被竞争对手夺走。

3）顾客开发。为预期顾客提供免费或高折扣的服务体验活动。

4）奖励员工。对家政服务员进行职业技能升级培训，或派遣家政服务员外出考察学习。建立家政服务员忠诚。

5）交换闲置服务产能。家政公司通常可以与结盟的公司交换家政服务员，为联盟公司提供服务。

6）开展家政服务增值业务。延伸家政服务产品价值链，开展家庭生活用品销售服务业务，或开展手工编织或刺绣业务等家政服务增值业务。充分利用空闲的家政服务产能，让家政服务员有事做，并创造价值。

28.6 如何提高家政服务生产率

28.6.1 如何理解家政服务生产率

生产率测量的是相对于所使用的投入量而言的产出量。

因此，改进生产率要求相对于投入量而言，增加产出率。

实现提高产出率的方法有：减少创造一定产出量所需要的资源，或增加在一定投入水平上的产出量。

在家政服务业中，家政服务生产率要素可能包括：劳动力（包含身体和智力的）、材料（如，服务工具）、精力、资金（包含办公场所、设施、设备、网站、微信公众号、APP 等）。

这里，我们需要区别：效率、生产率、效益。

效率：与某个标准相比较，通常都是以时间为基础的。它测量事情完成的程度。例如，一个家居保洁员完成一个家庭的保洁任务，相对于预先设定的标准而言需要多长时间。完成的速度越快，效率越高。即“效率是正确地做事情”。

生产率：是指在特定的投入水平下所获得的产品。

效益：为公司达到目标的程度，也就是实现了其结果的程度，包括典型的顾客满意度。即“效益是做正确的事情”。

在家政服务中，测量家政服务生产率的一个主要问题与可变因素有关，不能忽略了家政服务质量的变化或家政服务的价值，而盲目追求服务生产率。

至于，计算每单位时间所服务的顾客数量，也存在同样的缺陷。不能以牺牲家政服务质量来获得顾客生产量的增加，那样也得不偿失。

例如，一个家居保洁员每 3 个小时给一个 100 平方米的雇主家庭做完保洁任务，并发现使用速度更快但噪音更大的吸尘器、减少与顾客的谈话以及快速地完成保洁任务而没有对家居进行收纳整理，但能够使她的服务产出量增加到每 2 个小时给一个 100 平方米的雇主家庭做完保洁任务。即使保洁质量本身还是一样好，但雇主可能认为服务传递的过程在功能上较劣质，从而导致雇主对整体的家政服务体验评价为消极。

经典的生产率测量技巧集中于产量而不是质量，强调效率而忽视效益。

在家政服务中，就长期而言，在持续传递雇主所希望的效益或服务质量方面更加有效的家政公司，应该能够把家政服务产量控制在更高的价格水平上。这就是家政服务企业的盈利秘诀：高端——高端客户、高价值服务、高价格、高利润。

强调效益和质量的需求表明，家政服务生产率问题不能与那些和家政服务质量及服务价值相关的问题相分离。对家政公司忠诚的顾客，在一段时间内会变得更加具有可盈利性，在为他们提供高质量的家政服务中，可以获得很好的回报。

28.6.2 提高家政服务生产率的通用策略

在竞争日益激烈的家政服务市场，将促使家政公司持续寻找提高其服务生产率的方法。提高家政服务生产率的任务是运营部门的职责。通常有以下措施：

（1）仔细控制家政服务流程中每个步骤的成本，特别是时间成本；

（2）努力减少服务等候，减少劳动力浪费；

（3）将家政服务生产能力定位在所要求的平均水平而不是最高水平。这样在较长的时间里不会使家政服务员出现等候现象、服务工具未得到充分利用；

（4）尽量用人工智能设备：例如，清洁机器人、智能烹饪设备、智能洗衣机等代替人力；

（5）给家政服务员提供能够使她们服务工作更快，以达到更高服务质量水平的工具条件；

（6）培训家政服务员如何更有成效地服务（更快，若不一定更好的话，这样会导致错误或令人不满、不得不重新再做的工作）；

（7）拓展家政服务员所能从事的一系列任务（例如：在家政服务等候期间，可以派遣家政服务员从事手工艺工作如手工编织等。这可能要修改劳动合同），通过允许管理者把家政服务员分配到最需要的地方，来减少瓶颈和等待客户上的时间浪费；

（8）建立专家体系，辅助专职人员接手先前由资薪更高的专职人员所做的工作，提升团队的管理效率。

尽管提高家政服务生产率可以采取逐渐递增的方式，但是主要的收获通常要求重新设计整个家政服务流程。例如，当雇主面临无法忍受的漫长的等待时间，这种事情经常发生在家政公司中，就该重新设计家政服务流程。

28.6.3 通过雇主驱动，来提高家政服务生产率

我们知道，在家政服务中，雇主是“半个家政服务员”，参与家政服务生产过程。如何通过雇主的投入，来提升家政服务生产率，是家政公司运营部门需要考虑的有效策略，主要有两种：

* 改变雇主需求的时间安排；

* 使雇主更积极地参与家政服务生产过程；

1）改变雇主需求的时间安排

在家政服务中，周六日、节假日，特别是春节，家政雇主总是抱怨他们很难请到家政服务员提供服务。即通常的“保姆荒”。这一般反映在一天的每个时间段、一周的某一天、某个季节或其他需求的循环高峰期。

在那些非高峰期，家政管理者总是担心雇主太少，家政服务员未得到充分利用，家政服务员出现等候现象。

遇到以上问题，可以通过鼓励雇主使用高峰期之外的家政服务，甚至给他们奖励以刺激他们这么做。管理者能够更好地利用家政公司的人力资源和生产条件，为雇主提供更好的家政服务。

还有，通过给雇主提供可以采用的多种选择性渠道，例如，微信、APP、公司官网、热线电话、网络平台等，来方便家政雇主预订服务，提供服务产量，进行需求管理，也能够减轻家政服务员在高峰时间的等候压力。

2）让雇主更多地参与家政服务生产

在家政服务生产和传递过程中，可以让雇主扮演更加积极的角色，从家政服务员的手上“接手”一些简单的“经过加工过”的服务任务。例如，在家庭餐制作中，家政服务员可以先对食材进行清洁与“初加工”，准备好各种调料、烹饪炊具、餐具，再邀请雇主来“掌勺”。这种让雇主“半自助服务”的方式，可以节约家政服务员的时间去做其他家务，同时，也提升了雇主的服务体验与成就感，将使双方获益。

随着人工智能、物联网进入家庭，智能家居、智慧家庭的出现，家政服务员的角色和功能将重新“定位”。这个时候，家政服务员可以教会雇主使用智能家电做一些力所能及的家务，既不会增加雇主的负担，也能节约家政服务员的时间做别的家务。

在家政服务中，有一些雇主可能比另外一些雇主更愿意自助或半自助服务。实际上，家政服务的这种倾向可能是一个有用的细分方向，或许能开发出一个巨大的家政服务细分市场。深入探讨家政服务的自助或半自助服务，将是家政服务创新的一个突破点之一。因为，家政服务人力资源的成本将越来越高，智能家居的使用将越来越普及，家政服务也将越来越智能化，都有利于减少家政服务员的服务，增加雇主自助与半自助家政服务。

家政服务质量与服务生产率的提高，通常取决于雇主是否愿意学习新程序、新规范、遵守服务规则、并与家政服务员合作互动的意愿。而那些墨守成规的、固守家政服务传统角色定位的雇主，在新家政服务中会地抵制改变。这就要求家政公司和一线家政服务员要帮助这些雇主学习新技能、形成新的自我形象，建立新的顾客关系，创造新的顾客价值。

28.7 基于过程方法的家政服务质量管理标准

28.7.1 总则

基于过程方法的家政服务质量管理标准，是采用过程方法，即结合了“策划→实施→

检查→处置”（PDCA）循环与基于风险的思维，建立的家政服务质量管理体系。其中，PDCA 循环使家政企业能够确保其过程得到充分的资源和管理，确定改进机会并采取行动；基于风险的思维，使家政企业能够确定可能导致其服务过程和质量管理体系偏离策划结果的各种因素，采取预防控制，最大限度地降低不利影响，并最大限度地利用出现的机遇。

家政企业根据本标准实施的家政服务质量管理体系，能够帮助家政企业提高整体绩效，推动家政企业实现可持续发展奠定良好基础。

28.7.2 基于过程方法的质量管理原则

——以雇主为关注焦点；

——领导作用；

——全员参与；

——过程方法；

——改进；

——循证决策；

——关系管理。

28.7.3 过程方法

28.7.3.1 PDCA 循环

PDCA 循环能够应用于所有家政服务过程以及整个服务质量管理体系。PDCA 循环可以简要描述如下：

——策划（Plan）：根据雇主的需求与服务预期、家政企业的服务质量方针，建立家政服务质量管理体系的目标及其过程（包括服务标准、服务规范、服务流程）、确定实现结果所需的资源（特别是高素质高技能的家政服务员），并识别和应对风险和机遇；

——实施（Do）：执行所做的策划；

——检查（Check）：根据服务质量方针、目标、需求和所策划的家政服务，对服务过程进行监视和测量（适用时），并报告结果；

——处置（Act）：必要时，采取措施提高服务绩效。

28.7.3.2 基于风险的思维

基于风险的思维是实现家政服务质量管理体系有效性的基础。例如：采取预防措施，消除潜在的不合格服务，对发生的不合格服务进行分析，并采取与不合格的影响相适当措施，防止其再次发生。

为提高服务质量管理体系有效性、获得改进结果以及防止不利影响，家政企业需策划和实施应对风险和机遇的措施。

某些有利于实现预期结果的情况，可能导致机遇的出现。例如：有利于家政企业吸引顾客、开发新服务、减少浪费或提高服务生产率的一系列情形。

利用机遇所采取的实施，也可能包括考虑相关风险。风险是不确定性的影响。不确定性可能有正面的影响，也可能有负面的影响。风险的正面影响可能提供机遇，但并非所有的正面影响均可提供机遇。

28.7.4 家政服务组织

28.7.4.1 家政企业

28.7.4.2 相关方

28.7.5 家政服务质量管理体系及其过程

28.7.6 领导作用

28.7.7 家政服务策划

28.7.8 家政服务支持

28.7.9 家政服务运行

28.7.10 家政服务绩效评价

28.7.11 家政服务持续改进

28.8 区块链 + 家政服务质量管理标准

基于区块链的智能合约技术，区块链 + 新家政服务平台的点对点（雇主与家政服务员）服务自动交易，这就要求，依据顾客需求确定服务质量标准。家政服务员要依据雇主确定的服务质量标准提供家政服务，雇主也要依据这个事先确定的服务质量标准接受家政服务员的服务。这个雇主确定的服务质量标准，是编制智能合约的基础。前提是要把这个服务质量标准进行数据化。所以，没有标准化的家政服务质量标准，就没有家政服务的智能合约，也就没有区块链家政服务自动交易。

第 29 章　家政服务顾客需求与客户关系管理标准

【家政政策】

序号	发文时间	发文机关	政策文件名称
	2017 年 7 月 10 日	发改社会【2017】1293 号	关于印发《家政服务提质扩容行动方案（2017 年）》的通知
相关摘要	发展家政服务业，不仅是促进农民工就业增收的重要渠道，也是改善民生、扩大内需、调整结构的重要举措，是一项利国利民、一举数得的民生工程。当前，家政服务业仍存在供需矛盾突出、市场主体发育不充分、专业化程度较低、管理机制不健全等问题……		

【家政寄语】

家政服务供需矛盾的根源是服务不可储存性、服务“供不适求”。提升家政服务供给品质，是家政企业和家政服务员的首要任务。

优秀的家政服务员，从来都受到雇主的青睐，受到社会的尊重。

【术语定义】

顾客忠诚：是指雇主自觉自愿地在有其他家政服务可供选择的情况下，钟情于某家政企业或服务产品或品牌，并热心地向朋友和同事推荐该家政企业或该企业所提供的家政服务产品。顾客忠诚，并不仅仅指购买家政服务行为，还包括偏好、喜欢、未来购买意向。

【标准条款】

序号	标准编号	标准名称	主管部门
7	Q/QKL JZGL107-2020	家政服务顾客需求与客户关系管理标准	
标准内容	29.1 顾客需求管理 29.2 客户关系管理		

【学习目标】

通过本章的学习，您将能够：

1）了解客户关系类型及顾客忠诚；

2）理解顾客忠诚对家政企业的价值及给顾客自己带来的利益；

3）掌握建立顾客忠诚的方法；

4）解释顾客流失的原因及减少顾客流失的方法。

29.1 顾客需求管理 （详见28.5章节）

29.2 客户关系管理

在家政服务中，顾客与家政公司及家政服务员的关系，到底是什么关系？这是一个看似好像不言自明的问题。其实不然。

我们知道，“交易”是指双方以货币为媒介进行的价值交换行为。但一次或多次交易，并不必然意味着双方会形成所谓的关系，因为关系的形成需要相互认知和熟悉。如果每次交易都是间断式的，而且服务提供者无须记住顾客的名字，彼此不熟悉，企业也没有与顾客长期交易的记录。那么，我们可以基本断定，顾客与企业之间并没有形成真正的关系，当然，有价值的营销关系并不存在。例如，旅客运输服务、餐饮服务、电影院服务、超市购物服务等。对于很多服务来讲，顾客的每次购买和使用都是独立事件，没有关联关系。然而，在家政服务中，顾客与家政公司及家政服务员的关系，绝不仅仅是简单的“交易关系”，也是关联关系，是紧密的合作伙伴关系。认识这一点，对家政企业管理顾客关系，培训忠诚顾客，意义重大。

在家政服务中，对家政企业而言，确定、争取、保留“正确的顾客”，无疑是头等大事。这就要求家政企业要进行顾客关系管理，培养忠诚顾客，建立顾客与家政公司成为真正的合作伙伴关系。

29.2.1 什么是顾客忠诚

所谓顾客忠诚，是指雇主自觉自愿地在有其他家政服务可供选择的情况下，钟情于某家政企业或服务产品或品牌，并热心地向朋友和同事推荐该家政企业或该企业所提供的家政服务产品。顾客忠诚，并不仅仅指购买家政服务行为，还包括偏好、喜欢、未来购买意向。

反之，顾客忠诚的反面，就是雇主流失。雇主流失，对一个家政企业而言，发出了这样的信号：要么是你的家政企业出了问题，要么是你的竞争对手比你做得跟更好。同时，也是企业利润下降的指示器。而那些大客户绝不是一夜之间流失的，他们的不满意是一天一天累积起来的，购买量也是一天一天减少的。终于有一天，他们成为你竞争对手的客户。

29.2.2 顾客关系类型

在家政企业的运营中，家政企业与顾客之间的关系，不外乎四种关系：顾客作为陌生人、顾客作为熟人、顾客作为朋友、顾客作为合作伙伴。在这四种关系中，雇主将呈现不同的行为特征，家政企业要想建立忠诚的顾客关系，就要熟悉这四种关系，自觉地调整企业行为，有意识地把“陌生人”发展成为“熟人”再到“朋友”最终到“合作伙伴”。下面具体分析：

（1）顾客作为陌生人

所谓陌生人，是指根本不知道有本家政企业的人，或者听说过但不了解本家政企业的人，或者还没有与本家政企业有过业务来往的人。这些人也被称为“潜在顾客”。在这些潜在顾客当中，有的可能是竞争对手公司的顾客，有的是还没有进入家政服务市场购买家政服务的人。

因此，针对这些家政公司的“陌生人”，公司应该做的是想方设法让“陌生人”变成公司的“熟人”。例如，可通过免费体验家政服务的方式，让陌生人了解本公司及其服务产品。

（2）顾客作为熟人

所谓顾客作为熟人，是指顾客知道并试用家政服务之后，正式购买家政服务，确立了交易关系，顾客与家政企业的熟悉度就随之建立，顾客也就成为企业的熟人。在熟知阶段，家政企业的主要目的是使顾客满意，为顾客提供比竞争对手更有价值的家政服务。

对顾客来说，一旦他们体验到公平的甚至超值的家政服务，熟知关系就容易生成。这样，通过熟知关系，顾客积累了对家政公司所提供服务的了解，进而降低顾客感知风险，有助于减少家政服务交易过程中的不确定性。

对家政公司而言，通过熟知关系，提升了公司对顾客的了解，也提升了公司相对于竞争对手家政公司的吸引力。同时，对公司的服务营销、服务质量改进都有促进作用。

（3）顾客作为朋友

所谓顾客作为朋友，是指顾客继续购买家政公司所提供的家政服务，家政公司开始想方设法获取顾客需求的各种信息，例如了解顾客的服务预期、服务痛点等，让顾客在交易关系中得到特别的关照与特殊的服务，顾客因此感受到“物超所值”，并将交易关系从“熟悉”转变为“友谊”，从“熟人”转变为“朋友”。这种转变，在顾客与家政企业之间建立了信任，顾客对企业将更加忠诚，企业对顾客将提供更多超值的服务。

（4）顾客作为合作伙伴

所谓顾客作为合作伙伴，是指随着顾客继续反复购买家政公司所提供的服务产品，顾客对企业的信任度会加深，同时，家政公司也将更加了解顾客，据此提供定制化、个性化服务，并将顾客与企业的关系，从“朋友关系”推进到“合作伙伴关系”。

在合作伙伴关系阶段，家政公司为了强化这种合作关系，将密切关注顾客的需求变化，并能根据顾客的不同需求，不断改进家政服务产品，以便提供竞争对手家政公司难以提供的个性化服务，甚至是“独家服务”。因此，顾客将更加忠诚，也愿意从企业购买额外的服务产品。

这种合作伙伴关系，有了忠诚的顾客，不仅减少了顾客被竞争对手家政公司吸引过去的可能性，还可能会给企业带来增长的潜力。这种忠诚合作关系长期发展下去，将大大提高企业的市场占有率和获得丰厚的利润。

29.2.3 顾客忠诚对企业有什么价值

为什么要培育顾客忠诚？毫无疑问，随着年份的增加，一个忠诚的顾客给企业带来的利润也会逐年增加，即顾客对企业的贡献逐年增加。为什么顾客忠诚对企业盈利能力有如此大的贡献？其影响的主要因素有以下几个方面：

（1）顾客增加购买带来的利润

一个忠诚顾客的保留，所带来的最常见的利益之一就是不断增加的营销额。

在家政服务中，随着时间的推移，雇主家庭成员将增加，雇主家庭的结构将发生变化。原来的核心家庭（即婚后只有夫妻，或者只有夫妻及其未婚的子女居住在一起的家庭），将慢慢演变成主干家庭（即夫妻婚后同男方的父母，或者同女方的父母一起居住的家庭）、联合家庭（即由父母和多对已婚子女组成的家庭）。其中，主干家庭的人数一般在五到六口人，出现了上下两代人或上中下三代人，上有老，下有小。这都可能增加家政服务的购买量。

因为，高度满意的忠诚顾客，非常了解该家政企业比其他家政公司所提供的服务更令人满意，他们自然会把更多的家政服务业务交给忠诚的企业。因此，家政企业的雇主数量也会随着不断增加。这就是顾客忠诚而导致顾客增加购买带来的利润增加。

（2）顾客服务成本越来越低

对家政企业来说，顾客忠诚导致的另一个经济利益就是顾客服务成本越来越低。一般来说，忠诚的固定顾客的重复购买能够节省 10% 的营销费用。因为，顾客在同一家政企业购买服务的经验越丰富，他们的家政服务需求就越清晰，他们不必再进行家政服务信息搜寻和寻求家政企业帮助，在重复购买中轻车熟路，对家政企业服务生产率的提升也会起到促进作用。

还有，吸引新顾客需要更多的启动成本：包括广告成本和其他促销成本、了解熟悉新顾客的时间成本、新顾客的建档立卡的管理运营成本等。这些初始基本费用，会超过从新顾客那里期望获得的销售收入，短期内很难收回成本。所以，建立长期的忠诚关系，对于家政企业来说，毫无疑问是非常有利的。

除此之外，忠诚顾客还能稀释获取新顾客的成本。家政企业在前期获取新顾客的费用，必须在后续的年份中分摊。

（3）推荐其他顾客所带来的利润

忠诚顾客对家政企业的贡献，不仅仅在于他们对企业的直接财务影响，推荐和好口碑，是能够给家政企业带来利润的免费广告。企业只有收益，没有成本付出。

忠诚顾客的好口碑，一般是通过面对面交流或者微信等社交媒体，为提供服务的家政企业做强有力的口头宣传，其效果远胜过各种形式的付费广告。

除了口碑效应外，忠诚顾客还有一个行为，就是愿意向自己的朋友、同事、亲戚、邻居等推荐自己享用的家政服务，甚至充当新顾客在搜寻家政服务时的顾问，因为忠诚顾客有丰富的购买与使用家政服务的经验。

（4）价格敏感度下降，企业可以通过溢价来获取更多利润

新老顾客对服务价格的敏感度是不同的。新顾客对服务价格的敏感度高，对新顾客的价值获取途径主要是促销打折；老顾客对服务价格的敏感度低，对服务打折这类的营销活动不感兴趣。特别是，忠诚的老顾客愿意在家政服务高峰期支付溢价，也愿意为企业着想。从这个意义上说，家政服务公司一定要善待忠诚的老顾客。

（5）忠诚顾客能促进企业人力资源管理

忠诚顾客不仅能给家政企业带来经济上的利益，还能给企业提供人力资源管理方面的利益。这对家政服务企业来说，有其必要。

（1）忠诚顾客有利于员工职业发展。我们知道，在家政服务中，顾客参与家政服务过程，是“半个家政服务员”。忠诚的顾客在家政服务员提供家政服务的过程中会提供帮助，会提出很多服务改进的意见，也会宽容服务失误，会给服务补救的机会。同样，面对越有经验的忠诚顾客，家政服务员的服务工作也会比较轻松。同样，忠诚顾客对家政公司的服务标准、服务规范、服务流程比较熟悉，因而会对家政公司提供的家政服务有着更加现实的预期。忠诚顾客与家政公司和家政服务员会建立良好的合作伙伴关系，有利于家政服务员的职业发展。

（2）忠诚顾客还有利于促进员工忠诚。在家政服务中，家政企业有稳定的忠诚顾客，更容易保留员工特别是一线家政服务员。家政服务员更愿意为有着满意而忠诚顾客的家政公司工作，并且有更多的时间来培养与顾客的关系而不是寻找另外的顾客，家政服务员将对顾客和家政公司更加忠诚。同样，作为回报，忠诚的顾客会更加满意更加忠诚。由于家政服务员长期在忠诚的顾客家庭中提供服务，自然对顾客家庭的服务需求很清晰，服务质量将不断得到提升。忠诚的顾客与忠诚的家政服务员就形成了一种相互促进的良性循环，家政企业的管理成本将降低，企业因此获得更多利益。

29.2.4 顾客为什么忠诚

家政企业都希望拥有忠诚的顾客，这是家政企业生成发展的底线。那么，顾客为什么会忠诚？

毫无疑问，顾客并不是天生就忠诚于某一家企业或品牌的。家政企业必须给顾客一个

理由，让他们和企业保持良好的关系，并从企业持续地购买家政服务。这就需要家政企业首先为顾客创造价值。即顾客从家政企业中“得到”（服务质量、服务体验、满意度、特殊利益）超过“付出”（货币、非货币成本如投入时间、精力、焦虑担心、搜索成本等）时，顾客才有可能购买服务；当家政企业不断从顾客的需求出发提供价值时，顾客才能够持续地购买，从而保持这种关系，并建立顾客信任，最终成为忠诚顾客。

顾客除了从家政企业获得应有的服务价值和超值利益外，还能在与家政企业保持长期关系中获益：最重要的是利益是信任利益，其次是社会利益，最后是特殊待遇利益。

（1）信任利益

所谓信任利益，是指顾客对家政企业和家政服务员充满信心与信任感。在购买服务时，顾客感知服务质量的风险降低，减少使用家政服务时的焦虑，认为家政企业和家政服务员提供的服务肯定不会有问题，即使遇到的服务低于服务预期，也相信企业会进行服务补救，所提供的服务质量仍然会是高水平的。

对获得信任利益的顾客，不会轻易更换家政公司或家政服务员，因为转换成本通常较高，即要花费转换家政服务的货币成本、心理成本、时间成本等。当顾客与家政公司和家政服务员建立信任并维持这种关系时，顾客可以节省很多转换成本，特别是时间成本。

（2）社会利益

所谓社会利益，是指顾客与家政公司特别是家政服务员之间，在家政服务过程中形成的亲密的社会关系，包括知道对方彼此的姓名、年龄、家庭成员情况以及彼此之间建立的友谊，甚至彼此把对方当成“家人”。这种亲密的社会关系，使顾客很少更换家政企业和家政服务员，即使顾客得知一个竞争者（对手家政公司）可能提供更好的服务质量或更低的服务价格。

还有，在长期的顾客与家政服务员之间的亲密关系中，家政服务员实际上可能成为雇主的社会支持系统的一部分，成为知心朋友、成为不是亲人的“亲人”。与家政服务员这种亲密的社会关系，对于提高顾客的生活质量有着重要作用，甚至得到或超过家政服务技能技术所带来的利益。这样的顾客关系自然造就忠诚顾客。

这种亲密的顾客关系，也有一个弊端，当一个有价值的家政服务员离开家政企业后，会带走她的顾客，使家政企业存在失去顾客的风险。

（3）特殊待遇利益

所谓特殊待遇利益，是指包括其他顾客所无法获得的服务价格优惠、折扣、额外的服务，或者是当顾客在等待服务的时候享受到的优先接受服务的保障等。特别是节假日尤其是春节“保姆荒”期间，忠诚的老顾客就会享受到家政服务的保障。

29.2.5 如何建立顾客忠诚

建立长期的顾客关系和顾客忠诚绝非易事。因为，建立长期顾客关系和顾客忠诚涉及很多因素。下面就具体分析：

（1）选择正确的顾客

“谁应该是我们服务的对象？”“为谁提供服务”是家政企业必须定期考虑的问题，并不是所有的顾客都能够与企业的能力、技术、战略定位相互匹配。

融洽的顾客关系始于顾客需求与家政公司能力的良好匹配。要建立成功的顾客关系，家政公司就需要有选择性地对待锁定的家政服务细分市场，要将顾客与公司的能力进行匹配至关重要。

家政公司管理者应该仔细思考顾客需求，例如，家政服务员的服务经验、服务技能水平、服务到位的时间、同时服务许多顾客的能力等；

家政公司也需要考虑家政服务员能够在何种程度上，例如，从家政服务员性格、服务技能、服务经验等方面，能否达到特定类型顾客的期望值；

家政公司还需要问自己，公司是否能够赶上或超越竞争对手家政公司，提供针对同类顾客的有竞争力的家政服务。

总之，通过将公司的服务能力与顾客需求相匹配，精心锁定目标顾客群，其结果就是：为目标顾客提供他们认可的服务，提供他们眼中卓越的服务。

结果应该是双赢的局面，通过顾客的成功和满意度，而不是牺牲顾客来获得利润。

因此，在家政服务中，家政企业一定要通过精准的市场细分，将顾客需求与企业能力有机地统一起来。例如，目前，我国家政服务业态，主要有八大细分业态：家居保洁收纳服务、家务服务（主要是保洁、衣物洗涤、家庭餐制作等）、母婴护理服务（月嫂）、育婴服务、居家养老护理服务、病患陪护服务、涉外家政服务、管家服务等。一般家政企业（除了极少数的大型集团家政企业外）很难能够提供所有这八大业态或多个业态服务。而只能根据自己家政企业的能力与条件，选择一个或两个细分业态，提供精准服务。

这就是选择“正确的顾客”。获取正确的顾客，提供精准优质服务，提升顾客服务体验，意味着长期收益和不断增加的顾客推荐，这对家政企业意义重大。因为，企业收益与利润增加了，员工的工作条件与工资待遇自然改善，更重要的是，顾客的认可与赞赏，又增加了员工特别是一线家政服务员的愉悦心情、满意度、成就感。企业进入多赢的局面（即雇主、家政服务员、家政公司、社区与政府等），形成良性发展。反之，如果家政企业目标顾客选择错误，就很难提供精准的优质服务，顾客不满意，不仅会浪费公司有限的资源、增加服务成本，还会损害企业声誉，让员工也深感失望。

因此，建立顾客忠诚关系，第一步就是要发现和找到“正确的顾客”。“先做正确的事，后把事做正确”。

（2）寻求有价值的顾客，而不是仅仅追求顾客数量

“白猫黑猫，抓到老鼠，就是好猫。”这句话用来形容今天的家政企业的市场行为，很是生动。具有讽刺意味的是，那些总是试图将家政服务所有顾客，都揽入囊中的家政企业，长期发展速度反倒不如那些在顾客选择方面非常挑剔的家政企业。例如，专门提供家居保洁收纳服务的，或者专门提供母婴护理服务的，或专门提供居家养老服务的，或者专门提供病患陪护服务的这些挑剔顾客的家政公司，就比那些不挑剔顾客而愿意为所有顾客都提供服务的家政公司要发展得好。

很多家政企业，依然将工作的重点放在顾客数量而不是每个顾客能够为企业创造价值上。殊不知，重复使用者的购买家政服务的频率和购买量，都比偶尔购买的顾客要大，他们创造的利润也更为可观。在家政服务的钟点工保洁服务中，得到了较好的体现，相比那些零散的不定期的偶尔的雇主，那些包月或包年服务的雇主就是有价值的顾客。

因为，长期稳定的关系型顾客，并不十分关注家政服务的价格要素。相反，那些带有明显的交易导向的零散顾客，总是寻求低价，也更容易转向其他家政公司。因此，对家政企业而言，不同的顾客的价值是不一样的。

此外，家政企业管理者，也要摒弃那种花钱多的顾客就是“正确的顾客”的观念。其实，“正确的顾客”主要来自这样一个群体：其他家政企业无法为他们提供更好的优质服务，或者，专注于别的家政企业认为无价值并忽略的顾客。

吸引错误的顾客，最明显的后果是引起代价颇高的流失、逐渐降低的公司声誉以及失

望的家政服务员。具有讽刺意味的是，在较长时间内成长迅速的往往是那些高度关注且挑剔其顾客的公司，而非那些不限制顾客来源的公司。

（3）通过分层服务管理顾客群

对于家政企业而言，对顾客进行分层或分级提供服务，是明智之举。

一、根据不同顾客的盈利能力和服务需求水平，有效地配置服务资源、派遣相应的家政服务员，是家政企业成功的关键之一。家政企业尤其不能将企业资源平均分配给所有的顾客，而是要将更多的资源，尤其是将优质的家政服务员资源配置给高端顾客群，这将有利于提升顾客的盈利率和销售收入。这种分层服务，最典型的分类就是航空服务中的头等舱、商务舱、经济舱分类。

因为，不同家政顾客群的服务期望和需求的确是不一样的。下面是家政企业不同顾客的分层：

（1）白金顾客

即家政企业最有价值的顾客，购买量很大，对企业利润的贡献率很高。在家政企业顾客群中比例很小。白金顾客最典型特征：对服务价格变动不敏感，对家政服务品质有很高的要求与期望，也愿意购买与尝试新服务或新产品。这些高端顾客，时间越久，消费越多，忠诚度高，维护成本较低，而且会为家政企业传播好口碑。

（2）黄金顾客

这部分顾客数量较多。黄金顾客最典型特征：对价格变动较为敏感，希望有价格上的折扣；为了使消费风险最小化，他们往往会选择多个家政服务企业提供服务而不仅仅是一家企业。这些顾客可能也是企业多年的老顾客，但其忠诚度并不太高。黄金顾客单个顾客的利润贡献率没有白金顾客高。

（3）铁顾客

即家政企业顾客群中数量最多的顾客，铁顾客能为企业创造的利润十分有限。以他们的消费水平、忠诚度，他们不足以获得像白金顾客和黄金顾客那样特别的服务优待。但是，铁顾客的价值在于：由于铁顾客数量最多，家政企业才能享受到规模效应带来的好处。如果没有这些铁顾客的支撑，家政企业的基本设施和能力建设可能会难以维持；正是因为铁顾客的大量存在，才能引来或开发出白金顾客、黄金顾客。家政企业获取黄金顾客的成本比较高。

（4）铅顾客

即问题顾客，与这部分顾客做生意很难。铅顾客的典型特征：他们要求更多的关注，对家政企业服务要求却与铁顾客相差无几，有时向其他人抱怨企业，服务成本高，会浪费企业更多的精力和资金，却没有什么回报，给企业带来的收益微乎其微。因此，对铅顾客需要从顾客中予以剔除。

综上所述，以上是基于顾客盈利性及其服务需求来对顾客进行分类。在家政服务中，家政企业不能向所有的雇主提供相同的服务，而是要根据家政不同细分市场顾客的不同需求和价值，给顾客提供定制化、个性化家政服务。

例如，对于白金顾客，要提供特殊的优待服务，是其他细分市场顾客所享受不到的服务。白金顾客和黄金顾客的特征，决定了企业必须努力使他们忠诚于企业，他们也是竞争对手想方设法争取的服务对象。

而对于铅顾客，家政企业的选择只有两个：要么驱动他们向铁顾客层次迁移；要么干脆终止与这些顾客的关系。

家政企业可以利用组合策略来驱动顾客迁移。例如：服务收费或者干脆涨价、设置最低消费金额、降低服务成本、推出服务套餐等。

二、根据家政服务员职业技能标准等级划分，也要求对顾客进行分层或分级提供服务。

我们知道，依据国家家政服务员职业技能水平划分标准，设立五个级别，由低到高分别为：五级（初级技能）、四级（中级技能）、三级（高级技能）、二级（技师）、一级（高级技师）。因此，不同级别水平的家政服务员应匹配给相应的不同服务需求的顾客。如果把高级家政服务员派遣给一个只有初级服务需求的顾客，那是优质家政服务员资源的浪费；同样，如果把初级家政服务员派遣给一个高级服务需求的顾客，毫无疑问，会引领高端顾客的不满。因此，通过分层或分级服务管理顾客群，是建立顾客忠诚关系的有效方法。

总之，在家政服务中，并非所有的顾客关系都值得维持，其必然导致终止与顾客的关系。有些关系对家政公司而言不再具有可盈利性，因为维护它们的成本要高于它们带来的收益。

正如投资者要出售劣质投资或者银行要注销呆账一样，每个家政服务公司都需要定期评估其顾客资料，并考虑终止不成功的客户关系。当然，采取这样的措施时，要注意法律和道德判定是否妥当。

有时候，顾客被直接“解雇”（尽管此过程要十分谨慎）。“解雇”那些不适应家政公司业务模式的顾客，在有些情况下，终止关系反而能减少冲突。

（4）顾客忠诚的前提条件：顾客满意和服务质量

没有顾客满意，就不会有真正的顾客忠诚。真正的忠诚包括态度忠诚和行为忠诚，忠诚的顾客不仅大量购买家政企业的服务产品，而且对家政企业有深厚的感情。其中，行为忠诚包括重复购买、大量购买以及为企业传播好口碑；态度忠诚包括顾客对企业、企业服务和品牌发自内心的喜欢，是一种情感。当然，对企业不满意的顾客，他们自然会选择离去、投向其他家政服务企业，甚至是竞争对手的家政企业。

在家政服务中，顾客满意与忠诚之间，主要有三种状态：

一是背弃。在背弃中，这类顾客对企业的满意度很低，除非转换成本很高，否则，这类顾客会转向其他家政服务企业。极端的情况是，有一些非常不满意的顾客会站到企业对立面，成为阻碍企业发展的“负面宣传员”，会到处传播企业坏口碑。对企业的“杀伤力”很大。家政企业一定要谨防出现这类顾客，即使因为企业自身能力所限没有提供顾客满意的家政服务，也要在服务补救中，做出合理的解释，力争让这些顾客理解、接受、同情企业而不是成为企业的对立面。

二是中立。在中立中，顾客满意度处在中等水平。如果有更好的选择，中立的顾客也会转换购买对象，转向其他家政服务企业。当然，如果企业能够维护好顾客关系，让中立顾客多参与企业提供的服务，多倾听这类顾客的意见，也可以提升这类顾客的忠诚度，将中立状态提升到情感状态。

三是情感。情感状态的顾客满意度最高。这类顾客态度鲜明，是企业最忠诚的“粉丝”，会公开赞美企业、向其他人推荐企业、推荐企业的服务、推荐企业的家政服务员，是企业“超级宣传员”。尤其在今天的移动互联网时代，这些“超级粉丝”的品牌传播力是巨大的，而且还是免费的。因此，一个明智的家政服务企业，要主动邀请这些忠诚的“粉丝”顾客参与企业的服务产品“迭代”与服务监督，防微杜渐。

（5）建立顾客忠诚关系的基本策略

通过以上分析，我们知道，选择合适的顾客，寻找有价值的顾客，对企业进行分层或分级管理，争取让顾客满意等，都是建立顾客忠诚关系。

其实，在任何具有竞争性的服务产品类别中，管理者要认识到顾客很少会一直只购买一个品牌的服务产品。特别是在服务提供与零散交易相关时，例如，家居保洁服务（家政钟点工）。这种交易不具备连续性。

在许多情况下，顾客对几个品牌很忠诚，同时拒绝其他品牌（即“混合忠诚”）。在这种情况下，企业的目标，就变为加强顾客对某个品牌的热爱，使之超过对其他品牌的喜爱，精心设计的忠诚计划，可以提高忠诚度。

据此，家政企业还可以通过一些具体的策略，来强化与顾客的关系。这些具体的策略主要有：通过一些营销策略来进一步强化与顾客的关系，对忠诚的顾客进行奖励，通过更有效的方式建立更高层次的顾客忠诚等。下面将具体分析：

（1）强化与顾客的关系

有效的家政服务市场营销策略，毫无疑问，可以深化家政企业与顾客之间的关系。其中，关系营销、交叉销售、捆绑销售是比较有效的策略。

所谓关系营销，是指家政服务的不可分性或雇主的参与性，推动家政服务营销者维护和改善与雇主的长期关系。雇主不仅参与家政服务的交易，而且参与家政服务过程。在参与家政服务过程中，家政服务员与雇主之间会建立一种生产协作关系，包括互相配合、家政服务员指导、雇主学习，以及互相交流和建立感情等。这是一种“交易性专用性资产”，是一种“沉没成本”（是指以往发生的，但与当前决策无关的费用），即如果关系中断，这个资产就报废。为了不浪费这个资产，家政服务员和雇主都有长期相处和保持关系的需要。因此，家政服务营销具有更大的关系营销的动力。换言之，家政服务更适合关系营销。

所谓交叉销售和捆绑销售，是指家政服务企业通常会将尽可能多的家政服务产品销售给一个雇主家庭。例如，家居保洁服务是一个雇主家庭的基本家庭服务需求，还有家庭餐制作服务、衣物洗涤收纳服务、宠物饲养服务等，还有，如果该家庭有居家老年人或婴幼儿或孕产妇或病人，都可以有针对性的服务对其进行销售。此外，如果伴随家政服务，再捆绑销售相关家庭生活用品，那就更好。总之，当家政企业成功地将多种家政服务产品或家庭生活用品销售给雇主家庭，那么，家政其他与雇主的关系将得到强化，顾客转换的概率会大大降低，除非雇主对家政企业的服务极度不满意。

还有，雇主从一家家政服务企业购买不同的家政服务或家庭生活用品，对雇主本身也是有利的。因为，一站式购买肯定比从不同的家政服务企业购买不同的服务更便利。雇主从一家家政企业购买多种服务时，雇主通常会得到更好的服务。例如，升级为 VIP 雇主或享受优先服务或价格优惠等。

（2）激励顾客忠诚

在家政服务中，对雇主进行激励，特别是对忠诚的雇主。激励措施可以基于雇主购买频率、购买价值大小，或推荐新的雇主等。奖励，可以是经济方面的，也可以是非经济奖励。重要且无形的奖励，包括特殊的认可和评价。顾客很希望其需求能够得到额外的关注。他们也欣赏由高级会员所提供的隐性服务承诺，包括满足特殊要求的努力。奖励关系的目标之一，是促进顾客巩固其在一个家政服务公司的购买行为，或者至少使之成为最偏爱的家政公司。

所谓经济激励，典型的如购买优惠、雇主忠诚计划奖励等。其中，家政企业要奖励那些购买家政服务核心服务产品（如，家居保洁服务、住家家政服务、母婴护理服务、育婴服务、居家养老护理服务、病患陪护服务等）的雇主，即奖励那些品牌忠诚与交易忠诚的雇主。要把握奖励时间，即定期向雇主通报他们的购买服务的积分情况以及未来即将兑现的奖励办法。

当然，家政企业需要特别记住的是，家政企业在制定并实施奖励计划的同时，必须为雇主提供优质家政服务质量。服务价格和服务成本必须与雇主感知的性价比相匹配。因为，如果雇主对家政企业提供的家政服务不满意，而且相信从其他家政企业可以得到性价比更优质家政服务时，雇主可能会很快“背叛”企业。

所谓非经济奖励，相比经济奖励的“有形”的“硬利益”，非经济奖励，也称为“软利益”，是指货币形式以外的奖励。例如，家政企业给予雇主家政服务优先权、家政服务补救承诺等。重要的无形奖励还包括对雇主的认可与欣赏。雇主需要家政企业对他们的需要给予格外的关注，尤其是企业还能满足雇主的一些特殊服务要求。这些雇主都是企业的 VIP 雇主。

总之，通过激励忠诚的顾客，也是建立顾客忠诚关系的有效策略。家政企业要根据自己企业的实际，建立雇主激励制度体系。

然而，家政公司也需要明白，奖励性的忠诚计划更容易被其他家政公司复制，很少能够保持持续的竞争优势。更高级别的关系则更具有可持续性。

（3）建立更高层次的顾客忠诚

在家政服务中，对雇主的激励计划或制度体系，很容易被竞争对手模仿，无法构成家政企业持久的竞争优势。要像建立难以模仿的竞争优势，家政企业就必须要建立更高层次的约束，即社会情感约束、定制化约束、结构性约束。

所谓社会情感约束，是指家政企业特别是一线家政服务员与雇主之间，在家政服务过程中，建立良好的人际关系与情感关系，称之为“社会情感约束”或“社会捆绑”。家政服务员把“雇主”家庭当作自己的“家庭”来提供家政服务、把雇主及其成员当作自己的“亲人”进行护理，即“老吾老以及人之老”“幼吾幼以及人之幼”。当家政企业一旦与雇主建立了这种深度的情感或好的社会关系，竞争对手模仿起来是很困难的。这种社会情感是雇主忠诚关系重要的驱动因素。尽管社会捆绑比经济捆绑更难建立，也需要大量的时间来获得，正是由于同样的原因，也更难被其他家政公司复制给同样的顾客。

所谓定制化约束，就是家政服务企业根据雇主的需求，提供定制化、个性化服务，就形成了定制化约束。一对一的市场营销也是一种特殊的定制化，顾客中的每个人被当成一个细分市场来对待。

在家政服务中，家政企业将建立雇主家庭服务信息库，根据雇主需求建立雇主标准（指雇主服务预期），后派遣与雇主标准相匹配的家政服务员提供定制化服务。即根据雇主家庭人数及其家庭成员的生活方式、生活习惯、家庭成员的饮食类型与偏好、家庭衣物洗涤收纳喜好、家庭特殊人群（如老年人、婴幼儿、病人、残疾人等）照料的特殊需求、家庭的其他特殊要求等，依据雇主标准，由相匹配的家政服务员提供有针对性的家政服务。

当雇主习惯了这些特殊的有针对性的家政服务后，他们就很难再接受那些不能提供定制化服务的其他家政企业，至少不会立刻接受新的家政企业。因为新家政企业需要花费一定的时间，来与雇主磨合，了解雇主的需求与偏好。

所谓结构化约束，也称为“结构捆绑”，就是在家政服务中，通过让雇主参与家政服务产品设计、家政服务流程设计、特别是雇主参与家政服务过程等。还有的家政服务公司官方网站或 APP，为顾客或家政服务员建立个人网页，便于他们管理自己的家政服务。来建立家政企业或家政服务员与雇主之间的结构性关系。一旦将雇主融入家政企业发展运营流程中，结构捆绑就建立起来。在这种情况下，竞争对手家政企业很难将雇主抢走。

由于，家政服务的特性，即雇主与家政服务员之间是零距离接触，雇主直接或间接参与家政服务过程。再加上，今天是移动互联网时代，通过微信等移动多媒体，雇主与家政企业之间的联系更加方便快捷，这都为建立结构化约束创造了条件。

总之，以上三种约束策略，都有利于强化家政企业与雇主的关系，同时，也为雇主安全放心使用家政服务，带来了特殊的利益。但是，除非家政企业能持续地为雇主提供优质的家政服务，否则，约束很难长期维持。

29.2.6 如何减少顾客流失

通过以上论述，我们知道了通过顾客忠诚的一些基本策略，把雇主与家政服务企业有效地联系在一起。同时，我们还需要知道是什么因素导致了雇主流失？进而消除或减少雇主流失。

（1）顾客流失分析与监控

当家政雇主流失时，家政公司第一步要做的就是要找到雇主流失的原因。在家政服务中，雇主流失的原因是多方面的：

（1）核心服务失误。就是家政服务员的服务技能标准或水平达不到雇主的服务预期，或者说，家政服务员解决不了雇主的家务问题，让雇主不满意。

（2）对服务接触或附加性服务不满意。就是家政服务员在与雇主的交往中，例如，不关心、不礼貌、不回应、不知道等行为，让雇主不满意，给雇主留下不好的印象。

（3）认为定价过高、欺骗性定价、不公平定价、涨价等；

（4）认为时间、地点不方便或延误传递。例如，等待预约、等待服务等；

（5）雇主抱怨投诉处理得不好，认为对服务失误反应迟钝。例如，消极的、没有、不情愿的等；

（6）发现其他家政公司提供更好的服务；

（7）其他因素：非自愿的改变。例如，顾客搬家、家政公司倒闭等；

道德问题。例如，欺骗、不安全、强迫销售、利益冲突等。

总之，雇主决定离开一家提供服务的家政企业而转向另外一家，影响因素并不是单一的，可能是许多因素共同作用的结果。例如，服务出现失误，之后服务补救不及时，还有可能是家政服务员的服务态度不友好，与竞争对手企业相比，家政服务员的服务技能不如别人等。这些因素叠加起来，最终导致雇主选择离去。

现在，有的具有前瞻性的家政服务企业，会定期组织开展“雇主变动诊断”。就是为了更好地搞清楚为什么它们的雇主会流失。必要的时候，企业也会委托第三方研究机构对流失的雇主进行深度访谈，进而对有波动、下降、流失的雇主数据进行分析，找出流失雇主的主要原因。对于那些重要的雇主，如果有流失的风险，企业会及时将这些雇主标识出来，然后，采取具体措施挽留他们。例如，派遣客户经理上门当面向雇主征求意见并加以改进。

（2）实施有效的顾客抱怨管理与服务补救

在家政服务过程中，当服务失误发生后，为了减少雇主流失，特别是对于那些已经不高兴的雇主来说，能够让他们留在家政企业的最有效的方法，就是及时、有效的顾客抱怨管理、出色的服务补救措施，包括让雇主能轻松地倾诉他们遇到的问题。家政企业对雇主所反映的问题，能迅速有效地予以解决。这里，需要指出的是，当服务失误发生后，家政企业的态度很关键，将直接决定雇主的态度，其次才是服务补救的措施。这样，雇主就会回到满意状态，降低转换的倾向。

（3）提高转换成本

所谓转换成本，是指家政企业通过提供家政服务附加性服务或增值服务，例如高的便利性、定制化、个性化、优先权（这些通常被合并称为“积极转换成本”或“软锁定战略”），来提高顾客转换成本，进而强化与顾客的关系。这种策略在促进顾客态度和行为忠诚方面，比“硬锁定战略”更有效。

所谓硬锁定战略，是指家政企业通过《服务合同》约定违约罚款的方式，来约束顾客服务转换行为。这里的合同约定中的一些条款也可能会成为顾客转换成本。例如，家政中介服务中所收取的“定金”。顾客所支付的定金就是顾客转换其他家政服务公司的代价。家政企业在运用这些策略时，必须慎重，避免使顾客产生自己成为企业“人质”的感觉。

当然，如果家政企业的转换成本很高，同时，所提供的家政服务质量又很差，就会引起顾客反感并传播企业不好的口碑。即使顾客没有转换其他家政公司，暂时继续忍受服务，一旦某个时间点上该公司一个不当举措可能就会成为压垮骆驼的最后那根“稻草”，或者一个其他家政公司提供新的有品质的家政服务，顾客都会转投其他家政公司。

（4）关系营销

所谓关系营销，是指家政企业与顾客保持长期关系的营销活动。最理想的状态是顾客和家政企业，都对建立更深的相互依赖关系、更高附加值的交换感兴趣。

对于那些没有购买家政服务意愿，也不想在未来购买家政企业服务产品的顾客来说，家政企业采取的营销模式之一就是交易营销、关系营销。通过建立顾客与家政企业之间的关系来实现服务交易，来提升这些顾客的忠诚度。

而关系营销需要会员制关系，家政服务业天然就适合关系营销。

（5）建立会员制关系

所谓会员制关系，是指家政企业与可识别的顾客之间最正式的关系。这种关系会给双方同时带来利益。

我们知道，在家政服务中，顾客不仅参与家政服务的交易，而且参与家政服务过程。在参与家政服务过程中，家政服务员与顾客之间会建立一种生产协作关系，包括互相配合、家政服务员指导、雇主学习，以及互相交流和建立感情等。因此，家政服务中的顾客与家政企业之间是连续式服务，不是间断式服务。

在间断式交易所牵涉到的交易双方通常并不熟悉，间断式服务企业对其顾客的情况知之甚少，如这些顾客是谁，每个顾客对服务的要求是什么等。总之，要在间断式服务业中，如餐饮服务、邮政服务等，与顾客建立起关系，是很困难的，需要付出加倍努力。

与间断式服务相反，对经常光顾的顾客，要建立并正式记录其家庭基本信息、服务需求、服务偏好、服务购买方式等信息。因为这样可以帮助家政服务员避免在每次家政服务中问同样的问题。因此，在连续式的家政服务中，顾客与家政企业之间，是可以建立正式关系，建立会员制关系。这样，家政企业就会根据会员顾客的需求，建立顾客数据库，特别是了解顾客的服务预期与服务偏好，提供定制化、个性化家政服务，给顾客带来更多的利益。在此基础上，家政企业建立并实行“顾客忠诚奖励计划”与顾客关系管理系统有机结合，就会进一步筑牢顾客忠诚，减少顾客流失。

当然，家政企业还可以努力将零散交易转换为会员关系。在有相当顾客基础的家政公司里，通过实施忠诚计划仍然可以将“交易”转化为“关系”。这就要求顾客提出会员卡申请，会员卡可以保存顾客所进行的交易以及与一线家政服务员交流的偏好。

同时，家政公司也必须明白，即使精心设计的奖励计划本身，也不足以保留公司最有价值的顾客。如果顾客对家政公司提供的家政服务质量不满意，或者相信可以用更低的支出、获得更好的其他家政公司提供的家政服务时，顾客会马上变得不忠诚。

没有哪个家政服务企业，在为其长期顾客制定奖励计划时，会忽略更长远的目标：那就是为顾客提供高质量的家政服务、更好的服务性价比。

29.3 区块链 + 家政服务顾客需求与客户关系管理标准

基于区块链的家政服务平台，首先要求将顾客需求进行标准化、量化，转化为由顾客确定的服务质量，再将顾客确定的服务质量数据化，进而编制家政服务的智能合约，实行区块链家政服务平台点对点（雇主和家政服务员）服务自动化交易。

这时的客户关系管理，不仅是建立雇主对家政公司的忠诚关系，更多的是建立雇主与家政服务员之间良好的长期合作关系；不仅是进行“链上”服务自动交易，还要结合“链下”活动，维护和强化客户关系，进行客户关系管理，要“链上”与“链下”整合，家政公司与家政服务员共同努力，建立顾客忠诚关系。

第30章　家政服务投诉与服务补救管理标准

【家政政策】

序号	发文时间	发文机关	政策文件名称
	2019年6月16日	国务院办公厅。国办发〔2019〕30号	《国务院办公厅关于促进家政服务业提质扩容的意见》
相关摘要	（三十三）建立家政服务纠纷常态化多元化调解机制。进一步畅通“12315”互联网平台等消费者诉求渠道，发挥家政行业协会、消费者权益保护组织等作用，建立家政服务纠纷常态化多元化调解机制。		

【家政寄语】

抱怨是雇主给家政公司和家政服务员的礼物。

及时有效的服务补救会收获更多，但只有一次机会。

【术语定义】

雇主抱怨：在家政服务中，当服务失误发生时，雇主会产生一系列的负面情绪，例如生气、不满、失望、焦虑、后悔等。

服务补救：是一个保护伞概念，即公司通过一系列的努力，纠正服务失误所产生的问题，从而维护与雇主之间的良好关系。服务补救努力在获得（或修复）顾客满意度和忠诚度方面发挥着举足轻重的作用。

服务承诺：是家政服务企业向雇主提供服务保证，承诺如果家政服务不能达到预定的服务标准，雇主有权要求一种或多种形式的补偿。例如，重新提供免费服务、更换服务、获得赔偿金或者退款等。

不良顾客：是指言语错误、行为不负责任的顾客，会给公司、员工特别是一线家政服务员、其他顾客都带来麻烦。

【标准条款】

序号	标准编号	标准名称	主管部门
8	Q/QKL JZGL108-2020	家政服务投诉与服务补救管理标准	
标准内容	30.1 服务投诉管理 30.1.1 雇主抱怨行为 30.2 服务补救管理 30.2.1 服务补救 30.2.2 有效服务补救原则 30.2.3 服务补救策略：安抚雇主 30.2.4 服务补救措施：解决问题 30.2.5 服务承诺 30.2.6 更换还是接受服务补救 30.2.7 如何应对不良顾客		

【学习目标】

通过本章的学习，您将能够：

1）理解家政顾客为什么抱怨；

2）了解家政顾客为什么不抱怨；

3）掌握有效家政服务补救的原则及策略；

4）认识家政服务承诺的价值；

5）掌握如何设计有效的家政服务承诺；

6）熟悉家政服务中不良顾客类型，并掌握如何应对的方法。

30.1 服务投诉管理

雇主抱怨行为

家政服务质量的第一定律：第一次就把服务做对，即做合格的、正确的服务。但是，我们不得不承认，那就是服务失误总是会发生、不可避免。没有雇主抱怨投诉是雇主关系不良或恶化的最明显的信号之一。没有人会一直很满意，特别是在较长一段时间内。况且，家政服务具有“无形性”“异质性”“不可分性”“不可储存性”的服务特征，导致家政服务质量会因不同的家政服务员、不同的服务时间、不同的服务家庭、不同的雇主而不同；家政服务过程中许多“关键时刻”也非常容易出现问题。例如，上岗后“关键十分钟”；雇主直接或间接参与家政服务过程等。这都增加了家政服务失误发生的概率。

那么，家政企业如何对待雇主抱怨和解决服务失误，将直接决定企业要么立即解决雇主抱怨、建立雇主忠诚，要么眼睁睁看着雇主“用脚投票”转向其他家政服务公司或投奔竞争对手公司。

在家政服务中，当服务失误发生时，雇主会产生一系列的负面情绪，例如生气、不满、失望、焦虑、后悔等。

同样，对于你自己经历过的服务，你很可能不会始终感受到很满意。那么，你如何回应这些令你不满意的服务？你会口头向员工抱怨，要求见经理或提出投诉吗？或者很可能自己私下里抱怨，或向你的朋友和家人发牢骚，下次当你需要同样类型的服务时，你会选择其他的服务提供者？

其实，对糟糕的服务从不抱怨的雇主，大多数人不会投诉，特别是当他们认为抱怨毫无益处的时候。

我们知道，一个雇主对服务失误采取行动主要不外乎三种方式：

（1）采取某种形式的公共行为（包括向家政公司；或第三方投诉，如家政服务业协会、消费者维权组织；或政府管理机构；甚至是法律起诉）。

（2）采取某种形式的私人行为（包括抛弃服务提供的家政公司，选择新的家政公司提供服务）。

（3）不作为。

透过以上三种抱怨投诉行为，我们可以把抱怨者划分为四种反应类型：消极者、发言者、发怒者、积极分子。不同的抱怨者有不同的行为，在我们的家政企业中会经常遇到：

（1）消极者

在家政服务中，这类雇主最典型的特点是：极少会采取抱怨与维权行动。与那些到处进行负面宣传的人相比，他们不大可能对家政服务员说任何事，也不大可能向第三方进行抱怨。他们比较怀疑投诉的有效性，认为维权成本高，投诉结果与所花费的时间和努力相比不值得。还有，就是这些雇主的个人价值观不赞成投诉，会抵制抱怨。

（2）发言者

与消极者相反，这类雇主很乐于向家政公司和一线家政服务员抱怨，但他们不大可能传播负面消息，或向第三方讲述不满。在这些雇主看来，他们主动投诉，既是给家政企业改正的机会，也是对社会有益，所以他们会毫不犹豫说出自己的感觉。他们相信，向家政公司和家政服务员投诉会带来好的处理结果，并不认为到处传播负面消息或向第三方诉说是有价值的行为。在家政服务中，这些雇主无疑是家政公司的最好的朋友，家政公司应该要倍加珍惜。

（3）发怒者

与消极者、发言者不同，这类雇主更有可能极力向朋友、同事、亲戚传播负面消息。他们的共同特点是向家政公司及家政服务员抱怨，不仅如此，而且更加愤怒，他们不可能给家政公司第二次机会，取而代之的是转向原家政公司的竞争对手，并且会一直向朋友、同事、亲戚传播负面消息。甚至，这些愤怒的雇主，比其他雇主更有可能通过移动互联网，特别是微信，发消息来分享他们的愤怒。因此，针对这些雇主，一定要注意防范，在这类雇主抱怨投诉时，及时做好服务补救，尽量避免不好的口碑传播。

（4）积极分子

这类雇主的特点，是典型抱怨投诉者：具有抱怨的习性，他们不仅向家政公司抱怨，还会告诉其他人，更可能向第三方抱怨，或通过社交媒体特别是微信、微博发表看法。抱怨符合他们的个人价值观。他们认为，抱怨投诉是非常有价值的行为，并乐此不疲。

总之，雇主可能选择采取其中一种或几种行为，价值企业管理者记住这一点很重要。

家政企业管理者需要意识到，雇主背叛的负面影响很大，绝不仅仅是企业营业收入的损失。生气的雇主会告诉很多人他们遇到的家政服务问题。“好事不出门，坏事传千里”。特别是今天的移动互联网时代，微信将使不满意的雇主在移动互联网社交媒体上，公开抱怨家政服务员与家政公司的不良行为，能够传播到数以千计万计的人那里，他们甚至可以创建自己的网站或微信公众号，公布他们经历过的不愉快的事情。例如，“掷出窗外”。

因此，家政企业管理者要想有效处理不满意或者抱怨的雇主，需要知道雇主的抱怨行为，需要知道雇主为什么要抱怨投诉？

（1）雇主为什么要抱怨投诉

一般而言，雇主抱怨与投诉行为，主要有四大目的：

（1）获得退款、赔偿或者更换家政服务员。一般情况下，雇主要求通过退款、赔偿，或重新获得服务或者更换家政服务员等方式弥补经济损失。这是最主要的目的。

（2）泄愤。在家政服务中，当家政服务员很无礼，故意威胁或明显地冷落雇主家庭的老年人、婴幼儿、病人或残疾人时，或者家政公司管理人员出现的官僚主义作风且不合理时，雇主的自尊心、自我价值、公平感会受到负面的影响。雇主一般会很生气而感情用事，希望通过抱怨与投诉，来重建自尊或挽回面子或发泄愤怒与挫折感。

（3）帮助改善服务质量。当雇主与服务有很高的的关联度（如会员制、老雇主或其他利益相关者），或者雇主积极参与到服务中时，他们会作出积极反馈，建言献策，为改善家政服务质量付出努力、作出贡献。

（4）利他主义。一些雇主是在利他主义思想的驱动下“仗义执言”，进行抱怨投诉的。他们希望其他雇主不要再有同样的遭遇。他们希望通过抱怨投诉，引起其他雇主对这个问题的关注，希望家政公司快速纠正此类问题，以免给他人带来麻烦。如果其他雇主重蹈覆辙，他们会感觉不舒服。这类雇主是家政公司“免费的、义务的”家政服务质量特别“监督员”。

2）为什么不满意的雇主不抱怨投诉

雇主不投诉的诸多原因：雇主可能不愿意花时间写投诉信、发送电子邮件、填写表格，或者打电话，或发微信，尤其是当他们认为这些服务没那么重要，或者认为家政公司没有能力或不会处理服务投诉时，不值得让他们做出这样的努力时。因为，他们认为，投诉也需要时间成本。

许多雇主认为收效不确定，他们相信没有人会关心或者愿意解决他们遇到的问题。某些情况下，雇主根本不知道该去哪里投诉或该怎么做。尤其是有过投诉失败经验的人，认为投诉无用。

也有许多人感到投诉是件让人不舒服的事情。他们可能害怕起冲突，特别是在投诉与雇主认识的某个人有关、还要与之打交道的情况下。在家政服务中，就是如此，毕竟家政服务员在没有离开雇主家庭之前，还雇主需要家政服务员提供服务。

投诉行为，也受到角色意识和社会规范的影响。雇主在认为自己处于“弱势”地位的情况下，其表达不满情绪的可能性更小。例如，在家政服务员照顾居家老年人、病人、残疾人、婴幼儿、孕产妇与新生儿时，这些被照顾的人都处在“弱势”地位，雇主也不愿意轻易抱怨投诉家政服务员。

3）哪些人最可能投诉

在家政服务中，有较高社会经济地位的人，比社会经济地位较低的人，更可能投诉。他们受过更好的教育，有更高的收入，以及更广泛的社会关系，这些使他们有信心、知识、动力说出他们遇到的问题。

此外，那些投诉的人对出现问题的家政服务产品有更好的认识。例如，从事服务业的雇主更容易投诉。

4）雇主向哪里投诉

在家政服务中，大多数雇主是到家政公司办公地点进行投诉，也有的就直接向家政服务员本人进行抱怨。当雇主主要是想发泄愤怒和挫败感时，他们会使用非互动式渠道投诉（例如，微信、热线电话、手机短信、电子邮件或信函），但是当他们想解决或纠正服务问题时，则会借助于如面对面或电话等互动式渠道。

实际上，即使雇主的确投诉了，家政公司管理者通常也无法听到反馈给一线家政服务员的投诉。如果没有正式的雇主反馈系统，只有小部分的投诉能够传到公司总部或管理高层。因为，家政服务员一般不会把雇主的抱怨向管理层尤其是高级管理层汇报。从这个角度上看，家政公司建立“雇主反馈系统”是非常必要的。因为，雇主抱怨投诉是家政公司改进家政服务质量的一个非常好的途径。

30.2 服务补救管理

30.2.1 什么是服务补救

无论服务失误何时发生，雇主都希望获得服务补救、公平的赔偿。然而，许多雇主感觉到他们没有获得公平的对待，又没有获得充分的服务补救或赔偿。当此种情况发生时，他们的反应是直接的、情绪化的、持久的。反之，及时进行补救对于雇主满意度提升具有积极意义。因此，当服务失误发生时，要及时安抚雇主，维护客户关系；积极纠正错误，解决问题，避免再次发生服务失误。那么，什么是服务补救？如何进行服务补救？下面将具体分析：

（1）什么是服务补救

“感谢上帝，让我打电话时遇到一位不满意的顾客，我所担心的是那些没有打来电话的人。”这实际上是成功的管理者的经验总结。

实际上，投诉的雇主，给了家政公司纠正问题（包括一些家政公司可能不知道存在的问题）、修复与抱怨者之间的关系，并在今后为雇主提供满意服务的机会，从而避免犯同样的服务失误。

所谓服务补救，是一个保护伞概念，即公司通过一系列的努力，纠正服务失误所产生的问题，从而维护与雇主之间的良好关系。服务补救努力在获得（或修复）顾客满意度和忠诚度方面发挥着举足轻重的作用。

尽管雇主抱怨投诉，会给家政服务员对服务雇主的态度带来消极影响，但是对抱有积极态度的员工（包括一线家政服务员），更可能将抱怨投诉视为改进工作的机会，从而更好地为雇主提供服务。

2）有效的服务补救：影响顾客忠诚度

有效的服务补救，要求采取精心策划的措施以解决问题，并处理不满的客户。拥有有效的服务补救策略，对公司而言至关重要的。

因为，背叛的风险很高，特别是雇主在有一系列竞争者可供选择的情况下。一项对服务业顾客更换服务提供者行为的研究发现：近 60% 的人表示由于服务失误他们会更换服务提供者。

抱怨投诉的解决方案令人满意时，则雇主保持忠诚度的几率更高。

研究发现：

对于主要的抱怨投诉而言，如果公司同情地倾听顾客的投诉，但投诉的解决方案不能令雇主满意的话，雇主保留率增加到 9%—19%；如果投诉的解决方案令顾客满意，保留率则攀升至 54%；如果问题迅速得到纠正，特别是在当场就得到纠正的情况下，保留率最高可达到 82%。

也就是说，解决抱怨投诉应当被视为获得盈利，而不是付出成本。当不满意的雇主背叛时，公司损失的不仅仅是下一笔交易的价值，还可能损失从该客户那里或者由于不满而更换家政服务公司；或者由于从不满意的朋友那里听到有关公司的负面评论，而不会与该公司发展业务的任何人那里，获得的长期利润流（即一年一度的利润额）。

许多家政公司尚未接受这样的理念：即在服务补救上的投资，从获取长期利润的角度上看，是非常值得的，也是十分明智的。一个智慧的企业领导人不会因为雇主抱怨投诉而显麻烦，总是积极进行服务补救。

3）常见的服务补救错误

（1）家政企业管理者常常忽略：服务补救能带来巨大的经济回报的事实。许多企业常常集中精力削减成本，只是空谈要保留高盈利性的顾客。此外，他们对需要尊重所有顾客熟视无睹。

（2）很多公司在服务失误的预防措施上重视不够、投资不足。在理想情况下，家政服务公司应在“潜在的问题”变成“真正的问题”之前就会考虑到这一点，并提出应对的服务补救预案。尽管预防措施不能消除服务失误，但是它们能极大地减少了一线家政服务员的负担。

（3）提供雇主服务的一线家政服务员，不能表现出良好的态度。在服务补救过程中，最重要的三件事是：态度、态度、态度。无论公司服务补救预案做得多么好，规划得多么完美，一旦一线家政服务员没有和颜悦色、没有公认的友好态度，服务补救措施就不会起作用。

（4）企业不为雇主抱怨投诉或反馈提供便利。大量的雇主并不知道存在能够帮助他们解决服务失误问题的反馈系统。因此，家政服务公司要建立多种渠道，方便雇主抱怨投诉。例如，建立并向社会公示企业微信公众号、企业热线电话、安排专人 24 小时负责接待雇主抱怨投诉等。

30.2.2 有效服务补救原则

我们知道，现有客户是家政公司有价值的资产。家政公司管理者为了留住现有的客户，需要开发出有效的服务补救程序，以应对不满意的顾客体验，必需要注意三条指导原则：一、便于顾客给出反馈；二、使有效的服务补救成为可能；三、要确定适当的赔偿标准。下面将具体分析：

一、便于顾客给出积极反馈

在家政服务中，当发生服务失误后，经常出现顾客很不满意但又不愿意投诉。家政公司管理者该如何鼓励他们积极投诉？最好的办法是直接分析他们不愿意投诉的原因，并据此采取措施鼓励他们积极投诉。

减少顾客投诉障碍的策略（举例）

不满意顾客的投诉障碍	减少这些障碍的策略
不便利 * 很难找到正确的投诉程序 * 进行投诉需要付出努力 例如，写信或打电话	使反馈变得容易和便利 * 在所有的顾客沟通材料中都附有客户服务热线电话、手机号码、公司微信号、电子邮件、通信地址等。
怀疑投诉行为是否起作用 * 不确定公司是否会解决，或采取什么措施解决顾客不满意的问题	确保反馈受到认真对待，请顾客放心 * 设立适当的服务补救程序并告诉顾客 * 基于顾客反馈而获得服务改进
不愉快的感觉 * 害怕受到粗鲁对待 * 害怕发生争吵 * 感到尴尬	使反馈成为愉快的经历、积极的体验 * 感谢顾客提供反馈，使顾客感到舒服 * 培训一线家政服务员不要与顾客争吵 * 允许匿名反馈

二、使有效的服务补救成为可能

家政公司补救服务失误，不仅需要热情地表现出解决任何问题的决心，还需要责任、规划、明确的指导方针。具体地说，有效的服务补救程序应该是：（1）积极主动的；（2）有计划的；（3）训练有素的；（4）授权的。下面分析：

（1）服务补救应该是积极主动的

家政服务补救，需在家政服务现场积极主动地，理想的情况是在雇主还没有机会抱怨之前就进行服务补救。家政服务员应该对不满的信号很敏感，并询问雇主是否感到满意或还有什么建议与问题。例如，家政服务员在对厨房保洁做完后，立即问雇主“先生或女士，这个厨房保洁，您满意吗？还有什么地方需要改进？”雇主当时的反应给了家政服务员进行服务补救的机会，而不是等家政服务员离开后，雇主感知不满意后或者投诉，或可能再也不会使用该家政公司的服务。

2）家政服务补救程序需要计划性

需要针对服务失误，特别是为了那些经常发生而又不能设计在系统的家政服务失误制定应急预案。

为了简化一线家政服务员的任务，公司应该确认最常见的服务问题。例如，服务等候、服务延迟、服务新工具使用等。为家政服务员制定应对可能出现的服务失误或常见问题的解决方案或服务补救措施，以便家政服务员及时进行服务补救。

3）必须培训服务补救技巧

作为顾客，你在遇到服务失误时可能会立即感到不安，因为事情没有按照预期的情况发展。因此，你需要家政服务员的帮助。但是她们愿意且能够帮助你吗？有效的培训可在一线家政服务员中树立自信、增强能力，使顾客能够转悲为喜。尤其要告诉家政服务员，在顾客投诉时，不要与顾客争吵，要诚恳接受顾客的投诉，家政服务员的“态度”是第一位的，要让顾客感受到投诉不会带来不愉快，而且会得到鼓励。

4）服务补救要求授权给家政服务员

家政服务补救措施应该富有弹性，应该给家政服务员授权，让她们发挥判断力与沟通技巧，找出令抱怨投诉的顾客满意的解决方案。

这在不同寻常的服务失误中尤其如此，因为家政公司可能没有制定或试行可能的解决方案。家政服务员需要决策的权力，花钱或花时间及时解决服务问题，满足顾客的良好愿望，换回顾客的不良体验，让顾客重新信任家政公司及家政服务员提供的服务。

三、要确定适当的赔偿标准

当服务失误发生时，家政公司应该提供多少赔偿？是需要提前有一个预案，好让家政服务员在服务补救中执行。

1）要明确家政公司的定位是什么？如果是因高质量服务而闻名，而且为保证服务质量而定价较高，那么，顾客会期望这样的家政公司很少发生服务失误。在这种情况下，家政公司应尽全力去补救偶尔发生的服务失误，并且补偿价值应该更高，以便维护自己高质量服务品牌的名声。

2）要看服务失误有多严重？“罪罚相当”。在家政服务中，如果是轻微的服务失误，给顾客造成较少的不便，顾客期望较低，通常给顾客一个真诚的道歉，就可以；如果服务失误，对顾客的时间、精力、期望有巨大的损害，给顾客带来较大的烦恼，顾客会期望获得更多的补偿。

3）谁是最有影响的顾客？在家政服务中，长期顾客、忠诚顾客、购买量较大的顾客、重要顾客（例如，领导人）对家政公司的期望较高，努力挽回这些客户，对家政公司来说是很值得的；一次性购买服务的顾客，对公司的要求很少，而且对公司的利润贡献较少。对这些顾客，补偿可以少些，但仍然要公平对待；对于首次购买家政服务者，如果被公平对待，这些顾客将最有可能成为重复购买服务者。

特别需要提醒的是，在家政服务中，过于慷慨的补偿不仅耗费资金较多，可能使顾客产生负面理解，会使顾客怀疑公司的动机。而且，过度慷慨与公平补偿相比，并不会导致更高的重复购买率，还可能带来公司声誉上的风险，可能会“诱导”那些不诚实的顾客“寻求”服务失误。

30.2.3 服务补救策略：安抚雇主

在家政服务中，尽管要尽量减少服务失误，但服务失误还是不可避免。因此，家政企业管理者和一线家政服务员必须做好服务补救的准备，以便好应付苦恼的顾客，包括不良顾客。他们咄咄逼人、针锋相对，有的时候让人无法接受，有时甚至会侮辱没有犯错的家政服务员。为了平静、安慰这些恼怒的顾客，现为一线家政服务员提供了一些有效解决问题的措施与策略：如何处理顾客投诉？下面具体分析：

1）服务补救的策略之一：快速反应

抱怨投诉的雇主总是希望得到快速的反应。即当企业发生服务失误或者接到雇主抱怨投诉时，必须第一时间准备好快速回答雇主。许多家政公司建立了 24 小时内或更快的反应政策。即使完全解决问题可能需要更长的时间，快速地承认服务失误仍然相当重要。总之，要行动迅速。

遗憾的是，很多家政服务企业在面对雇主抱怨投诉时反应迟钝；有的竟然在企业内部相互推诿，涉及公司内部多个部门和多个相关人员，就像打乒乓球一样推来推去，还迟迟没有解决雇主问题。这是雇主最为反感的，造成了对雇主的“二次伤害”。

特别是在今天移动互联网时代，智能手机人手一台，这样的雇主抱怨投诉，可随时在微信平台自媒体上得到传播。反之，快速的服务补救，也可以让一开始不满的雇主改变态度，增强对企业的满意度、忠诚度。雇主也同样可以通过微信平台自媒体传播自己的心得体会与感动。前后对比，对企业品牌影响高下立见。由此可见，当服务失误发生时，快速反应是何等的重要。

当然，企业要想实现在服务失误发生时快速反应，除了要预先建立服务补救的系统预案或规范守则外，还有加强对一线家政服务员的培训与认证。要家政服务员在服务失误发生时，要严格按照服务补救系统预案或补救规范守则进行及时服务补救。

2）服务补救的策略之二：提供合理沟通

（1）展现诚意、理解和责任

当服务失误发生时，要理解雇主的感受。要么默默地承认，要么明确地表示理解（例如，“我能理解您为何感到不悦”），这有助于建立良好的服务补救关系。雇主被理解、家政公司要展现诚意对待的态度、公司有人承担责任。这些对雇主来说非常重要。

也就是说，当服务失误发生时，家政企业要第一时间谢谢雇主的反馈、来自企业的一个道歉、被企业有尊严地对待，企业要向雇主解释发生了什么、保证以后不再发生、与雇主沟通时用平常大白话交流而不是念稿子、企业能跟雇主换位思考、给雇主提供一个向公司发泄他们不满的渠道与机会等。

不要与雇主争辩。当服务失误发生后，我们应该积极收集事实，而不是赢得辩论或证明雇主是傻瓜。争论并证明雇主是错误的并不可取，争论会妨碍倾听，它很少能够缓解愤怒的情绪。

要从雇主的角度，证明你能理解他们所遇到的问题。从顾客的角度去观察，理解他们认为哪里出了什么问题？为什么他们不高兴？家政服务员应该尽量避免根据自己的理解而草率地得出结论。

这些都是发生服务失误的企业展现诚意、理解、责任的行为，不仅不需要花费企业太多的成本，还能强化员工与雇主之间很好的沟通效果，雇主的情绪就会得到缓解。为接下来的服务补救，创造了良好的氛围和条件。

（2）给出合理的解释

在服务失误发生时，雇主一般想了解为什么会发生服务失误？即希望得到家政公司关于服务失误原因的解释？例如：家政服务员会为什么不履行《服务合同》而中途“跳槽”毁约？或者，为什么家政服务员在雇主不场的情况下，虐待雇主家庭的婴幼儿或老年人？为什么？

这就要求家政公司必须给雇主提供合理的解释，以减少雇主的不满，消除给雇主带来的负面影响。家政企业的解释，必须是实事求是的、符合实际情况，千万不能掩盖服务失误的事实真相；还有，就是企业的解释方式或态度，要让雇主感知到企业是诚实的、真诚的，这样也可以减少雇主的不满。

总之，企业通过服务失误时给出的合理的解释，让雇主能理解企业的处境，并更有耐心等待服务补救。

3）服务补救的策略之三：公平对待雇主

在家政服务中，既然服务失误发生了，现在雇主想要的就是正义与公平对待。在实际抱怨投诉中，雇主一般寻求的公平主要有三种类型：结果公平、过程公平、交互公平。具体分析如下：

（1）结果公平

所谓结果公平，是指家政企业在服务失误后的服务补救努力时，应该给雇主与他们因服务失误所遭受的损失相匹配的结果或补偿。这种补偿不仅仅是实际货币赔偿，还包括未来免费家政服务、折价、更换家政服务员等形式。这不仅包括对服务失误进行补偿，还包括在服务补救过程中所花费的时间、努力和精力。

在服务失误发生后，雇主希望得到公平的结果。家政企业为其服务失误采取某种行动的付出，至少要等于雇主已经遭受的损失。对家政企业来说，是合理的。雇主期待的这种结果公平，还体现在希望得到的赔偿与其他雇主经历同样类型服务失误时得到的一样。还有，如果家政企业能提供一些赔偿方式可供雇主选择，那就更好。当然，如果雇主得到过度赔偿，他们也会不舒服。这也是结果公平。

（2）过程公平

所谓过程公平，是指家政企业制定服务补救措施、规定、时限等方面公平地对待雇主。当服务失误发生时，雇主希望投诉渠道便捷、投诉过程简单化、投诉处理快速化，最好是第一个受理投诉的企业管理人员就能立即办理完结，而不是找借口推诿。

过程公平，还体现在投诉受理、处理中问题与措施清晰、快速、无争吵。相反，不公平过程却使雇主感受到缓慢、拖延、不方便。有的时候，如果非要雇主证明他们的情况属实，雇主也会感受到不公平。家政企业的这个要求看起来是雇主做错了或是撒谎。其实，在家政服务中，由于没有第三方在场，家政服务员的服务失误，雇主要取证还真的不容易。

（3）交互公平。

所谓交互公平，是指家政企业在服务补救中有礼貌、耐心、细心、诚实地对待雇主。在服务补救中，如果雇主感受到家政企业的员工包括一线家政服务员对雇主漠不关心甚至不想办法去解决问题，那么交互公平就会影响其他公平。

一般情况下，参与处理雇主投诉的员工包括家政服务员，如果缺乏必要的相关服务补救培训和授权，就容易出现漠不关心的行为。当服务失误发生时，雇主本身就很不满甚至愤怒或粗暴。

4）服务补救的策略之四：维护与雇主的关系

家政企业维护与雇主的良好关系，一个额外的好处就是当出现家政服务失误时，与企业有良好关系的雇主，更容易原谅服务失误，并更容易接受企业服务补救努力。也就是说，如果家政企业与雇主之间保持良好的合作关系，那么，在企业与雇主遇到问题时会更容易解决。其具体体现在：一方面，能够避免企业受到雇主不满带来的消极负面影响；另一方面，服务补救后的雇主满意度、忠诚度会提升。

30.2.4 服务补救措施：解决问题

在家政服务中，服务补救中安抚雇主不是目的，雇主需要的是立即解决服务失误问题。或者需要重新服务，如果可能的话，要尽量达成雇主最初的服务预期。还有，如果服务失误在不同的雇主身上重复发生，那么，服务标准、服务规范、服务流程也需要迭代与重新修订。下面是具体的服务补救措施：

（1）鼓励并跟踪投诉

在家政服务中，服务失误是不可避免的，雇主抱怨投诉也是不可避免的。因此，服务补救策略的第一步，就是要鼓励并跟踪雇主的投诉。况且，雇主的抱怨投诉是家政服务企业提升服务质量、服务体验的一个好机会。

家政企业可以采用多种方法或途径来鼓励并跟踪雇主抱怨投诉。例如：满意度调查、重大事件研究、流失雇主分析等。在今天的移动互联网时代，除了传统的免费热线电话可进行服务投诉外，微信、APP 等移动网络自媒体，是雇主抱怨投诉的一个方便快捷的途径，也可及时回应雇主的诉求，也可以追踪雇主的投诉信息。更重要的是，还可以利用人工智能技术，在雇主还没有抱怨投诉之前，就可以收集雇主的服务反馈意见。

（2）从服务补救中学习

进行服务补救，不仅仅是解决雇主问题，强化与雇主的关系，同时，也是一种收集雇主服务需求信息、改进家政服务质量的好途径。

在家政服务中，员工特别是一线家政服务员应该人手一张服务补救表格，用来及时记录雇主抱怨投诉的具体内容、服务补救的措施与解决问题的结果、雇主对服务补救的反馈等信息。企业管理层将这些信息表格汇总起来，建立雇主信息数据库，然后进行定期分析。如果发现一些服务失误是反复出现的普遍问题，那就要对家政服务的标准、规范、流程进行反思与修改；同样，还要在服务失误中建立家政服务员信息数据库。如果是一个家政服务员身上反复出现服务失误，那就要对这个家政服务员进行有针对性的服务培训，或者，反思这个家政服务员是否适合从事家政服务工作？

总之，通过服务补救经历并从中吸取经验教训，是为了确保服务失误这样的类似问题，不能在雇主身上再次发生，也不能让家政服务员再犯这样的服务失误。

（3）从流失的雇主身上学习

有效的服务补救策略，还有一个重要的方面，就是从已经决定离去的雇主身上学习。雇主决定“背叛”企业，决意离去，一定有原因。特别是那些已经离去的、重要的，或有价值的雇主的离去，对企业是一个大的损失。因此，家政企业有必要通过正式的市场调查，来找到或发现这些重要雇主流失的原因，以防此类事件会再次发生。

进行这样的流失雇主的深入调查，需要由企业里真正了解家政服务业务的人员来承担，要对流失的雇主进行深度访谈，做好访谈记录。企业高层人员进行这类研究，效果更好。这样有利于及时从企业整体层面来反思与修改服务标准、规范、流程。

（4）努力避免服务失误，争取在第一次提供正确服务

服务补救是企业不得已的行为，如果第一次就把事情做对，提供雇主满意的服务，就会节约企业很多成本。如果能这样，服务补救就没有必要了，雇主得到了他们服务预期的服务。那么，再次服务的费用或者对服务失误的赔偿也可以避免。因此，第一次就把事情作对，是家政服务业关于服务质量的最重要的衡量标准。

为了实现第一次就把事情做对，就需要家政企业建立服务质量控制手段。例如，防错方法、防错程序等就可以确保服务质量的可靠性、稳定性。在家政服务业中，服务标准化、服务规范化、按服务流程图或服务蓝图提供服务，就是服务质量管控的有效方法、有效程序。从这个意义上看，家政服务的“职业化”“规范化”就是家政企业发展的必由之路，道理就在此。

当然，家政企业建立“零服务失误”“零投诉”的服务文化，也是有效地确保“第一

次就把事情做对”的不可或缺的重要因素。在这种服务文化的导向下，无论是员工特别是一线家政服务员，还是企业管理层，都要每时每刻牢记并践行按服务标准、服务规范、服务流程给雇主提供优质服务，进而赢得竞争优势。

30.2.5 服务承诺

发展有效的服务补救战略还不够。制定服务承诺，迫使家政企业管理者认识到服务失误的代价。特别是，管理者必须从公司的错误中汲取教训，正如个人必须从他们自己的错误中汲取教训一样，这样才能采取行动消除那些可以控制的服务质量问题。

在家政服务中，服务承诺是一种有效的服务补救策略。有效的服务承诺，对家政服务企业也将会带来惊人的好处。因为服务是“无形的”“异变的”，通过服务承诺，可以赢得雇主的信任。

1）什么是服务承诺

所谓服务承诺，就是家政服务企业向雇主提供服务保证，承诺如果家政服务不能达到预定的服务标准，雇主有权要求一种或多种形式的补偿。例如，重新提供免费服务，或更换服务，或获得赔偿金，或者退款等。

那么，如何设计服务承诺?

有效的服务承诺,应该是简单而没有任何附加条件。反之,空洞的、很难实行的服务承诺,对雇主而言是没有意义的，也起不到服务承诺的作用。

（1）无条件：服务承诺无论承诺了什么，都必须是完全无条件的，不应该给雇主带来任何意外的内容。在服务承诺的文件中应该没有“如果、而且、但是”这些限制条件。附有一大堆附加条件的服务承诺一般是没有用的。

（2）易于理解与沟通：服务承诺应该让雇主容易理解、便于沟通，使雇主能够清楚地知道他们可以从服务承诺中获得的好处与保证。因此，服务承诺要具体明确，不能含糊其辞，空洞无物。

（3）对雇主是有意义的：在家政服务中，服务承诺的内容，是对雇主很重要的事情，也是雇主最担心的、最关心的事情。当服务失误发生时，赔偿应该多于弥补服务失误所造成的损失。

（4）易于援引：服务承诺应该方便雇主援引，而不是模棱两可而产生歧义。

（5）便于兑现承诺：如果发生服务失误，雇主能够简单方便、没有障碍地要求家政企业兑现服务承诺。

（6）可信赖：家政公司做出的“服务承诺”是严肃的、可信的。反之，有了服务承诺而不兑现，给企业带来的伤害与负面影响会更大。因此，企业不要轻易做出“服务承诺”，一旦承诺，就要一诺千金。

（2）服务承诺的作用

在家政服务中，我们一直倡导“顾客导向”“服务导向”的家政服务文化。而“顾客导向”的家政服务企业，越来越多地向雇主提供服务承诺，即将专业的雇主抱怨投诉处理和有效的服务补救进行制度化、公开化。这将给作出“服务承诺”的家政企业带来很多好处。因为，这些家政企业认识到，服务承诺不仅是作为一种服务营销工具，也是保证和实现家政服务质量的有力工具。一个有效的家政服务承诺对于市场竞争日益激烈的家政企业的作用，将是显著的，主要有以下几点：

（1）服务承诺促使家政企业关注雇主需求。家政企业要确立一个有效的服务承诺，首先必须明确家政雇主想要的是什么、服务期望的是什么？雇主的服务价值观是什么？也就是说，对雇主来说，什么是最重要的？什么使雇主满意？这是家政企业发展的立足点。设计服务承诺时，“我们要了解是什么让雇主满意。而不是我们认为是什么让他们满意。”

（2）服务承诺确定了家政企业的服务标准。服务承诺告诉了雇主，也告诉了企业员工特别是一线家政服务员，企业的服务标准是什么？即什么是对员工的期望，也要求企业管理者围绕“服务承诺”来建立企业服务文化。服务承诺将成为家政企业管理者和一线家政服务员识别、提高家政服务质量的管理工具。

（3）服务承诺有利于雇主快速反馈。服务承诺能激发雇主的抱怨投诉，使雇主了解到他们有权利依据企业的服务承诺进行抱怨投诉。因此，服务承诺能够给企业提供快捷的、更有代表性的、有价值的雇主的反馈。

（4）服务承诺有利于服务补救。服务承诺迫使家政企业了解自己为什么会出现服务失误，鼓励员工特别是一线家政服务员识别并克服潜在的服务失误点；当服务失误发生时，因为有服务承诺，所以履行服务承诺时就有一个快捷的机会来进行服务补救。如果雇主不断得到服务补救，不满意的雇主就会减少。快速的服务补救，能够在很长时间内既能令雇主满意，又有助于维持雇主忠诚。

（5）服务承诺有助于服务持续改进。通过服务承诺产生的信息可以被记录跟踪，并汇总在服务补救与服务改进中。服务承诺有助于建立机制来倾听雇主的声音，满足雇主的需求，即有利于强化雇主与家政企业和家政服务员之间的反馈联系。

（6）服务承诺有助于降低雇主购买风险、建立忠诚。服务承诺降低了雇主购买家政服务的风险感，并有助于建立对家政企业的信任。因为，家政服务是无形的，雇主在购买家政服务前，希望找到可帮助其降低不确定感的信息和暗示。而购买前的服务承诺，已被证明可以降低雇主风险感并增加对无形的家政服务的积极评价。这样，就提升了家政企业的营销能力。

（7）服务承诺有助于建立积极的家政服务文化。对家政企业来说，服务承诺有助于建立雇主的理解和忠诚、正面的口碑宣传。这都间接地促进企业积极的服务文化的建立，进而能够间接地减少员工包括一线家政服务员的流动性，培育员工忠诚。

3）什么时候使用（或不使用）服务承诺

通过上文，我们知道，服务承诺具有很多好处。但并不是所有的家政服务企业都适合向社会推出“服务承诺”。在决定是否引入服务承诺时，家政企业管理者应该认真考虑企业的优势和劣势。在有的情况下，服务承诺可能就行不通、不适用。下面具体分析：

（1）家政企业现有的服务质量低劣。家政企业在建立一项服务承诺时，首先必须将家政服务质量提高到超过服务承诺的水平，应该解决所有重大服务质量问题，特别是家政服务质量的稳定性、一致性问题。因为，服务承诺肯定会引起雇主对服务失误和服务质量的关注。而完成该服务承诺的成本会轻易超过该服务收益。即严重质量问题而付给雇主的实际货币以及与雇主改善关系有关的其他成本将超过该服务所获得的收益。也就是说，当企业的服务承诺的成本超过利润时，是不适合引入服务承诺。因此，家政企业在做出服务承诺之前，要仔细计算相对于预期收益（顾客忠诚、质量改善、新顾客开发、口头广告等）是期望成本（即对服务失误的赔偿和进行改善的成本）。

（2）服务承诺与家政企业形象不符。已经拥有卓越的家政服务而享有盛誉的家政企业，可能也并不需要服务承诺。事实上，如果企业已经因质量高而拥有很好声誉，还提出服务承诺，可能会给市场造成混乱。这也与企业的形象不符。也就是说，希望定位高端家政服务的企业即使在没有服务承诺时，也将事情做好。

4）如何建立服务承诺

建立服务承诺，对家政服务企业有利有弊，需要企业对此有清醒的认识。因此，如何建立一项服务承诺，就更加需要认真对待。下面是建立服务承诺所应该考虑的一些问题：

（1）谁来决定企业服务承诺

* 是企业创始人一个人还是企业内部有服务承诺拥护者？

* 高级管理者是否真正履行服务承诺？

* 服务承诺是否是整个团队特别是一线家政服务员的努力？

* 在决定服务承诺时是否倾听了雇主的声音？

（2）什么时候服务承诺有意义

* 家政服务质量水平有多高？

* 我们能做出服务承诺吗？

* 竞争者提出服务承诺吗？

* 家政企业服务文化和服务承诺一致吗？

（3）我们应该提供什么类型的服务承诺

* 应该提供无条件的服务承诺还是特定结果的服务承诺？

* 我们的家政服务实现标准化了吗？

* 我们特定的服务承诺应该关于什么？

* 在家政服务中什么是不能控制的？

* 企业是否对无理由的触动敏感？

* 支出应该是多少？

* 退款会传递错误的信息吗？

* 退款会使雇主内疚吗？

* 服务承诺容易被利用吗？

总之，建立一个有效的服务承诺，需要从家政企业的实际出发，实事求是，不要盲目引入服务承诺。因为不好的服务承诺的作用，将适得其反。

30.2.6 更换还是接受服务补救

在家政服务中，当服务失误发生后，家政企业如何管理服务失误，以及雇主对于服务补救的反应，将直接影响到雇主未来的决策：是对家政企业保持忠诚，还是转向其他家政企业。这需要引起家政企业管理者的高度重视。

一般来说，雇主在遭受服务失误之后，是否要更换一个新的家政公司来提供服务，将依赖很多因素。例如，服务失误的大小和危害程度，都很明显是影响未来再次购买决策的一个因素。不管服务补救工作怎么样，服务失误越严重，雇主就越有可能更换其他家政公司。

还有，雇主与家政企业之间的关系，也会影响到雇主是继续留下还是更换其他家政公司。如果雇主与家政公司之间存在紧密的关系，即雇主一直在使用家政公司派遣的同一个家政服务员提供服务，那么，雇主更有可能原谅没有好好处理的服务失误，更换其他家政公司提供服务的可能性也更小；反之，如果雇主与家政企业之间是“初次接触关系”或松散的关系即雇主与家政公司虽有多次接触，但是每一次都是不同的服务或不同的家政服务员提供服务，那么，这时的雇主就可能更换其他家政公司提供服务。

当然，雇主个人态度，也影响其是否继续与发生服务失误的家政公司保持合作。当服务失误发生时，无论服务补救是否获得处理，下列雇主都有很大的倾向去更换其他家政公司提供服务，这些雇主是：受别人影响来预订家政服务的顾客、更少使用服务的顾客、对于服务不满意或者更少地参与服务的顾客、收入和教育程度较低的顾客、不太愿景接受风险的顾客等。

总之，更换不同的家政服务公司提供服务，可能不会在服务失误、服务补救之后马上发生。雇主的家政服务更换行为是一系列因素造成的，是一个决策的过程，而不是一个瞬间。

影响雇主的家政服务更换行为，主要有以下原因：

（1）服务价格

* 高价格
* 涨价
* 不公平定价
* 欺骗性定价

2）不方便

* 位置
* 时间
* 等待预约
* 等待服务

3）核心服务失误

* 服务失误：服务不达标
* 服务事故

4）附加性服务失误

* 服务失误：不在意、不礼貌、无回应、不知情等
* 服务伤害

5）服务失误的反应

* 消极回应
* 无回应
* 勉强回应

6）竞争

* 找到更好的服务

7）伦理问题

* 欺骗
* 强行推销
* 不安全
* 利益冲突

8）非自愿切换

* 雇主转移
* 家政公司关门

总之，虽然雇主决定更换其他家政服务公司提供服务的原因是多方面的，但是，服务失误和糟糕的服务补救，常常是最主要的原因。况且，服务补救还是挽救与留住雇主的最后一道“防线”，如果服务补救都不能让雇主感受到诚意，并且获得同情，直至满意，那家政企业离关门就不远了。

30.2.7 如何应对不良顾客

在家政服务中，我们欢迎顾客投诉，鼓励投诉行为，并及时采取服务补救措施。但是

在家政服务实施过程中，有的家政公司也的确遇到了有的顾客并不诚实。尽管家政公司尽力服务补救，但有的顾客就是“不依不饶”，严重影响家政公司的正常运营。也就是说，只要家政公司推出服务补救、服务承诺后，总会存在被有的顾客利用的可能。而且，并非所有投诉的顾客行为都是对的或有道理的。为此，我们把这些顾客称为“不良顾客”，即言语错误、行为不负责任的顾客，会给公司、员工特别是一线家政服务员、其他顾客都带来麻烦。那么，家政公司如何应对不良顾客？下面将具体分析：

我们要认识到，这些顾客的不合作、行为粗鲁，对任何家政公司来说都是个问题。我们也必须明确：任何有尊严的家政公司都不愿意与态度不良的顾客保持长期关系。因此，家政公司要从一开始就避免吸引这些顾客，实在没有办法避免，也要尽力控制或防止这些顾客的不良行为。那么，这些顾客的不良行为究竟有哪些？

30.2.7.1 不良顾客的七种类型

解决问题的第一步是，透过现象看清问题的本质。在家政服务实际中，可能存在以下七种不良顾客：

（1）骗子

顾客欺骗家政公司和家政服务员的行为，绝非少见。

例如，有的顾客在签署服务合同时，注明家庭人口是夫妻两人，可等家政服务员（女性）上门提供保洁服务时，发现顾客家庭只是一个男性雇主，没有其他人，更不是夫妻家庭，偶尔有女友留宿；

例如，有的顾客在服务合同中注明：给家政服务员提供独立空间的住宿。可当家政服务员（女性）上门提供入户住家服务时，一开始是与女性老年人同住一室，后来不久，老年人的男性老伴从乡下过来入住。顾客只提供室内楼梯过道，放一张移动折叠床供家政服务员睡觉。

再例如，服务合同中规定给顾客家庭成员提供生活照料服务，到了顾客家庭提供住家服务后，顾客后来要求家政服务员定期给大型宠物狗洗澡，顾客的理由是既然家政服务员是我花钱雇佣的，就要听顾客的安排。

这些都是顾客的欺骗行为。因为，顾客在签署服务合同前有意隐瞒这些事，而不是事前不知道而偶然发生的事。如果事前顾客把这些事都明确告诉家政公司和家政服务员，原来的家政服务合同就要重新签订。

2）小偷

小偷型不良顾客，一般不愿意按时足额付服务款，或拖欠工资，只想去“偷窃”家政服务员的服务（或毫无根据地砍价）。

例如，在居家保洁服务中，顾客购买 3 个小时的保洁服务，安排给保洁员的保洁任务或事太多，正常平均服务技能水平的保洁员，在 3 个小时内几乎很难完成。这时，顾客就会以此为借口，扣罚居家保洁员的工资。这就是“小偷”行为。

再例如，在母婴护理（月嫂）服务中，男性雇主要求母乳喂养新生儿，可产妇不配合，也不愿意母乳喂养新生儿，要求月嫂适当用人工喂养。一个月服务结束后，男性雇主代表顾客不愿意按服务合同规定足额支付服务工资。不足额付款的借口理由，就是月嫂没有完全实现母乳喂养新生儿。这就是“小偷”行为。

当然，家政公司管理者也不能损害诚实顾客的服务体验，如果的确是家政服务员服务技能水平达不到顾客要求所致，或不能按照服务标准提供服务，导致顾客不能按时足额付款。或者诚实的顾客也可能心不在焉而忘了付款，家政公司一定要对此作出相应的特别规定。

3）违规者

在家政服务中，违规者，是指顾客侵犯家政服务员合法权益的行为。顾客的常见违规行为主要有：

* 不尊重家政服务员的人格，言语粗鲁、歧视、甚至动手打骂家政服务员；
* 没有给住家服务的家政服务员提供最基本的、人道的饮食、住宿条件；
* 故意延长家政服务员服务时间，无法保证家政服务员基本休息睡眠时间；
* 时常故意增加服务合同之外的服务内容；
* 干涉家政服务员私人隐私；
* 限制家政服务员工作之外休息时间的正常外出、对外人际交往自由。

因此，家政公司需要为一线家政服务员、为顾客建立行为规范，以引导他们安全地完成家政“服务接触”中的种种步骤或环节。家政服务业行业协会和政府相关主管部门，也要出于家政服务员身心健康和人身安全的考虑，要制定相应的政策法规来约束顾客和家政服务员行为，让家政服务业健康有序可持续发展。

除了执行家政服务业行业协会、政府相关规定，家政公司也要建立健全家政服务规范，经常执行自己的规定，以促进家政服务交易、服务过程顺利进行，避免对一线家政服务员提出无理要求，防止顾客对服务的滥用，合法保护家政服务员，并使客户少犯错误。

家政公司应该如何处理这些违规者呢？这通常得看顾客违反了哪些规定。如果是可依法执行的规定，例如，违背服务合同等。这些顾客行为必须被明令禁止以保护家政服务员，并惩戒或劝阻顾客的违规行为。

其次，家政公司的规定与家政服务员的身心健康和人身安全有关的，就应当对顾客进行“规则”方面的教育，而不是事后再去补救。

当然，家政公司过多的规定也会带来风险。将会让家政公司显得官僚、专横。因此，家政公司的规定越少，重要的规定就越明了。

4）好战者

在家政服务中，家政公司和家政服务员也时常遇到这样的顾客：红着脸愤怒地喊叫，或者冷酷地说着污辱、威胁的话。在平常日复一日的家政服务中，家政服务员的服务失误在所难免：例如，不小心碰碎一个精致的水杯；一个菜放错了盐，太咸；晾晒的衣物忘了收回；外出因堵车晚回雇主家而推迟做晚饭时间；忙着给 2 岁的婴幼儿收拾玩具，一眨眼时间孩子摔跤了磕碰了头等，面对这样的服务失误，有的顾客会因此大发雷霆，责骂家政服务员。犯错的家政服务员道歉了、服务补救了甚至赔偿了，顾客还不依不饶。

即使在家政服务员没有任何过错的时候，也经常受到不友好的对待。

如果家政服务员没有解决问题所需的能力或权力，好战派顾客就会变本加厉，甚至会进行人身攻击。

遗憾的是，当愤怒的顾客向家政服务员咆哮时，后者有时会不礼貌地回应，这就使冲突升级，问题更不可能得到解决。甚至有的家政服务员，一气之下辞职走人，让顾客和家政公司都陷入两难境地。

关心家政服务员的家政企业，平时要十分尽力地培养家政服务员应对这类困境的能力。“角色扮演”类型的培训活动，有助于家政服务员增强自信、培养果敢的性格，并帮助家政服务员应付恼怒、好战的顾客（“发飙者”）。家政服务员同样需要学习如何化解顾客的愤怒，平息顾客的焦虑，并安抚顾客的痛楚（尤其当顾客有充分的理由，因家政公司和家政服务员的表现，而变得烦躁不安的时候）。

当一名挑衅的顾客拒绝别人平息局面的努力时，家政服务员应该如何化解困境呢？

有时，家政公司主管可能需要出面调解顾客与家政服务员之间的纠纷；在其他时候，家政公司需要支持家政服务员。

如果一名顾客对家政服务员进行人身攻击，就有必要呼叫社区治安人员或警察。

在家政服务中，顾客在电话里的粗暴行为，引发了另一个棘手的挑战。我们发现有的前台服务人员会挂断发怒顾客的电话，但是这种做法并不能解决问题。

当顾客通过电话没完没了地斥责服务人员的时候，一种解决方法就是坚定地对顾客说：“这样的谈话无助于解决问题。要不，我过几分钟再给您致电，让您有时间再回想一下这些信息？”在许多情况下，休息并反思一下才是最需要做的事。

总之，无论是面对面还是电话里，面对“好战”的顾客，家政服务员都不要与之正面冲突。首先要冷静，要有真诚态度，如果的确是自己服务失误，要道歉、要服务补救甚至赔偿；如果家政服务员没有错，就要“动之以情、晓之以理”，不卑不亢，就事论事，解决问题。

5）家庭争执者

在家政服务中，家政服务员会遇到顾客家庭成员之间发生争执。例如，夫妻争吵、婆媳争吵等。即“家庭争执者”。

面对这种情况，家政服务员的介入可能会让情况缓解，也可能让情况变得更糟糕。介入不好，不介入也不好。因此，家政服务员有必要进行仔细的分析，并作出谨慎的反应。但遇到危险时，就需要立即当机立断、迅速行动，进行人道主义救助，不能袖手旁观。

6）性骚扰者

在家政服务中，性骚扰行为，时有发生，会给女性家政服务员带来巨大的身心伤害。我们知道，家政服务员绝大多数是女性，是一个人单独进入相对封闭的雇主家庭环境中，从事家政服务，容易受到不良男性雇主的性骚扰。因此，家政公司和家政服务员要注意识别，提高警惕，保护自己的合法权益。那么，男性雇主对女性家政服务员可能的性骚扰行为有哪些？

* 喜欢甜言蜜语，过分夸赞漂亮美丽、贤惠；

* 过分关心体贴、嘘寒问暖超过对妻子的关心；

* 过分施以小恩小惠，例如，女性化妆品、时尚服装、额外报酬等；

* 过于偏袒服务失误，容忍放纵行为与不良嗜好；

* 许诺给美好生活，例如，安置新工作、转户口、子女上学就业等；

* 寻机用暧昧动作、过分亲热、包括言语诱惑等。

很多诸如此类的行为，都是源于有性骚扰倾向的不良行为的男性雇主。这些顾客，饮酒有时也是诱因，有时与心理问题也有关系，有时是道德问题，有时是夫妻关心不好。还有，女性家政服务员“疏忽”“衣着暴露”“态度暧昧”也是一个原因；也有的情况是，气愤的顾客认为女性家政服务员怠慢了自己，因此想方设法来实施有意报复。

对付“性骚扰”的最好方法是预防。加强安全预防措施可阻止一些性骚扰行为。例如：

* 树立正确价值观。女性家政服务员首先要坚守家政服务员职业道德、行为规范，不接受雇主除工资之外给予的任何钱财物，不爱虚荣，不轻信，不要有私心杂念，不要不劳而获，要靠自己诚实劳动获得好的生活。

* 端正行为举止。在雇主家庭，不要衣着暴露，不要穿得太薄，不要穿紧身衣服，不要有任何轻浮、轻佻言行，不要有暧昧，不要有不良企图与非分之想，不要与男性雇主嬉笑打闹等。

* 预防为主。女性家政服务员，在雇主家庭提供住家服务时，要单独居住或与雇主家庭女性成员一起居住；晚上睡觉前，要将房门锁好，其他人不得有钥匙，不可随便进入；一旦发现男性雇主有明显的性骚扰行为或超过服务范围的无理要求，甚至企图强行非礼，要坚定拒绝，不要心存幻想与顾虑，严重的要报告公司或女性雇主。

如果预防措施失效且造成了性骚扰或性侵害，家政公司和女性家政服务员该做些什么呢？

对于性骚扰行为者，要严厉警告，立即要求停止性骚扰行为，并告诉对方性骚扰行为给他的家庭带来的后果以及触犯法律后果的严重性，并解除服务合同。

对于发生了性侵害行为者，要保护好对方直接的犯罪证据，并立即报案，同时，保护好自己的人身安全。

7）赖账者

除了那些根本就不打算付款的人（即“小偷”），还有一些顾客在接受家政服务之后未能及时付款，这部分顾客就是赖账者。赖账者产生的原因还有很多。

事先预防胜过事后补救。很多家政公司开始实行预付款制度。另一个预防措施是，在顾客接受完家政服务后马上出示账单。

并非每个不付款的人都是无可救药的赖账者。人们可能有充分的理由延期付款，也总会找到让人可以接受的付款安排。如果顾客的问题只是暂时的，那么保持这种关系的长期价值在哪里？它能赢得人们的善意和口碑吗？如果家政公司的最终目标是建立和保持长期的顾客关系，那么，还需要继续探索有效方法。

30.2.7.2 顾客不良行为的后果

在家政服务中，顾客的不良行为，不但会影响一线家政服务员和其他顾客，还会影响家政公司本身。

如果家政服务员被谩骂，不仅会破坏她们短期的心情，也会造成她们长期的心理伤害。她们自己的行为也会产生负面的效果。例如，她们有的会对顾客进行报复。这样就会打击家政服务员的情绪，也会影响到家政服务提供和服务质量。

对顾客的影响有正反两个方面。一些顾客会认为家政服务员受到了侮辱，因而支持家政服务员；但是不良的行为也有传染性，会导致其他顾客的加入，使原本就糟糕的情况升级。在接受家政服务时遇到负面事件，会影响很多顾客的消费体验，甚至会导致他们停止使用该项家政服务。缺乏士气的家政服务员，也不再像原来那样高质量、高效率地工作，或者她不得不请病假。这都会给家政企业造成经济损失，也会影响顾客家庭生活。因为，家政服务业成败的关键是一线家政服务员。

30.2.7.3 处理顾客欺诈行为

在家政服务中，不诚实的顾客，会以多种方式利用慷慨的服务补救策略、服务承诺、乃至强烈的顾客导向。例如，他们可能拒绝付费，假装不满意，故意引起服务失误的发生，或夸大真正的服务失误引起的损失。

面对这样的情况，家政公司能够采用什么样的措施，来保护自己不受顾客不良行为的伤害？

对顾客持怀疑态度，很可能会使顾客敬而远之，特别是在服务失误的情况下。其实，“不良顾客”只占顾客群的1%—2%。即我们不能把98%的诚实顾客当成骗子来对待。知道这一点后，可行的假设应该是“若有怀疑，相信顾客”。但对要求服务承诺或服务失误赔偿支付进行监控，要保存所有这些事件的数据，并监控是否是同一个顾客重复申请服务赔付，这些对预防诈骗行为至关重要。因此，为了有效地预防顾客欺骗，利用互联网信息技术，建立有关顾客投诉、服务补救、赔偿费用等数据库，是十分必要的。同时，还可以预防非正常或不合理的服务补救。

当然，我们还应该知道，如果家政公司提供了优质的家政服务质量，且远远高于刚好让顾客满意的服务水平，顾客也不愿意欺骗；还有，一次性顾客比忠诚顾客更有可能发生欺骗行为；与家政服务员没有良好个人关系的顾客，更容易钻家政公司服务补救规定的空子；大的家政公司的顾客比小公司的顾客，更愿意服务投诉；顾客在家政服务中受到不公平待遇的顾客，更有可能服务投诉等。

因此，为了预防顾客不良行为，家政公司需要清醒认识到：

（1）家政公司在服务补救中要确保服务公平合理；

（2）大的家政公司要更加警惕顾客欺骗，要建立防欺骗系统；

（3）管理者要相信并实施 100% 的退款承诺，可以收获更大的市场收益，而不必担心大额赔付会导致欺骗行为的发生；

（4）重复购买的长期顾客、忠诚顾客、大顾客，不太可能利用“服务承诺”来进行欺骗。因此，家政公司要坚持为这些顾客提供服务承诺；

（5）真正优秀品牌家政公司与一般家政公司相比，更少担心顾客欺骗行为。

30.3 区块链 + 家政服务投诉与服务补救管理标准

基于区块链的家政服务平台，除了建立“链上”服务纠纷申诉机制外，还要建立健全“链下”服务投诉与服务补救机制。

由于区块链家政服务平台是去中心化自治组织或公司，因此，要通过节点投票产生“链上”服务纠纷申诉调解委员会，由调解委员会再通过投票共识机制来处理服务纠纷。

这就要求雇主与家政服务员的服务交易要标准化、公开透明。要求家政服务员按照智能合约规定的服务标准提供服务，可观察、可量化的具体服务，有明确的服务行为和服务结果；要求雇主也严格按照智能合约规定的服务标准来接受和评估家政服务员提供的服务，同样是，可观察、可量化的具体服务，雇主的评估也是依据明确的服务行为和服务结果。

如果“链上”服务纠纷申诉调解委员会仍没有调节处理好服务纠纷，可以申请“链下”服务纠纷机制，继续进行服务纠纷调解处理。

在区块链 + 新家政服务平台里，所有服务纠纷与投诉处理过程及结果，都被记录在分布式账本上即“链上”，不可篡改和可追溯、公开透明。因此，家政服务员和雇主都要慎重进行投诉，防止不必要的服务纠纷，要严格按照部署在区块链上的智能合约规定的服务标准，提供或接受服务。毕竟区块链家政服务平台是通过智能合约实现家政服务的自动交易，是去中心化的、公开透明的。目的是确保家政服务交易诚信、提升交易效率、降低交易成本甚至是零成本。

尤其是家政服务员面对服务纠纷、雇主投诉，要主动进行服务补救。因为，在传统的家政服务运营模式里，面对服务纠纷、雇主投诉，家政公司还可以起到协调、指导和帮助的作用。而在区块链家政服务平台模式里，是去中心化的，家政服务员则要承担主要责任，要自觉主动甚至独立来面对服务纠纷、雇主投诉和服务补救。

第31章 “互联网＋家政”企业运营管理标准

【家政政策】

序号	发文时间	发文机关	政策文件名称
	2020年2月28日	发展改革委。发改就业［2020］293号	《关于促进消费扩容提质 加快形成强大国内市场的实施意见》
相关摘要	（十四）大力发展“互联网＋社会服务”消费模式。促进教育、医疗健康、养老、托育、家政、文化和旅游、体育等服务消费线上线下融合发展，拓展服务内容，扩大服务覆盖面。探索建立在线教育课程认证、家庭医生电子化签约等制度，支持发展社区居家“虚拟养老院”。		

序号	发文时间	发文机关	政策文件名称
	2019年6月16日	国务院办公厅。国办发［2019］30号	《国务院办公厅关于促进家政服务业提质扩容的意见》
相关摘要	（二十四）建立家政服务信用信息平台系统。中央财政通过服务业发展资金支持家政服务领域信用体系建设。依托全国信用信息共享平台，全量归集家政企业、从业人员、消费者的基础信息和信用信息，并按规定向相关部门及家政企业充分共享金融、税务、司法等可公开信用信息。探索建立全国家政企业和从业人员社会评价互动系统。		

序号	发文时间	发文机关	政策文件名称
	2017年7月10日	发改社会【2017】1293号	关于印发《家政服务提质扩容行动方案（2017年）》的通知
相关摘要	4. 积极推进O2O（线上线下结合）等家政服务新业态，加快信息流通，提升行业效率。		

【家政寄语】

“互联网＋”让家政服务插上翅膀，但功夫在线下。

“互联网＋高品质家政服务”才是正道。

【术语定义】

C2C模式：即Customer to Customer，个人与个人之间的电子商务，是直接平台模式。其中C指的是消费者，因为消费者的英文单词是Customer（Consumer），所以简写为C，又因为英文中的2的发音同to，所以C to C简写为C2C。C2C即Customer（Consumer）to Customer（Consumer）。

B2P2C模式：B2P2C模式，即Business to Platform to Customer，家政公司经纪人模式，其中，B是家政企业，P是互联网平台，C是家政服务员或雇主。

P2B2C模式：P2B2C模式，即Platform to Business to Customer，间接平台型模式，是家政服务业的“淘宝网”。其中，P是互联网平台，B是家政企业，C是家政服务员或雇主。

【标准条款】

序号	标准编号	标准名称	主管部门
9	Q/QKL JZGL109-2020	家政服务网络管理标准	
标准内容	31.1 “互联网 + 家政”多媒体网络运营管理标准 31.2 “互联网 + 家政”多媒体网络类型 31.3 “互联网 + 家政”多媒体网络运营管理 31.4 “互联网 + 家政”网络用户服务管理 31.5 “互联网 + 家政”网络安全管理		

【学习目标】

通过本章的学习，您将能够：

1）了解多媒体网络类型；

2）掌握“互联网 + 家政”运营模式；

3）知晓“互联网 +”给家政带来的价值；

4）清楚互联网安全。

31.1 “互联网 + 家政”多媒体网络管理标准概述

随着互联网信息技术的飞速发展，特别是移动互联网多媒体技术的高速发展，再加上大数据、人工智能、物联网技术进入家政服务业，“互联网 + 家政”服务在运营管理模式上发生了巨大的变革，家政服务交易效率、家政服务培训能力、服务运营管理效率、家政企业盈利能力等都得到了大大提升。下面具体分析“互联网 + 家政”多媒体网络运营管理的一系列变革。

31.2 “互联网 + 家政”多媒体网络类型

不同的多媒体网络类型服务于不同的目的。家政企业管理者首先要熟悉不同的多媒体网络类型，才能充分利用“互联网 +”多媒体网络技术，来变革传统家政服务运营模式，在移动互联网时代，赢得竞争优势。否则，只能逐渐被激烈竞争的家政服务市场所淘汰。

31.2.1 “互联网 + 家政”多媒体网络的开发者

在分析“互联网 + 家政”多媒体网络之前，首先需要知道：参与家政企业多媒体网络开发人员的角色和责任。

1）所有者

一般情况下，家政企业创办者是多媒体网络的所有者。他们拥有团队，分工负责开发和运营公司网络。他们很清楚公司要开发哪些多媒体网络以及可能的用户群体。凡是积极利用多媒体网络、拥有“互联网 + 家政”思维来提升家政服务运营效率的企业领导者，都是有远见的。

2）网络产品总监

网络产品总监，也是创意总监，通常和网络所有者一起，了解网络的目标，知道公司网络需要什么样的特征。然后，产品总监会开发出网络的原型：概念、感官效果、网络布局、色调、信息等，将原型交给负责执行的团队成员去实现。总监通常会建立一个公司多媒体网络结构图或示意图，让公司的网络一目了然。

3）运营经理和项目经理

公司多媒体网络的开发需要一个团队来承担。运营经理作为整个团队联系的中心点，扮演着管理开发进程的角色，以便最终的网络能符合要求并按时完成。如果网络类型多，可能需要大的团队。在这种情况下，项目经理将从整个开发项目中分得特定的项目，并向运营经理报告他们的开发进展。对于大的家政企业，可以组建自己的团队，对于中小家政企业，可以将公司多媒体网络“外包”给专业的网络开发公司来承担，自己只负责建成后的日常运营管理维护。

4）程序员

程序员负责促使网络或网站从概念向实体转变。他们与产品总监协商，以确定在资金和时间有限的情况下，哪些创造性的设想是可行的。一旦需要建立网站或开发微信公众号或 APP 或小程序等，程序员团队就会选择最佳的编程语言让网络或网站运行起来。运营经理通常不明白编程的复杂性或完成项目所需要时间的长短。因此，程序员也要与运营经理紧密合作，以便设定项目完成的合适的期限。程序员测试网络或网站的准确性和功能性，对网络或网站开发的任何潜在的问题提出警告，并提供定期进度报告。当网络或网站所有者提出一个新的想法，也会让程序员决定如何调整和改变他们已经做完的工作。当然，程序员即可公司自有也可外包或兼职，取决于企业需要。

5）平面设计师

平面设计师会接受网络产品总监或创意总监的设想，并艺术地加以诠释。他们使用专业软件，以确保网页上的所有元素能恰当地展现正在开发网络或网站的公司的风格（通常会使用颜色、字体、图像）。平面设计师也制作符合网站程序员要求的格式的图形。这种格式可根据透明度、色彩准确度、照片或插图、文件大小和其他因素的需求来做出选择。如果网络或网站包括动画元素，经过专业培训的设计师也可实现动画格式下的交互功能。当然，平面设计师也必须与程序员紧密合作，以了解该网络或网站将如何开发（例如，表格大小），使设计人员可以恰当地剪裁出合适的图形。同样，平面设计师可以外包或兼职。

6）撰稿人

高质量的内容使网络或网站有趣且信息有价值。在移动互联网“内容为王”的时代。开发一个网络或网站时最耗时和最艰巨的任务是内容的创作。撰稿人的责任就是编写新的、引人注目的、有价值的内容，以吸引受众的兴趣而点击阅读。撰稿人一般与网络或网站的所有者或产品总监一起工作，以确定网络所需要的内容。当然，撰稿人也与平面设计师合作，确保可用的文本空间。撰稿人是公司网络建设的核心人员，不可外包，但可以是公司高层管理者兼任，有条件的可配备专职。撰稿人不是可有可无，否则，公司网络建设就会流于形式，不会起到应有的作用。一个有价值的网络或网站，一定是“活的”、能与受众互动。

7）营销人员

网络或网站的营销人员负责推介公司网络或网站，并增加网络流量。如何做到这一点，在很大程度上取决于网络或网站在目标市场的功能定位、网络营销策略。在家政服务中，网络或网站的最佳营销人员是一线家政服务员和雇主。如果家政企业能够制定相应的激励措施，再加上网络或网站功能定位为“顾客导向”或“用户导向”，网络或网站的价值将会充分展现，借助于网络是家政企业发展的必由之路。

总之，公司网络或网站的规模、复杂程度、功能定位、预算决定了网络开发所需要的团队。对于中小家政企业网络建设来说，更多的是外包或聘请兼职。但不管如何，网络开发只是网络建设的第一步，网络运营管理才是重中之重。那么，在家政服务实践中，究竟有多少种网络类型，下面具体分析：

31.2.2 门户网站

门户网站，能帮助用户查找分散在整个互联网上的信息，是呈现和组织有关其他网站的信息的人口。这是通过“搜索引擎”完成的。搜索引擎是一种程序，让用户在文本框中输入关键词来找到文件。门户网站将迅速搜索包含所需的关键词的网页，几乎在瞬间呈现出相关的网页清单。一次检索可以得到上千页结果，这些结果包含了与所要求的关键词相匹配的数以万计的个人网页。因此，营销行业中出现了细分服务，帮助公司的网址进入梦寐以求的“前10位”，即通过搜索引擎得到的前10位搜索名单（通常是第一页显示的结果）。

1）我国知名的门户网站

目前在中国，著名的门户网站有百度、腾讯、新浪、网易、搜狐、新华网、人民网、凤凰网等。其中：

综合性门户网站：以新闻、娱乐资讯、供求、产品、展会、行业导航、招聘为主的集成式网站。

地方生活门户网站：是时下最流行的，以本地资讯为主。一般包括：本地资讯、同城网购、分类信息、征婚交友、求职招聘、团购集采、口碑商家、上网导航、生活社区等频道，其中网内包含有在线影视、优惠券、打折信息、旅游信息、酒店信息等非常实用的功能。

2）门户网站作用：宣传企业、开拓市场。同时，降低企业的管理成本、交易成本和售后服务成本，并通过开展一系列的多媒体整合营销服务活动获得更多的利润。

3）善于利用搜索引擎

所谓搜索引擎，就是根据用户需求与一定算法，运用特定策略，从互联网检索出特定信息反馈给用户的一门检索技术。搜索引擎依托于多种技术，如网络爬虫技术、检索排序技术、网页处理技术、大数据处理技术、自然语言处理技术等，为信息检索用户提供快速、高相关性的信息服务。

搜索方式是搜索引擎的一个关键环节，大致可分为四种：全文搜索引擎、元搜索引擎、垂直搜索引擎、目录搜索引擎。它们各有特点并适用于不同的搜索环境。灵活选用搜索方式是提高搜索引擎性能的重要途径。

全文搜索引擎：一般网络用户适用于全文搜索引擎。这种搜索方式方便、简捷，并容易获得所有相关信息。但搜索到的信息过于庞杂，用户需要逐一浏览并甄别出所需信息。尤其在用户没有明确检索意图情况下，这种搜索方式非常有效。

元搜索引擎：适用于广泛、准确地收集信息，是指通过一个统一的用户界面帮助用户在多个搜索引擎中选择和利用合适的（甚至是同时利用若干个）搜索引擎来实现检索操作，是对分布于网络的多种检索工具的全局控制机制。例如，360综合搜索，属于元搜索引擎，是搜索引擎的一种。元搜索引擎有利于各基本搜索引擎间的优势互补，有利于对基本搜索方式进行全局控制，引导全文搜索引擎的持续改善。

垂直搜索引擎：适用于有明确搜索意图情况下进行检索。例如，招聘网内用户求职或公司寻找员工；家政服务网络平台内，家政服务员寻找雇主，雇主寻找家政服务员；还有，用户购买机票、火车票、汽车票时；或想要浏览网络视频资源时。这些都可以直接选用行业内专用搜索引擎，以准确、迅速获得相关信息。

目录搜索引擎：是网站内部常用的检索方式。本搜索方式旨在对网站内信息整合处理并分目录呈现给用户，但其缺点在于用户需预先了解本网站的内容，并熟悉其主要模块构成。

4）善于利用“关键词”

在搜索引擎界面输入关键词，点击“搜索”按钮之后，搜索引擎程序开始对搜索词进行处理。实际搜索结果排序的因子很多，但最主要的因素之一是网页内容的相关度。影响相关性的主要因素包括如下五个方面。

（1）关键词常用程度。经过分词后的多个关键词，对整个搜索字符串的意义贡献并不相同。越常用的词对搜索词的意义贡献越小，越不常用的词对搜索词的意义贡献越大。常用词发展到一定极限就是停止词，对页面不产生任何影响。排名算法更多关注的是不常用的词。

（2）词频及密度。搜索词的密度和其在页面中出现的次数成正相关，次数越多，说明密度越大，页面与搜索词关系越密切。

（3）关键词位置及形式。关键词出现在比较重要的位置，如标题标签、黑体等，说明页面与关键词越相关。

（4）关键词距离。关键词被切分之后，如果匹配的出现，说明其与搜索词相关程度越大，当“搜索引擎”在页面上连续完整的出现或者“搜索”和“引擎”出现的时候距离比较近，都被认为其与搜索词相关。

（5）链接分析及页面权重。页面之间的链接和权重关系也影响关键词的相关性。

总之，家政服务管理者要善于利用门户网站，来提升企业服务营销能力，降低运营成本，提升盈利能力。

31.2.3 社交网络

社交网络是互联网上各个群体与不同地理位置的人之间的互动。其核心是通过微信、微博、小程序、App、QQ、抖音、网站反馈、评论、留言板等工具，把互联网变成一个大型的、昼夜不停交流的平台。在这个平台上，时刻有人就各种主题开始交流。所有社交网络的工具都被归入“社交媒体”。

社交媒体是指互联网上基于用户关系的内容生产与交换平台，是人们彼此之间用来分享意见、见解、经验和观点的工具和平台，赋予网络社交功能。

1）社交媒体应用程序和工具。其主要包括：

☑ 微信；
☑ 微博；
☑ 小程序；
☑ APP；
☑ QQ；
☑ 抖音；
☑ 电子邮件；
☑ 即时通信；
☑ 互联网论坛、留言板；
☑ 文件分享（音乐、图片、视频、游戏等）；
☑ 各种百科：百度百科、维基、360 百科等；
☑ 社交网站；
☑ 各种评论；
……

社交媒体工具依靠人们的协作和持续的互动使人们彼此之间相互联系。这种持续的互动也意味着社交网络在不断变化。

2）社交媒体工具和网络的优势

社交媒体工具和网络如此受欢迎，是因为其带来了很多实际的、社会的、商业的、心理的好处：

☑ 能够在一个开放安全的公共场所表达观点和想法；

☑ 使人们能够与许多朋友和喜爱的人保持联系；

☑ 帮助个人与可能不会见面的人见面；

☑ 消费者的在线评论使得购物者居于强势地位，让企业对其销售的服务或产品负责；

☑ 通过视频、图片、文字分享，任何人都能够成为一个"自媒体"，成为一个"名人"；

☑ 允许人们轻而易举地收集信息、需要的资料；

☑ 人们能够发布求助信息或问题，并接受来自世界各地的人们的回答建议；

☑ 来自社交信息源的新闻信息，或被其他人浏览及高度评价的视频，会给用户带来心理上的愉悦与安慰；

☑ 社交媒体已成为人们日常生活的一部分，是人们的生活方式，不可或缺。正因为如此，社交网络不仅是人们的社交方式，也是企业非常重要的、不可或缺的营销手段，即网络营销。

31.2.4 资讯网站

资讯网站的目的是给用户提供内容。在家政服务中，资讯网站主要针对目标受众是家政服务员和雇主。家政企业的资讯网站必须确保它们提供的信息是目标受众（家政服务员和雇主）感兴趣的：

☑ 目标受众感兴趣的不仅仅是内容，还包括内容的表达方式。撰稿人必须努力保证文章、图片、视频适合读者的口味。

☑ 持续更新。如果两次更新之间的时间过于漫长，访问者就很可能不再回来浏览。

☑ 在营销活动中达到大力推介。为了获得尽可能高的知名度，资讯网站的开发者需要通过自我营销来让目标受众知道他们网站的内容。

在家政服务中，资讯网站一般与企业微信与微博链接，相互促进。

31.2.5 C2C 模式

C2C 模式，即 Customer to Customer，个人与个人之间的电子商务，是直接平台模式。其中 C 指的是消费者，因为消费者的英文单词是 Customer（Consumer），所以简写为 C，又因为英文中的 2 的发音同 to，所以 C to C 简写为 C2C。C2C 即 Customer（Consumer）to Customer（Consumer）。

这种模式通过第三方网络平台或家政公司网络平台，家政服务员和雇主直接对接，进行彼此之间需求匹配，即家政服务员找雇主，或雇主聘家政服务员。

在这种模式中，是把实体家政中介机构及中介人员转为互联网平台，通过互联网平台特别是移动互联网平台实现家政服务交易匹配，大大提升了家政服务交易效率。但家政服务交易风险并没有得到有效管控，特别是在家政服务员职业技能标准缺失、雇主标准缺失的情况下，C2C 模式的风险是很大的，服务交易后的服务纠纷，也缺乏有效的解决机制。

在这种模式中，家政服务员和雇主的数据及隐私，由平台掌握，可以篡改，有泄露的风险，数据安全得不到有效保障。

31.2.6 B2P2C 模式

B2P2C 模式，即 Business to Platform to Customer，家政公司经纪人模式，其中，B 是家政企业，P 是互联网平台，C 是家政服务员或雇主。

在这种模式中，家政服务员和雇主是通过家政公司的网络平台及经纪人的撮合下进行服务交易匹配。家政服务员信息展示在公司的网络平台上，由公司的平台掌控。当后台接到雇主的家政服务预订后，公司的家政经纪人根据雇主需求与位置，给雇主推送合适的多位候选家政服务员人选，再由雇主挑选及面试。家政公司的经纪人负责整个交易过程的撮合，同时，负责家政服务员与雇主签订服务合同及家政服务员上岗后的维护与雇主的沟通协调工作。

这种模式，结合了家政服务实体店人工与互联网平台各自的优势，提升了家政服务交易的质量，但服务的交易效率却受到影响，同时增加了服务交易的人工成本。

在这种模式中，家政服务员和雇主的数据及隐私，由公司掌握，可以篡改，有泄露的风险，数据安全仍得不到有效保障。

31.2.7 P2B2C 模式

P2B2C 模式，即 Platform to Business to Customer，间接平台型模式，是家政服务业的“淘宝网”。其中，P 是互联网平台，B 是家政企业，C 是家政服务员或雇主。

在这种模式中，互联网平台是中立的第三方，只负责对家政服务员进行身份认证，加入平台的家政企业就像是商铺进驻淘宝网一样，平台对进驻的家政企业开放用户点评功能，同时，为家政企业提供 SaaS（软件即服务）系统服务。

这种模式，尽管可以对家政服务员的身份证真伪和有无犯罪记录进行认证，但仍然无法鉴别家政服务员的职业技能证书真伪。还有，对家政企业服务能力和诚信的认证，缺乏有效手段。

在这种模式中，家政服务员和家政企业的数据及隐私，由平台和家政公司共同掌握，可以篡改，有泄露的风险，数据安全得不到有效保障。

31.3 “互联网 + 家政”企业运营模式管理

31.3.1 “互联网 + 家政”网络营销价值和收益

我们知道，家政服务价值，是指顾客对家政公司服务产品带来的收益的感知，尤其是服务产品的特质、品牌等，用收益减去为获得产品而付出的成本，例如货币成本、非货币成本（时间成本、精力成本、心理成本等）。顾客评判服务价值的标准是收益是否大于成本。同样，在“互联网 + 家政”企业运营模式中，顾客感知的价值也是如此。多媒体网络信息技术通常能为顾客增加收益，降低成本。但这也不是绝对的。如果网络或网站信息错综复杂，难以查询，时常打不开链接或网页，技术问题阻碍了信息的获得或者中断了交易，这种网络服务或网络营销就降低了顾客价值。

当然，“互联网 + 家政”企业运营模式主要还是有助于企业降低运营成本，提高顾客、家政企业、家政服务员的价值，能帮助家政企业增加收益。具体体现在：

1）“互联网 + 家政”帮助增加价值：

☑ 在线规模定制（针对不同的顾客或不同的家政服务员提供不同的服务产品）；

☑ 个性化（提供顾客或家政服务员需要的信息）；

☑ 提供一直在线服务（附加性服务），不受时间、空间限制；

☑ 提供自助式订单及订单跟踪服务；

☑ 一站式服务销售；

☑ 提供家政服务员在线家政培训；

☑ 通过社交网络了解顾客与家政服务员。

2）“互联网 + 家政”帮助降低成本

☑ 低成本甚至零成本信息传递、发布（例如，微信）；

☑ 低成本甚至零成本服务交易过程（例如，微信、APP、小程序）；

☑ 低成本甚至零成本信息获取（例如，微信、顾客或家政服务员信息反馈、在微信上进行市场调研）；

☑ 提高服务交易效率；

☑ 降低顾客服务与管理成本；

☑ 降低家政服务员管理成本；

☑ 降低家政服务员培训成本。

3）“互联网 + 家政”帮助增加收益

☑ 在线交易收益（包括交易佣金、订购费、广告费、家政培训费等）；

☑ 增加服务产品价值（例如，在线客户服务、家政增值服务）；

☑ 开拓新市场，扩大客户群；

☑ 建立客户关系，增加老客户的消费额；

☑ 建立家政服务员关系，提升家政服务员交易额。

☑ 开拓家庭生活用品电商，增加收益。

31.3.2 “互联网 + 家政”运营模式

在今天的家政服务业，无论是大家政企业，还是中小微家政企业，没有使用“互联网 + 家政”模式来参与企业运营，是很难生存的，且不说“互联网 + 家政”模式：能够给家政企业降低成本、提高效率；维系雇主，提高效益；就是对顾客而言，也已经非常习惯或离不开运用移动互联网手段来消费服务或产品。因此，家政企业实行“互联网 + 家政”模式势在必行。那么，“互联网 + 家政”运营模式究竟有哪些？下面具体介绍：

“互联网 + 家政”运营模式分类

服务交易层面	服务运营层面	公司层面
1. 订单处理 2. 在线购买 3. 信息发布 4. 在线广告、公共关系 5. 在线促销 6. 在线动态定价策略 7. 服务市场调研	1. 客户关系管理 2. 信息、档案管理 3. 在线社区、社群建设 4. 会员管理、定制服务 5. 处理顾客投诉 6. 家政服务员管理 7. 家政服务管理系统	1. 门户网站管理 2. 服务电子商务 3. 社交网络 4. 在线家政培训 5. 网络平台

31.3.2.1 家政服务交易层面的“互联网 + 家政”运营模式

☑ 在线购买：顾客从网上购买家政公司提供的服务。

☑ 订单处理：手动或自动处理顾客的在线交易。

☑ 信息发布：家政企业在网上向顾客、家政服务员等提供有价值的服务信息，由此来增加企业网站（包括微信、APP 等）的访问量。如果是量特别大，还能创造广告销售的机会。还有，企业信息发布在网上进行，还可以减少印刷成本。

☑ 在线广告和公共关系：家政企业可以从网上（例如，门户网站）购买广告信息。如果家政企业自身网络流量足够大，自身也可以销售广告。还有，通过网络发布信息，还可以进行网络公关活动，建立合作关系。

☑ 在线促销：家政企业可以利用网络发布新服务产品的服务体验，或开展优惠服务等促销活动。

☑ 服务定价策略：家政企业可以采用动态服务定价模式，针对不同顾客群体制定不同的服务价格，甚至是一对一地个性化定价。

☑ 服务市场调研：家政企业可以通过网络收集有关竞争对手、市场、顾客、家政服务员的一手或二手信息。

31.3.2.2　家政服务运营层面的"互联网 + 家政"运营模式

☑ 客户关系管理：旨在保持和改善家政企业与顾客之间的关系，提高顾客对企业和服务产品的满意度，与顾客建立长期、稳定的伙伴关系或情感关系，增加顾客购买服务的数量与频率。

在"互联网 + 家政"模式中，客户关系管理是对每个"顾客接触点"（例如：线下，到家政公司、与公司管理员接触、与家政服务员见面、与公司营销人员接触、接触公司印刷广告等；线上，热线电话、通过微信一对一交流、浏览公司网站、查看看公司 APP、公司在公共网络平台上发布的广告、看到公司雇主的服务分享等）采集到的顾客信息进行数据处理，对所有这些"接触点"交互分析所获得的信息，即通过顾客大数据分析，形成一幅全方位的顾客"画像"，勾勒出顾客的特征、消费行为、消费偏好等。这些都是"互联网 + 家政"模式带来的家政企业运营模式的重大变革。为家政企业开发基于顾客需要的定制服务产品、实行精准的服务营销提供科学依据。

☑ 信息、档案管理：通过互联网特别是移动互联网，可以大量采用顾客购买与使用家政服务的信息，建立顾客信息、档案数据库，为企业决策服务。

☑ 在线社区、社群建设：是指通过微信、微博、QQ 等社交网络，把基于相同或相似的兴趣爱好的人聚集在一起，形成社区或社群，共享信息、服务、内容、商品等。

☑ 会员管理、定制服务：通过网络建立会员档案和数据库，跟踪会员需求，提供个性化的定制服务。

☑ 处理顾客投诉：通过网络，方便顾客投诉，家政企业可以快捷提供反馈并服务补救。

☑ 家政服务员管理：通过网络，建立家政服务员身份信息、服务经历、培训情况、诚信信息等家政服务员数据库，便于对家政服务员进行溯源管理。

☑ 家政服务管理系统：即家政企业的一种后台操作系统，负责处理订单预订、下单、派遣、监督、支付等。通过后台管理系统，企业可以降低成本，优化服务流程，提升顾客服务体验。

31.3.2.3　家政公司层面的"互联网 + 家政"运营模式

☑ 门户网站，是指进入互联网的入口。门户网站不仅具有搜索功能，还提供许多其他服务，例如通过门户网站链接到其他信息发布网站上发布信息，还有电子邮件、电子地图、服务交易等功能。特别是一些家庭与生活类垂直门户网站，是家政企业推介家政服务的一个有效窗口。由此，家政企业要系统管理门户网站，根据门户网站的不同定位，灵活运用。

☑ 服务电子商务：是指利用互联网特别是移动互联网进行家政服务交易。今天的微信、APP、小程序、抖音、微网站、微博等都可以及时进行服务交易，在线支付，大大降低了服务交易成本，也增加了用户的服务体验。

☑ 社交网络：是把有着相同兴趣的网络用户聚集在一起，或者交流从业经验，或者分享生活，或者心理上相互支持，或者相互学习讨论等。社交网络所使用的是网络社区或社群模式。独特之处是志同道合的一群人结合在一起，建立友谊，分享工作与生活心得。同样，社交网络，如果引导到恰当，实现社群生态化、平台化，就具有较大的商业价值。

☑ 在线家政培训（扫一扫　二维码）

☑ 网络平台　（扫一扫　二维码）

31.4 “互联网 + 家政”网络用户服务管理（扫一扫 二维码）

31.4.1 用户的开户与撤销；

31.4.2 用户组的设置与管理；

31.4.3 用户可用服务与资源的权限管理；

31.4.4 用户计费管理；

31.4.5 包括用户桌面联网计算机的技术支持服务、用户技术培训服务的用户端支持服务。

31.5 “互联网 + 家政”网络安全管理

在“互联网 + 家政”模式中，网络安全是非常重要的工作。一旦泄密、被篡改、伪造，将给网络造成灾难性的破坏。网络中主要有以下几大安全问题：

31.5.1 网络数据的私有性：保护网络数据不被侵入者非法获取；

31.5.2 授权（Authentication）：防止侵入者在网络上发送错误信息；

31.5.3 访问控制：通过管理路由器的访问控制链表，完成防火墙的管理功能，即从网络层（1P）和传输层（TCP）控制对网络资源的访问，保护网络内部的设备和应用服务，防止外来的攻击。

31.5.4 主机系统的安全漏洞检测：实时的监测主机系统的重要服务（例如 WWW）的状态，提供安全监测工具，以搜索系统可能存在的安全漏洞或安全隐患，并给出弥补的措施。

31.5.5 告警事件分析：接收网络对象所发出的告警事件，实时地向管理员告警，并提供历史安全事件的检索与分析机制，及时地发现正在进行的攻击或可疑的攻击迹象。

31.5.6 网络管理本身的安全：

1）管理员身份认证。采用基于公开密钥的证书认证机制；为提高系统效率，对于信任域内（如局域网）的用户，可以使用简单口令认证。

2）管理信息存储和传输的加密与完整性。对管理信息加密传输并保证其完整性；内部存储的机密信息，例如登录口令等，也是经过加密的。

3）网络管理用户分组管理与访问控制。网络管理系统的用户（即管理员）按任务的不同分成若干用户组，不同的用户组中有不同的权限范围，对用户的操作由访问控制检查，保证用户不能越权使用网络管理系统。

4）系统日志分析。记录用户所有的操作，使系统的操作和对网络对象的修改有据可查，同时也有助于故障的跟踪与恢复。

31.5.7 安全保密管理：

1）安全与保密是一个问题的两个方面，安全主要指防止外部对网络的攻击和入侵，保密主要指防止网络内部信息的泄漏。

2）对于普通级别的网络，网络管理的任务主要是配置管理好系统防火墙。为了能够及时发现和阻止网络黑客的攻击，可以加配入侵检测系统对关键服务提供安全保护。

3）对于安全保密级别要求高的网络，网络管理除了应该采取上述措施外，还应该配备网络安全漏洞扫描系统，并对关键的网络服务器采取容灾的技术手段。

4）更严格的涉密计算机网络，还要求在物理上与外部公共计算机网络绝对隔离，对安置涉密网络计算机和网络主干设备的房间要采取安全措施，管理和控制人员的进出，对涉密网络用户的工作情况要进行全面的管理和监控。

31.6 区块链 + “互联网 + 家政”企业运营管理标准

传统的“互联网 + 家政”，是建立在传统的互联网架构基础上的，即“信息互联网”基础上的。信息互联网连接了各个实体，例如，让信息在实体（雇主、家政服务员、家政公司）之间快速有效地流动起来，然而信息互联网无法让“价值”（权益）点对点的流动起来，即权益的流动、授予、撤销。信息互联网机制下的“价值”（权益）流动需要通过中介机构，价值传输的基础是集中统一的“可信”账本，价值传输的本质就是可信账本数据的变动。中介平台的主要功能就是维护一个集中统一的“可信”账本。这些中介机构或中介平台，是中心化的。对用户，有的会收取一笔费用，还有，用户的交易数据为中介机构所掌控，由于这些中介机构或中介平台是中心化的，用户的数据是可以篡改的、也可以使用在其他方面。这些用户数据成了的中介机构的私产，为中介机构无偿使用。

就“互联网 + 家政”而言，家政服务员、雇主、家政公司的数据，都被互联网家政平台所掌控，并无偿使用。而且，这些家政服务数据信息是缺乏信用背书的。因为，互联网 + 家政平台是中心化机构，可以篡改这些数据。有的互联网 + 家政平台还收取雇主或家政服务员或家政公司的一些费用，却将这些用户交易数据据为私有。别忘了，这些用户数据也是资产，甚至是核心资产。

而区块链 + 家政服务平台，是“价值互联网”，其基础是区块链，即一个全网节点维护的可信账本，是去中心化的。区块链各个节点在彼此弱信任或者零信任的情况下，构成了一个可信的信用网络或者信用系统，共同维护一个所有节点认可的集中统一账本。区块链通过 P2P 网络、共识机制、分布式账本、时间戳、密码学等技术产生信用。这种信用来自计算机程序（算法），而不是来自第三方或中介机构或网络平台。区块链上所有记录都是需要全网络节点确认的，一旦生成将永久记录、不可篡改和可追溯。除非能拥有全网算力的 51% 才有可能修改最新生成的区块记录，而这种情况大型的区块链网络中是不可能出现的。

区块链这个信任网络对于用户是透明的、可信的，交易双方不再需要一个特定的中介机构，就可以点对点的进行价值转移。区块链技术重新定义了互联网网络环境下信用的生成方式。用户无须了解其他人的背景资料，也不需要借助第三方机构的担保或保证或信用背书。区块链通过技术保障了价值转移的结果是可信的，通过这种方式最终实现了各种权益点对点自由、便捷、无摩擦的流动。用户节省了交易成本，交易的数据归交易方所有。

就区块链 + 新家政服务平台而言，实现了雇主和家政服务员直接的点对点服务自动交易，不需要中心化机构或中介机构进行信用担保或背书，雇主和家政服务员的服务交易数据和个人身份数据归个人所有，任何个人或第三方机构在个人授权的情况下才可以使用。而且这些家政服务交易数据一旦确认，就不可篡改和可追溯。区块链技术确保了家政服务诚信交易，彻底解决了家政服务交易诚信问题，且区块链家政服务自动交易，节省了服务交易成本，甚至是零成本交易，提升了家政服务交易效率。

第 32 章　家政服务诚信管理标准

【家政政策】

序号	发文时间	发文机关	政策文件名称
	2019 年 6 月 27 日	商务部 发展改革委。商服贸函〔2019〕269 号	《商务部 国家发展改革委关于建立家政服务业信用体系的指导意见》
相关摘要	加快推进家政服务业 信用体系建设，规范家政服务业发展，满足人民群众日益增长的 美好生活需要，着力提升人民群众获得感、幸福感、安全感，商务部、发展改革委决定推进家政服务业信用体系建设。 一、总体要求：（一）指导思想：以构建信用为基础的新型行业管理体系为目标，以推进家政服务员和家政企业信用记录制度化为重点，以健全完善家政服务业信用工作机制为保障，坚持守信激励与失信惩戒并举、行业自律与政府监管并重，建立健全家政服务业行业信用体系，营造诚实守信的家政服务业发展环境。（二）基本原则：政府引导、企业为主、强化应用。 二、主要任务：（一）建立家政服务员信用记录。（二）建立家政企业信用记录。（三）建立省级家政服务业信用信息平台。（四）建立全国家政服务业信用信息数据库。		

序号	发文时间	发文机关	政策文件名称
	2018 年 3 月 7 日	国务院办公厅。国办发〔2019〕30 号	印发《关于对家政服务领域相关失信责任主体实施联合惩戒的合作备忘录》的通知
相关摘要	加强平台建设，健全家政服务领域信用体系： （二十四）建立家政服务信用信息平台系统。中央财政通过服务业发展资金支持家政服务领域信用体系建设。依托全国信用信息共享平台，全量归集家政企业、从业人员、消费者的基础信息和信用信息，并按规定向相关部门及家政企业充分共享金融、税务、司法等可公开信用信息。探索建立全国家政企业和从业人员社会评价互动系统。 （二十五）优化家政服务信用信息服务。建立家政从业人员个人信用记录注册、跟踪评价和管理制度。开通家政从业人员职业背景信息验证核查渠道。依托“信用中国”网站、信用类应用程序（APP）等，按规定提供家政企业、从业人员的身份认证、信誉核查、信用报告等信息。 （二十六）加大守信联合激励和失信联合惩戒力度。基于全国信用信息共享平台建立联合奖惩系统，对在家政服务过程中存在违法违规和严重失信行为的家政企业及从业人员实行联合惩戒。开展家政企业公共信用综合评价，对信用等级较高的企业减少监管频次，提供融资、租赁、税收等便利服务。开展家政服务领域信用建设专项行动。		

序号	发文时间	发文机关	政策文件名称
	2019 年 6 月 27 日	发展改革委。发改财金〔2018〕277 号	《商务部 国家发展改革委关于建立家政服务业信用体系的指导意见》

相关摘要	加快推进家政服务领域社会信用体系建设，建立健全失信联合惩戒机制，国家发展改革委、人民银行、商务部、中央组织部、中央宣传部、中央文明办、最高人民法院、科技部、公安部、财政部、人力资源社会保障部、国土资源部、住房城乡建设部、交通运输部、水利部、海关总署、税务总局、工商总局、新闻出版广电总局、银监会、证监会、保监会、国家公务员局、民航局、全国总工会、共青团中央、全国妇联、铁路总公司等部门联合签署了《关于对家政服务领域相关失信责任主体实施联合惩戒的合作备忘录》。（共 28 个部门） 一、联合惩戒对象：包括：（1）失信家政服务企业；（2）失信家政服务企业的法定代表人、主要负责人和对失信行为负有直接责任的从业人员（以下统称失信人员）。” 二、信息共享与联合惩戒的实施方式：国家发展改革委基于全国信用信息共享平台建立联合奖惩子系统。商务部通过该系统向签署本备忘录的其他部门和单位提供家政服务领域失信责任主体信息并按照有关规定更新动态…… 三、联合惩戒措施：（一）商务主管部门采取的惩戒措施。1. 失信企业和人员产生新的违法违规行为时，依法依规从严从重处罚。2. 失信企业和人员不可享受家政服务领域的支持政策，如培训补贴、企业培育、保险补贴等。（二）跨部门联合惩戒措施。

【家政寄语】

家政服务诚信是家政企业和家政服务员的生命线。

【术语定义】

信用信息授权书：家政企业为家政服务员建立信用记录时，家政服务员自愿申请为本人建立家政服务员信用记录而签署的本人承诺。

【标准条款】

序号	标准编号	标准名称	主管部门
10	Q/QKL JZGL110-2020	家政服务诚信管理标准	
标准内容	32.1 家政服务诚信管理标准 32.2 家政服务员信用管理 32.3 家政企业信用管理 32.4 雇主信用管理 32.5 家政服务信用信息平台 32.6 家政服务守信激励和失信惩戒机制		

【学习目标】

通过本章的学习，您将能够：

1）了解我国家政服务信用信息内容；

2）掌握如何建立家政服务信用信息库，并评估家政服务信用信息；

3）知晓家政服务员信用信息授权书。

32.1 家政服务诚信管理标准概述

家政服务诚信管理标准，主要包括家政服务员信用管理、家政企业信用管理、雇主信用管理、家政服务信用信息平台管理、家政服务守信激励和失信惩戒机制。

家政服务诚信管理是解决家政服务诚信问题的重要手段，不可或缺。通过家政服务诚信管理标准化，将有助于家政服务员、家政企业、雇主规范自己的行为，促进维护家政服务各方权益，确保家政服务健康可持续发展。

32.2 家政服务员信用管理

32.2.1 个人基本信息：

1）姓名；

2）性别；

3）民族；

4）身份证号码；

5）家庭住址；

6）健康状况；

7）教育水平；

8）是否购买家政保险。

32.2.2 职业信息：

1）从业经历；

2）培训考核情况；

3）家政服务职业技能标准等级（证书）；

4）雇主评价及投诉情况；

5）受表彰奖励情况；

6）处罚情况。

32.2.3 犯罪背景核查结果信息：

1）身份真伪；

2）五年内是否涉及盗窃案、拐卖妇女、儿童案、虐待案、故意杀人案、故意伤害案、强奸案、抢劫案、放火案、爆炸案；

3）是否重症精神病人；

4）三年内是否吸毒人员和制贩毒人员。

32.2.4 在“商务部家政业务平台”上建立家政服务员信用记录。

32.2.5 对新录用的家政服务员，要在其入职后 1 个月内建立信用记录。

32.2.6 对由其他企业流入的家政服务员，要主动掌握并记录其历史信用情况，要核对原企业提供的相关信用信息。

32.2.7 家政企业要负责建立家政服务员信息核实机制，及时生成并更新相关信息。

32.2.8 家政服务员离职后，其信用记录要保留 5 年以上。

32.2.9 家政企业为家政服务员建立信用记录时，要将信用信息和家政服务员签署的《家政服务员信用信息授权书》上传至“商务部家政业务平台”。

附注：

家政服务员信用信息授权书

本人（姓名）：

身份证号码：

自愿申请为本人建立家政服务员信用记录。

本人承诺：

1. 填写提供的个人信息真实无误；

2. 有关政府部门和家政企业在遵守我国相关法律法规的前提下，有权通过

相关途径查询本人以下相关信息并记入本人的家政服务员信用记录：本人身份 真伪，本人在签署此授权书之日前五年内以及从事家政服务期间是否涉及盗窃 案、拐卖妇女、儿童案、虐待案、故意杀人案、故意伤害案、强奸案、抢劫案、

放火案、爆炸案等，本人是否为重症精神病人，本人在签署此授权书之日前三年内以及从事家政服务期间是否吸毒人员和制贩毒人员，本人基本信息（身份证号码、姓名、性

别、民族、家庭住址、健康状况、教育水平等），本人的职业信息（从业经历、培训情况、培训考核情况、消费者评价和投诉情况等）；

3. 消费者可依法查阅本人的家政服务员信用记录。

此授权书仅用于建立家政服务员信用记录工作，不可另作他用。

本人（签名并按手印）：

年　月　日

32.2.10　经家政服务员本人同意，消费者可查阅家政服务员的信用信息。

32.2.11　家政企业要为消费者提供便利，并确保家政服务员信用信息的安全，不得违规泄露家政服务员信用信息。

32.3 家政企业信用管理

32.3.1　企业基本信息：

1）统一社会信用代码；

2）企业名称；

3）企业类型（企业、事业、民办非企业单位、个体经济组织）；

4）地址；

5）业务范围；

6）法定代表人、身份证号码；

7）企业经营状态。

32.3.2　商务主管部门的行政信息（商务执法处罚记录等）。

32.3.3　其他部门的行政信息：

1）违法违规记录；

2）受奖励表彰情况；

3）政府部门认定的企业信用等级；

4）承担政府购买服务的项目信息。

32.3.4　在“商务部家政业务平台”上建立企业信用记录（重点收集“黑名单”、行政许可和处罚信息，对认定为失信企业的，要将失信行为载入其信用记录）。

32.3.5　消费者、家政服务员可依法查阅家政企业信用记录。

32.4 雇主信用管理

32.4.1　雇主基本信息

1）姓名；

2）身份证号码；

3）民族；

4）家庭住址；

5）家庭成员及健康状况；

6）家庭室内面积；

7）是否购买家政保险。

32.4.2　家政服务需求信息

1）雇用家政服务员经历；

2）雇主服务需求标准等级；

3）支付家政服务员工资情况；

4）更换家政服务员情况；

5）家政服务员和家政企业评价及投诉情况。

32.2.3 犯罪背景核查结果信息：

1）身份真伪；

2）五年内是否涉及盗窃案、拐卖妇女、儿童案、虐待案、故意杀人案、故意伤害案、强奸案、抢劫案、放火案、爆炸案；

3）是否重症精神病人；

4）三年内是否吸毒人员和制贩毒人员。

32.2.4 在“商务部家政业务平台”上建立家政服务员信用记录。

32.2.5 对新录用的家政服务员，要在其入职后 1 个月内建立信用记录。

32.2.6 对由其他企业流入的家政服务员，要主动掌握并记录其历史信用情况，要核对原企业提供的相关信用信息。

32.2.7 家政企业要负责建立家政服务员信息核实机制，及时生成并更新相关信息。

32.2.8 家政服务员离职后，其信用记录要保留 5 年以上。

32.5 家政服务信用信息平台

32.6 家政服务守信激励和失信惩戒机制

32.7 区块链 + 家政服务诚信管理标准

传统的家政服务诚信管理，主要包括家政服务员信用管理、家政企业信用管理、雇主信用管理、家政服务信用信息平台管理、家政服务守信激励和失信惩戒机制。这种传统的家政服务诚信管理，是由中心化的第三方机构及相关管理与技术人员承担实施，仍然存在一些难以解决的结构性问题：

一、中心化的第三方机构自身的信用问题。第三方机构掌控的用户数据，在技术上后台是可以修改的、有泄露的风险。如果监管不力，在利益驱使下甚至会出现倒卖用户数据和恶意篡改用户数据。这对雇主隐私和家政服务员隐私保护带来挑战；二、第三方机构无偿占有和使用用户数据，而用户数据是一种有价值的资产，尤其对家政服务公司而言，家政服务员数据和雇主数据都是核心资产；三、中心化的第三方平台，容易受到网络攻击，黑客入侵，会造成用户数据被盗用，进而给用户造成损失和安全隐患，或者甚至出现网络瘫痪或网络故障，影响用户的使用；四、区域性的各自为政的中心化第三方机构，彼此之间缺乏“互联互通”，容易形成“信息孤岛”，很难有效解决家政服务员跨区域流动而带来的服务诚信追溯问题。例如，一名家政服务员在某城市从事家政服务，出现了服务诚信问题而辞职或被辞退，再到另一个城市再从事家政服务，由于区域性第三方机构或第三方平台缺乏“互联互通”，就很难及时发现或鉴别这个不诚信的家政服务员，将给雇佣这个家政服务员的雇主带来安全隐患。这样的不诚信家政服务员跨区域流动给雇主造成损失的案例屡见不鲜。

基于区块链的家政服务平台，是借助 P2P 网络、分布式账本、共识机制、密码学技术等，通过计算机程序或算法来确保家政服务信息或数据诚信，是依靠全网所有节点（用户）的共识机制来确保家政服务诚信，而不是依靠中心化机制的少数几个人来进行家政服务诚信管理。也就是说，基于区块链的家政服务诚信管理，是公开透明的、不可篡改和可追溯的、隐私安全得到保障。还有，区块链很难受到网络攻击，除非能拥有全网算力的 51% 才有可能修改或篡改最新生成的区块记录，而这种情况大型的区块链网络中是不可能出现的。

这是两种完全不同的家政服务诚信管理机制。传统的家政服务诚信管理是中心化的、可篡改、不可追溯、不公开透明、隐私安全难以得到保障；而区块链的家政服务诚信管理，是去中心化的、不可篡改、可追溯、公开透明、隐私安全得到保障。区块链家政服务平台，在家政服务诚信管理上既治标又治本，从根本上彻底解决家政服务诚信问题。

第33章　家政服务安全与应急管理标准

【家政政策】

序号	发文时间	发文机关	政策文件名称
	2019年6月16日	国务院办公厅。国办发〔2019〕30号	《国务院办公厅关于促进家政服务业提质扩容的意见》
相关摘要	（十六）保障家政从业人员合法权益。最大限度把家政从业人员组织到工会中，探索适合家政从业人员特点的入会形式、建会方式和工作平台。完善家政从业人员维权服务机制，保障其合法权益，促进实现体面劳动。 （二十）分类制定家政服务人员体检项目和标准。研究制定科学合理的家政服务人员体检项目和标准，育婴员、养老护理员等职业应实行更加严格的岗前健康体检，其他从业人员上岗前应按所从事家政服务类别进行体检。		

【家政寄语】

家政服务安全是雇主关注的头等大事。家政公司和家政服务员绝不可掉以轻心，必须在家政服务员上岗前进行严格培训，并制定应急预案，确保零风险。

【术语定义】

家政服务安全管理体系：是指家政服务机构为确保家政服务安全而建立：安全管理部门及职责、安全管理人员要求及职责、安全管理制度、报告制度。

【标准条款】

序号	标准编号	标准名称	主管部门
11	Q/QKL JZGL111-2020	家政服务安全与应急管理标准	
标准内容	33.1 家政服务安全与应急管理标准 33.2 家政服务员人身财产安全管理 33.3 雇主家庭人身财产安全管理 33.4 家政服务突发事件应急管理 33.4.1 创伤性伤害事件管理 33.4.2 非创伤性伤害事件管理 33.4.3 病原性突发事件急救 33.4.4 雇主家庭内部设施设备突发异常应急处置措施 33.4.5 雇主家庭外部突发事故应急处置措施		

【学习目标】

通过本章的学习，您将能够：

1）了解家政服务安全具体内容；

2）掌握家政服务安全预防措施；

3）熟悉家政服务安全应急预案；

4）知晓家政服务安全教育与培训要求。

33.1 家政服务安全与应急管理标准概述

家政服务安全是家政服务的头等大事。因为，家政服务涉及雇主家庭及其成员和家政服务员的人身与财产安全。

家政服务安全与应急管理标准，主要包括：建立家政服务安全管理体系、雇主家庭设施设备安全要求、家庭食品安全要求、人身（雇主家庭成员和家政服务员）安全要求、财产安全要求、雇主家庭私人信息安全要求、突发事件应急管理要求、安全教育与培训要求等。家政服务安全与应急管理实行标准化，将大大有利于降低、预防直至杜绝家政服务安全事件发生；即使发生突发服务事件，有了应急管理标准，也可以大大减少甚至杜绝突发事件造成的人身与财产损失。

在家政服务中，出现任何安全事故或安全问题，不管是否无意疏忽，都将给雇主家庭和家政服务员造成损失。对家政服务机构而言，也不例外，严重的将直接导致家政服务机构（包括家政服务员）破产甚至触犯法律。因此，家政服务机构建立服务安全与应急管理标准，刻不容缓，绝不是可有可无。

33.2 建立家政服务安全管理体系

33.2.1 安全管理部门及职责

家政服务机构的安全责任人应是机构法定代表人或主要负责人。家政服务机构应依法建立安全管理部门，安全管理部门由安全责任人、安全管理人员、相关部门和具体实施安全工作的专（兼）职人员组成，逐级负责本机构的安全管理工作。

33.2.2 安全管理人员要求及职责

33.2.2.1 安全管理人员要求

1）家政服务机构应按照机构总人数及服务内容配置相适应的专（兼）职安全管理人员。

2）安全管理相关工作人员应熟悉国家和地方安全管理相关的法律法规及技术规范，并取得相关部门认可的资格证书，持证上岗，具备必要的组织协调能力和突发事件应变处置能力。

33.2.2.2 各级安全管理人员职责

1）安全责任人应全面负责本机构的安全工作，依法开展安全管理工作；建立安全管理部门和组织（含义务消防组织）；审查批准安全制度、组织制定并实施安全事故应急预案；定期研究、督导安全问题；及时、如实向上级主管部门报告安全事故。

2）安全管理人员应负责本机构主管范围内的安全工作；负责制定安全管理制度和年度安全工作计划，组织实施日常安全管理工作；督促、落实隐患整改工作；定期向安全责任人报告安全工作情况，及时报告涉及安全的重大问题。

33.2.3 安全管理制度

33.2.3.1 家政服务机构应遵守国家法律法规要求，建立健全各项安全管理制度。制度应包括但不限于：

1）安全责任制度；

2）安全教育制度；

3）安全服务操作规范或规程；

4）安全检查制度；

5）事故处理与报告制度；

6）突发事件应急预案；

7）考核与奖惩制度。

33.2.3.2 安全管理制度应明确相关部门及人员的职责、权限、工作内容、工作流程及要求，应建立健全岗位操作规范。

33.2.4 报告制度

33.2.4.1 发生意外或可能引发意外的服务过失行为后，应按要求逐级上报。

33.2.4.2 报告程序应符合下列要求：

1）发现雇主家庭设施设备、服务过程或服务对象存在安全隐患，工作人员主要是一线家政服务员应向安全管理人员报告，安全管理人员应及时组织力量采取积极的措施，消除隐患，并向上级报告；

2）发生安全事故后，工作人员应立即向安全管理人员报告，并进行事故详细记录；安全管理人员应迅速向安全责任人报告；安全责任人应按照有关规定及时向上级主管部门和相关行政主管部门报告。

33.2.4.3 发生重大疫情，应及时向机构属地疾病预防控制机构报告。

33.3 雇主家庭设施设备安全要求

33.3.1 家用电器及电线、接线板、充电器安全；

33.3.2 厨房、浴室燃气具安全；

33.3.3 防盗门窗安全；

33.3.4 楼房阳台窗户安全；

33.3.5 婴幼儿玩具、卧具、餐具安全；

33.3.6 老年人康复器材、出行用具、卧具、餐具安全；

33.3.7 残疾人康复器材、出行用具、卧具、餐具安全；

33.3.8 居室地面（地砖是否打滑，尤其是浴室、厨房）安全；

33.4 家庭食品安全要求

33.4.1 家政服务员应遵守国家食品安全相关法律法规和食品安全标准的要求。

33.4.2 建立健全家庭食品安全管理制度，采取有效的管理措施，保证雇主家庭食品安全。

33.5 人身安全要求

33.5.1 家政服务机构应遵守国家相关法律法规要求，建立相应的雇主家庭成员与家政服务员人身安全管理制度。对故意伤害、走失、交通安全等重点安全问题进行监控。

33.5.2 家政服务机构应对家政服务员提供的家政服务涉及的雇主家庭成员与家政服务员人身安全问题进行安全评价，并实施有效监控和防范。

1）婴幼儿安全照护；

2）孕妇产妇与新生儿安全照护；

3）居家老年人安全照护；

4）病人安全照护；

5）残疾人安全照护；

6）家政服务员安全服务。

33.6 财产安全要求

33.6.1 家政服务机构应遵守国家相关法律法规要求，建立相应的雇主家庭财产安全管理制度。对偷窃等重点安全问题进行有效监控和防范；

33.6.2 建立家政服务员私人财产安全管理制度。

33.7 雇主家庭私人信息安全要求

33.7.1 家政服务机构应建立关于雇主的各类信息、档案资料保管制度；

33.7.2 应严守国家保密法和保密守则，不泄密。不外泄雇主家庭个人隐私；

33.7.3 信息应包括家政服务机构和家政服务员内部形成和采集的文字信息（包括雇主家庭成员健康档案、管理工作档案等）、图片信息、影像信息等。收集的信息应符合真实性、准确性、全面性、时效性的原则。

33.7.4 应有专(兼)职人员负责信息管理。各类信息经过筛选和整理后，应当分类保存。重要的照片、影像等信息资料应采用适当的媒介保存。

33.8 突发事件应急管理要求

33.8.1 应急管理部门及其责任

33.8.1.1 应急处置责任人应由家政服务机构的安全责任人担任。

33.8.1.2 家政服务机构的安全管理部门负责组织、协调应急处置工作，担负信息汇总上传和综合协调的职责。

33.8.2 应急预案

33.8.2.1 家政服务机构应制订应对公共卫生事件等突发事件的应急预案，并结合本机构实际情况制订处置专项突发事件应急预案，宜包括雇主家庭成员在家庭遇到的人身伤害与重大意外事件、火灾处理预案、食物中毒处置预案、传染病处置预案、家政服务员人身伤害与重大意外事件以及机构认为有必要制订的其他预案。

33.8.2.2 应急预案的内容应至少包括：

1）指导思想；

2）组织机构；

3）职责分工；

4）处置原则；

5）预案等级；

6）处置程序；

7）工作要求。

33.8.2.3 家政服务机构内全体工作人员特别是一线家政服务员应掌握应急预案内容，并履行应急预案规定的岗位职责。

33.8.2.4 应急预案应至少每半年进行一次演练。

33.8.2.5 各类应急预案应根据实际情况变化不断补充、完善。

33.8.3 运行机制

33.8.3.1 监测与预警

1）应建立统一的安全突发事件监测、预警制度，完善监测、预警机制，加强对监测工作的管理和监督，保证监测质量。

2） 家政服务机构的安全管理部门应对可能发生的突发事件进行分析，按照应急预案的程序及时研究应对措施，做好应急准备。

33.8.3.2 报告

1）家政服务机构应建立健全突发事件报告制度。应按照突发事件报告的相关规定逐级报告。事件发生后，现场有关人员应立即报告安全管理人员或安全责任人；安全责任人接到报告后，应按照相关规定立即向上级主管部门及当地政府报告。特别重大或者重大突发事件发生后最迟不得超过 1 小时。应急处置过程中，要及时续报有关情况。

2）对重大突发事件不应瞒报、迟报、谎报或者授意他人瞒报、谎报，不应阻止他人报告。

33.8.3.3 信息发布突发事件的信息发布应当及时、准确、客观、全面。

33.8.3.4 应急处置

1）家政服务机构安全管理部门应及时对突发事件的有关信息进行筛选、整理、评估，由安全责任人按照《国家突发公共事件总体应急预案》的分类分级规定，依级启动预案。

2） 重大级别以下突发事件应急处置工作由本机构安全管理部门负责组织实施。超出本级应急处置能力时，要及时报请上级安全管理部门提供指导和支持。

3）突发事件得到有效处置、事态平息后，经组织专家论证后，安全管理部门根据突发事件处置情况终止预案。

33.8.3.5 评估与改进。应急处置结束后，家政服务机构安全管理部门对原应急预案进行评估和完善，修订后的预案应报主管部门备案。

33.9 安全教育与培训要求

33.9.1 安全教育与培训内容至少应包括：

1）安全工作涉及的法律法规和政策；

2）本部门或岗位的安全管理制度和操作规范或规程；

（1）婴幼儿安全照护；

（2）孕妇产妇与新生儿安全照护；

（3）居家老年人安全照护；

（4）病人安全照护；

（5）残疾人安全照护；

（6）家政服务员自我安全防护。

3）设备设施、服务工具和劳动防护用品的使用、维护和保养知识；

（1）家用电器及电线、接线板、充电器安全知识；

（2）厨房、浴室燃气具安全知识；

（3）防盗门窗安全知识；

（4）楼房阳台窗户安全知识；

（5）婴幼儿玩具、卧具、餐具安全知识；

（6）老年人康复器材、出行用具、卧具、餐具安全知识；

（7）残疾人康复器材、出行用具、卧具、餐具安全知识；

（8）居室地面（地砖是否打滑，尤其是浴室、厨房）安全知识；

（9）家庭食品安全知识。

4）安全事故的防范意识、应急措施和自救互救知识；

5）应急预案的演练；

6）法律法规规定的其他内容。

33.9.2 教育与培训的组织实施应符合下列要求：

1）安全责任人负责对安全管理人员的教育和培训，使之全面掌握家政服务机构安全监测、控制、管理的理论、专业知识和技能，并能指导实际工作；

2）安全管理人员应组织本机构工作人员特别是一线家政服务员的安全教育和培训，使之掌握安全知识和相关安全技能；应对雇主家庭进行重点安全问题预防知识教育；

3）可采取多种形式进行安全教育和培训；

4）应对安全教育和培训效果进行检查和考核。

33.9.3 接受教育与培训的人员应包括：

1）安全责任人、安全管理人员，每年应接受在岗安全教育与培训；

2）新员工特别是一线家政服务员，上岗前应接受岗前安全教育与培训，并做好培训记录；

3）换岗、离岗6个月以上的，以及采用新技术或者使用新设备的，均应接受岗前安全教育与培训。

33.9.4 家政服务机构应定期对工作人员进行职业病防范、工作防护的安全教育。

33.9.5 家政服务机构应对新员工特别是一线家政服务员或换岗人员进行上岗前职业健康安全教育。

33.10 区块链 + 家政服务安全与应急管理标准

基于区块链的家政服务平台，对于雇主家庭私人信息是有安全保障的。同样，也可以保障家政服务员私人信息安全。但家政服务安全与应急管理，更多是“链下”的家政服务员的服务安全行为及雇主家庭设施设备安全要求，以及突发事件的应急管理要求，还包括家政服务安全教育与培训要求。这就要求家政公司要“链上”与“链下”相结合，进行家政服务安全与应急管理。

第34章　家政服务数据管理标准

【家政政策】

序号	发文时间	发文机关	政策文件名称
	2019年6月16日	国务院办公厅。国办发〔2019〕30号	《国务院办公厅关于促进家政服务业提质扩容的意见》
相关摘要	（二十四）建立家政服务信用信息平台系统。中央财政通过服务业发展资金支持家政服务领域信用体系建设。依托全国信用信息共享平台，全量归集家政企业、从业人员、消费者的基础信息和信用信息，并按规定向相关部门及家政企业充分共享金融、税务、司法等可公开信用信息。探索建立全国家政企业和从业人员社会评价互动系统。		

【家政寄语】

数字经济时代，数据是资产，是企业的核心竞争力资源。

【术语定义】

数据：事实或观察的结果，是对客观事物的逻辑归纳，是用于表示客观事物的未经加工的原始素材。家政服务数据主要包括：家政服务员数据、雇主数据、家政企业内部数据、家政服务外部数据。数据是家政企业的重要资产。

【标准条款】

序号	标准编号	标准名称	主管部门
12	Q/QKL JZGL112-2020	家政服务数据管理标准	
标准内容	34.1 家政服务数据管理标准 34.2 家政服务数据 34.2.1 家政服务员数据 34.2.2 雇主数据 34.2.3 家政企业内部数据 34.2.4 家政服务外部数据 34.3 数据收集 34.4 数据存储 34.5 数据处理 34.6 数据应用		

【学习目标】

通过本章的学习，您将能够：

1）了解家政服务数据包括哪些；

2）知晓家政服务数据与家政服务信息的区别；

3）掌握家政服务数据管理技术。

34.1 家政服务数据管理标准概述

家政服务数据管理标准，主要包括：家政服务员数据、雇主数据、家政企业内部数据、家政服务外部数据、数据收集、数据存储、数据处理、数据应用等。

数据是资产，对家政企业而言，家政服务员数据和雇主数据是核心资产。随着大数据时代的来临，家政企业需要强化家政服务数据管理标准化，增强自己的核心竞争力。

34.2 家政服务数据

34.2.1 家政服务员数据

1）家政服务员入职登记表；

2）家政服务员身份证明材料；

3）家政服务员健康证明材料；

4）家政服务员培训证明材料；

5）家政服务员从业经历证明材料；

6）劳动合同；

7）服务合同；

8）培训合同；

9）雇主信息反馈及处理情况跟踪表；

10）雇主投诉及处理表；

11）家政服务员的奖惩记录；

12）家政服务员学历证书；

13）家政服务员职业资格证书；

14）家政服务员家庭及其成员信息材料；

15）家政服务员购买保险保障材料；

16）家政服务员有无犯罪记录；

17）家政服务员有无吸毒、赌博记录；

18）家政服务员心理健康材料；

19）其他有关家政服务员的材料。

34.2.2 雇主数据

1）雇主资料登记表；

2）服务合同；

3）雇主需求调查表；

4）雇主反馈信息及处理跟踪表；

5）雇主投诉及处理表；

6）雇主购买家政服务保险材料；

7）雇主家庭情况材料；

8）其他有关雇主的材料。

34.2.3 家政企业内部数据

1）各种规章制度文件；

2）员工求职登记表；

3）员工花名册；

4）员工奖惩记录材料；

5）员工工资奖金表；
6）顾客咨询材料；
7）会议记录；
8）人员来访接待记录；
9）电话记录；
10）网络留言记录；
11）突发事件记录；
12）各种工作记录；
13）其他有关企业的材料。

34.2.4 家政企业外部数据

1）政府有关家政服务的文件（国家、省、市、区等政策文件）；
2）家政行业协会文件；
3）与家政服务相关的法律文件；
4）竞争对手的相关材料；
5）合同伙伴材料；
6）家政服务发展的相关材料。

34.3 数据收集

34.3.1 收集渠道：1）家政服务员；2）雇主；3）家政企业员工；
4）合作伙伴；5）竞争对手；6）家政行业协会；7）各级政府部门等；

34.4 数据存储（扫一扫　二维码）

34.5 数据处理（扫一扫　二维码）

34.6 数据应用（扫一扫　二维码）

34.7 区块链 + 家政服务数据管理标准

基于区块链的家政服务平台，尤其是基于部署在区块链上的智能合约的家政服务自动交易，要求家政服务过程和结果都需要标准化，进而数据化。可见，家政服务实行数据管理标准化，势在必行。

同样，家政服务数据管理标准化，也要“链上”与“链下”相结合。链上数据标准化，便于编制智能合约，实行家政服务自动交易；链下数据标准化，便于家政企业管理规范化、便于家政服务溯源管理。

基于区块链的家政服务数据，是有价值的数据资产，是数据持有者所有，任何个人或机构都无权也无法占有。只有数据持有者授权，才能使用。因此，家政服务数据实行管理标准化，有利于提升数据使用价值。

号角：促进家政服务业高质量发展行动

我国家政服务业发展走过了38个春夏秋冬，从“两化”（规范化职业化）发展，到“提质扩容”“高质量发展”，走过了慢慢长征路。然而，迄今为止，我国家政服务业：“仍存在有效供给不足、行业发展不规范、群众满意度不高等问题”（《国务院办公厅关于促进家政服务业提质扩容的意见》2019 年 6 月 16 日）。可见，我国家政服务业要实现高质量发展仍任重道远。

可喜的是，我国家政服务业创业者们筚路蓝缕、砥砺前行，还是探索出了一些值得借鉴的思路，还是提出了创造性的系统解决方案。假以时日，我国家政服务业实现高质量发展，必将指日可待。

但不可否认的是，传统家政公司那种靠粗放式经营管理，或靠政府扶持才发展的模式，都是不可持续的。

唯有坚定不移地实现家政服务“供给侧”结构性改革、创新家政服务业发展模式，才是正道，才是出路，除此之外，别无他法。

第五篇

家政服务创新实践模式

第 35 章　家政服务企业创新模式示例

【家政政策】

序号	发文时间	发文机关	政策文件名称
	2019 年 7 月 5 日	发改社会〔2019〕1182 号	《关于开展家政服务业提质扩容“领跑者”行动试点工作的通知》
相关摘要	指导思想：坚持新发展理念，坚持高质量发展，坚持以人民为中心，以供给侧结构性改革为主线，持续推进“放管服”改革，繁荣家政服务市场，扩大有效供给，完善培训体系，加强诚信建设，推动家政服务业提质扩容，让人民群众有更多获得感、幸福感、安全感。 主要目标：推动试点地区出台一批可持续、可复制的政策措施，培育一批竞争力强、服务质量高、经济社会效益好的家政企业，加强家政行业信用体系建设，健全家政人才培训体系，实现试点地区家政服务实训能力全覆盖。促进家政服务业质量进一步提高，基本实现专业化、规模化、网络化、规范化发展。		

序号	发文时间	发文机关	政策文件名称
	2019 年 6 月 16 日	国务院办公厅。国办发〔2019〕30 号	《国务院办公厅关于促进家政服务业提质扩容的意见》
相关摘要	强化财税金融支持，增加家政服务有效供给：（十）提高家政服务业增值税进项税额加计抵减比例。研究完善增值税加计抵减政策，进一步支持家政服务业发展。（十一）扩大员工制家政企业免征增值税的适用范围。对与消费者（客户）、服务人员签订服务协议，代发服务人员劳动报酬，对服务人员进行持续培训管理，并建立业务管理系统的家政企业提供的家政服务免征增值税。（十二）开展家政服务“信易贷”试点。依托全国信用信息共享平台，引导和鼓励商业银行在市场化和商业自愿的前提下为信用状况良好且符合条件的家政企业提供无抵押、无担保的信用贷款。（十三）拓展发行专项债券等多元化融资渠道。支持符合条件的家政企业发行社会领域产业专项债券。鼓励地方运用投资、基金等组合工具，支持家政企业连锁发展和行业兼并重组。		

【家政寄语】

他山之石　可以攻玉

【术语定义】

平台化：是指家政服务员、雇主、家政公司等家政服务利益相关者，利用互联网、特别是移动互联网平台，超越时间、空间限制，进行信息交换、价值交换、大规模社会化协作，进而使得平台上的每个个体和组织实现自我价值，达成广泛连接，形成网络效应。

互联网平台的基础特性：连接、数字化、好产品；

互联网平台的技术特性：云计算、大数据、移动终端、社交化；

互联网平台的功能特性：精准匹配、赋能、生态。

小微化：是指小微家政企业或个人，是最基本的创业和创新单元，是自主经营体，也是独立的法人企业。

产品化：是指依据服务理念、服务知识、服务技能、服务态度，通过一定的设计和加工，实现标准化、规范化，可大规模复制生产和提供，转化为雇主可直接使用的服务，能解决雇主的实际问题，满足雇主的现实需求，并实现规模效益。这个过程或活动就是产品化。例如：前面的“九大细分技术标准”内容，可转换为可直接使用的“标准产品”依次分别是：居家保洁收纳服务、衣物洗涤收纳服务、家庭餐制作服务、母婴护理（月嫂）服务、育婴服务、居家养老护理服务、病患陪护服务、管家服务、涉外家政服务等九大业态服务标准产品。

规模化：是指家政企业的规模大小达到了一定的标准。一般情况，家政企业人数（主要是家政服务员）在100人以下，为小微家政企业；家政企业人数在100人－500人，为中型家政企业；家政企业人数在500人以上为大型家政企业。

运营模式：是指对家政公司提供的家政服务进行设计、运行、评价、改进的持续过程。家政企业的主要经营活动包括人力资源管理、运营管理、服务市场营销、技术系统支持、行政组织支持等职能系统，有机整合，统筹管理。

【学习目标】

通过本章的学习，您将能够：

1）了解家政服务创新模式：雇主价值创造、服务产品创新、“互联网＋”模式创新、企业文化创新；

2）了解家政服务“九大”细分业态的企业创新实践模式：

☑ 居家保洁收纳服务创新模式

☑ 衣物洗涤收纳服务创新模式

☑ 家庭餐制作服务创新模式

☑ 母婴护理服务创新模式

☑ 居家养老护理服务创新模式

☑ 病患陪护服务创新模式

☑ 管家服务创新模式

☑ 涉外家政服务创新模式

3）了解“菲佣”成功的经验；

4）了解我国香港家政服务业有价值的经验。

35.1 家政服务创新模式概述

家政服务创新模式，主要是指家政服务的雇主价值创造、家政服务产品创新、“互联网＋”驱动的家政企业组织模式创新（即“去中间化、小微化、平台化”）、家政服务企业文化创新（即建立服务导向文化、开放文化、柔性文化、服务创新文化）；还包括居家保洁收纳服务、母婴护理服务、居家养老护理服务等九大家政服务细分业态的服务创新实践模式案例。除此之外，还简单介绍了菲佣和香港家政服务实践模式的有益探索。

35.1.1 家政服务雇主价值创造新模式

随着我国中产阶层的不断壮大，以“成本为导向”的消费模式被逐渐弃用，高标准、专业化、便捷化、强调亲和力和服务体验的新消费模式逐渐流行。随着雇主消费需求的改变，服务方式也将改变，服务质量将得以大幅提升。在这个消费升级阶段，家政服务企业必须要进行服务模式创新，为雇主创造更多的价值，才能实现家政企业自身的发展成长。

◇一、要确立“依循雇主需求，创造雇主价值”的服务思维。

在家政服务中，对家政企业业务增长、利润提升有着重要影响的因素不是市场份额，而是雇主的忠诚度。有研究显示，家政服务企业的雇主忠诚度能提升 5%，该企业的利润就能增长 25%~ 85%。提升雇主忠诚度的最大前提就是要实现和创造雇主价值。因此，对家政企业来说，一切服务活动的开展，都要以“雇主”为出发点、核心点、提升点。雇主需求就是家政企业实现可持续发展的根本动力。所以，家政企业不能只将“一切以雇主为中心”视为一个口号，而是要紧紧抓住雇主现有需求，深入挖掘雇主的潜在需求，为雇主创造更多的价值。

◇ 二、要主动让家政服务与需求相匹配，提升服务质量与服务体验。

家政企业最需要思考的问题不是企业拥有什么，能为雇主提供什么，而是雇主需要什么。只有明确雇主需要什么，家政企业才能有针对性地为其提供服务，创造雇主价值。我们知道，在消费升级阶段，雇主对家政服务的关注重点从服务价格转移到了服务质量、服务体验方面，相对于低价格的家政服务来说，高质量的家政服务更能切中雇主需求。具体来看，雇主需求变化呈现出四大特点：

（1）注重服务消费的高效性、便捷化；

（2）注重家政服务的个性化、定制化；

（3）注重家政服务的专业性、知识性；

（4）注重服务消费的情感性、体验性。

因此，家政服务企业要主动出击，在家政服务产品、服务流程、服务商业模式中融入高效、便捷、个性化、定制化、专业性、知识性、情感性、体验性的服务元素，以适应“互联网 +”“区块链 +”时代催生出的新模式与新业态。

35.1.2 家政服务产品创新模式

通过前文，我们知道，家政服务产品，就是家政公司的价值主张，也即家政公司的服务理念，主要包括三大要素：核心产品、附加性服务、传递流程。这三大要素构成了一个完整的家政服务产品。其中，核心产品是雇主要寻找的、能解决雇主问题或痛点的服务，附加性服务是增强核心产品功能，传递流程是指提供核心产品与各项附加性服务的流程，也就是如何有效向雇主提供服务。

在传统的家政服务模式中，家政公司更多在意的是“核心产品”，与雇主进行的是一次性服务交易模式，其服务定价是基于核心产品的服务质量和服务功能的定价，家政公司的注意力主要集中在核心产品的服务交易上，交易完成，服务就结束了，以后更多是家政服务员与雇主之间的关系，与家政公司无关。这种模式就是所谓的传统“中介制模式”。

但在今天新的服务经济时代，这种传统的“中介制模式”的家政服务产品，显然不能满足雇主的需求，雇主需要更加个性化、定制化、诚信、便捷、稳定的家政服务产品，雇主越来越关注家政服务产品的全生命周期，即雇主更关注家政服务员的来源、身份认证信息、接受家政服务职业技能培训情况、职业技能证书资质、从业服务经历、上一个雇主的评价反馈、到岗后的服务过程、后续支持、服务终止等，而不是简单的一次性服务交易。

这就要求今天的家政公司在提供家政服务“核心产品”时，更加关注家政服务的“附加性服务”“服务流程”。

我们知道，核心产品的传递通常都伴随着其他一系列与服务相关联的活动，即附加性服务。它们能拓展核心产品的功能与效率，并且为雇主的服务体验带来更多的价值，使其与众不同。

随着行业的成熟与竞争的加剧，核心产品到一定时候往往而成为标准商品，即标准化服务。因此，到这个阶段，追求竞争优势通常强调附加性服务表现，即附加性服务品质。

所谓附加性服务，是指能增强核心产品的相关服务，在促进核心产品功能与效率的同时，强化核心产品的价值与吸引力。

附加性服务的范围和层次，通常在核心产品与相似产品竞争中扮演重要角色，它能有效地区分与定位家政服务产品。

附加性服务总是扮演以下两种角色：

支持性附加服务：通常在传递或者使用核心服务的流程中起重要作用。支持性附加服务主要包括：信息服务、订单服务、账单服务、付账服务；

增强性附加服务：则能为雇主带来额外的价值。增强性附加性服务主要包括：咨询服务、接待服务、保管服务、特殊服务。

这 8 个分类以围绕花心（即“核心产品”）的 8 片花瓣的形式，即“服务之花”。在一个设计良好和管理优良的家政服务公司，服务之花的花瓣（附加性服务）和花心（核心产品）呈现鲜活健康的状态，处处体现家政公司独有的家政服务品牌。相反，设计糟糕并且管理混乱的服务，就好比缺失了花瓣而枯萎失色的花朵。这时，即使核心服务是完美的，但服务之花的整体印象还是令人失望的。在家政服务中，这些附加性服务主要体现在：

A、家政服务需要更多的附加性内容。

B、高接触性服务也比低接触性服务需要更多的附加性服务。例如，母婴护理服务、育婴服务、居家养老护理服务、病患陪护服务，比家居保洁收纳服务、家庭餐制作服务、衣物洗涤收纳服务，需要更多的附加性服务。

C、家政服务公司的市场定位战略，有助于决定哪些附加性服务是必需的。

D、为雇主带来额外价值以提升雇主对服务质量感知的战略，比低价格竞争的战略，可能需要包括更多的附加性服务。

E、提供不同等级服务的家政公司，如母婴护理公司中的初级护理、中级护理、高级护理，常常通过附加性服务的多少来区分服务等级。

在家政服务的全生命周期，除了核心服务、附加性服务外，家政服务流程也直接影响雇主的服务体验，而不仅仅涉及服务效率。尤其在今天体验经济时代，雇主不仅购买了服务，享受服务带来的结果，更在乎服务过程中的良好体验，获得情感上的愉悦。

所谓家政服务流程，从雇主角度看，是指雇主购买、享受家政服务时所要经历的一系列程序或过程，服务就是雇主的体验过程；从家政公司角度看，是指家政公司提供核心产品和各项附加性服务的一系列程序或过程，即家政公司如何有效向雇主提供家政服务，服务就是创造雇主体验的过程。说到底，在家政服务接触中最关键的是顾客对事件的看法，对家政服务员服务的看法。

值得注意的是，在家政服务中，顾客本身就是家政服务不可分割的一部分，家政服务流程就是他们（顾客）的经历。

家政服务最显著的特征◇一、是顾客参与家政服务的生产和传递过程。但是更多的时候，传统的家政公司在设计和操作家政服务时会忽略顾客的看法，间断地处理每一个步骤而不是一个完整、连贯的流程。

在家政服务实践中，一个优质的服务流程设计，可以提升雇主服务体验与满意度、提升家政服务员的满意度、提升家政公司运营效率。反之，一个拙劣的服务流程设计，是缓慢的、令人沮丧、质量低劣的服务，使得一线家政服务员难以很好地完成服务，导致服务效率降低、服务失误的风险增加，进而会惹怒雇主。

当然，家政服务流程，无论是从雇主角度，还是从家政公司角度，都是一回事，是一个事情的两个方面，不是两件事。

总之，在家政服务中，雇主购买家政服务产品、家政公司匹配家政服务员、雇主使用家政服务、服务监督、维护服务或处理雇主投诉或服务补救、服务终止，即购买、匹配、使用、监督、维护、终止等以上六个阶段，构成了创造雇主价值的家政服务产品的全生命周期。在家政服务产品生命周期的每一个阶段，家政公司能为雇主提供哪些独到的价值或效用：即如何提升雇主享用家政服务产品的效能和效率，或者说，如何提升雇主使用家政服务员的能力（即雇主如何与家政服务员相处、如何支配家政服务员、如何发挥家政服务员的作用、如何提升家政服务员的服务能力等）；如何降低雇主购买家政服务的成本；如何实现家政服务从购买到终止全过程的便捷性、安全性；如何提升家政服务过程中的友好程度，如何增加雇主愉悦的情感体验。这些都能够为雇主创造价值，也使得家政公司能够发现新的业务机会和获利空间，更重要的是能够提升雇主的忠诚度。这些都是家政服务产品改进的创新模式。

家政服务产品创新，除了强调附加性服务、服务流程外，知识型家政服务产品，也越来越受到雇主的欢迎。例如，母婴护理服务中的催乳服务；育婴服务中的小儿推拿服务；家庭心理咨询服务；家庭健康生活指导服务；家庭老年教育服务；家庭休闲旅游娱乐服务、家庭理财服务、家庭美化收纳服务等。随着我国中产阶层生活消费升级，生活水平提高，人们已经不再满足于技能型家政服务，更加注重高品质、健康、环保的生活方式。这都要求家政服务产品要与时俱进，不断创新。

家政服务产品创新模式，还体现在雇主参与家政服务产品开发。我们知道，家政服务的四个“特征”之一就有“服务不可分性”，即家政服务的生产（服务提供）与消费（雇主享用服务）的不可分性。雇主在享用家政服务的过程中，也参与其中，可谓“半个家政服务员”。因此，雇主对家政服务与家政服务员的好奇心、对现有家政服务员提供服务的不满意、对家政公司与家政服务员的各种建议、对在职家政服务员的指导培训等，都有助于家政公司创新家政服务产品。所以，家政公司要从雇主的角度、从网络信息技术的视角、从参与策略的角度、从家政公司制度文化角度、从企业与雇主关系的角度、从社会环境因素角度等，来设计雇主参与家政服务产品开发模式，也是家政服务产品创新模式之一。

35.1.3 “互联网 +”驱动的家政企业组织模式创新

我们知道，在传统的家政企业，其组织模式往往是“企业导向”（即以企业为中心来安排招聘、培训、派遣工作）、“营销导向”（即以营销为中心来安排公司业务开展），即便有的家政企业是以“服务导向”与“顾客导向”（即以顾客需求为中心来组织企业招聘、培训、派遣工作），其营销部门、招聘部门、培训部门、客服部门、运营部门等，其业务互动关系更为紧密，信息的传播渠道更为多向。但同时，也带来了服务标准与规范的不一致，服务运营成本高的问题。

在“互联网 +”驱动的家政企业组织模式上，出现了新的模式，主要有三种：

1）去中间化

在“互联网 +”家政服务模式下，家政企业为雇主提供定制化、个性化、便捷的家政服务产品，这就要求家政企业的各部门，在家政服务产品的全生命周期里，即在家政服务购买、匹配、使用、监督、维护、终止等这六个阶段里，要更加高频度、大广度的深层次的互动，紧密合作，而传统的家政企业组织模式，却难以充分适应这种新的变革。因此，家政企业必须创新其组织模式。

在“互联网+”家政服务模式下，这种变革的突出特征，就是家政企业缩短与雇主的距离，去掉传统多级渠道的中间组织，建立起与雇主直连的、以顾客为中心的网络化组织。在“互联网+”等新一代信息技术的支持下，家政企业的所有生产经营活动，均以雇主为中心，以业务活动节点为基础单位，尽可能消除影响信息传递的中间环节，构成一个扁平化的网络化组织。例如，在家政企业中，招聘中心、培训中心、客服中心、营销中心、财务中心、信息中心等各部门之间的交流，都是建立在平台化的管理模式的基础上，形成网络组织，整合在一起，是为了更好地协同从而最高效地满足雇主需求，即一切以“顾客为中心”，从组织上真正做到了“顾客至上”。

为了确保扁平化的网络组织高效运转，家政企业的各个业务活动节点或各个中心，都必须要标准化、规范化、体系化，把每个点需要员工用经验和能力解决的问题，通过系统化、标准化、规范化、数据化设计，依托于互联网等信息技术手段，无障碍沟通来解决，每个岗位的权限非常清晰、员工只需要按操作手册要求操作执行即可。当然，在每个岗位工作的员工有义务发现问题并及时反馈。因此，家政服务标准化、规范化、体系化，就成了这种节点管理模式的核心。

这种依托“互联网+”驱动的家政企业组织，可以更好地获得家政雇主需求信息，实现对雇主需求的及时响应；也可以根据家政市场需求的动态变化，更为弹性地集成所需要的内外部资源，重构企业的人力资本结构；在信息技术的支持下，还可以实现低成本、高效率的信息互动，降低家政服务交易成本。同时，在“互联网+”驱动的家政企业扁平化、网络化的组织中，合作伙伴、员工在这种组织中得到了更充分的授权，工作的积极性得以提高，从而间接推动了雇主服务满意度的提升。

2）小微化

家政企业组织模式小微化，是指每一个组织都是一个独立的价值创造主体，专注于特定的业务活动或业务流程，在广泛的互联之中实现互动协作，满足雇主的需求。“互联网+”驱动的网络化组织是动态结构，可随时根据市场需求的变化，来调整其组织结构和业务协作形式，纳入不同专、精、新、特的企业或组织，重新组合，以适应新的市场需求。

在家政服务中，消费者日益追求个性化、定制化服务消费，为了弹性地应对家政服务市场的千变万化，家政企业“小微化”的专、精、新、特型组织模式，聚焦于以小批量方式，专门提供最符合家政服务细分市场特点的家政服务产品，从而充分适应了外部环境的变化和市场需求。例如，在母婴护理服务中的催乳服务、小儿推拿服务、新生儿游泳服务、新生儿满月宴服务、新生儿照相服务、产妇产后修复服务、产妇乳房护理服务、产妇体形恢复服务等；再例如，家庭收纳服务；家庭餐制作服务；老年人助餐服务、老年人绘画教育服务、老年人康乐服务、糖尿病老年人护理服务、老年人旅游服务等；婴幼儿亲子服务、婴幼儿游泳、婴幼儿绘画服务等。

总之，家政企业“小微化”的共同特点，就是聚焦家政细分市场，通过各种类型的网络平台（例如，微信公众号、各种微信群、各种社区平台等）与雇主建立起广泛和深入的联系，通过与雇主交互获取各类需求信息，进而以满足雇主需求为中心，来设计家政服务产品，并提供个性化、定制化家政服务。

3）平台化

在家政企业“小微化”的同时，传统的家政企业也在向平台化公司演变。尤其是大的家政企业，依托于长期积淀的雇主、家政服务员、合作伙伴、服务技能与服务知识、服务标准与服务规范、管理模式及经验、资金、社区资源、政府资源等，将众多的家政小微企业或组织连接在一起，构成一个家政企业生态系统，将大型家政企业演化成为一个支撑家政生态系统运行的家政平台型公司。

这种家政企业平台化模式创新，就是“互联网 +”网络信息技术驱动的结果，也是必然发展的趋势。未来的家政企业，无论是大企业，还是中小企业，要么是平台型公司，要么借助于平台并在平台上运营。除此之外，别无他途。

35.1.4 家政服务企业文化创新

在今天服务消费升级的时代，特别是家政服务需求个性化、定制化时代，从顾客的个性化需求出发，为顾客提供定制化的服务系统，在家政服务产品全生命周期中，为顾客创造价值，是家政服务企业文化的核心理念。家政服务企业文化创新主要体现在以下几个方面：

1）建立服务导向文化。

服务导向文化，就是在家政服务产品全生命周期，或者在家政服务企业价值链的各个环节，即家政服务员招聘、家政培训、服务营销、服务派遣与服务维护、售后服务等家政服务的各个主要环节，要主动站在雇主的角度考虑问题，而不是站在家政企业的角度着想，要主动服务雇主，从而在家政企业内部建立起高效的以雇主为中心的服务文化。

建立服务导向的文化，家政企业还需要重建“顾客”的概念，抛弃传统的仅仅将外部雇主视为顾客的概念，而应该将顾客的概念扩充到整个家政服务产品全生命周期的整个价值创造网络。凡是在为“雇主”创造价值的整个链条中接受自己输出的对象，都应该是顾客。家政服务流程上每一个环节的作业者，都需要对自己的直接顾客和间接顾客负责，树立顾客至上、顾客第一的理念。例如，在家政服务中，家政服务员就是家政企业的重要“内部顾客”，家政企业首先要满足内部顾客的需求，才能通过内部顾客的家政服务员提供合格或优质的服务，让外部顾客即雇主真正享受满意的家政服务；再例如，家政培训师就是家政企业经理人的“内部顾客”；家政服务营销人员也是家政企业的“内部顾客”等。

2）建立开放文化

家政企业面向雇主的个性化、定制化服务需求，这就决定了家政服务企业必须保持开放的结构，建立开放的家政企业文化。

（1）建立开放的企业文化，需要家政企业保持开放的心态，乐于和善于接受外部的挑战和服务市场的变革；乐于采用新的解决方案来满足顾客的需求；乐于采用新的合作模式来和价值共创者合作完成家政服务产品创造；乐于面对动态的雇主需求，主动识别雇主需求，构建家政企业和家政服务员的动态能力，及时为雇主提供量身定制的家政服务，而不是故步自封，仅仅满足用家政企业现有的家政服务产品、资源、服务技能，去被动应对雇主的动态需求。家政企业需要时刻关注外部环境的变化，根据环境的变化，适时调整企业文化，实现对环境的动态响应。通过家政企业行为、企业内的员工行为特别是家政服务员的行为，潜移默化地影响甚至改变所处的环境。

（2）建立开放的企业文化，要求家政企业打造支持开放合作的平台和合作共赢的协同机制，主动引导价值共创者合作完成家政服务系统的价值创造过程，为雇主提供优质的家政服务。例如，在家政服务中，家政企业需要根据雇主的定制化需求，动态引进新的家政服务员提供者和组织或家政服务员、家政培训机构、社区组织、物业、顾客等，引导他们贡献新的资源、技能、经验，甚至雇主抱怨，从而找到家政服务系统开发和改进的新方向，获得为顾客提供量身定制的服务能力。在网络信息时代，家政企业打造“互联网 + 家政服务”信息平台，就是非常有效的家政企业开放文化的创新实践模式。这种模式可以把家政服务利益相关者汇聚在一起，共创顾客价值。

（3）建立开放的企业文化，在家政企业组织内部应营造开放合作、鼓励员工特别是家政服务员发表观点的氛围和机制。家政企业管理者一定要改变传统的金字塔式组织架构下高高在上的心态，与员工特别是家政服务员构建开放、合作及互动的交流氛围，鼓励员工提出新观点、新想法、新方案，并积极支持员工特别是家政服务员实践自己的想法，从而推动家政服务产品的创新。

在家政企业的组织模式上，构建适合员工特别是家政服务员跨部门交流、互动，推进正式和非正式的组织沟通与交流，建立点对点的信息沟通渠道和机制。特别是借助“互联网 + 家政服务”信息交互平台，加强家政企业内部各成员之间的信息交流，尤其是借助企业微信群等社交网络工具，来建立开放文化的企业社交网络，高效地促进企业内部与外部的信息互动，促进家政企业和顾客价值理念的互动，进而共同创造顾客价值。

3）建立柔性文化

在面向雇主提供个性化、定制化家政服务时，要求家政企业建立柔性文化。面向顾客的个性化需求，提供定制化服务，在家政服务市场竞争策略上，属于差异化竞争。差异化要求家政企业尽最大努力接触雇主，及时了解和掌握雇主需求及变化，并做出应对策略。家政服务的差异化，要求家政企业和一线家政服务员，树立顾客第一的理念，在家政服务中站在雇主的视角思考雇主价值创造中存在的问题，主动帮助雇主解决问题。企业也需要尽可能地给予员工特别是一线家政服务员充分的授权和信任，通过培训提升家政服务员发现雇主需求和为其提供个性化服务方案的能力，培育家政服务员对服务工作的热情、积极性、归属感和价值感，实现家政服务员利益、企业利益和雇主利益的统一。

4）建立服务创新文化

家政雇主的需求是动态变化的，是千差万别的，家政企业只有通过持之以恒的创新，才能不断发现新的家政服务细分市场，构建新的服务能力、开放新的家政服务产品，才能满足新的雇主个性化、多样化需求，实现家政企业基业长青。

在打造家政企业创新型文化中，家政企业要不断激发员工特别是一线家政服务员的热情和激情，将她们创新的主动性激发出来。要引导和激励家政服务员主动关注家政服务过程和服务细节，与雇主建立密切的互动关系，主动发现家政服务过程中存在的问题，及时提出新的服务补救方案，以提升雇主的满意度和服务体验。也就是说，在家政服务中，创造性的家政服务文化，使家政服务员要意识到家政服务市场不是一成不变的，雇主的需求也不是一成不变的，家政服务产品也不是一成不变的。家政企业需要坚持持续的家政服务创新和顾客需求创新，从顾客价值创造过程中，找到不足和有待改进的地方，通过整合内外部资源，以及创新的商业模式和运作模式来满足雇主需求，从而为自己找到新的市场、新的顾客。

在创新型企业文化机制上，要树立员工特别是一线家政服务员理解与接受富有挑战性的企业目标和愿景，鼓励员工包括家政服务员从新家政服务市场、新服务产品、新顾客中寻找新的发展空间。家政企业要鼓励家政服务员的创新精神、工匠精神，培养敢于冒险和尝试的探索精神，对失败给予宽容对待，及时奖励员工特别是一线家政服务员的创新行为。允许和鼓励员工包括一线家政服务员参与决策，自由发表意见，欢迎异议；倡导相互合作、服务技能和知识分享；树立来自一线家政服务员的创新榜样和典型。同时，家政企业还需要建立高效、充满活力和激情的管理队伍，形成便于信息沟通与创新协作的组织结构和部门设置，给予家政服务员充分授权。

35.2 居家保洁收纳服务创新模式

【企业概况】

好慷家政公司成立于2010年，创建“好慷在家”平台，提供保洁、保姆等服务。企业使命：“让服务的人和被服务的人都感到幸福”。企业愿景：“十万年薪、百万就业、千万家庭”。坚持从家政服务中“高频的家庭保洁业务”作为切入点，以标准化服务助推规模化发展，致力于建设一个围绕家庭生活场景的“一站式”家庭服务电商平台，实行“服务 + 直销”的企业运营模式。

【保洁服务产品化】

好慷的所有家政服务产品，均遵循“10个统一”：即服务品牌、销售定价、服务形象、作业工具、上门时间、服务时长、服务内容、作业方式、售后服务、保险理赔等10个方面全面统一，有效实现了“服务产品化”。好慷的服务产品化，贯穿了家政服务的培训、服务提供、服务营销全流程。实现了家政服务从“模糊服务”到“标准服务”的飞跃。这种严格的服务产品化、标准化，有助于提升服务质量的稳定性，即服务结果和交付过程都是可预期的、是透明的。这样就降低了家政服务交易成本。

在此基础上，好慷公司推出了“家政服务包年”销售模式。实现了从“单次服务”到“包年服务”的转变，有助于雇主预先排定全年服务计划。对雇主而言，可解决雇主稳定的家政服务需求，降低不断寻找家政服务的成本，也不用担心节假日的“用工荒”；对家政服务员而言，可有相对稳定的工作岗位，降低了寻找工作的成本，也降低了没有工作的待岗时间而造成的经济收入损失(因为家政服务员的时间就是金钱收入)；对家政企业而言，“家政服务包年”，降低了客户临时违约的风险，降低了家政服务员与雇主私下交易的风险，降低了家政服务员临时违约的风险。还有，好慷在家“家政服务包年”，实现了从“事后付款”转变为“事前付款”，从“现金交易”转变为“网络支付”，方便了雇主快捷支付，也提升了公司资金回流效率与财务管理规范，同时，为家政企业沉淀了运营周转资金。

总之，在家政服务产品化、标准化基础上的“家政服务包年”运营模式创新，实现了雇主、家政服务员、家政企业三赢，是家政服务模式创新的有益探索，值得借鉴。

【互联网 + 家政保洁】

好慷公司自主开发了家政服务“业务管理系统”“在线销售管理平台”“员工APP”等管理系统软件。实现了从“人工管理”到“系统软件管理”的转变，提升了家政企业的管理运营效率；开发了互联网营销平台及系列网络营销工具，实现了从“门店营销”到“网络营销”的转变。通过以上互联网信息技术手段，实现了“去店化”，将线下家政门店转型为线上销售型家政企业。

好慷的这种线上销售型家政企业，是建立在家政服务产品化、标准化前提下，才能实现从家政服务“被动撮合”到“主动销售”的转变。我们知道，传统的家政服务雇主需求是随机的，雇主下单时间、服务时长、服务内容也是随机的，家政公司或家政服务员与雇主服务需求的匹配，更多也是碎片化进行随机撮合。针对这个家政服务“痛点”，好慷公司通过家政服务产品化、标准化，实现了每个雇主订单的服务时长、上门服务时间、服务内容、服务工具等都进行了“固化”。这种借助“互联网 + 家政”的模式创新，就把“无形”的家政服务能力转化成“可计划”“可管理”“可评估”的“服务库存”，再通过“家政服务包年”，把预售周期拉长到一年。这大大节约了销售成本，提升了销售效率。同时，便于家政公司把家政服务员资源与客户资源实现最优化配置，降低了“服务等候”现象，提升了家政公司运营效率。

【员工管理】

我国家政企业一直在“中介制”还是“员工制”之间做艰难抉择。好慷公司也进行了探索：公司的所有服务人员都是公司的自有正式员工，签订劳动合同，实现电子合同管理。员工执行每天 8 小时工作制，一周休息一天，晚上 6 点准时下班，职业化的工作内容、合理的工作时长、稳定的工资收入。这种员工管理模式，毫无疑问可吸引相对年轻、有一定技能与知识的从业者加入公司，实现从“小时工”到“职业化”的转变。

但是，要实现这种员工管理模式，需要家政企业要强化家政服务员的培训并承担培训成本；要承担“互联网 + 家政”的网络技术平台的较大制作、维护与运营成本；要有强大的网络营销支撑；要有“售后服务”的服务纠纷与投诉的处理机制并承担相应的服务补救成本；家政服务员的社会保险保障成本；还有家政服务员的诚信问题等。这都是对家政企业的一个巨大的考验。毕竟，我国目前的家政服务业是“微利”行业，家政服务员“人口红利”已经消失。实现员工制管理，家政企业究竟如何生存，仍然面临巨大的挑战。

35.3 衣物洗涤收纳服务创新模式（详细内容　扫一扫　二维码）

35.4 家庭餐制作服务创新模式

【企业概况】

老年红养老服务公司成立于 2017 年，是一家提供老年餐的企业。公司的服务理念：“专业做养老、用心为老人”。以营养助餐服务为基础，以孝道文化传播为途径，以解决就业、促进社区经济为目标，推出助老营养餐品牌系列和配送服务。同时，公司把老年人自制的营养美食作为“老年红”产品推向社会，实现老年人“老有所为、老有所乐”的社会价值。

【家庭餐服务产品化】

老年红公司把家庭餐制作服务产品化为：配餐、送餐、就餐服务。家庭餐服务的运营模式是：

设立多个中央厨房。通过中央厨房，确保食材生产源头绿色安全、营养餐的食材品质、卫生标准的稳定性与一致性；通过集中采购、制作、配送等各环节标准化，控制家庭餐品质，提高家庭餐营养价值，提升家庭餐品质的稳定性、统一性，实现家庭餐制作的标准化、规模化、集约化。

建立专业厨师队伍。通过专业厨师队伍，确保家庭餐制作方法与技术的标准化、一致性、稳定性。例如，能够根据老年人饮食特点：软、烂、少油、少盐、易消化、易吸收等，实行老年人营养餐以蒸、煮为主的烹制方法，同时，规定色、香、味、型、营养成分均衡。

建立专业营养师队伍。通过专业营养师队伍，根据当地饮食习惯、老年人自身健康状况，并融合二十四节气，从原料优选、科学配比、到制作加工，都全程跟踪指导，可从饮食上强化老年人健康，起到“食疗”作用。同时，对居家老年人进行“健康饮食科普讲座”，提升居家老年人积极健康饮食意识，促进居家健康养老。

【互联网 + 线上订餐 + 线下配送】

我们知道，传统的居家养老家庭餐制作服务，是家政服务员上门为居家老年人提供家庭餐制作服务。这样的服务模式，家庭餐制作成本高、服务效率低，居家老年人难以承受劳动力成本。因而，此模式难以大规模发展；或者是传统的居家养老助餐项目，虽然也有集中制作、配送服务，但由于服务辐射面积较小、缺乏一定的规模，加上运营成本压力，也难以可持续发展。

为此，老年红公司设计开发了“互联网 + 营养餐”智慧化居家养老助餐平台，即“互联网线上平台 + 线下配送体系 + 中央厨房 + 老年红居家养老助餐社区服务站”。该平台体系以营养餐配送为核心，整合区域老年人大数据、各类居家养老服务需求，将数据化的线上信息，可快速有效地与对应的各居家社区助餐点的订餐需求对接，实现“线上订餐 + 线下配送”，全程跟踪，配送上门，既降低了项目运营成本，又能确保家庭餐食品卫生安全、营养健康。

为了提升老年红居家养老助餐社区餐项目运营效率与规模化发展，老年红公司又搭建了“线下配送体系”：即 1 个中央厨房集中烹制营养餐，以中央厨房为圆心，在半径 5 公里内设置 N 个老年红居家养老助餐社区服务站点，为站点覆盖的区域助餐车提供配送餐服务；1 个老年红居家养老助餐社区服务站点，为半径 5 公里内的 N 个助餐车提供助老营养餐；1 个助餐车将助老营养餐配送到所在社区的居家老年人家庭，供居家老年人享用。

【助餐社区服务】

老年红公司通过布局老年人居家养老助餐社区服务中央厨房、社区服务站、助餐车，实现家庭餐制作、配送、取餐、就餐一条龙服务，保障居家老年人的一日三餐，并且做到食品健康卫生、科学营养。在此基础上，延伸居家老年人助餐服务到生活起居照护、医疗陪护、消防安保、报警呼叫等居家养老服务，使居家老年人足不出户、不出社区就能享受到职业化的居家养老护理服务。

综上所述，我们发现，老年红公司对传统的家庭餐制作服务进行了服务模式突破，使家庭餐制作服务或老年人助餐服务逐渐走向职业化、标准化、规范化、网络化、规模化，走出了一条有价值的创新之路。当然，在该模式中，老年红公司还需要在配送环节上下功夫，要优化每一个流程。毕竟，这套配送体系成本是较高的，一般企业是难以承受的；同时，如何将养老助餐体系延伸到居家养老护理全程、全面服务上，还有很多居家养老护理服务标准、规范、流程要制订与执行。而不仅仅是老年红公司依托老年红助老服务站定期组织开展的“两学一聚”“四娱一防”各项免费服务及活动（两学即学习科学营养搭配、健康饮食，学习互联网工具应用；一聚即每周一次小型活动，每月一次大型活动；四娱即除就餐时间外，提供琴棋书画设备供老年人休闲；一防即防上当、诈骗的信息传递）。唯有如此，才能真正让居家老年人“吃得健康、吃得卫生、吃得营养”，进而“老有所为、老有所乐”，安享晚年。

35.5 母婴护理服务创新模式

【企业概况】

爱月宝母婴公司成立于 2014 年 8 月，以月嫂服务为主营业务，专注于 0~3 岁母婴产业价值链开发的连锁企业，并创立了“母婴顾问”服务模式，提供孕、产、康、养一站式解决方案。

【母婴护理服务产品化】

爱月宝公司将月嫂服务与育婴服务从接单到服务结束，分别分解为 14 个模块，每一个模块又设置了 3~10 个质量控制点。母婴顾问、月嫂、育婴师按照标准的模块与控制点开展服务工作。例如，“月嫂上户”这一模块，就分为：上户前导、上户前准备、上户回访、上户检测、上户回访反馈五个关键控制点。

创立“育婴师分段服务法”，将育婴师按照服务婴幼儿的月龄分为：小龄、中龄、大龄，每一个月龄段又分为初级、中级、高级、金牌四个级别。育婴师合同签约不超过六个月，所有育婴师须经过育婴师基础培训与育婴师月龄分段培训后才可上岗。上岗后每月都有育儿专家再上门回访，对宝宝的生长发育与智力发育进行评估并给出科学的指导方案。对于雇主而言，充分满足其对婴幼儿的保育、康育、教育需求；对于育婴师而言，因为专攻分段的月龄婴幼儿，保证其专业化，有效避免因服务时间长、跨度大，无法达到雇主需求而产生的退单现象；另一方面，也可以预防与减少育婴师流失。在育婴服务中，育婴师流动性大。好的育婴师被雇主长期留用，家政企业不会产生后续效益；不好的育婴师，又被雇主退回。采用“育婴师分段服务”可以有效解决育婴师流失痛点。

【运营模式】

爱月宝公司在运营模式创新上，主要包括三个方面：

1）建立母婴顾问的服务模式。这种服务管理模式将公司、母婴顾问、月嫂三者的利益与信用有效绑定，共同发展。每一个月嫂有一个专属的母婴顾问对其负责，母婴顾问关心月嫂的成长与收益；反之，月嫂发展了也会成为母婴顾问的绩效。因此，母婴顾问会自主管控好月嫂的流失。公司还针对业绩在接三单以上无投诉的月嫂，实行“五维”（经验、评价、技能、资质、态度）评估，通过评估的月嫂成为爱月宝的“签约月嫂”，享受准员工式管理。

2）建立母婴生态圈。一个产妇在爱月宝公司可得到三个方面的服务：生产后的月嫂服务、满月后的育婴服务、月子后的产后恢复服务。当企业获取雇主的“终身价值”时，就不会去做“一锤子”买卖。爱月宝公司称这种经验方式为：“农耕式母婴服务经营业态”，其特点：不在于我们拥有多少客户，而在于我们能服务好多少客户。客户不断在我们的服务“漏斗”中筛选。普通客户、重点客户、VIP 客户，就像画块地耕种一样，春种、夏忙、秋实、冬藏。

3）对母婴护理员评级。爱月宝公司每半年组织一次母婴护理员评级活动，每次评级都是一次队伍建设过程。对于服务引发投诉事件，组织召开新老月嫂交流会展开学习讨论，总结成功经验，分析失败教训；对于品德有问题的服务员，在内部平台公示，同时，在行业联盟群公示，让失信者受到惩罚。为了避免出现索要红包、受贿、歧视派单情况的发生，建立廉洁自律公约，人人可以监督与举报不良行为。举报经核实给予奖励，激励举报者，有效保障母婴护理员的合法权益，让其安心地做好服务与接单。

【互联网 + 母婴护理】

爱月宝公司所有的经营活动都有效地与互联网结合，建立自主开放的母婴服务平台。雇主通过服务平台，获取月嫂的信息，可以按照血型、属相等匹配自己喜欢的月嫂。雇主也可通过一个二维码了解月嫂的全部信息；月嫂档案通过网络平台展示与管理，提高管理效率，让月嫂没空档期，收入有保障。

爱月宝“月嫂之家”的在线月嫂交流论坛上，月嫂既可展示自己的风采，也可相互学习；学员每周六晚八点准时通过爱月宝母婴公益大学在线平台学习，不花钱就能学习到行业专家专业的育婴知识，使其服务技能快速提升，为其接更高的服务订单奠定基础。

【母婴护理教育】

爱月宝公司的所有上户人员须参加岗前培训，不培训不能上户。更重要的是，爱月宝公司不仅关注育婴师的服务技能，更在乎育婴师的人格成长。2017 年 7 月，爱月宝公司创办了自己的职业培训学校，建立自己的“月嫂大学”。

1）将“月嫂大学”定位为建设成中国专业的母婴护理服务者的学习摇篮。校训：“启航梦想，传递真爱，知识无界，大爱无疆”。通过校训，激发出学员人生二次转折的梦想与投身母婴服务行业的激情。

2）学校培训科目按照社会所需分为三大板块：第一板块，以月嫂服务为轴心，包括母婴护理培训、营养配餐培训、催乳培训、产后恢复培训；第二板块，以育婴师为轴心，包括育婴师培训、婴幼儿辅食培训、早教开发培训、分段育婴精英培训、小儿推拿培训；第三板块，以在岗人员再提升为轴心，回炉再造培训，包括精英月嫂训练营、精英育婴师训练营等。

3）将母婴培训分为六步打造为母婴教育：第一步，各科目的系统培训，让学员用专业技能武装自己；第二步，对母婴护理员进行针对性的岗前培训，让母婴护理员清楚地知道如何做好工作；第三步，对学员推介实习就业，让学员用专业与爱心服务赢得尊重与经济收入；第四步，就业回炉答疑，有问题别担心，爱月宝和你在一起；第五步，组织学习沙龙，建立以老带新机制，通过传帮带，让学员能力快速成长；第六步，让学员应用“爱月宝母婴大学公益学习平台”，把一次的学习变成终身教育。在爱月宝公司看来，未来母婴护理行业的发展方向，将是职业化、专业化、年轻化。

4）设立“爱月宝学习基金”。通过基金，鼓励现有的母婴护理师不断学习、不断地提升自己的职业技能，为雇主提供更好的服务。

【规模化发展】

爱月宝公司通过三个“成功脚印”的造血方式，让加盟商有效地复制爱月宝的标准化操作模式。对于每一个爱月宝加盟商，第一个脚印，对加盟商进行七天的经营培训，教授加盟商经营的技能：如何建立月嫂团队，如何拓展客户，如何进行标准的管理以及如何招募学员等；第二个脚印，让加盟商的店长与店员，参加五天的销售沟通培训，让其学会与雇主、学员沟通，学会操作流程与关键点控制；第三个脚印，爱月宝派驻市场督导，对加盟商驻店进行指导，扶上马送一程，保证对操作模式的有效复制。

35.6 居家养老护理服务创新模式

【企业概况】

万众和家政公司创立于2000年，其宗旨：“真情助天下子女尽孝，服务为社会家庭添福”。坚守工匠精神，专心致力于居家（社区）养老服务、社区服务发展模式。即通过建设“以社区养老服务为主体的便民连锁服务体系”，将尽孝与专业康护服务相结合；通过完善的家政服务体系、齐备的养老设施，整合社会资源，将家政服务融入居家养老，实现家政服务与居家养老有机整合，打造养老产业创新模式。

【居家养老护理服务产品化】

万众和公司在居家养老护理服务产品化上，提供了三种养老护理服务产品：

1）社区长者康护服务之家。即社区家庭式养老，建设“家门口的康护养老会所”，提供24小时托护、康护、老年用品配送等服务，让长者生活得健康、快乐。

2）社区长者日间照料服务中心。即康乐式养老，打造“长者心中的窝”、提供白托、定期康护护理、老年用品配送等服务，为长者提供与社会互动的空间。

3）长者居家照护服务。即居家养老，提供定期上门、不定期定制康护护理、独居监护等服务。

【运营模式】

万众和公司探索出一条依托社区、大型医疗机构（3公里以内）、社区卫生服务中心开展养老服务的发展之路，努力做到“快乐养老”“发挥余热”而非“孤独托老”，最大限度地满足了长者们精神文化生活的需要，并对其身体进行专业护理。具体运营模式是：

1）选择居住环境优美的社区作为家政服务基地。“长者康护之家”设在配套设施完善成熟的小区内，平均 20 床位 / 店。作为家政服务示范基地，万众和公司按照家庭环境人性化提供服务。

2）家政服务方式灵活。“长者康护之家”可选择长期或短期居住，可选择“一站式”服务，全程照料；亦可白天居住，晚上回家与子女团聚；其他小区老年人也来此进行康护运动，也可派人上门提供日常家庭服务和专业康护。总之，服务方式灵活多样，服务对象视情况自由选择。

3）配备专业医护人员，拓宽家政服务领域。“长者康护之家”给每 4 位老年人配备 1 名专业护理员。护理员实行夜间轮班，确保 24 小时有专人悉心照料老人。专业护理员日常为老年人检查身体，随时防范老年人应急之需。

4）居家小区设施设备完善。社区长者日间照料服务中心以二室一厅 或三室一厅布局，腾出床位建设公共活动区域，设置多个活动室和休息区。所有区域及家具都配置适合老年人设施，并配有娱乐室、健身康护室、手工制作室等设施。老年人可在中心游戏、阅读、看电视，为老年人营造交流沟通的场所和氛围。同时，中心在空间、选材、色彩、识别性及保护隐私等方面都做了细致的考虑，从住、用、行、护等方面进行精细化管理。

5）专业康护照料。“长者康护之家”设施规范的老年人日常生活照料流程，对护理有严格的时间要求和原始记录，使老年人生活有规律。

【互联网 + 居家养老护理】

万众和公司自主开发了万众和智慧养老服务云平台。线下联手省内 70 家家庭服务业优质企业，通过“线上”“线下”整合，在湖南试行“共创养老”，合作建设 150 家“社区（居家）养老服务中心”，构建“以社区（居家）养老为主体的便民综合服务连锁体系”，为各地提供更多、更优的居家养老和社区服务。

在专业康护照料上，万众和组建了一支由中、西医临床学教授组成的专家顾问团队，每天通过 96880 信息平台，查看长者们的身体健康指标，结合社区医疗，为其提供医养结合的专业康复服务。

【校企合作培训】

万众和公司为吸引专业人才，通过与湖南省大专院校建立了长期合作关系。成立助学金，资助相关学生三年的学费和生活费，将人才选拔由新生入校推进至大学毕业。每周六和寒暑假，学生都必须来万众和跟班实训，为确保人才质量，公司安排各部门负责人轮岗一对一师徒结对，理论与实践相结合。经过三年的在校学习培训与实践锻炼，这些学生毕业后将具备担任万众和长者康护服务连锁店康护主任的能力。

【规模化发展】

万众和公司作为湖南省标准化试点企业，通过标准规范流程，打造“统一动作”，实行规模化发展。公司已完成了品牌全流程的企业标准化体系：主要包括选址评估标准、连锁店建设及招投标管理标准、服务标准、人才职业教育及储备体系管理、企业管理手册、组织（党总支委、联合工会、团总支等）建设标准、文化建设及推广管理规范、应急预案管理、风控标准等。

35.7 病患陪护服务创新模式

【企业概况】

瑞泉护理服务公司成立于 2013 年 5 月，是一家为患者提供非医疗性康复护理与陪护服务的专业型护理服务公司。企业使命："做患者家属的放心后援"。

【运营模式】

瑞泉公司运营模式是"循环护理服务模式"，是一种"多对多"的服务模式，避免了传统的"一对一"24小时服务模式下的痛点：

1）资源浪费。例如，陪护员资源、陪护员大量的空闲时间、患者要支付陪护员空闲时间的服务工资等；

2）陪护员职业健康危害：例如，24小时全天候陪护时陪护员休息无规律；24小时全天候陪护给陪护员造成的精神上的紧张感和心理压力感等；

3）病患陪护安全隐患：例如，24小时全天候陪护容易造成陪护员服务疲劳而增加安全隐患；24小时全天候陪护让陪护员没有时间用来培训学习提升服务技能等。

瑞泉公司实行陪护员以医院科室为单位，形成互助小组作业，昼夜轮班，无须患者家属替班，出现问题可投诉。在每个科室相对稳定的护理员中，推选出科室组长，确保陪护服务质量管理落到最基层。在这种模式中，陪护员相对固定，有利于跟科室医生、护士和家属进行良好的配合。同时，保证陪护员的工作与休息时间，确保陪护服务质量、服务效率、陪护员健康。

同时，实行标准的服务管理流程，将满意度调查、科室投诉、例行检查、患者投诉四方面信息汇集到项目处，由项目处负责跟进，提出改进措施，并跟踪验证、反馈结果。

面对健康照护行业缺乏国家标准、职业规范制度、先进管理经验，瑞泉公司制定出医院病患陪护服务管理规范、培训标准、分级护理标准、日常管理标准、监督反馈标准等。同时，与保险公司合作推动病患陪护服务责任险，降低了医院、患者和陪护员的风险和压力。

【病患陪护服务产品化】

瑞泉公司针对病患陪护服务需求程度，对病患陪护服务进行产品化：即依据患者和家属对服务项目数和服务需求量，依次分为C级、B级、A级、特级四种分为等级，并对应不同的服务价格。分级收费后，客单价比传统的"一对一"时下降了30%~40%，且对年节期间的无序涨价进行了有效管控。

【互联网 + 病患陪护服务】

瑞泉公司自主开发护理服务管理平台，将医院病患陪护服务现场管理信息化，实现患者订单和结算网上办理，并对各科室配置呼叫系统，做到即时响应，以信息化助力服务效率与服务质量。

此外，公司还搭建"瑞友会"网络微课平台，集在线教学、在线自测、宣传先进榜样等功能于一体，帮助陪护员强化陪护技能训练，提升护理服务水平。

【病患陪护服务培训】

瑞泉公司注重陪护员培训理论与实践相结合，实行陪护员培训标准化。前期参考相关陪护服务教材制定教学标准，后期协同福建卫生职业技术学院开发内部教材。同时，结合合作医院的护理专家指导意见，进行实地学习演练，并综合考核。

【校企合作】

瑞泉公司与福建省卫生职业技术学院合作，参与福建省职业教育集团组建工作，并在学院护理专家指导下，成立"瑞泉康养照护学院"，共同制定教学规范和编写教材，共同开展"延续护理项目研究"，搭建"瑞友会"网络微课堂等学习平台，促进护理服务培训规范化。

35.8 管家服务创新模式（扫一扫　二维码）

35.9 涉外家政服务创新模式（扫一扫　二维码）

35.10 区块链 + 家政服务企业创新模式

基于区块链的家政服务平台，实行雇主与家政服务员点对点的自动服务交易；同样，家政培训也可以通过区块链家政服务平台，实行家政培训师（包括一切能够提供家政培训课程的人，可以是关于一项家政服务技能的一个培训课件，也可以是一个家政服务细分业态一系列培训课程）与家政服务员之间点对点的直接的个性化定制授课培训。

因此，传统家政公司的职能和运营模式将发生巨大变革（传统家政公司的服务诚信缺失问题、公司运营效率低问题、家政培训成本高的问题等，一直是其痛点、一直困扰传统家政服务业发展）。家政公司将不再与雇主直接进行家政服务交易，而是雇主与家政服务员直接通过区块链家政服务平台实现点对点服务交易。家政公司的职能更多是协助或辅助雇主和家政服务员“上链交易”，以及，服务交易成功后的“链下”服务维护。特别是当雇主和家政服务员发生服务纠纷时，承担相应的调解工作。还有，家政服务员更多通过区块链家政服务平台接受“链上”家政培训，家政公司更多承担“链下”实操训练。

总之，基于区块链的家政服务平台，要求传统的家政公司重新定位自己的职能与运营模式，依托于、服务于区块链家政服务平台，实现“链上”与“链下”整合，走出一条基于区块链 + 新家政服务企业创新之路。

补充资料：“菲佣”和我国香港家政发展实践的有益经验

◇一、“菲佣”为何受雇主欢迎？

众所周知，“菲佣”以她们的敬业精神、职业化水平、辛勤的劳动赢得了“世界上最专业的保姆”之美誉，成为国际劳务市场上家政行业中最知名品牌。如今，“菲佣”已经成了菲律宾的国家名片之一。

那么，菲佣成功的经验是什么？有什么值得中国借鉴？

一、菲佣的优势

1. 菲律宾的民族性格。

菲律宾人口有 1 亿 100 万人，其中 80% 以上的人信奉天主教。菲佣受“善人得享永福，恶人要受永苦”的天主教教义深深影响：

一、从小被教育要求耐心、乐观、善良、忍让，正是这种民族性格使得菲佣较容易适应陌生的环境，较容易融入不同的文化和不同的风俗习惯；

二、菲佣普遍具有诚实、勤劳等良好品质，也有利于她们养成良好的职业道德和敬业精神。

这就是菲佣从事家政服务所拥有的独特优势。这种民族性格因素别的国家人很难通过模仿获得，也非短期的职业道德教育能够奏效。

2. 英语水平高。

菲律宾官方语言为英语，菲佣的英语水平自然具有特别的优势。在讲英语的国家，自然没有语言障碍，与雇主交流起来很方便；在非英语国家，却能在雇主家庭里营造一个英语环境，帮助孩子从小锻炼英语口语，因而很深欢迎。

3. 教育程度高。

菲佣一般都具有中学或大专、本科文凭，个人素质较高，可以帮助雇主孩子温习功课、辅导学业。

4. 专业水平高、经验丰富。

菲佣对于操持家务，照顾老人、儿童、动物、护理花园以及沟通交往能力都相对较高，具有专业资格，部分菲佣具备专业护士，或教师资历及经验。

5. 年龄普遍较低。

年龄主要集中在 25—34 岁之间，占 50.7%；34 岁以下占 63.6%；39 岁以下占近 80%；45 岁以上只占 10%。

可见菲佣正是用最美好的职业年华从事家政服务业。

6. 家政服务职业认可度高。

在菲律宾，如果一个家庭里有一个在海外工作的菲佣，是一件很光彩的事情，没有人会鄙视家政服务这个职业。出国当菲佣已成为很多菲律宾人的梦想，不少本科毕业甚至硕士毕业都加入了菲佣的行列。

菲佣作为一个品牌，在菲律宾具有很高的职业认可度。菲律宾人普遍比较认同家政服务这个职业，认为当“菲佣”能给自己的家庭和国家带来可观的收入。

由于菲佣在经济方面的卓越贡献，她们在菲律宾社会享有很重要的地位。自了 20 世纪 90 年代起，菲佣等菲律宾海外劳工便成了新时代的国家英雄。每年圣诞节，菲佣集中归国探亲时，政府就会在首都国际机场为她们铺红地毯，总统亲自接见其代表。可见，菲佣的优势，是其他国家的家政服务员望尘莫及、很难望其项背的。这其中，有深刻的社会发展背景。

二、菲律宾家政产业发展背景

（一）家庭背景

任何成功都不是偶然的。菲佣作为世界家政最知名品牌，的确有很多因素共同成就了菲佣。原因之一就是菲律宾的家庭观念对菲佣有较大的影响。

1. 菲律宾人中 80% 以上为天主教徒。

天主教规定不可堕胎，多数民众相信子女是上天的礼物，顺其自然，不使用人工避孕用品。所以，菲律宾家庭人口规模较大。

2013 年菲律宾调查显示，一对夫妇平均有 3—4 名子女，家庭规模为 5—6 人。特别是数量庞大的贫困家庭平均每个妇女育有 6 名子女，家庭人口规模为 8 人。这对一个贫困家庭来说，经济和生活的压力是巨大的。这是菲律宾妇女外出务工的内在动力 ◇ 一、也是菲佣珍惜海外家政服务工作的重要内在动力之一。这也是成就菲佣品牌的主要内在原因。

2. 菲律宾家族主义观念根深蒂固。

菲律宾人非常重视亲属关系，强调亲戚之间的紧密结合和团结合作。菲律宾人除了对自己的家庭成员之外，对家族中的其他亲属也负有强烈的责任和道德义务。

如果自己家族中一个人有困难，所有表兄、堂兄、表姐、表妹都会伸出援手。如果家族中有人遇到困难，能吃上饭的人不给他饭吃，那么整个家族就会抛弃这个能吃上饭的人，被家族抛弃的人将无法在社会上立足。

菲律宾这种家族亲属之间的团结合作、互相帮助，就为菲佣到海外务工期间解决了自己家庭的后顾之忧，可以安心在雇主家庭长期从事家政服务。

3. 家庭事务分工明确。

传统的菲律宾家庭，丈夫与妻子在家庭生活决定和处理不同的家庭事务时，是典型的“男主外女主内”的分工模式。

妻子一般主要料理家务、照顾孩子、进行日常生活预算和开支，而丈夫一般负责家庭的经济来源，双方共同决定的事情一般是子女上学和家庭投资。然而，在菲律宾，仅靠在国内工作的丈夫一个人的工资，是很难维持一个 6 到 8 口之家。但如果是妻子到海外做“菲佣”，其一个人的工资收入就可以维持一个 6 到 8 口之家正常生活。所以，在菲律宾，现在很多是“男人照顾家庭，女人外出做菲佣挣钱养家”。

菲律宾人理想的妻子应该是一个严谨细致的理家能手，做丈夫的忠实伴侣。在家庭伦理上，认为妻子应该原谅丈夫的不忠之举，忍受丈夫不好的行为，尽力保持家庭的完整。

现在菲律宾的这种家庭事务分工，也是菲佣在海外做家政服务的内在要求或必然选择。因为，面对 6 到 8 口之家，要生存，孩子要上学，必须要有较高的经济收入才能支撑，妻子到海外做菲佣，就是切实可行的选择。菲律宾女性为菲佣品牌付出了巨大的牺牲，做出了令人敬佩的贡献。

（二）菲律宾家庭中的女性特征

1. 富有家庭责任感。

菲律宾的女性不仅仅是家庭中的“半边天”，甚至是家庭的顶梁柱。为了使家人能有更好的营养，她们会一边料理好的自己的家务，一边帮丈夫外出挣钱，打零工，补贴家用。

20 世纪 70 年代的菲律宾，经济环境不好，一些家庭仅靠男性外出劳动难以维系，家庭主妇开始走出家门寻找工作。因为贫穷而激发的糊口、养家，促使菲律宾妇女出国当菲佣的主要原因。

在从业初期，为了获得从事保姆行业的经验，她们往往放弃工资要求做义工。工作之余还广泛学习与家政服务有关的知识，还有一些参与了业余培训以提高自身的文化素养，加之工作上任劳任怨、不计较个人得失，菲佣的工作逐渐得到了世界各地雇主的认可，在家政服务行业中地位也日益提升，成就了今天“世界上最专业保姆”的美誉，当之无愧。

2. 喜欢做家庭主妇。

在菲律宾，女孩接受教育以后，是否从事社会工作，从事什么样的社会工作并不十分重要，能够做一名优秀的家庭妇女则是许多妇女的愿望。

在菲律宾习俗认为，男子受教育受益的是男子本人，妇女受教育的则是整个家庭。半数以上的菲律宾女性认为“丈夫应该去工作，妻子应该待在家里”。

3. 受教育水平高。

在世界很多地方，许多领域都以男性为主导，女性受到无影无形而又根深蒂固的歧视，而在菲律宾却没有这些“禁忌”。

菲律宾人对妇女十分尊重。妇女在菲律宾社会中的地位较高，女性自由地驰骋在政治、经济和社会生活的各个领域。在社会事业与家庭中，菲律宾女性都发挥着很重要的作用。

菲律宾家庭注重男女平等，也比较重视女性教育。相对于其他国家，菲律宾女性受教育水平普遍较高。

（三）菲律宾基本国情

菲律宾是世界上重要的劳务输出国之一。其中，比例最大的是服务类人员。2010 年，占 45.41%。服务类中主要包括家政服务人员、看护、管家、医护人员、清洁工等。

菲律宾家政行业的基本模式是培训输出海外劳工模式（即输出菲佣模式）。菲律宾输出海外劳工发展进程可分三次浪潮。其中，家政劳务输出也是伴随着这三次浪潮发展的，而且在输出人数中占据越来越大的比重。

第一次浪潮：20 世纪初到 40 年代。当时，菲律宾是美国的殖民地，美国政府给予菲律宾人“特殊的非公民的国民地位”，菲律宾劳工进入美国家庭从事家政服务员、仆人、园丁、司机、厨师等职业。而此时，恰恰是美国家政服务业发展最鼎盛时期。

第二次浪潮：20 世纪 40 年代末到 60 年代末。1946 年菲律宾独立后失去美国的直接支持，再加上二战对经济的摧毁，菲律宾国内就业出现困难，菲律宾劳工开始前往加拿大、西欧和美国家庭寻找家政服务业就业机会。

第三次浪潮：20 世纪 70 年代初至今。特别是 1973 年、1978 年两次石油危机给菲律宾经济以沉重打击，菲律宾面临严重的经济问题，国民收入水平不断下降，国内就业率激增，贫困人口增多，激发第三次大规模劳工输出。这一次的数量和规模都比前两次要大得多。

特别是 1974 年，时任总统马科斯颁布《劳工法令》，试图通过输出劳动力来缓解菲律宾的经济困境。菲佣就是在这个背景下，真正走向世界的。到了 90 年代，以菲佣为主体的家政服务业占菲律宾海外务工总数的 25%。

最初的菲佣主要是家庭妇女，为了生计她们别无选择地从事了家政服务业，她们受教育深度较低，一般仅为初中以下水平。早期菲佣在国外保姆行业并无优势，为了与印度尼西亚女佣和泰国女佣竞争，她们不得不努力提高自身素质，同时工作上任劳任怨，不计较个人得失。菲佣的工作逐渐得到雇主认可，在家政行业的地位也日益上升。随着菲律宾经济持续低迷，一些受过中高等教育的菲律宾女性在国内难以维系生活，也逐步加入菲佣的行列，提升了菲佣的整体素质水平。

尽管近年来菲律宾对菲佣的输出开始有所限制，但菲佣输出总量仍达到新高。

三、菲律宾家政产业政策、立法情况及其权益保障 （扫一扫 二维码）

菲佣的成功与菲律宾政府高度重视和相对完善的政策措支持是分不开的。

（一）国家战略支持

1. 设立专门的管理机构

2. 开展对外宣传推销

（二）完善的法律保护体系

（三）完备的保障措施

1. 给予海外劳工崇高的政治荣誉

2. 针对女性劳工有特殊保护政策

3. 实施福利援助计划

4. 设立财政支持的专项基金

5. 外交维护权益

（四）依法依规强化企业管理

（五）建立健全高效的培训体系

在世界主要劳务输出国中，菲律宾劳工的技能技术素质是较高的，属于有工作经验的技术群体。菲佣的绝大多数都具有专科或本科学历，这主要得益于菲律宾长期以来对外派劳工素质培训的重视。

菲律宾政府在劳动和就业部下设海外劳工就业署、海外劳工福利署、技术培训中心，各省、市、县也有相应的组织机构、培训中心和管理人员。每个出国人员，无论是第一次出国，还是再次出国，都要参加由招募机构或劳务人员所在实体单位举办的免费出国前定向学习班，学习方案均有海外就业署审查和批准。

1994 年，菲律宾政府宣布将分布在全国的多个培训机构合并成立“技术教育与发展中心”，凡是涉及与培训有关的事宜，都由这个中心负责。中心总部设在马尼拉，在全国设有分支机构，并与地方就业机构进行合作，培训服务的相关费用全部由政府承担。

在菲律宾的海外劳工中，大部分是有关机构根据国外已确定的工作岗位选派、培训和安排出国工作的。但也有不少是个人联系或没有确定工作岗位的，而后者更是菲律宾培训体系的重要受益人。有关机构首先根据海外劳务市场的需求情况，决定是否批准劳工去某国就业，避免出国后难以找到工作。然后根据劳工所去的国家和所要做的工作，安排她们参加在全国各地常年开班的各种不同类型的培训班。

菲律宾非常重视对海外工人的中长期培训。政府根据国外不同岗位的就业要求，常年在全国各地开办各种培训班，菲律宾海外就业管理局授权或发放营业执照的培训机构就有1000 多家。财政出资设立了大量菲佣学校、提供培训技能服务，并免费培训有志于从事该行业的女性。

四、菲律宾家政教育

菲律宾以家政为主线的现代服务业高等教育是被全球认可的，其家政教育贯彻一个人的整个人生。菲律宾的家政教育十分普及，几乎所有的中学和大学都开设家政课。课程设置覆盖生活哲学、家居管理、家庭伦理、家庭教育、家庭保健、人文艺术、食品管理、烹饪制作、手工工艺、餐饮与酒吧管理等领域。

菲律宾培养的家政人才受到世界各国的欢迎。“菲佣”成为世界品牌与菲律宾良好的家政教育是分不开的。

1. 基础教育阶段。

在菲律宾的国家教育体系中，家政教育是一个必不可少的重要内容。菲律宾的中学大多是男女分校，而在女子学校里，家政课尤为重要。

1989 年起，菲律宾实施普通中学与职业技术中学新课程。新课程共分八大学科分类，其中就有两类技术科目涉及家政课：一类设在“科学与技术”名下，占总学分的 13.6%；另一类设在“技术与家庭经济”名下，占 1–2 年级占总学分的 13.6%，3–4 年级占 18.2%。

2. 高端教育阶段。

菲律宾现有 2000 多所大学，几乎每所大学都有家政课，而其中的一些品牌大学都办有专门的家政学院或者家政专业。例如，菲律宾大学，这是菲律宾规模最大、水平最高的综合性国立大学，已经有 106 年的办学历史。菲律宾教育部每年大部分教育经费都投到菲律宾大学。该大学设有专门的家政学院，成立于 1961 年。

有 7 个学士学位专业：室内设计、服装工艺、社区营养、食品工艺、家政学、饭店餐馆管理、家庭生活与儿童开发；

有 5 个硕士学位专业：家庭生活与儿童开发、食品服务管理、家政学、食品科学与营养学；

有 3 个哲学博士学位专业方向：食品科学、家政学、营养学。

完备的家政教育体系为“菲佣”的职业化提供了有力的教育支撑。

◇ 二、我国香港家政服务业好的经验

我国香港家政服务业发展比较成熟，有很多好的经验，对内地发展家政服务业有十分重要的借鉴意义。

一、香港家政服务业现状

我国香港家政服务从业人员，主要以外佣（外籍家政工人）为主。香港自 20 世纪 70 年代准许输入外佣起，目前，香港外佣数量超过 34.3 万人，主要来自菲律宾、印度尼西亚。其中约 54% 来自菲律宾，18.3 万多人；约 44% 来自印度尼西亚，15 万多人；其他也有来自泰国、印度、斯里兰卡、尼泊尔、马来西亚、缅甸等地。

外佣的总人数占香港本地就业人口的比重接近一成，其中绝大多数是女性。香港大约

27 万个家庭拥有外籍佣工，外佣已成为香港人生活的必需。

目前，香港面临人口老龄化的趋势，需要大量外地家政服务人员，平常每年香港家政服务人员的缺口达 10 万人，未来 5 年的缺口更是高达 50 多万人。

因此，香港对家政服务业的发展出台了一系列的政策法规，依法规范香港家政服务业发展。

二、香港家政服务业发展的分类及其特点

针对家政服务业发展的实际，香港的家政服务分为两大类。不同的类型，制定不同的发展政策。

一类，是非福利性家政。即盈利性的家政公司，这类家政差不多占据了第三产业中所有的服务业；另一类是福利性家政，即家务助理服务，是非营利性的。这两类不同的家政服务类型，有明显的区别：

1. 需求者接受服务是否有条件

对于非福利性的家政公司来说，接受其服务是无条件的。只要付费就可以得到服务，如请佣人、钟点工、保安等，不用对需求者的资格进行评估、批准。

对于福利性的家政助理服务来说，接受其服务是有条件的。必须通过社工人员的评估和社会福利署的批准才能获得。这种条件是由香港社会福利署统一规定的，一般符合三个条件：

1）申请人必须是香港港民，不限年龄；2）在社区居住的人士；3）自我照顾有困难的人士，如年老体弱、伤残、患精神病并且病情已稳定者等。

2. 提供服务是否有营利性

非福利性的家政公司是营利性的。它的收费标准以市场价格来确定，往往是福利性家政助理服务的 5—10 倍（香港的劳动力价格比较高）。

福利性家务助理服务是非营利性的。它以政府占服务总支出 80% 以上的资助为支柱，其收费标准由社会福利署统一制定，根据不同对象、不同的经济条件，确定不同的服务收费标准。

3. 培训的机构渠道不同

非福利性的家政公司人员培训，香港的就业与再就业都要通过正规教育（一般大专院校）和正式培训（培训机构或院校）来实现。有资格承担培训任务的机构主要是由政府资助的四大机构来统管，即雇员再培训局、职业训练局、建造业训练局、制衣业训练局。家政服务员是由雇员再培训局来统管，具体提供培训的机构有香港专业进修学校、香港社会服务联合会职业辅导社、基督教励行会、香港基督教女青年会、明爱成人及高等教育服务、仁爱堂、香港职工会联盟等。

培训是政府减少失业率、鼓励港民的就业角度来考虑的，一般是免费或低收费的，机构只收取约等于课程成本的 20% 作为学费，而对于失业者、低收入者，只要符合出席率达 80% 以上的条件，就可以申请退还已缴的学费。同时，在规定的培训期间，学员还可以获得政府资助的每日 153.80 港元的培训津贴（资助额以每月 4000 港元为上限）。

福利性家务助理服务的人员培训，这类人员的培训完全是由社会福利署负责，实现免费培训。具体的培训由两类机构负责：一是社会福利署机构直接培训，培训对象是家务助理的中高级管理者；二是由政府资助的非政府机构来培训。在培训期间享受同工的工资待遇。

三、香港家政服务业政策法规 （扫一扫 二维码）

（一）法律法规

（二）职业介绍所

（三）聘用外佣的雇主准则

香港对聘用外佣的雇主有一系列规定，这点对中国内地发展家庭服务业的确有很宝贵的经验值得借鉴。

雇主必须为真正居港的香港区居民。雇主及佣工雇佣关系的真正目的并无疑问，两者亦无已知的不良记录。

雇主家庭收入必须不少于每月港币 1.5 万元，或雇主必须拥有款额相当的资产。雇主只要能到达收入底线，能提供合适且有合理隐私的住处，不单是私人物业业主，居住在公屋、居屋，或租房的人士，都可以聘请外佣。

雇主与佣工必须签订标准雇佣合约。佣工只需为雇主承担标准雇佣合约内《住宿及家务安排》附表所载的家务。雇主不得要求或准许佣工在香港特区逗留期间及在标准雇佣合约订明的合约期内为他人从事雇佣工作。

雇主必须承诺给予佣工的薪金不少于香港规定最低工资。佣工必须在标准雇佣合约列明的雇主住所工作和居住。佣工必须获得合适和有合理隐私的住宿地方，虽然很难要求每个雇主为外佣提供独立的房间，但至少要在一个固定的房间有固定的床铺，不能睡在走廊、客厅或厨房的临时床铺，或与异性成年人或青少年共享一个房间。

雇主必须代其购买雇员保险。香港法例规定，外佣在港受雇佣期间，将获免费医疗，不论疾病或受伤是否受雇而引起。《雇员补偿条例》（香港法例第 282 章）规定，所有雇主必须为其雇员投购工伤补偿保险，以承担其雇员如因工受伤在《雇员补偿条例》及普通法方面的法律责任。雇主可以购买为佣工提供全面医疗及住院保障的保险，亦可考虑购买同时包括医疗及住院保障和符合《雇员补偿条例》规定的综合保险。

雇主必须负责外佣离开其原居地及进入香港所需的费用。按照雇佣合约的规定，雇主须负担佣工因来港工作所需办理证件的费用。相关费用包括飞机票、体验费、入境处签证费、保险费、有关领事馆的核实费用、行政费用或有关政府机构征收的类似费用。雇主还提供旅费、膳食及交通津贴。不论是到期解约或续约，或者期内解聘，雇主必须支付外佣由香港返回原居地的单程机票费用和旅费。

（四）外佣的资格和劳工权益。

总结评论：

以上家政服务企业创新模式案例，不是用来显示该企业如何先进（当然也比较优秀），而是说明以上家政企业在家政服务模式上努力进行的可贵创新。我国现在的家政服务“同质化”现象严重，模式创新严重不足。以上推荐的创新实践案例，重在抛砖引玉，启发大家在“区块链＋新家政服务”新时代来临之际，要敢于勇于擅于走出传统家政服务运营模式的“桎梏”，闯出一片属于自己的天地。而“区块链＋新家政服务”则是给每个家政创业者提供了平等的起跑线。这正是“区块链＋新家政服务”的生命力所在，也是本书一片初心。

第36章　新家政“零工经济”运营模式

【家政政策】

序号	发文时间	发文机关	政策文件名称
	2019年6月16日	国务院办公厅。国办发〔2019〕30号	《国务院办公厅关于促进家政服务业提质扩容的意见》
相关摘要	（七）灵活确定员工制家政服务人员工时。家政企业及用工家庭应当保障家政服务人员休息权利，具体休息或者补偿办法可结合实际协商确定，在劳动合同或家政服务协议中予以明确。		

序号	发文时间	发文机关	政策文件名称
	2019年6月16日	国务院办公厅。国办发〔2019〕30号	《国务院办公厅关于促进家政服务业提质扩容的意见》
相关摘要	推动家政进社区，促进居民就近享有便捷服务：（二十二）支持家政企业在社区设置服务网点。家政企业在社区设置服务网点，其租赁场地不受用房性质限制，水电等费用实行居民价格。支持依托政府投资建设的城乡社区综合服务设施（场地）设立家政服务网点，有条件的地区可减免租赁费用。 （二十三）加大社区家庭服务税费减免力度。落实好支持养老、托幼、家政等社区家庭服务业发展的税费优惠政策。		

【家政寄语】

分享家政是破解我国家政“保姆荒”的一剂良方。

家政零工是家政服务业天然的用工方式。

【术语定义】

零工经济模式：零工经济模式，是指个人利用自己的知识、技能、经验，自己拥有的资源，自己能够自由支配的时间，从事相应的短期工作或非全职工作或弹性工作，帮助他人解决问题，获取报酬，实现自我价值的工作形式。

零工：从事零工经济的人，称为“零工”，又称“自由职业者”。

家政零工：从事家政服务的拥有一技之长的、有职业规划的、追求灵活工作时间的职业者。

钟点工：是一种按小时（钟点）收取报酬的服务工作。俗称“小时工”或“钟点工”。钟点工并不是一种职业，缺乏特定的职业知识与职业技能，没有长远的职业生涯发展规划，是短期行为；在对所从事职业的喜好上，没有明确的职业指向，哪里能挣钱就去哪里做短期临时工，只要能获得经济报酬都可以，也许，今天做这个职业，明天做别的行业，没有职业成就感。

工作岗位分享模式：是指两个以上的家政服务员承担同一个全日制工作岗位或同一个法定标准工作时间内的工作责任。在工作分享中两个以上的员工对同一个工作负有责任。

非全日制用工：是指以小时计酬为主，劳动者在同一用人单位一般平均每日工作时间不超过四小时，每周工作时间累计不超过二十四小时的用工形式。

【学习目标】

通过本章的学习，您将能够：

1）了解家政零工及家政零工模式的特征；

2）认识家政零工为什么是家政公司的必然要求；

3）区别家政零工与钟点工；

4）理解家政零工模式的前提条件；

5）了解工作岗位分享模式及其价值；

6）掌握家政零工如何进行人力资源管理；

7）了解家政零工社群建设；

8）掌握家政零工的权益保障；

9）知晓家政零工模式面临的挑战。

通过前文，我们知道，在家政服务中，无论是“中介制”或“员工制”运营模式，都各有优点和不足，都存在难以克服的困境。家政服务企业的发展模式究竟何去何从？难道真的没有合适的发展模式？答案是肯定的。我们十年来对国内外家政企业发展模式的研究发现：“零工经济模式”是家政企业发展的有效模式◇一、可以从根本上“根治”家政企业发展的“顽疾”。为什么这样说？下面就具体分析：

36.1 新家政“零工经济”运营模式概述

所谓零工经济模式，是指个人利用自己的知识、技能、经验，自己拥有的资源，自己能够自由支配的时间，从事相应的短期工作或非全职工作或弹性工作，帮助他人解决问题，获取报酬，实现自我价值的工作形式。从事零工经济的人，称为“零工”，又称“自由职业者”。

零工经济模式有以下几个特征：

一、弹性工作形式，非全职，非全日制。从零工的角度上看，零工能够利用自由支配的时间，自由而灵活就业，帮助他人解决问题，获取报酬；从企业的角度上看，有的企业为了节约人力资源成本，选择弹性的用工方式，招聘“零工”，从事非全职工作。零工的工作时间相对集中，不要求工作日全天或者全职工作，也不要求工作日每天都来工作。工作时间自由度相对较高，只要能够合理安排时间，很多是零工自己决定工作时间。

二、零工经济是一种技能经济。在从事零工时，零工除了付出时间和精力，更需要的是，零工需要具备“一技之长”，有一定的专业知识、专业技能、专业经验，在市场需要提供零工时，能够及时向用户或雇主展现自己的技能、能力、价值。因为零工是弹性工作形式，非全职，非全日制。这就要求零工平时要努力提升自己的技能，甚至是学习好几种技能，因为用户或雇主的需求是多种多样。零工要为随时出现的就业机会做好准备，拥有“一技之长”的零工，在市场上很容易找到用户或雇主。

三、零工经济是一种“互联网+”的共享经济。互联网平台特别是移动互联网平台给零工经济发展创造了条件。随着移动互联网平台的发展，传统的“企业+员工”劳动合同制经济模式，开始向“平台+个人”的交易经济模式转变，这些各种各样的移动互联网平台，为零工或自由职业者就业创造了前所未有的可能与便捷。通过移动互联网平台，企业的招工、用工模式发生了变化，企业出现了不再由企业内部员工完成企业的全部工作任务，而由“一技之长”的“零工”来代替内部员工的部分工作。过去依赖企业才能完成的商业行为，现在个人完全有可能独立完成，提升了企业的效能（效率与效果）。这就是共享经济。

36.2 "零工经济"模式：家政服务业发展的必然要求

36.2.1 家政服务业雇主需求决定的

我们知道，家政服务雇主需求是多种多样的，主要体现在以下两个方面：

一、有效家政服务时间需要零工经济模式。每个雇主家庭需要家政服务的时间千差万别，在全天 24 个小时里，都有可能产生家政服务需求。例如，有的雇主需要零工（家政服务员）早上给孩子做早餐并送孩子上学，有的雇主上午需要零工（家政服务员）做家居保洁，有的雇主晚上需要零工（家政服务员）做家庭晚餐等。对绝大多数雇主家庭来说，需要的只是在有限的、有效的时间内提供家政服务，而没有必要雇佣一个全天 24 小时，或白天 12 小时，或白天 8 小时全职的家政服务员，在家庭从事家政服务。因为家庭的确没有那么多家务量需要一个全职的家政服务员，同时，也是为了节约雇佣家政服务员的工资成本。采用家政服务"零工经济模式"，无疑是绝大多数需要家政服务的雇主家庭的首选。

二、千差万别的家政服务内容需要零工经济模式。每个雇主家庭需要家政服务的内容，也是非常不同的，可谓千差万别，每一个雇主家庭都有自己的个性化家政服务需求。

例如，有的雇主家庭需要提供家居保洁收纳服务，有的需要提供衣物洗涤收纳服务，有的需要家庭餐制作，有的需要母婴护理（月嫂），有的需要育婴服务，有的需要居家老年人照料，有的需要病患陪护，有的需要残疾人照料，有的需要高级管家服务，有的需要涉外家政服务等；即使是每一个细分家政服务业态，雇主家庭也有非常不同的服务需求。例如家居保洁收纳服务，有的雇主需要专业的家用电器清洗，有的需要地板清洁养护，有的需要高级真皮沙发清洁护理，有的需要抽油机清洁等。

这些不同的家政服务内容，很难想象一个单个家政服务员能够胜任。即便是一个细分业态的专业家政服务员，也很难满足不同雇主的不同需求。这就是家政服务典型的供需"结构性矛盾"，即传统的家政服务员提供的家政服务，满足不了雇主对家政服务个性化、品质需求。解决家政服务供需结构性矛盾的有效方法：就是"零工经济模式"。即无论雇主家庭有什么样的服务需求，只需要在移动互联网家政平台上发布需求，雇佣有相应"一技之长"的"零工"，就可以解决雇主的个性化需求。这里，需要指出的是，零工经济下的"零工"不是传统的"钟点工"，后文将分析讨论。

36.2.2 家政服务员工作与生活平衡需要

自从家政服务工作出现以来，家政服务员服务工作与生活的矛盾就一直存在（除了后来的家政"钟点工"），尤其是对住家服务的家政服务员而言。这是家政服务业发展必须要解决的"瓶颈问题"之一。其实，按正常情况，工作本来应该赋予劳动者平均八小时工作之外，还应该有休闲娱乐的时间，有与家人团聚、照料家人（尤其是家庭的老年人、婴幼儿等）的时间，有探亲访友购物的时间，有学习进修的时间等。这样，可以提高劳动者工作与生活的质量，维护劳动者工作与生活平衡，也有利于劳动者身心健康。

然而，在家政服务中，特别是家政服务员住家服务，对于家政服务员来说，服务工作时间过长，平均服务工作时间在 12 个小时以上，24 小时住在雇主家庭，再加上一些不合理的管理制度，已经严重影响到了家政服务员正常生活。家政服务员工作与生活失去了平衡、出现了矛盾；对家政企业来说，这种矛盾必将导致：难以招聘与培训家政服务员、高流失率、低服务质量。这都严重制约家政服务企业的健康可持续发展。

零工经济模式则是促进家政服务员工作与生活平衡的有效的重要措施之一。

（1）树立工作与生活兼顾的家政服务人才新理念

家政服务企业要想在激烈的家政市场竞争中获得竞争优势，就必须树立家政服务员工作与生活兼顾的家政服务人才新理念。家政企业要创造条件、创新运营与管理模式，帮助家政服务员实现工作与生活的平衡；如果家政企业不能解决家政服务员工作与生活平衡问题，将无法留住或者招聘优秀员工。

（2）什么是“工作与生活平衡”

家政服务员的“工作与生活平衡”，将对家政服务员个人、自己的家庭、家政服务公司都产生重要影响。这里的“生活”，不仅仅局限于家庭生活，还包括家政服务员个人生活。

对于家政服务员个人来说，工作与生活不是“零和博弈”（即一方的收益必然意味着另一方的损失），工作只是他们实现人生目标的一种手段而已。“工作与生活平衡”会带给家政服务员的是更高的服务工作热情、更专注的服务、更高的忠诚度；带给家政公司的是较低的流失率、更优质的服务。因为，除了工作之外，家政服务员还有休闲娱乐的时间，有与家人团聚、照料家人（尤其是家庭的老年人、婴幼儿等）的时间，有探亲访友购物的时间，有学习进修的时间。

对于家庭来说，工作与生活平衡，家政服务员就有了更多的时间和家人在一起享受生活的乐趣，关心照料幼小的孩子、年迈的老人，并与伴侣更多时间彼此关爱。这一切都提高了家政服务员生活满意度和幸福感，自然降低了“工作与生活冲突”。

对于家政服务公司来说，想方设法促进家政服务员工作与生活平衡，会收获家政服务员高的满意度，进而提升雇主的满意度。家政公司要想实现家政服务员的“工作与生活的平衡”，一个有效的方法，就是推行“工作岗位分享”模式（见下文分析），这样就可以给家政服务员更多的自由支配的时间，同时，也提升了家政公司的服务工作效率。

（3）建立“工作岗位分享”模式

所谓工作岗位分享模式，是指两个以上的家政服务员承担同一个全日制工作岗位或同一个法定标准工作时间内的工作责任。在工作分享中两个以上的员工对同一个工作负有责任。

在工作岗位分享中，工作任务不予分割，当别的分享者离开时，剩下的分享者可以承担工作任务，并且工作分享者之间可以交换分担所有的工作任务和岗位职责。分享者可以用各种方式分割他们的工作时间（例如，轮流工作几天、几周或者每周工作两天半等），一个分享者也可以比另一个分享者承担更大部分的工作，或者两个以上的分享者合起来工作超过一个全日制标准工作周，分享者可以互相搭配工作，并且他们可以相互传达或者一起出席重要工作会议。总之，分享者之间的分割时间的方式、合作方式不拘一格，根据分享者的实际情况协商决定。

毫无疑问，工作岗位分享模式的好处是显而易见的。

从家政服务员角度来看，工作岗位分享增加了工作时间的灵活性。特别是对于那些不适合于每天工作 8 小时、每周工作 5 天的员工或潜在员工来说，例如，既不能全职工作，又不愿做全职太太的家庭女性，要照顾幼小的子女或者年迈的长辈，如果她们获得了工作责任与家庭生活的平衡，将有助于提高她们的工作积极性，增加她们的工作满意度、忠诚度；还有，对于那些想边工作边学习新技能新知识的员工或潜在员工（例如大学生）来说，工作岗位分享也将给他们相对自由支配的时间，可兼顾工作与学习进修提升，自然会提升这些人对工作的忠诚度。

从管理者的角度来看，工作岗位分享，也可以使企业在一个固定的工作岗位上吸引更多人的智慧，特别是吸引到技术技能熟练的员工，还有，一个员工可以弥补另一个员工的不足，从而保证这个岗位处于一个良好的工作状态。因为，参与工作岗位分享的员工，工作时间相对较短，可以在较短的工作时间内保持高效率的工作状态，而一个全日制的员工却很难在全天的工作时间都保持高效工作，因为长时间工作会让人产生疲劳。此外，工作岗位分享中的参与者，如果一人生病或家庭有事或外出度假，其工作岗位分享伙伴可以交换工作时间，这意味着一个特定的工作岗位，始终都有人工作，不会出席岗位空缺或脱岗现象，特别是对关键岗位的核心员工，更是如此。

从雇主角度来说，工作岗位分享，最关键的是，能够吸引和留住那些由于家政服务员个人或家庭原因可能离职的优秀服务员。这对家政服务而言，意义很大。因为雇主一旦要雇佣家政服务员，就不能出席岗位空缺。

36.2.3 解决家政服务业“保姆荒”的有效途径

通过上文分析，我们知道，零工经济模式，包括工作岗位分享，的确有助于员工或潜在员工实现“工作与生活平衡”。这将对促进就业、提高劳动参与率有显著作用。特别是在家政服务业“保姆荒”逐渐加剧的背景下，有着现实意义。

零工经济与工作岗位分享，能够提供大量平等就业机会，特别是鼓励女性、退休后还有工作能力的人，走出家门，重返就业岗位。这样，一方面，确保家庭稳定的经济收入；另一方面，又能照料自己的家庭生活与自己个人生活。

因为，实施工作岗位分享，可以给零工（员工或潜在员工）自由调节工作时间；家政服务公司则根据这些零工（主要是家庭女性、也可以是男性，还包括退休而又有工作能力的退休人员）的工作时间安排家政服务工作。零工的报酬根据实际工作时间和技能水平进行支付。同时，又能够根据雇主对家政服务时间、服务内容、服务水平的要求，灵活派遣最合适的零工提供个性化服务。

这样，将从根本上破解家政服务“保姆荒”“瓶颈”。因为，零工经济与工作岗位分享模式，既满意了大量求职者或潜在求职者的需求，又满足了雇主的需求。

36.2.4 老年化社会催生“零工经济模式”

我国已经进入老年化社会。2019 年 1 月 21 日国务院新闻办公室举行新闻发布会，国家统计局局长宁吉喆介绍 2018 年国民经济运行情况。据介绍，截止至 2018 年年末，中国大陆总人口（不含港澳台及海外华侨）139538 万人，比上年末增加 530 万人。其中，60 周岁及以上人口 24949 万人，占总人口的 17.9%，其中 65 周岁及以上人口 16658 万人，占总人口的 11.9%。相较于 2017 年，老年人口总数增加近千万，65 岁以上人口增加约 800 万。面对我国老年人口的压力，催生了“零工经济”。

一、这些退休老年人，特别是年龄 55 岁到 60 岁女性、60 岁到 65 岁的男性，他（她）们的体力和能力，绝大多数还能胜任“零工”工作，特别是能够胜任家政服务的“零工”工作。这些老年“零工”，通过零工服务工作，不仅仅是获得一定的经济报酬以改善自己与家庭的生活，更重要的是，通过适当的“零工”服务工作，可以提升自己的身心健康水平，特别是能够治愈老年人的孤独感，提升幸福感。

二、这些退休的老年“零工”，从事老年护理服务，不仅仅是自己积极健康养老，还可以帮助照料年龄更高的老年人安享晚年。尤其是这些老年“零工”，更适合照料高龄老年人，同时，也可以缓解居家养老护理员的巨大“缺口”。

三、同样，这些退休的老年“零工”，还可以帮助照料婴幼儿，也是一举两得的好事。

总之，老年化社会催生零工经济，零工经济又促进老年人积极健康养老，同时，又助推解决家政服务业“保姆荒”问题，可谓一举多得。

36.2.5 “斜杠中青年”发展需要

所谓斜杠中青年，是指不满足于“专一职业”，而是选择一种能够拥有多种身份和多种职业的多元生活的中青年。这些人在自我介绍中会用斜杠“/”来区分不同的身份或职业。例如：“李女士：护士 / 育婴师 / 催乳师 / 健康营养师 / 家政培训师 / 家政企业经理”。

斜杠中青年，已经越来越流行，特别是在服务业领域。我们知道，在经济高速发展的后工业时代，物质产品已经相对丰富，人们开始追求生活水平与质量，服务业开始大发展，并已经成为最大的民生产业，有大量的人才涌入其中，就包括教育、文化、旅游、健康服务、家政服务等。

由于服务业交换的大多数是个人的技能、知识、经验、时间，不需要大规模合作，也很难大规模生产，没有很长的产业链，一般情况下，个人就能成为独立的“服务提供商”。家政服务就是如此。

尤其在今天的移动互联网时代，这些“斜杠中青年”凭借各种各样的移动互联平台，例如，微信、APP、服务交易网络平台等，很容易分享自己的技能、知识、经验。同样，服务的需求方也很容易借助这些平台,发布自己的个性化服务需求,并找到自己需要的服务。凭借互联网平台的支撑,解决了服务供需双方的信息不对称,促成了服务供需双方的快速“对接”。

这些都催生了零工经济，而零工经济又促成了家政服务业“零工”的出现。这是我国家政服务业发展的一个新的必然趋势。这一新趋势的最大价值在于，家政服务员人才队伍开始走向年轻化、职业化。因为，当家政服务员只是“斜杠中青年”多种身份或职业中的一个身份或职业时，从事家政服务的人就会越来越多，而且都是有“一技之长”的人。这也从根本上提升了家政服务员队伍的整体素质。实现“人人做家政，家政为人人”的分享家政。

36.3 新家政“零工”不是“钟点工”

写到这里,也许,你会问“零工经济模式”中的“零工”不就是我们平常见到的、用到的“钟点工”“打零工”吗？当然不是。认识到这点，很有必要。

零工经济并不是要求大家去“打零工”，零工经济下的“零工”也不是“钟点工”。两者的主要区别有：

一、本质上的区别

零工经济的本质：是打破传统雇佣关系，让零工（或自由职业者）利用自己的知识、技能、资源、特长、时间来实现自己更高价值；零工经济为零工提供了实现个人价值的舞台。在家政服务中，家政“零工”不是为了赚小钱、赚快钱（当然也获取一定的经济报酬，但不是主要动机），而是用自己擅长的爱好的家政服务职业技能、经验与特长，来解决用户或雇主面临的家务问题，体现自己的人生价值。正如心理学家马斯洛在《人类激励理论》中提到的“马斯洛需求层次理论”：把需求分成生理需求、安全需求、爱和归属感需求、尊重需求、自我实现需求五类。依次由较低层次需求到较高层次需求排列。在自我实现需求之后，还有自我超越需求。从马斯洛需求层次理论来看，零工经济模式下的“零工需求”对应的层次已经较高，即零工希望成为独立的“自由职业者”，利用自己的技能特长和时间，帮助别人解决问题，获取一定的报酬，最大限度地实现自己个人理想与价值。

钟点工的本质：是一种按小时（钟点）收取报酬的服务工作。俗称“小时工”或“钟点工”。

在家政服务中，钟点工主要服务内容为：家政服务的各个细分业态或项目。例如：家居保洁、家庭餐制作、衣物洗涤收纳、病患陪护、家教辅导等；用户或雇主需要什么，钟点工就做什么。钟点工的目的：就是获得经济报酬。

二、职业发展上的区别

零工经济中的零工，也是自由职业者，是职业者，有自己的“一技之长”，而且是自己擅长的、喜欢的职业；只是在工作形式上，就某一个具体工作而言是短期工作或弹性工作或非全日制工作。但对所从事的职业而言，有明确的职业生涯发展规划，是长期行为，有职业成就感。零工只是不愿意接受在传统雇佣关系中的全日制工作形式而已。

钟点工：并不是一种职业，缺乏特定的职业知识与职业技能，没有长远的职业生涯发展规划，是短期行为；在对所从事职业的喜好上，没有明确的职业指向，哪里能挣钱就去哪里做短期临时工，只要能获得经济报酬都可以，也许，今天做这个职业，明天做别的行业，没有职业成就感。

36.4 家政零工经济模式发展的前提条件

作为一种新的经济形态或新型的就业形态，零工经济伴随着信息技术，特别是移动互联网技术高速发展，引发了传统经济模式的变革，首当其冲的是传统的工作模式、就业模式的巨大变革。家政零工经济模式由此应运而生。其中，互联网平台经济、共享经济、区块链技术等为家政零工经济模式发展创造了条件。还有，为了有效推动家政零工经济的发展，进而推动家政服务业整体提质扩容，还需要实现家政服务标准化，需要对零工经济模式下的“零工”进行“赋能”。下面将具体分析：

◇一、需要一个平台。这个平台，最理想的就是“区块链家政平台”。一、给家政服务提供者，提供“点对点”的定制化的家政培训，给想要从事家政服务的人“赋能”；二、提供家政服务提供者与雇主实现“点对点”的自动服务交易。三、也是最核心的，区块链家政平台是一个公开透明的彻底解决服务诚信的交易平台，同时又能确保服务提供者与雇主的个人隐私。通过“点对点”的区块链家政平台交易，可以大大提升服务提供者与雇主的服务对接效率与对接的精准度、成功率。

◇二、需要家政服务标准化。分享家政的前提是参与分享的“服务提供者”，要有大家公认的家政服务职业技能水平。这就要求服务提供者获得相应的家政服务职业技能标准证书，“明码标价”。按家政服务技能标准等级水平付费、收费，公共透明，以便在“去中心化”“去中介化”的平台上，实现“点对点”自动交易。也大大提升家政公司的运营效率与服务生产率。

◇三、需要一个企业和社会保障机制。要吸引更多的人参与分享家政，这就要求家政企业和社会建立健全公开透明的工资福利制度、保险保障机制，为分享家政的“服务提供者”提供新的社会保障。同时，也是对雇主合法权益的维护。

◇四、需要一个服务争端解决机制。分享家政更多的是“微型创业者”提供家政服务，是“个人劳动”，是“家政零工”，这就要求家政服务业行业协会等第三方组织机构，参与雇主与服务提供者之间的矛盾纠纷的协调与争端解决。这样，分享家政就形成了一个“生态闭环”。从机制上，鼓励社区拥有家政服务“一技之长”和闲暇时间的更多的人，加入分享家政的行列，鼓励社区更多的雇主雇佣分享家政的服务提供者，实现“人人做家政，家政为人人”。这样，难道还不能破解“保姆荒”“招家政服务员难”这个家政服务“顽疾”？

36.5 新的家政人力资源理念

36.5.1 家政零工或家务零工

我们已经知道，零工经济模式，是指个人利用自己的知识、技能、经验，自己拥有的资源，自己能够自由支配的时间，从事相应的短期工作或非全职工作或弹性工作，帮助他人解决问题，获取报酬，实现自我价值的工作形式。从事零工经济的人，称为“零工”，又称“自由职业者”。在家政服务中，则称为“家政零工”或“家务零工”。

那么，什么人最可能会家政零工或家务零工?

一、家庭女性，特别是家庭主妇，最可能会成为家政零工。

当零工经济越来越流行时，家庭女性，将是零工的主要来源。因为，零工经济中的零工能够自由支配工作时间，能够从事短期工作或非全职工作或弹性工作，真正做到了“工作与生活平衡”，既增加了家庭经济收入，又能照顾自己的家庭，还能帮助别人解决家务困扰，实现自己的人生价值。家庭女性何乐而不为？此外，家庭女性，特别是家庭主妇，有丰富的家庭生活经验、家庭生活技能，与急需家政服务的用户或雇主，也许是一个社区或附近社区，这都是成为“家政零工”的优势条件。如此，将是我国家政服务业的一个巨大的突破，将从根本上破解家政服务“保姆荒”和家政服务诚信问题。因为，有条件或有能力做家政零工的家庭女性或家庭主妇的数量，足以满足家政服务的社会需求，特别是能够应对老年化社会对居家养老护理员需求的巨大缺口；还有，因为家政零工与家政用户或雇主是同一个社区或附近社区，具有天然的信任感，也的确可以保证零工的诚信度，毕竟是熟人社会，知根知底。因此，我们需要大力倡导和培育越来越多的家庭女性成为社区家政零工，共同为我国家政服务特别是养老服务做贡献。

二、退休不超过5年的老年人。即年龄55岁到60岁女性、60岁到65岁的男性，他（她）们也是家政零工的重要来源。上文的“老年化社会催生零工经济模式”一节有具体分析。

三、“斜杠中青年”也是家政零工的一个来源。上文的“斜杠中青年发展需要”一节有具体分析。

四、在校大学生，特别是与家政服务相关的在校大学生。我们知道，大学生从事家政零工，是一举多得的好事。通过做家政零工，可以获取一定的经济报酬，补贴自己的大学费用；通过家政零工，获得社会实践能力与人际交往能力；通过家政零工，帮助用户或雇主解决家务困扰，特别是为老年化社会分忧解难尽力，让自己的大学生活充满价值。而且，大学生做家政零工，并不影响学业，反而会促进学业。何乐而不为?

总之，人人可以做家政零工，彼此分享自己的家政服务技能、时间、快乐、社会体验，即分享家政。果真如此，就是“人人做家政，家政为人人”。何来家政“保姆荒”“家政诚信缺失”？

36.5.2 非全日制用工

在零工经济时代，零工自己能够自由支配工作时间，从事相应的短期工作或非全职工作或弹性工作，劳动关系发生了巨大变化。随着平台经济与共享经济的发展，与传统的合同制员工相比，非全日制工作的“零工”将越来越流行。

同样，在零工经济模式下，家政服务员队伍中零工也将越来越多。那么，新的家政零工究竟如何管理？下面将具体分析：

我们知道，我国《劳动法》《劳动合同法》对劳动关系有明确规定：用人单位与劳动者建立劳动关系时，要订立劳动合同。按照不同的标准，劳动合同可以划分为不同的种类：

* 固定期限劳动合同、无固定期限劳动合同、以完成一定工作为期限的劳动合同；

* 全日制用工劳动合同、非全日制用工劳动合同；
* 书面劳动合同、口头劳动合同；
* 个人劳动合同、集体劳动合同。

其中，零工经济模式下的家政零工，本质上是非全日制用工，订立的是“非全日制用工劳动合同”，用户可能是家政公司，也可能是个人雇主家庭（关于零工与雇主家庭签订的服务合同，可以参照）。那么，在《劳动法》《劳动合同法》中，是如何规定“非全日制用工”？非全日制用工与全日制用工有什么区别？什么是“非全日制用工劳动合同”？

1）什么是“非全日制用工”？

《劳动合同法》第 68 条规定：“非全日制用工，是指以小时计酬为主，劳动者在同一用人单位一般平均每日工作时间不超过四小时，每周工作时间累计不超过二十四小时的用工形式。”

在这个“非全日制用工”概念中，我们要理解“平均每日工作时间不超过四小时”中的“平均”提法，可以解读为：例如，一天工作可以 8 小时，或 6 小时，或这天不工作，或 3 小时，或 2 小时，只要每天平均不超过 4 小时，即可；

同样，“每周工作时间累计不超过二十四小时”中的“每周”“累计”提法，可以解读为：例如，一周之内，可以周一工作 3 小时、周二不工作、周三 8 小时、周四不工作、周五 2 小时、周六 8 小时。只要每周工作时间累计不超过“24”小时，即可。

通过以上举例式解读，想说明的是，非全日制用工或工作，形式灵活，极具弹性，可因人而异。对于“零工”来说，有利于根据自己的时间自主就业，客观上催生了大众就业的热情；对用人单位或用户家庭来说，非全日制用工模式，可以自主灵活雇佣零工、降低用工成本。再加上《劳动合同法》规定的非全日制用工的劳动合同，可以随时解除等特点，进一步方便了零工就业与用户或雇主用工。

此外，根据“非全日制用工”这个概念，我们可以进一步明确：“钟点工”“小时工”并不是“非全日制用工”，不是“零工”。因为，有很多钟点工或小时工虽然以小时方式计酬，但是每周的工作时间大大超过了规定的 24 小时，同样属于全日制用工，适用于全日制用工的相关待遇和法律规定。

2）非全日制用工与全日制用工有什么区别？

（1）工作时间不同

全日制用工实行每天工作不超过 8 小时，每周不超过 40 小时的标准工时的工时制度。

非全日制用工的工作时间，一般平均每日工作时间不超过四小时，每周工作时间累计不超过二十四小时的用工形式。非全日制用工在每周 24 小时的总的工作时间内，具体工作时间安排或由零工自主决定或由用户决定。

（2）劳动合同的形式不同

全日制用工双方必须订立书面劳动合同，建立劳动关系。

非全日制用工双方，既可以签订书面劳动合同，也可以订立口头协议。这一特点体现了非全日制用工的灵活性。当然，双方口头约定各自的权利和义务，也要坚持诚信原则，严格遵守双方的约定。

（3）试用期的规定不同

全日制员工与企业之间，可以根据劳动合同期限长短约定试用期。

非全日制用工，双方当事人不得约定试用期。这体现了法律对非全日制职工的保护，具有灵活性。

（4）劳动关系的管理不同

全日制用工的劳动者只能与一家用人单位建立劳动关系。

非全日员工的制劳动者可以与一个甚至多个用户或雇主订立劳动合同，建立劳动关系。但前提是，后订立的劳动合同不影响先订立的劳动合同的履行。

（5）社会保险不同

全日制职工社会保险，须由用人单位与个人共同承担。

非全日制用工零工的社会保险，除工伤保险须有用户承担外，须由个人承担。

（6）解除劳动关系是否支付经济补偿金的规定不同

全日制用工，用人单位以劳动者不能胜任工作、医疗期满不能工作、客观情况发生重大变化等为由解除劳动者合同的，应该向劳动者支付经济补偿金。

非全日制用工，无论用户或雇主以什么理由与其解除劳动关系，均无须支付经济补偿金。但是有约定的，按其约定执行。

（7）终止用工的规定不同

全日制用工，无论是劳动者还是用人单位，在合同履行期间如果想要提前终止用工，都需要严格遵守法律规定的条件及程序，如果没有按法律规定履行，给对方造成损失的，应当承担赔偿责任。

非全日制用工，双方任何一方都可以随时通知对方终止用工，而不需要遵守任何法定条件或程序。用户和劳动者均获得了极高的自主权。只要有一方想要终止用工，均有权随时终止。

（8）工资计算周期不同

全日制用工一般按日计薪，工资不得低于月最低工资标准。

非全日制用工，以小时计酬，其工资不得低于用户所在地人民政府规定的最低小时工资标准；工资结算支付的周期通常最长也不超过 15 天。

（9）享受带薪年休假的规定不同

全日制用工劳动者按照《职工带薪年休假条例》及《企业职工带薪年休假实施办法》的规定，享受带薪年休假。

非全日制用工劳动者，国家对其带薪年休假没有明确的法律规定。但双方另有约定的，从其约定。

（10）是否需要支付加班工资的规定不同

全日制用工劳动者加班的，用人单位需要按照规定支付加班工资或调休。

非全日制用工劳动者，工作超过每日工时限制及加班问题的处理如下：

* 关于工作超过每日工时限制的处理：《劳动合同法》对此没有明确的规定。但有的地方性法规对于超过工时限制的，视为全日制用工。

* 关于劳动者加班问题的处理：非全日制用工不存在工作日和休息日的区别，因此不存在延长工作时间或者休息日安排工作的情形，自然不存在支付休息日加班工资的问题。

* 关于在法定节假日加班是否需要支付加班费的处理：法律没有明文规定，而各地方性法规却各有不同。

综上所述，我们在《劳动法》《劳动合同法》中，给“零工经济模式”提供了很大的发展空间，催生了零工经济发展，促进了“零工”灵活就业，尤其对家政服务而言，家政零工或者与家政公司或者直接与雇主家庭订立非全日制劳动合同，无论是对家政零工，还是对家政雇主或家政公司，都带来更加灵活的用工方式，减轻彼此的成本与负担，反而能雇佣到更加合适的有一技之长的家政零工。对供需各方无疑具有巨大的积极意义。

3）什么是“非全日制用工劳动合同”？

《劳动合同法》第69条规定：“非全日制用工双方当事人可以订立口头协议。从事非全日制用工的劳动者可以与一个或者一个以上用人单位订立劳动合同；但是，后订立的劳动合同不得影响先订立的劳动合同的履行。”

与全日制用工必须订立书面劳动合同相比，这个规定，明确了：一、非全日制用工，当事人可以不以书面形式订立劳动合同，双方的权利义务可以口头约定。当然，如果双方认可订立书面合同，也是可以的；二、允许非全日制劳动者与多个用户订立劳动合同。只是后订立的劳动合同不得影响先订立的劳动合同的履行。这为非全日制用工，带来了巨大的弹性、灵活性，有利于零工就业。

关于全日制劳动合同，各行各业都有了标准的《劳动合同》文本，在家政服务业，也有各级行业协会或相关主管机构发布的标准《劳动合同》。

在非全日制用工，《非全日制劳动合同》还在探索中，现提供一个样本，供参考：

《非全日制劳动合同》参考样本

甲方（用人单位或个人用户）名称：

住所：

劳动用工登记证编号：

法定代表人（或主要负责人）：

联系电话：

乙方（劳动者）姓名：

性别：

出生年月：

户籍所在地：

身份证号码：

现居住地址：

通信地址：

联系电话：

依据《劳动合同法》和有关劳动保障法律、法规，在甲乙双方平等自愿、协商一致、诚实信用的基础上，签订本合同。

第一条 本合同期限自 ______ 年 ___ 月 ___ 日至 ____ 年 ___ 月 ___ 日止。

第二条 乙方同意根据甲方服务需求，从事家政服务 ________ 工作。

工作地点：________________________________。

第三条 乙方工作时间为下列第 ___ 种方式：

（1）每周工作 ___ 日，分别为周 ___；每周工作 ___ 小时；

（2）其他：

第四条 甲方按乙方工作时间，以货币形式支付乙方工资，标准为每小时 ____ 元，工资结算周期为（___ 日 /___ 周 /15 日 / 年），工资发放时间为（___ 日 /___ 周 /15 日 / 年），工资发放方式为（直接发放 / 委托银行代发 / 微信支付 / 支付宝支付）。

第五条 甲方支付给乙方的劳动报酬中已包含甲方应为乙方缴纳的基本养老保险费、

基本医疗保险费。乙方依照国家和地方有关规定以自由职业者身份参加基本养老、基本医疗保险。

第六条　甲方依据国家和地方规定，为乙方办理工伤保险和缴纳工伤保险费，乙方在合同期内因公负伤或患职业病享受工伤保险待遇。

第七条　甲方有义务对乙方进行职业道德、家政服务职业技能、服务安全卫生及有关规章制度的教育和培训，为乙方提供必要的服务条件、服务工具及服务保护用品。

第八条　乙方应严格遵守安全操作规程和服务工作规范。

第九条　甲方对可能产生职业病危害的岗位，应当向乙方履行如实告知义务，并做好服务过程中职业危害的预防工作。

第十条　经甲乙双方协商一致，本合同可以变更。

第十一条　甲乙任何一方都可以随时通知对方终止本合同。

第十二条　双方约定的其他事项。

第十三条　乙方可以同时与其他用人单位或个人家庭订立劳动合同；但是，后订立的劳动合同不得影响本劳动合同的履行。

第十四条　本合同未尽事宜，双方可另行协商解决；如本合同条款与国家、地方政府有关新规定相违背的，按政府新规定执行。

第十五条　甲乙双方因履行本合同发生劳动争议，可以依法申请调解、仲裁、诉讼。

第十六条　本合同一式两份，甲乙双方各执一份，具有同等法律效力。

甲方：（公章）

乙方：（签字）

法定代表人或委托代理人：（签章）

签订日期：______ 年 ___ 月 ___ 日

36.5.3 雇佣制

通过上文分析，我们知道，零工经济突破了传统的企业组织模式和工作方式，开启了新的雇佣模式，新的人力资源管理模式。

首先，零工不同于传统企业的员工，而是自由职业者，具有更强的主体性（独立性、主动性、创造性）。零工与用户的关系，不再是单纯的简单雇佣，而是从商业交易（通过付出劳动获得报酬）转变为互惠互利。工作成了彼此双向对接，任职期间，零工也从合同上的非终身雇佣变成了用户的人脉资源。

其次，用户特别是企业用户，要积极采用多元化用工模式。要重新审视传统的企业用工模式，积极借鉴“优步化”用工模式，即将现有工作和服务转化为互相独立的工作任务单元，并在需要时将之“外包”“发包”出去，让拥有“一技之长”的零工来承接。

这样的新的雇佣模式，就是“按需经济”模式。对于用户来说，可以节约人力资源管理成本，雇佣到岗位需要的优秀的员工，还可以通过互联网平台，短时间内雇佣大量合适的员工，开展大规模协作，提升企业的效率；对于零工来说，可以根据自己的时间来安排工作，而不是根据工作来安排自己的时间。同时，零工可以选择自己擅长的、喜好的工作去做，也会提升工作的效率，而且容易出工作成果，具有成就感。

在家政服务业中，这种新的雇佣制模式，具有很大的优势。“按需提供服务”，服务报酬也与服务品质及时挂钩，释放了家政雇主的服务需求，也促进了家政零工越来越多，可以从根本上解决家政服务的“等候”现象，也破解了家政服务的“保姆荒”。同时，也提升了家政服务企业的运营效能和盈利能力。

36.5.4 家政零工招聘

在家政零工经济中，新的家政雇佣模式，必然要求新的家政零工招聘模式，即“按需招聘 + 核心家政服务员”招聘模式。

1）所谓“按需招聘”模式，是指家政服务公司根据家政雇主的需求招募流动性家政人才，即招聘“家政零工”。这种招聘模式，有两个特点，一个是家政零工具有很强的流动性；二是家政零工都需要具有家政服务技能方面的“一技之长”。这意味着家政公司要管理大量流动性、专业性强的家政零工。因此，为了提升家政零工的招聘效率，或者说，为了及时招聘到针对家政雇主个性化需求的“家政零工”，家政服务公司需要在四个方面做工作：

一、建立一个“按需供给”的家政零工人才库。只要雇主有需求，就有“一技之长”的家政零工可以随时提供。

二、借用或自己建立一个家政网络信息招聘平台。例如，有的家政公司建立自己的“微信公众号、家政 APP”等，有的借用“赶集网、58 同城”等公共网络平台。通过招聘平台进行招聘，可以提升招聘效率。

三、建立家政零工“微信社群”，采取社群运营模式，来管理松散的家政零工。当家政雇主有需求时，即使这个合适的家政零工没有时间接单，家政零工社群中也会有另一个合适的家政零工接单。通过家政零工社群进行“广而告之”，速度是很快的，因为家政零工的“人脉”资源与互助精神是鲜明的。

四、注意平衡全职家政服务员与家政零工的工资待遇与职业生涯发展。不要顾此失彼。全职家政服务员与家政零工，各有优势，要统筹兼顾。

2）所谓“核心家政服务员”，是指家政服务公司要注重招聘一些热爱家政服务、有中高级家政服务技能、忠诚于公司文化的全职家政服务员。对这些核心员工，要进行职业生涯发展规划，要提供培训、考察、提升机会，要让这些核心员工参与家政企业的管理决策、家政服务产品研发、品牌建设中，包括参与管理、培训、引领家政零工。

总之，家政公司要把核心家政服务员视为公司的战略资源与合作伙伴，而不是一个简单的员工。公司要善于在核心家政服务员上“下功夫”“投入资源、资金”加以培养。这是家政公司的核心竞争力。

至于，公司核心家政服务员的规模有多大？核心家政服务员应该具备什么素质结构、技能水平、能力水平？核心家政服务员的工资待遇是什么？需要家政公司根据自己的企业发展目标、竞争对手水平、家政市场规模与需求水平设定。

36.5.5 家政零工培训

36.5.6 帮助家政零工打造自己个人品牌

在家政零工经济中，由于家政零工是独立的自由职业者，不愿意被传统的雇佣制公司所束缚，不喜欢朝九晚五的打卡上班，愿意做“零工”，喜好非全日制工作或弹性工作，自然没有家政服务公司或家政组织机构为家政零工代为“背书”。这就要求家政零工，首先要知道：一个独立的家政零工，需要具备什么样的素质、能力、技能水平，要学会打造自己的个人品牌，学会推销自己。这样，才能在激烈竞争的家政零工市场实现自己的价值。下面就这些问题，分析如下：

1）家政零工的能力特点

一、家政零工必须有较高水平的“一技之长”。我们知道，零工经济是一种技能经济。在家政服务中，家政零工在家政服务的各个细分服务业态中，要有自己的特长，而且这种特长是专业水平的、较高水平的，要超越一般家政服务员的技能水平。只有这样，才能在激烈的家政市场竞争中获得用户订单。

例如，具有家居保洁服务中的“真皮沙发”清洁与保养特长，或者具有衣物收纳特长，或者具有家庭餐制作中的“川菜”制作特长；或者在母婴护理中的乳房护理特长，或者居家养老护理中的“糖尿病”老年人的护理特长等。这些家政服务某一方面职业技能特长，是家政零工必须具备的前提条件。而这也恰恰是自由职业者之所以愿意从事家政零工的一个缘由，因为这些掌握家政服务“一技之长”的家政零工，正是想通过自己的特长来实现自己的人生价值。

再者，既然零工是独立的自由职业者，是一个人独立提供服务，解决雇主的家务问题，缺乏服务补救的支持系统。这也要求家政零工必须有较高的家政服务专业技能，第一次就“把事做对”，提供正确的家政服务，一个人独立解决雇主的家务问题，赢得雇主的信赖，从而建立自己的个人品牌。

二、拥有获取客户关系资源的能力。家政零工仅有“一技之长”是不够的，也要有良好的客户资源。在客户里有好的口碑，有自己的客户社群，能与客户建立长期的“好友”式的关系，用友谊、情感来维系，而不是简单的买卖关系。也就是说，与家政雇主的交往，并不总是买卖与服务交易，有的时候，就是志愿者角色为居家空巢老年人或者残疾人提供免费公益家政服务，或把关系好的客户当成好友，义务友情提供服务。家政零工作为自由职业者，是通过建立良好的客户关系资源，来建立自己相对稳定的客户市场。

三、拥有良好的人际交往能力。我们知道，家政零工是“独立家政服务员”或家政自由职业者，工作处于一种相对的封闭状态，没有家政公司或家政团队的协助，缺失交流的机会，长期如此，这不利于家政零工的心理健康与专业能力的提升。因此，家政零工需要多多参加各种社会组织、社会活动、行业组织协会、兴趣俱乐部、各种培训班、各种行业会议等，要定期与同行、同好多接触。一来可以调节自己的生活与心理，二来有助于掌握行业信息，把握行业发展，提升自己的竞争力。

四、管控时间的能力。家政零工，是独立的自由职业者，需要具备高度的自制力。对自控力的要求要高于一般上班族。尤其是对时间的管控能力。因为，家政零工有更多的自由时间，假如无法有效支配时间、拟定计划、严格执行，缺失自我控制能力，就很容易陷入懒散无为而又无力自拔的恶性循环的怪圈。因此，家政零工，应该是一个讲究工作效率的人，即使在生活上，也不是散漫。

总之，作为一个家政零工，对个人而言，零工不仅仅是一份工作，而是实现个人价值的一个手段或途径。因此，零工们会主动提升自己的“一技之长”，会主动打造与客户的关系，喜欢人际交流，有较强的自制力；对于家政服务企业而言，要在招聘家政零工时，要有意识依据家政零工的能力特点，招聘合适的家政零工。因为，有的人只适合在传统的雇佣制的家政公司上班，不适合做家政零工，即不适合做独立的家政自由职业者。

2）要学会打造自己的个人品牌

所谓个人品牌，是指一个人在别人心目中的形象、能力、价值，即个人所拥有的外在形象和内在品质，影响着别人对你的看法或认知，并会给你带来工作与事业上合作的机会。

从这个概念中，我们知道，个人品牌将明确展示三个方面的信息：你是谁？你是做什么的？什么使你与众不同？

那些拥有优秀个人品牌的人，总是令人印象深刻、与众不同。他们成功地向社会展示一个清楚的印象。

这种展示的过程，就是打造自己个人品牌的过程，也是“自我营销”的过程。

在家政服务中，家政零工要打造自己的个人品牌，主要有以下几个方面：

首先，要选择适合自己发展的目标市场或工作领域。例如，家政服务至少有九大服务细分市场或细分业态：家居保洁收纳服务、家庭餐制作服务、衣物洗涤收纳服务、母婴护理（月嫂）服务、育婴服务、居家养老护理服务、病患陪护服务、管家服务、涉外家政服务等，作为家政零工，一定要选择其中适合自己的、喜欢感兴趣的一个或两个细分市场，而不能做很多。甚至就是在一个细分市场领域，也可以再精选更加细分的目标用户提供服务。例如，家居保洁收纳服务中有家用电器清洗、地板清洗与保养、真皮沙发清洁与养护、抽油机清洗等。目标市场越精准，越有利于服务精细化，越有利于提供核心竞争力服务产品。

第二，进行个人品牌定位。就是要明确自己的价值定位。也就是说，要明确向别人展示“你是谁”“你是做什么的”？什么使你与众不同？在家政九大细分市场或细分业态中，要明确自己在哪个领域进行深耕，成为这个细分领域的“技术能手”“技术专家”，提供具有竞争力的服务，也是家政用户愿意购买你的服务的一个理由。这样，久而久之，用户体验好了，你的个人品牌随着用户的口碑，就逐渐建立起来。反之，如果你定位不清，在九大家政服务业态中，没有明确的服务定向，自然也就是很难建立专家的个人品牌。因为用户并不知道你能做什么？水平如何？用户为什么要选择你提供服务？

第三，坚持按照个人品牌定位，不断打造自己的外在形象与内在品质。一个人的品牌不是一朝一夕可以成就，需要持续的努力，具有品质稳定性。无论是外在形象还是内在品质，都是用户能够观察到的、看得见的，具有一致性。当这种稳定性的个人品牌一旦在用户中建立起来，就可以远远不断地给家政零工带来工作上与事业上的合作机会。这就是建立个人品牌的价值。

3）要学会推销自己

我们知道，建立个人品牌的过程，也是自我营销的过程。作为家政零工，要学会推销自己。主要的推销方式有以下三种：

* 个人直接推销；

* 通过家政中介或家政公司推销；

* 在互联网人才招聘平台上推销。

不管是哪种方式，推销自己，都需要掌握一些基本规则，才能成功推销自己。下面就是一些有效的推销规则：

（1）诚信第一，不要说谎。家政零工在推销自己时，必须要实事求是，必须保持个人简历的真实性、准确性、透明度。尤其是关于家政服务职业技能标准等级水平或职业资格证书方面、在家政服务从业经历方面，不能有水分。

（2）同样不要夸大自己的职责。在家政服务中，要严格按照雇主标准（雇主服务预期）提供服务，而不能超越家政范围职责范围。

（3）突出自己的业绩，而不是虚的头衔。家政用户购买的是家政零工的服务技能、服务时间以及高质量帮助用户解决家务问题的体验，而不是家政零工的各种头衔或技能证书。家政零工可以多介绍自己曾经服务过的各种用户，以及与用户之间互动情况。这是新的家政用户在雇佣家政零工前特别想了解的。

（4）请不要提及与家政服务专业技能无关的早期职业经历。家政用户希望看到的是一个简单的朴实的喜欢做家务、有一技之长的家政服务员，而不喜欢背景与经历太复杂的人来到自己的私人家庭做家政服务。

（5）突出你的诚信。家政用户特别注重家政零工的诚信。毕竟，家政零工是一个人独立来到用户家庭这个私人领域提供家政服务，没有家政公司提供担保，缺乏第三方在场监督。家政零工的诚信是家政零工的一张亮丽的“名片”。

（6）保证简历中每句话都是正确的。家政零工在推销自己的简历中，不应该出现文字错误，正确使用标点符号，句式要语法正确，语言文字要简洁、朴素，多用陈述句。不要花言巧语、华而不实。

需要特别提醒的是，在推销自己的过程中，要善于用移动互联网平台，特别是微信、APP、公共网络人才招聘平台，来展示自己，如果再配上自己在家政服务过程中的情景照片、短视频，再配上语音自我介绍，那更是能打动用户的心扉。

4）要获得家政服务职业技能标准认证

最后，需要指出的是，零工经济作为一种技能经济，十分重视家政零工的技能水平或特长。为了证明自己的家政服务技能水平，家政零工还是要积极参加各种职业化的正规化的家政培训，争取获得权威机构颁发的各种家政服务职业技能证书。例如，《居家养老护理员》《母婴护理员》《育婴员》《家政服务员》《衣物洗涤收纳师》《家庭厨师》《家庭保洁员》《催乳师》《小儿推拿师》《幼儿教师》《心理咨询师》《护士》等。这些职业技能证书，也是家政零工的一张有效名片。

36.6 新的家政人力资源管理模式

36.6.1 零工经济模式：家政人力资源管理模式变革

通过上文分析，我们知道：零工经济带来了新的家政人力资源理念，传统的人力资源管理模式已经很难适应新的家政零工管理。为了有效管理家政零工，需要家政服务企业建立新的柔性的人力资源管理新模式，以应对家政零工经济时代面临的挑战。下面将具体分析：

1）什么是柔性人力资源管理新模式

柔性管理是相对于传统的刚性管理而言，是一种新的家政零工的管理模式。

所谓刚性管理，是指家政企业强调“以规章制度为本”，而不是“以人为本”的管理理念，主要是凭借规章制度约束、监督、奖罚而对企业员工尤其是一线家政服务员进行管理，是机械的、非人性化的刚性管理模式，很难有效激励员工、充分发挥员工的主体性（独立性、积极性、创造性）。这就是传统的人力资源管理模式。

在这种传统的人力资源管理模式下，人力资源规划、家政服务员的选择、任用、培训、留住等，都是依赖于固定的模式、组织部门、规章制度进行统一管理、统一执行，注重用人做事，以服务工作任务为核心，对事不对人。即刚性管理。

很显然，这种刚性管理模式不能适应零工经济时代的零工管理，尤其不适应家政零工的管理。因为，传统的刚性管理，已经导致家政服务企业难以招聘到合适的家政服务员，也难以留住优秀的家政服务员，“招工难”“流失率高”已是家政企业挥之不去的“痛点”。家政企业传统的人力资源管理模式必须变革，新的家政零工经济时代必将到来。

所谓柔性管理，是指家政企业强调“以人为中心”，依据家政企业共同价值观、家政服务文化进行人格化管理，采用非强制性方式，在家政服务员心目中产生一种服务文化（“顾客导向”“服务导向”），进而把家政企业的服务文化转化为家政服务员个人自觉的服务行动。即“柔性管理”。这种柔性管理，有利于家政服务员积极地创造性地提供优质家政服务，实现自身价值。此时，家政服务员满意度得到提升，进而提升家政服务用户的满意度。家政服务员就成了家政服务企业的核心战略资源。这就是家政零工经济时代新的人力资源管理模式，也是家政服务企业人力资源发展的未来趋势。

2）为什么家政企业需要柔性人力资源新模式

今天的家政服务企业“招工难”“流失率高”已是不争的事实。因为，传统的“雇员社会”正在消失，个体价值正在迅速崛起。就家政服务而言，传统的“员工制”家政企业一直步履维艰，很难大规模实行；而家政零工越来越多，这将必然导致新的家政人力资源管理模式。为什么？理由如下：

一、人的就业观念发生了改变。招人难是家政服务企业的共识，这是不是说家政服务员数量就一定不足？是家政服务企业没有吸引力？还是我国人力成本提高？这是一个复杂的问题，但人的就业观念发生改变，是一个重要原因。

今天，我国整体上已经富起来，在向强起来迈进。人们的物质生活水平有了很大的提高，温饱问题早已解决了。人们开始追求美好生活品质，追求优质服务、精细化服务、个性化服务。特别是随着移动互联网社交平台、人才招聘平台、服务交易平台的发展，每个人都成为一个信息中心、自媒体中心，时时刻刻在与各种各样的人或社群“交往互动”，工作与就业的机会越来越多，与用户接触的机会无处不在。家政服务员与用户之间的信息交互更加对称，越来越透明。

在这种背景下，家政服务企业与家政服务员的关系发生改变了，家政服务员对家政企业的依赖性、通过家政企业获得工作机会的重要性大大降低了。家政服务员越来越不想成为传统家政企业的正式员工，而希望成为独立自由的家政零工。这就是今天家政服务从业人员就业观念的一个巨大的改变。这需要引起家政服务企业的高度重视，企业管理者必须要适应这个趋势，主动变革自己的人力资源管理模式。

二、“招工难”将成为常态。在今天，可以从事长期固定工作的群体在快速减少，无论是从意愿上还是从能力上，能够符合企业要求的长期固定员工越来越少。尤其在家政服务业，想招到一个符合要求的家政服务员很难，更何况是有经验的优秀家政服务员。因为，这种家政服务员可遇不可求，她们中的大多数都将成为这个社会的第三种人——自主创业者或家政零工或合伙人或股东。所以，现在家政企业招来即用、符合雇主需求的家政服务员，已经很困难。这就是家政服务企业人力资源面临的问题。

三、留住人才并让优秀员工成为合伙人。对家政企业而言，有经验的优秀家政服务员，是企业的战略资源，是企业的核心竞争力，是企业的“生产力”；如果这些“可遇不可求”的优秀家政服务员到了别人的家政企业里，就成了“竞争对手”和“压力”。因此，家政企业要设法留住这些优秀家政服务人才，就要学习和借鉴日本管理大师稻盛和夫的“阿米巴”模式，让员工成为主人，成为合伙人，进而成为股东。特别是一些重要岗位则必须使用股权激励或股权购买或赠送的方式，以此来提升优秀家政服务员的积极性、创造性、忠诚度。说心里话，越是资深的优秀的家政服务员，也是越想成为事业合伙人或股东。因为，她们的成就动机更强。因此，家政企业要建立新的吸引优秀人才的人力资源机制，只有靠机制才是家政企业人力资源的核心。

总之，家政服务企业必须要面对新的家政人力资源问题，积极变革，否则，将被家政零工经济时代所淘汰。

3）家政柔性人力资源管理有哪些新的特点

（1）成就动机驱动。柔性管理最大的特点在于：不是依赖规章制度进行管理、监督、奖惩，而是依靠家政服务文化（顾客导向、服务导向）对家政服务员产生影响，从家政服务员的内心深处激发其自发、积极主动、创造性服务。

（2）影响持久。通过家政服务文化影响家政服务员的行为，把服务文化转化为家政服务员的自觉行动，不是一朝一夕，需要一段时间。还有，公司目标与个人目标之间的协调。然而，公司上下一旦形成了鲜明的公司家政服务文化，其对家政服务员的影响将是强大而持久的。

（3）有效激励。柔性管理贵在坚持“以人为本”理念，关注家政服务员的多层次需求。不仅有物质需求、安全需求，还有合群需求、尊重需求、自我实现的需求。只有满足家政服务员的多层次需求，才是有效的激励。家政零工与家政钟点工最大的区别◇一、就是家政零工为了实现自我价值而从事家政服务。

4）家政柔性人力资源管理新模式的具体策略

（1）建立学习型组织

面对零工经济中家政零工都是自由职业者，要求家政公司对家政零工进行赋能（对家政零工授权；提升服务技能、能力）。这样，家政零工就会主动与家政公司建立合作关系。为此，要求家政公司首先要把自己打造成学习型组织。即创造条件，通过各种途径，营造学习环境，提升家政零工的家政服务技能、专业知识等。例如，除了线下服务技能实操培训外，要灵活运用移动互联网平台、多媒体（文字、图片、语音、视频、VR 等）对家政零工进行培训，如微信、APP 等，可实现随时随地全时空培训。

（2）建立扁平化组织结构

零工经济中的生产关系发生了改变，或者说，家政零工与家政公司的关系发生了变革。传统的家政公司的金字塔型的管理组织结构，因其组织层次多，信息传达缓慢、对激烈变化的市场环境反应迟钝，而不能适合对家政零工的管理。

只有柔性的管理模式，即把金字塔型或垂直型的组织结构，转变为扁平化网络状的组织结构，才能更有效率、更方便快捷地与家政零工进行沟通、信息传递、服务反馈、工作协调。只有这种动态化柔性管理，才能为家政零工有效赋能。

（3）建立有效激励机制

建立有效激励机制是家政柔性人力资源管理的关键问题。即要制定一套反应迅速、变化灵活、方式多样的激励机制，来根据家政零工的不同层次需求采用不同的激励方式。例如，可以是岗位机会激励，可以是用户资源激励，可以是资金奖励，或是进修培训激励，或是表彰奖励，或者外出考察激励等，不拘一格。要把物质激励与精神激励相结合，及时奖励与长期鼓励相结合、组织激励与自我激励相结合。

（4）建立家政服务文化

企业服务文化是家政柔性管理的核心，是维系家政企业生存发展的重要纽带。通过建立家政服务文化（顾客导向、服务导向）对家政零工进行管理，而不是强制性的规定制度管理，有利于家政零工树立顾客意识、服务意识，有利于家政零工形式共同的服务价值观，进而影响自己的服务行为。为此，家政公司首先要营造良好的家政服务文化氛围，承认家政零工的多层次需求，并尽力满足这次需求；其次是建立学习型组织，为家政零工赋能；最后是家政服务文化也要随着零工经济时代的发展而随时更新，跟上时代发展的步伐，成为持续地激发家政零工的工作激情与成就动机，帮助家政零工实现自我价值。

当然，柔性管理也要与刚性管理相结合，刚柔并济，而不是全盘否定刚性管理，不要顾此失彼。只有这样，才能成就家政零工经济时代新的未来。

36.6.2 家务零工社群建设

我们知道，家政零工是自由职业者。工作是不稳定的，多变的工作任务正变得越来越普遍。一个人独立工作，缺乏必要的支持。无论是在工作就业方面，还是在个人生活方面；无论是职业能力的提升，还是心理健康问题。这都需要一定组织或资源的支持，需要一定的人脉资源和关系，需要一定的“圈子”。这些是家政零工成功的关键，而不是仅仅依赖一份简历或者指望在社交媒体中被人发现，那是很难成功的。

因此，家政零工建立良好的人脉资源与关系是至关重要的。一个好的关系网既有深度，又有宽度。在我们的人际关系中，主要有两种关系：强关系、弱关系。

所谓强关系，是指那些与我们最熟悉、最经常互动的人，如配偶、密友和当前的同事建立的关系。强关系是重要的情感支持，是任何令人满意的生活的基石。但强关系者并不会带来新的想法、观点、机会，因为它是由与我们太过相似的人组成。强关系者与我们处在一样的轨道和世界，认识的人是一样的，视角也相差无几。

所谓弱关系，是指熟人而非朋友，是在一个项目或一个活动或一个聚会中遇到过几次的人，或偶尔在街上遇到的同一个社区或同一个学校的人。你认识他们，与他们有共同点，但与他们的互动不频繁，更没有情感上的亲密关系。事实证明，弱关系是带来新机会的关键，80% 的新的工作机会来自这种弱关系。对大多数人来说，与朋友和家人之间的深厚联系会自然而然形成，但我们必须培养和维持弱关系。那么，我们如何建立这种弱关系？下面列举一些具体方法：

1）成为家政行业协会会员，参与协会举办的各项活动，认识更多家政同行。

2）参加各种家政培训或家政会议，积极发言，认识很多家政学员。

3）加入各种各样的家政行业微信社群，积极发言，主动认识很多好友。

4）参加各种家政沙龙或聚会，认识关心家政的人。

5）注册各种家政行业的网络平台，与家政用户积极互动。

6）在公共移动互联平台，通过写文章、开博客，活跃在社交媒体上。

总之，在建立这种弱关系时，首先要积极给予，主动向他人提供帮助，积极发言，贡献自己的智慧。然后，当我们需要寻求帮助时，别人就会给予回报；为他人的成就提供支持和喝彩，他人就会为我们的成就提供支持和喝彩。这种人脉资源和关系，是家政零工在零工经济时代成功的关键。因此，家政零工要强化自己的“社群”建设。

36.7 新家政“零工”权益保障

“零工经济”让人们的生活日益便利，推动了经济社会发展，创造了社会经济效益。然而，家政零工的社会保障却没有“着落”。具体来说，就家政零工角度来看，家政零工经济将大大促进社会就业，缓解就业压力；就家政消费者角度来看，家政零工方便了雇主，解决了雇主的家务后顾之忧；就家政公司来看，降低了公司运用成本，提升了公司运行效率和盈利能力；就社会发展来看，增加了社会经济发展的新动能，丰富了社会经济发展模式。

但是，“零工经济”不能让家政零工的社会保障“归零”。否则，随着家政零工的群体数量越来越大，必将会产生一定的社会隐患，影响社会与家庭的和谐，也不利于家政零工经济的可持续健康发展。

36.7.1 家政零工的权益保障

我们知道，家政零工改变了传统的家政雇佣关系。家政服务企业、家政雇主、家政零工三种之间的关系，不同于传统的家政“员工制”企业，也不同于传统的家政“中介制”企业下三种之间的关系。

在传统的家政“员工制”企业里，家政服务员是企业的正式员工，享有基本是社会保险保障（即基本养老保险、基本医疗保险、工伤保险等），家政企业与家政服务员按一定比例共同承担，家政企业负责代缴并承担主要部分。这无疑增加了家政企业的人力资源成本，但有利于企业提升服务品质，打造服务品牌。

在家政“中介制”企业里，家政企业不承担家政服务员的任何保险保障费用。家政服务员自行承担和缴纳所有的社会保险保障。这的确也增加了家政服务员的经济负担。也有的家政中介公司为中介的家政服务员提供工伤保险，也算是一种吸引家政服务员的有效办法。

在家政零工模式里，家政零工与家政公司之间的关系是合作关系，不是雇佣关系；家政零工与家政雇主之间的关系，是雇佣关系；家政公司与家政雇主之间的关系，是平台与用户的关系。

那么，在家政零工经济模式中，应当建立什么样的保险保障制度，来保障家政零工的合法权益，的确是一个重要的问题，不是一个可有可无的问题，是一个必须解决的不能回避的问题。

第一，要加快劳动立法改革。积极完善解决家政零工市场劳动争议的法律法规和监管制度。特别是将零工经济下的新型劳动关系纳入《劳动法》《劳动合同法》的调整范围，对以上两法进行修订或颁布新的司法解释，来规范约束各方的权利义务。

第二， 规范家政零工经济用工市场。

一、区分传统就业与零工就业。我国现今劳动方面的法律法规主要是针对传统的、全日制的正规就业来安排的，缺乏对灵活就业或非全日制用工的专门设计。当然，我国在《劳动合同法》中，对全日制用工、非全日制用工，有了明确的条文规定。从该法规定中，可以解读为“家政零工”即非全日制用工。但遗憾的是，在社会保险保障上，只是提到由非全日制劳动者自己承担社会保险保障。这等于在《劳动合同法》里，没有“零工”保险保障规定。因此，从传统的全日制就业与非全日制的零工就业的区分，对两法进行修订或颁布新的司法解释，来保障零工就业是很有必要。

二、规范家政零工市场准入。制定家政零工准入标准，强化网络平台监管，利用大数据分析等信息技术手段及时了解、发布家政行业动态，出台相应的监管措施。

三、探索建立适应家政零工需求的新型社会保险保障体系。设计新型家政零工劳动合同，规范家政零工的最低工资、赔偿金、社会保险缴纳主体及其比例等。

第三，建立多方协商机制。在零工经济中，零工的权益之所以不能得到有效保护，还有一个重要原因是合法权益救济途径的单一。在关于零工权益保障的法律法规出台之前（法律法规的制定需要时间），建立多方协商机制，也可以有效保障家政零工的合法权益。所谓多方协商机制，就是家政零工工会组织（家政零工们建立自己的专门的适合零工特点的工会组织）、家政协会、雇主、家政企业、政府主管部门等组成协商小组，以劳动双方自主调节为基础，以集体协商、签订集体合同为基本形式，对涉及重大劳动争议问题的，由多方进行沟通和协商，实现家政零工就业劳动关系调整的规范化和法制化，进而保障家政零工的合法权益。

第四，建立家政零工服务支持体系。在零工经济下，家政零工尚处在探索阶段，为确保家政零工健康有序发展，建立家政零工服务体系对保障家政零工合法权益也是必要的。一、设立家政零工就业服务机构。该机构或由政府主管部门或家政协会作为牵头者，邀请家政零工各方参与，形成自上而下的政府服务或行业协会支持体系，为家政零工提供各类支持性服务；二、建立家政零工服务平台。利用移动互联网信息平台，及时、准确地为家政零工提供就业信息，提供用户反馈，促进家政零工、家政用户、家政企业等之间的互动，减少信息不对称、不透明而造成的摩擦，维护各方的合法权益；三、精准提供家政服务技能培训。针对用户的不同需求，为家政零工提供不同形式的培训，减少家政服务失误，第一次就提供正确的服务，让用户满意，也实现了家政零工的价值。

36.7.2 家政零工的诚信管理

家政零工是自由职业者，是一个人到用户家庭提供家政服务，缺乏第三方监督，为了降低家政用户或家政企业的用工风险，也有必要对家政零工进行诚信管理。这就是维护用户的合法权益。因为权利义务是对等的，既要维护家政零工的合法权益，也要维护家政用户的合法权益。

1）核实“家务零工”身份进行溯源管理

家政用户雇佣家政零工或家政企业与家政零工合作前，一定要核实家政零工的身份信息。

（1）首先要核实家政零工的基本身份信息。例如，有效的身份证、健康证、无犯罪记录证明、学历证书、培训证书、家政服务职业技能证书等，特别是身份证的真假核实、有无犯罪记录。

（2）核实家政零工服务工作背景资料。对家政零工的家政服务经历核实意义很大。要求家政零工提供曾经服务过的家政雇主的姓名、手机号码、微信、联系地址，必要是可以登门拜访核实，尤其要核实上一家雇主的反馈意见。

（3）核实家政零工的职业技能特长或职业资格证书来源资料。尽量确认家政零工真实的技能特长与水平。

（4）核实家政零工的诚信记录。必要时在国家的公共信用平台上查询家政零工的信用记录。

（5）用户或家政公司在核实家政零工的身份信息后，要求家政零工准确无误地填写个人信息登记表。用户或家政公司的招聘人员在核实登记表资料真实性后要求家政零工签字确认，并将家政零工的个人信息资料进行完好保存。当然不得对第三方泄密。因为，家政零工是自由职业者，并不是家政公司的员工，家政零工的流动性很强，也许过一段时间，就会“跳槽”到竞争对手的家政公司去做家政零工。因此，保存家政零工的身份信息资料，对于保护家政公司的合法权益是有价值的。

2）家政平台严格审核注册者身份信息

在零工经济时代，互联网平台，尤其是移动互联网平台，在家政零工就业中，扮演不可或缺的角色。如果没有移动互联平台的支持，零工经济将很难发展。因此，随着平台的兴起，在平台上注册的家政零工将越来越多。

为了降低家政用户或家政企业的用工风险，平台方要对注册的家政零工的身份信息资料进行严格审核，确保家政零工这一家政自由者的身份信息真实有效。为此，平台方也可以与国家个人信用平台对接，提升审核的权威性。

36.8 新家政“零工经济”模式面临的问题与挑战

36.8.1 家政零工的心理健康发展

零工经济下的家政零工，是家政自由职业者。自由职业可能赋予你更多的机会、更多的时间、更多的自由，但它并不完美。它意味着随时可能出现孤单寂寞、现金流问题、没有工作的恐惧等，会带来较大的生存压力、心理压力。家政零工也是如此。

一、有的时候你会无事可做。作为家政零工，家政雇主不会自动跑到你的用户名单中，也没有什么事情会自动跑到你的日程上来，每一次家政交流活动、每一次家政培训、每一场与雇主的见面会，等等，都必须你自己安排。当然，你也不必向任何人汇报工作。你会有那么几天几周甚至几个月，你的日程上没有任何事项。可是，有些人认为这样非常好，你可以做任何想做的事；有些人觉得这种日子很难过，没有安全感。

二、有时没有业务，你可能被吓坏。没有业务进门，就开始感到恐慌。好在家政服务需求很大、雇主相对很稳定，做家政零工的时间越长，就越能掌握家政雇主需求规律，就预见雇主何时有需求并做好准备。

三、你能依靠的只有自己。成为家政零工以后，不会再有家政公司的老板或经理管着你。当然，也没有人能把你不愿意做的服务交给你，也没有人在后面盯着你的服务态度了。同样，这也意味着，没有人来评估你的服务进步、没有人来推动你提升。因此，你必须能够依靠自己解决这次问题。

四、你将体验孤单。作为家政零工，很容易出现情感上的孤单。身边也许没有同事，也许在你的周围没有人像你一样，对家政事务倾注如此多的热情。人们会认为你的家政业务很有价值，也愿意给予关注，但她们不会像你那样工作和生活。

五、你必须大量谈论自己。作为家政零工，你就是自己的营销者。你不知道你的下一个业务将来自哪里。所以，你会在家庭或朋友聚会、各种公共场合或活动上、甚至在地铁里，向家人、朋友、熟人、甚至陌生人，谈论你的工作。有的人喜欢这么做，但有的人碍于面子而很少谈论自己。

六、你必须是一个多面手。作为家政零工，为了让你的家政服务具有竞争力，你要把大量的时间与精力集中在家政服务技能提升上，但仅此不够，你还必须做许多事，例如，会制定服务工作计划、会记账、会营销推广自己、会与雇主沟通、会管理自己的用户等，而花在这些任务上的时间常常多于你花在业务提升上的时间。

七、你还要学会自我激励。作为家政零工，你签订了一个业务订单，获得一个雇主的好评，掌握了一项新的服务技能技术，改进了一个服务流程，这些进步，没有人表扬你，也没有人给你举办一个庆祝活动。这都要求你要学会自我欣赏、自我激励、自我表扬、自我庆祝。当然，你也可以邀请你的家人或好友一起为你庆祝。

总之，作为家政零工，虽然可以享受自由职业者的很多自由，但也承受很多工作压力、心理压力、孤独、寂寞，如果处理不当或缺乏应对能力，往往会影响家政零工的心理健康。这是家政零工需要面对的问题与挑战。

36.8.2 家政零工就业的社会支持系统

在零工经济时代，家政零工经济的发展，是必然的趋势。但也需要灵活就业的市场体系的培育，需要政府宏观政策支持系统的建立健全。例如，促进零工经济发展的完善的保险保障制度、法律法规（如《劳动法》《劳动合同法》的修订或新的司法解释）、税收政策、金融政策等。同时，还需要促进零工经济的社会支持系统的建立。就促进家政零工经济发展而言，需要在就业创业资金支持、培训支持、信息支持等上提供支持。

36.9 区块链 + 新家政“零工经济”运营模式

基于区块链的家政服务平台，对于“家政零工”来说是福音。区块链家政服务平台与“家政零工”是“天然”的匹配。家政零工是拥有一技之长的家政自由职业者，不隶属于任何一家家政公司，热爱家政服务，拥有家政服务职业技能特长，渴望灵活的服务形式，渴望与雇主点对点直接交易与提供服务，但缺乏信用背书、缺乏可信任的服务交易平台。当然，也担心遇到不诚信的雇主。还有，也渴望得到第三方提供的系统家政培训；而家政雇主的需求则是渴望雇佣一个热爱家政服务、拥有一技之长、负责任的家政服务员，当然，雇主也要求家政服务员必须讲究诚信。而传统的家政公司或“互联网 +”家政服务平台，很难满足雇主和家政零工的诉求，而且，传统家政公司和“互联网 +”家政服务平台，自身的信用问题都难以解决，自然难以为家政服务员提供信用背书。

而基于区块链的家政服务平台，不仅解决了家政零工和雇主的信用问题，而且通过区块链的智能合约，实行彼此之间点对点的家政服务直接自动交易，还保护了彼此之间的隐私。区块链家政服务平台，可谓是家政零工与雇主之间最理想的家政服务交易平台。

当然，为了更好利用区块链家政服务平台，家政零工和雇主也可以借助“链下”的家政公司提供的服务纠纷调解服务、使用区块链家政服务平台的辅助服务。还有，家政零工除了利用区块链家政培训平台提供的培训外，也可以利用“链下”的家政公司或家政培训学校提供的服务实操培训。

第37章　新家政服务“新员工制”企业模式

【家政政策】

序号	发文时间	发文机关	政策文件名称
	2019年6月16日	国务院办公厅。国办发〔2019〕30号	《国务院办公厅关于促进家政服务业提质扩容的意见》
相关摘要	适应转型升级要求，着力发展员工制家政企业： （六）员工制家政企业员工根据用工方式参加相应社会保险。大力发展员工制家政企业，员工制家政企业是指直接与消费者（客户）签订服务合同，与家政服务人员依法签订劳动合同或服务协议并缴纳社会保险费（已参加城镇职工社会保险或城乡居民社会保险均认可为缴纳社会保险费），统一安排服务人员为消费者（客户）提供服务，直接支付或代发服务人员不低于当地最低工资标准的劳动报酬，并对服务人员进行持续培训管理的企业。员工制家政企业应依法与招用的家政服务人员签订劳动合同，按月足额缴纳城镇职工社会保险费；家政服务人员不符合签订劳动合同情形的，员工制家政企业应与其签订服务协议，家政服务人员可作为灵活就业人员按规定自愿参加城镇职工社会保险或城乡居民社会保险。 （七）灵活确定员工制家政服务人员工时。家政企业及用工家庭应当保障家政服务人员休息权利，具体休息或者补偿办法可结合实际协商确定，在劳动合同或家政服务协议中予以明确。 （八）对员工制家政企业实行企业稳岗返还和免费培训。对不裁员或少裁员的员工制家政企业按规定返还失业保险费，为符合条件的员工制家政企业员工提供免费岗前培训和“回炉”培训。 （九）重点城市率先支持员工制家政企业发展。北京、上海等大中型以上城市要率先发展员工制家政企业，加大社保补贴力度，利用城市现有设施改造作为员工制家政服务人员集体宿舍。各地支持有条件的员工制家政企业提供职工集体宿舍，园区配建职工宿舍优先面向员工制家政服务人员。		

序号	发文时间	发文机关	政策文件名称
	2019年6月16日	国务院办公厅。国办发〔2019〕30号	《国务院办公厅关于促进家政服务业提质扩容的意见》
相关摘要	（十四）加强社保补贴等社会保障支持。对家政企业招用就业困难人员或毕业年度高校毕业生并缴纳社会保险费的，按规定予以社保补贴。（十五）支持发展家政商业保险。进一步研究家政服务商业综合保险方案。鼓励家政企业参保雇主责任保险，为员工投保意外伤害保险、职业责任保险。鼓励保险公司开发专门的家政服务责任保险、意外伤害保险产品。鼓励有条件的地区组织家政企业和从业人员统一投保并进行补贴。		

【家政寄语】

发展员工制，是家政企业必由之路，早实行、早受益；越晚实行、受益越少。

家政服务中介制模式没有品牌、没有未来。

【术语定义】

新家政员工制企业模式：让家政公司成为真正的现代服务企业，严格履行我国《劳动法》及《劳动法》规定的“用人单位的权利和义务”；家政服务员成为现代服务产业工人，真正履行《劳动法》规定的“劳动者的权利和义务”。唯有如此，家政服务业才是真正的现代服务业，才能健康可持续发展。也就是说，新家政服务“员工制”企业模式，前提条件是家政服务机构与家政服务员要依法建立劳动关系并订立劳动合同，要依法维护家政服务员和家政服务机构的合法权利和义务。

定制化：是指按照雇主标准提供家政服务，满足雇主个性化需求。

【学习目标】

通过本章的学习，您将能够：

1）了解新家政员工制模式中家政服务员、家政公司、雇主的权利义务；

2）了解变革传统家政公司的运营模式，实行"工作岗位分享制"；

3）认识变革家政服务员粗放式管理，实行"家政服务员职业技能标准化"；

4）掌握变革传统"刚性"家政服务员管理，实行新的柔性人力资源管理；

5）理解变革传统的服务交易模式，建立"雇主标准"，实行定制化服务；

6）掌握在员工制中实行家政服务员职业生涯发展规划的方法；

7）认识员工制能够留住优秀家政服务员，吸引更高素质的从业人员加入；

8）掌握变革传统粗放式家政运营管理模式，实行新家政"服务蓝图"管理；

9）了解变革传统的"店面式"管理模式，实行"互联网 + 家政"平台管理；

10）理解变革传统的"中介费""管理费"收入模式，实行新的基于成本的差异化收费与增值业务收费模式；

11）掌握变革传统的单一家政服务员工资结构，实行新服务绩效薪酬管理。

37.1 新家政服务"员工制"企业模式综述

传统家政服务企业的粗放式运营管理模式到了必须变革的时候了。无论是传统的"中介制"家政企业模式，或传统的"员工制"家政企业模式，还是"准员工制"家政企业模式，都已经不适应现代家政企业快速健康发展，甚至已经阻碍家政服务高质量发展。存在的具体问题及其原因，前文相关章节，都有详细论述。这里，主要介绍新家政服务"员工制"企业模式。

新家政服务"员工制"企业模式：让家政公司成为真正的现代服务企业，严格履行我国《劳动法》及《劳动法》规定的"用人单位的权利和义务"；家政服务员成为现代服务产业工人，真正履行《劳动法》规定的"劳动者的权利和义务"。唯有如此，家政服务业才是真正的现代服务业，才能健康可持续发展。

也就是说，作为现代服务业，新家政服务"员工制"企业模式，前提条件是家政服务机构与家政服务员要依法建立劳动关系并订立劳动合同，要依法维护家政服务员和家政服务机构的合法权利和义务。

37.1.1 家政服务业要依法履行劳动者的权利和义务

当家政服务机构与家政服务员建立合法的劳动法律关系时，就必须履行劳动法律关系主体双方享有的权利和承担的义务，包括劳动者权利和劳动义务。

37.1.1.1 劳动者的权利

我国《劳动法》对劳动者的权利进行了严格的规定与保护，以便能够让劳动者尽可能地免除后顾之忧，在权利受到损害时也能够有法律依据。我国《劳动法》规定的劳动者的基本权利有：

（1）就业权。

即获得职业权、选择职业权、平等就业权。在今天的我国家政服务业，欲从事家政服务的人员，在获得职业权、选择职业权上已经充分享有。但在平等就业权上，还存在一定程度上的歧视和限制。在“新员工制”家政企业模式里，要让家政服务从业人员也要享有平等就业权，要减少甚至杜绝歧视和限制家政服务员现象。

（2）劳动报酬权。

在“新员工制”家政企业模式里，家政服务员享有按劳取酬的权利；在从事正常劳动的情况下，享有取得国家规定的最低工资的权利；享有以货币的形式取得劳动报酬的权利；在法律规定的时间内足额领取劳动报酬的权利。即家政服务机构不得以任何理由或形式克扣或拖欠工资；享有同工同酬的权利；享有提高劳动报酬的权利。即家政服务机构有义务按照正常的工资调整机制，在劳动生产率提高的同时同步提高家政服务员的劳动报酬。

这里需要指出的是，家政服务员的劳动报酬不能总是几年一个不变的数额，要随着家政服务员职业技能标准等级水平与服务生产率的提高，而同步提高劳动报酬，要参照所在地区社会平均工资水平来确定家政服务员的工资水平，要相当或不低于地区平均工资水平，这是“新员工制”家政企业模式的“硬指标”。毕竟，作为现代服务业的家政服务业，不仅是家政服务业行业内部人才竞争，而且要积极参与整个社会分工，与整个全社会职业特别是现代服务业各行业平等公平进行人才竞争。否则，自我孤立封闭的家政服务业很难在整个人才市场上吸引高素质、高技能人才加入。缺乏高素质、高技能人才的家政服务业是很难实现高质量发展的。因为，家政服务员是家政服务业高质量发展的核心战略资源。

（3）休息权。

即休整权、休假权、休闲权、安宁权。休息权是家政服务员在“新员工制”家政企业模式里，在履行劳动义务的同时依法享有的休息、休养的权利。作为一项法定权利，休息权具体是指家政服务员享有的使自己的体力和脑力得到恢复，以及得到闲暇以享受生活和获得充实与发展的、不受非法干涉和骚扰的权利。赋予家政服务员休息权，其目的是保证家政服务员的疲劳得以解除，体力和精神得以恢复和发展，以保证家政服务员有条件进行业余进修和有一定的时间料理自己家庭和个人的事务。结合家政服务职业特点，休息权的主要内容如下：

①休整权。即家政服务员在连续工作一定时间（半个或者一个工作日以上）后所享有的暂停工作，进行歇息和整理的权利。它包括劳动者工作一定时间后吃饭、睡觉、临时歇息，以及处理临时个人事务的权利。它是家政服务员在一天的工作期间内（非假期）的休整。这里需要指出的是，家政服务员的“工作时间”或“一个工作日”标准时间究竟是多少？需要根据家政服务业实际情况认真制定。我国《劳动法》第三十六条【标准工作时间】规定：“国家实行劳动者每日工作时间不超过八小时、平均每周工作时间不超过四十四小时的工时制度”。

②休假权。即家政服务员在连续工作一段时间（一周或更长时间）后所享有的停止工作一日以上，以休闲、处理自己家务及个人事务或参加进修、学习等的权利，是连续工作一段时间后较长时间的休整。

我国《劳动法》第三十八条【劳动者的周休日】规定：“用人单位应当保证劳动者每周至少休息一日”；

《劳动法》第三十九条【其他工时制度】规定：“企业因生产特点不能实行本法第三十六条、第三十八条规定的，经劳动行政部门批准，可以实行其他工作和休息办法”；

《劳动法》第四十条【法定休假节日】规定：“用人单位在下列节日期间应当依法安排劳动者休假：（一）元旦；（二）春节；（三）国际劳动节；（四）国庆节；（五）法律、法规规定的其他休假节日。”

《劳动法》第四十一条【延长工作时间】规定：“用人单位由于生产经营需要，经与工会和劳动者协商后可以延长工作时间，一般每日不得超过一小时；因特殊原因需要延长工作时间的，在保障劳动者身体健康的条件下延长工作时间每日不超过三小时，但是每月不得超过三十六小时。”

《劳动法》第四十三条【用人单位延长工作时间的禁止】规定：“用人单位不得违反本法规定延长劳动者的工作时间。”

③休闲权。即“休养权”，是指家政服务员通过积极的活动或者消极的静养等方式享受闲暇的权利，其以休整权特别是休假权为前提和基础。

④安宁权。即指居民的休息以及个人生活不受他人非法干涉和骚扰的权利。家政服务员享有此项权利，是为劳动力再生产所必需。

遗憾的是，在家政企业实际运行中，传统的家政公司采用“中介制”或简单“员工制”企业模式，通常借口家政服务劳动形式的“特殊性”或家政行业都“约定俗成”，在家政服务员的“工作时间”“休息时间”标准问题上采用模糊处理或一味迁就雇主，很难或几乎没有履行让家政服务员按《劳动法》依法享有的标准工作时间和休息时间。除了家政钟点工（小时工）外，家政服务员的工作时间都在12个小时以上。其结果就是导致年年不断的家政服务“保姆荒”：即家政公司“招工难”；雇主也很难找到合适的家政服务员；家政服务员稳定性差、流失率高；高素质、高技能的人不愿意进入家政服务业；家政服务从业人员队伍整体素质与职业技能偏低，家政服务行业很难获得高质量发展。

因此，在“新员工制”家政企业模式中，家政企业必须要严格履行《劳动法》规定的家政服务员依法享有的标准“工作时间”“休息时间”，才能吸引社会上更多的人才进入家政服务业。这就必须要变革阻碍家政服务业健康发展的传统运营模式，而不是总是“怪罪”家政服务员的“不好”。

当然，家政服务业的确具有特殊性，也需要根据家政服务业的实际情况，制定切实可行的创新举措，来维护家政服务员的“休息权”，同时又能更好地服务雇主。这需要我们的家政管理者、研究者要发挥智慧来解决这个问题，而不是回避或模糊处理。

别忘了，我国各行各业都要履行《劳动法》规定的劳动者的权利和义务，要么，为了适用家政服务业就要修改《劳动法》（修法不是随随便便的，必须经全国人大通过修订，需要相当长的时间，至少在目前是不现实的），而劳动者在选择要不要进入家政服务业时，只看今天的家政服务业是不是能保障劳动者的合法权利（当然，劳动者也会积极履行《劳动法》规定的义务）。

（4）获得劳动安全卫生保护的权利。

即用人单位在劳动者安排工作的时候，需要确保劳动者的安全得到保障。保证劳动者在劳动中的生命安全和身体健康，包括防止工伤事故和职业病。在“新员工制”家政企业模式中，其具体要求有：

①用人单位按照国家劳动安全卫生规程的要求和标准，配备设施和发放用品。例如，在病患陪护服务时，家政公司就要为陪护员做好安全卫生防护。

②用人单位依法给女职工以特殊保护。例如，在“新员工制”家政企业模式中，在家政女工每月的“例假”期间，给予适当保护，比如，使用热水。

③因用人单位劳动条件差致劳动者伤残、患职业病的，用人单位有义务治疗并承担费用。比如，在病患陪护服务中，因家政公司给家政服务员的防护措施不够，导致家政服务员感染疾病，家政公司有义务给家政服务员治疗并承担相应的费用。

④用人单位有责任在发展生产的基础上，不断改善劳动条件和提高劳保标准。

（5）接受职业培训的权利。

职业培训是指对具有劳动能力的未正式参加工作的劳动者和在职劳动者进行技术业务知识和实际操作技能的教育和训练。

劳动者有接受职业培训的权利：就业前，劳动者有权接受各种有关就业的专业知识和技能的培训，为就业做准备；就业后，劳动者有权利用业余时间参加学习，丰富知识和提升水平；劳动者有权获得与岗位有关的知识、技能方面的职业培训；劳动者有权获得职业培训证书或资格证书。

用人单位有义务为劳动者提供多渠道、多形式的职业技能训练和培训，并为劳动者提供学习时间的保证。按规定由用人单位负担的费用，用人单位应当支付，已经由劳动者代付的，用人单位必须依法返还劳动者。用人单位应按工资总额的一定比例提取用于职工学习先进技术和提高文化水平的教育培训经费。

在“新员工制”家政企业模式中，家政服务员有权享有家政服务企业提供的免费的家政服务职业技能培训，并贯穿家政服务全过程。家政服务员在家政服务培训完成后，经考核合格的有权获得职业培训证书或资格证书。家政企业能否有效地对家政服务员进行职业培训并提高职业技能水平，将直接关系到家政服务员是否愿意“进得来”“留得住”。

（6）享受社会保险和福利的权利。

社会保险是国家和用人单位依照法律规定或合同的约定，对具有劳动关系的劳动者在暂时或永久丧失劳动能力以及暂时失业时，为保障其基本生活需要，给予物质帮助的一种社会保障制度。

劳动者与用人单位建立劳动关系之后，用人单位有义务为劳动者办理缴纳社保：享受退休待遇、患病或负伤费用及其待遇、因工负伤或职业病费用及其待遇、生育费用及其待遇等。

在“新员工制”家政企业模式中，家政服务员有权依法享受基本养老保险、基本医疗保险、工伤险等。家政服务员只有依法享受社会保险和福利的权利，才能把家政服务业当作正式职业，才有可能长期稳定从事。否则，家政服务业只能被广大的从业人员看作是“临时”工作，很难持久长期从事。

（7）提请劳动争议处理的权利。

提请劳动争议处理的权利是指劳动者有权在自己的合法权益受到侵害时，通过申请调解、提请仲裁和提起诉讼来排除侵害行为，并使由此而受到的损失得到补偿。

在“新员工制”家政企业模式中，家政服务员提请劳动争议处理的权利，是家政服务员其他各项基本权利实现的最有效的保障。因此，无论是家政服务机构还是家政服务员，都要自觉履行各自承担的权利和义务。否则，家政服务员提请劳动争议处理的权利，是很难得到真正有效执行，最终伤害的不仅是家政服务员，也包括家政服务机构、雇主在内的整个家政服务业健康发展。

（8）结社权和集体协商权。

结社权是指劳动者参加和组织工会的权利。集体协商权又称集体谈判权，是指劳动者为保障自己的权益，通过工会或者其代表与雇主就劳动和就业条件进行协商谈判，并签订集体合同的权利。集体谈判是以制度方式化解矛盾，调整劳动关系的重要手段。

在“新员工制”家政企业模式中，鼓励家政服务员参加和组织工会，并通过工会或签订集体合同等，来维护家政服务员的合法权益。我们知道，在家政服务中，家政服务员满意度将直接关系到雇主满意度。家政服务企业首先要让家政服务员满意，才能有效保证与提升雇主的满意度。因此，家政企业要自觉鼓励与维护家政服务员的结社权和集体协商权。这是“新员工制”家政企业模式的一个重要标志。

37.1.1.2 劳动者的义务

众所周知，权利和义务是对等的，任何权利的实现总是以义务的履行为条件，没有义务就无所谓权利。我国《劳动法》在保护劳动者基本权利的同时，也规定劳动者具有的基本义务。劳动者的义务，是指对劳动者必须作出一定行为或不得作出一定行为的约束。《劳动法》规定的劳动者的基本义务有：

（1）劳动者应当完成劳动任务。

这是劳动者最主要的义务，也是强制性的义务。劳动者不能完成劳动任务，就意味着劳动者违反劳动合同的约定，用人单位可以解除劳动合同。

因此，在“新员工制”家政企业模式中，家政企业要给家政服务员制定明确的服务工作岗位职责、具体的劳动任务与服务清单，要实时评估家政服务员的服务质量与效率、雇主满意度，而不是对家政服务员采用“放养式”的缺乏监督评估。这里特别要注意的是，家政服务员不能视合法签署的“家政服务合同”为儿戏而任意随便毁约。否则，家政服务员要承担相应的法律责任，并被视为违背家政服务职业道德的不诚信行为，进而影响职业生涯发展。

（2）劳动者必须提高自身职业技能。

劳动者享有接受职业技能培训的权利，同时，也具有提高自身职业技能的义务。这也是对劳动者履行劳动合同、完成劳动任务的保障。

这就要求“新员工制”家政企业，在强化家政服务员职业技能培训的同时，要严格家政服务员培训考核评估，特别是要实行家政服务员职业技能标准化，对“新员工制”的家政服务员实行职业技能标准鉴定，确认其职业技能标准等级，颁发职业技能等级证书，并与工资标准等级挂钩，以此激励“新员工制”家政服务员不断提高自身职业技能。

（3）必须执行劳动安全卫生规程。

劳动者在从事劳动的时候，享有获得劳动安全卫生保护的权利，但为了保护劳动者生命安全和身体健康，劳动者也有义务执行国家和用人单位制定的劳动安全卫生规程，以保障安全生产，保证劳动任务的完成。劳动者违反用人单位的操作规程导致用人单位损失的，应承担赔偿责任。

这就要求“新员工制”家政企业，要制定家政服务员安全卫生服务守则、安全卫生服务规程，严格安全卫生服务考核，减少甚至杜绝安全卫生事故，保障家政服务员与雇主家庭成员的生命安全与身体健康、财产安全等。

（4）必须遵守劳动纪律。

劳动纪律是用人单位为形成和维持生产经营秩序，保证劳动合同得以履行，要求劳动者在劳动中所必须遵守的劳动规则和秩序。“没有规矩，不成方圆”。制定劳动纪律是用人单位用工自主权的集中体现。合法制定的劳动纪律具有法律效力。

我们知道，家政服务员是一个人到雇主私人家庭从事家政服务，涉及雇主家庭的很多隐私，又没有第三方在场监督，况且家政服务员的行为还将事关雇主家庭成员的人身安全、雇主家庭的财产安全。这就要求“新员工制”家政企业，必须制定严格的劳动纪律，确保雇主家庭隐私与人身和财产安全。

（5）遵守职业道德。

职业道德是从业人员在职业活动这应当遵守的道德，包括诚实守信、忠于职守、保守商业秘密、不与其他用人单位签订劳动合同等。

在“新员工制”家政企业，我们提出了家政服务员的职业道德：敬业爱岗、诚实守信、尊老爱幼、勤劳节俭、严守家私、四自精神（自尊、自信、自强、自立）。这是结合家政服务业的职业特征而特别提出的，对家政服务从业人员个人发展、对家政职业活动、对家政组织和社会都具有不可或缺的约束与引领作用。我们知道，家政服务员在职业活动中，即在家政服务中主要照护雇主家庭的老年人、孕产妇与新生儿、婴幼儿、病人、残疾人等弱势人群，仅仅靠劳动纪律是不够的，还需要严格遵守家政服务员职业道德，“老吾老以及人之老”“幼吾幼以及人之幼”，才能用心服务，照护好这些需要特别关爱的弱势人群。

37.1.2　家政服务业要依法履行家政服务机构的权利和义务

劳动者和用人单位作为劳动法律关系的双方当事人，其劳动权利和义务是相对应的。一方的劳动权利即为对方的劳动义务，一方的劳动义务即为对方的劳动权利。在“新员工制”家政企业模式中，不仅要依法履行家政服务员的权利和义务；同样，也要依法履行家政服务机构的权利和义务，才能有效维护家政服务业健康可持续发展。我国《劳动法》《劳动合同法》也对用人单位的权利和义务作出了具体规定：

37.1.2.1　用人单位的权利

（1）招录员工的权利。

用人单位有权按照国家规定和本单位需要择优录用职工，可以自主决定招工的时间、条件、数量和用工形式等。

在“新员工制”家政企业模式中，家政企业首先要严格招聘家政服务员条件，设置进入家政服务业的“门槛”，采用科学方法与招聘策略，招聘“合适”的家政服务从业人员，要核实和建立家政服务员身份信息诚信档案，要从家政服务业“源头”上“把好关”；反之，不设置招聘门槛，“来者不拒”，招聘不合适的家政服务员，其结果就是这样的家政服务员服务失误频繁、流失率高、给雇主带来的服务摩擦与服务纠纷不断，最终会造成家政企业资源浪费（招聘成本、培训成本、营销成本、管理成本等浪费）、雇主流失，无疑将提高家政企业运营成本，削弱家政企业盈利能力。

在“新员工制”家政企业模式中，传统的“一对一”24 小时住家服务的“用工形式”必须变革，可选择采用新的“工作岗位分享制”用工形式。通过用工形式变革，对家政服务员而言，可有利于家政服务员专业化、职业化，有利于家政服务员按照《劳动法》严格履行劳动者的权利和义务；对雇主而言，可节约雇主的家政服务支出，提升雇主的服务费用利用率；对家政企业而言，可大大提升家政服务效率与盈利能力，可减少家政服务员和雇主的“服务等候”。

当然，在“新员工制”家政企业模式中，招录家政服务员的数量是由雇主服务需求量决定的。

（2）组织劳动和管理员工的权利。

用人单位有权按国家规定和实际需要确定机构设置、编制和任职资格条件，有权任免、聘用、管理员工，有权根据实际情况制定合理劳动定额，有权对劳动者进行职业技能考核，有权对职工进行内部调配和劳动组合，并对职工的劳动实施指挥和监督。

在“新员工制”家政企业模式中，家政企业要变革传统家政服务员粗放式管理，实行“家政服务员职业技能标准化”；要变革传统的服务交易模式，建立“雇主标准”，实行定制化服务；要变革传统的“店面式”管理模式，实行“互联网 + 家政”平台管理；要变革传统“刚性”家政服务员管理，实行新的柔性人力资源管理等。只有变革传统的家政企业的运营管理模式，才能实现真正的“新员工制”家政企业模式。

（3）劳动报酬分配的权利。

用人单位有权根据劳动者劳动技能的考核情况兑现不同的奖金薪酬，有权按国家规定确定工资分配办法，自主决定晋级增薪、降级减薪的条件和时间等。

在“新员工制”家政企业模式中，变革传统的单一家政服务员工资结构，实行新的绩效薪酬管理，将依据家政服务员职业技能标准等级、雇主评价、服务质量评估、服务时间等实行差异化的动态结构工资，以激励家政服务员提升职业技能与服务质量。

（4）建立和完善规章制度的权利。

用人单位有权根据实际情况，在符合国家法律、法规的前提下制定各项规章制度，要求劳动者遵守。用人单位有权制定和实施劳动纪律、有权根据劳动法要求的劳动安全卫生标准制定本单位的劳动保护制度，要求劳动者严格遵守。

在“新员工制”家政企业模式中，变革传统的服务交易模式，建立“雇主标准”，实行定制化服务；变革传统的粗放式家政运营管理，建立新的家政“服务蓝图”，编制家政服务管理手册，实施规范化管理；建立家政服务安全卫生标准，确保给雇主提供安全卫生服务，同时，实行家政服务员劳动保护；建立家政服务员职业道德规范，提供负有责任与充满爱心的家政服务；要变革传统的“中介费”“管理费”收入模式，实行新的基于成本的差异化收费与增值业务收费模式。

（5）奖惩权。

用人单位有权按照经过民主程序制定并经公示的规章制度对员工进行奖惩。

在“新员工制”家政企业模式中，要变革传统的干好干坏都是固定工资的管理制度，要根据家政服务员的服务绩效、服务失误程度、雇主满意度、自我提升职业技能的程度等制定奖惩制度，奖优罚劣，必要的时候实行“末位淘汰制”。其目的就是鼓励家政服务员走职业化发展道路，为雇主提供优质家政服务。

（6）决定劳动法律关系存续的权利。

用人单位有权与劳动者以签订协议的方式续订、变更、暂停或解除劳动合同，有权在具备法定或约定条件时单方解除劳动合同。

在“新员工制”家政企业模式中，家政企业要严格按照《劳动法》规定的劳动者和用人单位的权利和义务，与家政服务员签订合法的劳动合同。通过劳动合同以确保“新员工制”家政企业模式的实行。

（7）提请劳动争议处理的权利等。

在“新员工制”家政企业模式中，家政企业要依法保障家政服务员合法权益的同时，也要维护家政企业自身的合法权益。家政企业有权提请劳动争议处理，要通过依法途径来维护劳动法律关系双方的合法权益。

37.1.2.2 用人单位的义务

对应于用人单位的合法权利，按照《劳动法》《劳动合同法》规定，用人单位必须履行的基本义务是：

（1）依法录用、分配、安排员工工作，合理使用职工的义务。

（2）按照劳动质量、数量支付劳动报酬、加班费、绩效奖金，以及提供与工作岗位相关的福利待遇的义务。

（3）执行国家劳动标准，提供和改善相应的劳动条件，做好劳动保护义务。

（4）对员工进行岗位培训，加强员工思想、文化和业务教育的义务。

（5）保障工会和职工代表行使职权的义务。

（6）执行劳动法律法规、规章、政策和劳动标准的义务。

（7）服从劳动行政部门管理和监督的义务。

综上所述，在“新员工制”家政企业模式中，要严格履行家政服务员和家政服务机构的合法权利和义务。这是“新员工制”家政企业模式的必要保证，也是“新员工制”家政企业模式与传统的家政企业的“中介制”和旧“员工制”的根本区别。

那么，家政服务企业如何才能真正履行家政服务员和家政服务机构的合法权利和义务，进而实现真正的“新员工制”企业模式，家政公司也能够实现健康可持续发展。这是“新员工制”家政企业模式不可回避且必须面对的核心问题。否则，“新员工制”家政企业模式只是“镜中花”“水中月”的华而不实。这就需要对传统家政公司进行结构性、系统性创新变革，主要包括：

◇一、变革传统家政公司的运营模式，实行“工作岗位分享制”；

◇二、变革传统家政服务员粗放式管理，实行“家政服务职业技能标准化”；

◇三、变革传统的服务交易模式，建立“雇主标准”，实行定制化服务；

◇四、变革传统的“店面式”管理模式，实行“互联网＋家政”平台管理；

◇五、变革传统“刚性”家政服务员管理，实行新的柔性人力资源管理；

◇六、变革传统的粗放式家政运营管理，实行新家政“服务蓝图”管理；

◇七、变革传统的“中介费”“管理费”收费模式，实行新的基于成本的差异化收费与增值业务收费模式；

◇八、变革传统的单一家政服务员工资结构，实行新服务绩效薪酬管理。

37.2 实行“工作岗位分享制”

我国家政服务业经过三十多年的发展，总是步履维艰，面临生存发展困境。整个家政服务行业一直面临“两难”境地（家政企业招工难、雇主找家政服务员难），家政企业一般在“微利”或亏损中挣扎。为什么会出现这样的矛盾现象：一方面是家政服务市场需求旺盛与迫切，一方面是家政企业发展面临困境。因为，传统家政企业走错了路！其中◇一、传统家政服务业的“用工形式”就存在结构性问题。这种“一对一”24 小时住家形式的家政服务“用工形式”，就严重阻碍了家政服务业健康可持续发展，主要存在以下几个问题：

一、“一对一”24 小时住家形式的家政服务，违背了我国《劳动法》。

这种违法的“用工形式”，让家政服务员每天“工作时间”平均在 12 个小时以上，大大超过《劳动法》规定的“标准工作时间”：“国家实行劳动者每日工作时间不超过八小时、平均每周工作时间不超过四十四小时的工时制度”；还有，没有属于自己的休息时间，即使是法定节假日也很难休息。这让社会上愿意从事家政服务的从业人员望而却步，自然不会积极响应；让已经从事家政服务的人员也很难安心、长期、稳定地工作。所以很多人把家政服务作为一个“过渡性”工作，而不是当作一个“职业”，一旦有好的其他工作，就选择离开家政服务业。因此，这种用工形式给家政服务员的招聘和队伍建设带来实质性的伤害。没有大量合格和优秀的服务人才进入家政服务业，何谈家政服务业的“高质量发展”。

二、“一对一”24 小时住家形式的家政服务，不利于家政服务员身心健康发展。

我们知道，赋予家政服务员休息权（即休整权、休假权、休闲权、安宁权），其目的是保证家政服务员的疲劳得以解除，体力和精神得以恢复和发展，以保证家政服务员有条件进行业余进修和有一定的时间料理自己家庭和个人的事务。况且，家政服务是一个特殊行业，是家政服务员一个人到雇主家庭这个封闭的私人的空间狭小的环境从事家庭服务，枯燥重复的服务工作本来就容易产生“服务疲劳”和心理压力，再加上很少或没有个人的正常“休息时间”，长期住家服务的家政服务员就很容易产生身心疲惫甚至厌倦工作，家政服务员频繁跳槽、流失就是一种“应对”“反应”或“抵制”。表面上看来，好像是家政服务员不讲职业道德、不遵守服务合同。其实，深层次的原因是家政服务员缺少休息，身心健康受到伤害所致。

三、“一对一”24小时住家形式的家政服务，也是对雇主和家政服务员资源的一种浪费。

对雇主而言，家庭事务有多有少，有的雇主家庭有生活不能自理的老年人或婴幼儿或病人或残疾人需要照护，的确需要家政服务员24小时照护（即便如此，也可以采用“工作岗位分享制”来解决，且雇主支付的服务报酬不会增加，只不过是一份工资由两个人分享）；有的雇主家庭就没有那么多家务事，只需要一个家政服务员白天提供服务即可，雇主家庭晚上就不需要服务。这样，“一对一”24小时住家形式的家政服务就是一种浪费，雇主为此要多支付家政服务员24小时的服务费用；还有的雇主家庭，即使是白天，也不需要整天提供服务，这样，“一对一”24小时住家服务更是浪费。

这里，需要特别指出“有效服务时间”概念，即一个雇主家庭实际需要家政服务员提供必需的家政服务时间。在有效服务时间内，家政服务员以正常技能水平或平均技能水平的服务速度或平均速度，就可以完成雇主家庭需要的家庭事务。那么，超过“有效服务时间”，对雇主而言，就是一种浪费，不仅浪费雇主的时间，还浪费雇主为有效服务时间之外的服务支付费用。因为，在家政服务业，服务时间就是金钱，就是家政服务员的服务薪酬。其实，雇主购买家政服务，不是购买家政服务员这个人，而是购买家政服务员的“服务时间”与“服务技能”，即雇主需要拥有一定“服务技能”的家政服务员付出“服务时间”来帮助雇主完成家庭事务。从这个角度上看，“一对一”24小时住家形式的家政服务，就是典型的“服务时间”浪费，因为，24小时不可能都是“有效服务时间”。例如，家政服务员的睡眠时间就是休息时间，不是“有效服务时间”。

对家政服务员而言，“一对一”24小时住家形式的家政服务，也是一种时间上的浪费、服务技能的浪费。当家政服务员在住家服务期间，如果每天没有达到八小时“标准工作时间”工作量，虽然在雇主给的服务薪酬上没有受到影响，但如果家政服务员能够利用“富余”的服务时间，再从事一份兼职工作，是可以多获得一份经济收入。反之，当24小时住家服务的家政服务员工作量不饱和的时候，这些“富余”的服务时间，就是一种浪费。而且，一个掌握一定家政服务职业技能的家政服务员在家政服务市场上，是受雇主欢迎的，如果不发挥自己职业技能的优势，来多获得一份经济收入，是另一种浪费。

总之，“一对一”24小时住家形式的家政服务“用工形式”，已经不适应我国当下家政服务业的快速发展，变革势在必行。发展趋势就是家政服务业要“职业化”，实行“工作岗位分享”模式，让家政服务业成为真正的现代服务业，家政企业成为真正的现代服务企业，家政服务员成为真正的现代服务业产业工人。这是“新员工制”家政企业模式的一个必要前提。那么，什么是家政服务“工作岗位分享”模式？“工作岗位分享”模式究竟有什么好处？下面具体分析：

所谓工作岗位分享模式，是指两个以上的家政服务员承担同一个全日制工作岗位或同一个法定标准工作时间内的工作责任。在工作分享中两个以上的员工对同一个工作负有责任。

在工作岗位分享中，工作任务不予分割，当别的分享者离开时，剩下的分享者可以承担工作任务，并且工作分享者之间可以交换分担所有的工作任务和岗位职责。分享者可以用各种方式分割他们的工作时间（例如，轮流工作几天、几周或者每周工作两天半等），一个分享者也可以比另一个分享者承担更大部分的工作，或者两个以上的分享者合起来工作超过一个全日制标准工作周，分享者可以互相搭配工作，并且他们可以相互传达或者一起出席重要工作会议。总之，分享者之间的分割时间的方式、合作方式不拘一格，根据分享者的实际情况协商决定。

“新员工制”家政企业实行“工作岗位分享模式”，可解决传统家政企业发展中几个“痛点”问题：

一、有效地解决家政服务员来源问题，即破解“保姆荒”。

我们知道，传统家政公司最大的“痛点”之一就是家政服务员招聘难。家政公司一直处在家政服务员不足，尤其是年轻的、有素质的、有职业技能的家政服务员严重短缺。毫无疑问，没有相对稳定的家政服务员来源，家政企业是无法正常生存发展的。

实行家政服务“工作岗位分享模式”，首先，让家政服务业走上职业化发展之路。这样，家政服务员就像其他服务业或产业蓝领工人一样，享受国家规定的“标准工作时间”和正常的休息时间包括节假日休息。如此，就可以吸引大量有意愿从事家政服务业的人员。这些人，有的是既不能全职工作，又不愿做全职太太的家庭女性。她们可以平衡工作与家庭生活；有的是那些想边工作、边学习新技能和新知识的人员或潜在人员（例如大学生）。工作岗位分享给他们相对自由支配的时间；更多的是，工作岗位分享，可以使企业在一个固定的工作岗位上吸引更多人的智慧，特别是吸引到技术技能熟练的人员。因为，在一个固定的工作岗位上，可以进行职业生涯发展规划，实现终身职业发展。

二、有利于家政企业实行真正的“员工制”，提升企业管理质量与效率。

传统的家政公司绝大多数是“中介制”企业模式，有的即使是所谓的“员工制”，也只是“准员工制”，即不是真正的员工制。无论是“中介制”还是“准员工制”，都不利于家政企业健康发展，也很难形成自己的有质量的家政服务品牌。因为，这些家政公司的家政服务员是流动性的，很难组织开展家政系统培训、服务质量监控、服务补救。也就是说，这些家政公司的家政服务质量很难得到保证，雇主即使对服务失误不满，也投诉无门。

但实行“工作岗位分享”模式，家政企业招聘的家政服务员愿意成为企业正式员工，愿意接受“新员工制”管理，愿意把家政服务作为一个长期的职业来从事。这样，家政服务员就具有稳定性，也愿意不断提升自己的服务能力，愿意把自己的职业目标与企业的目标相统一，再加上“新员工制”企业对员工的培训与管理，企业的管理质量与效率自然会大幅度提升，顾客的满意度也会提升，顾客满意带来顾客忠诚。

还有，采用“工作岗位分享”模式，一个家政服务员可以弥补另一个家政服务员的不足，从而保证这个岗位处于一个良好的工作状态。因为，参与工作岗位分享的员工，工作时间相对较短，可以在较短的工作时间内保持高效率的工作状态，而一个全日制的员工特别是24小时住家服务的员工，很难在全天的工作时间都保持高效工作，因为长时间工作会让人产生疲劳。

总之，无论是忠诚顾客增多，还是家政服务员服务效率提升，都将导致企业的盈利能力也随之提高，企业进入良性发展。

三、有利于雇主雇用到合适的家政服务员。

传统的家政公司很难留得住顾客。或者说，传统的家政公司提供的服务很难让顾客满意，很难满足顾客的需求。其主要体现在两个方面：一是很难及时给顾客提供家政服务员，因为家政公司的家政服务员时常紧缺，人手不够；二、提供的家政服务员服务能力水平得不到顾客需求。因为，这些家政服务员缺乏系统的培训且服务过程缺乏监督管理。

但实行“工作岗位分享”模式后，家政服务员的来源渠道大大增加，特别有很多优秀的有一技之长的家政服务从业人员可供选择。这样，就解决了顾客“雇工”难题。自然，也刺激了家政企业发展。

还有，实行“工作岗位分享”模式后，家政服务员的服务效率提升了，也节约了顾客的服务支出。更重要的是，顾客再也不用整日担心家政服务员不辞而别给顾客造成的困扰。因为，家政服务劳动力市场有很多拥有一技之长的家政服务员可供选择。

综上所述，要想实行真正的“员工制”家政企业模式，前提条件之一就是变革传统家政公司的“用工形式”，改为“工作岗位分享”模式。否则，传统家政公司的用工形式，只能让家政公司一直面临生存发展的困境而难以自拔，进而阻碍家政服务业健康快速发展。

37.3 实行“家政服务员职业技能标准化”

传统家政企业运营效能低下，其中一个重要的原因是，对家政服务员是粗放式管理：主要体现在家政服务员的招聘、培训、与雇主匹配、工资结构、职业生涯发展上，都是“粗放式”的，即凭家政企业管理者主观感觉来判断，缺乏科学的相对客观的管理工具。这是传统家政企业“微利”或亏损的又一个重要原因。因此，变革家政服务员粗放式管理，实行“家政服务员职业技能标准化”，又是一项传统家政企业“治本”之策。唯有如此，“新员工制”家政企业模式才能真正落地执行。

所谓“家政服务员职业技能标准化”，是指家政服务员在家庭服务环境中完成任务并最终达到服务预期，所具有的教育、工作经验、能力与相关知识及态度。具体来说，每一个细分业态家政服务员职业技能标准内容由：基础教育、培训课程、专业教育、生活经历、工作经验、专业技能、专业知识、服务态度等“八个要素”构成。这八个要素之间相互作用，共同形成了家政服务员职业技能标准。其中，每一项服务技能都是依据每一个服务标准来鉴定其合格性。为了便于识别，每一项服务技能都可以用数量分级来表示家政服务员的职业技能等级。

依据国家职业技能等级分类标准，我们将家政服务员职业技能标准分为五级：即五级（初级技能）、四级（中级技能）、三级（高级技能）、二级（技师）、一级（高级技师）。其中，最低为实习家政服务员，没有标准等级；最高为高级技师。高一级技能包括低一级技能。级别越高，表示家政服务员职业技能等级水平越高。

在“新员工制”家政企业模式中，实行“家政服务员职业技能标准化”，可变革传统家政公司人力资源粗放式管理，实施更加精准的家政服务员招聘、培训与管理，也能提高服务交易的精确度。具体来说，可解决传统家政企业发展中几个“痛点”问题：

一、在家政服务员招聘上更加精准。

传统的家政服务员招聘，最大的不足是缺乏有效的工具或手段来测量求职者的职业技能水平。在家政服务“新员工制”中，实行“家政服务员职业技能标准化”，就是鉴别家政服务员职业技能的有效工具或手段。因为有了职业技能标准评估量表，就有了明确的招聘“门槛”，可以提前淘汰哪些不适合而欲从事家政服务的求职者，避免不合格的家政服务求职者进入家政服务业所造成的不必要损失；更主要的是，通过职业技能标准量表测量，可以根据雇主需求的家政服务员技能水平，实施精准招聘。

反之，没有家政服务员职业技能标准，家政服务员的低门槛，增加了家政企业的运营成本。

这主要体现在家政服务整个流程中的各个环节中的低效与浪费。首先，由于门槛低，大量不合格的人员进入家政服务业，增加了家政公司的培训难度、培训时间较长，自然增加了培训成本；其次，低门槛进入的家政服务员，虽然经过培训，很难短时间内达到初级家政服务员标准。如果任由不达标的家政服务员进入服务岗位，势必会增加雇主投诉的频率，加大了管理的工作量与难度，进而提高了公司的运营成本；第三，实践已经证明：低门槛进入的家政服务员，流动性高、稳定性差。一旦家政服务员流失了，招聘成本、培训成本、运营成本就将白白浪费掉。更令人担心的是，低门槛招聘家政服务员不利于公司自身品牌形象建立。

二、在家政培训上有的放矢。

因为实行“家政服务员职业技能标准”，在家政培训上，就可以真正做到“因材施教”。在培训之前先评估学员的家政服务职业技能水平，实施分层或分级培训，而不是家政“新手”与“高手”同在一个课堂接受同样家政培训的尴尬与浪费。因为培训有了标准依据，还可以依据家政服务员职业技能标准编写或选择培训教材，减少家政培训的随意性，增加培训的针对性，提升家政培训的效能；培训结束之后，还同样可以通过标准量表评估鉴定学员的培训效果，颁发相应的家政服务员职业技能标准等级证书。总之，因为实行家政服务员职业技能标准化，也促进家政培训标准化。

三、在家政服务员与雇主需求匹配上知己知彼。

传统的家政服务员与雇主需求匹配，是通过家政服务员与雇主彼此的陈述，家政企业管理者凭借自身的经验与感觉，进行匹配。这是粗放式的，很容易造成匹配不当，等家政服务员上岗后，往往会导致雇主或家政服务员双方都不满意，服务摩擦与服务纠纷不断。其原因之一、家政服务员与雇主在最初开始匹配过程中，双方都存在“误导”对方的心理因素在“干扰”匹配的精准性。就家政服务员而言，因为想尽快上岗挣钱，所以存在夸大自己服务能力的心理，其实名不符实，等到雇主家上岗后就“露馅”了，显示服务能力缺陷；就雇主而言，因为想尽快雇用家政服务员到家庭提供服务，所以存在少说家务量或质的心理，其家庭实际需要料理的家务事比雇主面试匹配时多很多，自然会加重家政服务员的劳动量，家政服务员不满也是可以理解的。这就是传统家政服务没有实行“家政服务员职业技能标准”及“雇主标准”导致的必然结果。费力不讨好，造成家政公司资源浪费，成本增加，利润减少甚至单个服务交易是亏损的。

而实行家政服务员职业技能标准化，再加上雇主标准化（即雇主服务需求标准化）。这样，就可以通过服务标准量表的精准测量，实现精准匹配，为雇主提供个性化、定制化服务，减少“事后诸葛亮”，提升服务交易效率，节约服务交易成本，自然提升盈利能力。这是实行“新员工制”在家政企业盈利能力上的一大进步。因为实行“新员工制”必须一定的财务支撑。

反之，没有家政服务员职业技能标准，家政服务员低门槛，让雇主体验不好，抑制雇主的家政服务消费。

由于家政服务员的低门槛进入，给雇主的第一印象是家政服务员素质低、没有专业服务技能。这从一开始就违背了雇主聘请家政服务员的初衷。雇主之所以让家务社会化，就是想请专业家政服务员来提升自己的家庭生活品质，而不仅仅是分担家务负担。雇主对家政服务员的服务质量要求是第一位的。如果家政服务员是低门槛招进的低素质的人员，雇主宁可自己动手操持家务，也不愿意聘请一个不合格的家政服务员来家里而自找“麻烦”。这种低门槛现象，严重抑制了雇主对家政服务的消费，不利于整个家政产业的发展。遗憾的是，这并没有引起家政公司的足够重视。因为家政服务员“短缺”，即招工难，家政公司仍然有意无意对来求职的家政服务从业人员还是“来者不拒”。

四、在家政服务员工资结构上体现激励作用。

实行家政服务员职业技能标准化，把家政服务员职业技能标准进行分级：即五级（初级技能）、四级（中级技能）、三级（高级技能）、二级（技师）、一级（高级技师）。其中，最低为实习家政服务员，没有标准等级；最高为高级技师。这样，就可以按照家政服务员的职业技能标准等级，再结合服务绩效评估，就可以给家政服务员制定不同等级的工资。如此，可以奖励家政服务员不断提升自己的家政服务职业技能水平。这种激励机制是传统家政公司所缺乏的。

五、在家政服务员职业生涯发展规划上有科学依据。

传统家政公司还有一个大的严重不足，就是缺乏家政服务员职业生涯发展规划。当一个行业的从业人员没有职业生涯发展规划，或者没有职业长远发展时，自然难以吸引更多有素质、有技能的人才进入，行业就很难发展壮大。传统的家政服务业就是如此。

但实行家政服务员职业技能标准化后，家政服务员的职业技能实行分等级评定，有初级、中级、高级、技师、高级技师，与国家职业技术职称相一致。这样，欲从事家政服务的人员，就有了职业认同感、自豪感，自然高素质、高技能的人员就愿意进入家政服务业。因为，家政服务员同样可以进行职业生涯发展规划。而且，职业技能等级水平越高，收入就必然随着提高。

反之，如果没有家政服务员职业标准，家政服务员是低门槛进入家政服务业。这必将影响了社会上想从事家政服务的高素质人员进入愿望，对家政服务业望而却步。

在现代服务业，凡是设置高门槛的有较高准入条件的服务业，都是求职者趋之若鹜的，不担心招不到服务员。例如，航空服务业、五星级酒店、银行、学校等。因为门槛高准入条件高，再加上严格的岗前标准化培训，持证上岗，自然服务品质高，雇主愿意付相对高的工资待遇，从业人员自然产生自豪感、职业认同感。这样就形成了行业发展的良性循环。即便是家政服务领域，世界知名的英国管家、菲佣，也是设置较高的门槛，岗前需要经过严格的培训合格后，才能持证上岗，他（她）们也有强烈的职业认同感、自豪感。

反观我国家政服务低门槛现象，什么人都可以做家政服务，家政服务甚至成了“低端行业”的代名词。这让在职的家政服务从业人员缺乏职业认同感、自豪感，让高素质的人员对家政服务望而却步。这不是说家政服务不需要高素质、高技能人才，也不是说家政服务工资水平低而影响求职者进入，而是家政服务低门槛现象，在社会声誉、社会职业认同上的负面情形，抑制了高素质、高技能人才进入家政服务业。

综上所述，实行家政服务员职业技能标准化，是家政企业实行“新员工制”的必由之路。除此之外，传统粗放式的家政公司没有出路、没有未来。

37.4 建立“雇主标准”，提供定制化服务

前文已经分析，传统家政企业的服务交易模式也是粗放式的。

变革传统的服务交易模式，建立“雇主标准”，实行定制化服务，是“新员工制”家政企业模式的有一个重大变革。

所谓“雇主标准”，又称“雇主服务预期”或雇主需求标准化，是指在家庭环境中雇主所要求的服务水平以及特定的家政任务和服务项目，是一个家庭的独特的个性和偏好，也指在家庭中“何时、以什么方式”将家中事务如何完成。即把家政雇主的服务预期转化

成确切的服务质量标准，即“雇主标准”。

雇主标准，是管理工具，用来评估每一个服务标准里的每一个服务预期，证明其合格性，做到量化，可帮助雇主和家政服务员衡量每一个服务标准的水平，是否合格或将每一个服务标准与家政服务员和家庭环境相匹配。

一旦雇主标准被确立后，把它与家政服务员的“职业技能标准等级”相互关联，来确认与家政服务员职业技能水平相适应的服务预期水平，进而提升雇主与家政服务员的精准匹配度。

在“新员工制”家政企业模式中，实行“雇主标准”，可解决传统家政企业发展中几个“痛点”问题：

一、雇主需求标准化，有利于精准匹配家政服务员。

二、雇主需求标准化，有利于家政服务员提供个性化定制服务。

三、雇主需求标准化，有利于减少家政服务摩擦、减少服务纠纷。

四、雇主需求标准化，有利于家政服务员绩效评价与工资发放。

五、雇主需求标准化，有利于家政服务企业效能提升，有利于降低家政服务企业运营成本。

以上具体内容见前文第 18 章第 3 节，这里就不作具体分析。

总之，在“新员工制”家政企业模式中，必须要改变传统的粗放式发展模式，否则没有出路。家政企业改变或创新发展策略之一就是，实行雇主需求标准化，同时，结合家政服务员职业技能标准化。唯有如此，才能在家政服务交易中，实现雇主与家政服务员精准匹配，减少家政服务摩擦与服务纠纷，减少家政服务运营成本，有利于提升家政公司运营效率与盈利能力。反过来，又为实行“新员工制”家政企业模式提供资金保障，进而形成家政企业可持续发展的良性循环。

37.5 实行“新员工制”柔性人力资源管理

“新员工制”家政企业模式，需要建立新的家政人力资源管理模式，即“新员工制”家政企业柔性人力资源管理。这不同于传统的家政公司刚性人力资源管理模式，更不同于实物产品制造业人力资源管理理念。“新员工制”家政企业模式在家政服务员的价值、招聘、培训、激励、保留员工、服务文化上都呈现新的特点，前文相关章节都有详细的分析，这里只概要介绍。

37.5.1 一线家政服务员的关键作用

在“新员工制”家政企业中，一线家政服务员是家政企业的核心战略资源，是顾客忠诚和企业竞争优势的源泉，对家政企业的生存发展起着至关重要作用。因为：

1）家政服务员本身就是家政服务产品的“核心部分”。一线家政服务员与雇主“零距离”接触，直接给雇主提供服务，影响与决定家政服务质量与雇主服务体验。

2）家政服务员也是家政企业本身。一线家政服务员代表了家政企业。雇主对家政企业的感知是通过一线家政服务员获得的，两种无法分割。

3）家政服务员是一种品牌。一线家政服务员及其提供的家政服务，通常是一个品牌的核心部分。品牌承诺或服务承诺能否实现，取决于一线家政服务员。

4）家政服务员影响销售。家政服务员对家政服务营销、销售收入、互动营销、服务体验营销至关重要。一线家政服务员也是天然的服务“兼职”营销人员。

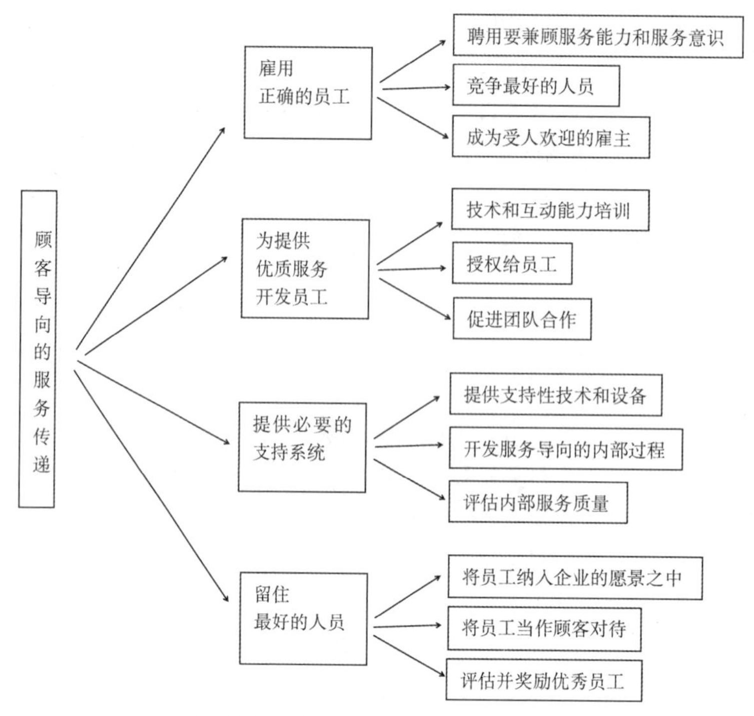

图：通过员工提供服务质量的人力资源策略

5）家政服务员是顾客忠诚度的关键驱动力。一线家政服务员在预测顾客服务需求、提供定制服务以及与顾客建立个性化情感化关系中发挥不可替代的重要作用。家政服务员行为的实际绩效最终将导致顾客忠诚度的提高。

6）家政服务员决定了服务生产率。一线家政服务员对一线服务效率具有重要影响。

总之，在“新员工制”家政企业模式中，企业要明确意识到：高积极性、高忠诚度的家政服务员是优质服务的核心，对创造、维持企业的竞争地位和竞争优势而言，是一个越来越关键的变量。

37.5.2 雇佣合适的家政服务员

在“新员工制”家政企业模式中，家政企业应将相当大的注意力集中在招聘和雇佣家政服务员上，甚至是企业高层管理者直接面试或最后把关。在招聘时，除了关注求职者家政服务职业技能水平（要通过专业的家政服务员职业技能标准鉴定）、职业资格认证和专业知识考核外，更要评估求职者的心理健康水平、职业道德水平、服务态度。

1）挑选合适的人员

家政企业要针对家政服务职业特点，挑选合适的人员，而不是完美的员工。要意识到不同的家政服务细分业态岗位，需要不同服务技能、服务风格和个性的人来承担。因此，企业要进行员工细分、服务岗位设计、提供工作晋升机会与职业生涯规划等，来吸引那些有潜在的长期员工。在具体识别最佳候选人的方法和工具上，主要有：使用多考官的结构化面试、观察行为、进行人格测试、让求职者看到真实的工作场景、服务现场模拟操作等。

2）聘用要兼顾服务能力与服务意愿

一旦识别出潜在人员，家政企业就需要认真进行面试和挑选，以便从候选人中鉴别出最佳人选。家政服务员需要具备两种互补的品质：服务能力和服务意愿。

服务能力是指从事家政服务所必备的家政服务职业技能和相关知识。在一般情况下，学历证书、职业技能证书就是一个有效的凭证，但也有必要进行现场职业技能标准等级鉴定。

当然，一线家政服务员也需要一定水平的情绪控制能力，即可察觉、理解、调节雇主情绪的能力；人际交往能力；必要的充沛的体力。毕竟，家政服务是一项中等强度的劳动。

由于家政服务质量具有多个维度，因此，对家政服务员的挑选不仅仅限于服务能力方面，还要通过服务意愿进行筛选，即她们从事家政服务工作的兴趣，也反映了对服务以及服务顾客的态度。在家政服务中，良好的举止、微笑以及眼神交流都可以通过培训养成，但家政服务员的热情本身、兴趣很难通过培训获得。唯一现实的解决办法就是保证家政企业的招聘标准，有利于那些本身具有热情特质的求职者。因此，理想的家政服务员选择过程，应该既评价服务能力又评估服务意愿，从而雇用到在这两方面水平都高的家政服务员。

3）成为受欢迎的雇主

想要挑选和雇用最合适的家政服务员，家政企业首先要让求职者申请你所提供的服务工作，然后让她们接受你的工作并放弃其他工作机会（现实情况是，最优秀的家政服务员总是会被很多家政企业看中）。这就要求家政企业必须在家政服务劳动力市场拥有自己的品牌，能够提供广泛的培训、上岗机会、升职机会及职业生涯发展规划以及优良的企业内部支持、有吸引力的企业文化，并能够提供令员工引以为自豪的服务产品等，即成为受欢迎的雇主。这样，潜在的求职者才愿意寻找这样的雇主。因为受欢迎的雇主符合求职者的价值观和信念。在劳动力市场的有效竞争，就意味着要拥有能吸引未来员工的这些价值观。

除了企业品牌形象、价值观被求职者认同外，家政企业的薪酬不能低于平均水平，优秀的员工希望获得平均值以上的报酬。因此，要吸引优秀人才加入，如果企业价值观等其他重要方面有足够吸引力，企业并不一定要支付最高的工资。总之，家政企业要理解目标员工的需要，并且树立合适的价值观，做一个受欢迎的雇主，才能在家政服务劳动力市场找到最合适的家政服务员。

37.5.3 持续开发家政服务员

在“新员工制”家政企业模式中，一旦招聘到合适的家政服务员，企业就必须着手进行家政培训，并设计出符合家政服务员实际的职业生涯发展规划。即必须提供优质服务来开发员工，才能维护和发展一支“顾客导向”“服务导向”的高素质的家政服务员队伍，以确保服务绩效。

1）主动积极培训家政服务员

成功的家政企业在家政服务员培训上不惜重金。因为，对家政服务员进行岗前、岗中、岗后的全程培训和开发会产生巨大的收益。

在“新员工制”家政企业模式中，家政培训内容主要包括：

（1）家政企业组织文化、企业目标、企业战略、企业发展历史；

（2）家政服务职业道德、人际交往能力、爱心事业；

（3）家政服务细分业态的服务职业技能与相关服务知识；

（4）健康生活知识、健康生活方式知识；

（5）家政服务标准、服务流程、服务规范、服务质量；

（6）家政服务安全、卫生、相关法律法规知识等。

在家政培训方法上，要摒弃“班级授课制”的讲授式家政培训法，采用“做学教合一”、角色扮演、生活即培训、家庭即学校、并从雇主投诉中进行家政培训。同时，强调向雇主学习、家政服务员同伴之间相互学习的家政培训方法。在家政培训中，还要发挥“一把手”领导的培训作用。

当然，还要持续不断的强化培训以塑造服务行为。有效的家政培训必须带来实际的服务行为改变。如果家政服务员不运用她们已经学到的东西，这些培训投入投资就被浪费了。实施家政培训，不仅是提升家政服务员的整体素质，更主要的是改变她们的服务行为和提升服务质量与服务效率。为了达到这一目的，企业需要不断强化和实践，并通过定期与不定期的跟踪监督学习培训目标在家政服务实践中运用，制定相关奖励惩罚措施，确保家政培训的价值实现。

2）向一线家政服务员授权

在家政服务中，要真正做到对雇主需求及时反映，就必须授权给一线家政服务员，使其能对雇主需求做出灵活反应并在出现服务失误时及时服务补救。授权意味着赋予一线家政服务员技能、工具和权力。如果家政企业单纯告知家政服务员“你现在有权做任何可以使顾客满意的事”，那么这种授权是不会成功的。因为，在授权之前，要先对家政服务员进行相关解决问题的培训和指导，规范授权行为，好让被授权的家政服务员有能力正确行使自己的权力。

3）促进团队合作

在家政服务中，尽管服务形式是家政服务员一个人或最多两个人到雇主家庭提供服务，但团队合作仍然是需要的而且是迫切的。成功的家政企业实践表明：当一个家政服务员进行团队合作时，或进入一个服务小组后（一般小组成员 5 人较为合适），顾客满意度就会提高。我们知道，家政服务工作是家政服务员一个人在一个相当狭小的封闭空间里提供服务，而且服务对象是固定的雇主家庭几个人，服务内容是不断重复性的，家政服务员在服务过程中也很少与外界接触。因此，家政服务常令家政服务员感到沮丧、疲惫和具有挑战性，而团队合作或小组合作，将有利于减轻家政服务员的心理压力和紧张感、枯燥感、疲劳感。

还有，团队合作或实现家政小组制，小组同伴之间相互学习，对家政服务员提高服务技能也很有帮助。感到被支持和有团队做后盾的家政服务员能更好地保持热情、遇到服务问题能从容解决，并提供优质服务。

促进团队合作的方法◇一、是在企业提倡“人人都为顾客服务”的态度的企业服务文化。也就是说，尽管有的员工不直接对最终顾客负责或者与顾客互动，但他们也需要知道在为谁服务，以及他们在整个家政服务中扮演的角色是什么。这对最终向顾客提供优质家政服务是至关重要的。当然，团队的目标和奖励也会促进团队合作。当团队整体被嘉奖，而不是按每个人的成绩和表现进行奖励时，团队努力和团队精神才会在企业组织中得到发扬。

37.5.4 提供必要的支持系统

在“新员工制”家政企业模式中，要使一线家政服务员的服务工作富有成效，家政服务员需要一个以顾客为中心的、与她们需求相一致的内部支持系统。这点怎样强调都不过分。实际上没有以顾客为中心的内部支持和顾客导向的系统，无论家政服务员意愿如何强烈，也几乎不可能提供优质服务。下面将给出一些具体策略：

1）评估内部服务质量

鼓励支持性的内部服务系统的方法◇一、是评估并奖励内部服务。家政企业中的每个人（主要包括管理人员和一线家政服务员，还有各种后勤保障服务人员）都是内部顾客，为了给员工提供尽可能好的服务，企业需要定期和不定期评估各部门的服务质量。其中，内部服务审计（简称内审）就是实施内部服务质量文化的一种有效工具。

通过审计，企业内部组织可以识别他们的内部顾客，确认他们的需求，评估自身服务情况以及及时做出改进。当然，评估和关注内部服务质量与内部顾客，一定要注意时刻把内部的服务与如何支持外部最终顾客的服务提供联系在一起。内部顾客满意是为了最终的外部顾客满意。

2）提供支持性技术和设备

如果员工不具备合适的支持技术和设备，或技术和设备不能得心应手，他们提供优质服务的愿望就可能受挫。特别是一线家政服务员要进行有质量、有效率、有效果的服务，就需要合适的支持技术和设备。例如：雇主标准评估量表（用来测量雇主的服务预期）、各种服务工具、家政服务职业技能标准评估量表、家政服务交易平台、客户关系管理系统、服务补救系统等。

3）开发“服务导向”的内部过程

为了更好地支持一线家政服务员提供优质服务，家政企业应当考虑按照顾客价值与顾客满意度，来设计内部过程。也就是说，内部过程必须支持家政服务员提供优质服务。因此，家政企业需要开发出“顾客导向”“服务导向”的服务标准、服务规范、服务流程，让一线家政服务员有章可循，做到服务“心中有数”，尽量减少家政服务员的服务盲目性、随机性，减少服务失误。

37.5.5 留住最好的家政服务员

在“新员工制”家政企业模式中，不仅要雇用合适的家政服务员，对其进行培训，提供所需的支持，还必须想方设法留住那些优秀的员工。员工的流失，尤其是优秀的家政服务员的流失，不仅会造成企业成本浪费、收入减少，还会对顾客满意度、员工士气、整体服务质量会造成严重影响。

而在传统的家政公司，他们花了很多时间和精力吸引家政服务员来工作，却把已有家政服务员不当回事或者更糟，这就必然导致一些优秀家政服务员寻找机会跳槽。下面就介绍如何留住优秀员工的策略：

1）将家政服务员纳入企业的愿景之中

为了保持家政服务员的积极性和对企业目标的兴趣，家政企业需要经常与员工分享企业愿景。特别是一线家政服务员需要理解她们的服务工作是如何与企业目标愿景相适应。尽管家政服务员在某种程度上受工资和其他福利的激励，但是那些最好的员工如果不致力于企业的愿景，就会被其他的机会所吸引。如果员工不知道企业的愿景是什么，她们就不可能忠于该愿景。

在“新员工制”家政企业，企业愿景总是经常传达给员工，并且是企业的最高管理者通常是 CEO 传达。当企业愿景和目标、奋斗方向非常清楚且激动人心时，员工将更有可能与企业共渡难关。

2）将家政服务员当作顾客对待

如果家政服务员感到她们有价值，并且她们的需求得到重视和满足，她们会更愿意留在企业里。在“新员工制”家政企业，都采用“内部营销”管理理念，“把员工当作顾客”，家政企业提供给员工的“产品”是一份工作包括各种利益和高质量的企业服务。企业要像对待外部顾客一样对待自己的内部顾客即员工。企业要尽量让内部顾客满意。因为，员工满意了，才能很好地服务于外部顾客。

3）评估并奖励优秀家政服务员

如果家政企业希望最优秀的员工特别是一线家政服务员留在企业里，就必须奖励和提拔她们。但是，奖励不能仅仅只看重销售额、服务能力。如果付出的努力没有得到认可和奖励，即使那些有着内在动机去提供优质服务的员工，也会最终变得灰心丧气，并开始留意跳槽机会。

因此，奖励机制必须与企业愿景和真正重要的成果挂钩。例如，如果认为顾客满意度和保留顾客是关键的结果，就需要认可和奖励那些能增加顾客满意度和顾客保留率的服务行为。除了金钱奖励外，杰出的员工还可以获得精神上荣誉上的殊荣、职务提升、外出学习考察、旅游等，并定期公开。同样，对家政服务的细节上的改善或提出好的服务建议或与顾客建立良好的关系等，也应获得奖励。

还有，在家政服务中常常存在这样的情况，如果一位顾客与某一位家政服务员建立关系，可能比与家政企业的关系更紧密更坚固。如果这个家政服务员离开了企业，不再服务于该顾客，企业与这位顾客的关系也可能就随州消失。很显然，家政企业应该努力保留具有以上特点的员工。

然而，尽管家政公司尽了最大努力，但有些优秀的家政服务员还是会离开。如果家政企业无法挽留与顾客有密切关系的员工，该如何减少一线家政服务员的离职给顾客带来的影响呢？最有效的方法是，或实行"工作岗位分享制"或员工可以时常被调换岗位，以保证顾客接触多个员工，并且使顾客有一如既往的优质服务体验。当然，这要求多个员工都掌握相同的服务标准与服务规范；家政企业还可以组成与顾客互动的员工团队或服务小组。以上两种做法的主要意图是让顾客与企业内的多位员工接触，这将减少公司与任何一名员工离职时便失去顾客的可能性。同时，更有利于在顾客心目中树立起积极的企业形象，并且传达其所有员工都有为顾客提供优质服务的能力与热情。

37.5.6 建立家政服务文化 （详细内容 见 27.3 节）

37.6 建立新家政"服务蓝图"，实施规范化管理

在"新员工制"家政企业模式中，家政企业必须要摒弃粗放式的经营管理模式，必须要绘制企业的家政服务蓝图，并依据蓝图制定企业管理规范与管理标准，实施规范化管理，并持续不断加以改进。唯有如此，家政企业才能真正实行"新员工制"，才能提升家政企业管理质量与效率，走上高质量发展的道路。详细内容，前面的相关章节有论述，下面只简单介绍：

37.6.1 新家政"服务蓝图"的必要性

所谓新家政服务蓝图，是指详细说明了家政服务流程是如何构成的，定位雇主、员工（包括一线家政服务员）、家政公司服务提供系统等三者之间的交互过程，是详细描画家政服务流程与交互过程的图表或地图，直观展示了雇主从家政服务之初到服务结束的整个过程。

在新家政服务蓝图里，雇主、员工（包括一线家政服务员）、家政企业及管理者都会知道正在实施的服务是什么，以及各自在服务实施过程中扮演的角色，并且能够理解服务过程的所有步骤和流程。

由此可见，新家政服务蓝图是一种有效描述家政服务提供过程的可视技术。通过阐明员工角色、运营流程、信息技术、雇主交流之间的关系，蓝图可以使公司内部的运营、营销、人力资源活动形成一个整体，可以帮助家政公司运营管理、人力资源管理、市场营销管理理清自己部门的职责，以及与其他部门之间的合作。

同时，有助于设计优质的家政服务流程。它给出了一种家政服务提供过程的合理分块的方法，再逐一描述这一过程的各个步骤或任务、执行任务的方法、顾客能够感受到的有形展示；了解到这些信息，运营、营销、人力资源管理人员就可以设计出每项活动的执行标准、管理规范，包括完成一个项目的时间、项目之间的最长等待时间以及引导雇主和员工（包括一线家政服务员）互动的"脚本"。

总之，借助新家政服务蓝图，可以使家政服务管理走向精细化、科学化、高质量发展之路。这是“新员工制”家政企业运营管理必经之路。否则，传统家政企业粗放式的管理模式只能是低效的、缺乏盈利能力的。

37.6.2 新家政“服务蓝图”的特点

通过上文知道，在新家政服务蓝图中，雇主、员工（包括一线家政服务员）、家政企业及管理者都会知道正在实施的服务是什么，以及各自在服务实施过程中扮演的角色。可见，新家政服务蓝图的一大特点是：将顾客拉了进来，强调顾客看待家政服务的视角，体现了“顾客导向”的家政服务设计。

因此，在设计、阅读、使用家政服务蓝图时，应该从顾客看待家政服务的视角出发，逆向思维，导入服务提供系统。这种视角设计的家政服务蓝图，必将是以“顾客导向”的，可以使家政企业管理者较容易了解到顾客对服务过程的看法，并跟踪顾客的行为。要求家政企业管理者思考这样一些问题：

☑ 顾客是怎样使家政服务产品的？

☑ 顾客有什么选择？顾客是如何选择的？

☑ 顾客在服务过程的什么环节出现服务等候？等候多长时间？

☑ 顾客是高度介入服务过程，还是只表现出有限的行为？

☑ 顾客在什么时候参与服务过程？

☑ 顾客对服务过程的什么服务失误提出意见，并要求服务补救？

☑ 从顾客的角度看，什么是家政服务的有形展示？

总之，新家政服务蓝图的“顾客导向”特点，有助于家政企业管理者在设计、提供家政服务时，要时刻关注顾客的需求并予以满足，努力提升顾客的服务体验，自然会提升顾客的满意度。

当然，新家政服务蓝图，也让家政企业管理者了解员工包括一线家政服务员的角色。从员工的视角，家政企业要思考的问题是：家政服务过程合理吗？谁来接待顾客？何时接待？如何接待？频率怎样等？

37.6.3 设计和编制家政服务流程

在“新员工制”家政企业模式中，一个优质的服务流程设计，可以提升雇主服务体验与满意度、提升家政服务员的满意度、提升家政公司运营效率。反之，一个拙劣的服务流程设计，是缓慢的、令人沮丧、质量低劣的服务，使得一线家政服务员难以很好地完成服务，导致服务效率降低、服务失误的风险增加，进而会惹怒雇主。由此可见，设计和编制一个优质的服务流程是必需的。

所谓家政服务流程，从雇主角度看，是指雇主购买、享受家政服务时所要经历的一系列程序或过程，服务是雇主体验过程；从家政公司角度看，是指家政公司提供核心产品和各项附加性服务的一系列程序或过程，即家政公司如何有效向雇主提供家政服务，服务就是创造雇主体验的过程。

设计和编制家政服务流程，就是为了绘制新家政“服务蓝图”。

37.6.4 绘制新家政“服务蓝图”

设计一套“家政服务产品”不是件容易的事情，尤其是在家政服务中雇主身处服务场所直接接受服务的情况下。为了设计出既能满足雇主又能高效运作的家政服务产品，运营人员、营销人员、一线家政服务员、人力资源人员等都应参与合作，共同讨论绘制服务蓝图，如果能够邀请到雇主参与，那就更好。

1）家政服务蓝图的构成

家政服务蓝图的主要构成：有形展示、顾客行为、员工行为（前台员工、可见的行为；后台员工、不可见的行为）、支持系统。

在家政服务蓝图中，四个关键的行动领域：有形展示和顾客行为、员工行为（前台、可视）、员工行为（后台、不可见）、支持系统，由三条水平的分界线（互动线、可视线、内部线）分开。

第一条线：互动线

即“互动分界线”，表示顾客与家政服务公司开始间接或直接互动。一旦有垂直线穿过互动分界线，即表明顾客与家政服务公司直接发生了接触或一个服务接触产生。

第二条线：可视线

即中间的分界线，是极关键的“可视分界线”。这条线把顾客能看到的服务活动与看不见的服务活动分隔开来。我们知道，家政公司的员工行为，有的是顾客能看到的，有的顾客看不到的。

看家政服务蓝图时，要分析有多少员工的服务活动在可视分界线以上发生（即可视行为），多少员工服务活动在可视分界线以下发生入手（即不可见行为），就可以很轻松地一目了然得出是否向顾客提供了较多服务以及提供什么样服务。

这条线还把员工在前台与后台所做的工作分开。

第三条线：“内部线”

即“内部互动分界线”，把前台员工的行为与服务支持活动分隔开来。垂直线穿过内部互动线，意味着发生内部服务接触。

2）如何绘制家政服务蓝图

家政服务蓝图，使无形的家政服务过程“可视化”，通过绘制和分析家政服务蓝图，可以更好地对家政服务进行管理，提升雇主的服务体验。

那么，如何设计家政服务蓝图？

首先，需要确认所有与传递家政服务有关的关键活动，并详细说明这些活动之间是如何衔接的。

一开始，最好相应地简化这些活动以便描绘“简图”。然后，可以“深入挖掘”每个活动，使它们更详细。

为了更好确认传递家政服务的所有关键活动，需要明确更多细节：

* 前台活动

就是要确认顾客是如何搜索、预订、购买、使用、享受、评价家政服务所经历的一系列过程以及顾客的行为；同时，还要确认家政服务公司如何提供核心服务产品、和各项附加性服务的一系列程序或过程，以及公司员工的行为。也就是说，要确认提供家政服务的活动内容和流程，即包括哪些步骤。

这里，需要指出的是，确认提供家政服务的活动内容和流程，并不是要画出所有的步骤和活动，而是要体现主要的关键的步骤和可以进行控制的步骤。还有，要理清各个步骤之间的关系。

* 前台活动的有形展示

是顾客可以看见的及体验到的有形展示，并用于评估服务活动的实物。

* 绘出互动线、可视线、内部线

互动线：是蓝图区别哪些是顾客行为，哪些是家政公司行为，顾客与家政服务公司在哪些方面或地方开始间接或直接互动。

可视线：是蓝图区别顾客体验的“前台”与员工活动、支持过程的“后台”（“后台”是顾客看不见的）的关键特征，两者之间是“可视线”。

对家政服务的描绘，可以向一线家政服务员询问，哪些行为是顾客可见的，哪些行为发生在幕后。

家政服务公司明确地理解“可视线”时，将可以更好地管理“前台”提供给顾客的有形证据、无形服务、其他证据以及服务质量信号，也能够管理“后台”。例如，有的家政公司太注重“前台”活动，以至于忽略了顾客对“后台”的感知。

内部线：是蓝图区别哪些是前台员工的行为，哪些是服务支持活动，并在哪些方面或地方将两者分隔开来。

* 后台活动

相对“前台”活动而言，承接前台步调的活动或行为。

* 支持系统

在家政服务蓝图中，每一个环节的必需信息都是由支持系统提供的。

* 识别与标出潜在失误点 F

一张好的家政服务蓝图，应当注明在家政服务传递过程中，最容易出错的地方。

从顾客的角度看，最严重的失误点在家政服务蓝图中被标记为“F”，它们是最易导致“核心产品”传递失败的环节。

由于服务的传递是随时间而推移的，这就会导致传递过程中的不同行为之间可能会出现延迟，需要顾客等待。可能出现等待的环节在蓝图中用“W”表示。过长时间的等待会令顾客烦操。

家政服务蓝图，能够帮助家政企业管理者，更容易找到或识别在服务流程中或在服务传递中潜在的“失误点 F”，也就是这些“失误点”存在极大的服务失误风险，从而可能会降低服务质量、影响顾客的服务体验。

如果家政企业管理者事先能留意到这些“失误点 F”，他们就能够更好地采取防范措施（例如，使用“防呆措施”）或准备好的应急预案（例如，“服务再造”），以避免给企业带来不可弥补的损失。

检验错误可增强家政服务过程的可靠性

如果认真分析家政服务过程失误的原因，我们就能在某些行为中进行“失误查验”，以便减少甚至是消除失误。

* 确定顾客等候时间

在家政服务传递过程中，管理者能够从家政服务蓝图中，查明服务流程中或服务传递中顾客需要等待的阶段，以及顾客需要额外等待的节点。企业可以通过适当的措施，来降低顾客不愉快的等待。

* 建立服务标准和目标

在家政服务流程或家政服务传递中，家政公司应当在每一个环节中处处体现顾客需求，特别是包括完成任务的特定时间和顾客的等待间隔时间。自从有了家政服务蓝图，家政企业运营管理者、家政培训者、家政营销人员等，都能够设计每一个活动的实施标准、管理规范。

3）建立家政服务蓝图的基本步骤

步骤 1：识别家政服务过程；

步骤 2：识别细分顾客对家政服务的体验；

步骤 3：从顾客角度描绘家政服务过程；

步骤 4：描绘家政服务“前台”“后台”员工行为；

步骤 5：把顾客行为、家政服务员行为与支持功能相联；

步骤 6：在每个顾客行为的上方加上有形展示。

37.6.5 制定并实施新家政服务管理规范、管理标准、管理目标

在“新员工制”家政企业模式中，依据新家政服务蓝图，制定家政服务管理规范、管理标准、管理目标，是“新员工制”家政企业模式克服传统家政企业粗放式管理的又一个重大变革。唯有如此，才能实施家政服务的精细化科学管理，才能真正提升家政企业管理质量与效率，确保“新员工制”家政企业能够做出品牌，进而可持续盈利。

通过前文，我们知道，结合顾客和一线家政服务员，家政服务蓝图有助于家政企业厘清家政服务流程（在每一个节点顾客视角下的），能够了解服务流程中每一个步骤的顾客体验（顾客期望的服务：从渴望得到的服务、可接受服务；顾客不满意的服务）。

通过家政服务蓝图，那些需要企业管理层注意的方面（例如，对顾客非常重要的特性、非常难以管理的特性、影响顾客服务体验的特性）应该是制定家政管理规范、管理标准的依据或基础。企业管理者或服务管理者为每一个步骤设计的规范、标准应该高于顾客期望，甚至给顾客一个惊喜。这些规范、标准包括规定家政服务员恰当的服务风格和行为举止、确保能正确实施服务的脚本（服务事项说明）、时间参数等。而且，最好这些规范、标准必须能够客观测量。这样，家政服务具体实施必须对照规范、标准进行监督，同时，必须确定具体管理目标。而且这些管理目标也必须能够测量。作为家政企业团队或个人的绩效目标，这种尽可能的量化管理，有利于提升家政企业管理绩效。

这里，区分规范标准和绩效目标是非常重要的。因为，可以用来评估员工、团队、分支机构的绩效。制定标准和目标，对于家政企业科学化管理具有重要意义：正确（即顾客驱动）的规范标准能够被企业组织接受和遵守；当实施执行得很好时，能够逐步提高企业管理绩效目标，使其超过顾客期望；通过提高管理层和员工的工作自由度，更易实施和支持管理规范和管理标准。

同时，向雇主公开承诺自己的企业标准并按标准提供服务。

我们知道，企业标准是企业的核心竞争力。企业标准大多是不公开的。家政企业标准规范企业内部家政服务员的招聘、培训、管理等服务运营过程中的各个环节。对家政服务标准而言，大部分是“过程”标准，主要是对家政服务员、家政管理人员、雇主等如何完成家政服务工作作出具体明确规定。家政服务标准中少部分是“结果”标准。

因此，对家政服务企业而言，如果能向雇主承诺自己的企业标准并按标准提供家政服务，毫无疑问，可大大增加雇主的信任度与忠诚度，也可以与同类家政企业提供的服务相区别，提升自己的竞争力。

总之，在“新员工制”家政企业模式中，制定与实施家政服务蓝图，有很多好处和利益，主要包括：

* 提供家政服务创新平台（即家政服务蓝图是一个平台）；
* 了解人员（雇主、员工）角色以及职能人员和组织之间的依赖程度；
* 提供有利于家政服务创新的战略和具体策略；
* 从顾客的角度，设计互动的真实瞬间；
* 对家政服务流程中设定、反馈的关键点提出建议；

* 明确家政服务竞争态势；
* 了解理想的顾客体验。
* 使用“服务蓝图”设计家政服务，并创造满意的顾客体验；
* 在家政服务提供过程中，减少服务失误的可能性；
* 如何重新设计家政服务，提高家政服务质量和服务生产能力；
* 在什么情况下应当将顾客视为家政服务的共同生产者，并明确它的意义；
* 家政企业管理者应当如何应对不合作的、难缠的顾客。

显而易见，家政服务蓝图的最大好处◇一、是具有指导意义。当人们开始绘制一幅家政服务蓝图时，很快就能显示其究竟对家政服务了解多少？人们努力设想新家政服务提供系统时，不得不用全新的更深入的方式来琢磨家政服务整个过程。

通过家政服务蓝图的开发过程，许许多多的“间接目标”也能到达：澄清家政服务的各种概念，开发共享的家政服务规划，意识到家政服务最初并没有显现的错综复杂性、角色、责任等。

综上所述，再次显示，“新员工制”家政企业管理模式完全不同于传统的家政公司粗放式管理模式，开始走上了科学化、精细化、高效化高质量发展道路。

37.7 实行“新员工制”“区块链 + 家政服务”平台运营管理（详见后文）

37.8 区块链 + 新家政服务“员工制”企业模式

基于区块链的家政服务平台，实现家政服务点对点服务自动交易，实现家政培训点对点个性化定制培训，同时，实现家政服务溯源管理和服务诚信。这对传统的家政企业的运营模式产生了重大挑战。区块链 + 新家政服务“新员工制”企业模式，将是除了区块链 + “家政零工”企业运营模式外，又一种重要的新家政企业运营模式。其主要体现在以下几个方面：

37.8.1 区块链家政服务平台，将重构家政服务员与家政企业的关系。

基于区块链的家政服务平台，实现雇主与家政服务员点对点直接服务交易，而不是雇主与家政企业进行服务交易。这就更加凸显了家政服务员的地位与作用。传统家政企业“中介制”运营模式，将失去存在的价值，将被区块链家政服务平台彻底取代。而对传统的家政企业“员工制”运营模式，也将带来巨大的变革。即基于区块链 + 新家政服务“新员工制”企业模式，家政服务员与家政企业的关系，不仅建立劳动关系，签订劳动合同，家政服务员是家政企业的正式员工；也是合作关系，家政服务员主要不是代表家政企业为雇主提供服务，而是代表自己为雇主提供服务。因为，在区块链家政服务平台中，是雇主与家政服务员签订智能合约，直接进行服务交易。家政服务员对雇主负责，而不是家政企业对雇主负责。雇主不与家政企业签订服务合同或协议。当然，雇主也不能追究家政企业的责任。

37.8.2 区块链家政服务平台，前提条件是家政服务标准化。

基于区块链家政服务平台，首先是家政服务标准化。这是区块链 + 新家政服务“新员工制”企业模式的最重要内容。这里的家政服务标准化，主要包括：家政服务员职业技能标准化、雇主需求标准化、家政服务产品标准化、家政服务管理标准化等。只有实现家政服务标准化，而且这种标准化是可观察的、可量化的，再进行数据化，才能编制部署在区块链上的智能合约，才能实现雇主与家政服务员点对点服务自动交易。可见，区块链 + 新家政服务“新员工制”企业模式的基础是家政服务标准化。

37.8.3 区块链家政服务平台，将重构家政企业的功能与运营模式。

基于区块链的家政服务平台，家政企业将不再进行家政服务交易，企业功能将从家政服务交易功能转变为“赋能”家政服务员，即实施“新员工制”柔性人力资源管理，建立“新员工制”绩效薪酬管理和激励机制，对家政服务员开展“链下”实操家政培训等。

基于区块链的家政服务平台，也推动了家政企业的运营模式的变革。例如，向雇主提供家政服务整体解决方案，通过实施“工作岗位分享制”，更精准地实现家政服务标准化，进而更好的数据化，更好的使用区块链家政服务平台，提升家政服务运营管理效能。

第38章　家政服务企业发展生态

【家政政策】

序号	发文时间	发文机关	政策文件名称
	2019年7月5日	国家发展改革委 商务部 教育部 人力资源社会保障部 全国妇联发改社会〔2019〕1182号	《关于开展家政服务业提质扩容“领跑者”行动试点工作的通知》
相关摘要	指导思想：坚持新发展理念，坚持高质量发展，坚持以人民为中心，以供给侧结构性改革为主线，持续推进“放管服”改革，繁荣家政服务市场，扩大有效供给，完善培训体系，加强诚信建设，推动家政服务业提质扩容，让人民群众有更多获得感、幸福感、安全感。 主要目标：推动试点地区出台一批可持续、可复制的政策措施，培育一批竞争力强、服务质量高、经济社会效益好的家政企业，加强家政行业信用体系建设，健全家政人才培训体系，实现试点地区家政服务实训能力全覆盖。促进家政服务业质量进一步提高，基本实现专业化、规模化、网络化、规范化发展。 试点任务：（一）试点城市主要任务：1.营造良好市场环境。2.深入开展家政培训提升行动。3.规范行业发展。（二）示范企业主要任务：1.完善培训体系。2.提高服务质量。3.承担公益责任。		

【家政寄语】

投资与赋能家政服务员，是家政企业制胜法宝。

【术语定义】

失败循环圈：是简化正规家政工作程序，尽可能降低费用支出，不设招聘“门槛”，来者不拒，招聘尽可能廉价的劳动力，来从事那些无须培训或稍加培训就能做的重复性家政服务工作。由此，产生两个同心且相互作用的循环：一个是家政服务员的失败，另一个是顾客的失败。

平庸循环圈：是另一个潜在的雇佣关系恶性循环。家政公司对家政服务员的工资待遇尚好，家政公司承受外部竞争市场压力较小，但是家政服务产品缺乏创新，家政服务员缺少培训，导致内部缺乏服务质量改进与创新动力。

成功循环圈：能够从更长远的眼光来审视家政企业发展与财务绩效，开始把“高素质高技能”的家政服务员视为家政企业的核心竞争力与战略资源，决心通过对家政服务员的大力投资，来赢得竞争优势而成功。

【学习目标】

通过本章的学习，您将能够：

1）了解成功家政企业的特征，熟悉家政企业发展的三个层次；

2）明确如何让一个失败的家政企业走向成功。

作为家政企业的创业者和管理者，最关心的是自己企业的可持续发展与盈利能力，只有自己企业发展了才是硬道理。

然而，目前，我国家政企业的现实发展是不容乐观的，竞争是激烈的，甚至是残酷的。其主要表现为：

一、家政服务员流动性强的家政公司经常陷入"失败循环圈"之中，不能自拔，欲罢不能。

二、有的家政公司对家政服务员的工资待遇尚好，但是家政服务产品缺乏创新，家政服务员缺少培训，家政公司也会进入"平庸循环圈"之中，整日如履薄冰、提心吊胆，挣得人头费、辛苦钱。

三、很少的家政公司能对家政服务员进行合理的投资，不断进行家政服务产品的创新与市场细分，进入"成功循环圈"之中，实现持续盈利，企业真正获得成功。

那么，什么是家政企业的"失败循环圈""平庸循环圈""成功循环圈"？下面具体分析：

38.1 失败循环圈

在家政服务业中，常见的一种方法是简化正规家政工作程序，尽可能降低费用支出，不设招聘"门槛"，来者不拒，招聘尽可能廉价的劳动力，来从事那些无须培训或稍加培训就能做的重复性家政服务工作。例如，家居保洁服务、居家养老护理服务等。家政公司的"失败循环圈"就是由于实施这种策略，产生两个同心且相互作用的循环：一个是家政服务员的失败，另一个是顾客的失败。

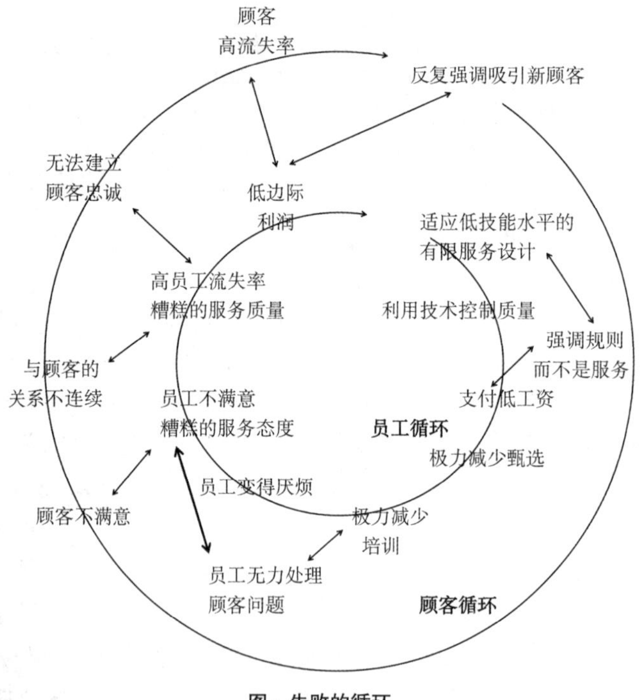

图：失败的循环

38.1.1 家政服务员失败循环

首先，从家政服务员低服务技能水平的迁就开始。家政公司强调"规则"即刚性的管理制度，而不是重视服务质量以及用服务标准、规范、流程、培训来控制服务质量。这些家政公司通常采用低工资策略，伴随着低工资而来的是，家政公司很少甄选家政服务员，没有入职条件，来者不拒；上岗前，又很少或很简单对家政服务员培训，没有上岗资格审查，即没有持证上岗；上岗后，在家政服务过程中，服务失误难以避免，再加上家政服务员又没有得到公司授权及授权培训，无法及时解决顾客问题；顾客不满意，顾客开始流失。

其结果将导致家政服务员对家政服务工作失去兴趣，产生厌倦，没有成就感，感到不满意，并逐渐形成消极的服务态度。

对家政公司而言，造成的后果就是糟糕的家政服务质量，较高的家政服务员流失率，顾客不满意而开始流失。由于顾客流失、家政服务员流失，企业利润水平开始下降且越来越低，甚至出现亏损。这又迫使家政公司不断或不得不招聘更多更廉价的劳动力，来充当家政服务员，无培训能力或很少培训就被送到顾客家中从事家政服务，以获得一些收入来维持公司运营。家政公司就是这样不断重复这个循环。

而且，在一些员工士气低迷的家政公司，家政服务员精神状态也很沮丧。如果顾客或家政公司对家政服务员的服务不满意，会使家政服务员变得对顾客产生敌意，严重的甚至可能出现恶对顾客的“服务破坏”现象。

在家政服务中，“服务破坏”现象可分为两个层面：隐蔽性、公开性；经常性、间歇性。隐蔽性的服务破坏行为通常对顾客隐瞒，是顾客看不见的；而公开的服务破坏行为是家政服务员故意做出的，有时是针对顾客的，有时是针对家政公司或同事的。经常性服务破坏行为是因为家政服务员不健康的个性心理所致，而间歇性服务破坏行为不常见、偶尔发生。

38.1.2 顾客失败循环

即从家政公司过分强调吸引新顾客开始的。但是这些顾客不满意家政服务员的服务质量，也对公司频繁更换家政服务员、缺乏持续连贯的服务感到极不满意。这些顾客无法对家政公司产生忠诚，和家政服务员一样快速流失。这种情况就要求家政公司不断寻找新的顾客以维持销售收入。我们知道，忠诚的顾客可以给家政公司带来更大的收益。因此，家政公司非常担心顾客因不满意而离开。

38.1.3 家政公司管理者的借口与理由

在家政公司经营实践中，面对持续的难以跳出的失败循环圈，家政公司管理者总能找到借口、理由，更多指向了家政服务员：

* “如今没办法找到合适的家政服务员”；
* “如今人们，特别是年轻人都不愿意做家政服务”；
* “招聘好的家政服务员成本高，而你又不能把这些费用转嫁到顾客身上”；
* “家政服务员流失率高，培训她们是不值得的，也得不偿失，风险大”；
* “家政服务员流失率高，在家政行业是不可避免的，你得学会接受它”。

其实，很多家政公司管理者，对于低工资、高流失率的人力资源投资策略所带来的长期财务效应，都是鼠目寸光。这里需要算一算所有相关成本，特别是家政公司容易遗漏的以下三类关键的成本：

（1）不断的招聘、雇佣、培训、辞退的成本（公司管理者花费的时间成本和财务成本一样多）；

（2）经验不足的新家政服务员提供较低服务质量与服务效率带来的成本；

（3）不断吸引新顾客的成本（需要不断地 做广告和促销）；

还有，潜在的损失，容易忽视的收益：

（1）本可以持续多年的一笔收入，但是由于顾客不满意离开而损失了；

（2）潜在的顾客因负面口碑而流失。

消极的一面还有：当在顾客家庭家政服务工作出现空缺而造成的损失，离职家政服务员带走所掌握的家政服务知识和技能、及其对顾客了解的流失（和她带走公司潜在顾客一样），还会产生一些难以量化的、导致家政服务中断的成本。

38.2 平庸循环圈

平庸循环圈是另一个潜在的雇佣关系恶性循环，多见于区域性的大的加盟连锁的家政公司。这些大的家政公司承受外部竞争市场压力较小，导致内部缺乏服务质量改进与创新动力。

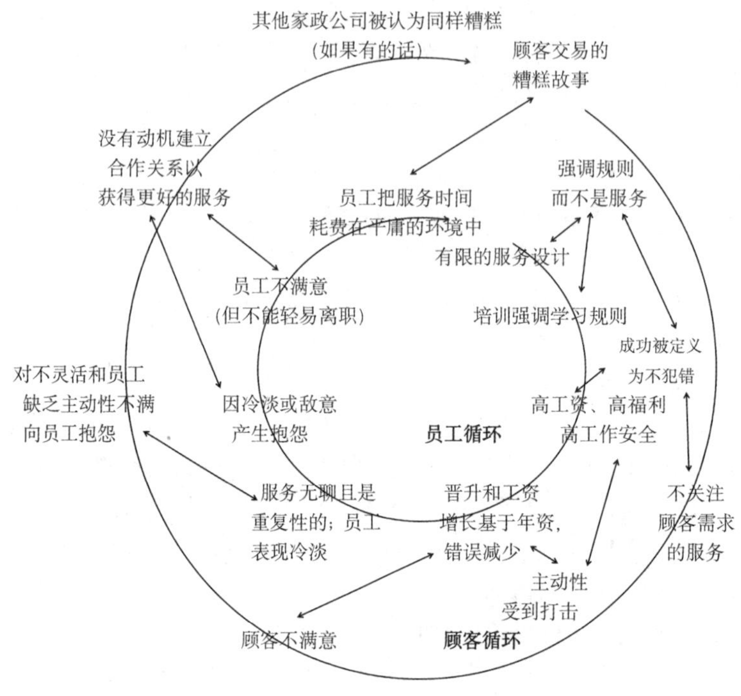

图：平庸的循环

在这种情况下，提供服务的规范、制度被规定为严格的“规则”，需要家政服务员严格参照执行。倾向于规范化服务(即公司规定的内部规范，大都是多年成功的服务经验总结)，重视运营效率，防止家政服务员对特定顾客的欺诈和偏袒；家政服务员服务工作职责的界定，严格按照服务业态、岗位职责范围、等级划分，非常呆板，缺乏生气；工资增长和职务晋升基本上是按年龄论资排辈。衡量优良的工作表现或绩效的判断标准，就是不出错，而不是优质的服务、高效率的服务、良好的服务体验；家政培训侧重于“规则”和服务技能层面的学习，而不是提升家政服务员的人际交往能力（与顾客、与同事的交往互动）、服务态度、职业道德、家政服务文化的培训。由于家政服务员的灵活性、主动性、创新性服务缺乏鼓励和工资绩效奖励，甚至很少允许家政服务员在服务中发挥灵活性与创新性，更谈不上在服务中对家政服务员授权，致使家政服务工作渐渐变成枯燥无味、无聊的机械重复，让家政服务员渐渐失去服务热情，更不可能当成职业或事业来从事。

但是与“失败循环圈”相比，这里家政服务员有相对较高的工资报酬，还提供一定的福利保险保障，工作有保障、稳定性也较强。因此，家政服务员不愿意离开企业。这种较低流动性是以牺牲家政服务技能创新为代价，而这些家政服务技能创新，恰恰是激烈竞争的家政服务市场所需要的。

其实，在家政服务市场，顾客并不乐意同这些家政公司打交道。这些家政公司官僚作风、繁琐的各种手续、缺少灵活性、家政服务员不敬业甚至不愿意尽力为顾客提供良好的服务，这些都使顾客感到愤怒；有时，不满意的顾客向家政服务员发脾气甚至怀有敌意也很正常，顾客不再指望或期待家政公司能提供更好的服务；当顾客向已经有负面情绪的不快乐的家政服务员抱怨投诉时，本来就糟糕的服务态度变得更差。接下来，家政服务员有可能通过一些“潜规则”来保护自己。例如，消极冷漠应对、例行公事、“以牙还牙”等。当然，也有一些家政服务员也是身不由己，无力改变家政公司的“规则”和身边的环境。

面对这种“平庸循环圈”，顾客也没有别的办法。即使顾客的确痛恨家政服务员的漠不关心、墨守成规、以暴制暴的糟糕服务和恶劣态度，甚至对家政公司和家政服务员表现出敌意。顾客还是经常继续选择这些家政公司提供服务。因为，这些大的家政公司拥有垄断地位，或是因为其他家政公司同样糟糕甚至更差，“天下乌鸦一般黑”。但是，这些行为的直接后果，就是形成一种不健康的平庸的循环。在这种平庸的循环中，不满意的顾客，不断抱怨投诉闷闷不乐的家政服务员服务很差劲、态度很不好；部分家政服务员，因此而产生更大的抵触心理、更严重的自我防御、更加漠不关心。

在这种情况下，顾客越不会与家政公司和家政服务员开展合作，达成更好的家政服务，同时，也抑制了顾客家政服务需求。最终结果不利于家政服务业实现真正的“提质扩容”。

38.3 成功循环圈

遗憾的是，在家政服务业，很少有家政公司极力杜绝失败循环圈与平庸循环圈中出现的各种现象。

但是，现在，随着家政服务市场的激烈竞争，特别是顾客的服务需求、服务品质预期越来越高，有的家政企业开始觉醒，特别是新创立的“互联网 + 家政”“家政 + 互联网”创新型家政企业，他们开始摒弃“失败循环圈”“平庸循环圈”的发展模式。取而代之，能够从更长远的眼光来审视企业发展与财务绩效，开始把“高素质高技能”的家政服务员视为家政企业的核心竞争力与战略资源，决心通过对家政服务员的大力投资，来赢得竞争优势而成功。因此，建立了可持续的成功的循环，即“成功循环圈”。

正如失败和平庸一样，成功也同时包括家政服务员和顾客两个方面。

家政公司利用丰厚的工资报酬和福利待遇，来吸引高素质的家政服务员，并拓展服务内涵、提供标准化系统培训、向一线家政服务员授权、积极实行内部营销、促进家政服务员职业生涯发展规划等方式，允许一线家政服务员自主控制服务质量。

由于有针对性地和有条件地选拔家政服务员、严格规范培训、高薪，都将使家政服务员在家政服务工作中，感到更开心，有归属感，更有信心，并愿意为顾客提供质量更优质、让顾客满意的服务。

因为家政服务员低流动性、高稳定性、愿意提供良好的稳定的高品质家政服务，长期的老顾客，便感知到良好的服务体验，对顾客关系也满意，对家政服务员也会更加友好。因此，对家政公司变得更加忠诚，更愿意与家政公司和家政服务员建立长期的合作关系。

由于边际利润（即指增加一个家政服务客户的销售所增加的利润，反映增加家政服务产品的销售量能为家政企业增加收益）递增，有更高的利润，家政公司更愿意实施这种顾客保留策略，而不需要在提高顾客忠诚度上花费大量的营销成本。这种策略与不断吸引新顾客的策略相比，能够带来更高的利润。现在，新崛起的创新型“互联网 +”家政公司，越来越致力于打造“成功循环圈”，并为顾客提供具有竞争力的高品质的家政服务。

【实践案例】

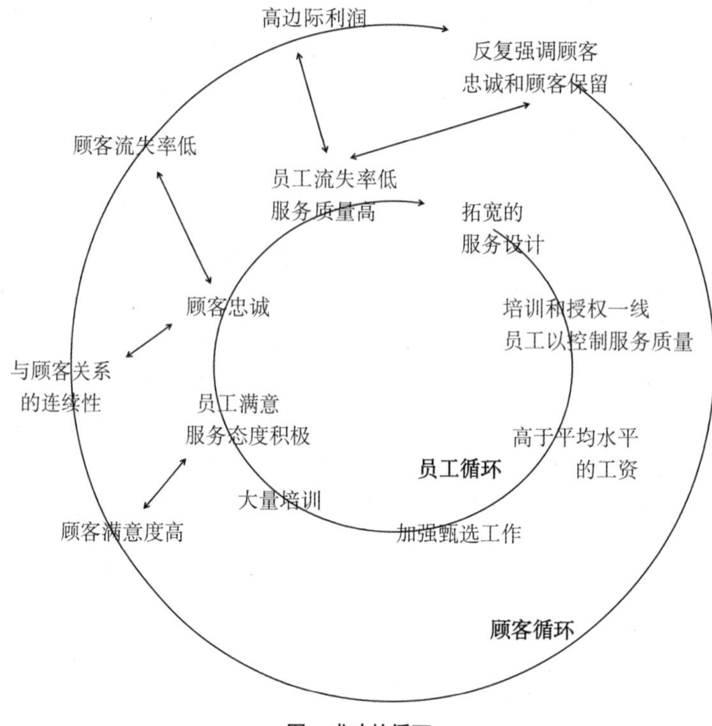

图：成功的循环

作为成功循环圈中一线家政服务员的模范代表，这位北京的模范家政服务员，也是全国劳动模范。她在家政服务工作中表现出众，深受雇主的喜爱，在老顾客中很闻名，受到同事的尊敬。她很热爱自己的家政服务工作，工作得很舒心，并认为家政服务是最适合她的工作，她遵循了九条成功法则：

1）对待顾客就像家人一样。第一次到顾客家庭提供服务，不要让顾客觉得像陌生人。要快乐一些，积极一些，主动地微笑，多于顾客沟通交流，不冷落顾客家庭的任何一个成员，包括婴幼儿。对顾客家庭的孩子与老人一样尊重。"老吾老以及人之老""幼吾幼以及人之幼"；把顾客家的事，当成自己家的事，要积极主动做事，要注意勤俭节约。

2）先倾听。要学会倾听本领，先要认真地听。然后，根据顾客的需求提供服务；要倾听顾客家庭每一个成员的需求或意见，提供有针对性的服务。

3）为顾客着想。想顾客之所想，急顾客之所急。"我不想让我的顾客为每件事都提出要求，所以我尽力预想他们可能提出的要求。"

4）细微之处见功夫。关注服务的细节。例如，在照料顾客就餐时，餐具器皿的正确的摆放位置；当顾客下班回家，刚进门，送上室内拖鞋。"很小的事情就可以使顾客感到愉悦、感到温暖。"

5）聪明地工作。"不要一次只做一件事情。"在给一个杯子加完水之后，会顺便给其他人的杯子加水。"你需要有规划，你需要考虑整体"。

6. 坚持学习。要不断提升现有的服务技能、服务知识；根据顾客需求，学习新技能、新知识。

7）快乐地生活。对现在的服务工作很满意。愉悦顾客的同时，也要快乐自己。喜欢帮助别人，总是以积极的态度做服务。这种积极的态度感染顾客家庭每个成员，给顾客家庭带来温暖。

8）人人为我，我为人人。与同事之间相互照应；在顾客家庭，“我们就像一个家庭，我们相互之间非常了解，我们会相互帮助。”

9）以家政服务为荣。相信自己工作的重要性，也明白必须把服务做好。“我不认为自己的家政服务工作‘仅仅是名服务员’，我选择要做家政服务员。我希望发挥自己的全部潜力，并且竭尽所能。我告诉每一个新人：为自己的家政服务工作而自豪。别把自己当做无名小卒，无论你做什么都要全力以赴，并且要充满自豪。”

38.4 区块链 + 家政服务企业发展生态

基于区块链的家政服务平台，要求家政公司转变服务交易功能，重点转向给家政服务员“赋能”，提升对家政服务员的培训能力，强化家政服务员个体品牌建设；要求家政公司转变管控功能，重点转向选聘优质家政服务员和激励家政服务员提供优质服务，强调对家政服务员的服务功能；要求家政公司转变与雇主服务交易功能，重点转向为雇主提供“链上”服务交易后的服务纠纷调解功能、推荐和帮助雇主正确使用区块链家政服务平台。

第39章 家政服务企业领跑者

【家政政策】

序号	发文时间	发文机关	政策文件名称
	2019年6月16日	国务院办公厅。国办发〔2019〕30号	《国务院办公厅关于促进家政服务业提质扩容的意见》
相关摘要	（三十六）培育家政服务品牌和龙头企业。各地要培育一批具有区域引领和示范效应的龙头企业，形成家政服务业知名品牌。实施家政服务业提质扩容“领跑者”行动。		

【家政寄语】

让雇主和家政服务员有更多获得感、幸福感、安全感。

首先让家政服务员有获得感、幸福感、安全感，才有雇主的满意度、忠诚度。

【术语定义】

失败者：无论在顾客、员工包括一线家政服务员、管理者视角上，还是在营销、运营、人力资源管理上，都处在底层，都不合格。

平庸者：尽管他们的服务绩效表现还有很多不尽如人意的对方，已经摒弃了失败者最糟糕的特征。平庸者为传统的运营理念、运营模式所困。

专家：和平庸者处于不同的层次，有明确的市场定位战略，家政细分目标市场中的顾客，会主动寻求这些公司提供服务，他们因满足了顾客的各种服务期望、服务体验，而建立起持久的信誉与服务品牌。

领跑者：是家政行业里“精英中的精英”，是优质家政服务的代名词，总是可以使顾客愉悦。他们在每一个职能领域的管理中所进行的革新，以及他们在这营销、运营、人力资源管理三个职能部门之间，优异的内部沟通和协作能力而闻名。这种成功来源于：相对扁平的组织结构、良好合作的团队、为顾客建立的无缝对接的服务流程。

【学习目标】

通过本章的学习，您将能够：

1）了解家政企业领跑者的特质，熟悉家政企业发展的四个层次；

2）认识自己家政企业在哪个层次及其努力的路径；

3）明确向更高层次迈进，并坚定信心。

从失败者到领跑者：家政服务绩效存在四个层次。

我们知道，家政公司在某个方面的优秀表现，并不能保证家政服务领先。家政公司必须在全方位卓越，才能确保该公司成为家政服务业的领跑者。

这种家政服务领跑者，必须反映多维度的卓越表现，至少在营销、运营、人力资源管理三个职能领域，来评估一个家政服务公司。根据评估结果，家政公司的服务绩效可分为四个层次：失败者、平庸者、专家、领跑者。下面将具体分析：

家政服务绩效的四个层次评估工具

层次	失败者	平庸者	专家	领跑者
营销职能				
营销的作用	1. 缺乏服务营销策略；2. 广告和促销缺少焦点；3. 不涉及服务产品或定价决策。	1. 混合使用服务销售和顾客沟通；2. 用简单的服务细分战略；3. 选择性地打折促销；4. 进行基本的满意度调查。	1. 有明确的应对家政服务竞争的战略定位；2. 利用有焦点、有吸引力的服务沟通，来明确顾客期望并教育顾客；3. 基于价值来定价；4. 监测顾客服务消费，实施服务忠诚度项目；5. 利用多样化研究手段测量顾客满意度，获得服务提升与改进的想法；6. 与运营协调，引入新的服务传递系统。	1. 特定家政服务细分市场中创新的领跑者，因服务营销技巧而知名；2. 在服务产品、流程上树立品牌；3. 执行关联家政服务数据库分析，进行一对一市场营销和积极顾客管理；4. 使用一流的研究手段；5. 利用服务概念测试、观察、领先顾客作为新服务产品开发的来源；6. 与运营、人力资源关系密切。
竞争诉求	1. 顾客不是因为家政企业表现良好，才购买服务。	1. 顾客既不主动寻求，也不避讳此类家政公司。	1. 基于其满足顾客期望的、持久信誉，主动寻求此类家政公司。	1. 家政公司的名称是卓越家政服务的代名词；2. 愉悦顾客的能力，使其顾客期望值达到对手无法企及的高度。
顾客类别	1. 非特定的；2. 以最低的成本服务大众家政服务市场。	1. 了解一个或多个家政服务细分市场的基本需求。	1. 家政公司清晰地了解顾客组群的需求差异、和他们各自对家政公司的价值。	1. 基于其未来对家政公司的价值，选择与保留顾客，包括他们对公司提供新的服务商机的潜力，以及刺激创新的能力。
服务质量	1.极具变动性、通常是不令人满意的；2. 服从于运营优先。	1. 满足一些顾客期望；2. 关注一个或两个关键维度，但不是所有的。	1. 在多个维度上持续满足甚至超越顾客期望。	1. 将顾客期望提升到新的水平；2. 持续改进。
运营职能				
运营的作用	1. 被动的；2. 成本导向。	1. 作为管理职能主线，创造并传递服务产品，将标准化视为服务生产率的关键，从内部角度定义质量。	1. 在竞争战略中扮演战略角色；2. 认识到家政服务生产率和顾客服务质量之间的平衡；3. 愿意外包；4. 监测竞争性操作，来获取思路和威胁的信息。	1. 因创新、专注、卓越闻名；2. 是与营销、人力资源管理平等的搭档；3. 具备内部研究能力，有学术关系；4. 不断地实验。
服务传递（前台）	1. 不可避免的失败。定位和计划同顾客偏好无关，一贯忽视顾客。	1. 守旧的企业；2.“够用就行”“不出错就好”；3. 对消费者建立严格的规则；4. 传递过程中的每一步都独立运行。	1. 受顾客满意度而非传统驱动；2. 愿意服务定制化，增强新的渠道；3. 强调速度、解释、舒适。	1. 围绕顾客组织无缝的服务传递流程；2. 员工包括一线家政服务员了解和熟悉自己的服务对象；3. 专注于不断的改进。
后台运营	1. 与前台脱节；2. 在公司系统中无足轻重。	1. 为前台的传递步骤作出贡献，但组织是分隔的；3. 对顾客不熟悉。	1. 流程明确地同前台联系在一起；2. 将自身角色视为服务“内部顾客”：反过来服务外部顾客的人。	1. 即便地点相隔万里，也与前台传递紧密地整合在一起；2. 理解自身角色如何同服务外部顾客的整体流程联系在一起；3. 不断地进行对话。

服务生产率	1. 不明确；2. 管理者由于超出预算而受到惩罚。	1. 基于服务标准化；2. 将成本控制在预算内，并从中获得好处。	1. 专注于重新构建后台流程；2. 避免出现服务生产率提升却降低顾客服务体验的情况；3. 为了效率持续地改善流程。	1. 理解服务质量回报的概念；2. 积极寻求顾客参与服务生产率提升；3. 不断地尝试新流程和新技术。
引入新技术	1. 较晚的应用者，迫于生存才采用。	1. 为了节约成本而随大流。	1. 当互联网信息技术能够增强顾客服务，以及提供竞争优势的时候，就早早地采用该技术。	1. 同技术领先者一起开发新应用，以创造先驱者优势；2. 追求竞争者无法匹敌的服务绩效水平。
人力资源职能				
人力资源作用	1. 提供能够满足工作最低服务技能要求的廉价家政服务员。	1. 招聘、培训能够胜任的员工包括一线家政服务员。	1. 投资于选择性招聘和持续培训；2. 保持贴近家政服务员，促进向上的流动性；3. 努力提高其工作生活的质量。	1. 视家政服务员质量为战略性优势；2. 公司因其杰出的工作环境而闻名；3. 人力资源帮助高层管理者培育企业服务文化。
员工包括一线家政服务员	1. 消极约束：糟糕的执行者，无所谓的态度，不忠诚。	1. 足够的资源，遵循程序，但是缺乏创见；2. 离职率通常较高。	1. 积极性高，工作努力，在服务流程选择上，被授予一定的自主权，向公司提供建议。	1. 具有创新力，授权程度高；2. 非常忠诚，认同企业价值和目标；3. 创造服务流程。
一线管理	1. 控制员工包括家政服务员。	1. 控制服务流程。	1. 倾听顾客；2. 指导并帮助员工特别是一线家政服务员。	1. 高层管理者新理念的来源；2. 指导员工包括家政服务员的职业生涯发展和提升对企业的价值。

39.1 失败者

家政服务失败者，无论在顾客、员工包括一线家政服务员、管理者视角上，还是在营销、运营、人力资源管理上，都处在底层，都不合格。

顾客会容忍他们，并不是因为这些家政公司服务质量表现还可以，而是因为其他家政公司一样差，“天下乌鸦一般黑”，顾客没有其他选择。这是“服务失败者”还能够生存的原因。这种类型的家政公司，心不在焉、素质与服务技能低下的家政服务员，也是主要制约服务绩效提升的消极因素。在迫不得已的情况下，这类公司才有可能招聘合适的家政服务员，进行规范化培训，按照标准化提供服务。“家政服务失败者”相对于家政公司发展生态方面的“失败循环圈”。

39.2 平庸者

家政服务平庸者，尽管他们的服务绩效表现还有很多不尽如人意的对方，已经摒弃了失败者最糟糕的特征。平庸者为传统的运营理念、运营模式所困。例如，高度依靠刚性管理制度进行管控、规范化服务来节约成本。他们主张“能用就行”“不出错就好”的服务理念，营销策略单一，人力资源管理与运营管理职能可能是合二为一，这样可节约人力、物力、财力资源。

顾客对这类家政公司，既不会主动寻求，也不能避免这样的家政公司。因为，没有更好的家政公司可以选择。

这类家政公司的管理者，平时总是反复强调要提高家政服务质量，但是他们没有清晰的家政服务战略与目标定位，没有明确的“顾客导向”“服务导向”的家政服务文化，没有明确的高效的服务流程；即使他们强调的家政服务标准、服务规范，也都是经验总结性的，缺乏科学性。家政培训侧重于“规则”和服务技能层面的学习，而不是提升家政服务员的人际交往能力（与顾客、与同事的交往互动）、服务态度、职业道德、家政服务文化的培训。由于家政服务员的灵活性、主动性、创新性服务缺乏鼓励和工资绩效奖励，甚至很少允许家政服务员在服务中发挥灵活性与创新性，更谈不上在服务中对家政服务员授权，

人们总能在家政服务市场中，发现很多这样的公司。他们毫无生气地彼此竞争，“同质化”现象很严重，你也可能很难区分它们。经常的服务价格打折活动，特别是在服务淡季，是他们试图吸引新顾客时，首先采用的主要手段。相对于家政公司发展生态方面的“平庸循环圈”。

39.3 专家

家政服务专家，和平庸者处于不同的层次。专家型家政公司有明确的家政服务市场定位战略。家政细分目标市场中的顾客，会主动寻求这些公司提供服务，他们因满足了顾客的各种服务期望、服务体验，而建立起持久的信誉与服务品牌。

家政服务专家的服务市场营销策略更加成熟。例如，能够针对目标顾客运用有效的沟通策略；基于为顾客创造价值的差异化、组合化定价方法；通过市场调研来测量顾客满意度，并以此获得提升服务的新理念或新模式等。

家政服务专家，强调公司运营管理与市场营销协同合作，公司“后台”支持系统与“前台”员工之间，有更加明确清晰的互动，共同创新服务提供系统，实现顾客感知的服务质量与公司服务生产率之间的平衡。

家政服务专家，相对于服务平庸者，人力资源管理更加积极主动，更加注重对一线家政服务员的投资，实行“顾客导向”“服务导向”的内部营销。

成功的循环，强调人力资源战略。这种战略在服务专家型家政公司中，会引起公司内部的大多数员工、特别是一线家政服务员高水平的服务表现，并对顾客满意度、忠诚度产生巨大的积极影响。

39.4 领跑者

家政服务领跑者，将是家政行业里“精英中的精英”。虽然家政服务专家很优秀，但是家政服务领跑者更加出类拔萃。例如，英国管家、菲佣，几乎是优质家政服务的代名词，总是可以使顾客愉悦。

家政服务领跑者之所以获得认同，是由于他们在每一个职能领域的管理中所进行的革新，以及他们在这营销、运营、人力资源管理三个职能部门之间，优异的内部沟通和协作能力而闻名。这种成功来源于：相对扁平的组织结构、良好合作的团队、为顾客建立的无缝对接的服务流程。

家政服务领跑者，在营销管理中，广泛利用客户关系管理（CRM）系统，对顾客服务需求有深入的洞察力，通常与顾客一对一的沟通交流，建立定制化、个性化服务；在应对先前没有被意识到的顾客需求时，通常采用服务概念测试、观察，以及同领先顾客的沟通，来研发、拓展创新的、突破性的服务，进而满足先前未意识到的顾客服务需求。

家政服务领跑者，其运营专家将与世界范围内家政服务技能技术与管理领先者协同合作，共同开发出能够创造先驱者（首创者）优势的新型家政服务领域，并且能够让公司提升到竞争者在很长一段时间内，都无法企及的水平。

家政服务领跑者，高层管理者将一线家政服务员素质与服务技能水平，视为公司战略

优势与核心竞争力资源。公司人力资源管理者努力创造并保持一种“顾客导向”“服务导向”的企业文化，同时，创造杰出的工作环境，积极推行内部营销，吸引并留住最优秀的家政服务员。家政服务员自己也认同公司价值和目标。因为他们参与其中，受到鼓舞，并被授权，愿意与勇于接受改变，成为公司创新理念、创新服务不断产生的持久的源泉。

39.5 向更高层次迈进

在家政服务业，家政公司在服务绩效表现上，要么向上升，要么向下滑。曾经提供明星级服务的家政公司也可能变得沾沾自喜，行动迟缓；致力于满足现有顾客的家政公司，可能错过市场上重要的“转向”，进而发现自己已经变得过时，无法吸引要求高、有不同期望值的新顾客。遗憾的是，这些公司成功的高级管理者，时常会迷失在公司已取得的更高水平的家政服务绩效表现之中，而忽视了事实上这种成功的“基石”正在逐渐破碎的现实。

事实上，所有的家政公司，都想成为家政市场上的领跑者，想赢得顾客忠诚，想让顾客为公司传播好口碑。如果能够实现这些目标，家政公司市场份额、股东价值、公司声誉都会随着得以提升。这些都是公司向更高层次服务绩效迈进的理由。那么，企业绩效向高层次提升有章可循吗？毫无疑问，回答是肯定的。以上分析的家政服务“专家”“领跑者”的那些做法，无疑有利于企业绩效的提升。例如：改进和协调营销管理、运营管理、人力资源管理三者之间的关系，制定更具有竞争性的家政服务目标市场定位，强化家政培训，实施内部营销以及提高顾客满意度、给家政服务员授权等。

这都要求家政公司中各层级的人力资源管理者，特别是公司最高决策者，为公司确定正确的方向，制定正确的战略与服务定位，并确保相关战略能够在公司全体员工包括一线家政服务员，得以贯彻实施。果真如此，必将有助于你的家政公司向更高层次的服务绩效迈进。

39.6 区块链 + 家政服务企业领跑者

基于区块链的家政服务平台，重构了家政公司的“生产关系”与运营模式，主要体现在：

39.6.1 营销职能上

基于区块链的家政服务平台，要求家政公司首先确定特定细分市场，进行一对一或点对点精准定制化营销；强化家政服务员品牌；强化家政服务产品标准化营销；强调家政服务品牌营销等。

39.6.2 运营职能上

基于区块链的家政服务平台，要求家政公司改变服务交易职能，专注于为雇主和家政服务员提供“上链”或“链上”交易服务；专注于做好一对一的服务纠纷调解服务；专注于服务标准化与服务品牌化打造。

39.6.3 人力资源职能上

基于区块链的家政服务平台，要求家政公司重构与家政服务员的关系，变劳动关系为合作关系，变刚性管控为柔性激励与授权，强化给家政服务员“赋能”，强化家政服务员选聘与培训，强化家政服务文化建设；强化家政公司内部营销；强化家政服务员职业生涯发展。

第 40 章　区块链 + 新家政服务理论与实践模式

【家政政策】

在中央政治局就“区块链技术发展现状和趋势”进行第十八次集体学习时，习近平总书记强调：“把区块链作为核心技术自主创新的重要突破口”“加快推动区块链技术和产业创新发展”。

习近平在主持学习时发表了讲话。习近平指出，要探索“区块链 +”在民生领域的运用，积极推动区块链技术在教育、就业、养老、精准脱贫、医疗健康、商品防伪、食品安全、公益、社会救助等领域的应用，为人民群众提供更加智能、更加便捷、更加优质的公共服务。

——习近平总书记（2019 年 10 月 24 日）

序号	发文时间	发文机关	政策文件名称
	2020 年 2 月 28 日	发展改革委。 发改就业〔2020〕293 号	《关于促进消费扩容提质　加快形成强大国内市场的实施意见》
相关摘要	（十四）大力发展“互联网 + 社会服务”消费模式。促进教育、医疗健康、养老、托育、家政、文化和旅游、体育等服务消费线上线下融合发展，拓展服务内容，扩大服务覆盖面。探索建立在线教育课程认证、家庭医生电子化签约等制度，支持发展社区居家“虚拟养老院”。		

【家政寄语】

基于区块链技术的新家政服务，将为中国家政产业带来新发展动能、新曙光，必将颠覆我们的生活方式。

【术语定义】

区块链：（Blockchain）是一种数据以区块（block）为单位产生和存储，并按照时间顺序首尾相连形成链式（chain）结构，同时，通过密码学保证不可篡改、不可伪造、数据传输访问安全的去中心化分布式账本。

P2P 网络：即 P2P（Peer–to–Peer 点对点）网络，是指加入网络中的所有节点（客户端、用户端：计算机或移动手机端）均互为对等关系。节点与节点是平等的，没有“特殊”性，所有节点共同承担提供网络服务的责任。网络节点间以一种“扁平”的网状拓扑结构互联。网络中没有服务器，没有中心化服务，没有层次化。处于点对点网络中的节点同时提供和消费服务，互惠互利。这与有中心服务器的中央网络 C/S 架构系统不同，点对点网络的每个节点既是客户端，也是服务器。

共识机制：区块链是通过全网所有节点（用户端）记账来解决信任问题，即所有网络节点都参与记录交易数据。那么，最终以谁的记录为准，或者说，怎么保证所有节点最终都记录一份相同的正确数据，即达成共识。当前区块链的共识机制或共识算法有多种，主要有：POW（Proof of Work 工作量证明）、POS（Proof of Stake 权益证明）、DPOS（Delegate

Proof of Stake 委托权益证明）机制以及拜占庭容错共识等。当然，没有一种共识机制是完美无缺的，这也意味着没有一种共识机制是适合所有区块链应用场景的。

智能合约：是指“一套以数字形式定义的承诺，包括合约参与方可以在上面执行这些承诺的协议”。其中，“一套承诺”是指合约双方共同确定的权利与义务；“数字形式”是指合约以可读计算机代码的形式写入计算机；“协议”是指实现合约承诺所应用的计算机程序。概括来说，智能合约，是指通过计算机代码实现以数字形式传播、验证、执行合约双方的权利与义务。

分布式账本：是指通过在不同节点（网络用户）之间达成共识，记录相同的账本数据，即是一种在不同节点之间共享、复制和同步的数据库。分布式账本是区块链技术的基础。

去中心化：区块链是基于P2P网络，没有中心服务器，没有中心化服务，该网络中每个节点都是平等、独立的。每一个节点的数据传输不再依赖中心化服务器，每一个节点可从任意（有能力的）节点得到服务。而且任一或少量的节点损坏或丢失，都不会影响整个区块链系统的运行。区块链从网络架构上，实现了“去中心化”。

通证：英文单词是Token，是指基于区块链技术的可流通的加密数字权益证明。

DAPP：是Decentralized Application的缩写，即“去中心化应用”或“分布式应用”，是指运行在分布式网络上，由许多用户参与，可避免任何单节点故障，且参与者的信息被安全保护，也可能是匿名的，通过网络节点进行去中心化操作的应用。即DAPP是基于区块链技术开发的去中心化应用。

公有链：“公有”就是任何人，都可以参与区块链数据的维护和读取，不受任何单个中心机构的控制，数据完全开放透明。公有链是真正意义上的完全去中心化的区块链。公有链也称“非许可链”，无官方组织及管理机构，无中心服务器，参与的节点按照系统规则自由接入网络，不受控制，节点间基于“共识机制”（例如，POW、POS、DPOS等）开展工作。

联盟链：通常应用在多个互相已知身份的组织之间构建的需要注册许可的区块链，也称“许可链”。联盟链系统一般都需要严格的身份认证、权限管理，节点的数量在一定的时间段内也是确定的，适合处理组织间需要达成共识的业务。

私有链：是指不对外开放，仅仅在组织内部使用，即限制在一定范围内的区块链，外部节点不能加入区块链网络。私有链的各个节点的写入权限收归内部控制，而读取权限可视需求有选择地对外开放。

价值互联网：价值互联网是一个可信赖的实现各个行业、各个组织、每个人协同互联、实现人和万物互联互通，实现“价值或权益”的高效、智能化流通的新型网络（而不仅仅是“信息”交互）。可用于促进人与人、人与物、物与物之间的共识协作、效率提升，将传统的依赖于人或依赖于中心的公正、调解、仲裁、执行功能实行自动化，按照大家都认可的协议交给可信赖的机器程序来自动执行。还有，通过对现有“信息互联网”（传统互联网）体系进行变革，区块链技术将与5G网络、机器智能、物联网等技术创新融合，共同承载着我们的智能化、可信赖的价值互联网新时代。

【学习目标】

通过本章的学习，您将能够：

1）了解区块链技术到底是什么技术；

2）区别“信息互联网”与“价值互联网”；

3）理解家政服务业为什么必须要采用区块链技术；

4）掌握区块链技术在家政服务应用场景中的具体方法；

5）知晓区块链技术未来发展趋势及其对家政服务业的影响。

40.1 区块链 + 新家政服务实践模式概述

40.1.1 我国家政服务业“两难”困境、“三大痛点”

众所周知，我国家政服务业存在“两难”困境，即雇主找家政服务员难、家政服务员找工作难。表面现象上看，好像是彼此信息对接有问题，其实不然。家政服务业的两难困境或“供需矛盾”更多的是“供不适求”，即家政服务员的素质、技能、诚信水平不适合雇主需求。伴随着两难困境，家政服务业存在“三大痛点”：一、家政服务员整体素质不高，缺乏专业技能与知识；二、家政服务业缺乏诚信，无论是家政公司还是家政服务员的诚信水平，都有待提高；三、家政企业运营效率低下，缺乏盈利能力，生存发展困难。

我国家政服务业发展存在的上述问题，自家政服务业成为职业以来，已经历 38 年发展，迄今为止仍没有大的实质性进展和突破。其主要原因是传统的家政服务业发展的“服务生产关系”出了问题，不适应家政“服务生产力”（服务提供能力）的发展，且阻碍家政服务业健康可持续发展。或者说，传统家政服务业发展模式存在结构性问题，已满足不了家政服务业发展实践要求，且远远落后于家政发展实践。例如，传统家政服务业的服务方式、服务交易方式、管理模式、家政服务员的招聘、培训、技能鉴定方式等，都不适合现代家政服务业实践发展需要。对于传统家政服务业存在的种种问题，靠修修补补，头痛医头脚痛医脚的方式，是很难让传统家政服务业摆脱发展困境，很难有效破解传统家政服务业存在的结构性痛点。

我国家政服务业发展到了必须重构的时候了。区块链技术为我国家政服务业重构与“提质扩容”、实现高质量发展，提供了创新突破口，迎来了家政服务业颠覆性发展的历史新机遇。

40.1.2 为什么家政服务业必须走向“区块链 + 新家政”发展模式

为什么家政服务业必须走向“区块链 + 新家政”发展模式？除了上文提到的我国家政服务业存在的“两难”困境、“三大痛点”需要采用新思维、新方法来破解的内在需求外，也可以从区块链应用场景的判断准则的角度，来分析判断：家政服务业为什么必须走向“区块链 + 新家政”发展模式。除此之外，我国家政服务业要实现“提质扩容”、高质量发展，别无他法。

区块链面向行业的解决方案：需要多方参与，构建行业联盟，形成事实标准。区块链适用于：多状态、多环节、需要多方参与协同完成、多方相互不信任、无法使用可信第三方完美解决的事情。依据这些判断准则，来判断家政服务业应用场景是否需要区块链？下面具体分析：

40.1.2.1 准则一：是否储存交易数据

通俗地理解，区块链是一个分布式的数据库或分布式账本，使用数据库的各方都可以存储交易数据。存储的交易数据又常被称为“账本”或“状态”。既然是账本，最重要的用途就是记账，记录每笔交易的重要数据，以便将来以此作为查账和避免纠纷的依据。区块链最核心的部分就是用来存储交易的信息（交易数据）。因此，如果没有交易数据存储，就不会有区块链。

需要指出的是，这里的“交易”指的广义的交易，并不限于货币和金融的交易，一切会产生数据状态变化的事务（活动），都称之为“交易”。例如：商品交易信息的变化、家政服务员求职登记、服务提供、教育培训、雇主面试家政服务员、账户的创建、服务投诉处理、服务补救的记录等，都可以算作交易。（交易是指双方以货币或服务为媒介的价值的交换。常以货币或服务为媒介的，又称贸易、交换，是双方对有价物品或服务进行互通有无的行为）。

需要特别强调的问题是：业务需要保存的数据很多，到底什么样的数据适合用区块链来存续？或者说，什么样的数据不适合上链？什么样的数据适合上链？

什么样的数据不适合上链？

从业务角度看，不需要共享的数据不适合上链。例如，用户的私钥，是用户绝对不想与其其他人分享的信息，如果上链，就意味着私钥会被每一个参与者获取并存储。即便是被加密也会有泄露的风险，因此没有必要上链。

从性能角度看，过于庞大的数据和更新过于频繁的数据，也不适合上链。例如，用户上传的音视频、日志文件等。因为，区块上存储的数据作为链的一部分，是会被永久保存并同步到每一个参与节点，用来保证完整性的。如果存储的数据过于庞大，则会严重影响同步性能，占用有限的存储空间。因此，过于频繁的写入操作还不太适用区块链。

什么样的数据适合上链？

简单来说，就是需要共享的、需要具备可信度、不能被篡改、并且需要可追溯的数据。例如，家政服务员的身份信息（当然会采用“同态加密”方法加密部分隐私信息）、家政服务培训信息、家政服务员职业资格证书信息、家政服务合同签署与履行信息、雇主反馈信息等。这些信息需要被妥善保存，将来进行服务签约时，必须以此为依据。因为不可篡改，家政服务员或家政公司无从抵赖，也因为可以共享和可追溯，一旦产生服务纠纷时，也可以由监管部门追溯取证，避免了很多纠纷。因此，家政服务场景是使用区块链的合适场景。

至于提到的数据存储，就不得不涉及信息安全。区块链之所以难以篡改，就是因为每一个参与交易的节点（网络用户）都拥有完整的区块链账本数据，可以对任何交易或账户存储数据进行验证。但是，这样也带来一个严重的安全问题，就是区块链账本数据对所有人公开了，而在很多场景下，这样的做法是难以被接受的。例如，在家政服务交易中涉及的雇主家庭信息，特别是雇主家庭成员的健康信息、财产信息、地址信息等，作为雇主来说，并不希望自己家庭信息被其他用户看到，作为交易的双方也不希望交易的详细信息，被第三者读取到。那么，这个问题如何解决？其实，使用密码技术中的“同态加密”技术，就可以解决这个问题。关于同态加密技术，后文有介绍。

40.1.2.2 准则二：是否多方协同写入

是否存储数据只是判断流程的第一步，其次还要依据是否多方协同写入来进行判断。区块链的一个突出特点之一就是“去中心化”（在去中心化系统中，任何网络用户都是一个节点，任何用户也都可以成为一个中心；任何中心都不是永久的；任何中心对节点都不具有强制性），多方协同写入才能够将区块链这种特点的优势完美地发挥出来。区块链颠覆的核心就在于去中心化，可现实中存在了太多的“中心化系统”（中心化的意思，是中心决定节点；节点必须依赖中心，节点离开了中心就无法生存。例如。网络中的“中心服务器”与“客户端”的关系就是中心化系统）。然而这些中心化的系统却和用户日益增长的“去中心化”需求产生了矛盾。因为，中心化系统存在很多弊端：

（1）权力过于集中

中心化系统的一切数据的来源都是数据中心，数据中心拥有至高的权力，数据的存储逻辑全部由中心决定。正如在社会组织机构中，权力集中的地方必然存在腐败一样，数据权限集中的地方也容易滋生腐败。这个腐败指的是对数据的篡改。由于只有一套中心化的系统，如果没有额外的监督审查机制，数据可以很容易地被篡改。例如，以前发生的大的网络平台倒卖或修改后台数据案件，就是典型的事例。今天的很多家政服务的第三方诚信平台，本质上也是“中心化”系统，后台的数据仍然是可以篡改的。

但是，构建一套监督审查机制也是十分复杂的，到底由谁来监督？这个监督的部门或机构有没有公信力？是否被信服？这些都是问题。中心化系统本质上就是权力集中的系统。

（2）集中的数据难以使用

数据中心化，意味着任何使用数据的单位或个人都要从数据中心获取数据。这种数据同步模式有两个问题：一、随着使用数据的部门增多，给数据中心带来极大的数据访问压力，数据中心会形成数据访问的性能瓶颈。这对数据中心的性能和扩展性提出了高要求；二、新的部门想使用数据，必须和数据中心进行对接，无形中增加了数据使用的成本，给数据的扩散造成了障碍，影响了数据使用价值。最近几年，我国各个省市相继建立的家政服务诚信平台，大量数据由纸质数字转化而来，各地又形成了一个个数字孤岛，各省市之间的数据不能同步，给家政公司和雇主的使用又带来困扰。例如，家政服务员全国跨省市流动就业，有的跨省服务失信而没有得到及时被追责或惩戒，因为服务失信信息不能及时同步到各个省市。其中，最典型的事件就是：2017 年 6 月 22 日清晨“杭州纵火案”主犯莫焕晶家政服务员，在浙江省绍兴市、上海市从事住家保姆工作期间，多次盗窃雇主等人的财物，被雇主发现后辞职，又到杭州从事住家服务，终于酿成杭州“蓝色钱江公寓”一雇主家庭发生火灾，导致女雇主及其三个孩子遇难的惨案。

现在我国的商务部又开发建立了全国家政服务诚信平台，仍然面临集中的数据难以使用的问题，况且，这个诚信平台又是一个新的“中心化”系统。

（3）集中的系统抗攻击能力弱

数据集中意味着黑客只要攻陷了一个数据中心，就得到了全部的数据权限，可肆意篡改或倒卖数据，而防护部门必定想方设法花费高额成本进行防范。这样做不仅提高了成本，还只能在一定程度上降低风险，但又不能彻底消除。

以上这些中心化系统的弊端，都可以依靠区块链技术来很好甚至彻底解决。就是将数据中心化的账本，转换为区块链的分布式账本。这样每个数据节点（网络用户）是对等的，拥有完整的数据链，黑客除非攻陷了大部分节点（至少超过 51% 的节点），否则不会影响数据的安全性、可靠性。而攻陷超过 51% 的网络节点是几乎不可能实现的。即使实现了，也是付出大大超过受益，理性的人自然不会去攻击。退一步讲，即使攻击获得成功，也会随时被任一节点（用户）发现，然后舍弃这条被攻击成功的链。在区块链系统中，各个节点之间也可以相互监督，真正实现数据自治、共享。

因此，我们不难理解，如果一个区块链只有一个写入者，那么无论拥有多少共识节点，都是没有意义的。因为，写入者可以随意写入、随意变更数据，本质上又变成了一个集中式的系统。一个合理的区块链应用，是要求参与的各方都可以具备预先规定好的写入权限，并且相互制衡，从而达到去中心化的目的。在家政服务应用场景，何尝不是雇主、家政服务员、家政企业、家政培训学校、家政服务员职业资格认证机构、家政行业协会等多方共同参与、协同写入、并监督数据的。

40.1.2.3 准则三：多方是否互信

在传统的互联网时代，也就是我们今天仍在使用的基于 TCP/IP 协议构建出来的一条条网状的信息“高速公路”。其中，TCP（Transmission Control Protocol）即“传输控制协议”，IP（Internet Protocol）即“网际协议”，TCP/IP 协议即一组支持低层网络通信的协议和程序，或者说，TCP/IP 协议是指能够在多个不同网络间实现信息传输的协议簇。基于 TCP/IP 协议的“高速公路”网络，我们能够将信息快速生成、复制、传输到世界每一个网络节点（用户），并且这种信息的传递是极为高效且越来越廉价。我们进入了一个“信息爆炸”的时代，整个互联网上的信息开始以几何级速度增长。简而言之，这种传统互联网又可称为“信息互联网”。

信息互联网连接了各个实体，让信息在任意节点（用户）之间快速有效地流动起来，然而信息互联网无法让“价值”（“价值”可理解为一个个体或机构拥有的可以带来某种效用的各类权益。例如：货币、证券、汽车、数据、房屋、土地的所有权或使用权等。这些权益带来的效用，可通过加密货币或法定货币来衡量。“价值”完全不同于“信息”。价值交换的实质：就是实现这种权益的流转、授予、撤销）点对点的流动起来。信息互联网机制下的“价值”流动，需要通过中介机构或第三方机构。这就涉及“信任”问题，中介机构或第三方机构是否值得“信任”。

因为，价值传输的基础是“可信”的中介机构或第三方或“可信”的账本。价值传输的本质，就是可信账本数据的变动。中介平台（例如，银行）的主要功能就是维护一个集中统一的“可信”账本。例如，银行的中心系统记录了客户的存、取款信息；微信支付的网上消费、在线支付信息；交易所记录股民的股票买卖信息等。这些中介机构或第三方机构之所以能支撑“价值”流动，是因为在人们眼中它们具有高信用度。这些中介机构会收取一笔费用，转账金额或许不能立即到账，涉及多个机构配合时还需要用户耐心等待，甚至还可能出现对账的错误，整个过程存在多处摩擦，而且用户的交易数据（是有价值的）成为中介机构的私产。总之，产生这些问题的根源，都是因为信息互联网只善于处理信息分享，而不能解决“价值传递”或者说是否值得“信任”。

而价值互联网的基础是区块链，即一个全网维护的可信账本。区块链各个节点（用户）在彼此弱信任或不信任的情况下，构成了一个可信的信用网络或信用系统，共同维护一个所有节点认可的集中统一账本。区块链通过共识机制、P2P 网络链式存储、时间戳、智能合约、密码技术等方法产生信用。这种信用来自计算机程序（算法），而不是来自中介机构或第三方。区块链上所有记录都是需要全网节点（用户）确认的，一旦生成将永久记录，不可篡改。除非能拥有全网算力的 51% 才有可能修改最新生成的区块记录或数据，而这种情况在大型的区块链网络系统中是不可能出现的。

因此，多方是否互信也是判断应用场景是否适合区块链的一个重要指标。区块链的意义，就在于使得互不信任的各方可以通过区块链传递和获取信任，并且这种信任建立的成本是很低的，具有极高的性价比。

如果参与写入区块、读区块的各方是完全信任的，那么即便各方在物理空间上分散，在关系逻辑上也是集中的。这种场景下区块链的信任传递特性，就失去意义，因此并不适合使用区块链技术。但是通过观察就会很快发现，其实这些所谓各方的完全信任并不是天然具备的，绝大多数场景下是基于一定的信任机制的。这种机制有可能是基于自建的一套信息系统，或者是基于传统的“可信任第三方”。而这种信任的根基并不牢固，并且都存在一定的弊端（如前文分析的）。因此，如果认真分析，这些应用场景也都可以转化为区块链应用场景，并且能够从中获得很多好处，能够解决重大的信任问题。别忘了，市场经济可是信用经济，在一个没有互信作为基础的市场交易，是需要付出很多成本的。

就我国家政服务应用场景而言，家政公司、家政服务员、雇主三方之间，存在严重的信任危机或信任缺失。目前仍没有有效的解决办法，家政服务诚信问题已经成为家政服务业“提质扩容”、健康可持续发展的一个“瓶颈”。可见，把区块链技术应用到家政服务场景，必将能彻底破解家政服务业诚信问题，必将推动传统家政服务业实现重大变革，走向高质量快速发展的康庄大道。

40.1.2.4 准则四：可信任第三方是否能够完美解决

可信任第三方，是传统互联网或信息互联网无法解决互信问题或信任问题的产物。但是，建立这种可信任第三方或信任的纽带，又是极其复杂和昂贵的。例如，银行的在线业务和应用，是需要银行以其强大的资金和政府公信力为其背书，提供对业务和纠纷的监管和决策；还有，很多电商（例如，京东）或网络平台（例如，微信支付）也是依赖于强大的资本来提供公信力和背书。对于绝大多数的中小企业来说，并没有足够的实力和公信力来自建这种公信力系统，它们只能依赖强大的第三方提供信任服务。从中我们不难发现，可信任第三方的最大缺点就在于昂贵的高门槛、接入运营的复杂度高、权力过于集中等弊端。正如前文所说，权力集中就意味着腐败，就有被人为干预的可能。同时，集中的系统普遍抗黑客攻击的能力较弱。此外，权力过于集中也会阻碍绝大多数的中心小企业的发展。

而区块链天生的去中心化和可信的特性，恰恰是解决上述问题的最完美手段。区块链这个信任网络，对于每个用户都是透明的、可信的，交易双方不再需要一个特定的中介机构或第三方机构，就可以实现点对点进行价值转移。区块链技术重新定义了互联网环境下信用的生成方式。用户无须了解其他人的背景资料，也不需要借助第三方机构的担保或保证来背书。区块链通过技术保障了网络每一个节点（用户）价值转移的结果是可信的。通过这种方法最终实现了各种权益点对点自由、便捷、无摩擦的流动。用户也大大节省了交易成本，而且交易的数据（是有价值的资产）归交易方所有，交易平台（中介机构或第三方机构）拿不走，更加有利于保护中小企业发展。

因此，判断运用场景是否适用于区块链的一个很重要的标准：就是可信第三方是否能完美解决当前的信任问题。如果可信第三方能完美解决，那么确实没有上区块链的必要。需要特别指出的是，当前很多看似用“可信第三方”解决的信任问题，其实解决得并完美。例如，电商与用户之间的纠纷、公信力部门系统自身故障、受到攻击产生的瘫痪事件，都时常发生。

因此，在判断应用场景是否适合使用区块链的时候，并不是判断“可信第三方”能否完美解决信任问题，而是面对可信第三方的缺陷，我们能否接受，可信第三方的成本能否接受。

就家政服务应用场景而言，至今为止，仍没有任何能解决家政服务诚信问题的“可信第三方”出现。家政服务业要想解决服务诚信问题，除了采用区块链技术，别无他法。

40.1.2.5 准则五：是否限制参与

至此，以上四个准则，基本上能确定家政服务业是否适合使用区块链技术了。答案是肯定的，几乎没有任何疑问。

至于是否限制参与，主要是用来判定家政服务业应用场景，到底是适合“公有链”还是“联盟链”。

公有链，对用户的准入要求并不高，基本上任何人、任何机构只要进行简单的注册，生成私钥和证书，即可参与。

联盟链，并不希望未经授权的人或机构参与，是建立在一定的信任基础之上的。例如，家政公司联盟。

公有链和联盟链并无好与不好之分，各自有适宜的应用场景。后文有具体介绍，见区块链的分类。

综上所述，通过区块链应用准则的分析，我们可以清晰地确定：需要多方（雇主、家政服务员、家政公司、家政培训学校、家政服务员职业资格认证机构、家政行业协会）参与，构建家政行业联盟，形成事实标准，采用区块链技术可有效解决我国家政服务业：多状态、多环节、需要多方参与协同完成、多方相互不信任、无法使用可信第三方来完美解决家政服务诚信问题的各种“症结”。“区块链 + 新家政服务”将是我国家政服务业发展的唯一必由之路。除此之外，家政服务业“提质扩容”、高质量发展，都是很难实现的。

40.1.3 区块链将重构家政服务业发展模式

2019 年 10 月 24 日，在中央政治局就“区块链技术发展现状和趋势”进行第十八次集体学习时，习近平总书记强调：“把区块链作为核心技术自主创新的重要突破口”“加快推动区块链技术和产业创新发展”。

习近平在主持学习时发表了讲话。习近平指出，要抓住区块链技术融合、功能拓展、产业细分的契机，发挥区块链在促进数据共享、优化业务流程、降低运营成本、提升协同效率、建设可信体系等方面的作用。要利用区块链技术探索数字经济模式创新，为打造便捷高效、公平竞争、稳定透明的营商环境提供动力，为推进供给侧结构性改革、实现各行业供需有效对接提供服务，为加快新旧动能接续转换、推动经济高质量发展提供支撑。要探索“区块链 +”在民生领域的运用，积极推动区块链技术在教育、就业、养老、精准脱贫、医疗健康、商品防伪、食品安全、公益、社会救助等领域的应用，为人民群众提供更加智能、更加便捷、更加优质的公共服务。

习近平的重要讲话，为推动区块链技术和家政服务业深度融合，解决我国家政服务企业发展所面临的问题、实现“提质扩容”和高质量发展指明了方向。

就“区块链 + 新家政”而言，在家政服务场景中，区块链创造的信任与合作机制，必将重构家政服务业发展模式，主要体现在以下方面：

1）基于区块链“不可篡改和可追溯”“公开透明”“隐私保障”等特点，为家政服务业发展的最大“痛点”之一“家政服务诚信缺失”，这些特征彻底解决了家政服务信息不对称、不透明“顽疾”，极大降低了家政服务交易成本，提升了家政服务交易效率，为家政服务溯源管理、家政服务隐私保护等提供了颠覆性的彻底的解决方案。

2）基于区块链“分布式账本”“密码学”技术、“去中心化”等特点，可以打通家政企业之间以及与外部相关部门间的“数据壁垒”，实现家政服务信息和数据共享，除了快捷实现家政服务员身份信息与服务经历溯源管理外，还优化了家政服务提供流程、提升家政服务交易效率、降低运营成本。

3）基于区块链的“P2P 网络”“共识机制”“密码学”等技术，能够解决家政服务信息不对称问题，真正实现从“信息互联网”到“信任互联网”或“价值互联网”的转变，即实现家政服务诚信交易；同时，通过“共识机制”，达成大家公认的家政服务标准与服务规范，从而大大拓展了家政服务组织相互合作的范围。

4）基于区块链的“智能合约”技术，能够实现雇主与家政服务员之间服务交易上的信任，实现家政服务“点对点”自动交易，真正实现“去中介化”“去中心化”。同时，也可以实现“点对点”家政培训、家政培训课程知识产权保护，为家政培训带来颠覆性的变革。

综上所述，区块链通过创造信任来创造价值，它能保证所有家政服务信息数字化并实时共享，从而提高家政服务组织、雇主、家政服务员彼此之间协同效率、降低沟通成本，使得离散程度高（雇主与家政服务员的分布程度遍及全国城乡）、管理链条长（家政服务员招聘、培训、派遣、服务维护、终止服务等）、涉及环节多的多方主体仍能有效合作。在此基础上，区块链技术将极大拓展家政服务的广度和深度。区块链技术不只是下一代互联网技术，更是下一代合作机制和组织形式，必将重构家政服务业发展模式。下面将具体分析解读：

40.2 区块链解读

40.2.1 什么是区块链

区块链（Blockchain）是一种数据以区块（block）为单位产生和存储，并按照时间顺序首尾相连形成链式（chain）结构，同时，通过密码学保证不可篡改、不可伪造、数据传输访问安全的去中心化分布式账本。

简单来说，区块链就是一个分布式的共享账本和数据库，具有去中心化、不可篡改、全程留痕、可以追溯、集体维护、公开透明等特点。这些特点保证了区块链的“诚实”与“透明”，为区块链创造信任奠定基础。

区块链中所谓的“账本”，其作用与现实生活中的账本基本一致，按照一定的格式记录流水等交易信息。在“区块链 + 新家政服务”应用场景中，这些区块链上的“账本”记录着家政服务的各种信息和数据：

☑ 家政服务员身份信息；

☑ 家政服务员健康信息：身体健康、心理健康信息；

☑ 家政服务员培训信息；

☑ 家政服务员职业资格证书信息；

☑ 家政服务员服务交易信息；

☑ 家政服务员服务工作经历信息、履行服务合同信息、雇主反馈信息；

☑ 雇主身份信息、需求信息；

☑ 雇主服务交易信息、雇主履行服务合同信息；

☑ 家政公司资质信息；

☑ 家政公司培训信息；

☑ 家政公司服务交易信息；

☑ 家政服务员履行劳动合同或服务合同信息；

☑ 家政公司信用信息等。（国家互联网信息办公室 2019 年 1 月 10 日发布《区块链信息服务管理规定》，自 2019 年 2 月 15 日起施行。）

总之，这些在区块链上产生的家政服务“账本信息”，按照时间顺序存储，构成一个共享数据库，具有“不可篡改或伪造”“全程留痕”“可以追溯”“集体维护”“公开透明”等特征。这些特征彻底解决了家政服务信息不对称、不透明“顽疾”，极大降低了家政服务交易成本，提升了家政服务交易效率，必将重构家政服务发展模式。

40.2.2 区块链的核心技术

“区块链 + 新家政服务”之所以能够重构家政服务业发展模式或商业模式，得益于集成创新的区块链技术。下面主要介绍区块链五大核心技术：P2P（点对点）网络、共识机制、智能合约、密码技术、分布式账本。正是这些区块链技术，才极大地拓展人类协作的广度和深度。区块链技术不只是下一代互联网技术，更是下一代合作机制和组织形式。

40.2.2.1 P2P 网络

传统的网络服务架构，大部分是客户端 / 服务端（client/server，C/S）架构，即通过一个中心化的服务器，对许多个申请服务的客户端进行应答和服务。C/S 架构也称为“主从式架构”，其中服务器（或服务端）是整个网络服务的核心，客户端之间通信需要依赖服务器的协助。

例如，当前流行的“即时通信”应用，大多采用 C/S 架构：手机端 APP 仅被作为一个客户端使用，它们之间相互间收发消息需要依赖中心服务器。也就是说，在手机端之间进行消息收发时，手机客户端会先将消息发给中心服务器，再由中心服务器转发给接收方手机客户端。

C/S 架构的优势：单个的服务器能够保持一致的服务形式，方便对服务进行维护和升级，同时也便于管理。

C/S 架构也存在很多缺陷：由于 C/S 架构只有单一的服务器，因此，当服务器发生故障时，整个服务都会陷入瘫痪。还有，单个服务器或服务端的处理能力是有限的。因此，中心服务器的性能往往成为整体网络的瓶颈。

而 P2P（Peer-to-Peer 点对点）网络，即“点对点网络”或“对等计算机网络”，是无中心服务器、依赖客户端群（用户群）交换信息的互联网体系（见图），是分布式网络的一种。

所谓 P2P（Peer-to-Peer 点对点）网络，是指加入网络中的所有节点（客户端、用户端：计算机或移动手机端）均互为对等关系。节点与节点是平等的，没有“特殊”性，所有节点共同承担提供网络服务的责任。网络节点间以一种“扁平”的网状拓扑结构互联。网络中没有服务器，没有中心化服务，没有层次化。处于点对点网络中的节点同时提供和消费服务，互惠互利。这与有中心服务器的中央网络 C/S 架构系统不同，点对点网络的每个节点既是客户端，也是服务器。

P2P 网络打破了传统的 C/S 模式，去除了中心服务器，是一种依赖用户群共同维护的点对点网络结构。点对点网络具有天然的去中心化、定制化、开放的特点。同时，由于节点间的数据传输不再依赖中心服务器，P2P 网络具有极强的可靠性，任何单一或者少量的节点（用户端）故障都不会影响整个网络正常运转。还有，P2P 网络的网络容量没有上限，因为随着节点数量的增加，整个网络资源也在同步增加。由于每个节点可以从任意（有能力的）节点处得到服务，同时 p2p 网络中暗含的激励机制也会尽力向其它节点提供服务。因此，P2P 网络中节点数目越多，P2P 网络提供的服务质量就越高。

P2P 点对点网络架构将互联网作为交流媒介具有以下具体特征：

* 每个节点（计算机或移动手机端）都通过互联网与点对点系统相连接。

* 每个节点都有一个独特的能证明其身份的地址。

* 每个节点都能在任何特定时间与系统断开连接，或重新建立连接。

* 每个节点都能独立维护运行。

* 节点之间的沟通通过在网络上传输信息来进行。

* 通过独特互联网地址，信息在互联网中从一个节点被发往另一个节点。

* 每个接收到新信息的节点会把信息传递给与其沟通的对等节点，而这些对等节点会以同样的方式来处理这些信息。这样就能确保最终每个节点都能接收到信息。

* 这些信息通过数字指纹或哈希值（即 Hash，是指把任意长度的输入，例如文本等信息，通过一定的数学计算，生成一个固定长度的字符串。输出的字符串，称为该输入的“哈希值”）来识别，节点就能轻松识别收到的信息是否存在重复。

* 交易数据和区块头（区块头里面存储着区块的头信息，包含上一个区块的哈希值 PreHash，本区块体的哈希值 Hash，以及时间戳 TimeStamp 等）包含时间戳，节点就能基于

时间戳对信息进行排序。

这种点对点网络架构的节点之间进行沟通，具有 3 个目的：

* 确保现有连接有效。

* 建立新的连接。

* 分发新的信息。

其中，分发新的信息，代表了点对点网络架构的应用目标，即对所有权进行管理。这种转发所有权相关的信息存在 3 种情况：

* 一种持续的方式：向所有与系统网络连接的节点传递新的交易数据和区块信息。也就是说，每个连接到这个系统网络中的节点最终都将接收到所有信息。

* 作为一种更新，针对那些曾经与系统网络断开连接，而目前已经重新建立连接的节点，将会接收它们错过的所有交易数据和区块。

* 作为加载程序的一部分，向新的节点传递完整的区块链数据，确保其在加入系统网络之后成为成熟的节点。

综上所述，在区块链网络中，并不存在一个中心节点来检验并记录交易信息，检验和记录工作由网络中的所有节点共同完成。或者说，要求所有节点共同维护账本数据和信息。在区块链中，所有交易信息的传播，并不要求发送者将消息发送给所有节点。由于不存在中心服务器，每个节点只需要将交易信息或消息随机发送到网络中的相邻节点即可，其他邻近节点收到消息后，会按照一定的规则转发给自己的相邻节点。就这样，最终通过一传十、十传百的方式，将消息发送给全网所有节点。收到消息或区块的节点完成消息（区块内容）验证后，即会将该区块永久地保存在本地，即交易生效。

P2P 网络技术，广泛应用于计算机网络的各个领域。例如：分布式计算、文件共享、流媒体直播与点播、语音即时通信、在线游戏支撑平台等。

总之，P2P 网络技术已成为区块链的“标配”，是区块链的核心技术之一。

当然，P2P 网络的优势（例如，容错、可扩展的传输速度、数据安全性、可靠性等）显著外，但在区块链项目中，这是低交易处理能力为代价的。当越来越多的节点被添加到其网络中，交易信息或消息在节点间的传输延迟逐渐积累，传播至全网络所需的时间越来越长。因此，P2P 网络项目均需在“低交易吞吐量”和“中心化”之间进行权衡。当设置少部分“超级节点”进行交易信息的检验和记录时，可提高交易信息的处理效率，但同时也使得网络变得“中心化”。在一个所有节点的地位都相同的网络中，所有节点都进行了交易信息的校验，将造成一定程度的重复劳动与资源浪费。

区块链技术令人兴奋的◇一、就是“去中心化”特点，而去中心化很大程度上是由 P2P 网络作为基础的。这就要求，在区块链项目中，建立一个高效率的 P2P 网络，必须要有均衡的构想。DPOS 共识机制就是这种区块链技术的均衡机制。

40.2.2.2 共识机制

共识机制（也称“共识算法”）是区块链运行的核心技术◇一、各个网络节点（网络用户）通过共识机制保证交易信息的一致性和安全性。

1）为什么要共识机制？

区块链是通过全网所有节点（用户端）记账来解决信任问题，即所有网络节点都参与记录交易数据。那么，最终以谁的记录为准？或者说，怎么保证所有节点最终都记录一份相同的正确数据，即达成共识？

在传统的中心化系统中，因为有权威的中心节点（例如：银行或总公司）背书，因此可以以中心节点记录的数据为准，其他节点（例如：用户或分公司）仅简单复制中心节点的数据即可，很容易达成共识。

但在区块链这样的去中心化系统中，并不存在中心权威节点，所有节点（全网用户）对等地参与到共识过程中。由于参与的各个节点的自身状态和所处网络环境不尽相同，而交易信息的传递又需要时间，并且消息传递本身不可靠。因此，每个节点接收到的需要记录的交易内容和顺序，也难以保持一致。更不用说，由于区块链中参与的节点（用户）的身份难以控制，还可能会出现恶意节点（用户）故意阻碍消息传递或发送不一致的消息给不同节点，以干扰整个区块链系统的“记账”（检验和记录）或信息的一致性。因此，在区块链系统中，到底由谁来记账，以及记账方式，即记账一致性问题，或者说共识问题，就是一个十分关键的问题，关系着整个区块链系统的可靠性和安全性。

2）EOS 的共识机制：BFT–DPOS

当前区块链的共识机制或共识算法有多种，主要有：POW（Proof of Work 工作量证明）、POS（Proof of Stake 权益证明）、DPOS（Delegate Proof of Stake 委托权益证明）机制以及拜占庭容错共识等。当然，没有一种共识机制是完美无缺的。这也意味着没有一种共识机制是适合所有区块链应用场景的。

就“区块链 + 新家政”应用场景而言，下面重点有针对性地介绍 EOS（商业分布式系统，一条高性能的公链）的共识机制：BFT–DPOS，即带有拜占庭容错（BFT）机制的委托权益证明（DPOS）。即在我们构建的“区块链 + 新家政服务”中，我们采用的是 EOS 共识机制。

首先，什么是 EOS

EOS 的全称：Enterprise Operation System，即“商业分布式系统”，适用于商业分布式应用的区块链操作系统。EOS 作为一条高性能的公链，交易几乎可以在一秒内确认。EOS 的成功运行使得区块链能够成为类似于 Windows 的平台系统。EOS 平台可以理解为一个系统，在该系统上的“智能合约”就类似于操作系统下的各个程序与软件。EOS 通过创建一个对开发者友好的区块链底层高性能平台，为开发 DAPP（去中心化应用或分布式应用）提供底层模板。

EOS 系统平台的特性及优势：

（1）支持数百万级别用户

EOS 作为一个区块链系统，将会有大量的公司、个人或组织在其上部署智能合约、开发 DAPP（去中心化应用或分布式应用）。可想而知，随着平台系统生态建设的发展，EOS 的用户量会急剧增长，对其性能要求自然会很高。因此，当大量的商业级别的应用使用区块链系统时，需要被选择的区块链系统能够支持百万级别吞吐量。这是 EOS 系统的优势所在。

（2）免费使用

EOS 向用户提供免费服务的策略，降低了用户进入的门槛，会吸引更多的用户数量。用户不必为了使用平台而付出额外费用。有了足够用户规模之后，开发者与企业可以根据自己的商业模式来选择盈利的手段。

（3）简单的升级与漏洞修复

对于基于 EOS 平台开发的用户来说，即对于应用的开发者来说，简单的升级与漏洞修复。EOS 可以让发版更容易，是深受欢迎的。因为，平台在研发出来时不可能十全十美，其存在的 bug 与漏洞可能会影响应用的使用，这就需要此平台不断进行更新与修复。

（4）较低的延迟性

EOS 具有响应速度快、延迟低的特性。因为，网页加载时间过长会直接导致用户流失。

及时的反馈是获得良好用户体验的基础，超过几秒的延迟时间会导致程序应用的竞争力大大降低。

（5）强大的串行性能与并行性能。可使 EOS 实现每秒处理上百万笔交易。

如今，在 EOS 主网已经成功上线的情况下，它采用的 BFT-DPOS 共识机制，其最终目标是支持每秒 1 万至 10 万笔交易。同时，EOS 还采用了并行处理技术，可以使交易规模达到每秒几百万次。这就表示 EOS 同时可以支持上万个 DAPP 分布式应用程序在它的平台上运行、工作；

EOS 还提供一套基础功能比较完善的操作系统，使得不同类型的区块链应用都可以使用。对于开发者来说，在 EOS 操作系统上可以更加迅速地开发自己的应用，而不需要自己再开发操作系统，从而使得区块链应用开发被简化，降低了开发难度；

EOS 并不是根据用户提供手续费的数量决定交易执行顺序的，而是采用所有权的模式进行分配，也就是按照用户拥有 EOS 的 Token 的比例，来分配其使用 EOS 网络的带宽、存储和运算资源。这些资源对于在 EOS 平台上开发应用程序的人来说则是非常有价值的。因为他们需要使用这些资源来开发与运行他们的应用程序即 DAPP。这对于初期的开发者来说，他们也不需要花大量的费用去买服务器；对于初期的创业公司也会大大降低创业成本。他们都不需要花太多精力在服务器、存储、带宽等基础设施上。EOS 将会成为区块链世界里的 Windows。

第二，什么是 EOS 的共识机制

EOS 采用“委托权益证明”（DPOS）共识机制，只有该共识机制已经证明可以满足区块链上应用程序的性能要求，可以有效应用在“区块链 + 家政服务”应用场景中。

DPOS 主要由五大部分组成：Token（即可流通的加密数字权益证明）、区块链、社区、计算机网络、规则。根据这种共识机制，全网持有 Token 的人（Token 的发行，也要制定上线与下线），即全网股东，通过投票系统选出其认可的节点即“授权代表”，在 DPOS 共识机制中共设置为 101 名授权代表。这些选出的节点或授权代表，根据一定的规则来运行区块链计算机网络。在 EOS 网络中，最终（得票最高的那些节点）会选出 21 个主节点（也称“超级节点”“见证人”），它们有权力生产区块。这些主节点被称为区块生产者，简称 BP（Block Producer）。

（1）授权代表：

授权代表，从全国 500 个城市中产生，名额数量由“区块链 + 新家政服务”平台的股东决定，暂定为 101 人。授权代表节点只负责维护网路、提出修改建议，例如区块大小、见证人的酬劳、交易费率等。

每位授权代表都有一个特殊账户，有权提出对网络参数的修改建议，这个账户被称为“创世账户”。当超过三分之二的授权代表同意提交修改建议后，股东有两周的时间对修改建议进行审核，其间股东可以投掉或者废除授权代表的提议，只要超过二分之一以上股东通过即可。

这种机制使得授权代表没有直接权力，而且网络参数的变更最终是由股东来决定的，即网络由用户掌控，而不是由授权代表或见证人来掌控的。

授权代表没有奖励，但是网络参数也不是经常变动的，因此授权代表的工作量并不大。

（2）超级节点竞选

所谓超级节点，是指 EOS 网络中那些收集交易信息、验证、签名、并打包到区块里的节点，即区块生产者（BP）。超级节点主要负责以下事务：

☑ 收集网络里的交易；

☑ 验证交易，并把交易打包到区块；

☑ 广播区块给其他节点，通过验证后将区块添加到自己本地区区块链上。

EOS 网络采取的 BFT-DPOS 的解决方案，能够很好地解决延迟和低吞吐量的痛点。在 EOS 网络中，超级节点一共有 21 个，维护运行整个网络。每一个超级节点都组织了自身的 EOS 社区，而超级节点由竞选机制产生。该方法能够以“有限的中心化”实现“广义的去中心化”，并让 EOS 获得极快的交易速度与容错能力。

EOS 超级节点的产生，是根据全网用户持有 EOS 的 Token 投票实现的。EOS 是通过持 Token 数量来决定手里的票数。EOS 超级节点只有 21 个，在整个投票周期结束后，排名前 21 的节点即胜任。并且这 21 个超级节点必须符合非常高的性能要求、运行维护能力、社区规模等，当某个超级节点出块方面出现问题时，在一定规则下其会被丢弃，然后重新选出新的节点替代它作为超级节点的身份。在 EOS 设计的 DPOS 共识机制中，从全网选出的 101 个认可的节点或授权代表中，再选出 70 个，其中 21 个为主节点（也称“超级节点”“见证人”），用来生产区块，49 个为备用节点。当 21 个主节点出问题时，通过竞选机制，备用节点可上任成为主节点。

EOS 系统的出块顺序和速度都是安排好的，并不存在哪个节点权力大，哪个节点权力小的问题。由于添加了拜占庭容错机制的 DPOS 共识机制，需要所有区块生产者签名所有区块，但禁止同一个区块生产者签名两个时间戳或高度相同的区块。一旦一个区块被 15 个区块生产者签名（确认交易），即超过 2/3+1 的超级节点签名，那么，这个区块就可以被视为不可逆，即就可认为该交易是不可逆交易了。

一旦任何区块生产者签名了两个相同时间戳或相同区块高度的区块，这样不诚信行为就会留下密码学证据。在这一模型下，不可逆的共识将在 1 秒内达成。要恶意控制 EOS 超级节点，来达到威胁网络安全的目的的话，需要控制 21 个超级节点中的 15 个，即超过 2/3+1 的超级节点，才能有效地发起攻击。

（3）超级节点治理

在 EOS 系统中，每生产 252 个区块为一个区块周期，即每个超级节点在一个区块周期中，应该产生 12 个区块。每个区块周期内，EOS 系统设置了每隔 0.5 秒产生一个区块。在每个区块周期开始时，EOS 会根据 Token 投票结果选出 21 个超级节点。这 21 个超级节点会约定一个区块产生顺序，这些节点按照这个顺序每隔 0.5 秒产生一个区块。如果一个节点在指定的时间内没有产生出一个区块，那么这个区块就会被跳过，并在区块链上留下时间戳间隔。如果一个超级节点在最近的 24 小时内都没有产生区块，那么它将被移出超级节点的候选名单。

EOS 超级节点，就是为 EOS 区块链出块、验证、处理智能合约交易的节点，成为一个超级节点可以分享每年 1% 的通胀收益。一旦一个超级节点完成了区块生产，并通过其他节点的验证，它就可以将这个区块添加到区块链上，并获得新的 Token 作为奖励。在 EOS 网络启动后，只要投票的 Token 比例超过 15%，超越节点获得奖励就可以开始。白皮书中规定，所有超级节点的期望奖励的中位数（即指将数据按大小顺序排列起来，形成一个数列，居于数列中间位置的那个数据）决定了系统最终会产生多少新 Token。EOS 系统有一个硬性的条件，即每年产生的新 Token 数量不能超过 Token 总量的 5%。在 EOS 系统中产生的奖励分为三部分：分别作为超级节点区块生产奖励、备用节点奖励、新提案奖励。

40.2.2.3 智能合约

智能合约是区块链的又一核心技术，也是区块链能够被称为颠覆性技术的主要原因。

它基于区块链数据公开透明、难以篡改的特性，自动化执行预先设定好的规则和条款。智能合约的引入，可谓区块链发展的一个里程碑。区块链从最初单一数字货币应用，到今天的价值互联网，将区块链技术融入各个领域，智能合约功不可没、不可或缺。今天的区块链＋金融、政务、供应链、游戏等各种类别的应用，都是以智能合约的形式，运行在不同的区块链平台上。

1）什么是智能合约？

所谓智能合约，是指“一套以数字形式定义的承诺，包括合约参与方可以在上面执行这些承诺的协议”。其中，“一套承诺”是指合约双方共同确定的权利与义务；“数字形式”是指合约以可读计算机代码的形式写入计算机；“协议”是指实现合约承诺所应用的计算机程序。概括来说，智能合约，是指通过计算机代码实现以数字形式传播、验证、执行合约双方的权利与义务。

简而言之，智能合约就是一种在满足一定条件时，就自动执行的计算机程序。例如，地铁站或火车站的自动售票机，或银行的自动取款机 ATM，就可视为一个智能合约系统。在地铁站，用户只需要选择去的地方、并完成支付，就这两个条件都满足后，自动售票机就会自动吐出车票。

由于智能合约部署在区块链内，其中所有数据以分布式账本方式存储，并在没有第三方的情况下自动运行。因此，智能合约在功能上具有以下特点：

（1）不可篡改。智能合约部署上链后，就变得固定的、不能更改的状态，更新与修改操作将变得异常困难，但是在 EOS 系统中，智能合约更具有灵活性。

（2）自动执行。智能合约的运行是交给区块链网络中的维护节点来执行的。智能合约部署上链后，合约将会一直执行下去，不可以中断这个执行过程。

（3）公开透明。智能合约链上数据对区块链网络中的每一个节点都是公开透明的。

2）智能合约与传统合同有什么区别？

（1）在内容条款形式上的相似性

传统合同的内容条款，主要包括四部分内容：

☑ 合同主体：自然人、法人、机构等，有甲方、乙方或丙方。

☑ 合同条款：合同法规定的甲乙双方的权利和义务，包括双方约定的其他内容。

☑ 仲裁机构和执法机构：当出现违约或合同双方主体对合同条款产生争议纠纷时，需要仲裁机构和执法机构来调解处理，或裁决或判决权利和义务的归属。

☑ 仲裁对象：合同里规定的权利和义务。

智能合约也有相应的现行合同条款内容：

☑ 合约主体：拥有数字身份的节点。

☑ 合约条款：除了所有相关方商定的一组预先设定的权利和义务外，还规定“数字形式”的执行条件。特别是一个或一系列可触发交易的特定事件。事件应在合约中详尽定义。

☑ 仲裁平台：由区块链平台上的智能合约中的“计算机程序”自动执行或判断合约规定的条款。

☑ 执行对象：合约里约定的数字资产或智能财产（即将智能合约嵌入我们的实业中）。

（2）智能合约与传统合同的差异性：

☑ 在执行方式上：传统合同是依靠人工来判断执行，带有主观性，在准确性、及时性等方面存在不确定性；而智能合约是靠计算机程序来自动执行，具有客观性、确定性、及时性。

☑ 在执行成本上：传统合同经常会出现执行标准与结果的纠纷，往往执行难，因为“人是活的”，会消耗很多时间成本、资金成本等；而智能合约中的各项执行条件等，已经被提前写入区块链运行的计算机程序里，只要满足可触发的条件，就立即自动执行，执行时不需要再耗费人力、财力、时间。因为“规则是死的”。

3）智能合约的工作原理

一个基于区块链的智能合约，需要包括：事务处理机制（制定智能合约、通过P2P网络扩散并存入区块链、事务执行等）、数据存储机制、完备的状态机，用于接收和处理各种条件。并且，事务的触发、处理、数据保存都必须在链上进行。当满足触发条件后，智能合约即会根据预设逻辑，读取相应数据并进行计算，最后将计算结果永久保存在链式结构中。智能合约在区块链中的运行逻辑如图所示。见图

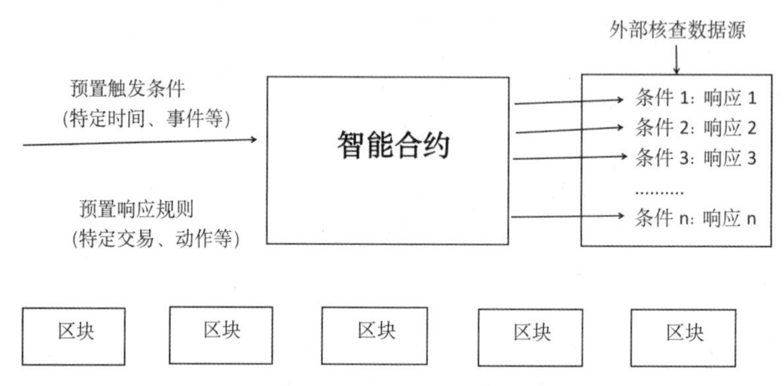

图：智能合约在区块链中的运行逻辑

下面介绍基于区块链的智能合约的具体工作原理：

第一步，多方用户共同参与制定一份智能合约。

* 用户必须先注册成为区块链的用户，区块链返回给用户一对公钥和私钥。公钥作为用户在区块链上的账户地址，私钥作为操作该账户的唯一钥匙。

* 两个及两个以上的用户根据需要，共同商定了一份承诺，承诺中包含了双方的权利和义务。这些权利和义务以数字化的方式被编程为机器语言，参与者分别用各自的私钥进行签名，以确保合约的有效性。

* 签名后的智能合约将根据其中的承诺内容，传入区块链网络中。

第二步，智能合约通过P2P网络扩散并存入区块链。

* 合约通过的方式在区块链全网中扩散，每个节点都会收到一份。区块链中的验证节点会将收到的合约先保存到内存中，等待新一轮共识时间，触发合约的共识并处理。

* 共识时间到了，验证节点会把最近一段时间内保存的所有合约一起打包成一个合约集合（set），并算出这个合约集合的哈希值（hash），最后将这个合约集合的哈希值组装成为一个区块，扩散到全网。

其他验证节点收到这个区块后，会把里面包含的合约集合的哈希值取出来，与自己保存的合约集合进行比较，同时发送一份自己认可的合约集合给其他的验证节点。通过这种多轮的发送和比较，所有的验证节点最终在规定的时间内，对最新的合约集合达成一致。

* 最新达成的合约集合会以区块的形式扩散到全网，每个区块包含以下信息：当前区块的哈希值、前一个区块的哈希值、达成共识时的时间戳，以及其他描述信息。

同时，区块链最重要的信息是带有一组已经达成共识的合约集，收到合约集的节点，都会对每条合约进行验证，验证通过的合约才会最终写入区块链中，验证的内容主要是合约参与者的私钥签名是否与账户匹配。

第三步，区块链构建的智能合约自动执行。

* 智能合约会定期检查自动机状态，逐条遍历每个合约内包含的状态机（即一个有向图形，由一组节点和一组相应的转移函数组成。状态机通过响应一系列事件而“运行”）、事务及触发条件。将条件满足的事务推送到待验证的队列中，等待共识，未满足触发条件的事务将继续存放在区块链上。

* 进入最新轮验证的事务，会扩散到每一个验证节点，与普通区块链交易或事务一样，验证节点首先进行签名验证，确保事务的有效性。验证通过的事务会进入待共识集合，等大多数验证节点达成共识后，事务会成功执行并通知用户。

* 事务执行成功后，智能合约自带的状态机将会判断所属合约的状态，当合约包括的所有事务都顺利执行完后，状态机将合约的状态标记为完成，并从最新的区块中移除该合约。

反之，将标记为进行中，继续保存在最新的区块中等待下一轮处理，直至处理完毕。整个事务和状态的处理都由区块链底层内置的智能合约系统自动完成，全程透明、不可篡改。

4）智能合约的特征

智能合约整个过程独立且自动地在区块链系统上执行，在自动执行过程中呈现如下特征：

* 智能合约有自己的状态，且可以在对区块链上的资产进行保管。因为智能合约在区块链上有自己的账户，可以保存资产。

* 智能合约允许我们用代码表达业务逻辑。交易双方在区块链上写入类似“if—else”语句的程序，当预先编好的条件被触发时，程序自动触发支付及执行合约中的其他条款。也就是说，它是储存在区块链上的一段代码，由区块链交易触发。

* 正确编写的智能合约应描述合约的所有可能结果。

* 智能合约中交易的对手双方建立的关系是由数据驱动的。合约的部署者不需要确定合约的对手方是谁，只需要确定相关的权限确认逻辑，保证后续对手方按照预先设定的规则行事即可。

* 智能合约由发送到其地址的消息 / 交易触发。可将智能合约想象成一个状态机，它的状态变化需要通过满足预先条件的动作来触发，当状态机接收到这样的动作后，会触发执行并完成状态更新，这样的动作在区块链中通过交易的形式实现，而智能合约的地址相当于状态机的 ID，起标识作用。

* 智能合约是确定性的，相同的输入将始终产生相同的输出。如果写一个非确定性合约，当它被触发时，它将在 P2P 网络上的每个节点上执行，并可能返回不同的随机结果，从而阻止网络就其执行结果达成共识。因此，在一个正确构建的区块链平台上，编写非确定性智能合约是不可能的。

* 智能合约保存并运行在区块链上。因此，每个网络节点（参与者）都可以检查其代码。

支持智能合约的区块链，允许在相互不信任的交易对方之间进行交易。这就要求交易实体在决定参与智能合约之前：

☑ 检查代码并确定其结果。

☑ 由于代码已经部署在它们都没有完全控制的网络上，因此可以进行预知确定结果的执行。

☑ 由于所有交互都经过数字签名，因此合约执行的整个步骤流程具有可验证性，合约执行所产生的争议的可能性被消除（当智能合约的设计考虑到所有可能的结果时）。因为参与者不能对他们参与的这个可验证过程的最终结果持不同意见。

由此可见，智能合约行为完全可以预测。

5）如何设计优质的智能合约

智能合约在区块链中的重要性不言而喻，那么了解智能合约的设计思想，就十分必要。下面将具体介绍：

（1）提升智能合约的鲁棒性

所谓鲁棒性，即健壮和强壮，是指在异常和危险情况下系统生存的关键。例如，计算机软件在输入错误、磁盘故障、网络过载或有意攻击情况下，能否不死机、不崩溃，就是该软件的鲁棒性。

一个优秀的智能合约设计者在设计过程中，应该详细考虑可能出现的攻击抵抗行为，以提升智能合约的鲁棒性。

* “天真”违约：这种违约行为的出现，通常由于智能合约逻辑不够严谨，对可能造成的违约行为定义不明确或惩罚力度不足，从而导致缔约双方由于对违规行为的后果缺乏充分的理解（天真行为），而产生违约行为。

* 激励相容缺失，导致的理性违约：这种违约行为，指的是由于智能合约中对于利益分配模式设计时，没有充分考虑激励相容，而导致的缔约双方出于对自身利益最大化的角度考虑，而产生的违约行为。

所谓“激励相容”，是指在市场经济中，每个理性经济人都会有自私的一面，其个人行为会按自利的规则行为行动；如果能有一种制度安排，使行为人追求个人利益的行为，正好与企业实现集体价值最大化的目标相吻合，那这一制度安排就是“激励相容”。对标智能合约领域，即缔结合约双方自身利益与整体利益的两个目标一致性，拥有信息优势的一方，按照合约的另一方的意愿行动，从而使双方都能趋向于效用最大化。也就是说，没有人可以通过损害集体利益，去实现自己利益的最大化。

* 恶意的、复杂的攻击行为：是指由于恶意第三方攻击，且愿意牺牲大量资源攻击合约，例如，51% 攻击等。但在区块链领域，这种违约很少见。

（2）智能合约设计的基本原则

* 合约是由某司法系统或强有力的第三方保证的，应明确应对违反合约的行为，制定具体的惩罚措施。即“反应式安全机制”。

* 通过对执行动作的真实记录，使合约执行结果可以被验证。例如，通过摄像机记录违规行为，或在合约文件上签名。这样，让法庭判断违约索赔诉求时有据可依。

* 正在进行的合约是可以被观察的，以便发现违约的第一个迹象时及时处理，从而将损失降至最低。这也是一种反应性的安全形式。

总之，一个有效且安全的真实合约，需要通过一定的手段，使违规的成本高于收益。

（3）智能合约设计的基本目标

* 可观察性：即缔约人观察彼此履行合约的能力，或向第三方仲裁机构证明其履约的能力。

* 客观可验证性：缔约人向仲裁机构证明合约已被执行或违反的能力，或仲裁员通过其他方式找到这一点的能力。可观察性和可验证性，还可以包括区分故意违反合约和“善意”错误的能力。

* 合约相对性：合约关系理应不涉及第三人，这指的是合约的效力范围，仅限于合约当事人之间。合约当事人一方只能向合约的另一方当事人基于合约提出请求，而不能向与其无合约关系的第三方提出合约上的请求。同时，因合约而产生的违约责任，只能在合约

当事人之间发生，合约关系以外的第三人不能基于该合约而承担违约责任。

* 目标的可执行性：最大限度减少执行需求。智能合约需要通过实现内置用户声誉、激励模型、合约“自执行”协议、可验证性等保证其可执行性。这是智能合约的最终要求或目标。

* 隐私性：智能合约通常涉及受信任的第三方。例如，参与履约的中间人以及仲裁员，该仲裁员被用来解决用违约而引起的纠纷。隐私性意味着智能合约的验证，应该最大限度地减少对第三方的依赖程度，尽可能少的暴露合约执行的细节数据。这在数据时代中具有深远的意义。

由于可验证性和观察性通常要求智能合约必须信任第三方仲裁员，并允许他们知晓合约执行过程中发生的大部分细节行为，这样的模式，对于合约双方的隐私保护显然是不合适的。因此，保证智能合约的隐私性，在智能合约领域非常重要。

6）智能合约实行的前提条件

（1）需要一个值得信任的第三方主体来运行这个智能合约，执行过程必须严格遵循合约逻辑，而且整个执行过程必须是可追溯且完全公开透明的，若仅仅是让合约参与方当中的某一方单独运行，势必会产生不公平。

在一个真实场景中，雇主与家政服务员要想签署一个服务智能合约，就必须找到一个共同信任的主体作为智能合约的执行者，这个主体需要且必须知道该合约中的任何细节，并执行合约中的每一个动作，这就产生了严重的信任危机问题。因为，很难找到这样一个具有强有力的第三方主体来运行智能合约，或者说找到这样一个主体所需的成本很高，甚至智能合约所带来的优势并不足以弥补这些成本。

（2）智能合约所涉及的资产必须是数字化的，在现实生活中资产数字化的难度较高。

在区块链出现之前，任何数字资产都需要一个中心化的第三方做信任背书，这个第三方可以是银行或大型机构，用户可以通过这个可被信任的第三方完成数字资产与真实资产之间的兑换，这就产生了上述问题。

区块链出现之后，上述两个问题就得到了解决。区块链是智能合约实现的前提条件。

7）智能合约的优势与难点

（1）智能合约的优势：

☑ 没有中介机构。没有中介使得交易流程更容易、更快捷，没有必要寻求律师的帮助，一切都遵循预先设定编写的代码（计算机程序）。

☑ 安全和保密。所有合约都以加密形式存储在区块链中。该系统的目标是没有人可以改变智能合约或更换数据。同时，私钥用于签名，提高了智能合约运行的安全级别。

☑ 执行速度快。区块链上的智能合约是自动执行，大大加快了合约执行的过程，而不像纸质合同那样存在很多不确定性，执行耗费时间。

☑ 成本较低。智能合约是去中介的，实现点对点交易，降低了交易成本。

（2）智能合约的难点

☑ 编码的难度。传统的合同，很容易获取。例如，可以请律师帮助提供一份具有法律效力的合同样本。区块链智能合约是一套可执行的双方权利和义务的计算机程序或代码，要求软件开发人员还需要具有相应的法律知识。智能合约编写需要专业人才，具有一定的难度。

☑ 高风险性。智能合约涉及价值交易，而且是预设的计算机程序自动执行，合约中的错误，将直接导致资产损失，或者受到黑客攻击，被窃取资金。

☑ 灵活性。智能合约没有灵活性。已经创建的区块链智能合约上的任何数据或结构，一旦被部署在区块链上，将不允许更改或更换或编辑。

☑ 法律规定。智能合约与现实法律的对接问题，有很多工作需要做。

8）EOS 中的智能合约

EOS 智能合约采用 BFT+DPOS（拜占庭容错共识算法 Byzantine Fault Tolerance）的共识机制，EOS 中的智能合约具有灵活性：

* 节点可以通过提案的形式，对系统智能合约进行升级、更新。

* 用户可以创建新的智能合约，并将其与一个已经部署上链的智能合约账户名重新绑定，以达到更新智能合约的效果。应当注意，该用户需要拥有该智能合约的更新权限，即具有这个账户名对应的公私钥。

此外，在 EOS 系统中，每份智能合约都必须附有一份李嘉图合约，该合约定义了合约中具有法律约束力的条款和条件。李嘉图合约实质上，是将现实合同向代码转化的一种具有中介性质的合约描述方式，其作用在于大幅增加智能合约代码式条款的可读性。

李嘉图合约必须真实反映智能合约代码内容，并对其进行更加具体的阐述和细节化描述，并由合约发行方进行签署。

李嘉图合约不影响智能合约代码本身的执行，但影响智能合约共识的形成。大部分人并不能轻松读懂智能合约代码所表述的内容，自然也搞不懂合约条款中存在哪些漏洞和欺骗。发布智能合约的人有可能或有动机给代码做手脚，以便于最大化自己的利益。因此，EOS 要求所有智能合约都需要一份李嘉图合约，以便于合约接受各方的检查，加快智能合约共识的形成。

40.2.2.4 密码技术

密码学是区块链的基础。密码学是研究如何隐秘地传递信息的学科。密码学主要有三个功能：

一是机密性：信息没有泄露给未授权用户，而仅仅掌握在合法的用户手中，保证合法用户秘密拥有合使用信息的权利；

二是真实性：信息没有被偶发或有意地修改、替换或伪造，保证合法用户可以拥有和使用真实的信息；

三是完整性：保证具备恢复信息错误的能力和手段，使合法用户在任何需要的时候能够拥有和使用正确的信息。

区块链技术大量依赖密码学和安全技术的研究成果。应用于区块链的密码学知识有：哈希 Hash 算法与数字摘要、加解密算法、数字签名、数字证书、PKI 体系、Merkle 树、同态加密等。使用这些密码技术，可以保护信息的机密性、完整性、认证性、不可抵赖性。下面将具体介绍：

1）哈希算法与数字摘要

区块链账本数据主要通过父区块哈希值，组成链式结构来保证不可篡改。下面将介绍什么是哈希运算、哈希运算的特性、哈希运算在区块链系统中的作用。

（1）什么是哈希运算

哈希（Hash）算法，又称“散列算法”，哈希算法的“输入”，称为“消息”（Message）；“输出”，称为“消息摘要”（Message Digest），“消息摘要”经常称为“指纹”“哈希值”等。哈希算法是非常基础也是非常重要的计算机算法。

所谓哈希算法：是指无论输入数据的大小及类型如何，它都能将输入数据转换成固定长度的输出。也就是说，把任意长度的输入（例如文本等信息）通过一定的计算，生成一个固定长度的字符串，输出的字符串称为该输入的哈希值（即“指纹”或“数字摘要”）。

（2）哈希算法的特性

一个优秀的哈希算法，要具备正向快速、输入敏感、逆向困难、强抗碰撞等特性。

* 正向快速：正向即由输入而计算输出的过程，对给定数据，可以在极短时间内快速得到哈希值。

* 输入敏感：输入信息发生任何微小变化，哪怕仅仅是一个字符的更改，重新生成的哈希值与原哈希值也会有天壤之别。同时，完全无法通过对比新旧哈希值的差异推测数据内容发生了什么变化。因此，通过哈希值可以很容易地验证两个文件内容是否相同。该特性广泛应用于错误校验。

在区块链网络传输中，发送方在发送数据的同时，发送该内容的哈希值。接收方收到数据后，只需要将数据再次进行哈希运算，对比输出与接收的哈希值，就可以判断数据是否损坏或篡改。

* 逆向困难：无法或基本不可能在较短时间内根据哈希值计算出原始输入信息。该特性是哈希算法安全性的基础，也是现代密码学的重要组成。

例如，“哈希密码”就是应用之一。在我们当下的日常生活中，人们有银行、手机、网络平台、购买平台等各种账户和密码，但并不是每个人都有为每个账户单独设置密码的习惯，为了记忆方便，很多人的多个账户均采用同一套密码。如果这些密码原封不动地保存在数据库中，一旦数据泄露，则该用户所有其他账户的密码都可能暴露，将造成极大风险。

所以在后台数据库仅会保存密码的哈希值，每次登录时，计算用户输入的密码的哈希值，并将计算得到的哈希值与数据库中保存的哈希值进行比对。由于相同输入在哈希算法固定时，一定会得到相同的哈希值，因此，只要用户输入密码的哈希值能通过校验，用户密码即得到了校验。在这种方案下，即使数据泄露，黑客也无法根据密码的哈希值得到密码原文，从而保证了密码的安全性。

* 强抗碰撞性：不同的输入很难产生相同的哈希输出。也就是说，很难找到两段不同的数据内容，使得它们的哈希值一致（发生碰撞）。

哈希算法的这个特性在区块链中得到广泛使用，只要算法保证发生碰撞的概率足够小，通过暴力枚举获取哈希值对应输入的概率就更小，代价也相应更大。只要能保证破解的代价足够大，那么破解就没有意义。就像我们购买双色球彩票时，虽然我们可以通过购买所有组合保证一定中奖，但是付出的代价远大于收益。优秀的哈希算法即需要保证碰撞输入的代价大于收益。

（3）数字摘要

哈希值在应用中，常被称为指纹（fingerprint）或摘要（digest）。数字摘要，是对数据内容进行哈希算法，获取唯一的摘要值来指代原始完整的数据内容。数字摘要是哈希算法的一个用途。利用哈希算法的强抗碰撞性特性，数字摘要可以解决确保内容未被篡改过的问题，对数据的完整性提供保护。

例如，从网站下载软件或文件时，有时会提供一个相应的数字摘要值。用户下载原始文件后，可以在本地自行计算摘要值，并与提供的摘要值进行比对，可检查文件内容是否被篡改过。

总之，哈希算法的以上特性，保证了区块链的不可篡改性。对于一个区块链的所有数据，通过哈希算法得到一个哈希值，而这个哈希值无法反推出原来的内容。因此，区块链的哈希值可以唯一、准确地标识一个区块链，任何节点通过简单快速地对区块内容进行哈希计算，都可以独立地获取该区块哈希值。如果想要确认区块的内容是否被篡改，利用哈希算法重新进行计算，对比哈希值即可确认。

（4）通过哈希，构建区块链的链式结构，实现防篡改

在区块链数据结构中，每个“区块头”包含上一个区块数据的哈希值，层层嵌套，最终将所有区块串联起来，形成区块链。区块链里包含了自该链诞生（产生“第一个区块”）以来发生的所有交易。因此，要篡改一笔交易，意味着它之后的所有区块的父区块哈希全部要篡改一遍，这需要进行大量的运算。如果想要篡改数据，必须靠伪造交易链实现，即保证在正确的区块产生之前能快速地运算出伪造的区块。只要网络中节点足够多，连续伪造的区块运算速度都超过其他节点几乎是不可能实现的。

另一种可行的篡改区块链的方式是，某一利益方拥有全网超过 50% 的算力，利用区块链中少数服从多数的特点，篡改历史交易。然而，在区块链网络中，只要有足够多的节点参与，控制网络中 50% 的算力也是不可能做到的。即使某一利益方拥有了全网超过 50% 的算力，那已经是既得利益者，肯定会更坚定地维护区块链网络的稳定性。所有，通过哈希，构建区块链的链式结构，可实现防篡改。

2）加解密算法

加解密算法是密码学的核心技术，也是区块链底层安全机制的核心。现代加解密系统包括：加解密算法、加密密钥、解密密钥。其中，加解密算法一般是公开可见的，密钥则是最关键的信息，需要安全地保存起来，甚至通过特殊硬件进行保护。对同一种算法，密钥需要按照特定算法每次加密前随机生成，长度越长，则加密强度越大。

加密过程中，通过加密算法和加密密钥，对“明文”进行加密，获得密文；

解密过程中，通过解密算法和解密密钥，对密文进行解密，获得明文。

在区块链技术中的加解密算法有：对称加密算法、非对称加密算法、混合加密机制。

（1）对称加密算法：加密和解密过程中的密钥是相同的。又称“公共密钥加密”。该类算法优点：加解密效率（速度快）和加密强度都很高。其缺点：参与方都需要提前持有密钥，一旦有人泄露则安全性被破坏；另外，如何在不安全通道中提前分发密钥，也是个问题。

对称加密算法：适用于大量数据的加解密过程；不能用于签名场景；并且往往需要提前分发好密钥。

（2）非对称加密算法，又称“公钥加密”：加密密钥和解密密钥是不同的，分别称为“公钥”和“私钥”。私钥一般需要通过随机数算法生成，公钥根据私钥生成。公钥是公开的，他人可获取的；私钥是个人持有，他人不能获取。非对称加密算法可以很好地解决对称加密中提前分发密钥的问题。

非对称加密算法的优点：是公私钥分开，不安全通道也可使用。其缺点：处理速度（特别是生成密钥和解密过程）往往比较慢；同时加密强度也往往不如对称加密算法。

非对称加密算法一般适用于签名场景或密钥协商，但不适于大量数据的加解密。

此外，还要注意规避“选择明文攻击”风险。在非对称加密中，由于公钥是公开可以获取的，因此任何人都可以给定明文，获取对应的密文，这就带来选择明文攻击的风险。为了规避这种风险，要引入一定的保护机制。对同样的明文使用同样密钥进行多次加密，得到的结果完全不同，这就避免了选择明文攻击的破坏。在实现上，还可以有多种思路：对明文先进行变形，添加随机的字符串或标记，再对对称密钥进行加密；还有，先用随机生成的临时密钥对明文进行对称加密，然后再对对称密钥进行加密，即混合利用多种加密

机制。

（3）混合加密机制：同时结合了对称加密和非对称加密的优点。

3）消息认证码与数字签名

消息认证码与数字签名技术，通过对消息的摘要进行加密，可用于消息防篡改和身份证明问题。

（1）消息认证码

消息认证码，即基于哈希的消息认证码（简称 HMAC）。消息认证码基于对称加密，可以用于对消息完整性进行保护。

其基本过程为：对某个消息，利用提前共享的对称密钥和哈希算法进行加密处理，得到 HMAC 值。该 HMAC 值持有方，可以证明自己拥有共享的对称密钥，并且也可以利用 HMAC 确保信息内容未被篡改。

消息认证码一般用于证明身份的场景。消息认证码使用过程中，主要问题是需要共享密钥。当密钥可能被多方拥有的场景下，无法证明消息来自某个确切的身份。反之，如果采用非对称加密方式，则可以追溯到来源身份，即数字签名。

（2）数字签名

① 数字签名的作用

区块链网络中包含大量的节点（网络用户），不同节点的权限不同。区块链主要使用数字签名，来实现权限控制，可用于证实某数字内容的完整性，同时又可以确认来源（或不可抵赖），识别交易发起者的合法身份，防止恶意节点身份冒充，并保护数据。与在纸质合同上签名确认合同内容和证明身份类似。

数字签名采用非对称加密算法，即每个节点需要一对私钥、公钥密钥对。私钥是只有本人可以拥有的密钥，签名时需要使用私钥。不同的私钥对同一段数据的签名是完全不同的，类似物理签名的字迹。数字签名一般作为额外信息附加在原消息中，以此证明消息发送者的身份；公钥是所有人都可以获取的密钥，验签时需要使用公钥。因为公钥人人可以获取，所以所有节点均可以校验身份的合法性。

② 数字签名具有以下属性：

* 一是签名是可信的。数字签名应该能够使接收者确信签名者检查并认可了被签名的文件；

* 二是签名不能伪造。数字签名应该能够证明文件上的签名确实是签名者本人亲自（或经授权后）签署的，而不是其他人伪造的；

* 三是签名不可抵赖。签名者事后不能否认他（她）的签名；

* 四是签名不能被篡改。签名者对文件签名以后，任何其他人都不可能对文件内容进行更改而不被发现；

* 五是签名不能被复制。任何人都不可能将一个文件的签名移植到另一个文件上。

③ 数字签名的原理

数字签名并不是指通过图像扫描、电子版录入等方式获取物理签名的电子版，而是通过密码学领域相关算法对签名内容进行处理，获取一段用于表示签名的字符。在密码学领域，一套数字签名算法包含“签名”和“验签”两种运算，数据经过签名后，非常容易验证完整性，并且不可抵赖。只需要使用配套的验签方法验证即可，不必像传统物理签名一样需要专业手段鉴别。

* 数字签名的流程：

☑ 发送方 A 对原始数据通过哈希算法计算数字摘要，使用“非对称密钥对”中的私钥对数字摘要进行加密，这个加密后的数据，即数字签名；

☑ 数字签名与 A 的原始数据一起，发送给验证签名的任何一方。

* 验证数字签名的流程：

☑ 签名的验证方，一定要持有发送方 A 的“非对称密钥对”的公钥；

☑ 在接收到数字签名与 A 的原始数据后，使用公钥，对数字签名进行解密，得到原始摘要值；

☑ 对 A 的原始数据，通过同样的哈希算法，计算摘要值，进而比对解密得到的摘要值与重新计算的摘要值是否相同，如果相同，则签名验证通过。

A 的公钥可以解密数字签名，保证了原始数据确实来自 A；解密后的摘要值，与原始数据重新计算得到的摘要值相同，保证了原始数据在区块链上传输过程中未经过篡改。

④ 数字签名的种类或应用场景

区块链技术中的数字签名主要采用：盲签名、多重签名、群签名、环签名、知识签名等签名算法。

* 盲签名

盲签名允许发送者向签名者要求一个给定消息的签名，但不让签名者知道此消息的任何消息。签名者需要在无法看到原始内容的前提下，对信息进行签名。盲签名可以实现对所签名内容的保护，防止签名者看到原始内容；另一方面，盲签名还可以实现防止追踪，签名者无法将签名内容和签名结果进行对应。

盲签名的应用场景：例如，电子选举、不可跟踪的电子支付系统等。

* 多重签名

多重签名是指多个群体中的成员合作共同完成对同一消息的签名。每个成员使用自己的私钥对消息进行签名，验证者必须知道哪些人参与了签名，并用这些签名人的公钥来验证签名的有效性。

在多重签名中，即 n 个签名者中，收集到至少 m 个（n>=m>=1）的签名，即认为合法。其中，n 是提供的公钥的个数，m 是需要匹配公钥的最少的签名个数。

多重签名可以有效地被应用在多人投票共同决策的场景中。例如，双方进行协商，第三方作为审核方，三方中任何两方达成一致即可完成协商。

* 群签名

群签名，即某个群组内一个成员可以代表群组进行匿名签名。签名可以验证来自该群组，却无法准确追踪到签名的是哪个成员（隐私保护）。

群签名需要存在一个群管理员，来添加新的群成员。这样，就存在群管理员可能追踪到签名成员身份的风险。

但在发生争议的情况下，也可由一具有特权的群管理员“打开”争议的签名，找出真正的签名者（可追踪）。

由于群签名具有隐私保护与可追踪的双重特性，在现代电子商务、电子货币、可信计算、网络取证、隐藏内部组织架构、电子选举协议等许多领域，都起着不可或缺的作用。

这里需要注意的是，多重签名与群签名是不同的签名。其区别在于：

☑ 群签名的签名者是匿名的。群签名是由单个群成员以群体的名义，对消息进行签名。验证者只能验证签名是否来自该群体，但不知道签名是由哪个群成员完成的；而多重签名是由群体中的某些成员合作完成对消息的签名，签名者的身份必须是公开的，验证者根据公开的签名者的公钥，验证多重签名的正确性。

☑ 群签名中存在群管理员，群管理员是一个比较特殊的个体，不同于一般的群成员，一般情况下不参与签名，其主要职责是完成群成员的加入和删除等管理工作，并在必要的时候“打开”群签名，确定签名者的身份；而多重签名协议中不存在群体的管理员，所以群体成员的地位都是对等的。

☑ 群签名是由单个群成员来完成的，而多重签名是由群体中的某些成员合作完成的。

* 环签名

环签名属于一种简化的群签名。环签名中只有环成员没有管理者。环签名同群签名一样也是一种签名者模糊的签名方案，与群签名相同的是，环签名中的任何一个群成员都可以代表群体进行匿名签名;而与群签名具有可追踪性不同,环签名不需要对签名者进行追踪。环签名没有可信中心，没有群的建立过程，对于验证者来说，签名者是完全匿名的。

签名者，首先选定一个临时的签名者集合，集合中包括签名者自身。然后签名者利用自己的私钥和签名集合中其他人的公钥，就可以独立地产生签名，而无需他人的帮助。签名者集合中的其他成员，可能并不知道自己被包含在最终的签名中。

环签名提供了一种匿名泄露秘密的巧妙方法。环签名的这种无条件匿名性，对信息需要长期保护的一些特殊环境中非常有用。环签名在选举、电子商务、重要新闻的发布、无线传感器网络、电子现金系统等场景应用广泛。

* 知识签名

知识签名以零知识证明为基础，采用单向非交互协议证明自己知道某些知识，但不泄露该知识的任何信息。零知识证明，既能充分证明自己是某种权益的合法拥有者，又不把有关的信息泄露出去，即给外界的“知识”为“零”。

零知识证明，实质上是一种涉及两方或更多方的协议，即两方或更多方完成一项任务所需采取的一系列步骤。证明者向验证者证明并使其相信自己知道或拥有某一消息，但证明过程是不能向验证者泄露任何关于被证明消息的信息。

大量事实证明，零知识证明在密码学中非常有用。零知识证明是概率证明，而不是确定性证明。但是也有技术能将误差降低到可以忽略的值。

⑤ 数字签名在区块链中的用法

在区块链网络中，每个节点都拥有一份公私钥对。节点发送交易时，先利用自己的私钥对交易内容进行签名，并将签名附加在交易中。其他节点收到广播消息后，首先对交易中附加的数字签名进行验证，完成消息完整性校验及消息发送者身份合法性校验后，该交易才会触发后续处理流程。

数字签名算法自身的安全性,由数学进行保障,但在使用上,系统的安全性也十分关键。目前，常见的数字签名算法，往往需要选取合适的随机数作为配置参数，配置参数不合理的使用或泄露，都会造成安全漏洞，需要进行安全保护。

此外，数字签名的效力，目前，已经有包括欧盟、美国和中国等在内的 20 多个国家和地区，认可数字签名的法律效力。2000 年，中国新的《合同法》首次确认了电子合同、数字签名（电子签名）的法律效力。2005 年 4 月 1 日，中国首部《电子签名法》正式实施。

4）数字证书

对于非对称加密算法和数字签名来说，公钥的分发的安全问题需要引起重视。因为，任何人可以公开获取到对方的公钥，这个公钥有没有可能是伪造的？传输过程中有没有可能被篡改掉？一旦公钥自身出了问题，则整个建立在公钥上的安全体系的安全性将不复存在。

因此，为了解决公钥自身的安全问题，采用数字证书，就是有效的措施。数字证书就像我们日常生活工作中的证书一样，可以证明所记录信息的合法性。例如，证明某个公钥是某个实体（如组织或个人）的，并且确保一旦内容被篡改能被探测出来，从而实现对用户公钥的安全分发。

根据所保护公钥的用途，可以分为“加密数字证书”和“签名验证数字证书”。加密数字证书用于保护加密信息的公钥；签名验证数字证书用于保护进行解密签名、身份验证的公钥。

在区块链网络中，证书需要由权威的“证书认证机构”（CA）来进行签发和背书。当然，用户也可以自行搭建本地 CA 系统，进行使用。

一个数字证书的内容，主要包括：基本数据（版本、序列号）、所签名对象信息（签名算法类型、签发者信息、有效期、被签发者信息、签发的公开密钥）、CA（即证书认证机构）的数字签名等。

此外，证书的颁发者，还需要对证书内容利用自己的私钥添加签名，以防止别人对证书内容进行篡改。

证书中记录了大量信息，其中最重要的包括：“签发的公开密钥”和“CA 数字签名”两个信息。因此，只要使用 CA 的公钥，再次对这个证书进行签名比对，就能证明某个实体的公钥是否合法。

可见，证书作为公钥信任的基础，对证书生命周期进行安全管理也是十分必要的。PKI 体系就提供了一套完整的证书管理的框架，包括生成、颁发、撤销过程等。

5）PKI 体系

在非对称加密中，公钥可以通过证书机制来进行保护，但证书的生成、分发、撤销等过程的规范很重要。

PKI（Public Key Infrastructure）体系核心解决的，就是证书生命周期相关的认证和管理问题，即可安全地管理网络中用户的密钥和证书。

（1）PKI 基本组件

PKI 至少包括如下基本组件：

☑ 证书认证机构（CA）：负责证书的颁发和作废，接收来自 RA 的请求，是最核心的部分；

☑ 证书登记机构（RA）：对用户身份进行验证，校验数据合法性，负责登记，审核过了就发给 CA；

☑ 证书数据库：存放证书。多采用规范标准格式，配备目录服务管理用户信息。

其中，CA 是最核心的组件，主要完成对证书信息的维护。

常规的操作流程：用户通过 RA 登记申请证书，提供身份和认证信息等；CA 审核后完成证书的制造，颁发给用户。用户如果需要撤销证书，则需要再次向 CA 发出申请。

（2）证书的签发

CA 对用户签发证书，是对某个用户公钥，使用 CA 的私钥对其进行签名。这样任何人都可以用 CA 的公钥，对该证书进行合法性验证。验证成功则认可该证书中所提供的用户公钥内容，实现用户公钥的安全分发。

用户证书的签发有两种方式：可由 CA 直接来生成证书（内含公钥）和对应的私钥发给用户；也可由用户自己生成公钥和私钥，然后由 CA 来对公钥内容进行签名。

需要注意的是，用户自行生成私钥的情况下，私钥文件一旦丢失，CA 方由于不持有私钥信息，无法进行恢复，意味着通过该证书中公钥加密的内容，将无法被解密。

（3）证书的撤销

证书超出有效期后会作废，用户也可以主动向 CA 申请撤销某证书文件。由于 CA 无法强制收回已经颁发出去的数字证书，因此，为了实现证书的作废，往往还需要维护一个撤销证书列表（CRL），用于记录已经撤销的证书序号。

因此，通常情况下，当第三方对某个证书进行验证时，需要首先检查证书是否在撤销列表中。如果存在，则该证书无法通过验证；如果不在，则继续进行后续的证书验证过程。

6）Merkle 树

Merkle （默克尔）树，又叫哈希树，是一种典型的二叉树结构，由一个根节点、一组中间节点、一组叶节点组成。见 Merkle 树示例图。

Merkle 树的主要特点：

* 最下面的叶子节点包含存储数据或其哈希值；

* 非叶子节点（包括中间节点和根节点）都是它的两个子节点内容的哈希值。

默克尔树逐层记录哈希值的特点，意味着树根的值实际上代表了对底层所有数据的“数字摘要”，即底层数据的任何变动，都会传递到父节点，一层层沿着路径一直到树根。

默克尔树的典型应用场景是：快速比较大量数据、快速定位修改、零知识证明等。

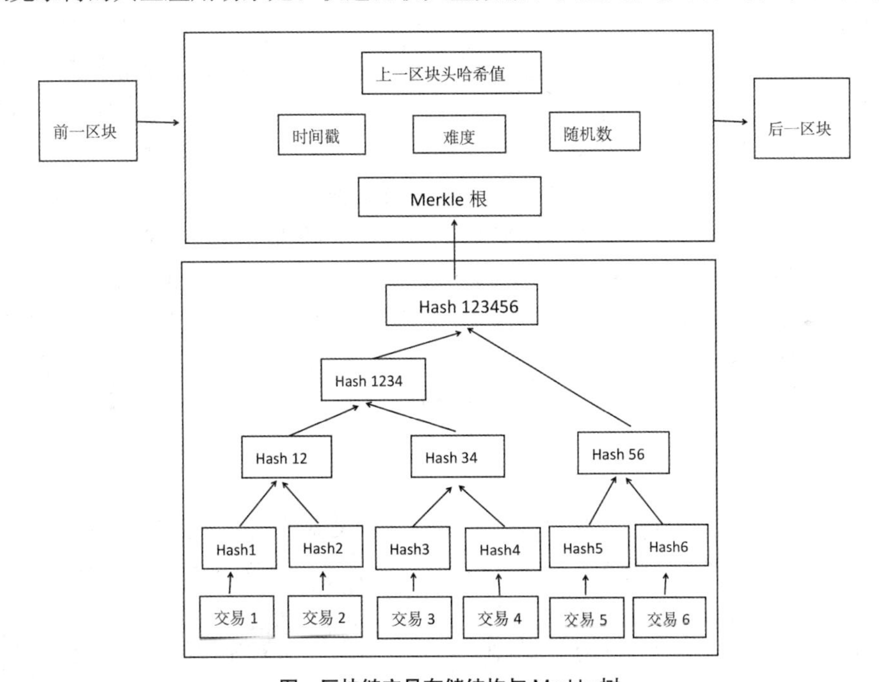

图：区块链交易存储结构与 Merkle 树

总之，密码学应用于区块链技术，可以很好做到用户隐私保护：

* 身份隐私保护：支持全匿名或部分匿名的隐私保护，即不公开交易双方的详细身份信息，可使用公钥地址表示交易双方的身份。

* 交易隐私保护：支持全匿名或部分匿名的隐私保护，即不公开交易双方的交易细节，对交易信息进行加密以实现隐私保护。

* 监管隐私保护：对审计或超级权限账户保持交易透明，对非监管账户保持隐私保护。

* 客户端私钥保护：客户端私钥只允许其所有者读取，存储和传输需有保护措施，不能以明文方式传输或存储，而且客户端进出需经过身份验证。

* 服务节点私钥保护：服务节点私钥只允许其所有者读取，存储和传输需有保护措施，

不能以明文方式传输或存储，而且节点进出需经过身份验证。

7）同态加密 （详细内容 扫一扫二维码）

40.2.2.5 分布式账本

在传统的账本系统中，所有用户的交易信息都写在同一个账本上，由此来保证用户之间不出现冲突的交易信息。而这个账本的记录、检索一般交由可信任的第三方机构进行（例如、银行）。在这类系统中，所有用户向第三方机构支付信任费用，由机构保证账本不被恶意篡改。这是一种中心化的体系，好处是机构可以集中处理大量交易信息，但同时所有交易行为都不得不经过机构的处理，用户在一定程度上将受到机构的控制。

而区块链技术则提出一种分布式账本的架构，把第三方机构从系统中剔除，让用户与用户之间可以直接进行交易。区块链的解决思路是让所有用户都拥有一个账本，所有用户都参与到记账的过程中。在区块链中，交易信息是向全网广播的，每个节点（用户端）都能接收到交易信息，而且可保证全网每个用户记录下来的是同一种信息，即账本信息具有一致性、唯一性。分布式账本，又称“共享账本”，就是这样的设计成果。

1）什么是分布式账本

所谓分布式账本：是指通过在不同节点（网络用户）之间达成共识，记录相同的账本数据，即是一种在不同节点之间共享、复制和同步的数据库。分布式账本是区块链技术的基础。

区块链就是不可篡改、不可伪造、数据传输访问安全的去中心化分布式账本。因为，区块链构建的 P2P（点对点）分布式网络，作为底层物理网络基础，与传统的中心化“客户端 / 服务器”（C/S）网络架构有很大的不同，它是一种去中心化的网络结构方式。其最主要的特点是：每个网络节点之间都是平等的，没有哪个节点处于中心地位或者对其他节点具有控制、管理权限。“区块”和“链”就是实现这种唯一性、一致性的数据结构。在区块链运行中，最长链是唯一的，所有用户都将把同一链条记录在本地数据库上，即遵循“选最长链作为主链”的规则。这就保证了账本的唯一性，也就解决了账本一致性的问题。

2）分布式账本的内容

分布式账本的内容，主要包括：分布式存储、节点运算、时序服务、账本记录。下面具体介绍：

（1）分布式存储

分布式存储，提供区块链运行过程中产生的各种类型的数据。例如，交易信息、版本信息等的写入及查询功能，还包括关系型数据库、键值对数据库、文件数据库等。

存储功能应包括要素：

☑ 节点数据写入正确性：对等网络中，账户、事务、交易等数据能正确写入节点，数据可被节点正确部署、使用、查询。

☑ 节点高效、稳定存储：能够提供高效、稳定、安全的数据服务。

（2）节点运算

节点运算，提供区块链运行中的计算能力支持，包括容器技术、虚拟机技术、云计算技术等。

节点运算应包括要素：

☑ 区块链节点运行环境监控：对区块链提供运行环境支持。

☑ 区块链节点计算能力：对等网络中，计算能力能够满足每个节点的要求。

（3）时序服务

时序服务，提供区块链中的行为或数据需记录相应的一致性的时序，可以选择特定的时序机制或工具。

区块链时序服务包括要素：

☑ 统一账本记录：支持统一账本记录时序等内容。

☑ 时序容错性：具备时序容错性等内容。

☑ 第三方时序服务：支持集成可信第三方时序服务等内容。

（4）账本记录

账本记录，提供区块链中分布式数据的存储机制。通过不同节点对账本的共同记录与维护，形成区块链中数据的公共管理、防篡改、可信任的机制。

账本记录应包括要素：

☑ 持久化存储账本记录：是指系统支持持久化存储账本记录，包括技术库种类、数据库指标（安全性、兼容性、可扩展性）、账本存储格式、区块格式规范等内容。

☑ 记账幂等性：支持一次或多次查询或记录请求，具有相同结果。

☑ 多节点拥有完整的数据记录：包括支持多节点拥有完整的数据记录、支持多节点拥有完整的区块记录等要素。支持多节点拥有完整的数据记录是指链上与非链上的数据记录，支持完整记录同步；支持多节点拥有完整的区块记录是指完整账本的记录，支持完整账本同步。

☑ 各节点数据一致性：指系统确保有相同账本记录的各节点的数据一致性。

☑ 区块大小调整：支持区块链大小的动态或静态调整。

☑ 账本同步：支持完整账本或局部账本的同步，对账本选择性下载。

☑ 账本检索：支持全量账本或局部账本的快速检索。

3）分布式账本的优势

（1）提升交易效率和清算速度

分布式账本能够削弱现有的中心机构控制作用，不需要任何中心数据管理系统介入，就能形成点对点的支付交易，实现“交易即结算”的模式。分布式账本特别是能够应用在B2B 跨境支付中，会大大提升交易效率、清算速度，降低交易成本。

（2）提升账本的安全性：分布式账本技术还使账本安全性得到大大的提高。

① 共识协议安全

分布式账本建立在 P2P 网络节点对交易数据一致性的基础上，并对账本进行更新。基于 POW 共识过程的区块链节点，要掌握全网超过 51% 的算力，才有能力成功篡改区块链数据，但要掌握全网超过 51% 的算力将会付出非常昂贵的成本，且超过所获得的收益，所以篡改账本数据行为得不偿失，是不会发生的；基于 POS 或 DPOS 的共识过程，依靠自身的权益来维护账本安全。因此，人们大可不必担心区块链分布式账本的安全，也不用担心攻击问题。

② 数据难以篡改

当账本的某一部分被修改时，区块链网络中的节点都可以通过哈希（hash）算法迅速甄别。如果系统在审核时发现两个账本的信息不一致，就会自动舍弃那些少数不一致的节点，只保留那些大部分相同的账本，即最长的账本。这意味着要想篡改数据就必须控制系统中的部分节点，黑客攻击时也必须同时攻击所有副本才能生效，即全网 51% 节点，而这是很难实现的。区块链难以篡改特性保证了数据的真实性，使数据适用于身份与交易溯源。

③ 加密技术及算法

分布式账本实现了数据的共享和透明，伴随而来的就是分布式账本如何保护个人隐私及交易信息的安全。分布式账本采用密码技术对用户身份和交易数据进行加解密，并通过哈希算法将新的交易添加到已有区块链中，这使交易者不需要第三方（即中心机构）介入，就可以直接管理多种交易。

④ 公开透明

分布式账本的去中心化特性，使所有信息都被公开记录在“共享账本”中，实现公开透明。区块链的难以篡改特性，保证了账本数据的真实性，使数据适用于交易溯源及供应链溯源等场景。

当然，尽管分布式账本具有很多优势，但也存在许多问题挑战，不必多述。

这里，还有一个需要注意的问题是：在区块链这个分布式账本中，或分布式数据库中（我们可以将区块链通俗地理解为一个分布式的数据库），使用账本或数据库的各方都可以存储交易数据。区块链既然是分布式账本，最重要的用途就是记账，记录每笔交易的重要数据，以便将来以此作为查账和避免纠纷的依据。值得提醒的是，这里的“交易”指的是广义的交易，并不限于货币和金融的交易，一切会产生数据状态变化的事务都称之为“交易”。例如，家政服务员账号或雇主账户的创建、家政服务员接受家政服务培训、家政服务员参与家政服务职业技能鉴定、家政服务员履行服务合同、雇主评价等都可以算作交易。

由此可见，业务需要保存的数据很多，那么，到底什么样的数据适合用区块链来存储？具体来说，就“区块链 + 家政服务”而言，什么样的数据不适合“上链”？什么样的数据适合“上链”？下面具体介绍：

什么样的数据不适合上链？从业务角度看，不需要共享的数据不适合上链。例如，用户的私钥，是用户绝对不想与其他人分享的信息。如果上链，就意味着私钥会被每一个参与者获取并存储，即便是被加密也会有泄密的风险。因此，没有必要上链。从性能角度看，过于庞大的数据和更新过于频繁的数据也不适合上链。例如，家政服务员的服务视频、日志文件等。因为，区块链上存储的数据作为链的一部分，是会被永久保存并同步到每一个参与节点用来保证完整性的，如果存储的数据过于庞大，则会严重影响同步性能，占用有限的存储空间。因此，过于频繁的写入操作不太适用区块链。

那么，什么样的数据适合上链？简单来说，就是需要共享的、需要具备可信度、不能被篡改并且需要可追溯的数据。例如，家政服务员的身份信息、家政服务员的职业技能证书信息、雇主的需求信息、家政服务员或雇主签署的家政服务保险信息、家政服务员与雇主签订的服务合同信息（服务智能合约）、家政服务合同履行信息、雇主反馈信息等，需要被妥善保存，将来在评估家政服务员诚信与技能水平、服务质量、处理服务投诉的时候，必须以此为依据。因为不可篡改，家政服务员或家政公司或雇主，都无从抵赖，因为可以共享和可追溯，一旦产生服务纠纷也可以由监管部门追溯取证。

总之，分布式账本，它记录、存储了点对点网络上的各种交易数据，如资产或数据的交换；点对点网络节点通过 DPOS 共识机制来制约和协商对账本中记录更新，省去了第三方机构的参与；分布式账本通过时间戳和密码签名来记录数据，记录之后，账本中就可以审计记录的历史数据了。

分布式账本能够削弱现有的中介控制作用，不需要任何中央数据管理系统介入，就能形成点对点的支付交易，实现“交易即结算”的模式。这种模式大大提升了交易效率和清算速度。

40.2.3 区块链的特性

区块链主要通过 P2P 多网络、共识机制、智能合约、密码技术、分布式账本等多种技术的集成创新，为交易参与者提供了一种可信、可靠、透明的高效协同框架，降低经济活动的各类摩擦，减少了经济活动的交易费用和复杂度，提高经济运行效率。区块链技术结构使得区块链具备如下几个重要特性：

40.2.3.1 去中心化

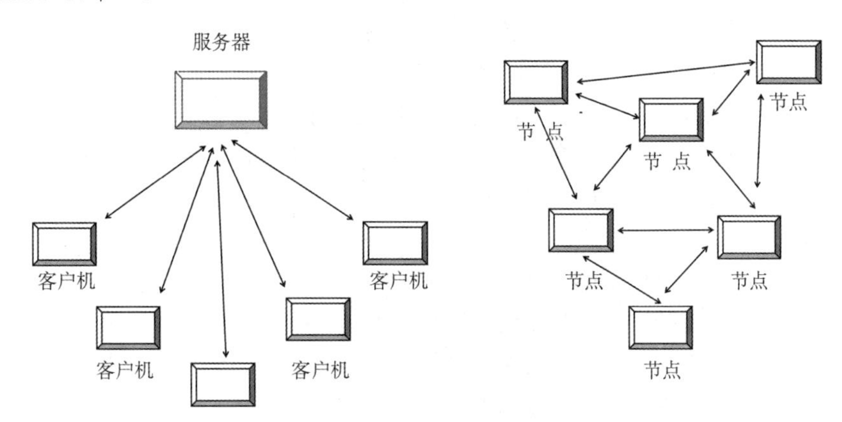

图：C/S 网络模式和 P2P 网络模式

区块链是基于 P2P 网络，没有中心服务器，没有中心化服务，该网络中每个节点都是平等、独立的。每一个节点的数据传输不再依赖中心化服务器，每一个节点可从任意（有能力的）节点得到服务。而且任一或少量的节点损坏或丢失，都不会影响整个区块链系统的运行。区块链从网络架构上，实现了"去中心化"。

区块链没有中心化的组织或机构，对数据的更新与操作，是通过全网节点的共识机制来完成的。这使少数人或中心化的组织或机构，难以控制整个区块链系统，从而难以达到修改或删除数据的目的。区块链从网络治理上，实现了"去中心化"。

40.2.3.2 不可篡改和可追溯

区块链数据的不可篡改和可追溯特性，使得区块链技术在物品与信息溯源等方面得到大量应用。

不可篡改或防篡改，是指交易一旦在全网范围内经过验证并添加至区块链，就很难被修改或删除。因为，区块链的共识机制（例如，POW、POS、DPOS 等）使得区块链系统的篡改难度及花费都是极大的。若要对区块链系统进行篡改，攻击者需要控制全网系统超过 51% 的算力，且若攻击行为一旦发生，区块链网络虽然最终会接受攻击者计算的结果，但是攻击过程仍然会被全网见证，当人们发现这套区块链系统已经被控制，以后便不再会相信和使用这套系统，这套系统也就失去了价值，而攻击者为购买算力所投入的大量资金便无法收回，所以一个理智的个体或组织不会进行这种类型的攻击。因为，攻击者得不偿失，损害的更多是自己的利益。还有，当前的联盟链所使用的例如 PBFT 类（实用拜占庭容错算法）共识算法，从设计上保证了交易一旦写入即无法被篡改。

这里需要说明的是，"不可篡改或防篡改"并不等于不允许编辑区块链系统上记录的内容，只是整个编辑的过程被类似"日志"的形式完整记录了下来（写入区块链），且这个"日志"是不能被修改的。因为，被篡改的那条链，一旦被发现，将被舍弃，节点最终选择的是最长的那条链。

可追溯，是指区块链上发生的任意一笔交易，都是有完整记录的，而且是不可篡改的，我们可以针对某一状态在区块链上追查与其相关的全部历史交易。防篡改特性保证了写入到区块链上的交易很难被篡改，这为可追溯特性提供了保证。

40.2.3.3 透明可信

（1）人人记账保证人人获取完整信息，实现信息透明

在去中心化的区块链系统中，网络中的所有节点都是对等节点，没有中心服务器，没有中心化服务，大家平等地发送和接收网络中的消息。所以，在系统中的每个节点，都可以完整观察系统中每个节点的全部行为，并将观察到的这些行为在各个节点进行记录，即维护本地账本，整个系统对于每个节点都具有透明性。

这与中心化的系统是不同的。中心化的系统中不同节点之间存在信息不对称的问题。中心节点通常可以接收到更多信息，而且中心节点也通常被设计为具有绝对的话语权，这使得中心节点成为一个不透明的“暗箱或黑盒”，而其可信性也只能借由中心化系统之外的机制来保证。

（2）节点间决策过程共同参与，共识保证可信性

区块链系统是典型的去中心化系统，网络中的所有交易对所有节点都是透明可见的，而交易的最终确认结果，也由共识机制保证了在所有节点间的一致性。所以整个系统对所有节点都是透明、公平的，系统中的信息具有可信性。

在现实生活中，共识达成需要参与者通过在一定的场景中，或投票选举，或开会讨论，或多方签订一份合作协议等，具有很大的主观性、不确定性。而在区块链系统中，每个节点是通过共识算法，让自己的账本跟其他节点的账本保持一致，具有客观性、确定性。即是通过共识机制保证可信性，而不是靠人的主观判断。

也就是说，区块链的信任机制是基于P2P网络、共识机制、密码技术等技术建立的，是基于技术的信任。区块链系统中的节点，可以不了解对方基本信息的条件下，进行可信任的信息交换，满足了信息安全需求。这样的技术体系让节点在没有统一中心节点背书的情况下，达成共识和产生信任，几乎完全消除了系统内价值交换过程中的摩擦成本，降低了系统运行成本，提高运行效率。

40.2.3.4 隐私安全保障

区块链的去中心化特性决定了区块链的“去信任”特性：由于区块链系统中的任意节点都包含了完整的区块链校验逻辑，所以任意节点都不需要依赖其他节点完成区块链中交易的确认过程，也就是无需额外地信任其他节点。

“去信任”的特性，使得节点之间不需要互相公开身份，因为任意节点都不需要根据其他节点的身份进行交易有效性的判断，这为区块链系统保证用户隐私提供了前提。

区块链系统中的用户，通常以公私钥体系中的私钥作为唯一身份标识，用户只要拥有私钥即可参与区块链上的各类交易。至于谁持有该私钥则不是区块链所关注的事情，区块链也不会去记录这种匹配对应关系。所以区块链系统知道某个私钥的持有者在区块链上进行了哪些交易，但并不知道这个持有者是谁，也不关注持有者是谁，进而保护了用户隐私。

随着密码技术的快速发展，为区块链中用户的隐私提供了更多保护方法。例如，同态加密、零知识证明等前沿密码技术，可以让链上数据以加密形态存在，任何不相关的用户都无法从密文中读取到有用信息，而交易相关用户可以在设定权限范围内读取有效数据。这为用户隐私提供了更深层次的安全保障。

40.2.3.5 系统和数据高可靠性

区块链系统的高可靠性体现在：

（1）每个节点对等地维护一个账本，并参与整个系统的共识。如果其中某一个节点出故障了，整个系统能够正常运转，这就是为什么我们可以自由加入或退出区块链系统网络（例

如，比特币系统、以太坊系统、EOS 系统等），而整个系统依然工作正常。

（2）区块链系统支持拜占庭容错。

传统的分布式系统虽然也具有高可靠特性，但是通常只能容忍系统内的节点发生崩溃现象或出现网络分区的问题。而传统系统一旦被攻克（甚至是只有一个节点被攻克），或者说修改了节点的消息处理逻辑，则整个系统都将无法正常工作。

因为，按照系统能够处理的异常行为，可将分布式系统分为：崩溃容错（Crash Fault Tolerance 简称 CFT）系统、拜占庭容错（Byzantine Fault Tolerance 简称 BFT）系统。CFT 系统，是指可以处理系统中节点发生崩溃（crash）错误的系统；而 BFT 系统，则是指可以处理系统中节点发生拜占庭（Byzantine）错误的系统。所谓拜占庭错误，来自著名的拜占庭将军问题，现在通常是指系统中节点行为不可控，可能存在崩溃、拒绝发送消息、发送异常消息，或发送对自己有利的消息（即恶意造假）等行为。

传统的分布式系统是典型的 CFT 系统，不能处理拜占庭错误；

而区块链系统则是 BFT 系统，可以处理各类拜占庭错误。区块链能够处理拜占庭错误的能力源自其共识机制，而每种共识机制也有对应的运用场景（即错误模型，拜占庭节点的能力和比例）。例如，POW 共识机制，不能容忍系统中超过 51% 的算力协同实施拜占庭行为；BFT 共识机制，则不能容忍超过总数 1/3 的节点发生拜占庭行为。

当然，区块链系统的可靠性，也不是绝对的。在满足其错误模型要求的条件下，能够保证系统的可靠性。因为，在区块链系统中，参与节点数量通常较多，其错误模型要求完全可以被满足。所以，一般认为，区块链系统具有高可靠性。

40.2.3.6　自治性

区块链最重要的特性，是可以部署不受任何人或组织控制的自治软件程序（代码），即智能合约。

在现在的传统的计算机代码，通常部署在中心化服务器上，并由中心或中介机构负责维护和运行。这些中心或中介机构最终控制代码，有权随时终止其运行。必要时，它们也可以阻止任何人运行可能造成损失或伤害的程序。

区块链没有这些限制。依靠 P2P 网络和共识机制，区块链自治运行计算机程序（代码），完全独立于任何一方或任何一个节点。事实上，在比特币网络上，比特币交易是严格按照协议自动执行的，一旦提交给网络就无法逆转，也没有任何一方能终止；同样，在以太坊网络上，借助以太坊虚拟机，智能合约代码在所有网络活动节点中以分布式的方式运行。智能合约部署后，其底层逻辑就无法再改变，除非智能合约本身包含了更改这一基本逻辑的内容。由于负责运行智能合约代码的是以太坊网络上的所有节点，所有即使是部分节点拒绝执行智能合约代码，这些节点也无法阻止其他节点执行代码。当然，他们可以提议更改以太坊协议。EOS 网络也是如此。

因此，区块链创建的自治软件程序，可以协调遍布全球、诉求各异的不同主体的利益，任何人都无法单方影响程序的执行，既不再受创建者的约束，也难以被绕开或停止。

这些自治系统的一个重要优点是：如果设计得当，它们能以更低的成本、更高的可靠性、更快的速度，来处理基本经济交易。这些区块链系统无须或很少需要人类的监督即可正常运行，避免了损公肥私的机会主义。

总之，区块链不仅有潜力改变支付、金融、商业、政府及信息系统的运行方式，而且是协调社会交往和商业活动的新工具，能以前所未有的方式促进群体达成共识。借助区块链投票系统和其他代码规则，智能合约有助于现有组织机构简化运营，防止投机行为。区块链可以推动人们在 P2P 网络的基础上组织和协调有关活动，无须依赖中心化机构或可信第三方。区块链技术既可改进现有组织的运营模式，同时，也加速推动形成新的社会经济体系。未来的人们社会生活中将会出现更多的自治性组织：

EOS（Enterprise Operation System，即“商业分布式系统”；

DAPP（Decentralized application），即“去中心化应用”；

DAC（Decentralized Autonomous Corporation），即“去中心化自治公司”；

DAO（Decentralized Autonomous Organization），即“去中心化自治组织”；

DAS（Decentralized Autonomous Society），即“去中心化自治社会”。

40.2.3.7 开放性

在传统组织或产业中，组织或机构都是封闭式的运行、中心化管理；供应链管理或合作伙伴管理都是其最核心的环节之一。在区块链时代，区块链技术使传统行业、供应商、银行之间的关系更加自动化、开放化。

在区块链系统中，所有的产业都是一个开放式的市场，任何人都可以作为平等的一个区块链节点，参与运行。在这个市场中，行业不再是主体或中心化机构，所有的信任都靠去中心化的协议来维持。

采用区块链技术之后，各个行业的竞争不仅是纯粹的产品竞争，更多的是规则之间、生态系统之间的竞争。这种竞争能够大幅度提升整个市场的经济效益。通过开放的、公开、透明的竞争，生产商、投资者、消费者都能获益，实现共赢。

因此，在区块链时代，区块链将重构社会生产关系，得到广泛应用。“区块链 +”模式：区块链 + 金融、医疗、农业、商业、工业制造、交通、社交娱乐、能源、版权、教育、艺术、政务、非政府组织、慈善公益等，必将进入社会生产生活各个领域。区块链的开放性必将推动社会的全面进步。

40.2.3.8 跨平台

与互联网的 TCP/IP 协议一样，区块链同样可被视为基础性的协议，与其他机制配合，共同构成了基于区块链的“价值互联网”。

区块链网络上的节点，是基于共识机制和 P2P 网络数据结构独立运行的，主要消耗的计算资源，与平台无关，可以在任意平台部署计算节点。也就是说，区块链的特性及发展来源于区块链所产生的土壤：互联网技术的发展、云计算、大数据的兴起。区块链通过跨平台，必将超越“信息互联网”，加速走向“价值互联网”。

40.2.4 区块链发展历程

区块链的发展，自 2008 年 11 月 1 日，中本聪发布比特币白皮书；2009 年 1 月 3 日，“创世区块”，挖出第一批 50 枚比特币；2010 年 5 月 21 日，“比特币比萨日”程序员用 1 万枚比特币购买 25 美元比萨；到 2016 年初，中国人民银行明确将发行“数字货币”；2019 年底到 2020 年初开始，我国央行数字货币（CBDC）先行在深圳、苏州、雄安新区、成都及未来的冬奥场景进行内部封闭试点测试。先后经历了加密数字货币、企业应用、价值互联网三个阶段。下面将分别介绍：

40.2.4.1 区块链 1.0：加密数字货币

区块链 1.0，即“可编程货币”阶段，区块链更多地被应用于数字货币领域的创新。

自 2008 年 11 月 1 日中本聪 (Satoshi Nakamoto) 发布比特币 (Bitcoin) 白皮书：《比特币：一种点对点式的电子现金系统》（Bitcoin: A Peer-to-Peer Electronic Cash System），到 2013 年底维塔利克·巴特林 (Vitalik Buterin) 发布“以太坊”(Ethereum) 白皮书，这一时期为“加

密数字货币”时期，或“比特币”时期。在区块链 1.0 阶段，通过比特币系统正式运行并开放了源代码，构建了一个公开透明、去中心化、防篡改的账本系统，其应用主要聚集在加密数字货币领域。其典型代表即比特币系统以及从比特币系统代码衍生出来的多种加密数字货币。区块链 1.0 是比特币的底层支持技术。

在区块链 1.0（区块链技术）出现以前，金融行业一直被两大问题所困扰：双花问题、拜占庭将军问题。

所谓双花问题，是指由于数字资产的可复制性，带来的难以验证某笔资产是否已经被花掉的问题。所谓拜占庭将军问题，是指以战场做类比，类似于将军间彼此不信任，但需要某种沟通机制，来保证合作的场景。

针对双花问题，传统的解决方案是依托可信赖的第三方机构（例如，银行、支付宝、微信支付等）等进行资产交易记录，但是这种方式不能解决拜占庭将军问题，因为第三方机构的不透明，会带来更多的信任问题。

区块链技术，创造的分布式账本或共享账本，账本上的每一笔交易，都由区块链网络上各个节点查看和验证，无须额外的一个中心化的第三方的机构进行监督管理，这就使得交易透明化，解决了双花问题，也解决了拜占庭将军问题。

因此，人们开始尝试在比特币系统上，开发加密数字货币之外的应用，例如，存证、股权众筹等。但是，比特币系统，作为一个为加密数字货币交易而设计的系统，随着实践和研究的深入，人们发现存在的问题：

（1）比特币系统在全球范围内只能支持每秒 7 笔交易，交易记账后追加 6 个区块，才能比较安全地确认交易，追加一个区块大约需要 10 分钟，意味着大约需要 1 小时才能确认交易，很显然，无法满足实时性要求较高的应用需求。

（2）比特币系统内置的脚本系统，主要针对加密数字货币交易而专门设计，表达能力有限。因此在开发诸如存证、股权众筹等应用时，比较困难，而且比特币系统内部需要做大量开发，对开发人员要求高、开发难度大。因此，无法进行大规模的非加密数字货币类应用的开发。

40.2.4.2 区块链 2.0：企业应用

区块链 2.0，即“可编程金融”阶段，区块链被应用于进行“智能合约”（尤其是商业合约）和金融交易层面的创新。

自 2013 年底维塔利克·巴特林 (Vitalik Buterin) 发布“以太坊” (Ethereum) 白皮书，到 2018 年上半年 EOS 主网上线，这一时期为“企业应用”时期，或“以太坊”时期。

针对区块链 1.0 存在的系统问题，区块链 2.0 时期，创造性地引入“智能合约”，支持用户自定义的业务逻辑，将区块链的应用从基本的加密数字货币体系成功延伸到金融行业及其相关应用领域，结合区块链的去中心化账本功能，智能合约能够帮助实现各种资产在区块链上的注册、存储、交易以及股权众筹、证券交易等领域应用落地。区块链的应用范围得到了极大拓展，开始在各个行业迅速落地，极大地降低了社会生产生活消费过程中的信任和协作成本，提高了行业内和行业间协同效率。

这个时期的典型代表：是 2013 年启动的“以太坊”系统。针对区块链 1.0 阶段存在的性能问题，以太坊系统进行了提升。

（1）智能合约

以太坊系统，为其底层的区块链账本，引入“智能合约”的交互接口，标志着区块链进入 2.0 时代。智能合约，是一种通过计算机程序实现的，旨在以数字化形式达成共识、履约、监控履约过程、并验证履约结果的执行自动化合约，极大地扩展了区块链的功能。

现代社会是契约社会、信用社会；市场经济是契约经济、信用经济，而契约的签订与执行往往需要付出高昂的社会成本、时间成本、资金成本。如果发生经济合约纠纷，从立案、调解、审理、裁决、执行，如果再遇到不服裁决或拒不执行等，整个流程将浪费大量社会与当事人的成本资源。而通过区块链的智能合约，整个履约过程将变得简单、高效、低成本。前文有详细介绍。

有了智能合约系统的支持，区块链 2.0 的应用范围，开始从单一的货币领域扩大到涉及合约共识的其他金融领域。区块链技术首先在股票、清算、私募股权等众多金融领域得到应用。例如，企业股权众筹，一直是众多中小企业的梦想，区块链技术使之成为现实。区块链分布式账本可取代传统的通过交易所的股票发行，这样企业就可通过分布式自治组织协作运营，借助用户的集体行为和集体智慧得到更好的发展，在投入运营的第一天就能实现募资，而不用经历复杂的 IPO 流程、高门槛，产生高额费用。

（2）性能改进

还有，区块链 2.0 系统采用不同的共识方法，提升区块链的性能。例如，以太坊采用改进的 POW（工作量证明）机制，将出块时间缩短到了 15 秒，从而能够满足绝大多数的应用场景，以太坊未来拟采用的 POS（权益证明）机制，将进一步提升区块链的性能。

随着区块链 2.0 阶段智能合约的引入，其“公开透明”“去中心化”“不可篡改”的特性在其他领域也逐步受到重视。各行业开始意识到，区块链的应用不仅在金融领域，还可以扩展到任何需要协同共识的领域中去。在金融领域之外，区块链技术又陆续被应用到了公证、仲裁、审计、域名、物流、医疗、邮件、签证、投票等其他领域，应用范围逐渐扩大到各个行业。

40.2.4.3 区块链 3.0：价值互联网

区块链 3.0 阶段，也称“可编程社会”阶段，开启了区块链全面应用于各个领域人类组织形态的新时代，由此构建一个大规模协作的社会。除了金融领域、经济领域等方面，此时的区块链在社会生活中的应用更为广泛，特别是在政府、健康、科学、文化、艺术等各个领域、各个行业，区块链为此提供“价值互联”“去中心化应用”解决方案，迎来“价值互联网”时代、“去中心化应用”时代。

在区块链 3.0 时代，EOS、DAPP、DAC、DAO、DAS、Token 等为代表的第三代区块链技术，得到广泛应用的时代。其中：

EOS（Enterprise Operation System，即“商业分布式系统”；

DAPP（Decentralized application），即“去中心化应用”；

DAC（Decentralized Autonomous Corporation），即“去中心化自治公司”；

DAO（Decentralized Autonomous Organization），即“去中心化自治组织”；

DAS（Decentralized Autonomous Society），即“去中心化自治社会”。

区块链的应用演变可能是从 DAPP 到 DAC 及 DAO 到 DAS，一步步推进。这里，EOS、Token 的开发应用，是区块链 3.0 的标志性事件。其中：

自 2018 年 6 月 15 日 EOS 即“商业分布式系统”）主网上线至今，已经显示旺盛的生命力。EOS 作为一条高性能的公链，交易几乎可以在一秒内确认。EOS 的成功运行使得区块链能够成为类似于 Windows 的平台系统。EOS 平台可以理解为一个系统，在该系统上的“智能合约”就类似于操作系统下的各个程序与软件。EOS 通过创建一个对开发者友好的区块链底层高性能平台，为开发 DAPP(去中心化应用或分布式应用)提供底层模板。EOS 采用“委托权益证明”（DPOS）共识机制（DPOS 主要由五大部分组成：Token 即可流通的加密数字权益证明、区块链、社区、计算机网络、规则），极大地提升了区块链上应用程序的性能要求和应用场景。

EOS 系统平台的特性及优势：（1）支持数百万级别用户。EOS 作为一个区块链系统，将会有大量的公司、个人或组织在其上部署智能合约、开发 DAPP（去中心化应用或分布式应用）；这就表示 EOS 同时可以支持上万个 DAPP 分布式应用程序在它的平台上运行、工作；（2）免费使用。会吸引更多的用户数量；（3）简单的升级与漏洞修复。EOS 可以让发版更容易，是深受欢迎的；（4）较低的延迟性；（5）强大的串行性能与并行性能。可使 EOS 实现每秒处理上百万笔交易。

EOS 还提供一套基础功能比较完善的操作系统，使得不同类型的区块链应用都可以使用。EOS 并不是根据用户提供手续费的数量决定交易执行顺序的，而是采用所有权的模式进行分配，也就是按照用户拥有 EOS 的 Token 的比例，来分配其使用 EOS 网络的带宽、存储和运算资源。这对于初期的开发者来说，他们也不需要花大量的费用去买服务器；对于初期的创业公司也会大大降低创业成本。他们都不需要花太多精力在服务器、存储、带宽等基础设施上。EOS 将会成为区块链世界里的 Windows。

与此同时，在区块链 3.0 阶段，从技术的角度来看，应用 CA（证书认证机构）认证、数字签名、数字存证、生物特征识别、分布式计算、分布式存储等技术，区块链可实现一个去中心、防篡改、公开透明的可信计算平台，从技术上为构建可信社会提供了可能。还有，区块链与云计算、大数据、人工智能等新兴技术交叉演进，将重构数字经济发展生态，促进“价值互联网”与实体经济的深度融合发展。

而在传统的互联网时代，也就是我们今天仍在使用的基于 TCP/IP 协议构建出来的一条条网状的信息“高速公路”。基于 TCP/IP 协议的“高速公路”网络，我们能够将信息快速生成、复制、传输到世界每一个网络节点（用户），并且这种信息的传递是极为高效且越来越廉价。我们进入了一个“信息爆炸”的时代，整个互联网上的信息开始以几何级速度增长。简而言之，这种传统互联网又可称为“信息互联网”。

信息互联网连接了各个实体，让信息在任意节点（用户）之间快速有效地流动起来，然而信息互联网无法让“价值”（“价值”可理解为一个个体或机构拥有的可以带来某种效用的各类权益。例如：货币、证券、汽车、数据、房屋、土地的所有权或使用权等。这些权益带来的效用，可通过加密货币或法定货币来衡量。“价值”完全不同于“信息”。价值交换的实质：就是实现这种权益的流转、授予、撤销）点对点的流动起来。信息互联网机制下的“价值”流动，需要通过中介机构或第三方机构。这就涉及“信任”问题，中介机构或第三方机构是否值得“信任”。

因为，价值传输的基础是“可信”的中介机构或第三方或“可信”的账本。价值传输的本质，就是可信账本数据的变动。中介平台（例如，银行）的主要功能就是维护一个集中统一的“可信”账本。例如，银行的中心系统记录了客户的存、取款信息；微信支付的网上消费、在线支付信息；交易所记录股民的股票买卖信息等。这些中介机构或第三方机构之所以能支撑“价值”流动，是因为在人们眼中它们具有高信用度。这些中介机构会收取一笔费用，转账金额或许不能立即到账，涉及多个机构配合时还需要用户耐心等待，甚至还可能出现对账的错误，整个过程存在多处摩擦，而且用户的交易数据（是有价值的）成为中介机构的私产。总之，产生这些问题的根源，都是因为信息互联网只善于处理信息分享，而不能解决“价值传递”或者说是否值得“信任”。

而价值互联网的基础是区块链，即一个全网维护的可信账本。区块链各个节点（用户）在彼此弱信任或不信任的情况下，构成了一个可信的信用网络或信用系统，共同维护一个所有节点认可的集中统一账本。区块链通过共识机制、P2P 网络链式存储、时间戳、智能合约、密码技术等方法产生信用。这种信用来自计算机程序（算法），而不是来自中介机构或第三方。区块链上所有记录都是需要全网节点（用户）确认的，一旦生成将永久记录，不可篡改。除非能拥有全网算力的 51% 才有可能修改最新生成的区块记录或数据，而这种情况在大型的区块链网络系统中是不可能出现的。

价值互联网就是这样一个可信赖的实现各个行业、各个组织、每个人协同互联、实现人和万物互联互通，实现“价值或权益”的高效、智能化流通的新型网络（而不仅仅是“信息”交互）。可用于促进人与人、人与物、物与物之间的共识协作、效率提升，将传统的依赖于人或依赖于中心的公正、调解、仲裁、执行功能实行自动化，按照大家都认可的协议交给可信赖的机器程序来自动执行。还有，通过对现有“信息互联网”（传统互联网）体系进行变革，区块链技术将与 5G 网络、机器智能、物联网等技术创新融合，共同承载着我们的智能化、可信赖的价值互联网新时代。

到那个时候，可以想象，当一个新生儿呱呱坠地时那刻起，妇产科将新生儿的出生年月、身高、体重、健康等信息上传到区块链公民电子身份系统，系统确认新生儿的信息后，将分配给新生儿一个 ID，ID 得到政府相关部门确认后，这些电子身份信息将伴随这个新生儿的一生。此后，这个孩子的学籍、健康、财产、职称、信用等信息，都将与 ID 挂钩，存储在区块链上。因为，这是一个构建在区块链上的智能政务系统，可承载存储每一个公民身份信息、管理国民收入、分配社会资源、解决争端等公共事务。在这个区块链系统中，诸如私人房产、注册企业、结婚登记、健康档案管理等与公民相关的信息都得以安全地保存和处理。当他（她）某一天离世时，有关他（她）的遗嘱智能合约将被触发，相关财产分配给他（她）的继承人。在区块链系统上有关他（她）的信息链将不再新增信息，永久保存。

区块链 3.0 及价值互联网，带给我们的将是一个可信赖的更加美好的世界。

在中国，早在 2018 年 5 月 28 日，习近平总书记在中国科学院第十九次院士大会、中国工程院第十四次院士大会上发表指示，将区块链与人工智能、量子信息、移动通信、物联网等并列为新一代信息技术代表。习近平主席指出：“进入 21 世纪以来，全球科技创新进入空前密集活跃的时期，新一轮科技革命和产业变革正在重构全球创新版图、重塑全球经济结构。以人工智能、量子信息、移动通信、物联网、区块链为代表的新一代信息技术加速突破应用”。

2019 年 10 月 24 日，在中央政治局就“区块链技术发展现状和趋势”进行第十八次集体学习时，习近平总书记强调：“把区块链作为核心技术自主创新的重要突破口”“加快推动区块链技术和产业创新发展”。

习近平在主持学习时发表了讲话。习近平指出，要抓住区块链技术融合、功能拓展、产业细分的契机，发挥区块链在促进数据共享、优化业务流程、降低运营成本、提升协同效率、建设可信体系等方面的作用。要利用区块链技术探索数字经济模式创新，为打造便捷高效、公平竞争、稳定透明的营商环境提供动力，为推进供给侧结构性改革、实现各行业供需有效对接提供服务，为加快新旧动能接续转换、推动经济高质量发展提供支撑。要探索“区块链 +”在民生领域的运用，积极推动区块链技术在教育、就业、养老、精准脱贫、医疗健康、商品防伪、食品安全、公益、社会救助等领域的应用，为人民群众提供更加智能、更加便捷、更加优质的公共服务。

习近平的重要讲话，也为推动区块链技术和家政服务业深度融合，解决我国家政服务企业发展所面临的问题、实现“提质扩容”、高质量发展指明了方向。

40.2.5 区块链类型

根据网络范围及节点特性，区块链可分为：公有链、联盟链、私有链。首先让我们概括了解一下这三种链的特性与区别。

区块链的类型及其特性

	公有链	联盟链	私有链
参与者	任何人自由进出	联盟成员	个体或公司内部
共识机制	POW/POS/DPOS 等	分布式一致性算法	分布式一致性算法
决策速度	慢	中	快
记账人	所有参与者	联盟成员协商确定	自定义
交易数据	公开	非公开	非公开
属性	不变的数据存储、加密、时间戳技术	不变的数据存储、加密、时间戳技术	不变的数据存储、加密、时间戳技术
激励机制	需要，例如 Token	可选	可选
中心化程度	去中心化	多中心化	（多）中心化
突出特点	信用的自建立	效率和成本优化	透明和可追溯
承载能力	3~20 笔 / 秒	1000~1 万笔 / 秒	1000~20 万笔 / 秒
典型场景	加密数字货币、存证	支付、清算、公益	审计、发行

注：

☑ 共识机制：在分布式系统中，共识是指各个参与节点通过共识，达成一致的过程。

☑ 去中心化：是相对于中心化而言的一种成员组织方式，每个参与者高度自治，参与者之间自由连接，不依赖任何中心系统。

☑ 多中心：是介于“去中心化”和“中心化”之间的一种组织结构，各个参与者通过多个局部中心，连接到一起。

☑ 激励机制：鼓励参与者参与系统维护的机制。例如，对于获得区块链记账权的节点给予 Token 奖励。

40.2.5.1 公有链

公有链中的“公有”就是任何人，都可以参与区块链数据的维护和读取，不受任何单个中心机构的控制，数据完全开放透明。公有链是真正意义上的完全去中心化的区块链。公有链也称“非许可链”，无官方组织及管理机构，无中心服务器，参与的节点按照系统规则自由接入网络，不受控制，节点间基于“共识机制”（例如，POW、POS、DPOS 等）开展工作。

公有链系统完全没有中心机构管理，依靠事先约定的规则来运行，并通过这些规则，在不可信的网络环境中构建起可信的网络系统。一般来说，需要公众参与、需要最大限度保证数据公开透明的系统，都适合选用公有链。例如，数字货币系统、众筹系统、面向大众的电子商务、互联网金融等 B2C、C2C、C2B 等应用场景。其中，比特币、以太坊、EOS 就是成功的典型的公有链。

例如，比特币系统。使用比特币系统，只需下载相应的客户端。创建钱包地址、转账交易、参与挖矿，这些功能都是免费开放的。比特币开创了“去中心化”加密数字货币的先河，并充分验证了区块链技术的可行性、安全性。比特币本质上是一个分布式账本加上一套记账协议。但在比特币体系里，只能使用比特币一种符号，很难通过扩展用户自定义信息结构，来表达更多信息，例如，资产、身份、股权等，从而导致比特币系统扩展性不足。

在公有链环境中，节点数量不定，节点实际身份未知、在线与否也无法控制，甚至极有可能被一个蓄意破坏系统者控制。在这种情况下，如何保证系统可靠可信？在公有链环境下，主要通过共识算法、激励或惩罚机制、P2P 网络的数据同步保证最终一致性。

当然，公有链系统也存在挑战：

（1）效率问题

现有的各类共识机制（例如，POW、POS、DPOS 等），都有一个很严重的问题是产生区块的效率较低。由于在公有链中，区块的传递需要时间，为了保证系统的可靠性，大多数公有链系统通过提高一个区块的产生时间，来保证产生的区块尽可能广泛地扩散到所有节点处，来降低区块链系统分叉（即同一时间段内多个区块同时被产生，且被先后扩散到系统的不同区域）的可能性。因此，在公有链中，区块的高生成速度与整个系统的低分叉可能性是矛盾的，必须牺牲其中的一个方面，来提高另一个方面的性能。即区块链的一致性与速度的性能权衡。

（2）隐私问题

目前，公有链上传输和存储的数据都是公开可见的，仅通过“地址匿名”的方式，对交易双方进行一定隐私保护，相关参与方完全可以通过对交易记录进行分析，从而获取某些信息。这对于某些涉及大量商业机密和利益的业务场景来说，也是不可接受的。

（3）激励问题

为促使参与节点提供资源，自发维护区块链网络，公有链一般会设计激励机制，以保证区块链系统健康运行。但现有大多数激励机制，需要发行 Token，那么，就存在 Token 发行与国家监管政策的对接问题。

40.2.5.2 联盟链

联盟链，通常应用在多个互相已知身份的组织之间构建的需要注册许可的区块链，也称“许可链”。联盟链系统一般都需要严格的身份认证、权限管理，节点的数量在一定的时间段内也是确定的，适合处理组织间需要达成共识的业务。

联盟链是多中心的，不同节点的权限不同，满足一定条件的节点称为核心节点。它们往往是由某个群体内部指定多个预选的节点为记账人，每个区块的生成由所有预选节点通过共识机制决定，其他接入节点可以参与交易，但是不过问记账过程。其他任何人可以通过该区块链的开放式 API 进行限定查询。联盟链的本质是分布式的托管记账，如何分配每个区块的记账权，是联盟链所关注的重点问题。

联盟链的各个节点，通常有与之对应的实体机构组织，通过授权后才能加入和退出网络。各机构组织组成利益相关的联盟，共同维护区块链的健康运行。

一般来说，联盟链适合于机构之间的交易、结算、清算、数据共享等 B2B 场景。例如，多个银行之间的支付结算、多个企业之间的物流供应链管理、政府部门之间的数据共享等。其中，银行间进行支付、结算、清算的系统采用的联盟链，将各家银行的网关节点作为记账节点，如果区块链网络上有超过 2/3 的节点确认一个区块，该区块上记录的交易，就得到全网确认。联盟链对交易的确认时间、每秒交易数都与公有链有较大的区别，对安全和性能的要求也比公有链高。

联盟链的特点：

（1）效率有很大提升

联盟链参与方之间互相知道彼此在现实中的身份，支持完整的成员服务管理机制，成员服务模块提供成员管理的框架，定义了参与者身份及验证管理规则；在一定的时间内参与方个数确定，且节点数量远远小于公有链。对于要共同实现的业务，在线下已经达成一致理解。因此，联盟链共识算法运行效率更高，交易吞吐量有极大提升。

（2）更好的安全隐私保护

数据仅在联盟成员内开放，非联盟成员无法访问联盟链内的数据；即使在同一个联盟内，不同的业务之间的数据也进行一定的隔离。例如，私有数据的加密保护、同态加密（对交易金额信息进行保护）、零知识证明（对交易参与方身份进行保护）等。

40.2.5.3 私有链

私有链，是指不对外开放，仅仅在组织内部使用，即限制在一定范围内的区块链，外部节点不能加入区块链网络。私有链的各个节点的写入权限收归内部控制，而读取权限可视需求有选择地对外开放。

私有链仍然具备区块链多节点运行的通用结构。在私有链环境中，参与方的数量和节点通常是确定的、可控的，且节点数目要远小于公有链。

私有链的应用场景：一般是企业或政府内部的应用：可用于企业内部的票据管理、账务审计、供应链管理，或政府部门内部管理系统等。私有链通常具备完善的权限管理体系，要求使用者提交身份认证。

私有链的价值主要是：提供安全的、可追溯的、不可篡改的、自动执行的运算平台，可以同时防范来自内部和外部对区块链数据的安全攻击。这在传统的系统中是很难做到的。

私有链的特点：

（1）更加高效

私有链规模较小，同一个组织内已经有一定的信任机制，即不需要对付可能捣乱的坏人攻击，可采用对区块链进行即时确认的共识算法。因此，私有链的写入频率有很大提升，甚至与中心化数据库的性能相当。

（2）更好的安全隐私保护

私有链是组织内部运行，可充分利用现有的企业信息安全防护机制，同时信息系统也是组织内部信息系统，相对联盟链来说隐私保护要求弱一些。相比传统数据库系统，私有链的最大好处是：加密审计、自证清白的能力。没有人可以轻易篡改数据，即使发生篡改也可以追溯到责任方。

40.2.6 区块链 + 通证

40.2.6.1 什么是通证

通证，英文单词是 Token，是指基于区块链技术的可流通的加密数字权益证明。其具体含义有四个：

1）区块链上的某种权益。即区块链 + 通证一起使用，构成一个生态系统。我们知道，传统互联网是以 TCP/IP 作为基础的，是信息互联网，在互联网上是信息的流动，其应用是 Web 和邮件。而区块链是价值互联网，是价值（一种权益）的流动，是以价值传递为核心的全新的网络。在这个全新的网络，通证最早是作为区块链上的激励出现的。最早的通证是比特币，是区块链上最早的一个应用。

2）数字权益证明。通证必须是以数字形式存在的权益凭证，它代表的必须是一种权利（所有权、使用权、收益权等）。随着互联网技术、人工智能技术、大数据技术的发展，数字化的深入，数字资产的储备将成为人们除了黄金、房子、股票的第四大重要资产。全社会区块链化的产业越多，应用越多，上链的体量越大，其数字资产承载的价值就越大。

3）加密。即通证的真实性、防篡改性、保护隐私等能力，能被快速识别，由密码学技术予以保证。

4）可流通。通证必须能够在一个网络中流动，随时随地可被验证。其中，一部分通证是可以被用来交易、兑换的。

40.2.6.2 通证与区块链的关系

区块链和通证在本质上是两个有不同内涵的概念，但是它们彼此之间是最佳搭档。通证最早是作为区块链上的激励出现的，最早的通证是比特币。可见，通证是区块链最具特色的应用。但无“通证”的区块链，其作用和功能也会受到很大的影响。两者的关系具体来说：

1）生产关系与生产力

区块链解决的是信任问题，是一个基于计算机程序（代码）而建立信任的网络平台工具，它试图构建一个低摩擦系数的社会，属于社会生产力范畴；而通证是重构利益分配，起激励人的作用，属于社会生产关系的范畴。区块链作为重大突破性的科学技术，将成为推动世界进步的重要力量；但改变社会生产关系，改变人与人之间的信任关系，则对国家、社会、组织、企业治理，都将产生深远的影响。例如，从商业角度来看，通证为区块链增加了激励机制，使得互相陌生不能产生信任关系的参与者，由于经济利益产生关联与协作，从而建立起不同的商业生态。让区块链的价值得到极大的提升。

2）彼此独立

从技术角度上看，通证不是区块链技术的必要组成部分，使用通证只是区块链分布式账本记账的方式◇一、即使没有通证，区块链技术也可以正常记录账本中的所有信息。也就是说，区块链和通证是互相独立，可独自运行。但通证在区块链的背书下能做得更好，它们联合起来能够发挥更大的价值。

3）相互支撑

通证的核心是权益和资产，对于资产和权益而言，其最重要的一个诉求是高安全性。而以基于P2P网络、共识机制、智能合约、密码学等技术集成的区块链技术，则很好地为其安全性提供了保障。

同时，由于有通证的设计，在区块链上“恶”（篡改数据、恶意作假、黑客攻击等）所投入的成本，对比其收益，远不如为区块链生态做贡献得到的收益大。这样的设计确保了区块链数据的安全性、不可篡改性。

还有，区块链为通证提供了一个新的共识与交换机制。区块链能够使互联网上任意节点，都可以点对点地进行可靠性价值交换，而无需第三方中介充当价值信任的背书。区块链的这种分布式账本、共识机制、P2P网络，其机制公平透明可信，和传统的“中心化”背书的模式完全不同。这样，通证的作用和功能就得到极大的发挥、应用场景得到极大的丰富。

同样，通证之于区块链虽不是技术必须，但是人性必须，是一种吸引更多人参与到区块链生态中来的激励手段。没有通证的区块链，很难调动起没有利益关系及彼此之间缺乏信任的大众参与到区块链生态中来。有了通证激励，才有可能使基于区块链技术搭建起巨大的经济和商业生态。

40.2.6.3 关于通证的几个认识误区

关于对通证的理解，有几个误区，需要清晰，对于正确认识通证，很有必要。

1）通证与代币的区别

在区别通证（Token）与代币（Coins）之前，首先要明确什么是加密数字货币？所谓加密数字货币，是指依靠密码学技术创建、发行、流通的电子货币。

在区块链上，通证（Token）与代币（Coins）都是数字货币，也是加密货币或加密数字货币。但绝大部分的代币（Coins）都没有交换的媒介作用，无法承担法币的功能。这些代币（Coins）更多是公链自有（有自己独立的区块链）的平台币，大部分是“山寨币”。简单地说，代币缺乏使用价值。

而通证（Token），除了数字权益证明、加密外，更主要是可流通，是在已有的公链上发行的，它更适合 DAPP（分布式应用）的创建。一般情况下，通证交易的手续费就是其公链的代币（Coins）。这种设计是出于公链生态自组织成长的考虑。例如，以太坊产生的通证（Token），就是以此保证以太坊公链整个生态的维系。简单地说，通证具有使用价值。

2）通证与法币的区别

通证与法币的区别，其实质是：为什么需要通证？现有的货币体系、股权体系、激励体系等能否解决通证所解决的问题？或者说，是否一定需要“通证”这样的发明？

毫无疑问，通证具有不可替代的巨大作用。

前文所述，通证是一种流通的数字权益证明。在区块链系统中，数字权益不仅仅是货币权益，而是多元的，可以是某种证券。例如，金融资产是分级的。即货币是最底层的金融工具，在货币之上还有债券、股票、期权、期货合约；再往上还有信用违约互换（credit default swap，CDS）、担保债务凭证（Collateralized Debt Obligation，CDO）这些金融衍生品；作为权益证明，这种权益也可以是某种效用。例如，证件类通证、ID 类通证，就不是法币可以替代的。除此之外，还有“声誉 / 信誉、口碑、评价、可信度”等，这些都可以定义为通证（Token），更是货币无法替代的。

而恰恰是这种数字权益证明的多元、多维、多态，远远超出法币的使用范围，就可以在区块链系统中，可以作为“通行证”、可以作为激励手段、可以作为各种权益证明、可以作为价值存储的媒介、可以作为支付与清算的手段，而构建一个丰富的通证生态系统，即通证经济。

如果缺乏通证，那么权益证明、价值存储与支付清算记录等，都只能存在于区块链的分布式账本系统中，只是一次企业数据库的技术升级，就不能围绕通证建立起一套经济生态系统。而若经济生态难以建立，则区块链的应用场景就将会极为有限。

3）通证与积分的区别

大家知道，成熟的积分体系基本上集中在银行卡组织、电信运营商、航空公司、酒店和大型超市等消费类行业。

通证系统和积分体系，两者既有相同点，更多是不同点。在呈现形式上比较容易混淆。但实际上通证与积分的原理和逻辑完全不同：

通证，是数字货币，是基于区块链技术的，发行总量有限，而且是去中心化的，采用分布式记账；

积分，是基于传统 IT 系统（TCP/IP）的，是中心化的，发行总量受到中心化节点的控制。具体区别如下：

通证与积分的区别

对比项	积分	通证
发行数量	无限	无限 / 有限
升值性	无	有
流通性	低	高

透明度	低	高
用户忠诚度	低	高
数据安全性	低	高

（1）形成逻辑不同。通证是基于去中心化的区块链技术形成的，其本质是去中心化的数字权益证明，而积分则恰恰相反，完全是中心化的产物。

（2）获取方式不同。积分的获取方式是通过个人消费、服务等行为结束之后由中心机构给予一定的积分奖励。而通证是通过参与区块链运行维护的“行为”（即收集交易信息、验证、并打包到区块链上的区块生产者的行为）或者“消费行为”等形式，为区块链运行维护做出了贡献，由智能合约给予这些行为以激励。其作用是使得区块链系统正常稳定运行。

（3）存量不同。通证的总量在设计之初就锁定，按约定的规则是通缩的，并写入了代码中，可以随时查看，其发行是公开透明的。积分则不同，它一般是通胀的，总量没有上限，无法制约积分总数，一般来说只会越来越多。

（4）存储方式不同。通证是基于密码学技术，存储的是个人的私钥，安全性极高。积分是基于中心化数据库，积分的数字就是中心化节点中存储的数量。

（5）安全性不同。通证基于区块链技术，安全性基于密码学技术，其可靠性、安全性非常高。积分系统是基于现有传统 IT 系统架构，其中心系统的安全性不高，容易受到攻击。

总之，通证和积分虽然都具有权益属性，但通证比积分的流通性更好、价值更高；更重要的是，通证代表的是权益证明，可以是股权、债权、身份标识等。而积分一般是物权或债权，其他权益难以由积分承载；通证的总量锁定，且基于区块链技术，因而是可信的，易于接受。而积分是基于中心化组织，信任的建立和推广就非常困难。

40.2.6.4 通证的分类

对通证进行分类，便于我们认识与设计通证。通证按照不同的标准，可以分为不同种类。现根据通证的作用、特点、差异，分为三种不同类型的通证：

1）证券类通证

证券类通证代表的是对实体财产的一种拥有权，符合证监会规定的一种投资标的（“标的”指合同的双方当事人之间存在的权利和义务关系，如货物交付、劳务交付、工程项目交付等。标的的种类总体上包括财产和行为，其中财产又包括物和财产权利，具体表现为动产、不动产、债权、物权等；行为又包括作为、不作为等）。

证券是多种经济权益凭证的统称，是用来证明券票持有人享有的某种特定权益的法律凭证。证券类通证性质与证券相似，其背后通常有特定的资产权益作为支撑。

证券类通证的一个典型形态，就是背后有实际资产作为抵押的通证，或者具有完整股权或者部分股权的通证。很多数字货币交易平台所发行的平台通证，大部分都属于这一形态。

这些数字货币交易平台的主要利润，来自用户进行交易时所产生的手续费。很多数字货币交易平台都会将部分手续费，以一定的方式按照持有者手中所持有的通证数量进行分发。

部分平台通证，还会让用户获得一些投票权，从而让用户参与平台运营决策。这些特性使这些平台通证都具有了证券性质。其优势在于改变了传统的股权交易，为所有者提供了更好的流动性及快速的结算方式。

当然，证券类通证要和国家的监管政策相结合，将证券类通证纳入国家监管框架之内进行监管。

2）权益类通证

权益类通证，代表的是对区块链平台或者底层协议使用权利而支付的费用。它一般是需要利益相关者通过区块链运营维护“行为”或“消费行为”等方式而获得。权益类通证是区块链应用较多的通证。通常是，通过兑换或支付的形式实现通证的价值。

在具体落地项目中，更多的是从传统积分项目转换成“通证模式”。权益类通证能够代表不同的权益：例如，受益权、使用权、兑换权、投票权等。其价值是由发行方所代表的区块链生态系统进行锚定（是用锚定桩<例如将臂式起重机或挖泥机>锚住或稳定住），与生态内利益相关方的活跃程度正相关，与生态共识直接关联，有力推动通证生态系统自我生长发展。

这种模式，可看作传统的众筹模式和积分模式的升级版本，在当前发展非常活跃。例如，区块链运营维护“行为”“消费行为”被量化，经由通证激励并在区块链上永久确认。

3）凭证类通证

凭证类通证，是身份的标识，是某种资产或客观事实的标识。例如，VIP 卡、残疾证、健康证、房产证、学历证、职业资格证书等。该类通证使用了区块链不可篡改、可追溯的特性，增强了其认可度。

在具体项目中，我们看到教育培训将学员上课的行为（签到、作业、学生互评等），以及考试成绩等都上链，最终依据这些行为，颁发了相应标识类通证的毕业证书。其上课行为可回溯，真实性被确认。

40.2.6.5　“区块链＋通证”正在颠覆哪些行业

什么样的项目适合“区块链＋通证”？结合区块链后，满足以下一类或几类特点的项目，实现“区块链＋通证”意义较大。

1）清算时间长；

2）确认真实信息成本高，但获取的信息具有价值；

3）交易成本高，除了显性交易成本较高的情况外，也包括隐性成本较高的情况。例如，建立信任的难度较低、门槛高、交易周期长等；

4）形成大规模共识，具备网络效应；

5）用户的隐私和行为习惯被廉价收集的场景；

6）中心化模式存在失败的可能性。

其中，项目如果有以下情况，当然不适合“区块链＋通证”：

1）确定信息真实性成本低或者价值不大；

2）数据未线上化，得到消息的成本过于高昂；

3）不具备网络效应和大规模共识。

根据以上判断准则，我们来分析一下家政服务业是否需要“区块链＋通证”。毫无疑问，答案是肯定的。目前，我国的家政服务业，绝大多数是“中介类”模式。在中心化的模式中，这些提供中介服务的家政服务项目，都将首先受到“区块链＋通证”模式的挑战与冲击。主要体现在以下几个方面：

☑ 家政服务信息虚假现象严重，获取真实信息成本高。家政服务信息是否真实对雇主而言意义重大。虚假的家政服务信息，不仅会给雇主带来低质的服务，更会给雇主带来人身与财产的较大风险。

☑ 家政服务的交易成本高。最主要的是信任成本高。雇主与家政服务员包括家政公司之间，缺乏必要的信任。

☑ 家政服务交易，需要大规模的可信平台，可以让雇主和家政服务员有效精准对接，找到自己需要的对家。家政服务平台网络效应明显。遗憾的是，当下我国家政服务业尚未形成有价值的、可信的网络平台。“区块链 + 通证 + 家政服务”，将是我们家政服务业发展的必由之路。除此之外，别无他途。

☑ 雇主和家政服务员的隐私和行为习惯，很容易被现有的家政服务信息网站或平台廉价收集，进而给雇主和家政服务员带来诸多麻烦，特别是给雇主家庭带来安全风险。

☑ 家政企业主要是中心化运营模式。家政企业无论是大型企业还是中小微企业，随时会面临失败与崩盘的危险，进而给雇主造成损失。家政公司“跑路”的事时常发生。

总之，“区块链 + 通证”必将颠覆传统家政服务业。

40.2.6.6 通证的生态系统及其优势

1）通证生态的参与方

“区块链 + 通证”生态系统的重要性与价值不言而喻。与其他生态系统一样，通证生态系统也是由不同的参与者构成。具体有：用户、网络架构提供方、数据提供方、社区等共同构成通证生态系统。

（1）用户：消费者还是投资者

在通证生态系统中，消费者和投资者被整合到一起。消费者如果想在通证生态中购买产品和服务，必须先通过一定方式（例如，购买或参与区块链运营维护服务获得的奖励等）得到通证，而由于通证的价格会随着其生态系统的成长而变化，也会受到资本市场的影响发生波动。这样，消费者自然就具备了投资者的身份。同时，早期消费者也可以获得生态系统成长的金钱回报。

当然，投资者如果看好某个通证生态的近期或远期的未来前景，买入通证，期待增值的同时，也可以直接使用投资标的物在通证生态中进行消费。这对于投资者来说，也具有一定吸引力，能亲自体验自己投资的通证生态。

通证生态中的两种角色，消费者是第一属性，投资者是第二属性。只有消费群体的扩大，才能真正让这种生态系统发展起来。如果只是投资者和投机者参与，而缺乏真实消费者的增长，那么，通证价格的波动很可能是投机泡沫导致的。

在通证生态中，消费者可以使用通证进行相应的消费。例如，可以用来抵扣交易所需的手续费，同时可以参与分红；可以作为发布一项预测任务的赏金，以吸引其他参与者竞猜预测并赢取奖金；可以用来支付网络存储的费用；可以用来购买其他参与者提供的信息数据等。

（2）网络架构的提供方：去中心化的捍卫者

在通证生态系统中，为了达成生态系统架构层的去中心化，相应的就需要参与者来提供资源支持，来运行区块链的底层网络。这部分人在通证生态系统中，被称为区块生产者或主节点。其参与通证生态系统的方式，即为提供相应的架构资源、网络算力、存储硬盘（或内存）、网络带宽等，来保证区块链架构的高性能运转，同时赢取一定的通证收益。

这些参与者通过提供架构资源，搭建起去中心化的网络，可以保证通证生态具有以下特性：

☑ 容错性：去中心化的系统不太可能因为某一个局部的意外故障而停止工作。其容错能力很强。

☑ 抗攻击性：对去中心化的系统进行攻击破坏的成本相比对中心化的系统更高。

☑ 抗勾结性：去中心化的系统的参与者们很难相互勾结。而中心化的传统企业和个别领导层，可能会为了自身的利益，以损害用户、员工和公众利益的方式相互勾结。

当然，并非所有的通证生态系统都需要有参与者负责网络架构。基于中间协议层和上层应用层的通证生态，其运行在底层的公链之上（例如，以太坊、EOS 等），那么，网络架构的运行和维护，就直接由底层生态的参与者提供。

（3）数据提供方：决定生态未来的关键因素

“数据是数字时代的石油”。可见，在今天的移动互联网和大数据时代，数字是资产，是有价值的。

智能手机和移动互联网上数据丰富充裕、无处不在、价值升值。无论你在跑步、看电视、甚至只是在旅途中安坐小憩，几乎每项活动都会产生数字痕迹，这就为数据挖掘提供了丰富的原料。

互联网平台的网络效应显示，平台注册用户越多，就会吸引越多人加入。有了数据后，还会带来更大的网络效应。通过收集用户更多数据，平台公司会有更大的空间来改进产品，从而吸引更多用户，产生更多数据，如此循环。因此，巨大的数据便成了平台企业的护城河。企业还可以利用获取的数据，设置预警系统，避免竞争对手的威胁，进而抑制竞争。

由此可见，我们不能发现，数据是互联网平台公司的重要资产，也是互联网巨头可以领先其他竞争对手的重要资源。同时，从用户的角度来看，用户在不断地提供自己的数据信息，用以换取这些公司提供的免费服务。问题是，用户提供的数据价值与用户获得免费服务的价值谁大?

然而，在区块链 + 通证的应用场景中，这种情况发生了巨变。用户的数据只有被授权查看，别人包括平台才能看到，而且提供数据的用户，会得到通证生态的一部分激励。例如，有的征信类、数据上链项目，用户提供数据或者核实数据，都会得到部分通证奖励；在内容激励网络中，创作好的文章的作者，以及发现好的文章的点赞者，都会受到通证奖励。这与传统的互联网商业模式相比，参与者会有更高的热情参与到区块链 + 通证生态系统中，也更容易形成网络效应，实现真正的共赢。

总之，在区块链 + 通证、大数据时代，会给我们的生活、工作、思维方式带来革命性的改变。数据将成为我们重要的资产，价值会日益增加。

（4）社区：不可忽视的力量

在区块链 + 通证的生态中，社区扮演了更为重要的角色。区块链将事先定义好的“法则”写入程序代码，并通过智能合约赋予社区新的权力。如果企业想建立一个强大的品牌，具备有吸引力，一个具有情感联络和高黏性的社区，将为品牌的塑造提供强大的动力。例如，个人或组织将一些行动、想法、项目方案，以智能合约的形式提交，每个人都可以参与投票，如果其符合“社区法则”，即为社区或个人启动提案。这样的智能合约形式，可以高效地体现社区的意见和进行事件决策。在家政服务标准和规范的制定上具有重大意义。

优质的社区可以为项目的快速发展助力。这也是社区为什么重要且不容忽视的原因。社区可以为区块链 + 通证项目，增添部分社交属性，使好的项目容易在用户之间讨论与传播。通过用户口口相传，实现低成本高质量传播，进而形成网络效应。由于是通证项目，社区成员拥有通证，并具备投票权，就会更强化网络效应的形成。同时，用户的聚集又会为项目和社区赋予更高的价值。社区价值提升了，又会让通证具备流动性溢价，使得该项目和社区变得更有吸引力。

在有些区块链项目中，项目创意很好，团队成员的技术能力也过硬，但由于缺乏市场宣传与社区运营，导致其用户群体没能快速建立。可见，社区运营的重要性。在实际中，很多投资机构，就把社区的规模、热度、黏性作为评估一个项目优劣的重要指标。这也说明社区及社区运营，对于一个成功的“区块链 + 通证”生态系统的重要价值。

2）通证生态系统的竞争优势

通证生态系统，随着区块链广泛进入应用场景，通证生态系统的经济价值更加凸显，构成了通证生态经济。那么，通证生态系统或通证生态经济的优势在哪里？或者说，通证生态系统与我们熟悉的公司组织、平台组织相比，有什么竞争优势？下面具体分析：

（1）开启价值传递时代

传统的互联网是信息互联网，开启了信息的快捷传播。而区块链是价值互联网，传递的是价值（例如，货币）、是权益（例如，产权、证券、凭证等）。随着“区块链 + 通证”生态系统的建立，这种价值、权益的传递更加高效、更加友好。因为通证的激励作用，再加上价值或权益直接点对点传递，又不需要第三方中心化机构信任背书，这样整个交易效率会大大提升、交易成本会大大降低，减少了很多交易摩擦。这种“去中心化”的价值或权益传递模式，因其高效率、共赢、可信的商业关系，在商业场景的应用上将更受欢迎。

（2）实现多维价值体系

在现在的经济社会体系中，我们往往只用货币这个一维的尺度来衡量事物的价值。这种“货币价值尺度”的单一性尺度，不能完全充分表示事物本身的价值。例如，家政服务员获得的职业资格证书，这件事本身，就很难用货币价值来衡量。当我们有了通证之后，就能够构建一个家政服务员职业资格的通证。通过通证，可以对家政服务员的职业资格进行量化，这样通证数值的高低、大小，就可用来在通证生态系统中激励家政服务员提升职业技能等级水平，也可按照一定的方式进行交换、流通，甚至实现增值。

也就是说，在区块链 + 通证生态系统中，货币只能在一个维度上对人们进行激励，这是不够的。例如，根据马斯洛的需求理论，就有很多价值维度：生理需求、安全需求、社交需求、尊重需求、自我实现需求等。这些价值维度，每一个维度都可以进行有效激励。这样通过通证，进行多维度的通证激励，而不是单一的货币激励，就可以引导人们向通证激励的方面去努力，进而形成一个新的社区生态系统。

（3）激励相容

诺贝尔经济学奖获得者弗里德曼，曾经提出四种消费模式的价值矩阵，显示：

花谁的钱	给自己办事	给别人办事
花自己的钱	既讲节约，又讲效果	只讲节约，不讲效果
花别人的钱	只讲效果，不讲节约	既不讲效果，又不讲节约

一、花自己的钱，给自己办事。例如，私人消费。这个时候，无须其他人监管，不会故意去浪费，自己明白自己的需求。在花钱的时候会精打细算，都会尽量让这笔钱的效用最大化。

二、花自己的钱，给别人办事。例如，请客或送礼。有一定的目的，但会注意是否浪费。对需求不甚了解，花这笔钱的效用难以最大化。

三、花别人的钱，给自己办事。例如，公款消费。自然不会节约，花钱的效用不是最大化。

四、花别人的钱，给别人办事。例如，家政服务员上门为雇主提供服务。这里就需要讲究家政服务职业道德，要求家政服务员既要讲效果，又要节约。

以上四种消费模式，在通证生态系统中，就会出现不同的结果。即强调激励相容模式。在这种模式下，在机制上确保：委托人与代理人的目标相容，个人利益与集体利益相容。在主观上“自私自利”的同时，客观上又造福了他人和集体。即每个人都在为自己考虑的同时，整体上又达到了最优的目的。当一个组织的所有人员的积极性都被调动起来，一起为着自己的事业、自己的利益而工作，这在工作的时候被激发出来的热情可想而知。“区块链 + 通证”生态系统就是这样的设计，通证就起着这样的作用。

（4）实时透明激励

激励越是及时，其效果越明显。通证生态系统基于区块链技术，用户行为（区块生产者或服务交易者），都能实现非常快速地激励贡献者。即时激励社群用户，能够解决生态系统与社群用户之间的黏性；能够让社群用户了解自己所做的贡献，与社群的发展成长正相关，从而产生归属感；同时，将优秀的结果通过激励机制明确下来后，能够在社群中达到榜样的效果，实时告知其他参与者，起到“同伴效应”。通证生态系统的这种设计，过程透明，算法公开，每个人在做贡献之前，都能清楚明白地计算出个人的收益，收益预期明确。通证的这种实时激励机制，对通证生态系统建设意义重大。

（5）非盈利的盈利性生态

现代企业运营模式中，利润是衡量企业运营效能的最重要指标，企业追求的就是利润最大化，即股东利益最大化。如果是股份制经济体，企业追求的就是股票价格最大化。

但在通证生态经济体中，企业追求是通证价值最大化，即所有利益相关者创造的价值之和。在通证生态经济中，没有盈利的需要，没有管理成本，沟通协作通过“代码”，使用预先设计好的算法，采用通证激励，用区块链的不可篡改的特性做信用背书。

现在，假如同样的两个组织，一个是上市公司，一个是通证生态经济体，两者都生产同一产品，那么，通证生态经济体仅在成本上就会比企业模式的公司有更大的优势。而且，对于通证生态经济体，更是没有所谓的雇员，节约大量的人力资源成本。可见，通证生态经济体是非盈利性的盈利生态经济体。

（6）人人即平台

在传统互联网时代，人人都是“自媒体”，但缺乏信用背书，只是信息传递，是信息互联网。在区块链时代，特别是在区块链 + 通证生态系统中，有区块链信用背书，人人都可以进行“价值”（数字权益）传递，即价值互联网时代。这样，人人不仅是“自媒体”，也是一个可信的“平台”。

区块链 + 通证，破解了平台经济启动悖论“先有鸡，还是先有蛋”的问题，即先有平台还是先有用户的问题。因为，区块链 + 通证，实现的是任意“点对点”的可信交易，能够很容易地进行平台的“冷启动”（在最短的时间，直接启动）。这样，每个人都有可能享有原本只有超大组织或雄厚的资本，才能实现的平台经济力量，让人人成为平台变成了可能。

（7）行为产生价值

在区块链 + 通证生态经济体，每个节点（用户）的行为都会产生价值。依据预先设计好的智能合约，对生态系统中的每个节点的行为，根据贡献大小和维度不同，分别奖励不同数额或不同类型的通证。特别是维护区块链运行的区块“生产者”，将获得通证的奖励。

这些节点的行为包括：节点的点赞、评论、转发，对社群的成长有益。甚至每天的签到，对活跃生态社区也有价值，也同样会获取通证激励。例如，传统的广告行业，用户是被动地浏览广告，在通证生态经济体中，用户浏览广告的行为，不仅广告商会获得收益，观看广告的行为也会获取通证激励，会获得相应的整体利润分配。

（8）消费产生价值

在区块链 + 通证生态经济体中，消费者在消费的过程中，也会获得通证激励。消费越多，获取的通证越多。当消费者持有通证时，消费者同时又变成了投资者，消费行为就转化为投资行为。这种消费与投资的有机结合，可以使消费者在购买产品和服务时，既能分享企业成长的成果，同时，也能为企业的发展注入新的发展动力。

在今天激烈竞争的市场环境中，企业之间的竞争，不仅是产品和服务的竞争，以及演化为企业的商业生态系统之间的竞争。因此，在区块链 + 通证生态经济体中，这种消费与生产合二为一的新的商业体系模式，必将具有很大的竞争优势。这也是区块链 + 通证平台生态经济体的独特价值。

（9）C2F 模式

所谓 C2F 模式，Community to Factory，即社群经济模式，是指基于区块链的共识机制建立的社群，对内解决社群内部的协作问题，对外解决社群和商业机构之间的交易信任问题。

在传统的社群运营中，包含了大量的多样或多元的利益相关者（即节点），呈现碎片化，其需求也是极其个性化，面对这样的社群生态，如何实施大规模、高效率、低成本的社群协作，的确很困难。

但在区块链 + 通证生态经济体中，基于区块链的 P2P 网络、共识机制、智能合约等技术，以及公开透明可信、不可篡改与可追溯、隐私安全保障等特性，解决了社群运营中的协作与信任问题，让社群中的这些任意节点之间能够在彼此互不信任的情况下，依据共识机制凝聚在一起，实现个体利益与社群利益的相容，进而实现社群成员之间的大规模、高效率、低成本的交流协作，形成社群生态经济体。让社群里成员的个体价值与社群价值最大化。

40.2.6.7 通证的原则

为了能够帮助企业规范、设计、发行符合法律和监管政策的通证（Token），还有必要了解通证的基本原则。这样也有利于通过通证，建立通证生态经济体。通证的基本原则主要包括：

1）通证价值生长原则

我们知道，基于传统互联网的平台经济的一个困境是面临冷启动问题。即先有用户还是先有平台的问题，即"先有鸡还是先有蛋"的问题。为了解决这个问题，当前互联网的基本办法是"烧钱""补贴""免费"。使用第三方外力推动，把平台推动到一个能够自我生长的数量级后，再由平台的网络效应或周边效应和跨边效应，来继续推动后续的平台自我循环迭代，进而形成平台的巨大的网络效应和领先效应，导致出现平台公司"赢者通吃"、大者恒强的局面，严重阻碍中小企业的发展，也抑制了社会创新。而且，这种平台启动模式，需要大量的资金投入，对于中小微企业来说，简直是"望平台兴叹"。也就是说，平台经济模式虽好，还存在重大缺陷。

但在区块链 + 通证生态经济模式中，颠覆了传统的平台经济的模式。通证生态经济体是通过通证的激励，让利益相关者（消费者、开发者、区块生产者等）参与，相互扶持、相互协作，推动通证生态社群从无到有、从小到大，进行自组织生长。而且越早加入的利益相关者，未来潜在的收益越大。所以，这种区块链 + 通证生态经济体，能够以较快的速度、极低的成本启动，这样就打破了传统垄断的壁垒和网络效应建立的鸿沟。

2）通证发行原则

在通证生态经济体中，通证发行原则：是根据节点的贡献分配通证、根据通证分配权益。

通证生态经济体设计通证或激励机制的核心是要解决：如何让一群看似一盘散沙、彼此互不信任的任意节点，能够相互协作完成任务，然后获得有价值的通证，进而创建可持续自我完善和进化的自组织生态经济体。这里，涉及的关键问题是：通证是如何产生？如何分配？通证生态经济体如何可持续地发展？

根据已有的通证发行实践，人们逐渐认识到通证的分配模式如下：

☑ 零次分配：就是通证的发行，即通证创造出来的机制，以及创造出来之后的分配原则。在区块链 + 通证生态经济体中，是通过“行为（区块生产者维护区块链运行）产生通证”“交易产生通证”“消费产生通证”。

☑ 一次分配：即通证的自由交易。在通证的使用和交换场景下，对通证的认识取决于是买入还是卖出，通过通证自由交易，形成了通证的一次分配。

☑ 二次分配：即宏观调控，解决通证生态经济体中的通证治理机构：以何种方式获取和管理多大规模的通证或资产；按照什么原则，以什么方式分配和回购通证或资产；该治理机构如何运转，如何解决争议等。在通证生态经济体中，这部分工作主要由“基金会”来负责。基金会拥有一部分通证，用于平台的开发、宏观调控。

☑ 三次分配：即自愿捐赠。节点自愿捐赠、馈赠、打赏等。

总之，在区块链 + 通证生态经济中，每个节点或者每个利益相关者（区块生产者、消费者、开发者、投资方等）都是根据或执行早先预设的智能合约自动化运行，按照节点的贡献分配通证、根据通证分配权益，进而实现通证生态经济体的可持续发展。

3）通证组织原则

在区块链 + 通证生态经济体中，第一推动者是“区块链 + 通证”项目商业落地的主要发起人。这是组织的开始，利用区块链技术、经济手段，创建区块链 + 通证经济的新应用，形成应用通证的生态圈。作为通证经济的核心推动者，通证在生态中以去中心化的角色，协调推动原组织架构的改造或重构、区块链技术的实施、通证的发行管理、产业生态圈的建立。这是全新的组织实体形态，协调所有利益相关方共同推进区块链 + 通证生态经济体的三个核心事务：

☑ 公链：DAPP 应用落地的基础架构、是项目基础，也是项目强大的背书；

☑ 通证：通证生态经济体的制度设计，包括通证的产生、分配与治理；

☑ 社群：以共识机制形成的利益相关者社群或用户社群。

这里，有必要了解通证生态经济体的商业落地逻辑架构，即五层架构：基础层（三层）、应用层（两层）。其中，底层是网络层，最高层是通证生态层。

通证商业落地五层逻辑架构

通证生态层	为通证生态经济体的利益相关者提供服务
治理层	提供治理机制，解决合规问题
激励层	对通证生态贡献者的激励，通证经济模型
共识层	提供共识机制和信任模型。例如，EOS 中的 DPOS
网络层	提供数据传输和 P2P 保障

总之，在区块链 + 通证生态经济体中，通证生态经济体的发起人，在通证的设计、发行、治理中都扮演了重要的“去中心化”的角色。

40.2.6.8　企业通证设计

在了解通证原则的基础上，现在进入到企业通证的设计阶段。企业通证设计的目的是，将区块链 + 通证生态系统如何与企业的产品或服务相融合，促进企业创新发展。这就涉及如何建立通证模型、通证生态治理等方面的内容。下面具体介绍：

1）建立通证生态模型

一个成功的通证生态的初步建立，首先需要考虑通证的初次分配、发行数目、用途设计、社区组建、社区运营等方面的问题。

（1）通证的初次分配方式

通证的初次分配方式，主要有空投（又称“发放糖果”，免费赠送）、会员积分转化、完成任务分发的奖励、ICO（Initial Coin Offering，首次币发行）等几种形式。结合我国区块链应用场景发展政策环境，企业的首次通证发行，主要采用的是空投、会员积分转化、完成任务奖励的方式。

其中，会员积分转化的方式简单明确，发放对象为企业的积分会员，数目也容易量化，即根据目前会员积分的数目，按照一定比例进行转化。

通过空投或完成任务奖励进行通证的首次发放，可以考虑以下几类对象：

① 类似通证生态的参与者：通过向类似通证生态空投项目通证的方式，聚集早期的潜在用户，并吸引市场的关注度。例如，查找网络中其他同类项目的通证持有人，向他们以空投的形式发放一些通证。打个比方，这就像是在肯德基门口发放麦当劳优惠券。

② 网站的注册用户：向网站的注册用户空投，是目前常用的方式之一。通过这种方式进行空投，持有者能够通过接收定期的区块链 + 通证项目新闻更新，更好地了解到项目技术进展和市场拓展情况，进而与项目本身产生更密切关联。

③ 产品或服务的用户：如果公司已经有运营的平台或产品和服务，可以向平台用户或购买产品和服务的用户空投部分通证。这些人已经是公司产品和服务的体验者。如果能够让他们享受到公司新的产品和服务增长带来的红利，可以提升他们对公司品牌的忠诚度，且推广通证的热情也会高。

④ 完成一定任务的参与者：有时项目组可以设定一系列任务，例如，回答与项目相关的问题、向他人推广和宣传项目等，为按要求操作作者发放通证奖励。这种方式也是通过设立一定门槛来甄别潜在用户的有效途径。而获得通证奖励的参与者，对未来项目发展产生帮助的可能性比一般人更高。

总之，空投和任务奖励的目的，是让潜在用户或热衷于区块链 + 通证平台的人，获得项目通证的相关信息，而选择的时机可以采用项目重要活动期间或项目获得阶段性进展的时候。这样可以在市场宣传的同时，进一步扩大项目的影响力。有效参与者的增加会提升整个通证生态的价值。

这里需要注意的是，空投数目的设定很重要。如果空投部分占总发行量的比例过低，则意味着在通证生态估值一定的情况下，空投部分的价值过低，这样会导致难以吸引持证者足够的兴趣和关注；而如果比例过高，则项目或企业可能会面临资金方面的压力，以及因早期参与者的红利过高，导致后期参与者保持一种谨慎的态度。同时，空投比例也应看项目团队的资金实力而定。如果后续的开发资金充足，那么可以适当提高比例，否则空投的比例不应太高，以避免后续资金不足的情况产生。总体而言，空投比例应该在整个发行量的 5%—20% 比较合适。

通证的初次发放，主要满足两个目的：一是筹集项目初始资金；二是吸引通证生态的早期参与者，并通过各种途径形成网络效应，为通证生态的发展助力。

（2）通证发行数目

通证发行数目分为两个方面：发行总数、初始流通数目（流通比例）。对于通证的发行总数，需要进行详细推敲，过多或者过少都会产生问题。

从人们的应用习惯来说，使用通证支付生态内产品或服务时，其价格和法币的计价最好相差在一个量级之内。

通证的发行总数，也要考虑项目的未来前景、生态估值空间。在项目初始时，由于早期的估值较低，通证的法币计价也会处于较低的水平。但由于发行数目这一关键变量在发行之后便无法变更，这时候需要考虑的是整个项目发展前景、市场空间，并将其与发行总数进行相应匹配。

此外，通证的初始流通比例、团队解锁周期也要进行周密设计。因为这涉及该通证生态当前估值和未来整体估值的关系，以及团队在项目开发过程中的资金流问题。如果初始流通比例过小，可能会被投资者认为团队权重太高而降低投资热情；而流通比例过高的话，有可能会使得团队本身激励不足。而解锁周期则关系到团队的资金状况，周期过短，同样容易让人担心团队有圈钱投资的动机，而解锁周期过长的话，则会有资金流不能持续跟上的风险。

由于智能合约，要求在项目开始便将这些细则写入代码并程序化自动执行。这就要求企业和创始团队在项目开始时，便对未来有较为具体的规划和较为实际的远景评估。程序化的自动执行，使得一些条件不再具备灵活性，通证生态在为企业发展助力的同时，也对企业提出了更高的要求。

（3）通证用途设计

通证在生态中的用途需要很好地进行设计，因为这决定了其流通和被使用的模式以及未来价值增长的空间。

首先，要考虑的是通证的类型，是功能类（效用类），还是分红权或其他权益类（证券或其他权益类）？还是两者皆有？或是通证只作为促进实体产品或服务营销增长的手段？

☑ 如果通证是功能类的，那么，这种通证的价值只会在生态内流通，是承载价值的一种手段。例如，可以作为投资方和融资方之间价值流通的承载媒介；或者可以作为生态中用户支付费用的手段。作为功能类通证，当通证的流通速度即流动性增加的时候，产品或服务的通证计价会随之增加，从而使用通证的法币计价也相应升高。

☑ 如果企业决定将通证设计为一种效用，即将通证作为支付产品或服务（自身生产或平台内其他人提供）的一种手段和流通工具，那么，就要先回答两个问题：即这种商品或服务可否直接以法币进行支付？通过使用通证，是否为生态内的其他参与者（例如用户或其他服务提供者）提供了额外的价值？多数情况下，只有具备法币不能替换的特性，且为其他参与者提供额外价值的时候，通证的用途设计才是比较成功的。

☑ 如果是某种权益类通证，或者是既包含功能性又包含一定的权益的通证，那么，就要考虑这种权益的价值。这时，通证持有人更注重的是让标的权益的价值升高。例如，这类通证既会作为生态内手续费的付款方式，也会发放给持证人作为分红。

☑ 如果企业将通证设计为一种权益，例如，享受生态收入分红权的通证。那就要考虑如何找到合适的权益标的，以及该权益价值的公开审计情况，以解除持证人的担心。而且，这种权益标的，应该具备大规模共识，以及一定网络效应，否则难以形成经济生态。

☑ 还有，如果纯粹使用通证，促进营销增长，也不失为一种途径。传统企业也可以使用一些不可置换通证或者积分型的效用类通证，来为营收增长助力。

另外，需要考虑的是，是否需要设计锁仓机制。例如，以 EOS 为代表的 DPOS 机制的公有链的通证生态，会要求区块链“见证人”（超级节点）持有一定数目的通证。即对于超级节点或者专业投资人都有一定数目的锁仓要求。这种锁仓，一方面，可以锁定生态中的部分流动性，使得剩余的非锁定部门流动性提高，从而提高通证的价值；另一方面，由于锁仓的参与者在生态内扮演的角色非常重要（例如，区块链维护或项目评级等），如果动机不当，可能会使得生态价值受损。锁仓可以使这些参与者出于对自身利益的考虑，而尽力维护生态价值。

（4）组建与运营社区

社区对于通证生态来说非常重要。区块链项目成功的关键，主要在于社区或社群运营。那么，如何才能建立、运营维护好一个优质的社区？

☑ 信任感与价值确立

在社区与用户之间建立起信任感，让用户对社区产生明确价值诉求和依赖，决定了这个社区能否走向活跃。信任感通常产生于社区提供了超出用户预期的价值。即用户从“不确定在这里可以得到什么”“先看看这里有什么再说”，到明确知道“这里可以给我提供什么价值”的过程。经过这个阶段，那些一开始原本观望的用户，会开始愿意更多地参与社区内的讨论和相关活动。

☑ 营造归属感

社区的归属感，是指社区成员之间彼此接纳、认同、鼓励的感觉。社区一个重要的特质，就是成员之间有内在的心理连接，这将社区的形成，从共同参与同一个通证生态，深化到成员之间的互动，以及在互动基础上形成的具有一定强度的心理关系，即心理上的归属与热爱。

有了归属感，就意味着社区成员对所属社区的认同和参与意愿；意味着社区成员之间频繁而有效的互动；意味着参与者对所属社区及其其他参与者有发自内心的、物质上或精神上的关心、理解与支持。建立社区成员的归属感，将非常有利于确保参与者对于生态系统的黏性。

☑ 去中心化与自生长

社区的人际关系网络，在开始时往往是一个高度以社区创办者、管理员或明星用户为中心的状态，这意味着存在较大的风险：社区的存活与发展，将取决于那少数的几个人。一旦这几个人不堪重负或是明星用户离开，社区很可能将毁于一旦。事实上，这样的场景在很多社区的发展上反复出现。

要解决以上这个问题，需要去中心化，把一个高度中心化的网络，变成一个几乎无中心化的网络。例如，通过培养和发掘多个明星用户，或引导、帮助社区内的用户之间建立起关系，建立社区的去中心化网络和多元化的关系链。当社区中的多元化关系链被建立起来后，一个社区就具备了“自生长”的能力。这时候，社区就会有很多事情、话题、关系在社区内自然发生，社区生态系统就形成了。当然，在这个时候，还是要坚守社区的共同价值观，为社区成员的行为言论划出明确边界，或者制定好游戏规则，以确保社区的活跃状态。

以上是建立通证生态系统初期要考虑的几个关键因素。为了让通证生态稳定、健康、持续地发展，还需要考虑通证的增发和销毁设计，以及再分配等要素。

2）通证生态的维护与管理

一个良性发展的区块链 + 通证生态系统，在通证生态的维护与管理上，应该注意几个关键问题：

（1）建立激励机制

在区块链 + 通证生态系统中，通过 P2P 网络、共识机制、分布式账本等技术，再加上通证的激励体系，确保区块链在去中心化、公开透明状况下自主稳定运行。这其中，通证的激励体系是关键。那么，企业该如何建立激励机制，能更有效地打造区块链 + 通证生态经济体。下面具体介绍：

① 资源提供方

资源提供方，主要指基础网络架构的提供方，其中包含网络带宽、计算资源、存储资源等。它们在不同的生态中，有着不同的名称定义，例如，见证人、区块生产者等。

基础架构的资源提供方，工作在区块链协议组下层，即底层公链。为了保证网络的安全性、高可用性、可靠性，避免由于基础设施团队得到的激励不足而导致节点下线，影响整个通证生态的性能，需要对网络基础设施的提供方进行激励。

但如果是架设在公有链（例如，EOS）上的应用层通证生态，可直接使用底层公有链的网络架构，而不需要过多考虑对于网络架构提供方的激励措施。

② 内容、数据、服务提供方

在一个通证生态中，如果所有为生态提供价值的参与者，都能得到相应的通证奖励，将有利于生态价值的持续提升。内容、数据、服务的提供方，就是这样的一类参与群体。

☑ 在一个生态中，如果创作优质的内容，同时被其他参与者认可的话，就可以收到生态系统的激励通证。这就可以激励创作者进行更多的创作，从而使这个生态可以吸引更多的关注者、参与者。由于在目前的商业环境中，内容平台的内容大部分还是免费的，付费内容的比例虽在逐步提高，但仍然只占一小部分。所以，内容提供方得到的激励，更多应该来自通证的预留部分或者增发部分。

☑ 服务提供方则不同，生态系统中服务提供方得到的激励，更多地来自服务享用方的费用支付。

☑ 在数据采集、大众预测、版权类通证项目中，数据和作品的提供方，也为整个生态系统提供了价值，同样值得被激励。而激励的来源，应来自相应数据和版权的使用方。同时，提供一些附加数据的参与者，也同样值得被激励，例如，在内容网络中，对于发现优质内容并点赞以吸引更多人关注，以及发表优质评论的用户。这部分参与者，虽然为生态系统创造了附加价值，但由于价值的来源不能对应或具象到其他的参与者，所以激励应该由系统的增发或者是通证初次分配的预留部分进行发放。

③ 生态扩大的奖励

让更多人参与到生态经济体中来，实现网络效应、规模效应，是每一个通证生态的高级追求。通过让用户邀请朋友注册或体验生态中的产品或服务，两人都会收到一定激励。这是企业常见的推广模式。

在传统的商业模式中，这部分成本由企业本身提供，但在通证生态经济体中，这部分激励也可以依靠通证经济体的初次分配的预留部分，或者由系统的增发来提供。这意味着通证的全体持有者承担了这部分成本。因为，通证持有者全体也都享受到参与者人数上升带来的通证价值增值红利。

（2）生态系统的维护与发展

在区块链 + 通证生态经济体中，创始团队和参与者的利益是紧密连接在一起，休戚与共。因为对于他们来说，受益的方式是一致的，那就是通过通证的价值提升来获得更多利益。这是利益分配上的去中心化。

通证价值提升，在不同的生态体系中有着不同的方式：在效用类功能性通证生态中，通证价值增加的方式，主要靠加快流通速度，即流动性增加；而在以股权类通证为主的权益性通证生态中，通证价值的增加方式，主要靠资产的升值。

为了提升通证价值，必须促使通证生态的持续发展，网络效应的形成。为此，需要考虑以下几个方面的因素：

① 通证经济模型的设定

通证经济模型，主要考虑的是通证的增发设计：是不断增发的通胀型通证经济生态？还是增发数目不断减少，或者不增发，甚至是不断销毁一些通证的通缩型生态？

以上几种设计方式各有优劣。因为它们对于生态系统的早期用户和中后期用户的吸引力不同。

不断增发的通胀型生态经济体，对于早期用户的激励不足，而对于一个已经成型生态的可持续发展和扩大帮助很大，但这可能导致生态经济体在未形成规模之前就宣告失败。

增发数目不断减少的通缩型生态，对于早期的参与者有非常好的吸引力，因为可以获得较多生态发展红利，而越到后面加入生态的参与者的动力就越显不足，因为感觉自己在生态经济体中的一系列行为，显得好像在给早期通证持有者“打工”，这就可能会导致生态的长期发展空间受到限制。从经济学的角度看，通缩型生态经济体从长期来看往往难以成功。

因此，一个长期稳定发展的通证生态应该是略微通胀的，而通胀速度要考虑增发速度和生态发展速度之间的比率关系。如果增发相较于生态发展的速度过快，会导致参与者财富缩水而积极性下降，而如果通胀过慢甚至通缩，对生态发展有不利。

这里，需要注意的是，通胀生态系统的增发比例，往往被事先锁定于白皮书或者智能合约中，后期如果再修改，需要征得生态社区的同意且难度较大。这就意味着通证设计者对于未来发展的规划要十分精确。因此，可考虑规定一个合理区间范围，来减少不确定性对于长期发展的影响。

② 激励通证的来源

激励通证的来源，主要有几个方面：通过生态经济体的增发、初次分配的预留部分、参与者的支付。

☑ 通过生态经济体的增发

使用生态经济体的增发进行激励，是相对最容易执行的，但是运用不好会比较危险。由于增发产生通胀，本质上是稀释了所有通证持有者的权益，那么，就很容易产生公平性问题。

一般来说，在受激励方所做出的贡献没有明显的受益人时，适合采用这种方式。例如，在内容平台上发表优质内容，所有人都可以公开阅读，生态的价值得到了提高，但没有明确的受益人；或者，是超级节点或主节点运营维护区块链网络，让所有人受益。同时，参与者的权益增加，带来的收益超过了权益稀释带来的损失，在这种前提下，所有通证持有者比较容易接受。

☑ 初次分配的预留

使用初次分配的预留部分进行激励，受到社区阻力的可能性最小。因为参与者的权益并没有被稀释，那部分预留已经被预先设计在系统里，只是开始时没有确定分配给谁。基于同样的原因，被分配对象也相对比较灵活。

但是，这种方案的问题是，预留部分无论数目多少，始终是有限的，对于一个可能持续增长的生态，有限的流通供应，可能会成为未来增长的瓶颈。因为当有限的激励通证使用完之后，后续增长将会缺乏动力。

☑ 参与方的支付

参与方的支付，是对于区块链生态发展最为健康的一种方式。它避免了之前提到的公平性问题、未来发展的瓶颈问题。那么，对于通证项目来说，核心的问题是，以怎样的方式为参与者提供价值，使其愿意支付相关费用。例如，其支付的通证就是交易中产生的手续费、云盘网络中存储空间等。这部分支付，便可以作为底层网络架构激励手段，如果有剩余，还可以考虑给所有通证持有者进行分红。

③ 通证价格剧烈波动对生态的危害

通证价格波动，会导致通证生态参与者的财产损失和参与热情下降。如何保持通证价格相对稳定，也是一个需要考虑的重要问题。

跟传统商业环境有所不同的是，通证生态中的参与者带有双重身份：消费者、投资人。如果是偏重投资人身份的参与者，可能对于价格的波动不太敏感，因为他们可能已经具备一定的投资知识和经历；而如果是偏重消费者身份的参与者，他们对于手中通证价格的巨大波动，以及其可以换取到商品和服务的不稳定性，往往没有很好的心理准备。这就导致在通证价格暴涨暴跌时产生不良情绪，对于通证生态的长期发展会带来不利影响。因此，引入通证价格管理机制，降低通证价格的波动率，也是必要的。

④ 多种类型的激励

通证生态经济体的设计中，存在一个难点：即通证价值升值逻辑与网络效应形成逻辑之间的调和问题。

如果通证价值升值逻辑过强，例如，强烈通缩，则导致参与者更乐于囤积通证，而花费意愿不强；如果通证升值逻辑过差，例如，通胀较高，则导致接收方不愿意收到通证。两种情况都导致通证在生态中的流通性不足。

所以，通证价值稳定和缓慢增长，是通证设计的最高目标。但这又带来了新的问题：由于通证增值的速度不够吸引人，新参与者的投资愿意（投资属性）会比较弱，从而导致网络效应难以形成。这个时候，就需要其他的生态要素提供足够的吸引力，激发用户的消费者属性。

也就是说，通证生态的经济系统设立只是一个方面，更重要的是如何依靠区块链 + 通证生态本身的优质产品或优质服务，吸引到更多的参与者。这才是区块链 + 通证的本意所在。

总之，一个优秀的通证生态系统的最终目标，应该将通证价值的逻辑和通证生态经济体自身的逻辑很好地结合。通证价值提升的逻辑需要考虑通过什么样的应用或市场行为促进升值，然后考虑通证价值提升之后，如何吸引更多的资源和价值到通证生态经济体中。

在吸引了更多的资源之后，通证生态经济的逻辑需要让这些资源配合通证生态内生产率的提高和资源优化，促进通证生态经济体的繁荣，进而推动通证价值的进一步提升，最终形成良性的通证生态成长的正反馈机制。

3）企业如何采用区块链 + 通证

区块链给传统企业创新发展，特别是给中小微企业“弯道超车”提供较好的机会，那么，企业如何与区块链 + 通证深度融合？下面具体介绍：

① 传统企业如何与通证结合

传统企业通证的本质，就是通过区块链，重铸自己业务的共识和信任。搭建一套通证的价值激励体系。

◇ 一、对于传统行业的企业来说，可以考虑把企业资产区块链化。

企业资产可以是一些排他性的可以数字化的资产：例如，房产、专利、作品、商标等，也可以是目前企业的现有积分体系。甚至，企业可以创造一种排他性的资产。例如，可独立创建一套新的有吸引力的参与制作家政培训视频课程，来激发消费者的学习、收集和分享热情，从而达到低成本取得高成长的目的。

◇ 二、会员积分体系的通证化

传统的会员积分计划，已经很难建立或维持热度。由于会员积分获取规则的不透明、应用的不易操作，以及流通的局限性和兑换奖品的难度，客户已经逐渐厌倦了来自不同商家的会员积分体系，部分人选择把应用程序删除，或者把会员卡束之高阁。

小型零售商和在线商店，那些曾经从会员客户和品牌簇拥者重复消费中受益的企业现在很难延续之前的成功，很多企业尝试使用会员计划获取流量都未能有特别成功的结果。一些商家会因为有些沉淀积分因过期被废弃而得到一些短期收益，但与从会员计划中获取新客户和保有老客户的角度来看，这些收益很少。

将会员计划的积分体系迁移到区块链上，有几个好处：

☑ 通证系统比积分体系更加透明

在传统的会员计划中，由于顾客对于积分获取规则的不清楚，以及积分兑换的标准常常变动，整个积分体系像是企业的一个黑箱，外界看不明白，也不能直观了解，导致很多顾客对于获取积分以及使用积分兑换服务或商品的热情不高。

区块链 + 通证将彻底改变这种情形。区块链的 P2P 网络、智能合约等，可以确保通证的首次发行、增发、获取以及兑换都公开透明化，而且是不可篡改可追溯。这种可信的通证发行机制，可消除顾客心中的疑虑，让顾客对会员计划有更强的信心和更大的兴趣。

☑ 方便易用，降低开发费用，提高兑换比率

在传统的会员积分计划中，每个公司需要自己开发一套应用，进行积分的查询、显示及消费，而消费内容也只是该公司的产品或服务或其周边赠品。

如果使用基于区块链（例如，某公有链）的通证，那么顾客获取到的通证可以十分方便地使用统一的区块链钱包进行查看，不必为每个公司的消费单独使用一套应用。这样中小企业一方面可以节约应用开发成本，另一方面可以借助区块链钱包的流量红利，更好地将自己的产品或服务推销出去。同时，客户也更容易使用其手中的通证。这样，对公司的产品或服务会产生更高的忠诚度。

☑ 提升流动性

传统会员积分计划中的积分使用场景非常有限，除了兑换商家本身提供的产品或服务（例如，换手机话费、酒店住宿），最多的就是在官网兑换一些礼品。这些礼品有时需要过高的积分额度，有时并非顾客真正想要的，虽然偶尔会提升顾客的消费欲望，为了凑足高一级别的积分等级额外购买一次产品或服务。但总的来说，在商品或服务供给非常充足，而且获得途径非常便捷的今天移动互联网时代，这种靠积分的促销手段最终也会因积分的利用率不高而形同虚设。总之，流动性的缺乏，也使得传统会员积分体系的价值大打折扣。

但在区块链 + 通证的生态系统中，将积分体系通证化之后，通证持有者可以快捷地、方便地、不受额度限制地进行兑换或变现流动，不用再担心还差多少积分才能进行兑换或者变现。随着跨链技术的发展，通证的使用场景更加丰富，这样，就大大提高了通证的流动性。通证的流动性越强，其价值越大。

☑ 增值与获客

企业的最终目的是盈利，而利润增长主要来源于客户数量的增长和单个客户营业额的增长。会员积分体系的通证化，也是一种企业的营销手段和低成本获客方式。

基于区块链 + 通证生态体系，通证的发行更加透明、可信，而且通证一旦发行后，通证便公开，不再在企业内部循环，其价值不再由企业自身决定，而是由市场决定。客户使用通证的方式，并非只能与企业进行兑换和交易，也可以与其他人进行交易和变现。这样

就使得通证价值更加公允且不容易被企业操纵或者暗中稀释价值。

同时，由于通证的数量的锁定，发行规则和增发规则由智能合约规定。同时，随着通证的发行量锁定，其需求量的提升会影响通证的供求关系，进而使通证价值提升。特别是早期用户可以享受到企业销量增长的红利，则更容易向周围的朋友推荐该产品或服务，进而实现持有通证的增值。这样就节约了营销成本，做到低成本依靠用户口碑来达到“病毒式营销”的效果，使低成本获客增长成为可能。

② 互联网企业如何与通证结合

对于传统的平台服务类的公司，例如，电子商务平台、信息平台、内容平台、社交平台等。这些互联网企业，是将信息和服务汇总，然后通过不同的形式将其出售。从本质来看，是一种中介服务。即通过中心化的信用担保，将产品和服务汇集一起，并撮合不同的生态参与对象，进行交易或分发。

但区块链对使用中介服务类的商业模式企业产生了巨大冲击。例如，区块链的公开透明可信、不可篡改与可追溯、去中心化等特性，对用户的参与具有巨大的吸引力。特别是，随着“数据资产”日益受到人们的重视，免费享用数据将会变得困难，到那时，传统互联网企业依靠用户海量数据的核心优势将逐渐丧失。每个用户都将享用自己数据的支配权，这都是区块链带来的变革。

在这种情况下，平台类互联网企业进行通证化，将是不可避免。这不是要不要的问题，而是如何通证化的问题。

◇一、重新构建自己的商业模式，建立区块链生态系统。例如，平台用户的利益或权益将得到保护。平台企业若想获取用户的数据，将不会再免费，而要获得用户的授权，并为用户支付相应的数据使用费后才能获得。

◇二、使用通证，拓展平台主营业务周边或上下游业务。例如，家政服务平台拓展与家政服务相关的家庭用品（食品）电商业务等。

40.2.6.9 区块链治理

1）什么是区块链治理

所谓区块链治理，是指区块链网络的底层协议、共识机制的设计，协议和机制能通过什么样的机制进行改善和改变，以及发生协议冲突时如何解决。具体到基于区块链建立的开放性社区来说，区块链治理指的是参与创建、更新升级和废除某些正式或非正式的系统规则的行动。这些规则可以是代码（智能合约）、罚则（针对恶意行动者的处罚措施）、流程（当某事件发生时，需要进行什么操作）、责任（规定某个参与方必须做什么事情）。

区块链治理，可分为链上治理、链下治理；

（1）链上治理

链上治理，使得协议方可以决定区块链本身的发展方向。这里的参与方包括：通证持有者、开发者、网络运营维护者（区块生产者）。链上治理将更改建议写入区块链协议的代码中，开发者可以将建议的更改提交到区块链的更新中，而每个通证持有者，都可以对此投出赞成票或者反对票。链上治理是区块链 3.0 项目的核心。

（2）链下治理

链下治理，由通证社区信任的人聚集在一起，形成一个小组，负责区块链的治理和利益的划分。该小组负责修复协议中的安全漏洞和隐患，提高区块链的可扩展性，并增添新的功能。同时，作为代表参与公开的讨论和通证生态会议，以保持用户、企业和区块生产者之间的权利平衡。

2）区块链治理的技术支撑

区块链技术提供了全新的方式，来实现治理：

（1）规则的记录

区块链是一种理想的记录信息的方式，并且能够在记录之后进行验证。在区块链上的信息是分布式存储，这就确保这些信息的破坏会很难，访问会很容易。而且，这些信息不可篡改，可追溯、可验证。这样，就确保了规则记录的准确性、完整性和安全性。

（2）规则的交互

区块链提供了一种新的方式与规则进行直接交互。智能合约技术，就能够将相关的规则转化为智能合约代码，部署在区块链上，节点（用户或通证持有者）与规则的交互，可以通过与智能合约账户的互动来实现。这样，从就技术上确保节点参与规则，根据规则开展相应的活动。例如，投票。

（3）规则的执行

区块链提供了一种规则自动执行的技术。智能合约技术为规则的自动执行，提供了有效的支持。当规则被表示为可执行代码时，该规则可以在满足触发条件时被自动执行。

在区块链 + 通证生态系统中，共识机制就是区块链治理的底层技术。区块链治理技术主要通过共识机制来完成。区块链的共识机制主要有：工作量证明（POW）、权益证明（POS）、权益委托证明（DPOS）、拜占庭将军容错（PBFT）等。其中，DPOS 共识机制，即权益委托证明，就是通证持有者投票选出一定数量的“超级节点”或“见证人”，由超级节点负责区块生产，即负责验证交易和记账。又称“区块生产者”。EOS 系统采用的就是 DPOS 共识机制，同时，还制定了生态系统内的“宪法”，用于解决争端，还组建了生态社区，以提高通证持有者的投票率。

3）区块链治理的优势

（1）链上治理的优势：

☑ 可以迅速发展并接受必要的技术改进；

☑ 通过建立一个明确的去中心化框架，可以避免链下治理上的已知缺陷，也可以避免链下治理主观性强、稳定性不够、容易出现链分裂，或变得在事实上中心化的不足。

☑ 链上治理，有利于确保流程的贯彻执行，从而提高协调性、公平性，可以更快进行决策。

（2）链下治理的优势：

对于区块链链下治理，专业的开发者、区块生产者、区块链发起人，一般来说，比普通通证持有者，更清晰区块链发展存在的问题、未来发展方向。也就是说，让专业的人做专业的事，会更有利于区块链项目的发展。

当然，任何事情都是辩证的，无论是链上治理，还是链下治理，都存在不足。例如，链上治理，那些持有通证数量较多的参与方，会不会出现贿选或少数人利益被照顾的风险；链下治理，会不会又出现新的中心化，将权力过度集中于开发者和区块生产者手中，而普通参与者只能被动地接受。

因此，在区块链治理上，要权衡利弊，要链上治理与链下治理相结合，只有真正理解区块链 + 通证的去中心化、不可篡改、可追溯、公开透明等特性，才能创建良好的区块链 + 通证生态。

4）区块链治理具体方法

（1）链上治理方法

链下治理，必须经历四个步骤：提案提交、投票、提案评估、提案实施。

☑ 提案提交：提案可以分类，例如，通证经济、协议层面等。提交提案需要预缴一定费用，如果提案最终被采纳，那么费用将被退回。这笔费用主要是用来防止恶意攻击和奖励高质量提案。

☑ 投票：可使用特定软件来进行投票。存入的通证数目越多，则投票权利越大。

☑ 提案评估：即评估提案中描述的问题、提交的解决方案。将其分为三个步骤：一、建立合法性。对提案相关的参与方实体进行背景调查，以确保提案发起者和提案本身是合法的；二、问题评估。对提案中的问题进行验证，评估其严重性；三、解决方案评估。对于解决方案进行审查，以确保它可以解决问题，同时不会引发其他问题。

☑ 提案实施：提案实施过程可分为主动型提案（提案改变了智能合约之外的内容，例如终止某些恶意的行为）、被动型提案（提案改变的系统的智能合约内变量，例如区块生产者的奖励）。

（2）链下治理方法

链下治理，一般通过理事会进行治理。建立仲裁团，仲裁团的成员由许可委员会选出。项目初期将建立包括许可委员会在内的三个委员会：

①准入委员会：准入委员会将投票决定候选人能否加入仲裁团。仲裁团成员没有年龄或地域限制，但必须满足以下条件：

☑ 申请者必须获得许可委员会成员 60% 或以上的选票。

☑ 申请人必须在本区块链中参与了一段时间。

☑ 许可委员会认为申请人的工作及其对本区块链的影响是有价值的。

② 任命委员会：任命委员会的责任是建立新的委员会。

③ 执行委员会：执行委员会的作用，是终止某个委员会的功能，及开除仲裁团成员。其终止仲裁团成员职能的标准如下：

☑ 委员会的 60% 或更多成员必须投票赞成终止。

☑ 如果仲裁团成员不能完成各自委员会或仲裁团的职责，则会被终止职能。

☑ 产生损害本区块链项目生态的行为，且未尝试撤销的成员会被终止职能。

还有，要设立解决问题的最后时间期限。即意味着所有问题都必须在规定的时间内通过投票解决。

40.2.6.10 通证面临的挑战　（扫一扫　二维码）

40.2.7 DAPP（去中心化应用）

基于区块链底层的 DAPP 生态体系，将是区块链生态中最具活力和生命力的重要组成部分，终有一天它的应用范围会变得更加广泛，并将远远超过目前最流行的 Web 应用。它将更灵活、更透明、更分散、更有弹性。

40.2.7.1 什么是 DAPP

DAPP 是 Decentralized Application 的缩写，即“去中心化应用”或“分布式应用”，是指运行在分布式网络上，由许多用户参与，可避免任何单节点故障，且参与者的信息被安全保护，也可能是匿名的，通过网络节点进行去中心化操作的应用。即 DAPP 是基于区块链技术开发的去中心化应用。

需要注意的是，去中心化应用程序并不等于智能合约，主要在三个方面存在区别：

☑ 去中心化应用程序，适用于所有应用场景；

☑ 去中心化应用程序，不局限在金融方面；

☑ 去中心化应用程序，需要有前端代码、用任何语言编写的用户界面（就像“应用程序”

一样）、可以调用作为程序后端的智能合约。其中，它的前端最好的选择是托管在去中心化存储网络中。例如，EOS 或 IPFS。即：

DAPP= 前端 + 智能合约（+ 其他支持类设备）。

作为 DAPP 的应用程序，必须具有以下几个特征：

1）去中心化应用程序，必须是完全开源的（开源：全称为开放源代码。开源就是要用户利用源代码在其基础上修改和学习，但开源系统同样也有版权。很多人可能认为开源软件最明显的特点是免费，但实际上并不是这样的，开源软件最大的特点应该是开放，也就是任何人都可以得到软件的源代码，加以修改学习，甚至重新发放，但是在版权限制范围之内），它必须自主运行，并且没有实体控制其大部分通证（Token）（即没有一个实体控制着该 DAPP 应用超过 51% 的通证）。DAPP 应用程序可以根据需要改进的提议和市场反馈调整其协议或进行升级，但所有更改或升级必须通过其用户的共识来决定，而不是中心化机构随意可以更改。

2）去中心化应用程序的数据和操作记录，必须以加密方式存储在公有区块链中，以避免任何中心化问题。

3）去中心化应用程序，必须使用通证（Token），这对于用户使用 DAPP 应用程序来说是必需的。因为，持有通证证明了用户真正为 DAPP 的发展做了贡献，相当于贡献量证明，并且 DAPP 应用程序，应该结合通证（Token）设置激励机制，以激励用户任何有价值的贡献。

4）去中心化应用程序，必须根据标准的密码算法生成通证（Token），该算法充当节点对 DAPP 应用程序有贡献的证据。即有价值的节点，可以根据该算法获取通证激励。例如，在 EOS 使用 DPOS 对"超级节点"的激励。对于一个 DAPP 来说，其通证（Token）的所有权是确认用户是否可以使用该去中心化应用所需的全部信息。通证的价值取决于人们对 DAPP 的重视程度。

40.2.7.2 DAPP 与传统 APP 的区别

传统的互联网还是一个高度中心化技术的产物。网络应用中的全部用户数据都存储在某个公司或组织的中心化服务器上，这个中心化服务器一旦出现问题，就可能会导致数据泄露甚至严重的事故。这是传统互联网高度中心化所暴露的问题。

与传统的互联网应用不同，DAPP 不需要第三方运营平台，不需要平台方维护代码、存储用户数据。DAPP 可直接连接用户和开发者。发布 DAPP 不需要任何企业批准，其规则也不会被任何人改变。

从系统结构的角度看，传统互联网应用的后端是运行在中心化服务器上，而 DAPP 的后端是运行在去中心化的点对点网络上（即区块链的 P2P）。DAPP 前端可以使用任何编程语言编写，这使 API（应用程序的调用接口）的调用变得非常简单。

DAPP 和传统互联网应用在开发上的最大区别在于，DAPP 的智能合约部署后，便不能更改。传统互联网应用的开发适合马上试错、快速迭代。但在 DAPP 开发上任何细小的智能合约代码错误，都可能会导致用户不可挽回的损失。这是两种完全不同的逻辑。

40.2.7.3 DAPP 的优势

由于 DAPP 基于区块链技术开发的去中心化应用，这就使区块链本身所具有的数据追溯、数据确权、数据共享、价值传递等特性，都会体现在 DAPP 上，而正是这些特性将大幅度提升开发者和用户的应用体验。DAPP 的潜在优势，主要体现在以下几个方面：

1）用户数据得到有偿使用

如果公链内支持数据共享，那么开发者只需要完成数据匹配，就可以从其他生态内的开发者处共享到用户的实名资料，但需要向用户支付公链通证即可。对用户而言，也有收益，算是合作共赢。

2）交易的安全性得到提升

随着交易量的暴增，对交易效率提出了更高的要求。例如，基于现有金融中介体系（银行）的交易处理方式效率低，信用生产成本高，为了降低信用风险，往往需要投入大量的成本进行信用审核，但成效并不明显。

而基于区块链技术，由于具有每笔交易支付数据可追溯的特性，能简单改善这种情况，而且不需要对现有业务流程进行任何变动升级。

3）行业经济关系的变更

数据确权、价值传递，即价值互联网，区块链技术的属性改变了现有互联网的经济关系，促使新的行业类 DAPP 应用诞生。例如，互联网视频就是典型的案例。

在传统的互联网中，或信息互联网中，互联网视频领域，由于高昂的版权成本，腾讯、爱奇艺等平台方，必须付出很高的成本去打击盗版，而用户则需要跨平台购买多个 VIP 账号才能满足追剧的需求。

但通过区块链技术，让版权方对剧集确权，不管用户通过何种渠道观看剧集，其支付的费用都可以通证化，然后基于区块链价值网络分发给版权方、渠道方。

这样的生态将会大幅度地减少盗版问题的发生，降低渠道商争夺版权的成本，内容开发者将专注于用户体验的提升，获取用户的方式，将从建立版权壁垒变成加强社群运营及用户体验比拼，才是真正的互联网运营时代。

4）项目运营维护成本降低

传统的互联网产品，在运营活动中都可能会遇到活动带来的高并发问题，营销导致服务器崩溃的现象时有发生，而添置服务器又可能带来成本的浪费。

但区块链技术的有些公有链（例如，EOS）中的资源分配模型，是基于用户持有的通证数量，这就意味着产品运营方，可以在某个使用高峰前临时购买通证（资源），并在高峰过去后将通证释放（卖出），从而极大地减少运营维护成本。

5）技术开发成本降低

目前的 APP 项目开发，通常会评估四个版本：iOS 、Android、小程序、Web，而 DAPP 在某些方面类似小程序，具有无需安装、所有计算都在线上完成、本地禁止创建进程，以及系统自动创建或查找本地、周边、链内其他微服务等特点。

40.2.7.4 开发 DAPP 的一般流程

1）建立共识的机制

首先，开发团队需要设计好待开发 DAPP 的共识机制。目前区块链常见的共识机制主要有：POW（Proof of Work 工作量证明）、POS（Proof of Stake 权益证明）、DPOS（Delegate Proof of Stake 委托权益证明）机制以及拜占庭容错共识等。当然，没有一种共识机制是完美无缺的，这也意味着没有一种共识机制是适合所有区块链应用场景的。因此，现在 DAPP 有的采用混合式共识机制。

2）设计分发通证（Token）的机制

通过关于通证的上文介绍，我们知道：通证，英文单词是 Token，是指基于区块链技术的可流通的加密数字权益证明。

通证的目的，是允许持有通证者访问指定的 DAPP，即去中心化应用程序提供的服务。一个 DAPP 项目是否成功的关键评价标准，就是其通证（Token）的市场价值。

DAPP 项目中最为关键的流程，就是通证的分发，DAPP 项目方在开发初期，就需要仔细考虑其通证的设计。包括通证（Token）总量模型、通证的分发机制。其中，通证（Token）总量模型决定了通证（Token）的市场价格。

通证（Token）总量模型，主要有两种：

① 通证（Token）总量有上限

设计通证总量有上限的通证（Token）时，有四个可调整的关键参数：

☑ 通证（Token）总量。

☑ 投资人、团队、基金会、区块生产者等利益相关者的分配比例。

☑ 积分运营方案：运营活动中通证（Token）的免费发放、使用系统时实行费用抵扣。

☑ 分红方案：将净利润用于回购通证（Token）再销毁、将净利润按照通证持有者比例直接分配给通证持有者。

②通证（Token）总量无上限（增发）

无论是现实中的公司，还是区块链项目，都可能存在再融资的需求，这时可能面临增发等情景。在设计通证（Token）稀释计划时，需要充分考虑三种分配机制：

☑ 运营维护机制：通证（Token）分发给那些为 DAPP 运营维护做出贡献最多的人。即区块生产者。

☑ 募资机制：将通证（Token）分发给那些资助 DAPP 初期发展的人。

☑ 激励机制：设置一定激励机制，激励为 DAPP 做出贡献者继续提供贡献。

3）常见 DAPP 开发阶段

DAPP 的开发分为三个步骤：

① 发布描述 DAPP 及其功能的白皮书

DAPP 最常见的形式，是公开发布描述协议其功能实现的白皮书。公开发布后，社区的反馈对于发展议程的进一步发展是必要的。

② 分发初始通证（Token）

如果 DAPP 使用运营维护机制，来分发其通证（Token），则会发布参考软件程序，以便可以将其用于运营维护；如果 DAPP 正在使用募资机制，则 DAPP 的利益相关者可以使用钱包软件，以便他们可以交换 DAPP 的通证（Token）；如果 DAPP 正在使用激励机制，则会建立一个赏金系统，允许执行任务的建议，跟踪正在执行这些任务的人员及激励标准。

③ DAPP 的所有权权益被分散

随着运营维护机制、募资机制、激励机制，通证（Token）将分发给更多的参与者，DAPP 的所有权变得越来越分散，而在早期持有多数通证的参与者控制越来越少。随着 DAPP 的成熟，具有更多不同能力和资源的参与者将被激励做出有价值的贡献，并且 DAPP 的所有权将进一步分配。通过市场力量，DAPP 的通证将逐渐被转移给那些最重视它的人。那些人可以在他们拥有专业知识和重要资源的领域，为 DAPP 的发展做出贡献。

40.2.7.5 DAPP 的挑战

DAPP 具有巨大的发展前景，但也存在一定的挑战：

1）DAPP 依赖的底层区块链性能有待提升

传统的 APP 都运行在 OS 上，无法在裸机上直接运行。OS 是管理和控制计算机硬件与软件资源的计算机程序，是直接运行在裸机上的最基本的系统软件，任何 APP 都必须在它的支持下才能运行。例如，iOS、Android 系统就是 OS，如果脱离 iOS 或 Android 系统，APP 就没有落地的可能。

而DAPP采用的是不同底层区块链。不同的底层区块链是各个DAPP的底层生态开发环境。DAPP就是在底层区块链平台生态上的各种分布式应用，也是区块链的基础服务提供方。例如，EOS公有链。

目前，已经在主网上线的底层区块链的性能有待提升。有的底层区块链并不适合大规模商业化的应用开发，仅仅只能实现一些简单的功能。因此，在开发DAPP时，要慎重选择底层区块链平台，要选择适合大规模商业化的底层区块链。

2）共识机制必须与主链保持一致

DAPP的共识机制必须与主链保持一致（例如，EOS的DPOS、以太坊的POW）。这样，在业务逻辑和实现场景上，难免会出现削足适履的局面。当前的DAPP主要集中在去中心化交易。

3）区块链应用开发人才缺口。行业生态的多样性、DAPP的普及与落地，都急需大量的区块链应用开发人才。

4）需要颠覆性的产品设计思路

“小步快跑、快速迭代”是目前互联网产品的主要设计思路，而这种应用于DAPP开发中，会出现较大的问题。因为，目前的APP都是基于自有服务器，出现重大问题只需迭代强行刷新版本即可。但ADPP是基于分布式的区块链P2P网络，提交上线后一旦出现核心漏洞便无法迭代。DAPP与APP的设计思路完全不同，因此，必须在MVP1.0（Minimum Viable Product， MVP，最小化可行产品）的调研阶段就要确保核心机制不出意外。

40.2.8 区块链+大数据（详细内容 扫一扫 二维码）

40.2.9 区块链+智慧家庭 （详细内容 扫一扫 二维码）

40.2.10 从互联网思维到区块链思维（详细内容 扫一扫 二维码）

曾几何时，互联网思维深刻影响我们的生活方式、工作方式、商业模式、思维模式，这个时期的互联网被称为“信息互联网”“互联网+”时代。

如今，随着区块链技术与人们生活、商业企业与社会组织等场景的深度融合，特别是“区块链+”在民生领域的运用，尤其是区块链技术在教育、就业、养老、精准脱贫、医疗健康、商品防伪、食品安全、公益、社会救助等领域的应用，为人民群众提供更加智能、更加便捷、更加优质的公共服务。由此，传统的“信息互联网”升级为“价值互联网”，开启“区块链+”时代，区块链思维将开始影响我们的生活方式、工作方式、商业模式、思维模式。

为了更好理解区块链思维，首先，我们有必要清楚互联网思维与区块链思维之间的区别，下面将具体分析：

40.2.10.1 互联网思维与区块链思维的主要区别

流量思维、免费思维、迭代思维、平台思维等，曾是典型的互联网思维，颠覆了人们原有的关于商业企业运营的认知，开辟了全新的商业模式，也成就了一批成功的互联网商业企业“独角兽”。随着区块链技术迅速发展，区块链思维正在颠覆或重构传统互联网思维，两者的主要区别体现在以下几个方面：

1）在特性上

互联网思维：强调用户和闭环

区块链思维：强调共识和共赢

2）在渠道上

互联网思维：渠道为王

区块链思维：去中介、去渠道

3）在传递内容上

互联网思维：信息传递

区块链思维：价值传递

40.2.10.2 区块链思维

1）生产关系思维

2）通证思维

3）自组织思维

4）共享思维

5）社群思维

40.2.10.3 分布式的区块链思维

40.2.10.4 智能合约的区块链思维

40.2.10.5 共识机制的区块链思维

40.2.10.6 通证的区块链思维

40.2.11 区块链发展趋势（详细内容　扫一扫　二维码）

40.3 区块链 + 家政服务溯源管理

40.3.1 业务场景

大力发展家政服务业，实现“提质扩容”、高质量发展，已经上升到国家政策层面。但家政服务业的失信问题仍一直困扰我国家政服务业的健康快速发展，家政服务业的失信问题主要体现在：

一、服务提供前：家政服务员的基本身份信息、健康信息、教育培训与学历及职业技能资格证书信息、服务经历信息、雇主评价信息等；还有家政服务机构的基本信息、涉及商务主管部门的行政信息、机构诚信信息等，是否真实？有没有虚报或篡改？这些家政服务信息的真实性是存疑的。

二、服务提供中：家政服务合同信息、家政服务员上岗证信息、服务过程中的服务纠纷与服务补救信息等，这些家政服务行为信息是否被记录，又如何保证今后不被家政服务机构和家政服务员篡改？其真实性如何保证？

三、服务提供后：家政服务员和家政服务机构是否完整履行服务合同？雇主是如何评价家政服务机构和家政服务员的服务行为？这些服务提供后产生的信息，是否被记录？或者，被记录后的服务评价信息是否被有意识篡改？这些也都是存疑的。

总之，家政服务过程中涉及的服务信息真实程度究竟有多少水分？有多少隐瞒，雇主是不清楚的。但雇主在没有签约服务合同之前，就是凭借家政服务机构和家政服务员提供的这些将信将疑的服务信息（尽管雇主也可以从网上或其他渠道搜集家政服务信息，但这些服务信息的源头仍然是家政服务机构或家政服务员），来判断该家政服务机构或家政服务员的诚信度和服务水平。而现实情况是，这些服务信息水分很多，很多名不副实，雇主屡屡上当受骗，雇主权益受到侵犯。

为了解决家政服务的诚信问题，通常情况下，家政企业、行业协会、政府部门也开始建立防伪溯源平台，来帮助雇主确认其购买的家政服务产品是否真实可靠。这些防伪溯源平台可分为二类：

1）家政企业自建防伪溯源平台

家政企业自建防伪溯源平台。系统由家政企业自行搭建和维护，雇主向家政企业平台发送家政服务员溯源请求；企业平台向雇主反馈家政服务员信息验证溯源结果，同时获得雇主的地域、时间、服务类型等服务消费数据信息。二者的数据交互不通过第三方。

由于家政企业自有防伪溯源平台的家政服务员信息数据，能根据家政服务员实时数据及时更新平台数据，所以家政企业能提高服务提供效能，有助于提升品牌形象。更重要的是所有家政服务员数据信息、雇主数据信息，都是由家政企业自己保存，可以有效防止商业机密泄露。

当然，只有大型的家政企业或平台企业，才有资金实力建立防伪溯源平台。

2）行业协会和政府建立的第三方防伪溯源平台

第三方防伪溯源平台，多由家政行业协会或相关政府部门或民间资本资助建立的，借助专业化、流程化、规模化实现平台资源的共享共用，以提供包括：建立家政服务员信用记录、家政企业信用记录，实现数据存储、数据信息查询、验证、失信记录、惩戒记录等。

不同于家政企业自建的防伪溯源平台是直接与用户进行信息交互，第三方防伪溯源平台是家政企业和家政服务员和雇主信息交互的纽带。雇主向第三方平台发送家政服务员和家政企业信息验证溯源请求；第三方平台根据家政企业提供的家政服务员数据库、家政行业协会提供的家政企业信息库进行查询，然后向雇主反馈家政服务员和家政企业信息验证溯源结果，同时按需求将雇主查询数据反馈给家政企业或家政服务员。

对于家政企业来说，这种第三方防伪溯源平台建设所需要的前期固定资产投资和后期运营维护服务的成本，都由第三方负责，因而大大节约了家政企业的资金成本。同时，大大提升了防伪溯源的公信力。因此，专业化第三方防伪溯源平台，适合有防伪溯源需求的中小微家政企业。

40.3.2 存在的痛点

尽管现在我国家政服务业已经有了一些企业自建和第三方溯源平台或诚信平台，并开始运行，但的确也存在一些问题亟待解决：

1）企业自建平台的成本问题

家政企业自建溯源平台的成本，对于中小微家政企业来说，是非常不现实的。企业自建平台不仅需要在前期投入数万元、几十万元甚至上百万元的平台建设费用，而且平台建成运行后的维护成本更是一笔数额不小的开支。因此，中小微家政企业可采用专业化的第三方溯源平台，进行防伪验证或家政服务员信息溯源。

2）第三方平台的数据安全性问题

第三方防伪溯源平台，是沟通家政企业或家政服务员和雇主之间的数据信息的桥梁。这使第三方溯源平台可能成为家政企业和家政服务员数据信息的泄露源。家政企业和家政服务员要采用第三方溯源平台，进行自身服务信息的防伪验证或溯源信息展示，就必须事先将自己的全部与服务有关的信息、溯源信息及验证信息，都提交给第三方平台保存。而第三方平台有可能因为自身的安全漏洞导致家政企业和家政服务员的数据信息被意外泄露，也有可能是为了某种利益而主动将家政企业和家政服务员的数据信息泄露出去。

另外，第三方溯源平台都采用中心化的数据处理方式，可能会为了某种利益而恶意篡改防伪验证信息及溯源展示信息。

事实上，以上的平台数据安全性问题曾不止一次发生过，且给用户带来损失。

3）企业自建平台和第三方平台的公信力问题

家政企业自建溯源平台通常缺乏公信力。对于防伪验证，造假家政企业完全可以提供虚假的家政服务员信息和企业信息，在形式上照样可以做到以验证方式做出同样的验证系统，使雇主真假难辨。对于家政服务员信息溯源，家政企业自建平台上的溯源信息完全是企业自己在维护，这使雇主有充分的理由质疑溯源信息的真实性。

而第三方溯源的公信力依然不足。对于家政服务信息防伪验证及溯源，目前尚未有统一的家政服务行业标准和相应的准则。第三方平台所采用的防伪溯源流程及规范，基本由平台自行制定，因其中心化系统的特性，外加缺乏有效的监督机制，难以获得家政企业的认同。家政企业还是非常担心第三方平台会泄露或出卖企业提供的家政服务员信息（家政服务员信息是家政企业的核心资源）。即使第三方平台官方不会泄露或出卖家政服务员信息，但平台的相关工作人员，在利益的驱使下也许会干冒险违法的事。因为，中心化平台上的数据信息是可以篡改或泄露的。

4）存在防伪溯源平台重复建设的问题

从现有的全国和各地的家政服务诚信平台建设的情况来看，有商务部家政诚信平台，有上海市家政服务溯源平台，有江苏家政诚信平台、福建家政诚信平台、云南家政诚信平台、长沙家政诚信平台、昆明家政诚信平台等，每一个家政诚信平台系统，都建立各自独立的用户管理体系，无形中加大了工作量和各自的资金投入，却形成了一个个诚信数据“孤岛”，而家政服务员是全国流动的。因此，这些重复建设的家政诚信平台在实际投入使用中存在很多问题，雇主使用这些诚信平台的频率不是很高，真是很大的浪费。

5）平台使用便利性低

目前，认证主要都是通过验证身份信息和身份特征，或者所知信息的方式来判断身份的真假。在传统互联网领域的身份认证主要是对用户身份的识别，最常见的是静态密码的方式，只要知道静态密码就可登录用户账户，类似的还有短信密码、动态口令等。溯源或诚信平台这种采用的密码或者口令的方式，用户需要记忆或保管多个密码和口令，不仅使用不便，也会有泄露和丢失密码的风险存在。即给雇主使用带来不便，也影响雇主的使用。

40.3.3 基于区块链的解决方案（详细内容　扫一扫　二维码）

针对以上家政服务信息防伪溯源问题，区块链技术提供了彻底的解决方案：

1）实现家政服务信息共享，提升溯源效率；

2）防止家政服务信息造假；

3）排除时间、空间障碍；

4）合理授权，保护家政服务信息安全。

40.3.4 区块链解决方案的价值（详细内容　扫一扫　二维码）

40.3.5 区块链家政服务溯源管理面临的机遇与挑战

区块链技术作为一项新兴集成技术，在家政服务应用场景中，特别是在家政服务溯源管理上也将面临一些挑战：

1）数据上链的真实性

区块链技术可以很好地保证“链上”数据的真实有效性，但是“链下”家政服务员信息和家政企业信息数据的上传，有可能存在风险。链下的家政服务员数据和家政企业数据，需要一个权威机构来进行认证。例如，当地家政服务业协会来进行认证。基于其认证结果，然后将该家政服务员信息和家政企业信息进行上链，从而有效保证初始信息的准确性。当然，全网也可以通过共识机制来确认上传信息的真假，这需要一套上传数据的严格标准，而且是全网透明的。

2）如何与现行法律结合

基于区块链技术的家政服务员信息和家政企业信息的防伪溯源系统，是由拥有区块链技术和家政服务行业背景的组织进行搭建，在系统搭建完成以后，平台就可以实现自治。在家政服务防伪溯源平台运行过程中，难免会出现难以解决的纠纷问题，这时，相关的法律责任如何界定。这些问题要在区块链平台搭建初期，就应该充分考虑可能出现的各种问题及法律调整，并制定详细的预案。

40.4 区块链 + 家政服务标准化　（详细内容　扫一扫　二维码）

40.4.1 业务场景

40.4.2 存在的痛点

40.4.3 基于区块链的解决方案

40.4.4 区块链解决方案的价值

40.4.5 区块链家政服务标准化面临的机遇与挑战

40.5 区块链 + 家政服务组织管理

40.5.1 业务场景

家政服务业从业机构情况：

一、法人单位以有限责任公司为主，企业规模多为小微企业。2018 年的调查数据显示，家庭服务业从业机构的登记注册类型主要是有限责任公司，家政服务企业多为小微企业，占比为 81.0%。家庭服务企业发展周期较短，行业还处于初级阶段。即使每个省会城市和副省级城市都有一二家所谓的大型“龙头”家政企业或全国“百强”家政企业，大都依靠地方政府购买服务获得政府扶持资金或扶持政策，才侥幸发展，真正依靠市场机制发展起来的家政企业凤毛麟角。当然，全国也只有极少数几家家政企业（包括做家政服务的互联网科技企业），是靠资本市场投资来维持，生存压力巨大。

以上大型公司在组织管理上，在公司结构上，主要是多层级管理。为了扩大规模，这种大型企业有的也开展加盟连锁业务，但真实成功的极少，更多的是靠“卖大公司品牌”，吸引小微企业加盟。而小微家政企业由于缺乏信任背书，正好可以花钱买“品牌”背书。真正从品牌到服务品质都得到保证的加盟连锁企业极少。还有，绝大多数家政企业不愿意加盟连锁，最重要的原因是两个：一个是加盟连锁解决不了家政服务员来源或紧缺问题，另一个是不愿意自己公司的客户资料与家政服务员资料与别人分享（包括加盟总部企业）。

当然，那些 81.0% 的小微家政公司，还谈不上是真正意义上的“现代企业”，更多是“家庭作坊式”公司，是以公司创始人的家庭成员为主要管理者的公司，缺乏现代企业管理制度，更多的是依靠经验经营管理家政公司，自然谈不上家政服务“规范化职业化”发展，也很难做到家政服务“提质扩容”。

二、法人单位以独立门店居多，门店经营与互联网线上经营双轨并行。从经营形式来看，企业主要以独立门店经营为主，连锁经营较少。至于法人单位独立门店经营，主要是中介式，在家政服务“规范化职业化”上很难有作为。

三、家政从业机构以提供家庭保洁服务居多。从家庭服务企业来看，提供家庭保洁服务的家庭服务企业占企业总数的 75.5%，其次是提供家庭婴幼儿照护和家庭孕产妇新生儿照护。

四、家政服务从业机构营业收入较少，超 60.0% 的家政个体户年营业收入在 10 万元以下。

40.5.2 存在的痛点

40.5.2.1 家政公司管理效率低

对于大型家政公司，公司管理效率低，盈利能力弱，一直困扰公司发展。其主要原因◇一、体现在公司组织管理上不适应家政服务业发展。

在组织结构上，多层级管理结构影响公司效率提升。在垂直层级上，第 1 层是有决策权的董事长，第 2 层是总经理（CEO），第 3 层是部门经理，第 4 层是具体管理者，到了第 4 层才与家政服务员和雇主直接面对面涉及具体家政服务业务；在横向层面上，有人力资源管理部、市场营销部、运营管理部、综合行政部、技术网络部等，即使是人力资源部，又分招聘部、培训部等。这种多层级的管理模式，阻碍了信息的有效传递，错综复杂的关系导致了高层决策与客户包括一线家政服务员的脱节，远离千变万化的家政服务市场，最终影响了公司执行效率、创新活力。

我们知道，家政服务业的特殊性，就是每个家政服务员一个人到雇主家庭提供服务，家政公司没有第三人在场参与服务过程、服务监管，而且面对的雇主也是千差万别，不同的雇主有不同的需求。大型家政企业这种层级化命令式（靠刚性规章制度）的管理模式，恰恰与家政服务场景个别化需求相矛盾。这也是大型家政公司组织的通病。

40.5.2.2 家政培训师资缺乏

大型家政企业在家政培训上，有组织保证，在培训条件上也能够满足基本的家政培训需求，但在师资水平上还有待提升。

而对于中小微家政企业的家政培训而言，在企业组织建设上，专职家政培训的组织大都是空白。这些中小微家政企业的家政培训严重不足。没有办学硬件条件，更没有专职的合格的家政培训师资。日常家政培训工作更多是以老带新、经验传授，缺乏系统性、规范性、职业化。自然，中小微家政企业的家政服务员服务能力水平是很难保证的，所提供的家政服务品质也是极其不稳定，遇到好的家政服务员，雇主满意度就好；遇到不好的家政服务员，雇主体验就差。中小微家政公司很难管控家政服务品质，重要原因之一就是家政培训缺失。

40.5.2.3 优秀家政服务员缺乏

在传统的家政公司里，无论是大型公司，还是中小微公司，在人力资源建设上，更多是靠对家政服务员灌输或“洗脑”，使得家政服务员相信公司或老板的价值观，这多半是公司的创始人或组织的高层领导者在亲自实施。这种日常习得的集权命令的行为方式和权力意识，使他们掌握了用命令的方式进行观念洗脑的能力。这种错误认识，将导致家政企业组织对灌输或洗脑或改造观念的能力价值深信不疑（在这些家政企业创始人看来，家政服务员的观念落后，需要改造）。其实，这既削弱了家政服务员对公司的发自内心的尊敬与认同，也降低了家政公司选聘适合的新人和淘汰不适合人选的能力。

由于过分信赖灌输或洗脑的力量，降低了新的优秀人才的引入和不合格者淘汰的准则。遗憾的是，还有很多家政公司，用过于低廉的薪酬将应聘者的范围大大缩小，实质上是在拒绝优秀人才的广泛加盟。在这种低薪酬政策下，不但难以保证家政服务员的素质技能知识水平符合要求，也忽视和削弱了家政企业文化认同感、自豪感、归属感。当家政公司的家政服务员存在素质技能知识水平或价值观发生偏差时，基于公司“人手”紧张，急需家政服务员上岗，又很少真正淘汰不合格的家政服务员，久而久之，既无新鲜血液的输入，又无法淘汰不合格者，企业逐渐进入恶性循环的“平庸圈”“失败圈”。

40.5.2.4 传统家政企业规模化发展存在结构性问题

我国家政服务业经历了 38 年的发展，至今为止，尚未出现大家公认的、且保持良好发展趋势的全国性知名家政企业连锁加盟品牌。即使在区域内，也没有出现大家认可的、且能让加盟连锁的家政企业获得良好发展的加盟品牌。为什么家政企业的规范化发展如此之难？其主要原因有以下几个方面：

1）加盟连锁经营，并未解决中小微家政企业面临家政服务员紧缺的问题。而实物商品或产品的加盟连锁经营，总部企业会给加盟商提供品质优良的标准化产品或产品的标准化生产手册（拥有专利或知识产品），加盟商只管销售产品或按加盟手册生产产品后销售即可。但家政服务的加盟连锁组织模式，总部企业是无法给加盟家政企业提供家政服务员的，即使总部企业能够提供一整套家政企业规范化职业化运营手册，仍需要加盟家政企业去执行，即便如此，也难以保证加盟企业能够招聘到需要的家政服务员，也难以保证加盟企业家政服务员的服务质量与总部企业要求的服务质量具有“同质性”。这表明，传统的家政企业规模化发展设计或模式是存在问题的。

2）加盟连锁经营，并未做到保护加盟商家政企业的家政服务信息数据安全，即家政服务员信息数据、客户信息数据的安全。例如，所有的家政平台企业，在全国招商，甚至免费加盟，为什么中小微家政企业不去积极加盟入驻平台？且不说这个家政平台有没有价值，就凭家政平台无法保证加盟企业的家政服务员信息数据、客户信息数据不被泄露或不被他人利用，就已经宣告现有的家政平台企业加盟模式存在根本性缺陷。

3）加盟连锁经营，并未从组织机制上合理分配加盟企业与总部企业的商业利益。首先是加盟家政企业与总部企业在加盟企业上的投入成本就很难界定，因为各自角色及其承担的功能要划分清晰就很不容易。由于利益分配机制存在问题，自然也会影响加盟企业的积极性。

4）直营店模式成本太高，管理难度大。我国也有的大型家政企业实行直营店模式，亲自投资开店或合作开店。实践证明，家政服务直营店组织模式，除了成本高、管理难度大外，一个很重要且棘手的问题没有有效解决：就是无论家政服务员还是雇主，都具有明显的地域性，是熟人市场，都相对信赖本地熟人品牌，其背后还是一个信任问题、生活方式习惯问题。大型家政企业要实行直营店经营模式，必须要面对家政服务本地化问题。

总之，传统的家政服务业规模化发展存在困境的一个重要原因，就是传统的中心化的企业加盟连锁组织管理存在结构性问题。

40.5.3 基于区块链的解决方案　（详细内容　扫一扫　二维码）

40.5.3.1 组织架构扁平化

40.5.3.2 工作生活一体化

40.5.3.3 激励发放自动化

40.5.4 区块链解决方案的价值　（扫一扫　二维码）

40.5.5 区块链家政服务组织管理面临的机遇与挑战（扫一扫　二维码）

40.6 区块链 + 家政服务运营管理

40.6.1 业务场景

传统的家政企业是中心化组织，在公司管理流程上，多采用集权命令式管理；在公司奖惩机制上，多采用绩效量化管理；在公司人力资源建设上，多采用“灌输”方式，使员工相信和接受公司的价值观。这就是当下家政企业的运营管理现状，是传统的、刚性的管理模式，已经越来越不适应现代家政服务业的发展要求。

40.6.2 存在的痛点

40.6.2.1　家政公司管理效率低下

在公司管理流程上，实行集权命令式管理。这种命令式管理规则是，大多数决策是由少数甚至的一个人进行的，然后再通过自上而下的职权线路，予以发布。这种集权命令式管理，养成了员工特别是一线管理者和一线家政服务员的决策依赖，即使发现了问题也不会提出，即使找到了解决问题的创新方案也不敢执行。不仅使管理者压力过大，也导致管理效率低下，影响信息的高效处理和决策的有效执行。尤其是家政服务业，一方面是家政服务规范和服务标准严重缺失，另一方面是家政服务对象的雇主家庭情况与服务需求千差万别，如果没有对一线家政服务员有效授权，是很难提供个性化、多样化的家政服务让雇主满意。

40.6.2.2 刚性奖惩分配机制不利于激励家政服务员

在公司奖惩机制上，多采用绩效量化管理。在绩效量化管理组织体系中，绩效作为管控手段，自上而下地实施，试图对企业经营管理结果进行全面的量化评估，并通过与奖惩的直接挂钩，来调动内部员工和一线家政服务员的积极性。这就使得绩效背负了过于沉重的包袱，使企业的运作僵化在既定的规则路线中。对绩效的单一强化，使组织内部成员成为绩效指标的“奴隶”，丧失了内在的驱动力，包括责任心、自豪感、创造力和使命感。

这种奖惩机制还有一个特点，就是利益分配的不透明。由于考评的指标和最终结果都源于自上而下的管理行为，而领导者又善于将之作为管理权威的手段，那么，利益分配的公平性显然不易实现。因此，大多数传统的家政企业中，无论工资、奖金，还是员工股权，都是作为机密进行保守的，甚至成为员工必须遵守的基本职场行为准则。这样不透明的奖惩机制，导致了更加不公平的利益分配，而员工间的亲密关系实际上让奖励保密准则形同虚设，这也直接侵蚀着公司组织的动力和凝聚力。

按照绩效量化的奖惩机制，一旦形成惯性，就对于解决客户问题感兴趣的创新型员工进行了“惩罚”。这种奖惩文化实际上驱逐了拥有使命感的创新者，也扼杀了他们基于热爱、喜欢而萌生的创新精神。如果说绩效量化是成熟企业的紧箍咒，那么分配利益不透明几乎是传统企业的护身符。有些大型家政企业甚至会隐藏公司的盈利状况，装作不赚钱的样子，以便获得员工的同情心，并愿意在低工资的情况下继续为企业服务。这样的家政企业怎么可能提供高质量的家政服务、进而获得公司持续的良好效益。

40.6.3 基于区块链的解决方案

区块链技术能够通过智能合约，来管理和协调分布式自主运作企业的活动和行为，从而提高效率。即区块链 + 通证能够影响公司的创建、管理、持续运作，改变现有家政企业的运营方式，降低运营成本，改善内部控制机制，同时提高企业组织的整体透明度。

区块链技术可以降低去中心化组织（分布式自治企业）运营和管理的技术成本，但并没有解决与企业治理相关的社会和人的问题。去中心化组织或分布式自治企业借助智能合约来管理和协调经济活动，但是基于人的有限理性，其成员（通证持有者）参与自治企业治理的能力是有限度的。即使决策过程可以简化，但在分布式自治企业操作层面上要达成共识，仍存在成本，这最终会削弱分布式自治企业的行动能力和管理效率。

借助区块链技术，分布式自治企业的内部结构和运作可以更加透明和民主，但是它的分布式共识则很难通过直接投票来达成，因为这要求成员必须持续关注和参与企业组织的活动。实际上，对于很多人而言，收集所有必要的信息并做出明智的决策，是一个耗时而又复杂的过程，这将阻碍大部分人的进一步参与。由此产生的疑问是，分布式自治企业的运作效率是否能与大多数传统的科层级或多层级公司相同或相近。由民主过程引发的社会摩擦，最终可能会阻碍这些分布式自治企业的发展，削弱其社会和经济效益。

其实，通过直接投票来达成分布式共识，只是去中心化组织或分布式自治企业所采用的治理模式中的一种。有了区块链，还可以部署旨在减少决策过程摩擦的不同类型的治理机制。例如，标准化治理机制、按照信誉分配选票的更为精英化的治理模式（如 EOS 中的 DPOS 共识机制）、区块链社区运营机制等。除此之外，还要与中心化企业运营模式相结合，来提升分布式自治企业的运营效率。认识到这点非常重要，我们不能从一个极端走向另一个极端，否定一切中心化企业的运营模式的价值。

分布式自治企业模式，从本质上来说，是"多中心化运作模式"。区块链 + 家政服务运营管理，核心是"区块链社区"运营管理。下面我们就分布式自治企业成败关键的"区块链社区"运营管理进行分析。

40.6.3.1 最佳区块链 + 家政服务运营主体：区块链社区（扫一扫　二维码）

40.6.3.2 建立区块链社区治理机制（扫一扫　二维码）

1）偏中心化决定方向

2）多中心化拟定细节

3）弱中心化具体执行

40.6.3.3 建立"区块链 + 家政服务"社区激励体系（扫一扫　二维码）

1）设计激励体系前的工作：摸底、遴选、分类

2）设计物质型激励体系

① 不设保底激励，提高绩效激励

② 合理量化各类社区活动及贡献的回报

③ 定期组织社区内部活动，加强社区内部共识建设

④ 慎用"空投"模式

3）设计非物质型激励体系

40.6.3.4 建立"区块链 + 家政服务"社区生态系统（扫一扫　二维码）

1）开发者社区

2）使用者社区

3）运营者社区

40.6.3.5 建立"区块链 + 家政服务"社区运营模式（扫一扫　二维码）

1）重构决策模式

2）重构人才招聘模式

3）重构资金使用模式

40.6.3.6 "区块链 + 家政服务"社区运营策略（扫一扫　二维码）

1）确立社区运营目标：打造社区生态，形成活系统

① 构建分布式系统

② 实现生态自进化

2）培养意见领袖，打造社区超级 IP

3）建立社区核心共识

4）以激励促规模化自治

5）形成社区生态

40.6.3.7 "区块链 + 家政服务"社区运营工具与平台（扫一扫　二维码）

1）文字平台

2）音频平台

3）视频平台

4）线下平台

5）媒体平台

40.6.3.8 “区块链 + 家政服务”社区运营技巧 （扫一扫　二维码）

1）运营者社区的组建技巧

2）运营者社区的持续技巧

3）运营者社区的推广技巧

4）使用者社区的管理技巧

40.6.4 区块链解决方案的价值（扫一扫　二维码）

40.6.5 区块链家政服务运营管理面临的机遇与挑战 （扫一扫　二维码）

40.7 区块链 + 家政教育培训

40.7.1 业务场景

我国家政教育培训起步较晚，其发展现状主要体现在以下几个方面：

1）在办学形式上，正规与非正规并存。短期的家政培训是主体，培训结业后颁发正规的家政职业资格等级证书，可分为初级、中级、高级资格证书。除此之外，还有大多数的家政培训，只颁发参与培训的结业证书，而不是正规的职业资格证书；正规家政学历教育，目前主要是家政职业学校、家政职业学院、大学设立的家政系或家政专业，颁发相应的中专、大专、本科学历文凭。这类家政学历教育起步较晚，发展规模较小，远远满足不了家政服务业实践需求。

2）在办学主体上，民办与公办并存。民办是主体，主要是家政公司或个人创办的家政培训学校；公办主要是指政府举办的家政学历教育。此外，还有地方家政服务业协会开办的家政培训班。

3）在办学条件上，参差不齐。绝大多数的家政培训机构，缺乏必要的基本的办学条件：培训基础设施（特别是家政服务实操培训教室）、基本培训设备器材、基本培训课程教材、合格的培训师资、必要的培训经费等；只有极少的家政培训机构，在政府或投资方的资助下，办学硬件条件基本达标，但软件条件（例如，合格的师资、培训课程教材等）还明显不足，办学经费严重不足。至于政府举办的家政学历教育，硬件条件普遍良好，经费有保障，但师资水平尚有差距，还需亟待提高。

4）在办学水平上，普遍不达标，满足不了实践需要。无论是技能培训，还是学历教育，都没有达到现有的课程标准要求，也满足不了雇主对家政服务品质的需求。很多家政培训流于形式；家政学历教育也是纸上谈兵。本来，家政教育就是一门应用性学科，重在实践能力培养。

40.7.2 存在的痛点

1）家政服务员职业资格证书虚假现象严重

自我国家政服务员职业资格认证以来，就一直存在职业资格证书虚假现象：

一、违规“拔高”发放

本来只是接受初级职业资格培训，理应颁发相应的“初级职业资格证书”，但家政培训机构、家政公司、家政服务员在利益驱使下，违规靠花钱买“高级资格证书”。这样，家政培训机构有额外的“卖证”收入，而家政公司和家政服务员凭借买来的“高级证书”标榜自己的水平，向雇主多收服务费。受损失的是雇主：雇主不仅要为虚假的“高级”家政服务员多支付服务费，更重要的是，虚假的“高级”家政服务员，实际服务水平根本没有达到真正的高级职业技能水平，在实际的家政服务中时常会出现较大的“服务失误”，严重的甚至会引发服务安全事故。这在母婴护理（月嫂）服务、育婴服务、居家养老护理服务、病患陪护服务上，尤为显著。

二、违规购买

更为恶劣的是，有的家政服务员根本没有接受过任何家政培训，就花钱买证后，直接持证上岗，给雇主家庭带来巨大的服务安全隐患。

三、传统的资格证书颁发、查询上，中心化系统存在弊端

我国现有的家政服务员职业资格证书，有国家职业资格证书，例如，育婴师、养老护理员两种证书，由人力资源和社会保障部职业技能鉴定中心和中国就业培训技术指导中心颁发；也有省级、市级职业技能鉴定中心颁发的家政服务员相关职业资格证书。各种证书对应的鉴定标准并不相同，技术含量不具有可比性。而且，在查询上，也是不同的查询平台。平台之间并不相通，成为信息孤岛。

更重要的是，这些证书的颁发缺乏严格的监督机制，颁发过程缺乏公开、透明度；同时，这些查询平台都是中心化系统，其后台数据可篡改，存在数据泄露风险，数据安全性得不到保障。

家政服务员职业资格证书虚假现象，严重扰乱了我国家政服务业健康发展的秩序，坑害了雇主的利益，也不利于家政服务员提升自身职业技能素质，严重阻碍了家政服务业可持续健康发展。

现在，虽然国家没有强制执行或实施家政服务员职业资格证书制度，但家政服务业还是急切需要通过“家政服务员职业资格证书”，来评估判断一个家政服务员的职业能力与职业水平。家政服务员职业资格证书还是有存在的必要。

2）家政课程教材及培训课件的知识产权得不到保护

我国家政教育培训水平并不尽如人意，是大家（包括家政行业内的人、行业外的人）都心知肚明的。其中导致的原因，除了办学硬件条件和办学经费不足外，还有一个最重要的原因是家政教育教学科研人员的劳动成果得不到有效保护（知识产权很容易受到侵犯），不仅其家政教育科研的积极性、主动性、创造性受到打击，其家政教育科研的经济付出也得不到回报，甚至是严重亏损，这还没有把投入的时间成本、精力与心理成本计算在内。这反过来又进一步影响或制约家政办学条件的改善和办学经费的投入，似乎进入一个恶性循环。

因为，在现实中，有价值的好的家政教育科研成果（包括：课程教材、培训PPT、培训语音、培训视频课程等）背后往往潜藏着巨大的商业价值，一些人投机取巧甚至不怀好意地随意复制或改编后为自己或出售给他人使用，给原创者造成巨大的经济损失。相比家政教育科研成果的原创高成本，复制或改编的成本是极低的。

尤其在今天移动互联网发展迅猛的时代，这种剽窃行为或侵犯知识产权的行为获得了极大的方便。这种侵权行为即使被原创者发现了，面临知识产权纠纷，也是一筹莫展。其主要原因是：

（1）版权意识与版权知识不足

无论是家政教育科研成果的原创者，还是相应的剽窃者或侵权者，在版权保护的意识和知识上都严重不足，原创者不知道如何保护自己的知识产权，侵权者也缺乏知识产权保护的意识。这都给产权纠纷处理带来难度。

（2）版权登记成本较高

传统的版权登记方式费用高、周期长，每次提交家政教育科研成果版权登记所耗费的成本过高（包括时间成本），即使让第三方产权机构代理，费用也较高。因此，很多原创

者选择了不进行版权登记。

（3）举证困难

我国法律规定“谁主张谁举证”，而剽窃者或侵权者并不会主动承认抄袭或复制，更多的是采取不配合或拒不承认的态度，致使原创者在维权时，需要举出能够被法律认可的版权证明。况且，对于家政教育培训被侵权的举证，有时非常困难。

（4）维权程序复杂、费用高

当发现侵权行为时，如果原创者启动法律程序进行维权，往往需要很高的维权成本，并且维权手续复杂，审理周期长，许多原创者权衡利弊，最终只好无奈选择放弃维权，其创造家政教育科研成果的积极性受到重挫，在经济上也蒙受损失。

总之，家政课程教材及培训课件的知识产权得不到有效保护，已经严重阻碍了我国家政教育培训科研工作者的积极性与创造性，让原本就严重紧缺的家政专业教育科研更是雪上加霜，如此，家政服务业要实现高质量发展，如同痴人说梦。因为，没有高质量的家政培训，何来高技能的家政服务员，又何谈发展？

3）优质家政教育培训资源无法共享

我国家政教育培训发展极不平衡，地区和企业差异显著。极少数大型家政企业或大城市或东部城市，拥有优质的家政教育培训资源，而占绝大多数的中小微家政企业或中小城市或西部城市，家政教育培训资源则严重不足，尤其是在优质师资和办学条件上存在巨大差距。而掌握优质教育培训资源的一方，按传统的家政教育培训方式，实行灵活的班级授课制，则受众只局限在范围较小的家政从业人员，极小部分学员受益；如果通过纸质课程教材方式，进行共享，虽然范围扩大了，但优质的师资和丰富的办学条件无法分享；如果通过音视频方式，通过传统的网络进行共享，则需要耗费大量的网络存储空间，音视频的知识产权也很难得到有效保护，毕竟音视频课件制作需要大量的时间、设施设备、制作经费、专业技术人员的投入。

如果优质的家政教育培训资源得不到共享，不仅是一种资源浪费，更重要的是资源匮乏的中小微家政企业或小城市或西部的家政从业人员，因缺乏优质师资和办学条件等教育培训资源，家政服务员职业技能水平难以提升，进而影响就业，也满足不了雇主需求，严重阻碍了整个家政服务业“提质扩容”、高质量发展。

40.7.3 基于区块链的解决方案（扫一扫　二维码）

1）数字证书：防止家政服务员职业资格证书虚假

2）数字存证：保护家政服务知识产权

（1）家政服务知识产权登记确权

（2）家政服务知识产权交易流通

（3）重构家政服务培训市场架构

（4）家政服务知识产权融资

3）分布式账本：存储、共享家政教育培训数据

（1）存储家政培训档案

（2）共享家政教育培训课程资源

40.7.4 区块链解决方案的价值（扫一扫　二维码）

40.7.5 区块链家政教育培训面临的机遇与挑战（扫一扫　二维码）

40.8 区块链 + 家政服务交易

40.8.1 业务场景

我国家政服务业总体发展情况：

1）家政企业发展情况

2018 年我国家庭服务业仍快速发展，家庭服务企业法人单位新增数量逐年增加。一、法人单位以有限责任公司为主，企业规模多为小微企业。2018 年的调查数据显示，家庭服务业从业机构的登记注册类型主要是有限责任公司，家政服务企业多为小微企业，占比为 81.0%。家庭服务企业发展周期较短，行业还处于初级阶段；二、法人单位以独立门店居多，门店经营与互联网线上经营双轨并行。从经营形式来看，企业主要以独立门店经营为主，连锁经营较少；三、家政服务从业机构营业收入较少，超 60.0% 的家政个体户年营业收入在 10 万元以下；四、家政从业机构以提供家庭保洁服务居多。从家庭服务企业来看，提供家庭保洁服务的家庭服务企业占企业总数的 75.5%，其次是提供家庭婴幼儿照护和家庭孕产妇新生儿照护。

近半的法人单位通过互联网开展经营活动，互联网营业收入增加。家政服务业通过互联网开展经营活动的趋势明显。全国家政法人单位通过互联网所获得的营业收入总量从 2017 年的 20.2 亿元增长到 2018 年的 76.5 亿元。

2）家政服务员情况

家政服务员的基本情况：一、人员特征。（1）家政服务员多为女性，年龄偏大；（2）以小时工与全日制居家为主；（3）服务员工作的时长来看，主要是以小时工和全日制居家为主；（4）学历水平偏低；二、薪资及权益保障情况：（1）工资水平较低。2018 年企业法人单位的家政服务员月平均工资为 4076 元，非企业法人单位的家政服务员月平均工资为 3422 元。员工制家政服务员平均工资高于非员工制家政服务员。（2）参加社保比例偏低。

3）雇主消费情况

2018 年全国各地区平均每个居民家庭使用的家政服务员人数较上年度有上升，使用家政服务的家庭情况：一、偏好小时工（钟点工）服务。家政服务潜在需求量较大，居民家庭户更偏好于小时工（钟点工）服务。居民家庭户对全日制居家和全日制不居家的需求差距不大；二、家庭保洁服务需求较高。从对家庭服务行业需求的服务内容来看，居民家庭户对家庭保洁服务的需求较高。随着社会分工的发展，越来越多的家庭在家庭保洁方面有着较大的需求，部分家庭仅有使用小时工为其提供专业的家庭保洁服务的需求；三、多通过家政公司招用家政服务员。在家庭户招用家政服务员的所有方式中，通过家政公司招用方式占比近半，是消费者的首要选择。

4）家政服务交易方式

现阶段多数家政服务企业属于中介机构。第一种，是在家政企业“门店”进行面对面服务交易，这是主体；第二种，是通过家政公司网站、网络平台（例如，APP、微信公众号、小程序等）进行家政服务“线上”交易；第三者，是通过公共第三方生活服务平台，进行家政服务“线上”交易。这三种家政服务交易方式主要是“中介制”模式。中介制推荐和劳务派遣式的管理方式，使家政企业、家政服务员、雇主三者之间的职责权利不明确，签署的服务协议不规范，家政服务员与用人家庭发生纠纷，家政公司经营者难以处理。经营者、劳动者、消费者三者均存在后顾之忧，阻碍了家政服务业的发展。而家政服务“员工制”推进难度大，很少有家政企业实现真正的“员工制”管理模式，即使靠政府补贴而勉强实施“员工制”，也是步履维艰，发展困难，很难持久。

此外，还有雇主不通过家政公司，雇主直接与家政服务员进行家政服务交易。一般是通过“熟人”介绍，或者雇主直接从生活服务公共网络平台上搜索，然后通过“线下”面试，如果达成彼此诉求即可，但风险巨大。

40.8.2 存在的痛点

40.8.2.1 家政服务员信息溯源难

在家政服务交易之前，家政企业提供的家政服务员信息真伪，需要溯源。因为，家政服务员信息真伪直接影响家政服务质量、影响雇主家庭人身与财产安全。这点在上文40.3节，“区块链 + 家政服务溯源管理”有详细内容，这里不再介绍。

40.8.2.2 供不适求现象突出

在现有的家政服务交易中，存在最突出的问题不是“供不应求”或“供过于求”，而是“供不适求”。其主要体现在家政企业和家政服务员提供的服务与雇主的需求不匹配，存在较大差距，存在矛盾。

在服务内容上，雇主实际需求的服务与家政服务员能够提供的服务，存在很大的差异。在服务水平上，或者是家政服务员的服务能力水平远远高于雇主的需求，造成家政服务员服务技能上的浪费。但这种现象很少发生；更多的是，家政服务员的服务能力水平达不到雇主服务预期，常常会引起雇主的不满。

存在上述服务纠纷的主要原因是，在签订家政服务合同之前，雇主对自己的服务预期及水平缺乏明确的说明和界定，对家政服务员的真实服务技能水平缺乏精准的掌握；家政服务员也没有向雇主明确清楚地表达或展示自己的服务能力水平，更多是家政服务员也不知道如何科学地展示自己的真实服务技能水平。在家政服务交易中，双方只是通过家政公司的中介转述，或雇主对家政服务员的面试，通过彼此之间的陈述，就大体上判断彼此是否合适，如果彼此感觉差不多，就签订服务合同。有的时候，家政公司和家政服务员是有意夸大自己的服务技能水平，而雇主也存在有意缩小自己家庭的服务量和服务难度。

这种粗放式的家政服务交易，等家政服务员正式到雇主家庭上岗提供服务时，很多问题就渐渐暴露出来。此时，为了维护各自的利益，彼此之间就会出现服务摩擦和纠纷，甚至相互指责。但由于在家政服务交易过程中、提供服务过程中都没有明确的交易记录，也为维护双方的合法权益带来困难。

40.8.2.3 家政服务交易成本高

家政服务交易成本高，不仅体现在货币成本上，也体现在非货币成本上。其中，在货币成本上，家政服务的交易佣金，有的相当于家政服务员的一个月服务薪酬，更多的是家政服务员月薪的百分比，各个地区不同，各个家政服务细分业态不同，各个家政公司也不同，差异显著。

非货币成本主要包括：时间成本（在家政服务中，雇主在等候接受服务、参与服务过程中，都需要花费时间）、搜寻成本（搜寻成本是指雇主在确定与选择所需的家政服务上付出的努力）、体力成本（雇主在获得家政服务时可能会耗费体力、产生疲倦和不适，这就是雇主付出的体力成本）、便利成本（在家政服务中，还有服务的便利成本。例如，家政公司办公地点要处在交通便利的地方，以便顾客很容易到达）、心理成本（雇主在购买或使用家政服务时的心理付出。例如，担心家政服务员能否胜任工作、服务安全等）、感官性成本（在家政服务中，还有一个特殊成本，就是感官性成本，也就是家政服务的“有形展示”部分）等。非货币成本显示雇主在购买及使用家政服务时还感知到付出的其他代价。

这些非货币成本常常成为雇主是否购买或再次购买家政服务的评估因素，而且有时会比货币价格成为更重要的考量因素。有的雇主宁可花钱支付这些非货币成本。遗憾的是，很多经营困难的家政企业没有意识到非货币成本的重要性。而恰恰是这些非货币成本，往往成为抑制雇主需求的一个重要因素。当然，也是雇主感知的服务质量不满意、体验不好的主要因素。

产生这些家政服务交易成本高的主要原因，就是家政服务交易环节太多，信息不对称、不公开透明，造成家政服务交易双方或三方在判断上出现很多误差（甚至有的时候，是人为造成的误差，无论是家政企业、家政服务员，还是雇主，在利益面前，都可能有意无意掩盖一些需要公开的事实），自然会影响家政服务交易效率。

40.8.2.4 家政服务交易信息泄露

关于家政服务交易信息泄露，在本书后面的 40.10 节“区块链 + 家政服务诚信管理”中，有详细内容，这里不再介绍。

40.8.2.5 家政服务不良事件缺乏有效应对机制

在家政服务交易过程中，时常发生很多不良事件。

例如，家政服务员合法权益缺乏保障。在家政服务员权益保障方面，家政公司派遣的家政服务员基本都与派遣单位签订了服务合同，但所签署的多为劳务合同，家政服务企业不缴纳社会保险费，造成家政服务员得不到社会保障。同时，由于家庭服务行业的特殊性，很多家政服务员的劳动时间过长，休息时间难以得到保障。还有，家政服务员在提供服务过程中遇到困难，对服务工作有不满意时，不是积极想办法解决，而是选择随意离职毁约，有的甚至是不辞而别，给雇主权益造成损失。当然，也有雇主没有按家政服务合同要求执行，拖欠家政服务员工资，甚至找理由拒付工资；还有雇主没有按服务合同要求，给家政服务员提供最基本的住宿等生活条件，随意给家政服务员增加家政服务合同之外的工作量，也损害了家政服务员的权益。对于这样家政服务交易中的不良事件，目前家政服务业也缺乏有效的解决办法。

40.8.3 基于区块链的解决方案（扫一扫 二维码）

40.8.3.1 区块链家政服务电子合同

40.8.3.2 精准匹配家政服务员

40.8.3.3 精准定制化家政服务

40.8.3.4 智能合约提升交易效率

40.7.3.5 家政服务交易信息溯源

40.8.4 区块链解决方案的价值（扫一扫 二维码）

40.8.5 区块链家政服务交易面临的机遇与挑战（扫一扫 二维码）

40.9 区块链 + 家庭健康饮食

40.9.1 业务场景

随着 2019 年岁末至 2020 年上半年，新冠肺炎疫情暴发，给人们平静的生活和工作带来巨大冲击，改变了人们正常的生活和工作轨迹。如今疫情过后，人们开始重新审视生活方式、审视健康、审视疾病抵抗能力。其中，人们对健康生活方式、绿色生活方式的重视，前所未有。就家政服务而言，给雇主提供健康饮食，是重中之重，也是家政服务主要应有之义。

雇主都希望吃到安全健康的食品。但要实现健康饮食，必须具备两个前提条件：一、能够采购到纯天然、绿色、无污染的食材；二、科学地加工烹饪。至于后者，家政服务员经过家庭餐制作科学培训，就可以提供符合健康营养要求的科学加工烹饪。但巧妇难为无米之炊，由于食材生产方式、运输方式、销售方式等原因，导致从市场上采购到的食材不够安全、不够新鲜、口感不好、营养品质下降等，家政服务员如果采用这样的不健康的食材，还是难以确保能为雇主提供健康饮食。因此，农产品的供应问题就是影响家庭健康饮食的关键问题。

一般情况，传统的农产品或食材供应链主要有三种模式：农户主打经营模式、超市主导经营模式、专业批发市场定向模式。

☑ 农户主打经营模式：在这种模式中，农户是整个农产品供应的核心，农户与产地批发、销售地批发、农贸市场、消费者之间，都存在供应销售，每个环节都独立存在，不可能形成一条完整的供应链。

☑ 超市主导经营模式：在这种模式中，超市是整个农产品供应链的核心，负责打造和管理农产品供应链。

☑ 专业批发市场定向模式：在这种模式中，农产品都是运输到专业的批发市场中，由批发市场来控制其供应，其他人无法参与进来，也无法实时监控农产品的供应状态。这种模式也是没有完整供应链条存在的。

在传统的农产品供应链模式中，都不存在完整的链条。这三种模式都无法保证农产品各个环节间的良好沟通，特别是没有农产品的消费者的参与。因而，很难保证农产品的质量与安全。

40.9.2 存在的痛点

40.9.2.1 食材生产方式上的痛点

1）生产食材的水土受到污染

我国一直存在水土污染问题，水土污染就会影响农产品的正常生长，进而降低农产品的质量。人们食用被污染过的农产品即食材，最终会危害身体健康。

☑ 农药污染：农户对农药使用存在超标现象，长期大量使用毒性较大、难以分解的农药，使水土中的农药残留超过了土壤的自净和分解能力，就对水土造成了污染。

☑ 有机肥及废弃物污染：农户在种植农作物的过程中会大量地使用有机肥，特别是没有经过无害处理的有机肥。这些有机肥中含有大量的重金属和有害微生物，都会造成水土污染。除此之外，废弃物污染也是成为水土污染中最重要的污染源。这些污染物在土壤中的分解比较慢，也导致了水土污染。

☑ 化肥污染：如果长期过量使用化肥，也会造成土壤污染。而且特别是单一地使用化肥，也增加了土壤中的重金属元素，造成土质恶化及土壤的生产力减退问题。

☑ 农用塑料膜污染：农用塑料膜属于高分子有机物，这类有机物不易降解，降解的周期通常达数百年。塑料膜在土壤中积累，破坏土壤结构，影响农作物的正常生长。

总之，水土污染直接导致了农产品的污染。农产品的主要污染物是重金属。农作物的根可以大量吸收重金属污染物。而且，重金属在环境中的移动性比较差，也不容易被分解，所以很容易被农作物吸收。农作物吸收以后就产生了毒性效应，人们食用之后，必然会危害身体健康。土壤一旦遭受到重金属的污染之后，就很难再恢复到原来的状态，为了防止重金属进入食物链中，影响人的身体健康，需要严格控制重金属的使用。

2）盲目追求产量而过量使用化肥农药

农户为了追求高产，多收益，过量使用化肥和农药，有的甚至是违禁农药，造成水土污染，进而造成农产品污染。消费者在食用被污染的农产品之后，身体受到危害。实际上，社会上也时常出现农产品安全问题，造成消费者的恐慌以及对农产品的不信任。当然，消费者的不信任又会影响农产品的销售。

3）肉食类食材受到污染

同样，家禽吃了受污染的饲料，也会影响肉的品质和安全。甚至有的家禽饲养场，为了产量，给动物饲料违规放置添加剂，人为促动物生长。人吃了受污染或受添加剂催长的肉类食材后，自然对身体产生危害。

40.9.2.2 食材加工和流通环节上的痛点

无信任的食材加工流通是家庭健康饮食的又一个痛点。农产品基本上通过菜市场、超市或网络被销售出去，从生产、加工、运输、储存到销售，需要多个环节，才能到达消费者手中。而且，生产加工和流通环节往往脱节，各个环节之间缺乏沟通，经常出现信息不对称，并且各个环节的管理监督力度不足，导致农产品安全事故。让消费者对农产品加工和流通等环节产生不信任感。

事实上，市场上曾经就出现过毒大米、毒豆芽、注水肉等，就是因为加工环节出现了问题，进而影响到流通环节。农户和经销商之间缺乏沟通，无法掌握农产品供应各个环节的准确信息。即使农产品在某个环节出来问题，经销商也无法及时获知，最终导致不合格的农产品流向市场。例如，消费者在超市买蔬菜，虽然蔬菜的标签上有的标准了品牌商，但是消费者还是无法获得蔬菜到底产自哪里。所以，一旦蔬菜出现了安全问题，消费者也很难追根溯源。即使最后查找到了源头，整个追踪流程也必将花费大量的时间和成本。

农产品并不是标准化的产品，农产品生产的碎片化，也导致了消费者的消费体验较差。特别是，很多绿色食材，例如西红柿、瓜果、水果等，由于加工、流通、存储环节需要时间，再加上食材包装原因，为了便于运输、储存，这些蔬果在生长到六成、七成熟的时候就采摘。这必将导致这些蔬果的营养价值减少、口感大大降低。这是家庭食材的最大痛点之一。至今各大蔬果超市和菜市场，都没有有效的解决方法。

40.9.3 基于区块链的解决方案（扫一扫　二维码）

40.9.3.1 建立分布式家庭健康饮食自治组织

40.9.3.2 实现农产品溯源

1）种植信息管理

2）采摘信息管理

3）深加工信息管理

4）运输信息管理

5）零售信息管理

40.9.3.3 打造“平台 + 农户 + 家政雇主”模式，提升农民和家政服务员收入

40.9.4 区块链解决方案的价值（扫一扫　二维码）

40.9.5 区块链家庭健康食品面临的机遇与挑战　（扫一扫　二维码）

40.10 区块链 + 家政服务市场营销

40.10.1 业务场景

传统的家政服务营销，可分为线下营销、线上营销以及多媒体整合营销等。其中，线下营销主要包括：店面营销、营销活动、服务体验营销、家政服务有形展示广告、转介绍等；线上营销主要包括：网络营销、媒体营销等。家政服务的网络营销又分为：自媒体网络营销，例如个人微信、微信公众号、小程序、QQ 等；第三方平台营销，例如，百度推广、58 同城、

赶集网、门户网站等；当然包括家政公司的官网、APP 等。此外，有条件的大型家政公司还通过购买大众媒体或主流媒体（例如，报纸、电视电台、）进行广告营销，也有购买大型户外广告、车体广告等。

随着移动互联网普及，雇主传统消费方式的改变，已经形成数字消费习惯，特别是年轻的家政服务消费者更喜欢借助信息技术手段、更青睐通过网络购买家政服务。这都导致家政公司的线上营销支出已经超过线下营销活动的经费支出，成为家政公司服务营销的主要方式，甚至出现了不通过网络营销，家政公司就难以获得服务订单的程度，而且网络营销的支出与收入不成比例，网络营销效果不够理想，网络营销支出成为家政公司的重要负担，不堪承受。

40.10.2 存在的痛点

家政服务的网络营销或数据营销，给家政公司带来服务订单的同时，也存在许多痛点问题：

40.10.2.1 存在虚假流量和广告欺诈

传统的家政服务网络营销或数据营销，一直存在虚假流量和广告欺诈现象。因为，传统网络广告公司是中心化公司，后台数据可以修改，致使广告代理商与家政公司之间缺失信任。为了预防这种广告欺诈行为，传统监测无效流量有两种方法：一、依赖第三方的监测报告，来鉴定投放效果；二、通过深入分析广告各指标数据，排除掺水数据。但排查和分析数据的过程需要耗费人力、物力，还需要专业技术，这对于家政公司来说，特别是中小微家政公司来说，几乎是天方夜谭。正是因为广告代理商的虚假流量和广告欺诈行为，给家政公司带来巨大的损失，不仅耗费家政公司本已紧张的营销费用，更重要的是根据虚假流量而误判了雇主的服务需求、误判了家政服务市场容量。这种误判，甚至直接导致家政公司的倒闭。

40.10.2.2 用户数据收集困难

传统的家政服务网络营销的另一个痛点，是用户数据收集问题。家政公司通常需要从各种渠道收集消费者的信息（例如，年龄、地域、职业、收入等）来精准定位家政服务目标客户。传统的数据收集需要耗费大量金钱和资源投入，获得的数据种类有限且很可能存在谬误和偏差。还有，数据的采集渠道和方式可能侵犯了用户的隐私权。这都给家政公司收集用户数据带来困难。

40.10.2.3 用户数据被无偿使用

在传统的家政服务网络营销中，中心化广告平台或网络平台公司可以无偿使用用户数据，且能够通过用户流量与数据获得巨额广告营收。然而对于用户（例如，雇主、家政服务员）而言，广告消费了用户的注意力，或为广告主带来流量和价值，或需要用户付出时间成本（漫长的广告等待时间），或需要用户付出金钱成本（需要付费去除广告等）。总之，用户的数据被广告公司或网络平台公司无偿使用。

40.10.3 基于区块链的解决方案（扫一扫　二维码）

40.10.3.1 确保网络营销公开透明

40.10.3.2　实施精准营销

40.10.3.3 提升网络营销效率

40.10.4 区块链解决方案的价值（扫一扫　二维码）

40.10.5 区块链家政服务市场营销面临的机遇与挑战　（扫一扫　二维码）

40.11 区块链 + 家政服务诚信管理

40.11.1 业务场景

40.11.1.1 家政服务交易信息隐私保护

隐私，是指当事人不愿他人知道或他人不便知道的个人信息，是当事人不愿他人干涉或他人不便干涉的个人私事，以及当事人不愿他人侵入或他人不便侵入的个人领域。

隐私权，是指自然人享有的私人生活安宁与私人信息秘密依法受到保护，不被他人非法侵扰、知悉、收集、利用、公开的一种人格权，而且权利主体对他人在何种程度上可以介入自己的私生活，对自己的隐私是否向他人公开以及公开的人群范围和程度等具有决定权。隐私权是一种基本人格权利。但在今天移动互联网时代，隐私有了新的表现形式。例如：网络上的个人数据。

就家政服务而言，主要包括雇主信息和家政服务员信息，即与个人基本情况、个人生活和工作经历相关的数据，还包括雇主家庭及其成员的相关数据。网络上的个人数据主要包括：

（1）个人的身份、健康状况。网络用户（雇主和家政服务员）在申请上网开户、个人主页、免费邮箱以及申请家政公司或平台公司提供服务时，家政公司或平台公司要求用户登录姓名、年龄、住址、身份证号、工作单位等个人身份健康信息和家庭及其成员信息。家政公司和平台公司有义务和责任保守个人和家庭秘密，未经授权不得泄露。当然，各家政公司和平台公司网站一般都会声明："本网站将对您所提供的资料进行严格的管理及保护，本网站将使用相应的技术，防止您的个人资料丢失、被盗用或遭篡改。"这里，不仅是网站，还包括家政公司和平台公司的 APP、微信公众号、小程序等移动多媒体。

（2）个人的信用和财产状况。一般包括信用卡、电子消费卡、上网卡、上网账号和密码、交易账号和密码等，这些均属个人隐私，不得泄露。

（3）邮箱地址。邮箱地址被人泄露，致使用户收到大量的广告邮件、垃圾邮件或者遭遇邮箱被恶意攻击，从而受到干扰，侵犯了用户的隐私权。

（4）微信号、QQ 号、手机号等个人通讯方式。

（5）网络活动踪迹。个人在网上的活动踪迹，例如：IP 地址、浏览踪迹、活动内容等，均属于个人的隐私。

除了雇主和家政服务员的个人数据外，还包括雇主的服务交易信息，在服务交易信息中涉及雇主家庭的地址、家庭成员的健康情况、甚至雇主的财产情况等。

总之，在家政服务交易信息中，涉及雇主和家政服务员的很多隐私。

40.11.1.2 家政服务员职业技能数字证书管理　　（详见前文）

40.11.2 存在的痛点

遗憾的是，随着移动互联网时代的发展，大数据的广泛应用给人们生活带来了巨大的便利同时，我们也不得不面对信息泄露、个人数据被滥用的风险。在家政服务业，雇主和家政服务员的个人隐私，或者说网络上的家政服务交易中的个人交易数据是有价值的。这就是很多家政公司和平台公司搜集用户数据，并与第三方"交易"（用于推销广告或者获得其他商业价值）分享的动机所在。事实上，雇主信息和家政服务员信息被泄露和滥用的现象屡见不鲜，特别是已经给雇主家庭带来很大的人身和财产安全风险。这是困扰家政服务业发展的最大痛点之一。

目前，对于隐私保护，主要通过法律和技术两条路径。一、制定相关法律法规，加强监管；二、只有将监管政策落实到具体可操作的技术层面，才能真正起到保护隐私的作用。然而，当下已有的“中心化”基础上的技术很难有效防止隐私泄露。

40.11.3 基于区块链的解决方案（扫一扫 二维码）

40.11.4 区块链解决方案的价值（扫一扫 二维码）

40.11.5 区块链家政服务诚信管理面临的机遇与挑战 （扫一扫 二维码）

40.12 区块链 + 家政服务平台建设

40.12.1 业务场景

伴随着互联网技术特别是移动互联网技术、大数据、云计算的发展，特别是政府推动的“互联网 +”对传统行业的升级改造，我国家政服务业最近几年开始出现了“互联网 + 家政”平台企业模式。

平台制的家政公司主要模式是“互联网 + 家政”，本质是“中介”模式。只是这种互联网平台的“中介”模式是把传统的实体中介服务机构及其中介人员去除，让用户（家政服务从业人员、雇主、家政服务机构）通过互联网平台“线上”直接进行“对接”，进行供需匹配，大大提升了用户匹配效率。在具体运行中，也还是需要跟“线下”的实体家政服务机构进行合作。

还有的模式是，家政服务员由平台掌控，后台在接到订单后会根据用户位置推送附近的多位家政服务员，用户可在服务前到家政实体店里面试挑选家政服务员。

此外，还有家政服务员由家政公司掌控，而平台的身份是公立的中间方，只负责家政服务员的身份认证和分派任务给家政公司。加入平台的家政公司就像商铺进驻淘宝网一样。

总之，不管什么模式的“互联网 + 家政”，都是对传统家政服务公司运营模式（无论是传统的“中介制”还是“员工制”）的一种颠覆。改变了传统家政服务公司中家政服务员和雇主都被动接受的运营模式，而是通过互联网特别是移动互联网（如微信公众号、小程序、APP 等）为信息平台，打破了传统家政公司对家政服务员和雇主的信息封锁，打破了时间和空间限制，实现了家政服务员和雇主的信息直接交互。

这样，家政服务从业人员可以自行选择工作和雇主；同样，雇主也可以从更大范围寻找适合自己需要的家政服务员。初步解决了家政服务从业人员与雇主之间的信息交互对接的效率问题。特别是家政服务从业人员可以利用“空余闲暇”时间寻找合适的工作机会，可以盘活存量性劳动力资源，吸纳社会中富裕的有素质的劳动力去从事家政服务工作，填补我国家政服务业中家政服务员的空缺，在一定程度上缓解“保姆荒”。但家政服务业存在的服务诚信问题，并没有得到有效解决，这从根本上制约着“互联网 + 家政服务”的发展。

40.12.2 存在的痛点

虽然“互联网 + 家政服务”，提升了家政服务交易的效率。遗憾的是，家政服务业有自己独特的行业发展规律与特点，如果照搬照抄现在的电子商务模式，即实行“互联网 + 家政服务”模式，显然是行不通的，事实也是如此。因为，互联网电子商务对以“物”为主体的标准化程度较高、产品质量稳定可控的行业，的确会带来颠覆性的变革；而对家政服务业这种以“人”为主体的家政服务标准化缺失、家政服务诚信缺失、家政服务多样化个性化、家政服务质量缺乏稳定性与一致性的服务行业，就变得异常困难。其主要体现在以下几个方面：

1）平台信息的安全性、真实性如何保障

“互联网 + 家政”平台，用户（家政服务从业人员、雇主等）只要在平台注册，就可以自由交流。平台为了赚取流量，注册门槛很低。

更重要的是，这种平台都是中心化机构在运营管控，其后台用户数据是可以篡改的、也是可以泄露的，数据安全性难以保证。

平台和雇主都仅仅凭借平台上家政服务员的信息，都无法把控求职者的家政服务职业技能水平与个人素质；而求职者仅凭雇主的信息与需求，也担心雇主是否克扣工资、担心劳动强度、担心与雇主家庭成员的相处等。以上问题的症结就在于“互联网 + 家政”平台上的信息是否可信？平台自身无法保证，也无法解决。

总之，平台上信息的真实性与安全性难以取证，雇佣双方信息的不对称和当前信用体系的不健全，是“互联网 + 家政”平台发展中遇到的很难克服的障碍。

2）平台运营成本较高

“互联网 + 家政”平台最基本的要开发建设网站、微信公众号、小程序、APP 等，需要不断“迭代”更新，还需要服务器和很多硬件设施以及维护，还有数据库建设与维护、网络安全维护等；还有“互联网 + 家政”平台建成后的启动，更是需要一定资金来宣传推广，吸引用户，增加足够的流量，才能形成网络效应。

以上“互联网 + 家政”平台所需要的投入，对中小家政服务企业是难以承受的；对大型的“互联网 + 家政”平台企业而言，短期靠社会资本补贴支撑是可以的，但如果平台企业没有找到好的盈利模式，也是不可持续的，尤其是目前我国家政互联网平台企业尚没有行之有效的成功的盈利模式可以借鉴，平台企业成本压力是可想而知的。

3）互联网信息的无边界性与家政服务的地域性之间的矛盾

“互联网 +”天然就是无边界存在着，互联网平台上的信息可以在任何地方任何时间被任何用户搜索到，而现实中的家政服务从业人员或雇主，都是处在各自特定的地域，在各自特定的时间需要家政服务。这种在现实中匹配是有很大的难度，需要平台有足够的用户量，才能匹配成功。而一般互联网家政平台很难到达这个可以正常运转的临界用户量。这样平台就很难有效运转，进入“先有鸡还是先有蛋”的不良循环。

特别值得注意的是，对于家政服务业而言，还要看到，家政服务从业人员素质与服务技能严重参差不齐，服务缺乏标准化，如何保障在平台上进行公平交易？即使服务卖出去了、交易成功了，对家政服务过程而言，才只是做到了第一步，接下来的服务过程质量监控，平台是无能为力的，而这恰恰是家政服务产品的核心，只有到服务完成，客户验收评估后，服务产品生产交付才算完成。

4）中心化平台赢者“通”吃，存在霸王条款

传统的互联网 + 家政平台模式，一个明显的现象就是赢者通吃，存在霸王条款。传统的互联网家政平台，追求的是超高的市场占有率，以及对竞争对手的完全排斥，努力构建一个“闭环”模式。一旦形成一家独大的局面后，就得到垄断地位。于是开始收取双方较高的服务费用，甚至超过了传统中介服务，而平台的供给方（家政服务员）和需求方（雇主）双方并没有得到多少利益。在这个过程中，平台处于强势地位，用户处于弱势地位，很容易有霸王条款，而且常常有一些很糟糕的服务体验。这就形成了传统家政平台通吃的局面，实际上不利于家政服务业的发展，甚至阻碍中小家政企业的发展。

还有，在传统的家政服务网络平台里，平台公司能够通过用户流量与数据获得网络效应和广告营收，带来利益。然而对于用户（例如，雇主、家政服务员）而言，用户的数据却被网络平台公司无偿使用。

5）中心化平台的风险

在“互联网 + 家政”平台的实际运行中，中心化平台的风险也时刻威胁着用户。例如，

中心化的平台服务器遭黑客攻击而瘫痪，或者平台自身倒闭等，都给平台用户带来不可预估的损失。

总之，“互联网 + 家政”平台企业不仅要重视用户体验，还要不断打造优质的家政服务供应链：从家政服务从业人员的身份、性格、健康、履历等身份信息认证，以及家政培训认证、技能认证、诚信认证等；同时，还要确保平台数据的安全性、真实性。而这些家政服务业发展的深层次问题，传统的“互联网 + 家政”平台模式是难以有效解决的。只有采用区块链技术，才能从根本上解决这些家政服务业的深层次问题。即采用“区块链 + 家政服务”平台模式。

40.12.3 基于区块链的解决方案 （扫一扫　二维码）

1）实现去中心化的点对点定制化服务交易

2）平台数据公开透明、不可篡改，提供信用保障

3）基于智能合约，降低交易成本

4）通过共识机制，实现共治共享

5）区块链平台是分布式自主运行企业

40.12.4 区块链解决方案的价值 （扫一扫　二维码）

40.12.5 区块链家政服务平台建设面临的机遇与挑战（扫一扫　二维码）

40.13 “区块链 + 新家政服务”发展前景展望 （扫一扫　二维码）

展望：中国家政服务业发展未来道路

2020 年我国国民经济和社会发展第十三个五年规划胜利完成，2021 年开始全面实施“十四五”规划。

在“十四五”规划里，我国将“全面建成小康社会，开启全面建设社会主义现代化国家新征程”。其中：

在“加快发展现代产业体系，推动经济体系优化升级”里强调：“提升产业链供应链现代化水平。发展战略性新兴产业。加快发展现代服务业。统筹推进基础设施建设。加快数字化发展”。

在“改善人民生活品质，提高社会建设水平”里强调：“提高人民收入水平。强化就业优先政策。建设高质量教育体系。健全多层次社会保障体系。全面推进健康中国建设。实施积极应对人口老龄化国家战略。加强和创新社会治理”。

“十四五”规划，为我国家政服务业发展指明了未来发展道路。

第六篇
中国家政服务业发展趋势

第41章 中国家政服务业发展趋势

【家政政策】

序号	发文时间	发文机关	政策文件名称
	2020年2月28日	发展改革委。 发改就业〔2020〕293号	《关于促进消费扩容提质 加快形成强大国内市场的实施意见》
相关摘要	消费是最终需求，是经济增长的持久动力。为顺应居民消费升级趋势，加快完善促进消费体制机制，进一步改善消费环境，发挥消费基础性作用，助力形成强大国内市场。		

【家政寄语】

分享家政、智慧家政、健康家政必将是我国家政服务业发展趋势。

提供新家政服务，推行健康生活方式、人人参与、人人享有，实现个人健康、家庭健康、全民健康。

【术语定义】

智能化：是指事物在互联网特别是移动互联网、大数据、物联网、人工智能等技术的支持下，所具有的能满足人的各种需求的属性。就家政服务业而言，智能清洁机器人、陪伴机器人、智能电冰箱、智能电饭锅、智能电炒锅、智能厨房、智能洗衣机、智能家居等，就是智能化的事物，将改变传统家政服务员的服务功能与服务方式，提升家庭生活质量。

集约化：是指在社会经济活动中，在同一经济范围内，通过经营要素质量的提高、要素含量的增加、要素投入的集中以及要素组合方式的调整来增进效益的经营方式。就家政服务业而言，我国家政服务企业未来必将扭转“小、散、弱、乱”的行业格局，在家政服务员招聘、培训、服务交易、服务管理等方面，向规范化、职业化、连锁化、网络化、规模化发展，实现集合服务要素优势、节约服务提供成本，进而提高服务效益。

品牌化：是指对家政服务及其有形展示设计品牌名称、标识、符号、图案、颜色、标准服务技能演示等要素及要素组合，以推动家政服务产品与竞争对手提供的家政服务相区别，具备市场标的和商业价值的整个过程。通过品牌化，提升家政企业自身美誉度、影响力；提升雇主认可度、市场占有率；维护家政行业市场程序，提升家政诚信度；提升家政服务“溢价”功能；树立良好家政服务社会形象，进而实现品牌化效应。

连锁化：是指众多小规模的、分散的中小微家政企业或家政创业者，在知名品牌家政服务总部或家政服务网络平台的组织领导下，采取共同的经营方针，统一形象、统一品牌、统一家政服务标准、统一管理规范，实行一致的家政招聘、家政培训、营销行动，通过家政服务网络平台实行集中服务交易和线下实体店分散服务交易的有机结合，实施规范化、职业化、品牌化经营，进而实现规模经济效益的联合。连锁家政服务店可分为直营连锁（由公司总部直接投资和经营管理）和特许加盟连锁（通过特许经营方式的组成的连锁体系）。

网络化：是指把家政服务员、雇主、家政企业、家政培训学校以及家政服务利益相关者通过互联网整合在一起，实现计算资源、存储资源、数据资源、信息资源、知识资源、专家资源等全面共享，消除了资源孤岛。通过互联网特别是移动互联网，实现家政服务员招聘、培训、服务交易、服务管理等信息资源共享，提升家政服务效率，实现多方共赢。

区块链＋：是指将区块链技术与家政服务业深度融合，用区块链技术及其特性，来重构家政服务过程与家政服务管理，将具体涉及：家政服务员溯源管理、家政服务组织建设、家政服务标准制定、家政培训、家政服务交易、家政服务运营管理、家政服务市场营销、家政服务诚信管理、家政服务平台建设、家政服务生态系统建设等。

【学习目标】

通过本章的学习，您将能够：

1）了解我国家政服务业发展未来趋势；

2）知晓我国家政服务业发展的必经路径；

3）了解我国家政服务业未来发展特征：平台化、智能化、集约化、品牌化；

4）了解我国家政服务产业为什么要跨界融合发展；

5）明确"区块链＋新家政服务"的发展趋势。

众所周知，随着我国中产阶级的崛起，人们对美好生活水平的追求，我国家庭购买社会化家庭服务的能力日益增强。家政服务释放的巨大市场需求，正成为就业新的增长点。同时，伴随着移动互联网技术、大数据、云计算、人工智能、区块链、分享经济的发展，我国家政服务产业正经历转型升级，呈现如下趋势：

41.1 家政服务需求将逐年增加

41.1.1 居家养老服务需求持续刚性增加

据国家人力资源部门预测：我国城镇日常生活需要照顾的60岁及以上老年人数将由2018年2021万增加到2020年的2178万，2025年的2652万，2035年的3929万。其中：

在高需求水平下，城镇居家养老服务需求量将从2018年的2100万人增加到2035年的5000万人，增加1.4倍；

在低需求水平下，城镇居家养老服务需求量将从2018年的424万人增加到2035年的1006万人；

在中等需求水平下，城镇居家养老服务需求量将从2018年的997万人，到2020年的1226万人，2025年的1701万人，2035年的2821万人，大约10年增加1000万人。

41.1.2 高端家政服务需求增加速度更大

综合福布斯、胡润、麦肯锡的预测（假设每一个高净值富裕家庭至少需要一名高端家政服务员，来估算我国未来高端家庭服务的需求量），估算结果是，高端家政服务需求量2018年为700万人，2025年上升至1966万人，2035年高达8598万人，2025年至2035年均47.3%的速度增加。

这里还不包括在中国的跨国公司高管家庭、外国及国际机构驻中国的高级负责人的家庭对高端家政服务员的需求量。

难怪北京市、广东、海南省开始研究制定引进高端"外佣"进入政策。

41.1.3 婴幼儿照料服务需求量大体稳定

据预测，我国0—6岁城镇婴幼儿人数将由2018年的11504万人增加到2020年的11511万人，然后减少到2025年的10268万人、2035年的8371万人。如果按照0—3岁婴幼儿中有15%需要照料服务，4—6岁婴幼儿中10%需要照料服务进行测算，2018年婴幼儿照料服务需求量是1489万人，2035年是1072万人。尽管随着我国人口出生率减少，但婴幼儿照料服务需求总量还是维持在年1000万人以上，基数还是很大的。

41.1.4 重度残疾人照料需求量不容忽视

根据我国2006年全国第二次残疾人调查数据及残疾等级为一、二级的重度残疾人变化趋势，预测2018年我国因需要照料的重度残疾人有350万人，2025年为324万人，2035年为290万人。随着残疾人家庭经济水平的提高，残疾人照料也将社会化，300万人左右的"刚需"市场也是不容小视的。

综上所述，我国家政服务需求稳步增长、总量巨大。

如果我们将居家养老服务、高端管家服务、婴幼儿照料、重度残疾人照料未来需求岗位总计，我们看到，2018年家政服务需求量为4560万人，2025年稳步增长至4946万人。这期间，尽管婴幼儿照料与重度残疾人照料需求人数下降，但随着我国人口老龄化程度加剧，居家养老服务需求人数持续增加，特别随着中国由大变强，富裕家庭"刚需"的高端家政服务需求量加速增加，到了2035年，我国家政服务总需求量将高达13889万人，比2018年增加两倍多。我国家政服务业这一巨大"刚需"，不仅拉动"内需"，自然会催生一个巨大的新兴产业集群，成为新的就业增长点。因此，我国家政产业无疑是"朝阳产业"。

41.2 家政服务标准化是家政服务产业发展的必由之路

我国家政服务业专业化程度较低。即"两低"（家政服务从业人员整体素质偏低、家政行业规范化水平偏低）现状仍然严峻，国家和地方出台的"两化"建设、"提质扩容"无疑是解决我国当前家政服务业存在问题和困难的重要手段和途径。而"两化"即规范化职业化的前提是"标准化"。没有家政服务各个细分业态的标准化，就没有职业化；没有家政服务机构运营的标准化，就没有规范化；没有家政服务规范化职业化，就没有家政服务"提质扩容""高质量发展"。

因此，家政服务标准化是突破家政产业发展"瓶颈"，是实现家政服务业健康可持续发展的重要保证，是实现高质量发展的必由之路。

我国家政服务业标准化发展的趋势是：

1）国家标准、行业标准，进入加快制定期。家政服务机构与国家标准机构正在通过多种方式合作，制定家政服务业的国家标准与行业标准，来填补我国家政服务业国家标准、行业标准的空白；原来已经制定的标准也将进入修订与补充完善期。

2）地方标准开始积极制定。我国各地已经进入家政服务业地方标准制定期，全国各地相继出台了家政服务业各个业态的地方标准；同时，对地方家政服务机构也制定了相应的管理规范。

3）企业标准开始重视，进入研发阶段。

我国家政服务业的企业标准，开始引起家政服务企业的重视，有条件的家政企业开始进入企业标准的研发阶段，并试图根据自己的企业标准，对家政服务从业人员进行培训，并对社会进行服务承诺。家政服务标准化意识在大的品牌企业已经确立并付出行动。

4）通过家政服务标准化，必将促进家政服务职业化发展。

一、家政服务从业人员的职业认同感将显著提升。通过家政服务标准化的推进，随着未来社会对家政服务的"刚需"越来越强烈，未来家政服务从业人员对家政服务业将有较高的职业责任感、荣誉感，有满满正能量的职业价值观。家政服务业将成为社会青睐的职业，会受到社会应有的尊重。

二、家政服务从业人员的职业技能将显著提升。有了家政服务的标准化，家政服务从业人员的招聘、培训、认证等就有了依据，特别是家政服务从业人员就有了奋斗的目标，雇主对家政服务员的评估也有了依据。

三、家政服务业将对社会上高素质人才具有吸引力。有了家政服务职业化和高职业技能水平，随着职业认同感的提升，家政服务从业人员将可以看到家政职业发展的未来前景。这样职业稳定性将显著增强，家政服务从业人员将有意识进行自己的职业生涯规划，随着社会上高素质人才选择进入，家政服务业队伍整体素质必将提升；反过来，又吸引高素质人才加入，家政服务业将进入良性发展阶段。这时候，家政服务业发展就将进入成熟期。

5）通过家政服务标准化，必将促进家政服务业规范化发展。

一、有了家政服务标准化之后，在厘清家政服务业三方（家政服务机构、家政服务从业人员、雇主）的权利义务时，就有了明确的依据；二、有了家政服务标准化，家政服务企业内部运营管理、家政市场监督、行业诚信机制建立等，都有章可循；三、有了家政服务标准化，在制定家政服务劳动权益保障政策上也有了明确的依据，从而更好地保障家政服务利益相关者的合法权益；四、有了家政服务标准化，也可以提高政府在制定家政政策上的科学决策水平，从而在政策上保障家政服务业规范化职业化发展、保障家政服务业“提质扩容”“高质量发展”。

41.3 家政服务业必将走平台化、智能化、区块链化发展道路

1）家政服务平台化。随着移动互联网技术、大数据、云计算的发展，通过“互联网＋家政”模式，建立家政服务网络平台（例如：“互联网＋家政服务信息管理平台”“互联网＋家政培训平台”“互联网＋家政服务交易平台”“互联网＋家政诚信平台”），将传统“线下”的家政服务的身份信息核实、培训认证、职业技能等级认证、持证上岗、诚信服务、雇主评价等信息“搬到”互联网平台上，实现家政服务快捷有效“供需对接、标准服务、规范管理、服务监督、权益保障”，实现家政服务信息互联互通、信息共享。这是家政服务业转型升级、提质扩容、实现行业跨越式发展的必然趋势。也唯有如此，才能实现家政服务业连锁化、规模化发展。随着区块链技术的发展，传统的“互联网＋家政”平台模式，必将被“区块链＋新家政服务”平台模式所取代。

2）家政服务智能化。伴随着家政服务平台的发展，凭借物联网技术、人工智能技术的发展，家政服务业与信息化、网络化进一步融合发展；同时，随着智能家居、智能家具、服务机器人的发展，传统家政服务中的家居清洁、家庭餐制作、衣物洗涤、居家老年人照料、病患陪护等，都开始引进人工智能产品：如智能清洁机器人、智能电饭锅、智能电冰箱、智能洗衣机、陪伴机器人等，将改变传统家政服务员的服务功能与服务方式，也将改变了家政服务企业的业态形式、服务模式、盈利模式，进而提升家政服务效能。这是家政服务智能化的必然趋势。

3）“区块链＋心家政服务”不久的将来，将会给我国家政产业带来颠覆性变革。基于区块链技术的“区块链＋新家政服务平台”，将实现家政服务业“去中介化”，大大提升家政服务运营效率；能确保家政服务诚信经营，实现真正诚信服务与品质服务；能确保家政服务员与雇主的隐私，切实维护家政服务各方合法权益；能确保家政培训知识产权，实现优质家政培训资源共享；能推动家政服务产业共商、共建、共享、共赢，实现家政产业规模化发展。唯有区块链技术与家政服务业深度融合，才能真正实现家政服务业“提质扩

容”“高质量发展”。

在家政服务业未来发展趋势中，我们将重点分析家政服务业平台化发展趋势。因为传统家政企业发展模式存在的结构性矛盾问题，再进行“头疼医头脚疼医脚”的修修补补的变革，对积重难返的家政服务业发展是无济于事 、于事无补的。只有基于区块链技术上的“区块链 + 新家政服务”平台，进行“链上”“链下”融合发展，重构家政服务业发展模式，我国家政服务业发展才有真正的出路，这也是我国家政服务产业发展的必然趋势与历史选择。除此之外，别无他法。下文将对此进行详细解读：

41.3.1 家政服务平台化的必要性

41.3.1.1 传统家政企业组织结构存在的问题

我们知道，传统的家政企业主要是中小微家政公司，严格意义上说，还算不上现代企业，缺乏现代企业组织结构、现代企业制度。即便是大中型家政公司，也是职能型组织结构，每一位管理者对其直接下属有直接职权（职权，指职务范围以内的权力，是指管理职位所固有的发布命令和希望命令得到执行的一种权力），组织中的每一个人只能向一位直接上级报告；管理者在其管辖的范围内，有绝对、完整的职权。

这种职能型组织结构，也称为科层型组织结构，主要是靠刚性制度、命令、奖惩来进行管理。其优点是公司组织结构简单，且责任与职权明确，有利于家政服务推行服务标准化；但缺点也是十分明显：过于集权、跨部门协调性差、很难根据家政雇主的多样化个性需求而提供定制化家政服务。

尤其对家政服务企业而言，这种科层型管理组织结构，缺乏对家政服务员的授权，很难发挥家政服务员的主动性、积极性、创造性。家政服务员很难根据雇主家庭服务实际情况和服务需求，及时提供有针对性的服务，特别是当难以避免的服务失误发生后，难以及时提供服务补救，这都影响雇主服务体验。事实上，在家政服务过程和场景中，家政服务员是一个人上门给雇主家庭提供服务，缺乏有效的监督和管控手段，科层型管理组织结构也很难像其他服务企业（例如宾馆、饭店）那样，可以对现场服务员进行监控管理。因此，仅仅靠刚性制度、命令、奖惩的职能型组织结构，对家政公司的家政服务员进行管理的效能（效率和效益）是不高的。

41.3.1.2 传统家政企业运营模式存在的问题

我们知道，我国现在的家政公司主要有三种企业运营模式：中介制企业运营模式、员工制企业运营模式、准员工制企业运营模式（介于中介制与员工制之间）。无论是何种运营模式，随着家政企业逐步平台化，家政公司内部的关系发生了“质”的变化：逐渐从传统尊重职位和职权的层级式或科层型关系转化为尊重专业、相互成就的平等关系；从传统论资排辈、尊重资历的关系转化为轮流“坐庄”当组长的共创关系；从传统封闭式的紧密关系转化为更加开放、分享的合作与共赢关系。家政企业运营模式的这种变革趋势势不可挡。因为，传统家政企业运营模式或企业内部关系存在的问题，已经阻碍传统家政公司适应数字时代或平台时代的发展，具体分析如下：

一、部门与部门的关系

传统家政公司，除了小微家政公司没有明确的分工外，大中型家政公司，绝大多数都能按照管理职能进行专业化分工，建立各个专业的部门分管不同的领域。例如，人力资源部、市场营销部、运营管理部、财务部等。这些部门一旦设立，部门内部人员就会形成共同的利益诉求，由此决定了共同利益体的群体行为方式，每个部门都有其特定部门职责，为本部门利益着想。

在这种情况下，必然决定了“各人自扫门前雪，莫管他人瓦上霜”。这种分工难免带来各分工环节之间的壁垒与脱节，部门之间的信息传递也容易造成信息丢失或信息不对称而导致不少的推诿扯皮现象，进而降低公司整体效率；还有，为了部门利益，甚至部门之间还存在人为的信息阻隔，容易出现公司官僚主义和滥用权力。这些都是大中型家政公司难以规避的痛点，即好像存在一种“无形的玻璃墙”。

要突破这种“无形的玻璃墙”，关键在于家政企业内部关系的根本转变，在于企业管理者作用的根本改变：

◇一、通过家政企业组织结构变革，来打破“玻璃墙”。即实行家政企业组织结构的扁平化、网络化、柔性化，促使部门与部门之间、个体与个体之间的协作更加流畅。

◇二、通过家政企业组织文化变革，来打破“玻璃墙”。即平台化家政企业倡导的“利他文化”，也能促进企业内部的协作更加和谐。企业内部形成和谐的合作文化氛围，是调动员工积极性和创造性的必要条件。

◇三、对员工赋能，也能打破“玻璃墙”。即强化员工培训，让更多的员工在多功能的交叉部门工作或定期开展部门人员轮岗轮换，培养一专多能、具有创造性的跨部门的多方面人才，也是柔性化组织的要求。

当然，构建家政企业数字化智能化管理系统；基于“区块链＋通证”技术，建立公开透明的绩效评估制度和合理高效的激励体系，也能更好地调动与激励员工，让家政企业从传统的粗放式管理走向公开、透明、规范化、精细化管理。

二、企业与个人的关系

传统的家政公司，其中，在中介制家政公司，企业与家政服务员的关系只是松散的代理关系或中介关系，当雇主与家政服务员服务成交后，企业与家政服务员就结束代理关系；在员工制或准员工制家政公司，企业与员工的关系是雇佣关系，即家政公司提供劳动就业机会和劳动报酬，家政服务员付出劳动和时间。

在家政公司的雇佣关系中，又存在两种情况：一种是，家政服务员是家政公司的工具。家政公司只是单纯地追求利润最大化，为家政服务员谋福利的功能薄弱。在这种情况下，股东是企业的所有者，家政服务员只是企业完成服务订单的工具；另一种是，家政服务员是家政公司的主体或核心竞争力。在这种情况下，家政公司开始重视家政服务员的价值，关心家政服务员的福利待遇与职业生涯发展规划。家政公司股东或拥有者包括管理者意识到：家政公司离不开家政服务员，视家政服务员为公司的核心资产。

随着数字时代、家政服务平台时代的到来，企业边界向外延展、就业途径和就业方式发生重大变革，家政服务员个体与家政公司之间的关系从传统的“强关系”，逐渐走向数字时代、平台时代的“弱关系”。此时，家政服务员个体的发展、个体价值的体现、个体理想的实现，都可以不依附于家政公司而独立完成。传统的家政公司的雇佣关系开始日渐不合时宜。越来越多的家政服务员，特别是高级的优秀的家政服务员个体，作为独立的个体，希望自我价值能得到更好的体现，希望在家政公司的努力与付出能获得相应的回报，希望能更好地与公司共同发展，而不是仅仅为公司“打工”。

特别是今天人口红利逐渐褪去，家政服务人才越来越趋向于选择能发挥自己才能的平台，以及可以赋能成就自己的好领导者。此时的家政服务员，尤其是优秀的家政服务员，不再局限于家政公司提供的内部资源，不再畏惧于家政公司老板的威严。家政公司与家政服务员个体之间的关系，家政公司老板、管理者、家政服务员之间的关系，越来越是平等、互利、可持续的合伙人关系，是合作关系，而不是雇佣关系。

平台化家政企业，更需要成就家政服务员个体，赋能家政公司，输出平台价值观，使得家政服务员个体、家政公司管理团队、家政公司、平台企业形式共商、共建、共享、共情的联盟关系。事实上，平台化家政企业就是更广范围的联盟，突破了家政公司边界，聚合了社会中家政服务产业各利益相关者，通过开源平台实现家政服务业“提质扩容”、快速迭代。

三、企业与企业的关系

传统的家政企业竞争，通常采取的是击败甚至吞并对手家政公司，从而占领家政市场份额。家政公司的成功是建立在竞争对手的失败和消失的基础上。“有你无我，势不两立”是传统商业社会的通行规则，是一种无法共赢的“零和博弈”（是指参与博弈的各方，在严格竞争下，一方的收益必然意味着另一方的损失，博弈各方的收益和损失相加总和永远为“零”，双方不存在合作的可能。自己的幸福是建立在他人的痛苦之上的。零和博弈的结果是一方吃掉另一方，一方的所得正是另一方的所失，整个社会的利益并不会因此而增加一分）。

现在，在数字经济时代、平台经济时代，每家企业各自为政的传统格局正在被打破，过去企业独立生产经营的市场环境发生了实质性的转变。企业必须面对产品和服务周期不断缩短、顾客忠诚度持续降低、顾客消费个性化定制化等市场新环境，建立在规模化生产基础上的价格竞争或低价策略正在失去生存土壤。企业竞争开始从早期的价格竞争、质量竞争过渡到以顾客满意度为中心的服务品质、服务体验竞争。企业生存环境及竞争焦点的转变，驱使企业竞争方式与发展方式随之发生巨大变化。

还有，移动互联网、物联网、大数据、云计算、人工智能、特别是区块链技术的发展，使得不同行业和不同企业之间的联系和交集越来越多，跨界融合越来越普遍，新模式新业态开始涌现。社会资源因为先进技术而发展，因为市场需求而聚合。无论一家企业做得有多大，口碑有多好，想要开拓一个新的领域，都需要付出大量的研发、推广和时间成本，来换取一个不确定的市场份额。市场的竞争经过了长期的厮杀本身就已经趋于稳定，企业通过单打独斗试图开拓市场，难如登天。企业要单靠自身力量来维持长久的竞争优势已非常困难。竞争合作关系必将成为企业竞争的新趋势。为竞争而合作，靠合作来竞争的新竞争发展理念，这种企业间的合作经营，已经成为企业管理的发展趋势。未来企业的竞争优势将很大程度上取决于企业与竞争对手的合作，而不是过去那种你死我活的竞争。

家政公司之间的竞争发展，也不例外，更是有过之而无不及。因为，家政服务产业发展本身的地域性很强，要想实现家政服务产业规模化发展，为了更好满足家政服务市场需求和雇主需求，除了合作之外，别无他法。

41.3.1.3 传统家政企业管理存在的问题

一、集权化管理的弊端

传统的大中型家政企业大多数采用集权化管理方式，由高层管理者制定所有的决策，中层和低层管理人员只负责执行高层管理者的指示，基层员工和一线家政服务员很少参与公司决策。集权化管理方式把决策权集中到极少数人，很少考虑基层员工和一线家政服务员的想法和意见来规划公司发展方向和发展目标。这种集权化管理优点是易于协调各个部门之间的行动。但是，缺点是高层管理者难以估计每个部门的不同发展需求，容易导致忽视基层员工和一线家政服务员的想法和需求，不利于基层员工和一线家政服务员职业生涯发展和实现个人自我价值，会挫伤她们的工作积极性、上进心、创造性。

还有，由于决策时需要所有层级逐级向上汇报，导致决策链条长、时间长、效率低，决策速度和企业整体应对外部竞争或内部问题的反应速度缓慢，特别是面对雇主的重要投诉，高层管理者很难及时掌握，往往失去及时决策纠正的良机。长期下去，就会慢慢失去雇主的信任而失去品牌。还有，由于公司业务覆盖面广、网点多，决策层对每块业务和每个网点的实际运营情况和有效信息，缺乏及时精准掌控，也会导致决策延误甚至失误。

二、信息孤岛

传统的大中型家政公司大多采用科层型组织结构，按照职能或功能来划分部门。例如，人力资源部、运营管理部、市场营销部、财务部等。这种按照部门划分工作的组织形式容易造成各个部门各自为政，沟通不畅，缺少部门之间协作和配合，部门之间发生冲突是常有的事，导致信息流通阻塞形成部门壁垒，造成组织内耗，沟通成本上升，工作效率低下。

部门壁垒形成的根本原因是部门绩效考核设计，缺乏把公司利益、部门利益、个人利益的整体、系统设计，造成各部门自扫门前雪，只想着自己部门或自己个人的一亩三分地，把部门利益甚至个人利益凌驾于公司整体利益与总体战略之上。而且，这些部门之间的利益冲突，时间久了，就形成惯性思维，甚至升级为情绪对立与认知冲突。这种局限于部门利益和部门专业局限性，将严重影响公司整体战略布局，影响公司整个组织健康运营。很显然，传统家政公司的“信息孤岛”现象，早已不适应数字时代、平台时代的企业发展趋势。

三、激励制度的缺陷

传统的家政公司通常采用的激励方法主要包括：基本工资、月度或季度或年度绩效奖金、项目提成、项目奖金、外出考察学习或旅游、职位晋升、分红权甚至股权等激励，但这些激励制度通常与部门相关。很多时候，公司目标不能有效分解为部门目标，部门目标不能有效分解为个人目标，个人目标与部门目标及企业目标缺乏协调一致，导致个人利益、部门利益与企业利益相冲突，进而影响激励效果，导致员工执行力不够。

除了利益冲突外，由于专业分工，再加上公司“信息孤岛”现象，容易造成各部门之间缺乏相互监督和统筹，每个部门只关注自己部门的事，考核自己部门的员工，其他部门甚至公司管理层都看不懂这个部门专业的事以及员工考核情况，形成了部门“黑匣子”。这种现象，容易导致个人岗位目标、部门目标、企业目标之间缺乏关联，个人业绩与部门业绩、企业业绩之间缺乏关联，每个员工和各部门没有形成合力，没有劲往一处使。表面上看来，每个人和每个部门都很专业、很忙碌，但公司整体效益并不太理想。特别是公司越大，这种黑匣子现象就越严重，这都是公司激励制度设计上的缺陷所致。

四、“拍脑袋”决策

“拍脑袋”决策是传统家政的家常便饭，其严重危害性并没有引起公司高层管理者的重视和警觉。为什么传统家政公司高层管理者经常采用“拍脑袋”决策？不是不愿意科学决策，而是没有能力进行科学决策。

因为，传统家政公司的管理是粗放式的，缺乏信息化、数据化管理工具与管理方法，因而无法收集家政公司运营的有效信息、有价值数据，并根据有效的信息和有价值的数据进行数据分析、数据挖掘，进而建立在数据基础上的科学决策。

首次，对于大中型家政公司，大多数公司高层管理者只掌握公司的宏观趋势和发展大方向，对自己家政公司的具体运营数据并不掌握、并不了解。例如，到公司求职而又没有留下来的欲从事家政服务的人员相关数据，流失原因是什么？公司入职后的家政服务员流失相关数据，原因是什么？雇主需求数据？雇主对公司和家政服务员的投诉与满意度等服务反馈相关数据？家政服务员参与培训而获得职业资格证书等相关培训数据？家政服务市场营销中用户转化率数据？雇主“转介绍”新客户数据？雇主流失数据，原因是什么？单个家政服务员分担的家政培训经费数据、分担的市场营销成本数据？家政服务员满意度数据？家政服务员在公司服务年限数据？等等。如果家政公司高层管理者对这些不能了如指掌，自然在公司决策时也只能凭感觉拍脑袋。

其次，公司内部运营数据因为“信息孤岛”，只在部门内流通，或者少数人掌握，只有局部循环，形成不了在公司运营的各个环节的信息流、数据流，也影响依靠数据进行决策。

第三，公司运营中还有大量非经营性信息、数据，例如，家政服务员离职率、员工满意度、家政服务员获得职业资格证书的持证率、雇主满意度、客户保持率等等，未得到有效的量化、数据化，也影响依靠有效信息、数据进行科学决策。

当然，公司也要掌握信息数据的收集、分析、处理方法。

总之，公司经营信息数据不完整、信息数据循环不顺畅、信息数据收集与分析处理不全面和正确，导致公司决策错误的概率自然增大，影响公司健康可持续发展也是情理之中的事，因为“拍脑袋”决策。

五、不可持续的增长

传统家政公司为了占领市场，容易盲目追求市场份额，实施规模化战略，着眼于短期能立竿见影的服务项目，或者靠补贴来占领市场，忽略企业长期的内生增长，导致增长不可持续。家政公司只有靠服务标准化、管理规范化，强化家政服务培训，提升家政服务品质，确保家政服务诚信，提升家政服务企业运营效率，走职业化发展道路，才能实现健康可持续发展。

综上所述，传统家政公司，大多数公司内部管理只是流于形式，并没有真正建立、执行科学化、数字化的现代企业管理制度。公司权力过于集中，管理者大都以个人意愿和主观意志管理企业，将个人喜好凌驾于现代科学管理之上，充满随意性、不确定性。这种粗放式管理，员工职责不清，部门之间权责不明，缺乏相互监督、相互协调、相互促进的共建管理机制，导致公司内部信息壁垒，形成信息孤岛。还有，公司数据的收集、整理、分析、处理不完善，导致信息数据不完整、不流通，很难依靠有效的信息数据进行企业科学决策，最终影响公司健康可持续发展。再加上，公司的员工激励制度设计不合理引起利益冲突，员工的凝聚力下降，缺乏积极主动性和创造性，很难形成合力，导致公司应对外部竞争环境不能快速反应，员工自我价值很难实现，必然导致公司整体竞争力下降，最终在激烈竞争的家政服务市场落到被淘汰的境地，也不足为怪。

41.3.1.4 传统家政企业绩效管理存在的问题

一、以结果为导向，忽略过程，导致一线家政服务员缺乏自我驱动力。

传统家政公司的绩效管理，大多数以结果为导向，轻视家政服务过程中对服务绩效考核指标的实时监控（家政服务场景下，对家政服务员服务过程的实时监控是非常困难的，如何监控？监控什么？是需要明确的）与分析，忽略与被考核的一线家政服务员的及时沟通及反馈，忽略与雇主的及时沟通及反馈，家政服务员很难通过绩效考核进行持续改进。由于评估系统追求结果，会影响家政服务员积极性、主动性、创造性解决雇主问题，导致家政服务员很难在实现公司组织绩效目标的同时实现自身价值。

二、与日常服务工作脱节，难以对不同的家政服务员设定不同的考核标准，缺乏针对性。

传统家政公司的绩效指标与家政服务员的日常服务工作内容脱节，二者之间没有实现有效对接。传统的自上而下的考核标准大多采用比较机械化的指标，导致绩效管理流于形式，缺乏切实效果。例如，依靠规定的“服务时间”完成服务工作任务，或者依靠雇主简单评价：“优秀、合格、不合格”来考核家政服务员。

还有，不同部门的服务工作性质和服务内容的差异，也会导致不同管理者对绩效考核标准理解上的差异，容易造成家政服务员的考核标准差距较大，评分结果难以横向比较，保持公平。因此，家政公司要针对不同的服务业态，设定不同的考核标准，不能一刀切。

三、基于历史的考核，不能及时反馈从而影响过程中的改进。

大多数传统家政公司将“绩效管理”简单理解为“绩效考核”，没有进一步对家政服务员绩效结果进行全面分析和及时反馈，大多只是立足“现在”看“过去”，即根据家政服务员过去的表现进行评价，是事后评价；绩效考核被片面理解为只是作为工资奖金发放和调整的工具和依据，并将之简单地与家政服务员的利益分配相挂钩，而忽视了绩效管理的最终目的，是实现家政服务员绩效的持续改进和服务能力的持续提升。

四、考核标准模糊，主观性强，缺乏有效定量分析。

传统家政公司绩效管理没有系统性的、科学性的量化评价标准体系支撑，大多根据简单的描述性指标，进行意向打分数。这些考核指标模糊，缺乏可操作性，往往以偏概全。而考核者个人好恶不同、主观性强，考核者缺乏应有考核规范与专业培训，在绩效考核时很容易“拍脑袋”，导致考核结果的随意性强，可靠性低、一致性低。这样的粗放式绩效评价，往往严重挫伤家政服务员的积极性，损害绩效评价的公平性。

还有的家政公司在对家政服务员绩效评价时，面面俱到，“德、能、勤、绩”样样考核，过于空泛，缺乏针对性，使严肃的绩效考核流于形式，为了考核而考核，失去公平客观和激励作用。

41.3.1.5 传统家政企业文化存在的问题

对于大多数传统家政公司而言，企业文化是自发或自然产生的，一旦形成，想要改变就绝非易事。因为公司在成立之初容易受创始人价值观的影响，具有“选择倾向性”，即会吸引与公司创始人相似理念的人进入公司，而与公司理念相左的人则不会被吸引或来了也不会留太久而选择离开。

很多家政公司并没有意识到企业文化的重要性，只注重物质激励等短期激励的可见效果，而忽视了长期的潜移默化的企业文化建设。等公司运营一段时间后，管理层开始考虑构建企业文化时，或者只是按照领导者的喜好，或者是模仿其他公司，提出一份公司愿景、使命、价值观，强调“客户至上”“用心服务”“职业化规范化”等企业文化，而且大多包罗万象，没有突出自己家政公司独特的价值主张。这些企业文化口号，没有经过全员参与讨论而达成共识，只是纸上谈兵，流于形式。传统家政企业文化主要存在以下两个问题：

一、流于形式与口号，说一套做一套

很多传统家政公司常见的问题在于“自上而下”的知行分离，公司领导对于家政服务员的要求和他（她）自身的行为表现也相差甚远。这种“上行下效”会影响整个家政公司对于企业文化的公信力，说一套做一套的价值观，会导致认知混乱。因此，家政公司要想真正让企业文化在公司中落地、生根、开花、结果，知行合一与言行一致不可或缺，切勿将“企业文化”流于表面的口号、标语、规章制度上。如此，无法真正体现出企业员工所追求的价值观、经营理念、企业精神等深刻内涵。

二、不落地的浮夸文化

越来越多的企业实践证明，成功的企业无一不践行着一套独特的企业文化。就家政服务业而言，“以雇主为中心”“以服务为中心”的家政服务，要求公司领导层首先要把“一线家政服务员”当成公司的“内部顾客”，服务好自己的内部顾客。只有满意的家政服务员，才能提供满意的服务，让外部的雇主满意。然而，很多家政公司内部却是“一言堂”“一家言”、家政服务业“大跃进”“一片红”，公司领导的绝对权威和“红得发紫”的知名度，导致了所有员工和家政服务员“唯诺是从”的企业文化；公司内部不再有反对的声音或不同意见，有的员工和家政服务员忍受不了，只能选择离开。这种盲目遵从的表面虚假的企业文化，只会阻碍公司发展。

41.3.2 家政服务平台化的特点

41.3.2.1 柔性化家政服务组织结构

随着数字化时代的到来，即“互联网＋家政”“区块链＋家政”平台时代的到来，传统家政公司组织结构的“一个萝卜一个坑”的科层型粗放式管理，已经不适应现代家政企业的发展。为了适应平台时代或平台经济的发展，现代家政企业必将进入柔性化组织结构时代。其具体呈现以下特点：

一、“新员工制”与“家政零工”

在平台经济时代，传统家政公司的科层型组织结构要向扁平化、灵活性的柔性化组织结构转变。一个有效的解决方法就是打破旧有的科层型组织，以众包（众包指的是一个公司或机构把过去由员工执行的工作任务，以自由自愿的形式外包给非特定的大众志愿者的做法）或分包（指从事工程总承包的单位，将所承包的建设工程的一部分依法发包给具有相应资质的承包单位的行为。该总承包人并不退出承包关系，其与第三人就第三人完成的工作成果向发包人承担连带责任）的形式，先拆分后整合，来重新构建新型组织。

数字技术或平台让传统家政公司管理逐渐走向微观。“互联网＋家政”平台、“区块链＋家政”平台，能根据服务项目、工作、岗位或每个人的服务经历和不同绩效表现，结合市场需求、雇主反馈等数据信息，计算或匹配家政服务员与雇主。这样，家政公司可以根据平台系统分析结果，调取家政公司内部人力资源和整合外部人力资源。这就要求家政公司采用柔性化组织结构，即可以用保持家政公司稳定的最小单位或最小“员工制”员工（包括管理人员和一线家政服务员）来构建家政服务组织，其他的工作、任务或工作岗位可以作为浮动结构或灵活结构，根据市场需求或雇主需求，随时调用社会资源，随时聘任“家政零工”。

例如，在节假日特别是春节期间，在家政服务需求旺季，可以增加新的“家政零工”来满足市场需求。但这些新增的“家政零工”并不隶属于家政公司，不是家政公司的“员工制”正式员工。这些家政零工是拥有家政服务职业技能一技之长的家政自由职业者。他（她）们有的拥有空闲时间的白领、有的是在校大学生、有的家庭主妇、有的是刚退休且有能力的人。他（她）们都是可以用闲暇时间来丰富自己且通过打零工赚取部分收入的人。对于家政公司来说，不再需要雇佣非必要性员工，增加公司人力资源固定成本，也可以不断开拓市场、满足雇主需求，进而增加收益，而且速度快、运营效率高。无疑，是数字化平台帮助传统家政公司解决“保姆荒”、降低运营成本，是切实可以的最佳途径。

二、建立“家政小组”与实现“规模效应”

一个优秀的家政服务平台化组织，既具备快速行动和应变能力，有能实现规模效应，突破传统家政公司很难规模化发展的瓶颈。

柔性化家政服务组织，首先是敏捷性，能根据市场和雇主需求，迅速组织家政服务员（或正式员工制员工，或家政零工）为雇主提供需要的服务。其中，有效的做法是将传统的科层型组织打散，借助家政服务平台，可有效组建一个个“创业小团队”即“家政小组”（5至7人组成）。这样，通过家政互联网平台特别是区块链家政平台，不仅内部有竞争，相互之间也有良性的竞争，而且小组成员之间的相互合作、相互学习、相互心理支持，可以弥补家政服务员单独一人为雇主家庭提供家政服务过程中的孤独与无助感。

对于家政公司而言，通过互联网家政平台，对一个个“家政小组”进行授权和资源支持，也有利于更好地为雇主提供个性化家政服务。同时，家政公司对家政小组进行管理，实施整体把控，有利于强化家政服务员团队的稳定性，减少家政服务员流失风险，再加上对家政小组整体赋能，可有效推动家政服务规模化发展，体现规模效应，进而又反哺家政小组和家政服务员。

三、服务“标准化、规范化、职业化”与信任、尊重、关心

通过互联网家政服务平台特别是区块链家政平台，可以有效实现家政服务标准化、规范化、职业化、规模化。同时，通过家政服务平台，特别是区块链家政平台，还可有利于实现“点对点”的情感交流、情感管理。这种情感化管理的核心是注重家政服务员的内心世界，可根据情感的可塑性、倾向性、隐私性等特征实施管理，建立家政服务员的情感档案数据库。其核心是激发家政服务员个体的积极性、主动性、创造性、职业认同感、自豪感，充分发挥情感在家政服务管理中的效能，遵循信任、尊重、关心的原则，充分开发家政服务员的潜能。

家政服务平台，可以提高家政服务运营效率，消除时空隔阂而使家政服务员管理和雇主管理更加有针对性、有效、持久，可以帮助家政公司管理者从繁杂重复的琐碎事务中解脱出来，有更多的时间和精力为家政服务员赋能和提供服务；同时，也降低了管理成本，提升盈利能力。而柔性的人性化管理，给家政公司带来的是家政服务员的满意度和忠诚度。二者相辅相成，必定能推动家政公司实现可持续发展。

41.3.2.2 数字时代的家政企业关系：共享、共建、共情

传统的家政公司，科层型组织管理不再奏效，强力限制信息（例如，市场需求信息、雇主信息、家政服务员信息等）的传播也不再有效。只有少数人掌握信息（例如，市场需求信息、雇主信息、家政服务员信息等）的时代，已经一去不复返了；家政公司利用信息不对称获取收益的方法也已经逐渐失效；企业运营信息通过传统公司科层型结构层层上报，只有高层管理者可以掌握全面信息的时代也已经渐行渐远。

步入数字时代、平台时代，家政服务信息在公司各个部门里、部门与部门间都能够畅通无阻地传递。这就使得公司更加透明，每个部门、每个团队以及每个成员都可站在同一起跑线上，增加了部门与部门之间、团队与团队之间、个体与个体之间的协作。单个的一两位英雄已经无法再单枪匹马地掌控全局，面对数字时代、平台时代信息的开放流通，家政公司要以更开放和平等的心态，赋予每位个体特别是一线家政服务员更多能量，激发其创造力，更好地为雇主提供服务。

伴随着数字时代、平台时代，家政公司信息不仅仅是组织内外信息通透，也迎来了“云端办公时代”。数字信息技术拉近了时空，移动办公、移动管理已经走进了家政公司，我们可以随时随地地拿着手机，用微信或者 APP、DAPP（分布式应用）与家政服务员和雇主联系交流。我们已经不再局限于在同一个办公室里工作，不再局限于在一家公司工作。人们需要更灵活的工作与生活方式。此时，“家政零工”（即拥有一技之长的家政服务自由职业者，而不是传统的家政“钟点工”。有能力的优秀家政服务员更倾向于成为“家政零工”，实现个人价值）应运而生，与之相应，家政公司也要有灵活的管理模式，而不是简单的“中介制”运营模式、“员工制”运营模式。

与此同时，随着数字技术在企业管理中的深度应用，家政公司内部需要建立起“家政服务数字化管理系统”，构建家政服务管理大数据（包括家政服务员数据、家政培训数据、

雇主数据、家政服务纠纷投诉数据、家政服务诚信数据等），可以精准分析出每个家政服务员的服务绩效表现、每个雇主需求信息与反馈信息等，可以精准地分析每项服务内容所需要具备的专业服务技能，可以精准地分析出每项服务内容所需要的服务时间，还可以精准地测算出每项任务、每份工作如何合成为雇主满意度、家政公司总的战略目标等。

数字时代、平台时代，开放、平等、协作、共享对家政公司和家政服务员关系也产生深刻影响。家政服务员与家政公司的关系，从原来的雇佣关系逐步向合作关系转变。“家政零工”却越来越普遍，与公司的紧密性减弱了，但家政公司边界的外延却向外拓展了。公司内部人员会减少，有利于实施“新员工制”，公司效率会提高。公司内部人与人的关系，从金字塔式的层级关系向扁平化的平等关系转变，制约和管控减弱了，但家政服务员的责任感却更强了。过去是对自己的直属上级领导负责，现在则是对所属团队的整个项目负责、对雇主负责，让雇主满意。

总之，数字时代、平台时代的家政企业关系呈现如下特点：

一、共享

传统家政公司采用科层型或层级化组织结构，谁的职位高谁就有权力。而在“互联网＋家政”企业或平台，是谁给雇主创造更大的价值，谁就有权力。家政公司的权柄从职位高、职责大的管理者向有能力的、有经验的、有责任感、使命感的一线家政服务员转移。家政公司要做的就是把所有权力下放给合适的家政服务员，过去管理上提出的“放权”是在控制主要权力的前提下的放权，现在是让渡（即出让、让与、交付）权力，是将决策权、分配权、用人权等管理者最主要的三大权力全部让渡出去。如此这样，家政公司的职能又是什么？是无所事事？当然不是。

此时的家政公司，或者说，在数字时代、平台时代的家政公司，通过这种权力转移，将带来两个趋势：对公司内部，权力是公司对家政服务员赋能（赋予家政服务员能力和能量）；对外，权力是为雇主创造价值（解决雇主问题，满足雇主需求，让雇主满意）。具体来说，就是用企业数字化智能管理系统来赋能家政服务员，对家政服务员进行岗前岗中岗后全程培训，协助家政服务员更有针对性地做好雇主服务，借助数字平台系统用市场的实时动态及雇主的反馈，来支持、服务、监督、考核家政服务员的工作表现，激发家政服务员为公司和雇主创造价值，使得雇主满意。这就是数字化系统带来的变革和便利；同时，激励个体实现自我价值（满足物质需求、精神需求）。让渡权力，把家政服务员从原来的雇佣者、执行者变成了创作者、合伙人。家政公司变成一个平台，一个可以实现家政服务员自我价值的平台。

二、共建

传统家政公司比较注重家政服务员的职业技能，而在数字时代、平台时代，现在的家政公司则更重视家政服务员之间的相互赋能，不仅是家政公司与家政服务员之间的相互赋能，更是家政服务员之间的相互赋能。

传统家政公司也注重对家政服务员的激励，那是事成之后的利益分享，而现在赋能，强调的是事前给予指导与激发动机。家政服务员只有发自内心热爱家政服务，才会想方设法提供雇主需要的服务。此时，家政公司的职能不再是分派服务任务和监工，而更多是让家政服务员的服务技能专长和兴趣与雇主的服务需求更好地匹配。换句话说，家政公司与家政服务员的关系是合作关系、共建关系，是共同解决雇主的问题、满足雇主的服务需求，是家政服务员使用了家政公司的资源和设施设备，而不是公司简单雇用了家政服务员。这就使得两者的关系实质发生了根本变化。

在这种新型公司关系中，赋能比激励更依赖企业文化，只有合作共建的文化才是家政公司与家政服务员关系真正持久有效的黏合剂。当家政公司建立了合作共建的企业文化，家政服务员就愿意真心付出、拥护和积极参与建设。家政公司就会吸引优秀的家政服务员慕名而来，聚在一起，成就彼此价值，实现多赢。在数字时代、平台时代，家政公司的核心职能就是围绕为雇主提供优质服务而营造合作共建的企业文化和价值观。

当然，在合作共建文化背景下，还需要构建像“阿米巴经营模式”（是日本经营之圣稻盛和夫独创的经营模式，即是将整个公司分割成许多个被称为阿米巴的小型组织，每个小型组织都作为一个独立的利润中心，按照小企业、小商店的方式进行独立经营。就家政服务业而言，可以组建一个个“大型社区阿米巴家政小组”，负责为这个社区提供家政服务）那样的“家政互动小组”管理体系，从机制上体现家政公司与家政服务员共同发展的理念，进一步把传统家政公司的雇佣关系转变为合作共建的联盟关系。

三、共情

共情，就是一致的价值观、一致的使命感、一致的目标而产生的合力。共情能够超越时间和空间，是比感同身受的同理心更强烈的心心相印。在数字时代、平台时代，一旦家政公司与家政服务员产生共情，其所产生的影响力会给企业带来惊人的卓越表现，能够为雇主提供满意的家政服务，达到其他家政公司难以企及的高度。

共情对企业而言是极其重要的。家政公司要想成为一个什么样组织，公司创办人和管理层必须始终带着方向和目标感，与家政服务员一道一步一个脚印地踏实行动。即使在现实中，领导者与管理者也会遇到各种各样的琐碎的问题，但不要被这些琐碎的小事包围而可能失去初心和目标使命。这时就要停下来看一看，想一想，究竟企业的方向何在，路又在何方？有没有与家政服务员产生共情。因为，当企业遇到挑战和困难时，家政公司与家政服务员如果产生了共情，就可以合力迎接挑战、战胜困难，竭尽全力为雇主提供满意的家政服务，而不会产生传统家政公司频繁的“跳单”和家政服务员流失现象。因为，要牢记，在数字时代、平台时代，家政公司与家政服务员是平等的合作共建关系。

41.3.2.3 平台化家政企业管理能力特点：生态系统领导力

家政服务平台，通过“去中介化”“去中间化”，让供需双方即家政服务员和雇主依托平台的服务生态系统直接对接，简化了家政服务交易流程，实现家政服务员和雇主的信息数据共享与公开透明，改变传统家政行业依靠买卖赚差价的盈利方式以及家政公司之间恶性竞争关系。

平台化家政服务企业管理能力有别于传统家政公司管理能力，具有以下几个新的特点：生态系统领导力、自下而上的创业精神、快速迭代的变革管理能力。下面具体分析：

一、生态系统领导力

传统家政公司，管理者是站在较高的位置对下属发号施令，企业信息在个人之间、部门之间沟通不流畅，存在“信息孤岛”。但在数字时代平台化管理的企业中，信息的来源是网状的、超越时间和空间的，每个人几乎都是信息的中心和节点，既是信息的发布者，又是信息的接收者。在这种情况下，一个人要居高临下地控制信息、发布信息是几乎不可能的。由此，传统家政公司再通过行政权力和职位高低导致的信息不对称，通过掌控信息而获得的领导力，在数字时代已经失去效力。此时，基于公司数字网络平台，以公司网络用户为中心，构建网络平台生态系统的能力，即生态系统领导力，就显得特别重要。

那么，家政服务平台生态系统领导力是如何赋能家政服务员的？领导者构建家政服务平台基础设施，利用平台资源和平台优势吸引、聚集家政服务员和雇主，进而形成平台网络效应(网络效应：随着用户数量的增加，所有用户都可能从网络规模的扩大中获得了更大的价值。即某种产品对一名用户的价值取决于使用该产品的其他用户的数量。例如，就家政服务平台而言，平台上家政服务员数量越大，就会越吸引雇主使用平台找家政服务员；反之，平台上雇主数量越大，也会越吸引家政服务员使用平台选择雇主）。那么，领导者如何加速形成平台网络效应？除了平台产生网络效应，平台还积极倡导家政服务理念、输出健康家政服务文化，吸引、留住、培养更多的“超级用户”（家政服务员和雇主），形成平台生态系统领导力。

构建数字时代的家政服务平台生态系统领导力，主要有以下几个特点：

◇ 一、构建平台生态系统场景，形成合力，实现共赢

构建平台系统基础设施，利用平台系统产品和数字化管理系统，打造家政服务生态场景：帮助生态系统内的生态伙伴（例如，家政服务员、雇主、家政公司管理者、家政培训师、家庭生活用品商家等），利用平台技术系统提升家政服务交易效率，提高家政企业管理能力和降低运营成本。

平台化家政企业构建家政服务生态场景，主要包括建立平台基础设施，统合家政服务产业各利益相关者的竞争，形成共生的竞争合作关系，促进家政平台各方之间的交易；打造并输出平台产品，创建新型商业模式，提升平台各个利益相关者之间的协作；建立安全的、信息透明的交易系统，统合平台生态系统伙伴之间的信任，形成合力，实现共赢。

◇ 二、构建利他赋能型领导力，建立平台使命感

平台化家政企业需要构建利他赋能型领导力。这种赋能型领导力，不是依赖权威和职位而发号施令，而是把个人特质、家政专业知识、职业能力和组织内外环境有机结合，满足家政服务利益相关者共同利益，建立强烈的家政平台使命感，促进组织持续发展，实现共同目标。同时，赋能型管理者团队，强调成就对方，与家政服务平台利益相关者共赢，特别是帮助家政服务员实现自身价值。平台化家政企业管理者与家政服务员之间的关系，是赋能关系，是导师、教练、朋友、伙伴的多元关系。

还有，平台化家政企业的赋能型领导，需要有更宽广的胸怀，要善于分享平台发展的利益，分享管理权和平台资源，孵化更多的“团队领导”“超级个体”“超级用户”。这样才能为企业的平台化管理提供更多的一线执行者、组织者、带头人，推动形成家政服务平台生态系统，提升平台价值和用户价值。

◇ 三、构建平台金融体系，支持生态系统内家政企业实现协同发展

通过建立平台金融体系，建立家政服务产业投资基金和团队，创新金融方式，选择优秀的家政服务创新产品、创业团队，提供资金支持。由于这些家政创新产品和创业团队缺少启动所需要的资源，尤其是品牌公信力、用户群和资金，平台家政企业可以利用自身的市场渠道、用户群、家政培训系统、家政管理系统、投资等平台基础设施资源，赋能这些家政创新创业团队创立新家政公司，以投资参股等方式，进行平台家政服务生态系统布局，并参与利润分享，从而能够迅速构建起家政服务产业平台，推动家政服务业实现协同发展和“提质扩容”，实现“高质量”发展。

◇ 四、构建平台家政培训体系，提升平台协同能力

在处理与平台生态系统家政企业的关系时，平台要站在生态系统的高位上坚守竞争合作关系，构建平台与平台生态系统中的家政创业团队的协同能力，而不是只看着平台自己的一亩三分地的私利，一味地追求控股权和控制权。平台要对创业团队给予充分的信任、投入、知识分享交流，由此达到彼此目标的协同、行动上协同。

平台对家政创业公司参股不控股，无论是在经营方面还是管理方面，都赋予了创业公

司管理层足够的自由和权限，不会试图控制所投资的平台生态链企业。不控股意味着把最大的利益留给平台创业团队。当用这个逻辑去组建团队的时候，会发现创业团队的积极性变得非常高，会拼命奋斗。还有，平台对创业团队的发展只提供管理咨询建议而不决策，通过构建平台家政培训体系，对创业团队和管理团队进行平台价值观输出，帮助创业团队进行认知与管理能力提升，进行赋能，最终的决策还是要创业公司的管理团队自己来拍板。事实上，平台生态系统上的许多创业公司，他（她）们有的是年轻创业者，具备足够的创业激情却又担心被投资方控制。

作为平台，一方面要将平台生态系统上的创业团队紧紧捆在平台生态链中，另一方面又没有削弱创业团队的主观能动性，创业公司的发展前景比单纯的收购控制要好得多。建立生态系统领导力，进行平台价值观输出，提升协同能力比控股更加有效，更有利于生态系统发展。

二、自下而上的创业精神

在数字时代、平台时代，新一代的家政服务员，特别是比较年轻的有文化和一技之长的家政服务员，希望在企业组织内实现自我价值，在成就企业的同时成就自我，他（她）们更希望管理者扮演的“辅导者”的角色，而不是发号施令的管理者和监工，要求上级能够充分放权，赋予其更大的灵活性与自主性。

特别是优秀的家政服务人才，希望工作、生活能融合，喜欢合作型企业文化而不是竞争性文化，希望老板能提供很好的指导，有良好的成长环境与提升空间，注重家政服务工作的社会价值和自我价值，而不是只成为企业盈利的工具。

还有，过去的企业中层管理者总是基于已有信息管理和领导一线家政服务员，但在数字时代、平台时代，被数字技术所赋能，现在的家政服务员比过去的员工掌握和处理更多的家政服务信息，使得家政企业将服务决策权更多向家政服务员转移，一线家政服务员自我管理家政服务的能力获得提升。此外，随着家政服务数据重要性的持续上升，基于数字化平台管理系统，家政创业门槛和创业成本也快速下降。这将导致越来越多的社会成员，可以基于共享、高效、低成本的数字化家政平台管理系统，更容易、更快速地启动新家政公司或新家政服务业务，并且快速获取家政用户。

平台化企业通过合理的奖励制度和数字化系统平台分享信息和资源，让家政服务员具有一定的分析能力，并给予她们对雇主服务的自主决策的权利，提高整个家政企业的行动能力和解决问题的速度。分权式决策使家政公司更加灵活、主动地对雇主的需求和服务投诉做出反应。因为，基层管理人员更贴近一线家政服务员和雇主，对有关问题的掌握比高层管理者更全面深入。这种自下而上的解决问题的创业精神更有利于企业快速发展。

三、快速迭代的变革管理能力

快速迭代的变革管理从来都是为适应市场的瞬息万变而产生的。特别是在数字时代、平台时代，对企业管理提出了新的挑战。

传统的科层型家政公司的流程化、管控型组织，已经越来越难以适应数字时代、平台时代的市场变化，平台化和生态系统化组织却如雨后春笋般涌现，并快速成长。传统的公司管理流程控制、程序井然、按部就班的公司，建立在此基础上的商业模式和管理方式，正在失去快速反应能力，而资源和信息分享、灵活机动、公司内部一个个“阿米巴小组”（公司内部的创业小组，自行制订计划，独立核算，持续自主成长，让每一位员工成为主角，“全员参与经营”，打造激情四射的集体，依靠全体智慧和努力完成企业经营目标，实现企业的飞速发展），正在颠覆传统公司的运营模式。

就家政服务产业而言，家政零工、家政小组、平台家政也正在改变传统家政公司的运营模式，彻底打破中介制或员工制家政企业运营模式的桎梏。这都要求家政公司领导者和管理者，拥有快速迭代的变革管理能力，才能适应传统家政公司平台化转型发展。

41.3.2.4 平台化家政企业绩效管理的特点：公平、实时、多元、系统

在数字时代、平台时代，平台化家政企业绩效管理应该具有以下特点：公平性、实时性、多元性、系统性等。下面具体分析：

一、公平性

传统家政公司家政服务员绩效考核工具，大多根据意向分数进行评估和管理，容易出现“拍脑袋”式的主观性偏差。尤其是，家政服务各个业态的岗位技能技术相关的服务过程行为，因为家政服务场景的特殊性（是家政服务员一个人在雇主家庭提供服务，除了雇主家庭成员外，没有第三人或第三方在场，有的时候，雇主也不在服务现场，只是家政服务员一个人在提供服务），难于观察、统计、监督、考核和共享，导致传统家政服务员绩效要么以结果为导向，不注重服务过程；要么针对执行过程的考核完全凭雇主印象。这种家政服务绩效考核有失公允，也严重影响家政服务员的积极性。这些都是因为家政服务考核者和被考核者信息不对称而导致的困境。

而在数字时代、平台时代，数字化、平台化的家政服务绩效管理，在一定程度上解决了家政服务信息不对称的问题。数字化家政服务运营管理系统，特别是数字化绩效管理系统使得家政服务绩效管理变得更加精准和公开透明，更具公平性，从根本上颠覆了家政服务绩效管理的传统模式。

首先，利用数字化家政服务运营管理系统，能够精准地捕捉到被考核者家政服务员在服务工作过程中的服务行为数据。通过这些服务行为数据，考核者（管理者）和被考核者家政服务员可以随时掌握被管理系统记录的服务行为数据和目标完成进度，并以此为据进行考核或服务绩效评估。考核者通过精准地观察和详细地记录家政服务员服务行为数据，做出更为公平的绩效考核，甚至有些结果是基于人工智能、物联网、大数据技术分析而成，将其与预期服务目标值（雇主标准）比对，自动针对考核目标及时做出客观判断。用数据说话，让数据共享，使得家政服务员绩效考核过程和结果都公开透明化，让管理者评估、同伴小组评估、雇主评估、自我评估等考核方式变得更加客观，将家政服务员服务绩效考核从传统的单边评估发展为全面评估，确保绩效考核的公平性。

其次，利用数字化绩效管理系统，还可以捕捉和积累家政服务员服务行为历史数据。记录家政服务员在以往家政服务经历中对于所获得的薪资待遇及所接受的相应家政培训、所掌握的家政服务技能水平、所服务的时间、服务方式等以及与雇主的关系等，进行建模分析（建模，即建立模型，是为了理解事物而对事物做出的一种抽象，是对事物的一种无歧义的书面描述。建立系统模型的过程，又称模型化。建模是研究系统的重要手段和前提。凡是用模型描述系统的因果关系或相互关系的过程都属于建模。系统建模主要用于三个方面：① 分析和设计实际系统；② 预测或预报实际系统的某些状态的未来发展趋势；③ 对系统实行最优控制），分析家政服务员个体对于薪资和家政培训、职业技能、服务时间、服务方式、与雇主的关系的不同价值判断，然后有针对性地设计与设施相应的激励方式，使家政服务员个体在信息透明的前提下，进行“社会比较”“历史比较”而达到建立自我客观标准的过程。“员工的积极性取决于他所感受的分配上的公平感，而员工的公平感取决于一种社会比较或历史比较”。家政服务员的公平感可以激励自己，带来更优的服务绩效。

第三，利用数字化绩效管理系统，还可以对家政服务员以往时期服务经历中的期望值

与实际结果进行建模分析，然后预测家政服务员接受一项新服务工作时的预期值。数字化管理系统能将家政服务员的服务工作成果的数量和质量，以及家政服务员的职业技能、服务知识、服务经历、服务态度、学历与给家政公司或雇主产生的价值进行综合建模分析，利用算法计算出产生价值的权重比，根据计算出的权重比进行家政服务员服务绩效标准设定，按照数字化价值输出系统自动进行绩效考核，降低考核者的主观随意性、差异性，使得家政服务员激励体现在价值输出上，进一步增加家政服务员的公平感。

第四，利用数字化绩效管理系统，还可以将家政服务员绩效评估周期大幅度缩短。家政服务员服务行为数据的记录和积累，可以以分钟或以秒为单位，更优于传统家政公司服务绩效考核周期以天、周、月、季为基础周期进行的考核，半年或一年进行结果考核。数字化绩效管理系统能帮助考核者对家政服务工作完成的整个流程监控。如果过程中哪一个环节出现问题，系统都会及时提醒。数字化绩效管理系统是平台化家政服务绩效管理的基础，在数据收集、分析、挖掘的基础上得到的宏观结论，能够为公司战略决策起到指导作用。平台化家政服务绩效管理是以目标实现为导向的家政服务员自我驱动，而传统家政公司绩效管理是以利益驱动的利益分配机制。数字化绩效管理系统可以帮助企业绩效管理真正做到责权利有机统一，家政服务员服务工作目标量化、可操作、可考评，用数据说话，让家政服务员感受到绩效考评的公平性，起到绩效考核的正向激励作用。

二、实时性

传统家政公司的绩效考核和反馈缺乏及时性，而数字化绩效管理系统与此截然不同。家政服务数字化绩效管理系统将绩效管理计划、实施、考核、反馈的闭环不断缩短，甚至不用人为干预，借助人工智能、物联网、大数据技术，就可以做到以分、秒为单位进行家政服务员的服务绩效考核和反馈。在家政服务过程中，智能设备通过对家政服务过程和各时间节点的服务目标完成情况进行即时监督，即时反馈给家政服务员；家政服务员借助于智能设备的提醒，及时调整自己的服务行为，最终改善服务绩效。

过去的技术不能够满足这种数字化绩效管理的要求，家政公司需要投入大量的人力、物力、财力资源，需要考虑家政服务员绩效考核的投入和产出比，希望能找到最高性价比的考核方式，既达到激励家政服务员完成服务绩效的目的，也考虑控制考核成本。数字化绩效管理系统就是家政服务理想的考核评估家政服务员绩效的考核方式。现在，数字化、平台化绩效管理系统主要依托于互联网的数字化、智能化的管理系统（例如，类似“钉钉”这样的管理工具），能及时发现问题、即时分析问题、即时决策和反思总结，既大幅降低管理成本，又提高管理效率。

三、多元性

传统家政公司，如果是中介制运营模式，家政服务员与家政公司的关系是“中介”关系，中介完成后关系就结束；如果“员工制”“准员工制”运营模式，家政公司与家政服务员是雇佣关系，公司内部都是自己的员工，主要是一线家政服务员。家政服务员要依赖于公司的家政培训、推荐雇主、提供上岗服务、负责服务纠纷处理等才能为雇主提供服务。家政服务员依附于公司。

随着数字时代、平台时代的到来，极大地拉近了雇主与家政服务员之间的距离，实现了“去中介”“去中心”。家政服务员可以通过家政服务交易数字平台，绕过家政公司，直接与雇主进行服务交易；也可以通过家政服务培训数字平台，绕过家政培训学校，直接接受家政培训师的培训。在数字时代，随着家政服务就业市场数字化平台的兴起，家政公司的用人观念也开始发生了变革，“只求所用，不求所有”的共享用人观念开始出现；与此同时，越来越多的“家政零工”（即拥有一技之长的家政服务自由职业者，不是“钟点工”或“小时工”。这些“家政零工”有的是白领、有的是大学生、有的是家庭主妇、有的是刚退休的专业技能人员，也有的本来就是家政服务员，他们因为喜欢家政服务职业、因为有家政服务一技之长、因为有闲暇的时间，原因分享自己的专长和时间）开始加入家政服务劳动大军的行列，服务社会，实现自我价值（经济价值、精神价值）。这时，家政公司与家政服务员的关系，从传统的雇佣关系逐渐发展成为数字时代的长期合作关系或联盟关系，互惠互利，共建家政服务生态系统而形成共生关系。

随着家政服务就业场景数字平台化发展深入，家政公司的组织边界变得越来越模糊，组织内部和外部开始出现交融，导致家政公司的管理范围和边界也越来越模糊，既要管理公司组织内部家政服务员，又要服务公司组织外部的“家政零工”，甚至还有数字化家政平台上的“用户社群”、其他参与平台的家政利益相关者，因为，他们共同构成了家政数字平台生态系统。

除了实体的多元性，还有一个家政公司数据的多元性。家政公司的整体数据、家政服务员的数据（基本身份信息、家政培训、职业技能、服务态度、服务经历、雇主反馈、职业生涯发展规划等）、雇主的数据（基本家庭数据、雇主服务需求、雇主雇用家政服务经历、雇主投诉、雇主建议等）、家政公司合作伙伴的数据、家政公司所在社区的数据、家政服务产业相关行业协会数据、市场数据、政策数据等，都将作为家政公司的多元维度的数据被记录。这种多维度的数字化管理系统，不仅可以使家政公司内部的家政服务员绩效管理变得精准、即时、公开透明，还可以服务公司外部的业务合作伙伴，给他们的表现进行评估并及时反馈评估结果，给予及时相应激励。

这种多元性，还体现在家政服务员绩效考核方式的多元性。随着数字化绩效管理系统，家政服务员的信息数据公开透明，家政公司、雇主和家政服务员都实时掌握家政公司运营数据、家政服务员服务行为数据，以分钟以秒记录，这对传统家政公司绩效管理方式产生颠覆性作用。基于数字管理系统的新的绩效考核方式开始出现：除了传统家政公司的“按劳付酬”“按业绩付酬”外，还有“按服务时间付酬”“按雇主评价付酬”“按服务内容付酬”“按服务量”“按家政服务员人数付酬”等。

这种多元性，还体现在家政服务员价值追求的多元性。特别是伴随着“家政零工”的兴起，80后、90后，甚至00后将走进新家政服务从业者队伍，他（她）们是拥有现代服务意识和一技之长的家政服务自由职业者，他（她）们愿意用自己掌握的家政服务职业技能服务于社会；同时，实现自己的人生价值，他们更加注重家政服务工作的意义。因此，随着数字化绩效管理系统应用于家政服务中，家政公司日常的监督、管理、反馈等实现他（她）们擅长的数字化管理系统运营管理外，管理者更加注重家政公司组织目标与个人目标的统一、服务目标与工作意义的统一，“监管”与“自由”的统一。管理者设定服务绩效目标时需要融合员工自身的职业目标。服务绩效考核结果反馈的目的，不仅是监督和评价，更是帮助员工改善绩效、达到成功，成就员工实现自我价值。数字时代、平台时代的家政公司是赋能型组织，数字化绩效管理系统不仅要管理好内部员工，还要服务好外部合作伙伴，在互联互通、互惠互利的数字平台上实现共同目标。家政公司组织不再仅仅是服务于老板的理想和目标，而且还要让每一个参与的利益相关者，都能达其所愿，共同构建出共赢的家政服务数字化平台化生态系统。

四、系统性

传统家政公司的家政服务员绩效管理更多关注的是时间成本，将投入与产出直接挂钩。

但在数字时代、平台时代，家政公司需要能够创造出更大服务价值和雇主价值的家政服务员。家政服务员绩效管理体系不应该只停留在奖励一线家政服务员简单的重复性服务劳动上，或者只停留在提倡服务操作执行力层面。现代家政服务仅仅靠家政服务员勤奋与努力，已不能满足雇主对高品质家政服务的需求。此时，家政服务员数字化绩效管理系统，应该引导家政服务员把有限的“服务时间”用到雇主需求的高品质家政服务上，用在为家政公司创造更大价值或附加值服务上，实现雇主、家政公司、家政服务员、平台等多方共赢局面。很显然，传统家政公司的绩效管理已经不能满足数字时代、平台时代家政服务数字化平台生态系统的需求。

还有，数字化家政服务绩效管理系统，借助数字平台技术，让家政服务员感受到公平与及时反馈外，还要能够精准匹配雇主与家政服务员，使得家政服务员服务绩效考核内容与家政服务员的实际工作相结合。基于大数据技术、人工智能、家政服务标准化（家政服务员职业技能标准、雇主服务需求标准）评定技术，可以提供精准的“定制化服务”，即针对不同的雇主，提供与之精准匹配的家政服务。或者，针对不同的家政服务员，提供与之精准匹配的雇主。

与此同时，数字化家政服务绩效管理系统，还可以利用家政服务大数据（家政公司整体数据、家政服务员数据、雇主数据等），基于大数据技术、人工智能、物联网技术，通过建模分析，分析家政服务历史时期、特别是对家政服务员的投入和产出相比，清楚了解到不同家政服务业态、不同服务内容的家政服务员的哪些服务行为因素会增加雇主满意度、会增加企业价值。数字化服务绩效管理系统，将根据这些服务行为因素及时调整不同服务内容的考核方向和评估标准，从而用科学的精准的服务标准培训和引导家政服务员。

数字化服务绩效管理系统，通过建模分析，寻找各个家政服务业态家政服务员的投入与雇主满意度、企业短期价值和长期价值的相关关系、因果关系，算出最关键服务行为因素。例如，家政公司各个部门（人力资源部门、运营管理部门、市场营销部门等）的投入权重，家政服务员招聘、家政培训、运营管理、市场营销等之间的价值分配，系统性地调整家政服务员绩效考核方法和评估标准，达到雇主满意、公司短期价值与长期价值平衡，解决数字化、平台化企业运营过程中的各部门的协调与利益分配。

数字化服务绩效管理系统，更注重分享、沟通和交流，要平衡好服务绩效过程中人与数据的关系。数字化绩效管理要重视以家政服务员为本，充分发挥家政服务员的潜能，提升家政服务员团队的凝聚力。公司管理层要基于家政服务大数据分析，建立家政服务数据模型，模拟家政服务运营全过程，提升家政服务管理效能，增强盈利能力，推动家政服务可持续健康发展。

41.3.2.5 平台化家政企业的文化共性与特性

一、平台化家政企业的文化共性

◇ 一、开放性

平台化家政企业的文化倡导的是开放的价值观。开放的企业文化，意味着公司内每个人在组织中都可以充分表达各种意见，进而能够保证信息流通公开透明，以及每个人的话语权得到尊重，每个人的价值得到尊重，这无疑会集思广益，提高组织的沟通效率和沟通的质量。

开放式组织并不必然是议而不决的低效。由于组织的开放性，公司内部会经常出现激烈辩论，不过提议者总是需要与反对者、质疑者进行开诚布公的争论，每个人都必须学会从公司利益、公众利益、市场需要等各方面去说服他人，而不是以权威、职位、资历来压制他人。毫无疑问，在这种开放式的组织体系中，对公司管理者提出了更高的要求，需要更多地参与双向沟通，需要更多听取来自一线家政服务员的反馈，需要将决策透明化，还需要以决策与指挥的科学性来赢得认同与信任。

事实上，大多数时候，基层员工特别是一线家政服务员一般不敢挑战权威，给领导出难题，或者传达不好的消息。但是不利消息往往更加需要重视，管理者必须要营造一个发表逆耳忠言的企业文化，让员工特别是一线家政服务员能够畅所欲言、敢于直言，在关键时候提出不同意见。建立机制，鼓励公开、透明、诚恳的沟通。开放的文化更适合精细化组织，例如，家政小组或家政零工。建立开放式组织，可以在组织内部建立一个个“5到7人的家政小组”，扩大招聘家政零工，引入众包机制，利用群体智慧，可以治理家政公司大企业病，能够帮助公司激发创新创造活力。

当然，组织边界的开放也是有秩序、有前提条件的：需要借助数字化管理系统，在保持开放的同时，利用数字技术特别是区块链的加密技术对组织信息和资产加以保护，特别是对家政服务的隐私信息加以保密。确保家政服务信息安全是家政公司组织开放的前提条件，任何平台生态中的开放都不是随意而行的，切不可因商业利益而摈弃商业道德和法律底线，企业的所有行为都必须在合法合理的范围内有序进行。

◇ 二、创新性

创新文化也是平台化家政企业文化中不可或缺的部分。营造企业的创新文化，必须着力塑造出公司对于创新的鼓励与导向系统。平台化家政企业的生态化发展战略本身就是创新，是对传统家政公司管理理念与模式的超越。在家政服务中的创新，不仅体现在管理模式创新上，还有家政服务组织的创新、服务流程的创新、服务内容的创新、服务方式的创新、服务工具的创新、服务培训的创新、服务质量评估的创新、盈利模式的创新、增值业务的创新等。

在家政公司实践发展中，任何创新是需要成本的，创新的成本投入要与企业的经济利益保持动态平衡。同时，创新还要建立在守成的基础上。创新固然重要，但守成也不可或缺。没有对家政服务规律规范的守成，创新就成了无源之水无本之木。当然，守成不是一成不变地对传统家政的留恋，而对传统家政精髓的坚守，例如，坚守家政职业道德，坚守以雇主为中心，坚守服务导向的服务文化等。创新也不是全盘否定传统家政理念，而是对传统家政理念中不合理的、落后的内容加以摒弃。例如，传统家政服务工具的落后，必然被智能化服务工具所取代；传统家政24小时住家服务的模式也不利于家政服务员身心健康全面发展，需要加以变革，还给家政服务员应有的正常的休息时间、闲暇时间、娱乐放松时间、与家人朋友团聚时间、学习提升自己的时间。当然，家政创新是需要勇气和魄力的。家政公司只有坚持创新，不断提供创新服务，让雇主惊喜，定期淘汰不合理的服务，才能赢得雇主的青睐，赢得激烈竞争的家政服务市场。

◇ 三、灵活性

平台化家政企业让一线家政服务员更加灵活就业，“家政零工”就是必然的发展趋势。伴随着数字时代、平台时代，新一代的“家政零工”，他（她）们喜欢家政服务职业，拥有一技之长，工作中喜欢多样化、富有挑战性，追求弹性工作方式和工作时间，追求在家政服务工作中实现自己的人生价值而不是仅仅获得经济回报，追求工作与生活的平衡。

因此，平台化的家政企业管理者要建立“弹性工作制”，要创造灵活多样的家政服务方式，来帮助这些家政零工实现自我价值、平衡好工作与生活。这里的弹性工作制，是指在完成规定的服务工作任务或固定的具体时间长度的前提下，家政服务员可以灵活地、自主地选择服务工作的具体时间安排，以代替统一、固定的上下班时间或24小时住家服务的制度安排。当然，这种弹性工作制基于数字化绩效管理系统，是建立在家政服务标准化、定制化的前提下，有服务质量保证，而不是放任自流。恰恰相反，这种弹性工作制，非常有利于家政零工提升服务质量与服务效率，提升雇主的服务体验。因为，这些家政零工热爱家政服务、拥有一技之长，且具有责任感、价值感。

◊ 四、专业性

家政服务员的专业化、职业化水平决定对雇主的服务水平，这也是家政服务员对家政公司、对雇主的尊重。反之，家政公司和雇主也要给家政服务员以尊重。求职者在选择企业时考量的诸多因素中，“员工尊重度”的重要性胜过“薪酬福利”跃居榜首。

特别是家政服务业，家政公司和雇主是否能公平对等家政服务员、注重激励家政服务员、尊重家政服务员的专业劳动和感受，将直接影响家政公司和雇主的声誉和形象，也影响家政服务员的忠诚度。

二、平台化家政企业的文化特性

◊ 一、利他

平台化家政企业强调利他的文化取向，是基于家政服务的价值取向而来。所谓“利他”，是指一种为他人而生活的愿望或倾向，是一种与利已相对应的倾向。利他主义所强调的是他人的利益，提倡那种为了增进他人的福利而牺牲自我利益的奉献精神。家政服务就是典型的利他文化的具体体现，是一个家政服务员到雇主家庭，为雇主家庭的居家老年人、孕产妇和新生儿、婴幼儿、残疾人、病人等家庭弱势人群生活质量改善而提供的服务。从这个意义上说，利他文化，实质上也是为雇主创造价值（解决雇主问题，满足雇主需要，提升雇主体验）。

现代家政公司管理非常强调为客户创造价值，站在雇主的视角和立场来审视自身的家政服务产品及其运营逻辑，只有能够持续地为雇主创造价值家政公司才能生存。传统的家政企业所指的客户是指公司外部的雇主，而平台化家政企业的客户，已经打破了家政公司的边界，只要是家政业务流转的各个环节，就会涉及平台上的多个业务单元，包括公司内部其他部门的员工特别是一线家政服务员以及上下游的合作伙伴，都是彼此的“客户”。这里尤其要注重一线家政服务员这个“内部顾客”，家政公司管理者一定要首先为内部顾客服务，让内部顾客满意。然后才能通过满意的家政服务员为外部雇主提供满意的服务。

利他文化，也是家政服务专业分工红利的重要前提。随着家政服务各业态发展越来越精细，家政公司在享受家政服务精细化分工带来的红利外，也必须保障分工后的各细分业态的合作。这种家政服务的分工与合作的前提基础就是利他。利他是分工的出发点，也是合作的终点，利他能够激发家政服务专业分工与合作的最大功效。反之，过多地强调业态分工，只站在自己业态的立场而讨价还价，必然导致雇主利益受到损失，公司的效益和效率的双重消耗。

利他文化，还得益于数字技术、平台技术带来的家政服务信息对称。从技术层面确保了利他行为可以得到准确的评估和利益保障。当利他战胜自私成为更好选择时，网络效益就越来越显著，给平台用户带来的价值就越大，利他行为就会带来更多的平台应用场景，造福所有用户。

总之，利他文化较之前的自利文化的公司制度设计，利他文化借助数字技术、平台技术，重构了利益分配，并通过声誉机制和文化筛选功能，更好地聚集共同价值观的人，共同在数字化家政服务平台上实现资源共享、互联互通、互惠互利，实现彼此价值最大化。

◇二、赋能

平台化家政企业强调赋能文化。在数字时代、平台时代，个体需要赋能。赋能比激励更依赖于企业文化，赋能的家政公司文化能够让志同道合的人特别是家政服务从业人员聚集在一起干一番事业，而不是传统家政公司利用利益驱动的方法来考核和激励。开放的赋能的家政公司文化本身就是一种最好的奖励，因为，个体的主要驱动力来源于实现自我价值的自主驱动力，以及创新带来的成就感。未来的家政服务员更在乎自我价值观和企业价值观的一致性。对家政公司文化的认同感，会让他（她）们慕名而来；或者基于共同的家政服务文化，这些家政零工自发组织，相互赋能，自我驱动，结成家政小组，为雇主提供优质的服务。未来的家政公司管理者更多需要的是家政生态系统领导力，而不是发号施令。管理者在管理中扮演的是教练而不是监工。管理者需要激发家政服务员自主性，让家政服务员充分发挥自己的职业技能专长，遵循自己的兴趣，为雇主提供服务，实现自我价值。

平台化家政企业除了赋能家政服务员个体外，还赋能合作伙伴、赋能雇主、赋能各利益相关者，共同打造繁荣的家政服务生态系统。特别是在移动互联网、大数据、云计算、人工智能、物联网、区块链等技术快速发展的数字时代、平台时代的大背景下，“连接”一切已经成为一种常态，家政公司与各类家政服务利益相关者有效连接而构建成的家政服务生态系统，将形成巨大的竞争优势，“富生态”已经成为很多家政公司的愿景和战略目标，也是核心竞争力。

那么，家政公司如何构建“富生态”，如何赋能？赋能就是家政公司提供提升被赋能者的能力，直接增强赋能企业在家政生态系统的竞争优势，从而更好地服务于自己的用户。就家政服务而言，赋能不是家政服务交易，平台化家政企业的常见赋能，主要做法有：培训和提升家政服务员的服务能力；提升家政服务雇主与家政服务员交往沟通能力、购买和使用家政服务的能力；对于家政公司合作伙伴而言，有无形资产赋能、家政培训赋能、服务交易赋能、运营管理赋能、数据赋能、技术赋能以及品牌与公共关系赋能、资源赋能等。这些赋能显示你重视他们，为他们发展着想，帮助他们实现自己的目标。这种对家政生态系统各利益相关者的赋能，看似花费不少精力与资源而好像无助于自己，但从长远来看，共同做大家政行业的“蛋糕”后获益的首先仍是自身。这种赋能，于己于人都具有深远持续的重要意义。

◇三、协作

平台化家政企业的协作，可分为内部协作、外部协作。协作文化是构建家政服务生态系统不可或缺的企业文化。

内部协作，主要体现在家政公司内部的每位成员，上至高层领导，下至基层员工和一线家政服务员，每一位个体的状态、知识、能力、目标甚至是个人偏好，都可以与同事、领导以及团队分享，公开透明，不再互有保留，彼此间的互相熟悉，特别是家政服务员之间的互相沟通，能够实现更好的取长补短。这项特质是衡量企业各部门、家政服务员之间配合能力的重要指标。内部协作有助于克服“木桶效应”（一只水桶能装多少水取决于它最短的那块木板）。

外部协作，是指家政公司与整个家政服务生态系统里的其他成员之间，实现信息的自由流通。只有实时互通有无、公开分享，才能发现并挖掘出彼此间更契合的利益分享点与更合适的合作方式，实现共赢。

当然，信息公开透明，意味着传统家政公司靠信息屏蔽，不再能够成为获利的来源，利用信息的不对称形成的商业模式将不再具有可持续性。一家家政公司只有达到开放与公开透明的状态，才会由内而外地散发出能量，吸引更多家政服务利益相关者加入这个家政服务生态系统，资源分享，大家共同发展。

之四，共赢

在数字时代、平台时代，共赢文化是平台化家政企业的应有之义。在家政服务生态系统中，利益相关者众多，关系多元，在相互信任的基础上，换位思考，相互理解，相互支持，使得多方利益分配趋于合理化，使得各个利益群体的需求得到最大化的满足，特别是使得雇主、家政服务员、家政公司都能满意，形成相互依存的伙伴关系。

尤其在家政公司里，公司与家政服务员，二者是利益共同体、风险共同体、命运共同体。家政服务员个人成长与公司发展互为依托，公司的成功和发展要依赖家政服务员的成长与发展；家政服务员的就业与发展也要依靠公司搭建的平台，有赖于公司的成功与品牌。公司兴，则员工兴；企业衰，则员工衰或离职。家政服务员是家政公司的核心竞争力和战略资源。因此，家政公司要想方设法留住优秀的家政服务员，只有共同发展才能实现共赢。

学会共赢，打破狭隘的“零和博弈”思维，这不仅对公司与员工之间，就是在家政公司之间也要有共赢思维，留有对手、尊重对手、直面对手，与其在竞争中良性共生，才能构建家政服务生态系统，对大家都有益。这是数字时代、平台时代的家政服务业发展的必然趋势。

41.3.3 构建新家政服务平台

41.3.3.1 构建柔性化家政服务组织

构建柔性化家政服务组织，是家政公司发展的必然趋势。这种柔性化家政服务组织是以“大平台 + 小前端 + 富生态 + 共治理”为架构的新型家政企业组织形态，能够在最大程度上适应家政服务产业日新月异的商业生态，在家政服务“提质扩容”的同时实现“高质量发展”。

一、“大平台 + 小前端”组织形态

所谓“大平台”，是指为一线家政服务员提供快捷的、有针对性、点对点的家政服务培训和家政服务交易及家政服务纠纷处理，而诞生的系统化操作流程和统一标准化的服务平台。而“小前端”是指灵活多样的一线家政服务员或“家政小组”，她们在家政服务中强调的是快速反应与灵活应对。

具体来说，就是构建一个家政服务平台，特别是区块链家政服务平台。通过平台，为一线家政服务员赋能（赋能就是给谁赋予某种能力和能量，即你本身不能，但我使你能），为家政公司赋能。即为家政服务员提供培训、提供服务指导；特别是借助区块链平台，为家政服务员和家政公司提供诚信和信誉背书（当然，对雇主而言也是如此）；通过平台，为家政服务员和家政公司提供服务市场需求和服务交易对接。特别是区块链家政平台，让雇主与家政服务员实现“点对点”直接自动服务交易，大大提升服务交易效率，减少服务交易摩擦纠纷。当然，这都需要建立在家政服务标准化基石上，即建立在家政服务员职业技能标准化、雇主需求标准化基础上。还有，平台不仅仅包括“线上”或“链上”，还包括“线下”或“链下”，构成一个有机整体。

传统的“互联网 + 家政”平台，正是由于缺乏家政服务标准化、缺乏家政服务诚信机制，才步履维艰，很难生存发展。

二、“富生态 + 共治理”组织形态

在互联网平台领域，生态圈就是实现产业链的上下游互通互联，形成一个高效的商业体系。就家政服务平台而言，就是一个以家政服务员服务为核心，构建一个由家政服务员人才招聘、家政培训、家政服务员职业技能鉴定、家政服务员就业安置、家政服务员保险保障、家政服务投诉纠纷处理、家政服务工具和家庭生活用品（食品）使用等组成的有机生态系统。在这个生态中，如何让家政服务员、雇主、家政公司、家政培训学校、家政服务员职业技能鉴定机构、家政协会、家庭生活用品（食品）商家等，都能在富生态下参与共同治理，实现互惠互利，才能保证家政生态圈的平衡与稳定发展。

唯有如此，在家政生态圈中的家政公司，不仅仅参与创造价值（即为雇主提供高品质家政服务，为家政服务员就业创造条件），也应该享有合理的价值分配（即获得收入、获得利润）。只有家政服务所有利益相关者都能够所"劳"有所获，大家共享利益成果，才能达到多方共赢，家政公司才能获得可持续发展。很显然，传统的科层型或职能型家政服务组织，很难形成家政生态系统，构建柔性化家政服务组织势在必行。

41.3.3.2 构建多样化关系的家政企业运营模式

一、建立互相成就的家政服务知识与职业技能分享体系

在数字时代、平台时代，开放、对等、共享的新型家政企业关系，有利于家政服务知识与职业技能分享。聚焦知识与技能分享管理，将最恰当的家政服务知识技能在恰当的时间传递给最恰当的家政服务员，使家政服务员能够及时为雇主提供最恰当的服务。这种强调合作、最擅长合作的家政公司，总能领先对手、保持高速增长。因为，家政服务员是家政服务过程中最重要的因素，也是家政服务知识技能管理过程中最重要的因素，对家政服务员的管理也就是对服务知识与技能的管理，家政人力资源管理的重要性也就在此。家政公司谁拥有丰富家政服务知识与卓越技能的家政服务员，谁就拥有核心竞争力。

◇ 一、建立互相成就的家政服务知识与职业技能分享体系的方法

☑ 公开交流：公开交流有助于充分发扬集体的力量、团队精神，与雇主、同事、管理者、培训师等建立强有力的关系。公开交流的关键，是创造一个尊重不同观念、尊重差异、包容性的学习环境，让每个人都乐于分享，尤其是家政服务员要积极参与分享。

☑ 走动式管理：家政管理层包括培训师要定期和不定期安排时间，经常到家政服务员当中，找家政服务员交流谈心，真实了解家政服务员知识与技能掌握情况及实际水平，然后提出解决办法，改进管理与培训工作。

☑ 敞开式管理：敞开式管理是建立在信任和尊重个人的基础上，鼓励家政服务员交流思想、讨论管理方面存在的问题，畅所欲言而不会造成不良后果。任何家政服务员都可以以建设性的方式提出对公司和管理的看法，以供公司决策者和管理者参考借鉴。

☑ 组建家政服务知识技能管理委员会：组建家政服务知识技能管理委员会，成立家政学习小组，有计划有系统地开展家政服务知识技能分享活动。

◇ 二、建立服务知识技能分享平台

为了促成互相成就的家政服务知识技能分享，家政公司的人力资源部门应该建立有利于服务知识技能共享平台。这种开放式平台，可能是一个互联网交流平台（例如，微信群、学习分享 APP 等），可能是一种家政公司内部的"师友制"或"师徒制"的互助制度，可能是定期频率的培训体系，可能是一种轮岗工作模式，可能是定期的模拟技能训练工作坊，可能是定期读书分享会等。这种分享平台，可能是一种或几种方式的组合。这种分享平台的建设，可以是公司人力资源部门主导，也可以是其他部门主导，不拘一格，只要能切实有利于家政服务知识技能分享即可。这种分享平台，至少可以起到两个作用：

第一，能够让有需求的家政服务员容易获取服务知识技能。

例如，一个刚入职的新家政服务员，她刚开始对一个人到雇主家庭提供服务感到胆怯

和紧张，这个时候，通过这个服务知识技能分享平台，她就可以从老家政服务员那里得到经验分享，或者直接从雇主那里得到开导，也可以从管理者或培训师那里得到具体应对的方法。这种平台分享，不同于正规或正式的家政培训，可以实现精准的“一对一”有的放矢的传授指导，更有针对性、更有效率、也节约培训成本而更经济。

第二，能够让每个家政服务员的知识技能共享成为可能。

例如，还以新入职的家政服务员为例。家政公司可以设计专门的“师友制”或“师徒制”，来保障让每个家政服务员的知识技能共享成为可能，进而帮助新家政服务员克服入职初期的紧张焦虑，让她尽快适应新的服务工作岗位。这里，可以根据新家政服务员的年龄、教育背景、工作经历、技能水平、性格特征、喜好等，或者由家政公司专门设计的系统自动匹配几个“师傅”，让新家政服务员选择是否做其“徒弟”；同样，也可以把多个新家政服务员通过系统自动匹配给一个“师傅”，让师傅选择自己的徒弟。师徒都是双向自由选择，配对成功后，家政公司应提供资源支持，对取得成绩的师徒应给予奖励。同时，鼓励这种师徒制尽量延续，走向“终身制”，更鼓励“徒弟”后来又成为“新师傅”，进行服务知识技能分享，开启自己的师徒制，而原来的师傅就变成“师傅的师傅”“老师傅”“太师傅”。如此持续不断，代代相传、代代相承，这就是最好的家政服务知识技能分享。如此，实施服务知识技能分享的家政公司，必然会涌现出一批批“青出于蓝而胜于蓝”的优秀家政服务员，必然提升公司的核心竞争力与品牌价值。

二、构建相应的家政组织结构

从家政公司组织结构上看，传统的金字塔型的科层组织机构设置，家政服务员和雇主一对一的家政服务方式，带来了家政服务知识与服务技能共享在各个家政服务员之间的交流空间与阶层的障碍。而共享隐性知识与技能最为有效的途径之一（知识分为隐性知识和显性知识。通常以书面文字、图表和数学公式加以表述的知识，称为显性知识；在行动中所蕴含的未被表述的知识，称为隐性知识。隐性知识是高度个人化的知识，具有难以规范化的特点，因此不易传递给他人；它深深的植根于行为本身和个体所处环境的约束，包括个体的思维模式、信仰观点和心智模式等），便是服务知识与技能拥有者的流动。从公司组织结构上说，构建扁平的组织结构，或组建项目服务团队，或家政服务小组，或“师徒制”“艺友制”，或家政社群等，使得家政公司内部能有广泛的家政服务员之间自由交流和互动。这样，就可以带动隐性服务知识与技能在家政公司内部不同部门之间、家政服务员之间扩散、共享。扁平的组织结构使拥有隐性知识与技能的家政服务员辐射更多的群体和后来新进入者。

在家政服务实践中，特别是有丰富经验的资深家政服务员，在家政服务员招聘、培训、服务推广、与雇主签约、与雇主交流、处理雇主投诉等方面，都有非常多的成功与失败的经验教训，如果建立“家政服务小组”（通常5到7人），或“师徒制”“艺友制”，或家政社群等，就能够促使资深的老家政服务员个体与群体的隐性服务知识与技能在新的家政服务员群体中扩散，最终形成公司层次的隐性知识与技能。

要建立“家政服务小组”（通常5到7人），或“师徒制”“艺友制”，或家政社群等。家政公司人力资源管理部门，首先应从战略发展高度梳理公司组织结构的模式，组建不同的家政服务组织模式以适应家政服务隐性知识与技能共享的需要；其次，人力资源部门还应该结合家政服务各细分业态实际，考虑哪些业态的资深的家政服务员组建家政服务小组或师徒制，能够更好地带来服务知识与技能交流，并在完成传播与扩散后，思考如何对家政服务员进行职业生涯发展规划，并拿出具体的行动方案，这些也迫切需要。

总之，作为企业隐性服务知识与技能，难以用文字、语言和数学公式等来精确表述，但可以共享。这就需要服务知识与技能拥有者和需求者之间密切的交流和合作，企业隐性服务知识与技能的共享效率，将取决于隐性服务知识与技能的可显性化程度、拥有者的传授能力、需求者的学习能力、激励水平、互惠程度、彼此信任程度等因素影响。因此，渴望共享服务知识与技能的企业需要充分发挥人力资源管理部门的作用，在企业的组织结构设置、家政服务员培训、激励与考核机制、职业生涯发展规划、企业文化等方面做好充分准备。也只有这样，服务知识与技能共享才能成为提升企业竞争力的有效手段。

三、建立公开透明激励体系

公开透明的激励管理体系，既包括以薪酬激励和股权期权收益激励为主的物质性激励，也包括非货币性的精神激励、职权激励体系，两者根据家政服务员的不同实际需求，进行多样化个性化的组合，可以实现最大化的激励效果。

这就要求公司人力资源领导者和管理者，必须基于对人性的深入了解来设计激励制度体系。要考虑一线家政服务员的需求和非理性行为，要了解影响家政服务员实现目标的激励措施和非理性偏见，设计更有效的激励制度，选拔最合适从事家政服务的优秀从业人员。特别是从马斯洛的人的“需求层次理论”来看，还要考虑家政服务员安全需求、集体归属需求、尊重需求、社会荣誉需求、自我价值实现需求等高级需求。唯有如此，这样的激励体系才能真正激励一线家政服务员提升服务绩效，实现自身价值，且提升对公司的忠诚度、雇主的满意度，达到多赢。

四、构建管理者的赋能、共情能力

在数字时代、平台时代，家政公司管理者的工作，从原来的管理、监督、控制，转变为利他、赋能、成就家政服务员。

◇一、数字时代管理者将如何赋能家政服务员

在数字时代、平台时代，不同于传统管理方式的激励偏向于事成之后利益分享，数字时代的企业赋能，强调的是激发家政服务员的内在服务动机，给予挑战性目标。这种发自内心的对家政服务的志向与喜欢，才能激发家政服务员持续为雇主提供满意的服务。管理者的职能不再是简单的分派雇主、命令、监督，而是让一线家政服务员的专业服务技能、兴趣、志向、需求与雇主的服务需求、性格等更好地匹配，赋予家政服务员更多自主权利。

还有，不同于传统管理方式的考核、激励，赋能型管理者更依赖利用企业文化，让志同道合的家政服务员，聚集在一起，共同发挥各自的力量，为雇主提供优质的服务。她们是自我驱动、自发组织的小团体，对家政公司的服务文化具有强烈的认同感，并享受这种文化，愿意为雇主、为彼此、为公司提供服务。只有与她们的价值观、使命感相吻合的企业文化，才能吸引这些家政服务从业人员慕名而来，加盟公司。

还有，不同于传统管理者方式聚集于个人激励，赋能型管理者更注重公司组织结构设计和家政服务员之间的互动。强调家政服务互助小组、师徒制、家政社群的组织建设与激励。管理者需要创造更加透明沟通的渠道，灵活运用跨越公司传统界限和边界的网络，赋予家政小组成员或师徒制成员更多自主权，以及跨部门调动公司资源的能力，促进家政服务员之间的交流互动、合作，实现互联互通、互惠互利，建立多样性的高效的伙伴关系。

◇二、数字时代管理者将如何构建共情能力

传统家政公司管理者，大多数被岗位职权所束缚和迷惑，将其误以为领导力。其实，依托于岗位职权的管理，只能是控制职权范围内的行为，无法激发一线家政服务员自发自动为雇主提供服务，无法获得家政服务员自动自发追随，无法使分散在雇主家庭的各个家政服务员凝聚在一体，难以激发出团队的热情，进而提供优质的服务。由于传统家政管理

方法单一，家政服务员无法得到能力的提升和职业发展。

而数字时代的管理者，作为赋能者，管理者要树立正直的人格特质，做到言行一致，诚实可信，做事公正、公道，对家政服务和家政服务员充满尊重和敬畏。如果一个管理者没有正直的人格，是不能被信服的，更勿论具有领导力。

还有，数字时代的管理者还需要培养敏捷创新能力。传统家政公司的中层管理者被强调是贯彻公司领导者的意志，落实相关公司决策，偏向于执行层面。然而，在数字时代，企业必须更快地适应外部快速变化的大环境，管理者必须对家政服务市场、雇主需求、家政服务员需求进行密切的跟踪观察与敏锐反应，不断创新家政服务产品、家政服务组织运营方式、盈利模式等，以应对快速迭代的企业发展模式。

还有，数字时代的管理者还需要培养跨界的协同能力。家政公司的发展目标需要许许多多的家政服务员一起共同承担，需要各个方面的物力、财力、数据、资源、市场等家政服务生态系统中各利益相关者的支持。因此，数字时代的管理者需要培养跨界整合资源和协同执行的能力。跨界协同的能力，一方面是企业外部的跨界，跨越组织的藩篱，与合作伙伴、超级用户、雇主、同行、上下游企业进行沟通协作，整合更大范围的资源，实现组织目标。

总之，数字时代的管理者要增强家政服务员之间、家政服务员与公司与雇主之间、公司与合作伙伴之间的互动，创造透明的沟通渠道，赋予家政服务员、家政小组、团队更多自主权，促进协同机制设计，形成共情能力，激发家政服务员潜能，引领团队更好为雇主提供满意的服务。

五、构建企业超级用户体系

在数字时代、平台时代，家政公司还要着力构建超级用户体系和品牌合伙人体系。这些企业超级用户和合伙人，与公司有长期的合作关系，有深入的互动，能够共创共建共情，能够提供公司每位用户的平均收入值和净推荐值，是公司的核心资源。那么，如何构建超级用户和合伙人体系？

◇一、构建会员等级机制

如何设计家政服务会员等级机制，将会员沉淀成不同圈层，针对不同圈层匹配不同层级的家政服务产品和增值服务？怎样在会员等级机制的架构里，不断梳理家政服务员、服务内容、服务方式、服务设计、数据资产？还要重新审视既有雇佣关系，以便为雇主提供个性化、定制化服务。

◇二、如何对待付费会员

对待公司的付费会员，首先要意识到付费会员不只是一种雇主的筛选和沉淀，而是有其对应的价值主张（雇主的诉求）和情感表达（雇主对家政公司和家政服务员的情感认同）。因此，对待付费会员，需要构建区别于非超级雇主的服务价格和服务业务组合，还需要增强其归属感、尊贵感。

◇三、如何对待超级雇主

在数字时代、平台时代，超级雇主思维，是对家政服务商业模式在时间和空间上的重新思考，也是数字化家政服务平台的基础，不仅构建出情感的连接，还成为价值的载体。

传统家政公司的上下级关系、雇佣关系、内外部关系、企业与企业之间的关系等，都在发生重大变革。企业秩序不再是可以从上到下支配或控制的管理体系。

在平台化家政企业中，企业关系呈现出多样化发展。企业内部组织结构柔性化，上下级异位呈常态，家政服务员之间、上下级之间互相赋能，共享共建。企业外部组织共情化，企业和企业之间，企业与超级雇主之间建立可信赖的合作联盟关系。平台化企业就是一个平衡的系统，在这样的系统内，只有不同的个体之间形成并保持相互信任，而且是建立在开放的数据之上的，需要保证及时、精准和透明，如有偏向，则大家有目共睹。这种开放意味着放弃控制权，也意味着成千上万的人才可以为你所用，意味着千差万别的资源为你所用，意味着更好的创新和更大规模的共同发展。

41.3.3.3 构建家政企业生态系统

在数字时代、平台时代，借助移动互联网、大数据技术、人工智能、云计算、物联网、区块链技术等，数字化家政平台让平台生态系统中的各个家政主体：家政服务员、家政小组、中小微家政公司、大型家政公司、雇主、家庭生活用品（食品）商家等都数据化，让家政公司内部的一线家政服务员、各层级管理者，还有家政公司外部的雇主、合作伙伴也时时掌握相应的家政服务业务信息，进而具备数据分析能力和匹配能力。

数字化家政平台，还可以实现家政公司内部信息流通、内部与外部信息交互、资源共享与自由组合，更好地利用家政服务资源。平台化的管理能力，以数据智能为核心，整合家政服务产业的上下游资源甚至跨行业的协同资源，形成多元、有机的家政服务生态系统。生态系统内的各个利益相关者都能更有效地利用和管理信息资源，给平台化家政企业带来新的竞争优势。

一、数字智能

传统的IT是搭建系统，围绕业务需要展开工作。传统家政公司只完成了最基本的通过办公、信息查询、服务交易、财务管理等基础系统的建设，支持家政服务业务效率提升与成本控制。

在今天的数字时代，数据已经成为家政公司最核心的资产和生产要素，它正在改变的不仅是家政服务交易方式、家政服务培训方式，还改变建立服务交易与建立家政培训的方式。数据建模分析，将取代传统家政公司“拍脑袋”的决策方式，用数据驱动家政服务产品研发、服务营销、运营管理、服务交易、服务培训等。通过对数据的多维度交叉分析，深度了解用户行为，评估市场营销效果，优化产品体验，提升组织运营效率。数据信息系统的价值在于：通过核心业务系统建设，来帮助家政公司实现家政服务管理规范化与流程化、服务产品信息数据化与标准化；通过商业智能模型、大数据分析、创新业务平台建设，实现业务决策支持与推动创新。数据将成为平台家政企业最宝贵的核心资产。

如何积累数据资产、打造数据模型、用数据驱动管理升级，是所有企业面临的挑战。平台家政企业需要搭建完整的家政服务数据库，深度挖掘数据，争取不放过任何有价值的数据。构建数据智能，主要就是通过数据采集、数据接入与存储、数据查询与分析、数据化建模驱动管理职能化等四个流程。

数据主要是通过多方埋点，海量采集，客户端、服务器端、数据流转过程中数据全面沉淀，并将批量历史数据导入。数据库完成后，将分散在各个系统的内部资源共享起来，建立起连接前台和后台数据的中台系统，提供整合统一的数据交换能力，打破信息孤岛，实现数据大流通，形成信息流。

数据信息系统在前端可以实现数据的可视化查询以及有效分析，帮助管理者在日常运营中做出及时且科学的决策。在现有大数据库分析基础上完成数据化建模，驱动管理更加智能化。

在数字时代、平台时代，任何一家好的平台家政公司，将会是一家有价值的数据信息公司。这些家庭服务的大数据，将为寻找创新解决方案来提升家庭生活品质，提供科学决策依据。

二、微粒化组织能力

在数字时代、平台时代，平台管理能力，是通过人和组织的协作而产生的一种竞争力。微粒化管理是平台管理能力的重要体现。

◇一、区域微粒化、组织最小化、流程精细化

微粒化管理，是指借助技术手段实现家政服务流程的数字化、管理的微观化，将家政服务员和雇主通过大数据进行合理的精准匹配。如果一家家政公司仅仅是几十个家政服务员，那么，仅通过人工手段便可以满足需求，但如果是几百人、几千人、几万人甚至更多，那么，靠人工手段来将这么量的家政服务员和雇主进行匹配，其本身就是一项非常繁重的艰巨任务，将其匹配精准度也是很难把握的。但如果能够借助数据化的平台手段，即使是几十万级、百万级的数量，进行匹配，也是很容易的，而且借助大数据技术可实行精准匹配。这里，就需要根据家政服务员和雇主所在区域，通过定位计算来合理进行匹配。这就是区域微粒化。

微粒化还可以从纵向、横向两个方面深入拓展。在横向上，就是不断细化家政服务组织的层次，由管控转变为去中介、去中间，直接触及个人，即能够一键触及最细小的需求单位，直接触及需求方和供给方个人，且能同时获得服务对接而满足需求，这是其他非平台家政企业难以企及的优势；在纵向上，就是家政服务流程的精细化。例如将家政服务流程的用户上线搜索、下单、签单、接受上门服务、付费、点评以及纠纷处理等的所有使用流程都规范化、标准化，并且细分到每一种可能情形。例如雇主在投诉时可以直接选择不满意的原因，而不需要手写或者电话反复叙述，节约了个体和平台的双向时间，且让整个流程清晰可见，能够直接提高用户的信任度和使用黏性。

还有，这种微粒化管理并不一定是管理全职家政服务员。事实上，数据平台可以管理全职家政服务员、家政零工等每一位家政服务员的服务工作时间，能够根据家政服务员的服务时间和服务质量进行服务绩效计算和核定薪酬，这样可以极大地提升管理效率。特别是对家政零工的管理，极大地拓展了家政服务员的来源，有效地利用家政零工的闲暇时间和服务技能特长，整合了社会人力资源，大大缓解了家政服务员紧缺问题，能更好地满足雇主的家政服务需求，创造了社会价值。

此外，微粒化管理，还能有力推动家政服务规模发展。借助于数字化家政服务管理平台，在每个城市的运营团队一般也就几个人，例如，区域市场经理、运营经理、城市总经理，最多不超过 10 个人。以最少的家政运营团队服务一个城市海量家政服务员和雇主，这就是数字化家政平台的核心优势。

◇二、决策渗透

微粒化管理模式，不仅能对家政服务规模化发展进行有效的精细化管理，而且体现在通过平台的大数据分析，影响家政服务决策，即决策渗透。这种渗透，可体现在预测雇主的服务需求、服务市场精准营销对策、家政人力资源招聘等。通过家政服务数据化分析，能够以科学的方式进行决策，给雇主创造新的价值，实现家政公司降低成本，增强管理能力，提升盈利能力。

三、社会资源共享能力

随着数字技术的发展，平台使得资产的所有权和使用权开始出现分离，“不求所有，但求所用”，企业可以调用社会的闲置资源，例如调用社会闲置的固定资产，还可以调用社会有闲暇时间的人力资源。这样，可以较低成本创造更大的价值。因为，基于数字技术的平台化家政公司建构的数据信息系统，能够准确地分析各项家政服务资产的绩效，能够

帮助公司管理者形成战略决策，即投入资金购置战略性资产，将非战略性资产外包。这样，公司通过互联网平台就可以在尽可能更大范围充分调用社会资源为我所用。

因此，在数字时代、平台时代，平台化运营的家政企业，将不再需要投入大量资金取得办公资产、服务工具资产、家政培训资产的所有权，也不再需要投入大量资源来雇用大量的全日制、员工制家政服务员，而是要充分获取或调用社会闲置的办公资源、服务工具资源、家政服务培训资源的使用权，是要雇用大量的具有闲暇时间和服务职业技能的家政零工（拥有一技之长的家政服务自由职业者），这样可以增加这些社会资产和社会人才资源的使用频率，不仅创造价值，而且能够不断降低公司固定成本，来获取竞争优势。

四、生态化能力

传统的家政公司的管理者，往往只站在自己企业的角度思考公司战略和发展目标、分析市场份额和竞争格局、构建供应链及上下游的议价能力；管理者也只是从单个企业视角去思考这些问题。这样，所得到的战略选择将有限、发展目标将单一，市场竞争格局和供应链上下游多为零和博弈。

在数字时代、平台时代，平台管理者思考问题的视角开始升级，能够从自己公司本位、单个企业视角，上升到能从整个家政服务生态系统的视角看待公司的发展，能够综合考虑家政平台上的个体、团队、组织、合作伙伴到社会等各利益相关者的利益动态平衡。同时，平台管理者将重新审视利益相关者的竞争合作关系，不再过分注重自己公司自身利益，而是注重建立利他的平台价值观，以赋能的方式成就平台上的各利益相关者，使得大家共同发展、共同受益。平台管理者的领导力，不再局限于自己公司内部，而是逐步延展到企业外部的各利益相关者构成的家政服务生态系统。

因为，数字化家政平台系统，能够使得公司内部部门与部门之间、公司与家政服务员之间，依赖程度提高，信息互动更加频繁，促使信息、资源共享，帮助部门从冲突模式转变为协作模式，进而帮助部门与部门之间、公司与家政服务员之间形成互相依赖、互惠互利，在共赢的理念下紧密连接在一起。同样，公司与雇主、外部合作伙伴等利益相关者之间，也实现数据交互、资源共享，公司组织的延展性增强，公司与外部的边界开始模糊。从全局角度看，各利益相关者都是家政平台生态系统的一个子系统，相互之间时刻都发生信息与资源的交互，谁都不可能独立于这个大的生态系统之外。

总之，在数字时代、平台时代，家政公司只有不断修炼平台化能力，构建数字智能化家政服务大平台，微粒化家政服务组织，开放家政公司边界，善于调用外部资源进行平台化扩展，实现家政服务规模化发展，建立家政服务生态系统领导力，形成家政产业大联盟，以适应不确定的外部环境，增强抗风险能力，方可在激励竞争的家政服务市场立于不败之地，进而赢得竞争优势，才能真正实现家政服务业“提质扩容”“高质量发展”。

41.3.3.4 构建全程持续改进的数字化绩效管理系统

数字化家政服务绩效管理系统，是家政公司人力资源管理以及绩效管理的必然趋势。在家政服务数字化、平台化转型过程中，家政公司的人力资源管理者不仅要熟悉家政服务整个业务流程，特别是家政服务员的招聘、培训、职业技能鉴定、服务绩效管理等流程，还要掌握家政服务数据、特别是家政服务员服务行为数据的收集、整理分析、挖掘能力，能够通过数据分析、数据共享、数据建模，运用数字化技术对家政服务员的服务绩效进行管理，进而支持建立家政服务数字化生态系统。

家政服务数字化绩效管理系统，是家政服务数字化业务运营管理生态系统的一个部分，主要包括三大“子系统”：指挥中心、执行平台、监控平台。人力资源管理者通过这三个平台掌控“计划、监控、考核、反馈”整个绩效管理过程。数字化绩效管理系统，能够对考核程序、考核模型等进行设计，与现有家政服务系统数据资源对接、整合，把日常家政服务管理工作、家政服务员服务工作纳入考核中，实现家政服务透明操作、常态管理、奖罚分明。考核者只需要通过网络（例如，移动互联网）登录系统，依据系统提供的考核项目，对每项管理指标逐项核查、现场录入，同时，辅助以录音、照片、视频等可观察、可留存资料。系统自动上传现场考核信息后，后台数据中心自行计分、汇总并固化考核结果。数字化绩效管理系统的绩效考核，实现了对基层工作特别是一线家政服务员服务工作和服务行为的动态监管、可视化管理。不仅为高层管理决策提供了数据支撑，而且促使人力资源部门关注一线家政服务员的真实需求，可及时帮助家政服务员提升服务绩效、提升雇主服务体验、实现自我价值。

构建全程持续改进的数字化绩效管理系统，具体实施办法如下：

一、构建家政服务大数据

构建数字化家政服务绩效管理系统，首先是建立家政服务大数据。家政公司的家政服务大数据主要来源有：

◇ 一、家政服务员数据

家政服务员数据，主要包括：家政服务员基本信息数据、家政服务培训数据、服务行为数据、服务结果及其反馈数据等。

◇ 二、雇主数据

雇主数据，主要包括：雇主家庭的基本信息数据、雇主服务需求数据、雇主反馈数据等。

◇ 三、家政企业运营管理数据

家政企业运营管理数据，主要来自家政公司办公基础数据、家政服务人力资源管理数据、家政服务培训数据、家政服务产品研发数据、服务质量管理数据、服务市场营销管理数据、服务投诉与服务补救数据、客户关系数据等。

◇ 四、家政服务相关的设备物联数据

这类数据，是基于家政服务相关的设备、物联网采集到的数据。例如，智能冰箱等家庭智能家居设备采集的数据；老年人的可穿戴设备采集到的老年人身体健康数据；家政服务员服务行为的可视化设备采集的数据等。此类数据是家政服务过程中或家政服务产业大数据增长最快的数据来源，这类数据可以有效计算出家政服务员的服务绩效，并以此为依据提升服务绩效，也可以计算出雇主对家政服务投入产出效益等。

◇ 五、家政公司外部数据

家政公司外部数据，主要包括：政府发布的有关家政服务产业发展趋势及统计数据；家政服务业行业协会发布的行业发展趋势及数据；有关家政服务市场预测数据；与家政服务产业相关的宏观社会经济数据等。

二、分析家政服务大数据

利用家政服务大数据时，除了注意数据“海量性、多样性”等特点，还需要具有“价值性、实时性、准确性、闭环性”四个特点。

在分析家政服务大数据时，应注意：企业运营管理大数据，强调目的性、因果关系；家政服务消费互联网大数据，强调更多挖掘关联性、更加发散的分析。具体来说，要注意以下几点：

◇ 一、洞察数据意义

对家政服务数据特征的提取，要洞悉数据背后的意义。家政企业运营管理大数据，要注重特征背后的因果关系，而家政服务消费互联网大数据，则要倾向于依赖资料分析或统计学工具，挖掘属性之间的关联性。

◇二、全面性

家政企业运营管理大数据，注重时效性、避免断断续续，更注重数据的全面和完整。即面向应用，要求具有尽可能全面的使用样本，以覆盖家政企业运营过程中各类变化场景，保障从数据中提取能够反映"对象"真实状态的信息。

家政企业运营管理大数据，要在数据收集方法上克服数据碎片化带来的困难，利用"特征"提取等手段，将这些数据转化为有用信息。企业管理大数据的运用，也可以是从数据获取的前端设计中，以价值需求的设想制定数据标准，进而在数据与信息流的平台中，构建统一的数据环境，尽量确保企运营管理大数据的全面、真实。

◇三、高质性

在企业运营管理大数据分析上，如果因为数据碎片化导致数据的质量无法得到保障，最终可能导致数据的"可用率"很低。

而家政服务消费互联网大数据则不同，可以只针对数据本身做挖掘、关联，而不考虑数据本身的意义，即挖掘到什么结果就是什么结果。

为了提高数据质量，利用强大的管理大数据来实现转型和变革，企业则必须要建立完善的分析基础和应用环境，以及应用后可能应对的情况和实际效果，并且要经过专业的大数据机构进行全方位分析，才能确保企业大数据分析落到实处。

三、借助技术手段，全程持续管理

家政企业在通过专业大数据机构进行全方位分析后，搭建数字化管理平台。通过数据收集、数据存储、数据处理、可视化分析等步骤，对家政服务大数据进行处理，采集服务绩效数据，核算指标实际值或实际完成结果，计算服务绩效考核得分并评定服务绩效等级。利用公司运营管理大数据进行服务绩效考核，能够有效减少人力成本。

其中，服务绩效数据的采集是连接雇主标准（家政服务质量是由雇主标准决定的，或者是雇主感知的服务质量标准决定的）与实际服务结果的桥梁，服务绩效指标如果没有服务绩效数据的支撑，那么，也就无法反映出指标背后的服务工作价值。

因此，建立科学、有效的服务绩效数据采集渠道和管理制度，就显得至关重要。在家政服务实际工作中，主要采取"定量 + 定性关键事件"进行考核。这种"定量 + 定性关键事件"，就是家政服务"雇主标准"。服务绩效考核的实操过程，就是制定服务绩效考核指标、确定服务绩效标准和指标计分方法。具体实施方法来说，主要有以下几个方面：

◇一、界定服务绩效指标的定义、计算公式、评价标准等指标要素

服务绩效数据的采集，需要依据服务绩效指标的定义、计算公式及评定标准等内容，所以只有界定清楚了服务绩效指标定义、计算公式、评定标准等要素，才会知道需要采集什么数据及如何采集数据。因此，明确界定服务绩效指标的定义、计算公式、评定标准等指标要素是服务绩效数据采集的基础和前提。

◇二、规范每项服务绩效指标的采集流程、统计口径及数据表单

每项指标背后，都有相关家政服务内容和工作流程，只有规范了服务绩效指标的采集流程、统计口径、数据表单，才能保障服务绩效数据的真实、客观、有效。有的公司在服务绩效数据统计方面做得非常规范，例如编制服务绩效指标数据统计作业指导书。

◇三、明确各部门的数据收集责任，将指标数据采集落实到人

每个部门既是被考核部门，也是服务绩效数据提高部门，特别是职能管理部门或是每

项家政服务业态的归口管理部门。一线员工特别是家政服务员是数字的源头，负责及时、准确收集原始数据录入数字化系统。

基层管理者是数据的处理者，负责数据的筛选和加工；

中层管理者是数据的组织者，负责数字的分析、判断、处理；

高层管理者是数据的决策者。

数字化管理是家政公司的必然趋势和未来。同时，公司需要明确指定每个服务绩效指标的数据统计岗位，将服务绩效指标的数据落实到人。

❇一、数据统计部门

数据统计部门，也称数据来源部门或提供部门，是指负责统计或管理该服务绩效指标数据的单位 / 部门。一般对该服务绩效指标具有相应的管理权或责任义务，对指标数据结果的准确性、真实性、有效性等承担主要责任，需要规范指标数据的采集、统计等过程。

为体现相互监督、相互独立、公平的原则，数据通常由该服务绩效指标的第三方管理部门或内外部客户部门提供（该指标的考核结果，能够反映出被考核主体对统计部门的工作贡献或服务结果）。如果实在找不到数据提供部门，数据也只能由被考核主体自己提供，那么，也需要经过稽查无误后，才可使用。就家政服务而言，是雇主和家政服务员共同提供数据。

❇二、数据采集岗位

数据采集岗位，是指具体负责统计服务绩效指标数据的岗位。一般对服务绩效指标具有直接的管理权限或责任义务，对指标数据结果的准确性、真实性、有效性等承担直接和主要的责任，需要规范指标数据的采集、统计等过程。该考核结果，能够反映出被考核主体对采集岗位或其所在部门的工作贡献或服务结果。

◊ 四、建立服务绩效指标数据管理办法，进行服务绩效数据的采集、稽查及管理

在家政服务实际中，有的平台企业建立服务绩效指标数据管理办法，对服务绩效数据进行采集、稽查、管理，都取得了较好的效果，办法中规定了各部门对数据的管理责任、服务绩效数据的采集流程及方法和规范、服务绩效数据稽查及奖惩等，对服务绩效作假行为严惩不贷，保证了服务绩效数据真实、客观、有效。

◊ 五、完善公司各项家政服务业务流程和管理制度，服务绩效管理系统信息化

每项指标都应有一个规范的指标管理办法，或可以在家政服务业务流程或者管理制度中找到依据，这样就要求公司不断完善各项业务流程和管理制度。对于新增的服务绩效指标，如无相应的流程和制度予以支撑，应当尽量建立并完善相应的管理规范和表单。

四、机制协同，快速响应

在家政服务实际中，服务绩效评价、目标设定、执行情况等，都会对一线家政服务员发展造成重大影响，也是影响家政服务创新的重要因素。对于家政服务创新绩效的评价，要避免硬性排名；如果是对“家政服务小组”服务绩效评价，要突出团队合作的服务绩效。

在管理制度的制定和执行中，不但需要满足公司的业绩要求，还要能充分发掘每个家政服务员的潜能，建立起家政服务员个人发展、小组发展、公司发展的有机统一，从而实现家政服务员个人潜能开发、创新行为以及创新结果的有机联系。

在服务绩效考核过程中，要突出公平，做到因人而异、因地制宜，避免服务绩效考核中出现的竞争力不足或过度竞争问题，要建立良好的沟通机制，通过与家政服务员沟通，对当前的服务绩效考核体系进行调整和完善，以期实现更加科学有效的家政服务绩效管理评价标准体系。

五、构建正向绩效

❇一、服务绩效管理的平衡点在于创造服务价值

在家政服务中，数字化服务绩效管理不应该只是一味死守考核指标，而应该回到服务绩效考核的初衷，就是激发家政服务员的内在服务动机和自主提升服务绩效的内驱力。

数据化的服务绩效考核，能够实现家政服务更精准的计算，可以满足多角度考核。但是，如果一个家政服务员的招聘、培训、日常评估、投诉处理、离职等完全通过数据计算，那么，家政公司的管理者将完完全全依赖冰冷的数字，这显然是缺乏温度的、缺乏情感的、缺乏灵活性和创造性。如果数据出了一点偏差，会造成很多不良的后果。事实上，数据化的服务绩效管理，也并不能完全地解决家政服务绩效问题，更好的方式应该是平衡服务绩效与情感心理需求。因此，推行数字化管理的服务绩效，企业要有灵活的创新性的组织机制、开放性的企业文化氛围。

◇一、灵活的组织机制

为了适应数字化服务绩效管理，家政公司需要变革传统的职责界定刚性、业务流程固化的组织管理模式，要打破部门壁垒，弱化管理层级，引入家政项目组、家政小组、临时机构、虚拟组织、家政零工社群等灵活机动的组织形式。这不仅仅是组织结构上的变化，也是经营团队管理思维和观念上的变革。

◇二、开放的企业文化氛围

为了适应数字化服务绩效管理，家政公司还需要建立宽容的、能够容错的开放式企业文化，在坚持家政服务标准化、规范化的基础上，鼓励家政服务创新。这并非易事，需要管理者在降低错误率和创新之间寻找平衡和突破。

我们知道，传统的家政公司在服务绩效管理上高度量化、强调服务结果的绩效评估体系，即使有时要求家政服务员参与服务绩效指标制定和讨论过程，也基本上是必须支持公司和部门服务结果的达成，且必须围绕自身服务岗位职责。

而数字化平台化服务绩效管理系统，是强调家政服务员的自我驱动，强调有的服务绩效是家政服务员自下而上提出来的；有的是雇主提出来的。这就打破了传统的家政公司管理职责的边界，只有经过家政服务员、雇主和公司管理者共同讨论认定是切实可行的正确的，才可以设定为服务绩效目标，然后共同思考如何执行落地。

这种平台化数字化服务绩效管理系统，强化了一线家政服务员的凝聚力，增强了提供优质服务的信心，能够让每一个家政服务员朝共同的方向努力，就是让雇主满意，创造雇主价值，同时实现企业目标和自己的人生价值。

❇二、服务绩效管理的功能在于强调正向绩效

数字化服务绩效管理系统，目的是提升一线家政服务员提供优质服务的自我驱动力，激励家政服务员承担更有挑战性的工作，赋予更多的职责和权利，提升职业技能和服务绩效，实现自我价值。

同样，在家政服务业，借助数字化服务绩效管理系统，有效地管理服务绩效不佳的家政服务员，也是非常重要的，不可或缺的。

我们知道，奖励优秀的家政服务员比处罚服务绩效不佳的家政服务员要容易得多。但作为家政公司管理者，尤其是在服务人员红利消失的今天，必须要正视服务绩效不良的家政服务员，要采取合理有效的措施，来提升这些人员的服务绩效。

家政服务绩效管理的绩效目标不是用来考核人的，而是用来提高家政组织和家政服务员的服务业绩和效率的。在家政服务员一个人长时间在雇主家庭提供服务时，再加上家政

服务场景没有同伴在场提醒或提供支持，家政服务员的服务表现或服务状态时有波动，是很正常的事。因此，服务绩效管理者，任何时候都不应该轻易片面地否定一个家政服务员，服务绩效考核应该永远“对事不对人”。如果要给一个家政服务员打服务绩效分，不应该针对其短期服务表现打分，而应针对其长期业绩和服务表现给予打分。而且，在应用数字化服务绩效管理系统时，如果能根据家政服务员的多元化、多样化个性，因地制宜、因人而异，综合制定考核目标，那样就更好。

数字化服务绩效管理系统，用数据说话，不针对个人，只为改善服务绩效。因此，更有利于广开言路，倾听不同的质疑声。特别是对于文化不多的家政服务员，用数据说话，易于理解，不会心有顾忌。在数字时代，数据具有一视同仁的特点，公司的每个家政服务员的服务表现，都可以量化为服务行为数据。

在家政企业管理方面，进行数据化，这是数字时代对企业管理的大变革。数字化之前，管理者大多以主观想法作为决策基础，尤其是服务绩效管理“拍脑袋”的考核屡见不鲜。而今，数据成为制定决策的主要依据，也是平台化家政企业服务绩效管理的革命性成果。平台化管理的微粒化、精细化、标准化服务精细，对家政服务员的服务绩效评估，可以无限细分为无数个小的日常服务工作单元项，及时、多维地通过数字化运营系统，来判断和评估服务绩效表现，并随时做出反馈，有利于管理者对家政服务员贡献做出相对正确、科学的判断、度量，时刻掌握家政服务员服务动态与发展趋势，强化正向服务绩效。

41.3.3.5 共建利他的家政企业文化

一、建立愿景、使命、价值观

在数字时代，平台化家政企业构建的是利他企业文化，主要包括企业愿景、使命、价值观。

◇一、利他愿景

利他愿景是一个家政公司对理想未来的规划图景，是企业长期的设想和规划。正是这样长期宏大的愿景，引领着家政公司在每一个阶段采取最符合自己价值观的行动。

那么，如何让全体员工特别是一线家政服务员相信公司的利他愿景？首先，就是要让家政服务员意识到利他（最重要的是利雇主、利家政服务员同伴）最终也会利己、利企业，从而实现互相赋能与共赢。如此，便能真正激发家政服务员内心的使命感。当家政服务员为自己、家政小组、公司共同构成的愿景而工作时，公司管理者就会发现整个公司充满一种氛围，一种发自内心的使命感把家政服务员内在信念和外在服务行为紧紧地凝结在一起。这便是共同愿景。

平台化家政企业的愿景，应该由企业内部沟通达成。从提出、讨论、形成初稿、再征求意见、修订等，不是哪一个人能够单独决定的，即使是公司创始人也不例外，而是公司全体员工特别是一线家政服务员一致认同的。建立利他愿景最关键的就是要在全体家政服务员中建立一种发自内心的认同感，唯有如此，才能在日常的服务雇主的行动中自觉履行，而不是流于口号标语、流于形式。

◇二、使命、价值观

☑ 明确使命：就是要确定家政公司实现愿景目标必须承担的责任和义务。

☑ 认同使命：就是家政公司在招聘家政服务员时，选择认同公司使命的家政服务从业人员。

☑ 增强使命感：就是如何让家政服务员具有公司主人翁的责任感和使命感。具体方法如下：

❇一、公司要给家政服务员提供安全感、归属感、实现自身价值的平台。其核心就是公司经营者要站在家政服务员的角度和立场，真正帮助解决家政服务员的保险保障、职业生涯发展、食宿问题、家庭后顾之忧、自我价值实现等切身实际问题。在此基础上，再通过多种活动以及言传身教，引导家政服务员认同企业的价值观、建立使命感；同时，想方设法让家政服务员个人目标与公司目标保持一致。唯有如此，才能真正实现休戚与共、荣辱与共。不然，当家政服务员的切身实际问题得不到解决，自身价值得不到实现，也不能与公司分享劳动成果，而只是公司盈利的“工具”时，公司任何使命感都是空谈。

❇二、提供家政服务员参与公司长期回报的机会。例如，公司股权、期权激励。责权利向来是统一的，只有让家政服务员实实在在成为企业的主人，他（她）责任感、使命感就会油然而生，自然拥有主人翁意识和心态。当然，获得企业的股权、期权也是有条件的、有前提的，而不是分配给那些缺乏主人翁意识、又不上进、没有技能的人。

二、强化利他文化领导力建设

要选择与公司利他文化相契合的领导者。公司领导者应在公司组织的各个层级推动企业文化变革，创造组织利他文化，发挥催化剂作用。为此，公司在选择管理者时，应评估其与企业利他文化的契合度。当然，对那些与利他文化契合度不高的管理者，要强化教育培训和引导，促使他们尽快主动参与企业文化变革，自觉用利他文化指导自己的管理工作；对于那些经过教育培训后仍与企业利他文化不相容、不合拍的管理者，或者劝其离职或予以辞退。因为，企业利他文化的推动力首先来自企业领导者、管理者团队的利他文化。那么，企业利他文化的领导力究竟是什么？

◇一、利他文化领导者应具备的能力特质

☑ 战略思维：制定家政服务产业发展战略，对家政服务产业有战略眼光，善于管理团队和家政服务员团队建设，能促使家政服务、家政教育、家政电商与家政金融相结合。

☑ 生态发展思维：拥有平台思维、家政服务业生态系统思维。

☑ 多元思维：拥有利益相关者思维，拥有共商、共建、共享思维

☑ 技术思维：把握移动互联网技术、大数据技术、人工智能、云计算、物联网、区块链技术等。

◇二、利他文化管理者团队应具备的能力特质

☑ 使命感：通过创新家政服务为社会谋求福祉，为雇主创造价值，为家政服务员创造价值。

☑ 创新能力：迎接数字时代、平台时代对家政服务的挑战，创新家政服务产品与发展模式。

☑ 赋能：基于数字技术、平台系统，对家政服务利益相关者赋能。

三、倡导建立共识文化

要倡导建立企业共识文化。在数字时代、平台时代，家政公司在导入共识文化时，要凸显公司组织中隐性的潜在的共同规则、理念、价值观，需要在企业文化建设中对此加以充分讨论，并与现有的、理想的文化加以比较，同时，还要与管理层的工作风格进行对照。当家政服务员逐渐发现公司领导者、管理层开始讨论、倡导、履行新的企业文化时，他（她）们也会耳濡目染，逐渐习得新的文化并试着改变自己的行为，进而形成一个良性的反馈机制。当然，家政公司可以积极正面通过多种方式来推进新的共识文化。例如，专题讲座、小组讨论、典型座谈会、内部社交活动、奖励文化先进者等，以增进公司领导者、管理层和一线家政服务员的充分沟通交流，以达成共识。达成共识主要体现在以下四件事情：

☑ 共同的事物：例如，家政服务员工作服装、服务工具、办公室布置、公司VI标识系统等，

都要给家政服务员明确的共同指示与规范。很多时候，人们不关心这些共同的东西，但正是共同的事物让家政服务员可以和公司组织完全保持一致性。

☑ 共同的语言：如果可以让家政服务员有共同的语言，也就是让家政服务员之间达成了共识而没有距离。“世界上最近的距离和最远的距离都在舌头上”。

☑ 共同的行为：在形成企业文化的时候，也需要家政服务员有共同的行为举止。就像军队一样,任何一个军人都会要求自己一切举止符合要求,无论是步伐、吃饭、训练还是睡觉。这些整齐划一的行为举止训练，使得军队形成强大的组织战斗力。

☑ 共同的感觉：“公司对我们很好；我们喜欢这个地方；我们关心公司，因为公司关心我们”。家政服务员一旦形成了对公司的这种共同的感觉，就会发挥巨大的作用，其意义重大。

四、通过培训达成集体共识

除了倡导建立共识文化，企业领导者和管理者，怎样和基层员工特别是一线家政服务员达成共识并形成合力？这需要通过培训，在培训内容设计上要加入利他的理念，具体有四个步骤：

◇ 一、沟通企业现状

首先，公司领导者和人力资源管理者要和一线家政服务员沟通了解企业文化的现状，包括家政服务员整体氛围、服务工作满意度、企业文化内容及其落实情况，还有领导者和管理者的言行与企业文化的一致性情况等。

企业文化诊断方法，主要有家政服务员访谈、结构性问卷调查、焦点小组讨论、内部数据提取等。

了解企业文化现状与分析存在问题，是重塑企业文化的起点。如果企业文化出了问题，家政服务员就会对公司发展环境感到焦虑，不自觉会影响自己的一言一行；如果是部门之间或家政服务员之间协调不畅，家政服务员就会缺乏向心力和内聚力。

◇ 二、让家政服务员参与其中

家政企业文化的主体是家政服务员。家政企业文化的形成过程，就是家政服务员参与其中的过程。企业文化有助于帮助家政服务员形成一致性的服务行为。企业可以通过“共同的事物、共同的语言、共同的行为、共同的感觉”来建立企业文化。具体的方法有：

公司利用识别系统的规范、办公设备的统一、工作环境的设计、统一服务工作服装、统一服务工具等，形成统一的可视化的共同事物的外部氛围；在日常交流、讨论合作、解决问题时，创造并利用共同的内部语言，帮助大家形成共同亲密的认同感；通过每日晨会、周例会、月例会（根据家政服务员的服务工作特点，有的时候，可以借助视频会议、微信群会议的方式）等会议的参与，以及培训家政服务员在人际交往、与雇主互动、服务工作流程上注重服务质量标准与细节，培养共同的服务行为；通过频繁的互动交流和讨论，寻求共识，将日常行为内化和外化，形成共同的感觉和体验。

◇ 三、进行企业文化培训

通过企业文化培训，在形成企业文化共识上将起到极其重要的不可或缺的作用。企业文化培训方式主要有：

☑ 入职培训：培训公司的愿景、使命、价值观，特别是利他的核心理念。

☑ 师徒制：通过资深的老家政服务员带领新进入的家政服务员，了解公司的创业发展史、了解具体家政服务业务及服务标准、规范、流程等。

☑ 钉钉、微信群培训：每日、每周对服务情况、学习状况进行分享、讨论，帮助有需要的家政服务员释疑解惑。

☑ 企业大学：让公司领导者对管理者、潜在管理者、家政服务员先进积极分子代表等，阐述、传承企业愿意、使命、价值观等，从公司战略、领导力、新技术、发展趋势等方面进行梳理与讲解，持续提升利他的企业文化。

◇ 四、帮助企业文化落地

帮助企业文化落地，最有力的方法，就是领导者和管理者率先垂范，以身作则，做出榜样。“其身正，不令而行；其身不正，虽令不从”（《论语》）。如果领导者和管理者按企业文化规范自己的一言一行，这样不用等到公司正式下发行政命令，效仿与追随者就会越来越多；反之，如果领导者和管理者自己说一套、做一套，自己行事不端，处处给自己找借口开脱，却要求下属和一线家政服务员遵从公司规章制度、尊重和传播企业文化，这样不会有人心甘情愿地遵从，即使勉强去做，也会大打折扣。

领导者不仅是企业文化的构建者、规章制度的制定者，更应该是一个带头的践行者。领导者不仅是一个高瞻远瞩的决策者，更应该是一个亲力亲为的“优秀员工”。只有领导者参与到一线家政服务员之中，才能真正了解家政服务员的想法和需求，才能换位思考。

五、通过晋升机制推动企业文化建设

在数字化时代，平台化家政企业首先要有社会价值，才有自我价值。如果在社会价值方面没有得到社会的认可，或没有得到最大的表现，是很难实现自我价值的。平台化家政企业要将利他精神融入企业文化建设中，体现在平台价值观中，并与家政服务员招聘、培训、家政服务员职业生涯发展规划、家政服务产品有机结合，传递给家政服务生态系统内所有合作伙伴。其中，通过晋升机制，在物色、提拔管理者的时候，要挑选具有利他精神与利他行为特质的人才，尤其要避免掉将个人利益置于企业整体利益、雇主和家政服务员利益之上的人进入管理层，这将有力推动企业文化建设。具体介绍如下：

☑ 不要把岗位经验或年资作为晋升管理者的主要标尺，要更看重工作的热情和敬业精神。热情是卓越领导者和管理者的重要品质，能吸引与激发家政服务员，以正向情感投入家政服务。

☑ 在管理层的高端，要提拔能够影响人心的人才，带给大家对理想的渴望、对服务标准规范的坚守，以利他助人的爱心，吸引家政服务从业人员积极投身家政服务业，实现自身价值。

☑ 要能容纳对企业有大价值、大贡献却不墨守成规的“异类”，有时还需要对她们加以保护，但绝对不能放过那些损害企业、雇主和家政服务员利益的“双面人”。

总之，通过晋升机制，将彰显积极正向的企业文化，引领大家积极践行。

41.4 家政服务企业必将实现集约化、品牌化发展道理

我国家政服务业经过38年的发展，尽管仍然呈现“小、散、弱、乱”整体发展现状，家政服务员流动性强、家政服务质量很不稳定、家政服务企业生命周期很短、行业诚信度较低、品牌意识不强。

但随着近几年国家政策的密集出台与强力推动，特别是家政服务业“两化”（规范化职业化）建设与“提质扩容”行动的实施、国家资金配套扶持，加上社会资本的积极介入，也开始出现了部分国家扶持的“千户百强”家政企业完成了初级阶段的发展，初步形成了一定的规模与“品牌”。

再加上“互联网 + 家政”网络平台对传统家政服务业交易方式、管理方式、监督方式

的巨大变革而带来的效率提升，我国家政服务企业未来必将扭转“小、散、弱、乱”的行业格局，在家政服务员招聘、培训、服务交易、服务管理等方面，向规范化、职业化、连锁化、网络化、规模化发展，家政服务企业的集约化程度越来越高，品牌价值更加凸显，品牌建设必将成为家政服务业发展主流。

1）通过品牌建设，提升家政企业自身美誉度、影响力；提升雇主认可度、市场占有率；维护家政行业市场程序，提升家政诚信度。

2）通过品牌建设，提升家政服务“溢价”功能。为家政服务企业带来一定的附加值，形成家政服务无形资产价值，提升家政服务产业盈利能力。

3）通过品牌建设，树立良好家政服务社会形象。有利于吸引高素质从业人员加入家政服务企业，进而提升家政服务员工队伍整体素质和职业技能水准，家政服务业的职业认同与社会地位也将随之提升。

41.5 家政服务产业跨界融合发展将势在必行

序号	发文时间	发文机关	政策文件名称
	2019年6月16日	国务院办公厅。国办发〔2019〕30号	《国务院办公厅关于促进家政服务业提质扩容的意见》
相关摘要	（三十五）促进家政服务业与相关产业融合发展。推动家政服务业与养老、育幼、物业、快递等服务业融合发展。大力发展家政电商、“互联网＋家政”等新业态。培育以专业设备、专用工具、智能产品研发制造为支撑的家政服务产业集群。		

众所周知，一方面，家政服务业属于微利行业（行业平均利润率7.1%）。随着我国对家政服务需求的快速增长，特别是我国中产阶级的发展，人们对美好生活的追求，家庭事务“社会化”将越发凸显，家政服务的“大众化”将成为新常态，是家庭日常消费的一部分，而且消费者对家政服务品质的需求将越来越高。

另一方面，我国人口红利已经消失，人力资源的成本将越来越高，特别是高素质、高技能人才的工资水平显著提升；还有家政服务业实现“两化”（规范化职业化）建设也将增加家政服务企业成本，特别是“互联网＋家政”平台企业成本更是大得惊人。

如此，家政服务对象的大众化、品质化与家政服务企业成长性、高成本的矛盾就日益凸显。家政服务品质的提高需要高素质高技能的家政服务员和规范化职业化的家政企业，而高素质高技能的家政服务员需要高工资福利、需要家政服务企业培训与管理，这都需要家政服务企业有较高利润来支撑保证。这种高工资、高利润跟传统家政服务业的微利矛盾冲突，必然要求传统家政服务企业必须改变传统运营模式，寻求支撑家政服务业发展的新的利润增长点，实现跨界融合发展将是必然选择。这是其一。

随着“互联网＋家政”网络平台的发展，互联网信息的无边界性与家政服务的地域性之间矛盾，也要求家政服务业必须进行跨界融合发展。互联网特别是移动互联网家政供求信息，可以在任何地方任何时间被任何人包括潜在与显在用户（家政从业人员或雇主）搜索到，用户可以在平台上找到满足彼此要求的对象，即家政从业人员找到合适的雇主，或雇主找到合适的家政服务员，但如果彼此不在自己所在的城市或城区，两者之间就不能很好地进行匹配。同时，也严重制约了家政互联网平台自身的发展。

因此，这种家政服务互联网平台受限于地域与人数的约束，很难满足每个用户的家政服务需求，也难以覆盖跨区域地区。况且，家政服务互联网平台只是解决了家政服务供需对接的效率问题，自身并没有解决家政服务员的技能水平问题。这也要求家政服务平台企业必须实现跨界融合发展，打造自己的家政服务供应链，完善家政产业链。

从家政服务企业来看，不仅要实现线上与线下融合发展，还要与家政从业人员主要输出地合作建立家政服务员人才库，与培训机构合作培训，与认证机构合作认证。如果是家政互联网平台企业，还要与线下实体家政企业合作，打造家政服务供应链体系，实现家政服务产业链的融合发展。

从消费供求的角度看，家政服务是我国15%家庭（人力资源部门的保守估计）的“刚需”，也是一项“高频”消费。家政服务业与其他服务行业相比，一个最大的特点是家政服务业具有天然的“家庭消费入口”商业价值，即家政服务员进入雇主家庭提供家政服务，解决了商业营销的“最后一公里”，是最直接的“消费终端”。因为家政服务员与雇主家庭是“零距离”接触，最贴近“消费者”。相对来说，也是与消费者建立了一定的信任关系，也熟悉家庭消费者的特殊需求，而且受众以千万计。

因此，家政服务业在产业链的延伸和跨界发展上有天然独特的优势资源。家政服务产业跨界发展的模式有：“家政服务＋其他生活服务”“家政服务＋生产性服务”“家政服务＋家庭用品（食品）”等多种形式的跨界，尤其是“互联网＋家政”平台，为家政服务产业跨界融合发展提供了技术保障。

这种家政服务跨界发展，可能的商业模式有：家政服务平台推出自有的疏果基地，为家庭提供新鲜蔬菜水果的采摘服务，为有需要的家庭进行每日订购，家政服务员上门提供服务的时候可以将新鲜蔬菜水果直接带到雇主家中。

家政服务员进入雇主家庭，与雇主家庭成员“零距离”接触，时间长了，就会建立特殊的情感，尤其是月嫂、育婴员、住家保姆等岗位，家政服务员每天与雇主家庭成员密切互动，不是家人的“家人”。基于这种特殊的关系，家政服务员结合雇主家庭对家庭用品（食品）需求提出的建议，在商业营销上是有价值的。如果家政服务合理延伸产业链，在商业模式进行多赢设计，实行跨界融合，必将给家政服务业带来新的盈利增长点，实现家政服务传统商业模式的突破，破解家政服务产业“微利”瓶颈，推动家政服务业实现真正的良性健康可持续快速发展。

第 42 章　全国家政服务业协会发展趋势

【家政政策】

序号	发文时间	发文机关	政策文件名称
	2014 年 12 月 24 日	人力资源社会保障部办公厅。人社部发【2014】98 号	《人力资源社会保障部、国家发展改革委等八单位关于开展家庭服务业规范化职业化建设的通知》
相关摘要	（六）充分发挥家庭服务业行业协会作用。通过政府转变职能、购买服务、税收优惠等措施，积极扶持发展家庭服务业行业协会。加强与行业协会的联系，重要会议可邀请行业协会参加，重要课题可委托行业协会开展研究，重要政策文件要征求行业协会的意见。鼓励行业协会及时报告家庭服务行业发展情况，提出促进家庭服务业发展的意见和建议。鼓励行业协会通过推动诚信体系建设和倡导实施行规行约，进一步发挥行业自律作用，维护公平竞争的市场秩序和相关各方合法权益，促进行业健康稳定发展。		

序号	发文时间	发文机关	政策文件名称
	2019 年 6 月 16 日	国务院办公厅。国办发〔2019〕30 号	《国务院办公厅关于促进家政服务业提质扩容的意见》
相关摘要	（三十四）建立健全家政服务法律法规。加强家政服务业立法研究。充分发挥家政行业协会作用，制定完善行业规范。各地要制定或者修改完善家政服务领域法规、规章、规范性文件和标准。		

【家政寄语】

公信力是家政服务业协会的生命

家政服务协会是家政企业、家政服务员、雇主的“护林员”

一个格局不高、私心偏重的人，不适合当家政服务业协会会长

【术语定义】

非营利组织（NPO）：是指不以营利为目的的组织。组织目标是支持或处理个人关心或者公众关注的议题或事件；组织运作并不是为了产生物质利益；组织特性，同时具有非营利性、民间性、自治性、志愿性、非政治性、非宗教性等特征。非营利组织一般由公、私部门捐赠或购买服务或收取会员费来获得经费，而且是免税状态。非营利组织也称为第三部门，与政府部门（第一部门）和商业企业界的营利部门（第二部门），形成三种影响社会的主要力量。

【学习目标】

通过本章的学习，您将能够：

1）了解我国家政服务业协会的现状；

2）了解我国家政服务业协会的功能定位；

3）知晓我国家政服务业协会的公信力、能力、资源建设。

42.1 我国家政服务业协会现状

自从 2015 年 7 月 8 日中共中央办公厅、国务院办公厅印发《行业协会商会与行政机关脱钩总体方案》开始实施以来，协会与原先的主管部门之间不再有上下级的关系，两者之间的财务等联系也被切断。新型的行业协会职能定位和运行机制尚未完全确定，正处在一个转型和过渡期。

就家政服务业而言，我国省级、地级以上城市虽然普遍成立了家政服务行业协会，但大多数协会也刚处于起步阶段：

一、家政协会的权威性不高、代表性不够。

一般没有获得家政企业的普遍认可，也难以集中和表达家政行业意见，谈不上对家政企业的规范、管理与监督；就是雇主在雇用家政服务员时，无论是雇主还是家政从业人员，也不关心这家家政企业是否是协会会员。

二、家政协会自身缺乏资源保障、能力建设严重不足。

目前，我国家政协会的运营经费主要来自会员的会费（普通会员费 300 元—1000 元之间，副会长、会长的会费在 1000 元—50000 元），还有少量的不稳定的企业赞助。缺乏政府行政法规支持和所需办公经费补贴。没有一定的经费保障，家政协会很难持续有效地开展工作，很难发挥协会功能，很难招募、留住专业管理人才来运营协会。

目前，我国大多数家政协会大部分工作人员都只能是兼职，对运营协会这样的非营利组织（NPO）或非政府组织（NGO）的能力明显不足。这在很大程度上制约了家政协会的专业化发展。家政协会自身能力建设不到位，又怎能规范、管理、监督整个家政行业的发展。

总之，家政行业协会自身发展定位、功能定位尚不清晰；自身公信力、能力建设还较弱，自然在政府大力倡导的“两化”（规范化职业化）建设、“提质扩容”行动中很难起到应有的作用，很难承担起协会应有的功能。这也是家政行业混乱无序的主要原因之一。因为政府实行了“放管服”改革，凸显了行业协会的价值与功能，需要行业协会发挥作用。

因此，家政行业协会公信力和能力建设，对家政服务业“两化”（规范化职业化）建设、“提质扩容”行动、“高质量发展”意义重大。

42.2 功能定位

首先，要明确行业协会发展定位。即把行业协会定位为政府与市场主体之间的桥梁与纽带。它不属于政府的管理机构系列，只是一种民间性组织；家政行业协会为家政服务机构、家政服务从业人员、家庭雇主等家政服务业利益相关者，提供服务、咨询、沟通、监督、协调的社会组织。

42.3 自身公信力建设

公信力是行业协会的生命线。维系和促进行业协会公信力的关键在于建立健全协会治理结构；坚持透明公开原则；建立健全会员准入、会员管理、财务、运营等方面的信息公开制度；保障会员对协会事务的知情权、参与权、监督权。

42.4 能力建设

自从我国行业协会商会与行政机关脱钩以来，行业协会在发挥行业自律作用，维护公平竞争的市场秩序和相关各方合法权益，促进行业健康有序发展方面变得愈加重要。那么，家政行业协会究竟要发挥什么功能？具体做那些工作？

1）配合政府监管。建设和运行家政服务业信息管理平台，建立健全家政服务行业内部的自律和惩戒制度，提升家政服务业诚信服务水平，为家政服务业营造规范有序的公平竞争行业氛围，协助政府制定家政服务业发展政策；协助政府制定或修订相关家政服务业法律法规。

2）牵头制定行业标准。

组织政府行政主管部门、行业专家学者、家政服务企业、家政服务从业人员、消费者等利益相关者共同制定行业标准体系，通过行业标准来开展行业自律，并将行业自律情况进行公示，对于行业不诚信行为进行惩戒，对优秀者个人或组织给予表彰奖励。

3）为行业企业提供服务。

为行业企业发展搭建发展平台，对接企业与政府资源，并将企业诉求反映给政府，把政府的政策向企业宣贯。

4）进行行业职业技能鉴定。

在制定行业职业技能标准的基础上，制定行业职业资格认证制度，加强行业职业技能认证，推广行业持证上岗。

5）营造良好健康行业氛围。

配合政府开展宣传，传播行业正能量，通过行业职业技能大赛、优秀评选表彰等活动，提升家政服务业社会地位和社会形象。

42.5 资源建设

首先，是通过政府转变职能、购买服务、税收优惠等措施，积极扶持发展家政行业协会。政府要加强与家政行业协会的联系，重要会议邀请家政行业参加，重要课题可委托家政行业协会开展研究，重要政策文件要征求行业协会的意见。

其次，依托行业企业，通过为会员企业提供优质服务，争取会员企业的支持。

42.6 区块链 + 家政服务业协会

基于区块链的家政服务平台，凸显了家政服务协会的作用。我们知道，区块链家政服务平台本身是分布式自治组织或自治公司，是去中心化的。这就更加凸显了家政服务行业协会的作用。这种作用主要体现以下几个方面：

42.6.1 在家政服务标准制定上

区块链家政服务平台，前提条件是家政服务标准化。这就需要家政行业协会牵头制定行业标准。这也与基于区块链的共识机制相吻合。基于区块链的家政服务标准，必须得到全网共识，这也是基于区块链编制智能合约的前提条件。因为，区块链家政服务平台是实现家政服务点对点（雇主与家政服务员）自动交易，离开家政服务标准化，就很难在区块链上实现家政服务自动交易。当然，家政服务标准化，还需要进行数据化。

42.6.2 在家政行业市场规范上

区块链家政服务平台，实现雇主和家政服务员点对点直接服务交易，家政公司的服务交易功能消失，家政服务员独立承担服务责任，家政服务员与家政公司的关系，更多是合作关系。再加上，基于区块链的家政服务平台，是去中心化的，是依据共识机制、智能合约进行家政服务自动交易。这种“链上”的去中心化交易，产生服务纠纷，也是难以避免。还有的需要对用户（雇主和家政服务员）提供的信息进行溯源，特别是“链下”信息溯源、信息真伪鉴别。这个时候，家政行业协会在规范家政行业市场行为方面，将发挥重要作用，不是任何家政公司可以取代的。因为，家政行业协会本身就是非营利组织或非政府组织，有义务配合政府监管家政行业市场秩序，有义务为家政企业、雇主、家政服务员提供公益性社会服务。这样，有利于维护家政服务业各方合法权益。

因此，区块链 + 家政服务业协会，是区块链家政服务平台不可或缺的，有着巨大的现实意义。

未完的话

历时十二年，一个轮回，坚守初心：“让千百万家政女工有尊重有质量就业创业、让家政企业健康可持续发展、让家庭雇主满意到家。”我走遍中国考察、研究中国家政并躬身实践，也曾经到两个北京雇主家庭与我们的家政服务员一起连续六个小时做保洁服务，我在杭州当义工护理生活不能自理的耄耋老人，我与武汉护工一起值夜班照护危重病患；我还应美国邀请赴美考察家政、多次到香港体验菲佣服务、与英国与日本专家切磋英式管家与日本养老护理服务……一路走来，筚路蓝缕，九死一生，但更多的是快乐、感恩与收获。

现在呈现您面前的百万字的《区块链＋新家政服务》，就是我十二年心血凝聚的结晶，也是我对家政事业一份深沉的爱；既是一种期待，也是一张蓝图，更是一个新的征程：“而今迈步从头越”，“以书为媒”，现向海内外寻觅志同道合的有志于家政事业的各界人士，共创“区块链＋新家政服务”美好的未来，继续践行使命。

黄鹤
2021 年 2 月 12 日

如果您感兴趣
请扫一扫 二维码
行知家政学院
区块链＋新家政服务平台
期待你参与共建

特别致谢

首先要感谢引领我走上家政服务事业的前辈！他开启了我的家政人生，也是他成就了我从事家政之前的公益教育事业。他是我的事业引路人，没有他的指引，我就不会结缘家政、钟爱家政、研究家政，进而为家政立言、为家政做事。谨以此书献给他。

感谢我的恩师王道俊教授！感谢恩师用高洁的人格、厚重的主体教育、淡泊名利的情怀、求真独立的精神，永远哺育着我、陪伴着我、引领着我：为全国希望小学添砖加瓦；毅然决然从高校辞职，白手起家创办北京大兴行知学校。之后，您又宽容、肯定我辞教从商，为家政事业奔波、为家政教育拼搏。

感谢全国妇联的一位老书记！您不愧是特级教师，妇女姐妹们的大姐。您不仅为后生创办北京大兴行知学校遮风挡雨，又鼓励后生为家政女工而尽心尽力。您恨铁不成钢，总是以慈母般的爱鼓励我前行，宽容我的过失。谢谢您！

感谢中国家庭服务业协会第一任创始会长、法人张建纪老会长！感谢您对我的谆谆教诲与提携；感谢中家协第二任张文范会长、韩兵常务会长！你们信任我，让我承担国家关于家政服务标准的研究课题。当我提交了 45 万字的《家政服务标准研究》《居家养老服务标准研究》《家庭事务管理服务标准研究》课题报告时，经评委会鉴定：填补了我国家政服务标准研究的空白。你们的高兴与赞许，让我终生难忘，也一直激励我战胜家政事业道路上的各种艰难险阻，不破楼兰终不还。

感谢北京的张先民家政前辈，您不愧是“中国家政第一人”，您总是提携我、鼓励我、支持我！不离不弃。每当我向您请教时，您总是有求必应，直言相告，从不保留。您对中国家政的情结，也深深地熏陶着我。张总，有您真好！

感谢武汉市家庭服务业协会的刘敦琳、王俊兰、吕根妹三位会长和姜兰英秘书长，谢谢你们为我在武汉研究践行家政给予信任、帮助与支持！不离不弃。我深受感动，深受教益。我关于家政服务标准体系的构建，有你们的贡献。

感谢王兴海博士后！每当关键时刻，您都伸出援手。谢谢老兄。

感谢心理学教授傅健君先生！您不仅学养深厚，您的师德也让我感动。

感谢湖北省标准化研究院服务标准专家丁凡所长！你的专业精神令我佩服。

感谢湖北省妇女干部学校朱耀平校长、姚杰副校长、武汉市妇女干部学校盛元安校长！感谢你们的厚爱与帮助。为我在武汉研究实践家政创造良好的条件。特别是湖北省妇女干部学校，为我形成“区块链 + 新家政服务”思想与理论立下汗马功劳。没有贵校和校长们及老师们的支持与厚爱，很难想象我会一口气写下 110 万字的《区块链 + 新家政服务》，即使在武汉疫情“封城”之下，也没有中断研究写作。你们不愧是《区块链 + 新家政服务》的摇篮。

感谢我在北京、成都、浙江、长沙的家政事业合作伙伴！你们的信任，是我前进的动力。

感谢我相识相知共同奋斗 30 年的挚友毛志雁先生！不是兄弟胜兄弟。

感谢我多年的同事、同仁！有解长英前辈、刘文华、熊东骄、蔡之鹏、杜长海、荣艳、刘永兰、刘萌等，你们的坚守，给我力量。感谢我的团队！因为家政之难，让你们伤痕累累，我真的很抱歉！但阳光总在风雨后。

感谢我们的家政雇主！你们理解、尊重、优待我们的家政服务员，为善良勤劳的她们提供就业机会，我谢谢你们！感谢我认识与不认识的家政经理人，你们真的了不起！尽管家政很难很难，但你们无怨无悔。

感谢我的很多好朋友！有何继宁、汝鹏、王沛老师、张天国老师、彭菲儿、秦梅、张茂平特级教师等等，恕我不能一一列出。特别是儿时伙伴张业园兄弟，在我为家政挺身而出遇到困难时，你们伸出援手。友谊万岁！很多时候，我对不起你们！但总有一天，我会加倍报答。

感谢伤害过我的人！我知道你们不是有意的。或许，你们是为了强我筋骨。

感谢我们的家政服务员！因为你们很有价值：你们呵护雇主家庭的老人、病人、孕产妇新生儿、婴幼儿，让雇主家庭享受有品质的家庭生活。是你们，让我用最美好的人生韶华与你们在一起，萃取熔铸成《区块链＋新家政服务》，我深感荣幸与自豪，没有虚度光阴。尽管我时常碰得头破血流，即使撞了南墙也不回。因为有你们的支持、厚爱与渴望！

感谢 21 个省级和副省级家政服务业协会会长！在本书付梓之际，你们不仅盛情接待我的拜访，还拨冗作序、写推荐，我诚惶诚恐！这里我要特别感谢的家协会长有：广东家协陈挺会长、深圳家协孙景涛会长、贵州家协周绍俊会长、浙江家协胡道林秘书长、武汉家协项丹会长、河北家协金成会长、黑龙江家协何冬梅会长、吉林家协朱明忠会长、成都家协王小兵会长、重庆家协陈娅会长、西安家协王军会长、安徽家协林清会长、福建家协林桂辉会长、海南家协林少莉会长、郑州家协骆小明名誉会长、郑州家协王瑜会长、湖南家协黄跃佳会长、上海家协张丽丽会长等。还要感谢中国家庭服务业协会王淑霞会长、法人张绍秋副会长在百忙之中的接待与指导。

感谢远方的父母！为了家政，儿子忠孝难两全。恕儿不孝。儿子将不辱使命，不忘初心，定要为家政做点事，并为家政立言，让您二老安息。

感谢我的孩子！老爸以前把时间给了进城的农民工子女和教育事业，后来又把更多的时间给了家政服务员和家政事业，真的没有尽到为父之责，真的很惭愧！

老吾老以及人之老，幼吾幼以及人之幼。

最后要感谢新华出版社编辑徐文贤先生、封面设计师刘宝龙先生！因为你们的辛勤付出与严谨精神，才成就此书的正式出版。感谢本书写作期间的助理刘婷女士！你不离不弃，协助我完成本书的研究写作。军功章也有你的。

值此，借《区块链＋新家政服务：21 世纪中国新家政服务标准化理论与创新实践模式》出版之际，致谢我生命中这些“重要他人”，回望走过的路，拂去身上的尘埃，重新出发，必将“区块链＋新家政服务”变成现实，惠及亿万家。